BERGMANN · BABEUF

AF792343

KARL HANS BERGMANN

Babeuf

Gleich und Ungleich

WESTDEUTSCHER VERLAG KÖLN UND OPLADEN

ISBN 978-3-663-00420-2 ISBN 978-3-663-02333-3 (eBook)
DOI 10.1007/978-3-663-02333-3

Verlags-Nr. 051030

1965 by Westdeutscher Verlag Köln und Opladen

Softcover reprint of the hardcover 1st edition 1965

Alle Rechte vorbehalten

Inhalt

I

Dubois

1

Am 4. Dezember 1785, einen Tag nach seiner Wahl zum ständigen Sekretär der Akademie von Arras, erhält Dubois de Fosseux ein umfangreiches Schreiben aus Roye in der Picardie. Es ist, wie vermutet, ein verspätet eingegangener Beitrag zu dem diesjährigen Preisausschreiben der Akademie.

Die Preisfrage, die ganz im philanthropischen Geist der Zeit gehalten ist, will wissen, ob es vorteilhaft sei, im Artois die Zahl der vorhandenen Landwege zugunsten breiterer und bepflanzter Wege einzuschränken. Bejahendenfalls sollen Mittel und Wege zur Durchführung dieser Maßnahme angegeben werden.

Die Aufgabe mußte einen Landmesser reizen. Und tatsächlich bezeichnet sich der Verfasser, ein gewisser Babeuf aus Roye (dem Sekretär ein völlig Unbekannter, obwohl er Bekannte in Roye besitzt), als commissaire à terrier [1], als Sachwalter in Lehensfragen, und damit als ein Mann, der sich von Berufs wegen mit Fragen des Grund- und Bodenrechts zu befassen hat.

Dubois liest die ganz schulmäßig in sechs Abschnitte gegliederte Abhandlung des offenbar noch jungen Menschen ohne große Aufmerksamkeit. Die Zitate aus dem allgemeinen Gewohnheitsrecht des Artois, dem von Saint-Omer und dem *Code de la voierie* überfliegt er nur. Das ist gut, um die Seiten zu füllen, aber wo bleiben die eigenen Gedanken? Auch die dem Text beigefügten an ein Lehrbuch der Geometrie erinnernden Zeichnungen mit ihrem A, B und C können kein sonderliches Interesse bei ihm erwecken.

Er eilt zum Schluß. Was will der Verfasser? Nach einem langen Zitat aus Rousseaus *Discours sur l'inégalité* entwickelt er endlich seine eigenen Ansichten. Er ist gegen die Bepflanzung der Wege mit Ulmen, Linden oder Pappeln; er möchte sie mit Obstbäumen bepflanzt sehen, die das Angenehme mit dem Nützlichen verbinden.

Die Zahl der Wege solle man einschränken und die verbleibenden Straßen möglichst auf gleicher Breite halten.

Schon will Dubois die Arbeit weglegen, um dem Verfasser den üblichen unverbindlichen Dankesbrief zu schreiben, als sein Blick an einer Stelle hängen bleibt, die ihn in ihrer knappen Diktion aufhorchen läßt: «Wo die Menschen Vorteilen begegnen, werden sie niemals unüberwindliche Hindernisse finden; ein für nützlich erkannter Plan ist bereits halbwegs ausgeführt.» Und dazu als Nachschrift, wie Babeuf sich die Regelung der Eigentumsfrage bei den nicht mehr benötigten Wegen denkt: jeder Anrainer solle berechtigt sein, das angrenzende Wegeland seinem Besitz zuzuschlagen.

Diese in ihrer Einfachheit verblüffende Lösung des verwickelten Problems macht Dubois nachdenklich. Sollte doch etwas an diesem Landmesser dran sein, das des Aufmerkens wert wäre? Zwei Tage später schreibt er dem commissaire aus Roye einen freundlichen Brief. Er danke für das eingereichte Memorandum, das er leider infolge Fristüberschreitung für das Preisausschreiben nicht mehr annehmen könne. Für alle Fälle lege er das Programm zum nächstjährigen Wettbewerb zur gefälligen Benutzung bei. Nachdem er das Schreiben, nicht ohne seine Titel eines ancien écuyer du roi und ständigen Sekretärs der Académie royale des belles lettres d'Arras hinzuzufügen, unterzeichnet hat, siegelt er es mit rotem Wachs, in das er sorgfältig das pompöse Wappen der Dubois de Fosseux hineinsetzt.

So beginnt, zwischen diesen an Alter, Stellung und Vermögen einander so ungleichen Partnern, jener umfangreiche Briefwechsel, der sich, wenn auch mit Unterbrechungen, über zwei Jahre hinziehen wird. Die Preisfrage, die den Anstoß hierzu gegeben hat, spielt weiter keine Rolle. Erst in einem seiner letzten Briefe an Dubois wird sich Babeuf beiläufig nach den Autoren erkundigen, deren Arbeiten den Preis der Akademie erhalten hätten.

Ferdinand Dubois, der sich nach seinem adligen Herrschaftssitz de Fosseux nennt, stammt aus einer angesehenen wohlhabenden Familie des Artois. Nachdem er in Paris das von den Jesuiten geleitete ehrwürdige Lycée Louis-le-Grand, von dessen Schülern ein gewisser Arouet und ein gewisser de Sade zu ungeahntem Ruhm gelangen sollten, absolviert hat, erwirbt seine Familie für ihn das Amt eines écuyer am Hof in Versailles. Sein Dienstobliegenheiten, die ihn jeweils nur für sechs Monate des Jahres in Anspruch nehmen, lassen ihm genügend Zeit, an dem Leben in Paris und dessen gesellschaftlichen und literarischen Ereignissen teilzunehmen. Er zählt dreiundzwanzig Jahre, als er in seine Heimatstadt Arras zurückkehrt, um eine Dame aus guter Familie zu heiraten, und im übrigen das angenehme Leben eines Mannes von Stand zu führen, der niemandem als sich und den Seinen verpflichtet ist.

Aber Dubois fühlt sich nicht dazu geschaffen, sein Leben allein in beschaulicher Ruhe zu verbringen. Die Verwaltung seines Besitzes und die Erziehung seiner Kinder füllen ihn nicht aus. Etwas in ihm drängt ihn mit aller Gewalt tätig zu sein, und da sich ihm keine anderen Aufgaben bieten, stürzt er sich mit aller Leidenschaft, deren er fähig ist, in die Arbeit für die Akademie, der er seit vielen Jahren als Mitglied angehört. Sein unermüdlicher Eifer sieht sich schließlich, nach dem Tode des bisherigen Sekretärs, Harduin, durch die Wahl zu seinem Nachfolger belohnt.

Er rechtfertigt die ihm zuteil gewordene Ehre durch eine Betriebsamkeit, die keine Grenzen kennt. Keine Minute des Tages bleibt von nun an ungenutzt. Unermüdlich hält er Ausschau nach Entdeckungen, Talenten und Gefolgsleuten, die es ad majorem academiae gloriam zu kapern gilt. Es gibt Tage, an denen er eigenhändig dreißig Briefe schreibt und sein Archiv wird, als die Revolution im März 1791 die Akademien schließt, eine Korrespondenz aus Zehntausenden von Briefen enthalten, die er portofrei, versteht sich, mit Empfängern in ganz Frankreich gewechselt hat.

Damit nicht genug, sieht sich der geschäftige Akademiker bald neuen Aufgaben gegenüber. Im November 1786 wählen ihn die Stände des Artois auf ihrer Jahresversammlung zum Stadtschöffen von Arras, ihn, der eher, wie er Babeuf wissen läßt, zum Papst erhoben als in diese Würde berufen zu werden vermutete. Doch gelte es auch diese Pille zu schlucken, fügt er in schöner Bescheidenheit hinzu, welchen Entschluß ihm die Tatsache, daß die von vielen begehrte Stellung mit nicht unerheblichen Einkünften verbunden ist, nicht unwesentlich erleichtert haben mag.

Überhaupt kommen Ehren und Würden erstaunlich rasch auf ihn zu. Im August 1786 wählt ihn das Musée de Paris zum korrespondierenden Mitglied, dem sich im September des gleichen Jahres die Société d'émulation von Bourg-en-Bresse anschließt; im November erweist ihm die Société académique et patriotique von Valence die gleiche Ehre und das Musée d'Amiens beschließt im Dezember den Reigen dieser Ehrungen, «über die zu berichten ich erröten müßte, wäre es nicht undankbar, sie zu verschweigen». Das Jahr darauf beschert ihm dann noch die Mitgliedschaft in der Landwirtschaftlichen Gesellschaft von Orléans und in der Königlichen Gesellschaft für Wissenschaft und Kunst von Clermont-Ferrand.

Die Zeit kommt dem Aufblühen dieser Provinz-Akademien – 1789 gibt es ihrer bereits 51 – außerordentlich entgegen. Jede neue Entdeckung auf den Gebieten der Physik und Chemie, jede Erfindung, jede neue Theorie des Staatsrechts oder der Nationalökonomie beschäftigt unzählige Menschen, wird in zahllosen Gesellschaften wieder und wieder erörtert und untersucht. Das Studium der Wissenschaften – selbst der abgelegensten – wird zur Modesache und zur Lieblingsbeschäftigung der tonangebenden Kreise. Ganz gleich, ob es sich um Mesmer oder Montgolfier, den Doktor Guilbert de Préval oder Parmentier handelt, ihre Theorien und Experimente werden wichtig genommen und erregen ein leidenschaftliches Für und Wider der Geister.

Die Regierung, die sich gegenüber jeder Kritik, ganz gleich ob an ihr oder einem ihrer Beauftragten, äußerst heikel zeigt, läßt der Diskussion über religiöse, moralische und sogar politische Theorien völlige Freiheit. Wem es einfällt, Atheist sein zu wollen, kann dies offen bekennen, sofern er nur vor dem Viatikum niederkniet und jeder Prozession durch Abnehmen des Hutes den schuldigen Respekt erweist.

In diesem Zeitalter, das sich selbst als aufgeklärt bezeichnet, fühlt man sich jung, neugierig und allem Kommenden aufgeschlossen. Man ist dabei eine neue Welt zu entdecken, eine Welt, die allen Menschen das Glück bringen soll. Auf den Trümmern des Irrtums, der fatalen Vorurteile, des grausamen Fanatismus und des gefährlichen Aberglaubens erhebt sich das Reich der Vernunft. In aller Herzen keimt die gesunde Philosophie, jene Philosophie, die die Ehre des Jahrhunderts ausmacht und der auch Babeuf sich mit allen Fasern seines Wesens verbunden fühlt.

Es kann daher kaum überraschen, wenn zahlreiche auswärtige Anwärter um die Ehre ersuchen, als Korrespondenten in die Akademie aufgenommen zu werden. Im Januar 87 sind es nicht weniger als vierzig solcher Bewerbungen, die Dubois der Akademie zur Entscheidung vorzulegen hat und von denen fünfzehn genehmigt werden. Als aber Babeuf im Juni des gleichen Jahres, nachdem er erfahren hat, daß von nun an zweimal im Jahre solche Aufnahmen stattfinden sollen, bei Dubois schüchtern anfragt, ob er, vorausgesetzt, er schaffe ein Werk, das der Aufmerksamkeit wert wäre, hoffen könne, sich unter die Aspiranten einreihen zu dürfen, besteht dessen Antwort in einem ausdrucksvollen Schweigen, das sein Korrespondent in Roye richtig genug deutet, um nicht mehr darauf zurückzukommen.

Auf Dubois, den sein confrère Taranget den «secrétaire sans égal» nennt, aber warten weitere Ehren. Im Mai wird ihm die Mitgliedschaft in der Gesellschaft der Rosati angetragen, und obwohl bereits mit 45, wie er von sich sagt, «ein Mann in reifen Jahren», trägt Dubois keine Bedenken, sich diesem Verein, der die Lebenslust und die Liebe (zum gereimten Vers) auf sein Panier geschrieben hat, anzuschließen.

Das Zeremoniell der Aufnahme sei, wie er Babeuf in einem ausführlichen Schreiben wissen läßt, rührend einfach: der Kandidat bekomme eine Rose ins Knopfloch, und die ganze Gesellschaft leere auf sein Wohl und das Wohl dessen, der ihn vorgeschlagen habe, je ein Glas Wein, natürlich couleur de rose.

Es ist eine sorglose und schöne Zeit. Noch ahnt niemand, daß ihr keine Dauer beschieden sein soll. Auch Dubois fühlt sich wohl in diesem Kreise, in dieser kleinen Welt, die alles in sich vereint, was es in der Provinz an geistvoll witziger, vom Glauben an eine schönere Zukunft erfüllter Jugend gibt.

Man trinkt, lacht und scherzt auf den Zusammenkünften der Rosati in Avesnes, dem «berceau des roses», und man weiß sich nicht genug zu tun, um einander in immer neuen Versen seiner freundschaftlichen Verbundenheit zu versichern. Was macht es schon aus, wenn man dabei ein wenig aufträgt und etwa zu Ehren des guten Monsieur Roman, des Gründers der ländlichen Akademie Valmuse, gleich Pindus und Helikon bemüht? Die Götter Griechenlands und des Minnesangs lächeln dazu ...

Das ist die Welt, in der Dubois de Fosseux, Akademie-Sekretär auf Lebenszeit, Stadtschöffe in Arras und Mitglied eines guten Dutzend gelehrter Gesellschaften, sich im Gefühl seiner Bedeutung stillschweigend und ernsthaft bewegt. Nur selten gelingt es ihm, zu sich selbst einigen Abstand zu gewinnen, wie etwa, wenn er vor der Übersiedlung aus seiner Stadtwohnung in der rue du-Marché-au-Filet nach Schloß Fosseux in einer Anwandlung ironischer

Selbstpersiflage an Babeuf schreibt: «Ich komme nicht dazu Ihnen zu schreiben ... Ich stecke mitten in dem Trubel, den ein Umzug mitsamt einem halben Dutzend Kindern und ebensoviel Domestiken verursacht, vor allem, wenn man wie ich die Manie hat, drei- bis viertausend Bücher mit sich herumzuschleppen . . .»

Was Dubois schreibt und denkt ist mittelmäßig, mag es auch rührend sein, ihn so bemüht zu sehen, auf die Nachwelt zu kommen. Und daß es ihm schließlich, wenn auch auf einem Umweg, doch noch gelungen ist, hat er einzig und allein dem jüngsten und bescheidensten seiner Korrespondenten, dem unbekannten commissaire à terrier in Roye, François-Noël Babeuf, zu verdanken.

2

Roye, in der Keltenzeit Rodrein, aus dem die Römer Rodrina machten, liegt im Santerre, einer Landschaft der oberen Picardie.

Die kleine Stadt am Avre, einem Nebenfluß der Somme, zählt knapp dreitausend Einwohner. Aber sie ist, was ihr Bedeutung gibt und bei den Wahlen zu den Generalständen eine Rolle spielen wird, Sitz eines bailliage genannten Gerichtsbezirks und dazu eines Salzsteuer-Amtes, das zahlreiche Mitarbeiter beschäftigt. Für den frommen oder auch gefügigen Sinn ihrer Einwohner zeugen vier Klöster und fünf Pfarreien; aber nur den beiden ältesten Kirchen, Saint-Pierre und Saint-Gilles, ist es bestimmt, die Revolution zu überstehen.

An den hohen kirchlichen und weltlichen Feiertagen versammeln sich wie in alter Zeit die Angehörigen der Kaufmannschaft, zumeist wohlhabende Getreidehändler, unter ihrem Banner, marschieren die Innungen der Tuchmacher, Goldschmiede, Perückenmacher, Lohgerber und Chirurgen auf, um sich mit ihren bunten, golddurchwirkten Fahnen in feierlichem Zuge an der Prozession zu beteiligen. Ihnen folgen aus den Vorstädten Saint-Gilles und Saint-Georges eine Menge ungelernter Arbeiter, Handlanger und Heimarbeiter, doch zählen diese, die keiner communauté angehören, kaum mit, und kein maître Cartier de Corselles hätte sich die Mühe genommen, ihre Namen in seinem (Manuskript gebliebenen) *Dictionnaire généalogique de Roye* zu verewigen.

Sein Beruf als Feldmesser und Feudist erfordert viele Reisen und so kommt es, daß sich Babeuf weit häufiger als in Roye auf den

Dörfern und Adelssitzen des Santerre und der Grafschaft Vermandois aufhält. Hier lernt er die Menschen der Picardie kennen, jenes Völkergemisch aus Stämmen des alten Gallien, den Kolonien der römischen Siedler und der germanischen Eroberer zur Zeit der Völkerwanderung. Isti Picardi non sunt ad proelia tardi, rühmt sie ein alter Spruch. Aber er sagt nicht alles. Sie sind tapfer und vorsichtig zugleich, fügsam und heftiger Ausbrüche fähig: hatte doch in der Picardie der große Bauernkrieg der Jacques, bei dem zahlreiche Schlösser der Feudalherren in Flammen aufgingen, seinen Anfang genommen. Babeuf wird, will er auf seine Landsleute Einfluß gewinnen, mit ihrem unruhigen, ruhmredigen, aufbrausenden und «sperrigen» Charakter, der nur selten einer echten tiefgehenden Leidenschaft fähig ist, zu rechnen haben.

In dieser reichen und fruchtbaren Landschaft, die ihren Besitzern erhebliche Gewinne einträgt, leben die Bauern in strohgedeckten, dunklen und niedrigen Hütten, die im Winter der beizende Rauch der Blätter erfüllt, mit denen man heizt, da das Holz teuer und knapp ist. In ihrem Elend gibt es nur einen Lichtblick für sie: das *droit de marché*, ein Gewohnheitsrecht, durch das sich «die Pächter – selbst gegen den ausdrücklichen Willen der Eigentümer – in ihren Pachtverträgen verewigen; wodurch eine Art fiktiven Eigentums entsteht, das de facto den eigentlichen Besitzer seines Eigentums beraubt».

Diese Praxis hat im Santerre dazu geführt, daß die Pächter ihr Pachtland zum Verkauf ausschreiben oder es ihren Kindern als Erbe hinterlassen, die es wiederum unter sich aufteilen. Wer von den Besitzern dagegen aufmuckt und einen Pächter, der ihm nicht paßt, nach Ablauf des Pachtvertrages, also ganz gesetzlich, hinaussetzt, hat mit Mord und Totschlag, oder zumindest mit Brandstiftung, zu rechnen. Unter diesen Umständen ist ein Besitz im Santerre oft nur um die Hälfte seines wirklichen Wertes zu veräußern.

Den Feudisten, als Sachverständigen für Feudalrechte, bleibt trotz des *droit de marché* ein weites Feld der Betätigung. Wenn auch die einstige Bedeutung feudaler Macht und Herrlichkeit längst geschwunden und wie der Ritterschlag bei einer Ordensverleihung zu einer bloßen Formsache geworden ist, so haften diesen mit der Zeit leer gewordenen Formen doch genügend materielle Verbindlichkeiten an, um sie als eine sehr reale Sache erscheinen zu lassen. Im Personenrecht beschränkt sich das Feudalwesen auf eine bloße Verpflichtung zum Patronat der Gutsherrschaft gegenüber den Dorfbewohnern; im Sachenrecht ist es ein Besitztum wie jedes andere, das sich wie jeder Besitz vererben und übertragen läßt.

Diese häufig vernachlässigten und halb vergessenen Rechte in aller Form wiedererstehen und durch Erneuerung der Grundbücher beglaubigen zu lassen, ist Aufgabe der Feudisten, die sich ihrer mit allem Eifer annehmen. Sind sie doch die einzigen, die mit den halb vergilbten und oft an den unwahrscheinlichsten Orten aufbewahrten Urkunden etwas anzufangen wissen und sich nur zu gut darauf verstehen, aus ihnen Rechte, die sich in klingende Münze umsetzen lassen, herauszulesen.

Hierzu bieten die Grundbücher reichlich Gelegenheit. Noch im 14. Jahrhundert wahre Meisterwerke an Methodik, Klarheit und Sachkunde, haben die folgenden Jahrhunderte nichts getan, sie auf dieser Höhe zu halten. Im Gegenteil. Die örtlichen Grundbücher bieten ein trauriges Bild der Verwahrlosung und können bei geschickter Formulierung in jedem gewünschten Sinne ausgelegt werden.

Wie die Praxis der Feudisten aussieht, zeigt ein Geschäftsbrief, den Babeuf an Monsieur Galoppe, den Besitzer der Herrschaft Armancourt, richtet. Darin erbietet sich Babeuf, vorausgesetzt, er finde an Ort und Stelle keine ungewöhnlichen Schwierigkeiten, gegen eine Pauschale von 300 livres eine Grundbucherneuerung vorzunehmen. Zusätzlich zu seinem Honorar beanspruche er ein Drittel der Beträge, die durch seine Tätigkeit an Rückständen und neu festgestellten Abgaben der herrschaftlichen Kasse zufließen würden. Monsieur Galoppe werde für diese Ausgaben durch seine Mehreinnahmen hundertfach entschädigt, wie ihm sein Nachbar in Grivillers, Monsieur de Moutonvillers, für den er bereits erfolgreich und zu den gleichen Bedingungen gearbeitet habe, auf Anfrage jederzeit bestätigen könne. «Ich habe», schließt Babeuf zuversichtlich, «die gleichen Vorteile allen in Aussicht gestellt, für die ich tätig gewesen bin, und alle haben den Erfolg meiner Zusage bestätigt [2].»

Das also ist sein Beruf – über Land fahren, in Akten und Urkunden herumstöbern, um verstaubte Rechtstitel auszugraben, um die Steuerquetsche bei Menschen anzusetzen, die übermäßige Arbeit und ständige Entbehrungen vor der Zeit altern ließen. Aber nicht alle fügen sich widerspruchslos in ihr Schicksal. Es gibt manche, die aufbegehren, Verwünschungen und Drohungen ausstoßen, bis die Reiter der *maréchaussée* auftauchen, deren Anblick genügt, jeden Widerspruch augenblicks verstummen zu lassen. Denn die Gerechtigkeit ist, wie Condorcet sagt, nur ein Wort, ohne Bedeutung für die, die sie nicht bezahlen können und die nur zu genau wissen, daß sein Recht zu verteidigen und nicht durch ein demütiges Sichfügen zu erkaufen, bedeutet, auch das wenige, was man besitzt, aufs Spiel zu setzen.

Kein schöner Beruf, den Büttel spielen zu müssen, wenn man jung ist, ein empfindsames Herz besitzt und die Not dieser Menschen am eigenen Leibe erfahren hat. Denn dieser Babeuf kommt von unten, aus den Schichten, die man populace nennt, bevor sie Proletariat heißen werden.

3

Schon frühzeitig hat er lernen müssen, was Not und Entbehrung bedeuten. Er ist armer Leute Kind, und er bleibt nicht das einzige. Ein wurmstichiger Backtrog — une malle vermoulue — habe ihm, erinnert er sich, als Wiege gedient, woraus sich, wäre man auch nur ein wenig abergläubisch, leicht eine üble Prophezeiung ablesen ließe, da das Wort zugleich Zelle bedeutet.

Sein Vater, den der Taufschein der Pfarrei Saint-Nicaise in Saint-Quentin nach der picardischen Form seines Namens Claude Babu nennt, stammt aus Monchy-Lagache, einem Dorf in der Nähe von Ham. Wir wissen wenig von ihm, denn die Geschichte hält sich nicht damit auf, die Lebensläufe der Armut zu verzeichnen.

Als junger Mensch geht Claude zu den Soldaten, wo er sich beim Kavallerie-Regiment Dauphin étranger in die Stammrolle der Kompanie d'Estrade eintragen läßt. Er hält es nicht lange aus. Man behandelt die einfachen Soldaten nicht besser als die Sträflinge im Bagno. Die Fuchtel regiert und für die geringsten Verstöße gegen die Disziplin setzt es Spießruten und Krummschließen. So läuft Claude, der sich bei der Truppe L'Épine nennt, davon, um im Ausland sein Glück zu suchen. Siebzehn Jahre später kehrt er nach Frankreich zurück. Die Strafe, die ihn als Deserteur erwartet, wird ihm durch *lettres spéciales*, «zwischen den Pforten des Grand Châtelet», auf dem Gnadenwege erlassen.

Die Kosten für diesen Erlaß haben seine geringen Ersparnisse verschlungen. So muß er froh sein, einen kleinen Posten als Gehilfe beim Salzsteuer-Amt in Saint-Quentin zu bekommen, wo er Anfang

1760 ein Bauernmädchen aus dem Dorf Cerisy heiratet. Die Ehe des fast Fünfzigjährigen mit der um dreißig Jahre jüngeren Marie-Catherine Anceret ist trotz ihres Altersunterschiedes glücklich. Von ihren fünf Kindern kommt das älteste, ein Sohn, am 23. November 1760, dem Tag des heiligen Clemens, zur Welt und erhält in der Taufe die Namen François-Noël [3].

Bald danach verliert Claude aus Gründen, die wir nicht kennen, seine Stellung. Um die Familie vor dem Absinken in das schlimmste Elend zu bewahren, muß seine Frau versuchen, das zum Leben Notwendige heranzuschaffen. In einer Leinenfabrik findet sie Heimarbeit als Näherin, eine gering entlohnte Tätigkeit, bei der sie sich Tag und Nacht kaum einen Augenblick Ruhe gönnen darf. Der Mann arbeitet überall dort, wo sich Gelegenheit bietet, sei es als Handlanger bei den Festungsbauten in Saint-Quentin oder als Erdarbeiter beim Bau des Somme-Kanals, ohne mehr zu verdienen, als er braucht, sein Brot in die Suppe zu brocken und des Sonntags bei einem Schnaps die trostlose Öde des Lebens zu vergessen.

Mit einem solchen Leben ist nicht viel Staat zu machen und seine Nachfahren werden denn auch nichts unversucht lassen, um durch einen Kranz von Legenden die Familie Babeuf aus den Niederungen bitterer Armut zu den Höhen bürgerlicher Respektabilität zu erheben.

Will man ihrer Darstellung Glauben schenken, so habe Claude, des Gamaschendienstes müde und sich zu Höherem berufen fühlend, sein Regiment verlassen, um in ausländische Dienste zu treten. Dort habe er es zum Major, dem höchsten, einem *officier de fortune* erreichbaren Rang, gebracht. In Wien, am Hofe Ihrer Apostolischen Majestät, der Kaiserin Maria Theresia, sei er Prinzenerzieher geworden und der künftige Kaiser, Joseph II., habe auf seinen Knien geschaukelt.

Das Andenken an seinen ehemaligen Lehrer habe später den Kaiser, als er unter dem Namen eines Grafen Falkenstein Frankreich bereiste, bewogen, sich in Roye nach ihm zu erkundigen. An Stelle des bereits verstorbenen Claude habe sein Sohn, François-Noël, es übernommen, mit dem Kaiser zu sprechen und ihm seine Gedanken über einen cadastre perpétuel vorzutragen, worauf der überaus fortschrittliche Monarch ihm sofort das Angebot gemacht hätte, seine Pläne in seinen Staaten zu verwirklichen und mit dem Titel eines Kaiserlichen Rates an die Spitze einer eigens nach seinen

Entwürfen geschaffenen Verwaltung zu treten. Doch Babeuf habe das verlockende Anerbieten abgelehnt und der Kaiser hätte unverrichteter Dinge weiterziehen müssen.

Kindliche Pläne und kindliche Träume, die in einer nur allzu rauhen Wirklichkeit aufblühen. Selbst der Tod des Vaters – er stirbt um 1780 in dem Dorf Morcourt-sur-Somme – muß der Legende dienen. Ihr zufolge habe der Sterbende dem Sohn seinen Offiziersdegen nebst seinem Plutarch hinterlassen und ihm den Schwur abgenommen, gleich Gaius Gracchus, der Sache des Volkes bis zum letzten Blutstropfen unveränderlich treu zu bleiben ...

An diesem Kranz von Legenden, in dem selbst das Dorf Babeuf, als der von einem Verwandten Calvins gegründete Stammsitz der Familie eine Rolle spielt, wirkt auch Babeuf mit, wenn er in seinen *notes intimes* über die Umstände seiner Geburt ein phantasievolles Märchen erzählt, wonach er, wie der Erlöser, in der Weihnachtsnacht von seiner Mutter Marie in einer Herberge zur Welt gebracht worden sei. Daher sein Name Noël, den ihm sein Vater, der zu arm war, ihn in der Kirche taufen zu lassen, gegeben habe, da bekanntlich «die Priester nichts ohne Geld tun».

Es ist schwer zu verstehen, wozu der dürftige Flitter dieser Fabeln dienen soll, wenn nicht dazu, die Armut seiner Herkunft und seiner jungen Jahre zu verdecken, jenes graue Elend, aus dem aus eigener Kraft sich befreit zu haben, gerade eines der schönsten Zeugnisse seines Lebens darstellt.

Seine Eltern sind arm, aber sie lassen ihren Ältesten dennoch die Schule besuchen. Mit vierzehn Jahren kommt François-Noël zu einem Landmesser in die Lehre, der ihm die Anfangsgründe der Feldmeßkunst beibringt. Zwei Jahre später hat er ausgelernt, und sein Meister, dem die Zärtlichkeit, mit der seine Frau dem Sechzehnjährigen, wie es die Mode verlangte, Schleifen in sein blondes Haar knüpfte, nicht sonderlich gepaßt haben mag, beeilt sich, ihn mit den besten Wünschen für sein weiteres Fortkommen zu entlassen.

Das Jahr darauf finden wir ihn als Hausdiener auf Schloß Damery. Angesichts der allgemeinen Geringschätzung gegenüber Domestiken, muß es ihm schwer genug angekommen sein, eine solche Stellung anzunehmen. Doch was hilft's? Man muß leben. Auch hat er es nicht zu bereuen, nach Damery gekommen zu sein. Seine Herrschaft, die Familie Aubé de Bracquemont, räumt ihm, auf seine Fähigkeiten und guten Anlagen aufmerksam geworden, gewisse Freiheiten ein, zu denen auch die Benutzung ihrer Bibliothek gehört. Und Babeuf liest, liest, liest. Er liest einfach alles, was er nur auftreiben kann, und man geht kaum fehl, wenn man annimmt, er habe hier den Grundstock seiner überraschenden Kenntnisse in Fragen der Literatur, Philosophie und Geschichte gelegt, zu einem Wissen, das ihn befähigt, selbständig und auf eigenen Wegen weiterzuarbeiten.

Er studiert Holbach, Helvétius, Diderot und Hume; dazu die Nationalökonomen Quesnay, Turgot und Condorcet; und er liest Racine, Voltaire, Molière und vor allem Rousseau; Rousseau, dessen Schriften er sich wieder und wieder vornimmt, der ihn durch alle Höhen und Tiefen des Lebens führt, um ihn im eigenen Wesen bereichert und verwandelt zu entlassen. Sein Abgott aber wird Mably, dessen Kritik der Gesellschaft und Vorschläge einer sozialen Reform tiefen Eindruck auf ihn machen, und dessen Altar er nur verlassen wird, um sich dem noch radikaleren Morelly und dessen *Code de la Nature* [4] zu verschreiben.

Zur gleichen Zeit, in der Babeuf wie die meisten seiner Altersgenossen überzeugt ist, daß diese Schriften, die den Geist einer neuen Zeit atmen und die Botschaft der Gleichheit aller Menschen verkünden, nur edelmütige Träume darstellen, die nichts mit der Wirklichkeit gemein haben, zu eben dieser Zeit dringt vom anderen Ende der Welt, vom jungfräulichen Boden des amerikanischen Kontinents, eine Botschaft herüber, die sie aufhorchen und erschauern läßt. Die Verkündung der Menschenrechte in dem weit entlegenen Philadelphia weckt in der ganzen Welt ein Echo und dringt in Frankreich von Paris aus bis in die kleinsten Dörfer und Weiler des Landes.

Doch man kann nicht lesen, ohne sich mitteilen zu wollen. Aber wem? Von der Dienerschaft trennt ihn sein geistiger Habitus; von der Herrschaft halten ihn unübersteigliche Schranken fern. So nimmt es nicht wunder, daß er sich an ein junges Mädchen anschließt, das bei der gnädigen Frau als Kammerzofe beschäftigt ist, und bei der er findet, was er sucht: einen Menschen, der ihn versteht.

Marie Langlet kommt aus Amiens, wo ihre Eltern, ehrsame Leute, ein Kurzwarengeschäft in der rue du Port betreiben. Als der ältesten Tochter einer kinderreichen Familie waren ihr nicht viele Jahre einer sorglosen Kindheit beschieden. Schon frühzeitig galt es der Mutter zu helfen, auf die jüngeren Geschwister zu achten und die mühevolle Arbeit des Haushalts zu übernehmen.

Marie ist ein eigenartiges Mädchen. Der Grundzug ihres Wesens ist Bescheidenheit, eine seltene Eigenschaft, wenn sie sich, wie bei ihr, mit Freundlichkeit und einem liebevollen Herzen verbindet. Und willig und freundlich nimmt sie sich, sie, die fast vier Jahre ältere, dieses jungen Menschen an, der so unbehaust und verlassen unter den anderen lebt und dessen verschlossenes Wesen bei freundlichem Zuspruch und geduldigem Zuhören wie verwandelt erscheint.

In ihrer Nähe fühlt Babeuf sich geborgen, mütterlich umfangen und umsorgt. Was macht es ihm aus, daß Marie kaum lesen und schreiben kann? Er liebt sie, und in seinen Augen sind selbst ihre Sprachschnitzer reizend. Er hätte nicht sagen können, ob sie schön oder nur hübsch sei. Ihm scheint sie schlechthin vollkommen, ein weibliches Wesen, das ihn bis in den Grund seines Herzens versteht, das mit ihm eins ist, und er mit ihm. In seinem Leben wird es außer ihr keine andere Frau geben und es bleibt schön zu wissen, daß auch sie ihm gegenüber nicht anders empfunden hat.

Ihre Beziehungen ändern sich kaum, als Babeuf nach zwei Jahren Damery verläßt, um in Flixecourt, auf halbem Wege zwischen Amiens und Abbeville, eine Stellung als Gehilfe bei dem Notar Hullin anzutreten. Dieser zahlt ihm, nachdem er bei ihm ein ganzes Jahr gegen Kost und Logis gearbeitet hat, ein Monatsgehalt von drei livres, worüber Babeuf in einem gefühlvollen Schreiben an seinen Vater berichtet.

Von nun an geht es rasch aufwärts, trotzdem ihm, nach dem Tod des Vaters, die Sorge für die ganze Familie obliegt. Als Marie ein Kind erwartet, heiraten sie in der Dorfkirche von Damery. Der Trauung wohnen, außer dem Patronatsherren und drei Angehörigen des Hauspersonals, nur Babeufs Mutter und sein Bruder, Jean-Baptiste, bei. Die Familie der Braut ist ebensowenig wie Madame d'Imcourt de Bracquemont vertreten, und man darf annehmen, daß sowohl diese wie jene die überstürzt geschlossene Ehe schweigend mißbilligt haben [5].

Einen Monat später, im Dezember 1782, bringt Marie ein Töchterchen, Catherine-Adélaide, zur Welt. Babeuf hat zu dieser Zeit eine gut bezahlte Stellung bei einem Landmesser in Noyon. Gegen Mitte des nächsten Jahres siedelt er nach Roye über, wo er sich selbständig macht und bei wachsendem Wohlstand – 1788 beschäftigt er bereits acht Angestellte – eine geachtete Tätigkeit als Feldmesser und Sachwalter in Fragen des Feudalrechts ausübt.

4

«Ist in Ihrer Provinz das Wetter auch so schlecht wie bei uns? Der seit mehr als sechs Wochen ununterbrochen anhaltende Regen hat bereits beträchtlichen Schaden angerichtet. Das meiste Viehfutter ist verdorben, der Hafer steht sehr schlecht, und was in die Scheunen eingebracht wurde, ist sehr feucht. Unsere Wege sind in einem abscheulichen Zustand, und der Orkan vom 29. September hat viele Bäume zerbrochen oder entwurzelt und ein gut Teil der Obsternte vernichtet; ich habe allein 30 Hektoliter Äpfel, die heruntergeweht waren, aufsammeln lassen; eine sehr schöne Lindenallee ist völlig verwüstet, und ich zweifle, ob sie sich je wieder erholen wird. Was mich am meisten bei dem schlechten Wetter ärgert, ist der bedauerliche Verzug in dem Bau unserer Kirche, die wir Mühe haben werden, in diesem Jahr unter Dach zu bringen, da keine Wagen zu bekommen sind, um das notwendige Baumaterial heranzuschaffen.»

Aber neben solch gleichgültiger Auslassung über gleichgültige Dinge (bei der allenfalls das für diese Zeit absonderliche Interesse an einem Kirchenbau auffallen könnte), stehen am Schluß des Briefes ein paar bemerkenswerte Sätze, in denen Dubois es klar ablehnt, den Lehrmeister seines jungen Korrespondenten spielen zu wollen: «... betrachten wir uns als zwei Freunde, geschaffen, sich gegenseitig aufzuklären und zu unterrichten. So Sie einverstanden sind, wollen wir diesen Pakt schließen ...»

Das ist eine Sprache, die ihre Wirkung auf Babeuf nicht verfehlt. Mit Feuereifer stürzt er sich in diese Korrespondenz. Über das Wetter berichtet er allerdings nur trocken, es sei in seiner Gegend auch nicht anders, aber sonst bleibt kaum eine der Anregungen, mit denen ihn Dubois wie aus einem Füllhorn überschüttet, unberücksichtigt. Es macht nichts, daß der Grammatiker Tournon geschraubt und langweilig schreibt, Babeuf verschlingt ihn förmlich, ja er gefällt ihm so gut, daß er Dubois bittet, Tournons Werke über die gesetzte Frist hinaus behalten zu dürfen. Auch das *Journal de la Langue française* [6] ist ihm wichtig und gibt ihm Stoff zu eigenen Gedanken, die vielleicht den Keim zu seinem späteren Hang, eigene selbstgeschaffene Wortgebilde in die Welt zu setzen [7], gelegt haben.

Wie Restif de la Bretonne in seinem *Glossographe* [8] entwickelt Babeuf in seinen Briefen an Dubois eine eigene Rechtschreibung, in der er versucht, die Schreibweise dem Klangbild der Worte anzugleichen, ein Prinzip, das sich später, bei der Entwicklung der Kurzschrift, als bedeutungsvoll erweisen soll.

Zu den Sitzungsprotokollen der Akademie gesellen sich in den Anlagen Verse, Verse und noch einmal Verse. Es gibt nichts, was nicht wert wäre, in Verse gesetzt zu werden. Und Babeuf, der auch diese Ausdrucksform gewandt genug beherrscht, gibt, wenn schon nicht ohne gelegentliche Ironie, die übertriebenen Elogen weiter, mit denen sich die Verfasser dieser Verse gegenseitig bedenken. Doch auch die Kunst der Diplomatie will verstanden sein, und ein erster kleiner Zwischenfall mit Dubois kündigt sich an, als Babeuf aus irgendeinem Grund dessen Verse nicht, wie erwartet, begeistert genug lobt.

Nur manchmal erwecken die untereinander ausgetauschten leeren Versspielereien ein nachträgliches Interesse, so etwa, wenn Monsieur Opoix aus Provins recht voreilig die Aerostaten mit einem Kinderspielzeug vergleicht. Auch Babeuf, der sich einen Spaß daraus macht, «über die Eitelkeit der Menschen und ihre Katzbalgereien um den Ruhm, die eigentlichen Entdecker der luftigen Wissenschaft gewesen zu sein», herzuziehen, denkt im Grunde nicht anders über die Luftschiffahrt als der Apotheker aus Provins.

Dubois allerdings, dem ein Erfinder einen Mechanismus für einen lenkbaren Aerostaten vorführt, hält mit seinem Urteil vorsichtig zurück und begnügt sich mit der Bemerkung, man müsse abwarten, da es auf diesem Gebiet zwischen Theorie und Praxis eine beträchtliche Spanne gebe. Diesmal soll er recht behalten, denn noch nicht zehn Jahre später wird dieses «Spielzeug» den Franzosen helfen, die Schlacht von Fleurus zu gewinnen. Doch errare humanum est und Schwamm drüber!

Neben der platten Poesie, die oft die Prosa dieser Briefe zu überschwemmen droht, bleibt des Ernsthaften genug, das der Erörterung wert ist. Als Dubois einmal seine Kinder (zusammen mit seinen Domestiken) flüchtig erwähnt, antwortet Babeuf, als sei ein langerwartetes Stichwort für ihn gefallen. Das Gefühl geht mit ihm durch. Er ist begeistert, er will seinem Herzen Luft machen. Seine Kinder — Catherine-Adélaide und der 1785 geborene Robert, den er im Überschwang seiner Rousseau-Begeisterung in Emile umbenannt hat — sind gut geraten, «er könnte sie sich unmöglich besser wünschen». Er erziehe sie nach dem fortschrittlichen System, nach dem «unserer modernen Denker, die ich für die vernünftigsten halte».

Dennoch plagen ihn Zweifel. Sein Töchterchen, das jetzt vier Jahre zähle, möchte Lesen und Schreiben lernen. Und er, ihr Vater brenne darauf, es ihm beizubringen. Doch da sei die Autorität des citoyen de Genève, der ausdrücklich schreibe, es mache ihm wenig aus, wenn sein Émile mit zwölf Jahren noch keinen Buchstaben des Alphabets kennengelernt habe.

Was tun? In Babeufs Herzen kämpfen einander widerstreitende Gefühle. Vertrauensvoll fragt er bei Dubois an. Dieser antwortet gleichmütig, wenn es ihm nicht an Mut und Geduld fehle, so solle er nur den Lehrer seiner Kinder machen. Er selbst betreibe dies Geschäft seit zehn Jahren... Was im übrigen die Autorität des Jean-Jacques angehe, so sei auch er nicht unfehlbar. Von Kindererziehung habe er nichts verstanden. Das mit dem späten Lesen- und Schreiben-Lernen sei nichts weiter als eine fixe Idee.

Babeuf kommt im nächsten Brief nur flüchtig darauf zurück. Dubois hat sein Idol etwas zu rauh angepackt. Mit ein paar höflichen Worten dankt er ihm für seinen guten Rat, der ihn glücklich von allen Ängsten befreit habe. Das Gefühl eines Vaters als Erzieher sei eben stärker, als die Systematik eines reinen Ideologen.

Das Kapitel Rousseau ist zwischen ihnen geschlossen.

Doch es bleiben der Themen genug: und was wäre eine Akademie wie die von Arras, wenn sie sich nicht vor allem der Landwirtschaft annähme? Gibt es doch kaum ein Mitglied der Akademie, das nicht eigenen Grund und Boden besitzt und bewirtschaftet. Wortführer auf diesem Gebiet ist der baron de Courset, der eine Fülle von Denkschriften über seine Versuche zur Bekämpfung der Getreidekaries verfaßte. Dieser Vorgänger eines Mitschurin und Lysenko ist zugleich Meteorologe und hat auf diesem Gebiet ein System entwickelt, um Frostwetter rechtzeitig vorhersagen zu können, eine Theorie, die allerdings von Monsieur Dufau, einem Arzt aus Dax, dem die Welt ein Buch über Viehseuchen verdankt, mit aller Entschiedenheit bekämpft wird.

Bei dieser Vielseitigkeit erscheint es nicht weiter verwunderlich, daß Dubois seine Untersuchungen sogar auf das Gebiet der Moralphilosophie ausdehnt. Er bittet Babeuf, ihm seine Ansichten zu dem Problem mitzuteilen, ob in der Gesellschaft der gefühlvolle oder der gefühllose Mensch glücklicher sei, worauf Babeuf geschickt antwortet, man müsse die Frage anders stellen, nämlich so, daß man nach dem Grad der Gefühle frage.

Trotz vielem Unwichtigen und Kleinlichen bleibt dennoch des Guten und Nützlichen genug. Wenn der Advokat Piquet eine Abhandlung über den Hanf verfaßt oder der Salzsteuer-Einnehmer von Pont-de-Vaux, Berthet, «einen elliptischen Ofen zum Ziegelbrennen» erfindet; wenn ein anderer Akademiker Versuche anstellt, um mittels Kalk in Zylindern aus Zinn zu einer Art Zentralheizung zu kommen, kann man dem erfinderischen Geist dieser Gelehrten aus der Provinz kaum seine Bewunderung versagen. Selbst «sehr große Herren» wie der duc de Liancourt werden vom Geist der Neuerung erfaßt und wollen zu neuen Formen der Bodenbewirtschaftung gelangen. Der Ackerbau ist à la mode und hat, wie Dubois richtig bemerkt, das einstige Interesse an Schnupftabakdosen und Schmuck völlig verdrängt.

Auch sei nicht übersehen, daß der Apotheker Christophe Opoix nicht nur mittelmäßige Verse schreibt, sondern daneben zwei durchaus ernstzunehmende Werke über die Mineralwässer von Provins verfaßt. Und ebensowenig sei vergessen, daß unter so viel Mittelmäßigkeiten auch die Namen bedeutender Forscher und Schriftsteller auftauchen. Unter ihnen Vicq d'Azir, ständiger Sekretär der Königlich medizinischen Gesellschaft, der der Akademie eine Reihe wissenschaftlicher Abhandlungen, darunter eine über die Nachtblindheit schickt; oder Moreau de Saint-Méry, der ihr die vier ersten Bände seines grundlegenden Werkes über die Kolonialgerichtsbarkeit zukommen läßt.

Einmal, im Postskriptum eines Briefes, kommt Dubois ganz beiläufig auf Versorgungsfragen zu sprechen. «Sie würden mich sehr zu Dank verpflichten, wenn Sie feststellen wollten, nach welchen Grundsätzen die Behörden Ihrer Stadt den Brotpreis festsetzen; schicken Sie mir auch einige der hierauf bezüglichen Verfügungen und sagen Sie mir, zu welchem Preis das Brot gegenwärtig bei Ihnen verkauft wird. Je rascher Sie mir diese Belege schicken, um so mehr werde ich Ihnen zu Dank verpflichtet sein; bitte teilen Sie mir gleichzeitig mit, wieviel Unzen bei Ihnen auf das Pfund gehen, da es hierbei Abweichungen in den verschiedenen Provinzen des Königreichs gibt. Und fügen Sie noch Angaben über Getreidepreise und -maße hinzu.»

Babeuf antwortet umgehend und fügt seinem Schreiben eine Aufstellung hinzu, deren Klarheit und Genauigkeit Dubois in helle Begeisterung versetzt.

Für Babeuf wird dieser Briefwechsel, der ihm anfangs kaum mehr als ein Anlaß zu praktischen Stilübungen bedeutet haben mag, zunehmend zu einer Quelle geistiger Bereicherung. Er möchte «alles kennen lernen, alles sehen» und seine erhalten gebliebenen Aufzeichnungen – er führt über den Eingang jeder Sendung genau Buch – zeigen, in welchem Umfang Dubois diesem Verlangen seines Korrespondenten in Roye entsprochen hat.

Von der Politik ist nur selten zwischen ihnen die Rede. Einmal erwähnt Dubois neben gleichgültigen Schriften den Prozeß Salmon. Babeuf geht in seiner Antwort nicht weiter darauf ein, aber sicher hat auch ihn dieser Fall, der die Gemüter in ganz Frankreich bewegte, stark beschäftigt.

Ausführlicher ist zwischen ihnen von der Rückständigkeit der Justiz, einer der offenen Wunden des Landes, die sich seit langem nicht schließen will, die Rede. Die Rechtsprechung ist buntscheckig wie der gesamte Verwaltungsaufbau, und nur im Süden, in dem das römische Recht Wurzel geschlagen hat, ist sie einigermaßen einheitlich. Nicht einmal die Grenzen der einzelnen Jurisdiktionen sind genau umschrieben, und allein dies gibt Anlaß zu endlosen Prozessen. So erwähnt Dubois den Fall eines Pfarrers, dessen Dorf in der Nähe von Paris zwei verschiedenen Gewohnheitsrechten unterstehe. Der Pfarrer habe sein Geld seinem Neffen hinterlassen wollen, aber da er zufällig in einem Zimmer seines Hauses gestorben sei, das eine solche Erbregelung ausschließe, habe der Neffe umsonst geklagt. Er verlor den Prozeß.

Dubois träumt von einer einheitlichen Gesetzgebung, er will Frankreich ein einziges Gesetzbuch geben, wie es Katharina II. für Rußland befahl und wie es Preußen im *Code Frédéric* besitzt. Er würde diesen Code, mit Ausnahme der Kapitel über Fischereiwesen und Jagdrecht, ganz unbesehen für Frankreich übernehmen, und er könne darin dem von ihm bewunderten und immer wieder gelesenen Montesquieu durchaus nicht beipflichten, wenn dieser gegen eine solche Vereinheitlichung die Verschiedenheiten der klimatischen Bedingungen, die nur für die Gesundheitspolizei von Bedeutung seien, anführe. Man müsse sich endlich dazu aufraffen, mit «diesem Chaos absurder, lächerlicher und widersprüchlicher Gewohnheitsrechte» aufzuräumen, das noch immer bestehe, obwohl allen Menschen das gleiche Rechtsgefühl innewohne, eine Tatsache, die bestehen bliebe, auch wenn ein Helvétius sie nicht anerkennen wolle.

Babeuf zeigt sich nicht recht überzeugt. Er kenne den *Code Frédéric* nicht, aber er wolle Dubois aufs Wort glauben, daß er eine sehr gute Gesetzessammlung sei. Vermutlich aber weise auch dieser Code, und zwar nicht nur in den Kapiteln über Jagd und Fischfang, einen grundlegenden Fehler auf. Der König werde wohl kaum in bezug auf den Grundbesitz ein anderes Prinzip aufgestellt haben, als dies, daß alles, was die Erde enthalte und hervorbringe, Eigentum des Staates sei, der in der Person des Monarchen seinen rechtlichen Ausdruck finde. Also könne niemand ohne dessen Einwilligung, oder ohne ihm für die Überlassung einen Tribut in Form von Steuern zu entrichten, einen Fußbreit seines Bodens besitzen.

Nein, das Preußische Landrecht verkörpert sicher nicht das, was sich Babeuf unter einer Reform der Gesetzgebung vorstellt.

5

Fragen der Landverteilung und des Eigentums an Grund und Boden beschäftigen Babeuf seit langem. Schon im März 1787 hat er, unter der unverfänglichen Form von Vorschlägen für die alljährliche Preisfrage der Akademie, einige Themen gestellt, die dies klar beweisen, mag er sie Dubois gegenüber auch vorsichtig als Hirngespinste bezeichnen.

Die entscheidende Frage – die beiden anderen beziehen sich auf die Dreifelderwirtschaft und das Katasterwesen – lautet: «Welches wäre wohl – die Summe aller gegenwärtigen Erkenntnisse vorausgesetzt – der Zustand eines Volkes, dessen soziale Einrichtungen so beschaffen wären, daß zwischen allen Menschen ohne Unterschied die vollkommenste Gleichheit herrschte; daß der Boden dort niemand allein, sondern allen gehörte; daß schließlich allen alles gemeinsam wäre, die Erzeugnisse des Gewerbefleißes nicht ausgenommen. Fänden solche Einrichtungen eine Stütze im Naturrecht? Sollte es möglich sein, daß eine solche Gesellschaft Bestand hätte, ja sogar, daß es Mittel gäbe, um eine völlig gleiche Aufteilung durchzuführen?»

Dubois begnügt sich in seiner Antwort mit einigen nichtssagenden Phrasen. Er findet die dritte Frage sehr bedeutend, geeignet, zu gegebener Zeit auf eine zufriedenstellende Weise beantwortet zu werden. Das ist alles.

Babeuf scheint sich damit abzufinden, denn inzwischen hat Dubois einen Fragenkomplex angeschnitten, den Babeuf mit größter Aufmerksamkeit verfolgt, seit er durch ihn im vergangenen Oktober von der Existenz einer «äußerst ungewöhnlichen und originellen Broschüre» vernahm, die geheimnisvoll genug *Der Vorläufer der Änderung der gesamten Welt* betitelt ist.

Nach einigem Zögern und nachdem Babeuf ihn um Einzelheiten gebeten hat, kommt Dubois nicht weniger als siebenmal auf den *Vorläufer* zurück. Das ganze ist, gegen des Thomas Morus *Utopia* oder Platons *Republik* gehalten, eine platte Abwandlung des alten Märchens vom Schlaraffenland, ein Traum in der Art des Rabelais. Einem Dubois, der auf Fosseux in seinem eigenen Schlaraffenland sitzt, mögen diese Träume nur ein ironisch gefärbtes Vergnügen bereitet haben.

Ganz anders bei Babeuf. Er verschlingt gierig diese Utopien eines geträumten Wohlstandes für alle, er begeistert sich mit dem Verfasser für Rohkost-Frühstücke und Einfamilienhäuser und für den Bau der zukünftigen Städte, Dörfer und Weiler, deren Plan im vornhinein entworfen wird, aber er äußert sich nicht dazu. Er schweigt bewußt, um Dubois, der den Spaß so gelungen findet, daß er vorschlägt, der Verfasser solle auch noch ein Mittel erfinden, das Leben zu verlängern, damit man so schöne Dinge in Muße genießen könne, durch seinen Ernst nicht vorzeitig abzuschrecken und sich damit diese kostbare Quelle der Mitteilungen zu verstopfen.

Wie der Weise in dem Gedicht Le Gays, der , um an sein Ziel zu gelangen, «auf geheimen Pfaden wandelt», hält auch Babeuf mit seiner wahren Meinung zurück.

Endlich, am 8. Juli, bricht er sein Schweigen. Sein Schreiben gleicht dem Ausbruch eines Vulkans:

«Wie ich den Reformator liebe! Es ist sehr schade, daß er seine Mittel offen läßt [9]. Möge er bald genug Subskribenten haben, damit er uns hierüber aufkläre. Es ist sicher, daß sein Plan alle Gegenstände umfaßt, und ich sehe nicht, alles geprüft und all seine Anordnungen vorausgesetzt, daß es im Gesamtbereich der Gesellschaft ein anderes Verbrechen zu bestrafen gäbe als jenes, eine Gemeinschaftsarbeit zu versäumen [10]. Allerdings wäre dazu wohl nötig, daß die Könige ihre Kronen niederlegten und alle Personen von Rang und Stand ihre Würden, Stellen und Ämter. Nun, mir soll es nicht darauf ankommen. Um eine große Revolution zu bewirken, bedarf es großer Veränderungen . . .

Mir scheint, unser Reformator tut mehr als der Bürger von Genf, den ich manchmal als Träumer habe behandeln hören. Er träumte wirklich gut, aber unser Mann träumt besser. Beide behaupten, daß die Menschen, als einander völlig gleich, nichts für sich privat besitzen dürfen, sondern alles gemeinsam genießen sollen, und daß von Geburt an kein Mensch weder reicher noch ärmer, weder mehr noch weniger geachtet sein solle, als einer von denen, die ihn umgeben. Aber weit entfernt uns deshalb, wie Rousseau es will, in die Wälder zurückzuschicken, um uns unter einer Eiche zu sättigen, im erstbesten Bach unseren Durst stillen und uns unter der gleichen Eiche, die uns Nahrung gab, zur Ruhe begeben zu lassen, läßt unser Reformator uns täglich vier gute Mahlzeiten halten, kleidet uns sehr elegant und gibt jedem von uns Familienvätern ein entzückendes Haus im Werte von tausend Louisdor. Das heißt, die Annehmlichkeiten des Lebens in der Gemeinschaft mit denen des Naturzustandes gut verbunden zu haben.

Von mir aus, bravo! Ich bin entschlossen, als einer der ersten Auswanderer in die neue Republik zu ziehen. Ich will mich gerne den dort herrschenden Gepflogenheiten fügen, sofern ich dort glücklich, zufrieden und ohne Sorge über das Los meiner Kinder und mein eigenes leben kann. Und was meinen Stand anlangt, wäre ich entzückt, mich nicht mehr verächtlich behandelt zu sehen durch Leute, die eine angeblich höher geachtete Tätigkeit bei uns ausüben und mich durch ihre herablassenden Blicke meine Abhängigkeit fühlen lassen [11]; mir wird es nicht schwer fallen, mich auf gleichen Fuß mit meinem Friseur oder Schuhmacher zu stellen. So muß es in der Tat sein. Braucht man diese nützlichen Handwerker denn nicht notwendig? Wenn ihr Geschmack oder ihre natürlichen Anlagen sie eher zu diesen Berufen als zum Studium der Gesetze geführt haben, müssen sie deshalb in der Gesellschaft weniger Achtung genießen als jene, deren Neigung oder irgendwelche Fähigkeiten sie in die Behördenlaufbahn gebracht haben? Nicht jedermann kann Beamter sein, und wer es geworden ist, hat vielleicht weniger Mühe dran gewandt als irgendein unglücklicher, von der Natur stiefmütterlich behandelter Arbeiter hatte, das einfachste Handwerk zu erlernen. Ist es seine Schuld, wenn er mit weniger glücklichen Anlagen zur Welt kam? Muß er deswegen schlechter gestellt sein, als wenn das Schicksal ihm die Fähigkeit, an der Spitze der Republik zu stehen, verliehen hätte? Er versteht nur zu stricken? Nun denn! Er wird

Strümpfe herstellen für Arbeiter und Köche, Weinbauern und Stofffabrikanten, Schuh- und Perückenmacher, für Maurer, Rechtsbeflissene und so weiter; und diese wiederum werden ihm das Brot und einen wohlbesetzten Tisch, dazu Wein, Kleider, Schuhe, Haarschnitt, Wohnung und Rechtsschutz zur Verfügung stellen. Das gleiche wird wechselseitig für alle Berufe gelten, und wie ich hoffe, wird auf diese Weise jedermann völlig zufrieden sein.»

Endlich ist alles gesagt. Der Vulkan hat sich geöffnet, hat kochende Lava und glühende Steine ausgespien – nun liegt er wieder still und nichts verrät, was in seinem Innern vorgeht.

Seit diesem Brief mag Dubois ein unbestimmtes Gefühl des Unbehagens gegenüber seinem Korrespondenten in Roye nicht mehr losgeworden sein. Als sich Babeuf im November 1786 als «Anhänger eines sehr bekannten Systems, das seinen Ursprung aus der Idee vom sozialen Glück herleitet», zu erkennen gab, hatte Dubois darin vermutlich nichts weiter als ein bloßes Spiel mit Worten gesehen. Jetzt, nach Babeufs Schreiben vom 8. Juli, kann Dubois nicht umhin, zu erkennen, daß dieser junge Mann aus Roye bereit sein könnte, mit seinen Ansichten Ernst zu machen. Sofort bekommt er es mit der Angst. In spürbarer Verlegenheit beeilt er sich, am 23. Juli die Aussprache über das heikel gewordene Thema zu beenden. «Ich habe aufmerksam Ihre Überlegungen über die verschiedenen Projekte, die ich Ihnen mitgeteilt habe, verfolgt. Leider ist gerade jenes, das Ihnen am ehesten gefallen würde, nicht durchführbar, und je mehr man darüber nachdenkt, um so mehr sieht man, daß es nur ein Traum ist. Wie schade! Aber wir hätten das Paradies auf Erden und dazu sind wir nicht geschaffen.»

Dazu sind wir nicht geschaffen. Mag denn Babeuf seine Hoffnungen begraben. Doch der schweigt sich aus. Seit diesem Tage wird der Briefwechsel mit Dubois für ihn zu einer Last, einer Verpflichtung, der er sich nur noch unwillig unterzieht. Babeuf ist der leeren Förmlichkeiten müde, und Dubois hat bald Grund, ihm die Kürze seiner Antworten vorzuwerfen. Er will in Zukunft weniger schreiben. Il faut de la discrétion. Zurückhaltung tut not.

Zwar nimmt er diese Einschränkung in einem Postskriptum des gleichen Briefes zurück, doch die Sache, einmal ausgesprochen, bleibt richtig und wird sich nicht mehr ändern. Von nun an müssen Geschäftsreisen, beruflicher Ärger und sein schlechter Gesundheitszustand dazu herhalten, die Verzögerungen von Babeufs Seite zu erklären.

«Ich bin nicht der Kräftigste», gesteht er Dubois am 25. Juli. «Ich gestehe, daß soviel Arbeit auf einmal mich erschreckt. Sie haben mir auch soviel Dinge zu beantworten gegeben! Aber macht nichts, nur Mut, und klopfen wir uns die Flanken. Wenn wir müde sind, hoffe ich, daß uns erlaubt sein wird, Atem zu schöpfen. Wer langsam geht, kommt auch ans Ziel, sagt ein Sprichtwort.»

Ungeachtet dieser guten Vorsätze spürt Dubois sehr wohl, daß Babeuf in seinen Antworten matter und matter wird. Um ihn wieder in Gang zu bringen, schlägt er ihm, wenn auch mit einigem Zögern, eine galante *folie à la Restif* vor. Babeuf solle einer Dame in Roye einen Brief von Dubois übermitteln und als «Konfident» an diesem Briefwechsel zwischen einander Unbekannten teilnehmen. Babeuf hat keine Bedenken, auf diesen Scherz im Geiste der Rosati einzugehen. Aber ach, die Dame, «die aufgeweckteste der Damen von Roye», antwortet nicht, und Dubois muß betrübt feststellen, ihrer beider Eigenliebe habe einen Stoß erlitten. Aber aufhängen werden wir uns deshalb nicht, schließt er spöttisch.

Trotz dieses Anlaufs scheut der Gaul vor der Hürde, will es nicht mehr recht vorwärts gehen. Wenn Babeuf überhaupt noch ernsthaft zu antworten geruht, so nur dann, wenn es sich um Fragen handelt, die ihm aus seinem eigenen Bereich vertraut sind. Als Dubois bei ihm anfragt, ob seiner Auffassung nach der Grad der Vervollkommnung in der Landwirtschaft noch eine Steigerung zulasse und ob die modernen Methoden das Land zu bestellen, denen im alten Rom überlegen seien, antwortet er umgehend und mit unverkennbarem Ernst.

«Nur die Praxis vermag die Theorie zu vervollkommnen. Darüber hinaus wäre es sicherlich wünschenswert, daß alle, die bei uns den Konsuln in Rom und den herkömmlichen Heroen verglichen werden könnten, einmal in die Lage kämen, ihre oft erbarmungslosen und fast immer unnützen Hände ... auf den Pflug zu stützen. Sie würden dabei lernen, die Rechte des unglücklichen Bauern besser zu achten.»

Nach diesem Ausfall, der zeigt, daß die Schärfe der Kritik bei Babeuf bereits beachtliche Fortschritte gemacht hat, wendet er sich der Frage der Erfindungen und Verbesserungen im Bereich der Landwirtschaft zu. Trotz aller Fortschritte gebe es auf diesem Gebiet noch viel zu tun. «Wieviel Entdeckungen bleiben nicht vergraben und sterben, sozusagen alsbald nach ihrer Geburt? Ein Landwirt erfindet ein gutes Verfahren, er macht allein davon Gebrauch; seine Nachbarn, oftmals Sklaven des Vorurteils, verschmähen es oder sind zu beschränkt oder zu wenig unternehmend, um einige kleine Schwierigkeiten zu überwinden, die sich der Ausführung entgegenstellen. Der Erfinder versucht überhaupt nicht seine Entdeckung zu verbreiten. Sie endet mit ihm, und das ist der Grund, warum sich der Fortschritt in beinahe allen handwerklichen Berufen nur langsam durchsetzt. Wäre es nicht ein gutes Gesetz, das jeden Bürger verpflichtete, der Gesellschaft die gleichen Dienste zu leisten, die er von ihr empfangen hat, das heißt, ihr alle Entdeckungen darzubringen, die er machen könnte?»

Aber derartige Schreiben sind nicht mehr die Regel. Babeuf ist am Rande der Erschöpfung; seine Müdigkeit läßt ihn bisweilen sogar die bisher sorgsam beachtete Höflichkeit vergessen.

Nun, da es zu Differenzen kommt, gewinnen ihre gegensätzlichen Auffassungen über das Wesen der Kritik entscheidende Bedeutung. Dubois ist der Mann der Diskussion, er will nicht aus Leidenschaft urteilen, und die bittersten Kritiken sind für ihn oft nur ein Beweis der Mittelmäßigkeit. Ganz anders Babeuf, der offen schreibt, daß die kleinen Talente mehr zur Bewunderung als zum Tadel neigten (was Dubois ohne Schwierigkeit auf sich beziehen kann), und der wie Mably denkt, daß die geistig Beschränkten immer am Ziel der Wissenschaft, mit der sie sich die Zeit vertrieben, angelangt zu sein glaubten; daß es gerade ein Zeichen von Geist sei, wenn man umgekehrt imstande sei, den Weg zu ermessen, der noch vor einem liege.

Zu einer weiteren Verstimmung mag auch Dubois' Verhalten bei einer der seltenen Gelegenheiten, in denen Babeuf ihn um eine Gefälligkeit anging, beigetragen haben. Dieser schreibt ihm im März 1787, er habe «von jemand aus seinem Bekanntenkreis» eine Broschüre *De la Constitution du Corps militaire en France* erhalten, die er in der Anlage beifüge. Sein Bekannter habe ihn gebeten bei Dubois anzufragen, ob dieser bereit sei, den Vertrieb der Broschüre, der in Paris auf Schwierigkeiten stoße, für Arras und Umgebung in die Hand zu nehmen.

In seiner Antwort zeigt sich Dubois von diesem Angebot wenig erbaut. «Es ist mir nicht möglich gewesen», schreibt er kurz und bündig, «hier jemand ausfindig zu machen, der bereit gewesen wäre, den Vertrieb der mir übersandten Broschüre zu übernehmen.

Alle Buchhändler unserer Stadt fürchten Scherereien mit der Polizei, und ich, in meiner amtlichen Eigenschaft als Stadtschöffe, kann es mir schon gar nicht leisten, mich zum Verteiler einer Schrift zu machen, in der die Regierung nicht schlecht angegriffen wird. Abgesehen davon halte ich sie für eine sehr gut gemachte, ausgezeichnet geschriebene und fesselnde Arbeit. Mir läge viel daran, den Verfasser kennenzulernen, der ganz sicher ein Mann von Geist und Verdienst ist. Ich lasse Ihnen in der Anlage das mir übersandte Exemplar wieder zugehen . . .»

So gibt es zwischen ihnen des Zündstoffes bereits genug. Aber Dubois ist zäh und nicht leicht abzuschütteln. Unermüdlich überschüttet er seinen Korrespondenten mit immer neuen Fragen. Er will Babeufs Meinung über die Elektrizität, den Mesmerismus und Magnetismus kennenlernen, «von denen man viel zu viel Lärm macht. Sie haben unzählige Anhänger, und man hat dafür und dagegen geschrieben». Wie stehe es nun wirklich damit? Und welche Erklärung halte Babeuf bereit, ihm die dunkle Hautfarbe der Neger zu erklären? Dubois meint, es müsse «interessant» sein, die Quelle des Luxus zu entdecken und zugleich das Heilmittel dagegen. Er erkundigt sich nach den Pfarreien und religiösen Niederlassungen in Roye, er möchte von Babeuf die Namen der dort ansässigen Ärzte und Chirurgen erfahren und darüber hinaus die Namen aller Personen, die sich aus Liebhaberei oder von Berufs wegen mit Kunst und Wissenschaft befassen.

Babeufs Antwort vom 5. September ist ein einziger Ausbruch seines lange angestauten Unwillens. Zwar beantwortet er die Frage nach den kirchlichen Einrichtungen in Roye ohne Umschweife, wenn auch völlig ohne Kommentar, aber dann geht der Ärger mit ihm durch. Er macht Dubois klar, welche Rücksichstlosigkeit, welch «ein barbarisches Vergnügen» es sei, einem Menschen, der sich vor Erschöpfung kaum aufrecht halten könne, eine solche Mühe aufzuhalsen wie die, über die Ursachen des Luxus Betrachtungen anzustellen. Er habe weder politische Geschichte noch Kulturgeschichte studiert, und er ziehe es vor, seine Unwissenheit einzugestehen, als sich aus falscher Eigenliebe lächerlich zu machen.

Aber dann reißt ihn der Gegenstand fort, und er macht beinahe wider Willen einige Bemerkungen, die zeigen, daß er sehr wohl den Kern der Sache erfaßt hat. Habe man nicht die Nachteile des Luxus ein wenig übertrieben? Wer seien denn die Hauptvertreter des

Luxus? Keineswegs doch die Landbevölkerung, unter der er wirklich große Unordnung hervorrufen könne. Den Müßiggängern in der Stadt lasse man ihren Luxus, zumal er einer Unmenge von Handwerkern und Händlern etwas zu verdienen gebe.

Doch Babeuf hat noch mehr auf dem Herzen. «Warum die Neger, Neger sind? Das sind mir böhmische Dörfer. Schon in meinem letzten Schreiben bat ich Sie, mich mit solchen Fragen zu verschonen. Warum sind die Neger schwarz? Wirklich eine einzigartige Frage. Warum sind die Europäer weiß? Warum gibt es fünfzig verschiedene Hunderassen? Warum gibt es in der Natur keine zwei Wesen, die sich vollkommen ähnlich sind? Warum, warum, warum? Mir scheint, weil es der Schöpfer so gewollt hat... Ein schwarzer Kater und eine weiße Katze erzeugen schwarzweiß gefleckte Junge. Das ist vielleicht nicht völlig im Einklang mit der Schöpfungsgeschichte, aber man findet heutzutage viele Leute, die nicht mehr an die Genesis glauben.»

Und nun zur Elektrizität, zum Magnetismus! «Man sagt wohl mit Recht, gibt man den kleinen Finger, nimmt man die ganze Hand!» Das wäre doch wohl zuviel verlangt, wenn man erwarte, er solle sich auch noch über den abgestandenen Mesmerismus äußern. Nur zwei Worte darüber. «Ich war immer der Ansicht, der Magnetismus sei allenfalls im Stande, die Leiden zu heilen, die man nicht hatte.»

Diesem Ausbruch folgt eine Pause von mehr als zwei Monaten. Erst im November läßt Dubois wieder von sich hören. «Ich erwarte mit großer Ungeduld Ihre Nachrichten, weil mir nichts mehr am Herzen liegt, als einen Briefwechsel neu anzuknüpfen, der mir so wertvoll ist...»

Babeuf dankt höflich; doch die einmal ins Stocken geratene Mitteilsamkeit will nicht mehr in Fluß kommen. Berufliche Schwierigkeiten und häusliches Unglück, wie der Tod seiner Tochter Catherine-Adélaide, kommen hinzu, um Babeuf jede Lust zu nehmen, eine zeitraubende und für ihn wenig ersprießliche Korrespondenz fortzusetzen. Er hat wichtigeres zu tun – und er läßt es Dubois deutlich merken – als auf läppische Fragen ernsthaft zu antworten oder sich Gedanken darüber zu machen, ob zwischen einem Poeten und einem Prosaisten ein größerer Unterschied bestehe als zwischen Poesie und Prosa.

Denn Babeuf ist inzwischen über Dubois hinausgewachsen. Das Elend seiner jungen Jahre, seine beruflichen Erfahrungen mit der

Feudalherrschaft auf dem Lande und mit den Behörden der kleinen Stadt, in der er lebt, der enge tägliche Umgang mit den picardischen Bauern, Handwerkern und Tagelöhnern, haben seinen Charakter geprägt und das Bewußtsein des eigenen Wertes in ihm geweckt.

Im Februar mahnt Dubois den saumseligen Briefschreiber: seine Beilagen seien nur geliehen und nicht geschenkt. Doch was hilfts? Babeuf stellt sich taub. So schleppt sich der einseitig gewordene Briefwechsel noch bis zu jenem 11. März 1788, an dem Dubois vier unbeantwortet gebliebene Sendungen reklamiert und zugleich in aller Form um die Rückgabe der Beilagen ersucht. «Wenn Ihr Gesundheitszustand oder Ihre Geschäfte es nicht erlauben, mir zu antworten, schicken Sie alles ohne Begleitbrief zurück. Sie können mir zu einem gelegeneren Zeitpunkt schreiben.»

Das ist der Abschied in optima forma. Dubois zieht sich grollend zurück. Er wird nie wieder eine Zeile an Babeuf richten.

Der Briefwechsel endet in mürrischem Schweigen.

6

Die ersten Versuche, sich als Schriftsteller zu betätigen, liegen zwei Jahre zurück. Ein Werbeprospekt für den *Archiviste-Terriste* trägt das Datum des 30. Oktober 1786. Dubois erwähnt ihn im Januar des nächsten Jahres auf einer Akademiesitzung und setzt ins Protokoll, es handele sich um ein Werk von großem Nutzen und einen sehr talentierten Verfasser.

Babeuf, durch Lob nicht verwöhnt, zeigt sich stark beeindruckt. Derart ermutigt, wagt er Dubois zu bitten, er möge gestatten, daß die Briefe seines Zensors, der über den Druck des Werkes zu entscheiden habe, über die Anschrift der Akademie, also portofrei, an ihn gelangten. Doch Dubois lehnt ab; er habe vom Intendanten der Provinz nur für seine eigene Korrespondenz Portofreiheit erhalten und könne daher loyalerweise andere Personen nicht daran teilnehmen lassen.

Obendrein scheint Babeuf bald das Interesse am *Archiviste-Terriste* verloren zu haben. Er selbst bezeichnet ihn als «eine einfache Materialsammlung ohne viel Ordnung», und die verschiedenen Verzögerungen, die jede Zensur mit sich bringt, nehmen ihm vollends die Lust, die letzte Hand daran zu legen.

Das Werk bleibt, nicht zuletzt aus Mangel an Subskribenten, ungedruckt. Ein im gleichen Jahr veröffentlichtes Memorandum über die Auswertung der Lehensrechte erscheint ohne Angabe von Zeit und Ort und ohne den Namen des Verfassers. Babeuf verschickt es als Werbeschrift an die Gutsbesitzer im Santerre. Diesmal läßt der Erfolg nicht auf sich warten.

Von Schloß Framerville schreibt ihm der comte de Castéja einen überaus schmeichelhaften Brief, worin er Babeuf «richtiges und erprobtes Denken» attestiert und hinzufügt, er «beherrsche vollkommen den Stoff, den er behandele». Er würde sich glücklich schätzen, Babeufs Bekanntschaft zu machen. Auch Dubois zeigt sich beeindruckt. «Es wäre sehr zu wünschen», schreibt er aus Fosseux, «daß Ihre Methode überall befolgt würde; sie hätte die größten Vorteile zur Folge, aber die nützlichsten Dinge begegnen den größten Schwierigkeiten. Man hängt überall am bewährten Alten, und das Licht der Vernunft dringt kaum durch den Nebel der Voreingenommenheit.»

Er sagt Babeuf damit nichts Neues. In seiner Manuskript gebliebenen Abhandlung über die Unstimmigkeiten in den Besitztiteln der Lehensherrschaften, führt er bittere Klage über das Unverständnis, das man im allgemeinen neuen Ideen entgegenbringe. «Man behandelt alle als Neuerer und Systembesessene, deren Ideen sich über die der großen Menge erheben ... Die Mehrheit ist immer auf der Seite der Gewohnheit und der Unbeweglichkeit, sie ist unaufgeklärt, verkapselt, apathisch; selbst die aufgeklärten Köpfe dieser Mehrheit sind oft nicht weniger starr als jene träge; die einen, weil das Bessere ihrem Vorteil schaden könnte, die anderen einfach, weil es eine andere Art zu handeln oder zu sein darstellt. Das ist es, warum hervorragende Erfindungen, Methoden und nützliche Verfahren verschwinden, ohne sich durchgesetzt zu haben; das ist es, warum der Fortschritt Theorie bleibt, da man sich hütet, ihn in die Praxis umzusetzen. Die nicht voran wollen, sind immer die Feinde des Fortschritts, und unglücklicherweise ist es die große Masse, die sich hartnäckig versteift, auf der Stelle zu treten.»

Diese Erkenntnisse hindern Babeuf jedoch keineswegs, eine neue große Arbeit in Angriff zu nehmen, von der er Dubois Anfang Mai 1787, vor einer voraussichtlich «sehr kurzen Reise nach Paris», andeutungsweise schreibt, er hoffe, ihm in Kürze «ein Bruchstück dieser Arbeit, die ein sehr nützliches Thema behandelt», schicken zu können. Es ist die erste Erwähnung des *Cadastre*, dessen Entwurf er dem Generalintendanten der Finanzen, de Lessart, zur Prüfung einreicht.

Wenig später schreibt Babeuf hoffnungsvoll an Dubois, eine hohe und sehr unterrichtete Persönlichkeit habe sich nach einer Textprobe geäußert, das Werk sei unvergleichlich besser als alles, was du Tillet de Villars im Jahre 1781 und andere seitdem hierüber geschrieben hätten. Babeufs Arbeit solle einigen Mitgliedern des neuen Komitees im conseil des Finances unterbreitet werden. Dies sei das beste Mittel sie bekannt zu machen. Aber, fügt Babeuf ehrlich hinzu, seit einem Monat habe er nichts mehr davon gehört. Und er fragt Dubois, was er tun solle, wenn dieser Weg zu nichts Positivem führe. Vielleicht biete der Weg über die assemblées provinciales mehr Aussichten?

Dubois bleibt zurückhaltend. Als Babeuf ihm ein Exemplar seines Entwurfes übersendet, dankt er förmlich und bittet zugleich, von einer Übersendung des gesamten Manuskripts – das auf der Post verloren gehen könne – Abstand zu nehmen. Erst auf erneutes Drängen Babeufs entschließt er sich zu einer etwas bestimmteren Stellungnahme. Der kürzeste Weg wäre, es drucken zu lassen, «aber man druckt gegenwärtig so viel, daß dies ein Abgrund ist; kaum die besten Werke bleiben an der Oberfläche». Es den assemblées provinciales zu unterbreiten, scheine ihm ein langer und mühseliger Weg. Sein Vorschlag gehe dahin, es dem Intendanten der Picardie, «der die Wissenschaft liebt», vorzulegen.

Babeuf zögert nicht, diesen Rat zu befolgen. Doch der Intendant, d'Agay de Mutigny, geruht nicht zu antworten. Und da auch eine in den *Affiches de Picardie et d'Artois* erfolgte Ankündigung des *Précis* ohne Ergebnis bleibt, da sich nur wenig Subskribenten melden, die bereit sind, drei livres dafür anzulegen, sieht es ganz so aus, als sei jede Hoffnung darauf, das Buch gedruckt zu sehen, geschwunden.

Doch Babeuf hat bereits einen neuen Plan.

In Paris hat er eine wichtige Bekanntschaft geschlossen. Sein Bekannter heißt Jean-Pierre Audiffred. Dieser, von Beruf Kaufmann und Mathematiker – der Cousin Jacques nennt ihn einen ehrenwerten Handelsmann mit Kenntnissen und Einsichten – ist von der Manie besessen, die Menschheit mit nützlichen und einträglichen Erfindungen zu beglücken. Selbst kein produktiver Geist, erwirbt er die Arbeiten erfinderischer Köpfe, um sie zu vervollkommnen und auszuwerten.

Von Tyot, einem Mathematik-Professor der Akademie in Lyon, hatte Audiffred das «Geheimnis» der Konstruktion eines *Graphomètre-trigonométrique* erworben. Nachdem er selbst ein paar Jahre «mit der unermüdlichsten Ausdauer» daran gebastelt hat, scheint ihm der Graphometer schlechthin vollkommen. Es fehlt nur noch, diese Erfindung der Welt mitzuteilen, um sie von der Brauchbarkeit und Einmaligkeit seines Graphometers für die Landvermessung, für geographische Karten, ja selbst die Astronomie nicht ausgenommen, zu überzeugen.

So stehen die Dinge, als er im Mai Babeuf kennenlernt, der ein großes Werk über das Katasterwesen plant und nach Beziehungen sucht, die ihm bei dessen Drucklegung von Nutzen sein können.

Die beiden Pläneschmiede treffen sich auf halbem Wege. Für Babeuf ist Audiffred ein Mensch, der bedeutende Erfindungen zum Wohle der Menschheit gemacht hat und der sich, da er persönlich zu bescheiden und wohl auch zu wenig geschmeidig ist, nicht hat durchsetzen können. Audiffred sei nur Wissenschaftler und Gelehrter, er sei ausschließlich mit seinen Erfindungen beschäftigt und könne weder in Wort noch Schrift von sich reden machen. Aber nun, da er mit Babeuf Bekanntschaft geschlossen habe, solle dies anders werden.

Nach Roye zurückgekehrt, schreibt Babeuf einen langen, begeisterten Brief an Dubois, der von nichts anderem als dem Graphometer handelt, «einem Instrument von der allergrößten Bedeutung».

Er traue sich sehr wohl zu, hierüber ein Urteil abzugeben, sei er doch selbst lange genug mit Latte und Meßpfählen über die Felder gegangen. Zudem habe er sich nicht mit der Theorie begnügt. Vor der Stadt, auf den Champs-Elysées, habe er «in Gegenwart einer Menge von Zuschauern», worunter auch «Sachverständige» gewesen seien, die praktische Verwendbarkeit des Graphometers erprobt. Mit diesem Instrument könne man «allein die gleiche Arbeit an einem Tage ausführen, zu der man mit den gewöhnlichen Hilfsmitteln fünf Leute benötigt».

Babeuf verspricht für später eine ausführliche Analyse des Wunderwerks, doch Dubois zeigt sich wenig beeindruckt und antwortet mit spürbarer Skepsis, ihm scheine die Erfindung sehr nützlich. Und als Babeuf, der bei Gelegenheit seine picardische Starrköpfigkeit sehr wohl einzusetzen weiß, nicht locker läßt und ihn bekniet, er möge die Akademie zu einem Gutachten über den Graphometer veranlassen, verschanzt sich Dubois hinter offenen Ausflüchten. Zunächst einmal sei die Akademie in Ferien; sodann gehöre ein Gutachten dieser Art — obwohl sich die Akademie auch mit wissenschaftlichen Fragen befasse — streng genommen nicht zu ihren Aufgaben.

Babeuf nimmt die Ablehnung nicht weiter tragisch. Im Grunde hat er nichts anderes erwartet. Er wird das Manuskript seines *Cadastre* noch einmal überarbeiten und versuchen, auch den Graphometer des Monsieur Audiffred darin unterzubringen.

7

Die Geschäfte gehen mal gut, mal schlecht. 1785 kann sich Babeuf mit seiner Wohnung und den Geschäftsräumen in einem der besten Stadtviertel von Roye, in der rue de Paris, niederlassen. Im September 1787 sitzt er so auf dem Trockenen, daß er einen Verwandten in Noyon um Hilfe angehen muß. «Es ist nicht ein Pfennig Geld im Hause», je suis exactement sans le sou, schreibt er ihm, nachts um elf Uhr, während alles im Hause schläft.

Bereits ein halbes Jahr später scheint alles zum Besten gewandt. Babeuf kann mit seinen gewohnten Helfern die Arbeit nicht bewältigen und muß Aushilfen beschäftigen.

Das Auf und Ab seiner wirtschaftlichen Lage ist ein getreues Spiegelbild des Hin und Her der politischen Entwicklung. Ein «plötzlicher und ungeheuerlicher Umschwung aller administrativen Gewohnheiten» geht als Schrittmacher der politischen Revolution voraus.

So erscheint es verständlich, daß alle, die Grund und Boden besitzen, mehr denn je darauf aus sind, ihre Rechte geltend zu machen und sie beglaubigen zu lassen. Daher die Konjunktur in diesem Beruf, der bald keiner mehr sein wird. Doch so sehr man sich auch beeilt, die Dienste der Sachverständigen in Fragen des Feudalrechts in Anspruch zu nehmen, so wenig Eifer zeigt man, sie für die geleistete Arbeit zu bezahlen. In der sicheren Überzeugung, bei dem kostspieligen und langwierigen Gerichtsverfahren immer im Vorteil zu sein, fechten die Privilegierten die mit den Feudisten geschlossenen Verträge an, finden sie hundert Schikanen, um sich ihren Verpflichtungen zu entziehen und durch das Mittel der Verzögerung zu erreichen, die vereinbarten Honorare um die Hälfte und noch mehr zu verringern.

Schon mit dem Prior von Saint-Taurin hat Babeuf diese Erfahrung machen müssen. Nach sechs vollen Monaten, die er mitsamt seiner Equipe ausschließlich daran gewandt hatte, alle feudalen Besitztitel des Priorats zu ermitteln, zu analysieren und ihrem Umfang nach festzustellen, will der Prior, als es ans Zahlen geht, den vereinbarten Betrag nicht erlegen, und Babeuf kommt erst nach endlosen Verhandlungen und Protesten zu seinem Geld [12].

Weit verhängnisvoller als in diesem Fall, bei dem es Babeuf gelingt, wenn schon nicht ungeschoren, so doch einigermaßen heil davonzukommen, wirkt sich für ihn seine Geschäftsverbindung zu dem marquis de Soyecourt aus. «Ein abgewirtschafteter Höfling, der niemand bezahlte, selbst nicht die Gastwirte, bei denen er abstieg, obwohl er ungeheure Besitzungen sein Eigentum nannte», bemerkt Babeuf über seinen hochgestellten Auftraggeber, als es zur Umkehr zu spät ist.

Ihre Beziehungen reichen zurück bis in das Jahr 1783. Damals hatte Babeuf dem marquis in einem überaus unterwürfigen Schreiben das Angebot unterbreitet, sich um dessen Feudalgerechtsame zu kümmern, da er zu seinem Bedauern erfahren habe, daß «die Grundbücher Ihres erhabenen Hauses gänzlich vernachlässigt» seien.

Der marquis nimmt das Angebot an, und Babeuf macht sich an die überaus schwierige und umfangreiche Aufgabe, in die verwikkelten Eigentumsverhältnisse auf den zahlreichen Besitzungen der Soyecourt Ordnung zu bringen. Dabei kommt es nicht selten zu Karambolagen mit dem seit langen Jahren mit der Verwaltung des adligen Familienbesitzes betrauten Personenkreise, und die Bourlon, Thocquenne und Billecocq, die nicht ohne Grund ihre Pfründen durch Babeuf gefährdet sehen, bemühen sich bald mit vereinten Kräften, den unbequemen Eindringling zu entfernen.

Der marquis muß sich wiederholt vermittelnd einschalten, um zwischen seinen «Hausoffizieren» und Babeuf, der es ablehnt, sich mit ihnen auf eine Stufe zu stellen, Frieden zu stiften. Auch muß er Babeuf, der gelegentlich gar zu großspurig mit der adligen Klientel seines Arbeitgebers umspringt, zur Mäßigung mahnen.

«Es dürfte», belehrt der marquis seinen Feudisten, «nicht angebracht sein, im gleichen Stil an einen Dorfpfarrer wie an den duc de Mailly in seiner Eigenschaft als Patron einer Gemeinde zu schreiben. Zum Beispiel haben Sie kein Recht, den ersteren zu bitten, Sie in Ihrem Hause in Roye aufzusuchen und dort seine Unterlagen vorzulegen. Sie dürfen ihn nur an den Hauptort meiner Besitzungen nach Tilloloy bestellen, und er kann es verweigern, sich dorthin zu begeben. Was den duc de Mailly anlangt, müssen Sie, wenn Sie in seiner Nähe oder in der gleichen Stadt sind, zu ihm gehen und keinesfalls ihm aufgeben, zu Ihnen zu kommen sowie ihn bitten, Ihnen seinen Bevollmächtigten mit den Unterlagen zu schicken. Falls es erforderlich ist ihm zu schreiben, muß man ihn bitten, einen Beauftragten mit Vollmacht zu schicken, aber niemals ihn bitten, zu Ihnen zu kommen. Dies sind Fragen der Lebensart, die Sie in Ihrem Alter nicht wissen können.»

Diese Zurechtweisung und Belehrung in Fragen des guten Tones, die widerspruchslos zu schlucken, Babeuf sicher nicht leichtgefallen ist, verdankt er den Billecocq, die dem marquis Berichte über das allzu selbstherrliche Vorgehen seines Bevollmächtigten zugehen ließen.

Die zwischen ihnen bestehende Animosität findet neue Nahrung, als der marquis, wie die Billecocq vermuten, auf Anraten Babeufs, einem Angehörigen des Clans eine einträgliche Pfründe, die Verwaltung der Seigneurie de Roye, mit der Begründung entzieht, dessen Geschäftsführung habe zu Beanstandungen Anlaß gegeben. Es brauchte nicht einmal soviel, sich den unversöhnlichen Haß dieser in Roye allmächtigen Sippschaft zuzuziehen.

Babeuf bekommt es nicht nur geschäftlich, sondern auch gesellschaftlich zu spüren, was es heißt, gegen das ungeschriebene Gesetz der angestammten Rechte der Dynastie Billecocq verstoßen zu haben. Sein Antrag, in die Freimaurerloge des Orient von Roye [13] aufgenommen zu werden, wird, trotzdem sein Freund, der einflußreiche Advokat Masson, sich für ihn einsetzt, zurückgewiesen. Auch ein zweiter Versuch, in diese Loge, der die gute Gesellschaft von Roye angehört, aufgenommen zu werden, zeitigt keinen besseren Erfolg. Großmeister der Loge ist ein Billecocq, und Babeuf muß einsehen, daß ihm die Tore der Loge, trotz aller Versicherungen künftigen Wohlverhaltens, verschlossen bleiben.

Weit schlimmer als dieser Mißerfolg sind die geschäftlichen Rückschläge, die ihm aus seiner Tätigkeit für den marquis de Soyecourt erwachsen. Seine Forderung an den marquis beläuft sich im Sommer 1787 auf rund 12 000 livres, von denen er schließlich, nachdem er sich in Bitten und Prozeßandrohungen erschöpft hat, gezwungen ist, im Oktober 2 370 livres als Abschlagszahlung anzunehmen.

Er nimmt die hundert Louisdor, um seine Angestellten bezahlen zu können und die dringendsten Schulden abzutragen; doch er ist ruiniert. Die Wohnung in der rue de Paris muß aufgegeben werden, und er muß froh sein, in der Arbeitervorstadt Saint-Gilles ein billiges Quartier zu finden. Kaum, daß er seine Möbel aus diesem Schiffbruch zu retten vermag.

Ein Jahr später, im November, ist er noch immer nicht aus diesen Schwierigkeiten heraus. «Ich bin gegenwärtig in einer schwierigen Lage», schreibt er an Galoppe d' Armancourt; «ich habe starke Außenstände, die ich nicht hereinbekomme. Ich muß nach Paris, um mit Monsieur de Soyecourt zu Rande zu kommen.» Und er bittet Galoppe, ihm ein a conto von 50 livres vorzuschießen.

Zu den finanziellen Kalamitäten treten mannigfache Sorgen familiärer Art. Im Juli 87 verbrennt sich sein Töchterchen Catherine beim Spielen und liegt vier Monate krank. Es ist herzzerreißend anzusehen, wie das kleine Wesen gegen den Tod ankämpft. «Wir glaubten aus dem Schlimmsten heraus zu sein», schreibt Babeuf dem Freunde Devin in Noyon, «als sie starb.»

Am 14. November wird sie auf dem Friedhof von Sankt-Peter in Roye beigesetzt. Babeufs Verzweiflung ist grenzenlos. Er erscheint wie geistesgestört, und die guten Bürger von Roye erzählen sich flüsternd, er trage das Herz seines Kindes in einer Kapsel auf der Brust mit sich herum.

Dubois kondoliert im Dezember mit gemessenen Worten und rät, in der Arbeit Trost gegen ein Unglück zu suchen, das nicht mehr gut zu machen sei. Babeuf dankt höflich für den guten Zuspruch, aber sein Schmerz um die geliebte Tochter klingt erst ab, als Marie im September 1788 wieder ein Mädchen zur Welt bringt, das in Erinnerung an die Tote die Namen Catherine-Adélaide-Sophie erhält.

Am 24. Januar des neuen Jahres, das mit klirrendem Frost und eisiger Kälte begonnen hat, erscheinen die Ausführungsbestimmungen für die bevorstehenden Wahlen zu den Etats généraux. Sie bringen eine große Überraschung. Die Regierung hat – statt der Provinzen und pays d'Etats – die aus grauer Vorzeit stammenden bailliages und sénéchaussées zu Wahlkreisen bestimmt. Die zu einem Wahlbezirk zusammengeschlossenen Gebiete Péronne, Montdidier und Roye sollen vier Deputierte zu den Generalständen entsenden, wogegen Péronne am 30. Januar heftig Einspruch erhebt, worauf ihre Zahl auf acht erhöht wird.

Trotz mancher Schönheitsfehler ist der Kreis der Wahlberechtigten denkbar weit gespannt. Nach Artikel 25 des *règlement* sind alle Angehörigen des dritten Standes, die in Frankreich geboren oder naturalisiert, ansässig und in die Steuerliste eingetragen sind, zur Mitwirkung an der Abfassung der Beschwerdehefte und zur Wahl der Abgeordneten zugelassen. Das ist fast das allgemeine Stimmrecht. Mit Ausnahme der Bettler, Vagabunden, Domestiken und notorischen Tagediebe ist jedermann zugelassen.

Die Versammlung des bailliage secondaire Roye leitet von Amts wegen der Gerichtspräsident des Bezirks, Louis-Charles Billecocq. Alle von Babeuf kommenden Anträge werden klipp und klar abgelehnt. In dieser von Advokaten, Notaren und Prokuratoren beherrschten Versammlung, unter den wohlhabenden Notabeln und Geschäftsinhabern der Stadt, ist Babeuf nichts als ein vorlauter Habenichts, der als Feudist ohnehin zur letzten Kategorie der gerade noch zur Wahl zugelassenen Bürger zählt[14]. Er hat das Recht Anträge zu stellen; Billecocq versteht es, sie entweder sofort ablehnen zu lassen oder durch Vertagung zu beerdigen.

Keiner seiner Anträge – über die Abschaffung der Lehen, über den Rückkauf des Grundzinses, den bürgerliche Besitzer adligen Landes dem Standesherren schulden, noch sein Eintreten für die Unterdrückung des Rechts der Erstgeburt und gegen die unnatürlich lange Ausdehnung der väterlichen Gewalt über die Kinder, findet die Zustimmung der Versammlung. Und wo Babeuf Anträge stellt, die der allgemeinen Zustimmung sicher sein können, wie über die Einheitssteuer oder eine Erziehung auf einheitlicher Grundlage, findet er andere, die beredter und wortgewandter als er, den Beifall der Versammlung einzuheimsen verstehen.

Babeuf bleibt nur übrig, es sich gesagt sein zu lassen. Er hat besseres vor als einen Kleinkrieg mit den Billecocq zu führen oder sich mit den Soyecourt und Konsorten wegen der ihm geschuldeten Gelder in unabsehbare Prozesse zu stürzen. «Die Revolution», schreibt er einige Jahre später in der Erinnerung an diese Zeit, «beschäftigte mich so ausschließlich, daß ich es vorzog, lieber alles aufzugeben, als meine Zeit mit Prozessen hinzubringen, die mir jeder meiner Auftraggeber statt der Bezahlung anbot, aus Haß darüber, daß ich mich mit vollen Segeln in die Revolution geworfen hatte [15].»

In seinem Kopf reifen bereits neue Pläne. Vor allem gilt es sein Buch, den *Cadastre perpétuel* fertigzustellen.

Denn der *Cadastre* wird, dessen ist er sicher, sein Beitrag zur Revolution.

8

Was ist ein Kataster?

Eine Bestandsaufnahme des Besitzes an Grund und Boden, nebst Schätzung ihres gewöhnlichen Ertrages. Soweit die landläufige Antwort, die mit aller Deutlichkeit besagt, daß der Kataster die Grundlage jeglicher Erhebung der Bodensteuer darstellt.

Um zu einer allgemeinen Erfassung des Bodenbesitzes zu gelangen, gibt es ein sehr einfaches Mittel: in jeder Pfarrei, ja in jedem Dorf, besteht ein Archiv, das die Besitzverhältnisse an Grund und Boden und die sich daraus ergebenden lehensrechtlichen Abgaben genau beschreibt, der *terrier*.

Doch der Gedanke, das Material, das diese Archive in ihrer Gesamtheit bieten, zur Grundlage der Bodenbesteuerung zu machen, liegt dem *ancien régime* völlig fern. Selbst in den cahiers finden sich nur ganz vereinzelt Vorschläge, den *terrier* als «eine Art Pfarrei-Kataster» zur genauen Festsetzung der Bodenbesteuerung heranzuziehen.

Condorcet, dem die Forderung nach Aufstellung eines allgemeinen Katasters sehr am Herzen liegt, kommt mehrfach darauf zurück: «Die Methode, einen Kataster nach Recht und Billigkeit anzufertigen, ist in unseren Tagen kaum bekannt. Derjenige, den Monsieur de Tourni im Limousin anfertigen ließ, wurde zu einer Quelle von Mißhelligkeiten, die ebenso groß waren wie die, die seine Aufstellung veranlaßt hatten.»

Dies ist der Punkt, an dem Babeuf einsetzt. Für die Aufstellung eines Katasters, wie er ihn sich vorstellt, bedarf es nicht nur gründlicher Kenntnisse. «Der wesentliche Punkt ist die fortschrittliche Einstellung» – l'homme parfaitement patriote –, also die Absicht, am allgemeinen Wohl mitzuarbeiten. «Natürlich ein wenig Geometer muß der Betreffende auch sein, wenn er einen Kataster aufstellen will, aber vor allem muß er mit den Verhältnissen auf dem Lande vertraut sein.»

«Nur die Praxis kann die Theorie vervollkommnen», hatte Babeuf an Dubois geschrieben, und auch hier bekennt er sich freimütig dazu, seine Erkenntnisse mit den Erfahrungen des täglichen Lebens in Einklang zu bringen. «Wir haben bemerkt, daß in den Heften, bei deren Redaktion der Einfluß der Bauern den Ausschlag gab, die besten Ansatzpunkte für die Verteilung der Steuern (auf dem flachen Lande) gegeben werden.» Das cahier der Bauern von Clamart-sous-Meudon sei der beste Beweis seiner Behauptung.

Die Kosten des großen Werkes, das nach Condorcets Ansicht nur auf der sicheren Grundlage einer allgemeinen Vermessung ausgeführt werden kann, würden gewöhnlich stark übertrieben, zumal mindestens zwei Drittel des Grundbesitzes in den *terriers* erfaßt seien. Gegenüber anderen, die die Kosten der Vermessung auf 50 sous je Morgen schätzten, kann Babeuf, auf eigene Erfahrung gestützt, nachweisen, daß sie nicht mehr als etwa 5 bis 8 sous je Morgen betragen.

Diese Kosten würden sich, worauf schon Condorcet verwiesen habe, allein durch die Verminderung der ständig auf Grund der unklaren Besitzverhältnisse geführten Prozesse mehr als bezahlt machen. Und triumphierend fügt Babeuf hinzu: «Als er sich so ausdrückte, behauptete Monsieur de Condorcet in keiner Weise von einem ‹immerwährenden Kataster› zu sprechen. Hätte er dazu die Idee gehabt, seine Verteidigung wäre doppelt so stark gewesen.»

Was also daraus schließen? Wenn der Kataster notwendig sei, und er sei dessen sicher, so solle man die Kosten nicht scheuen, die ein solches Werk erfordere. Man solle sich ans Werk machen und die Kosten, auf Heller und Pfennig berechnet, unter alle Grundbesitzer des Königreichs aufteilen, entsprechend dem Anteil den ein jeder an der Realsteuer zu tragen habe.

Doch wenn schon die einfache Forderung, alle Landbesitzer einschließlich der Privilegierten an den Kosten zur Erstellung eines Katasters gleichmäßig zu beteiligen, als Angriff auf die bestehende Ordnung gelten konnte, so mußte das sich daraus ergebende Verlangen nach einer gleichmäßigen Besteuerung des Landbesitzes wie ein revolutionäres Fanal wirken. «Der Staat muß für alle Staatsausgaben und -lasten die Mittel bereitstellen: ein unbestreitbares politisches Axiom; alle Vermögen müssen entsprechend ihrer Größe zur Bestreitung dieser Ausgaben beitragen: dies ist eine andere seit jeher bestehende Wahrheit, die so fühlbar ist, daß man überrascht sein muß, daß sie so lange von den einen in ihr Gegenteil verkehrt werden konnte, und daß die anderen dies so lange ohne Widerspruch hingenommen haben ...»

Aber Babeuf denkt nicht daran, etwa zum Steuerstreik aufzurufen. Er verteidige, unterstreicht er ausdrücklich, die «douce obligation» nach Kräften an den Staatslasten mitzutragen und mache sich zum Fürsprecher einer unbedingten Steuermoral. Aber gerade wegen der Steuerehrlichkeit sei er ein entschiedener Gegner jenes Egoismus, der die Reichen und Mächtigen in Stand setze, sich ihren Verpflichtungen dem Staat gegenüber zu entziehen. Er wolle keine lange Dissertation darüber schreiben, daß alle Grundbesitzer die gleiche Steuerlast tragen müßten. Es wäre absurd, die Reichsten am wenigsten und die Ärmsten am meisten zahlen zu lassen.

Was also tun? In seinem Vorwort zum *Cadastre* gibt Babeuf die Antwort: «Dieses Werk wird zur Einführung der Einheitssteuer – Contribution unique – beitragen ... Alles Eigentum soll erfaßt werden, denn je größer die Zahl derer, die eine Last tragen, um so kleiner das auf den einzelnen entfallende Gewicht; die gerechteste und genaueste Aufteilung soll erreicht werden, denn es ist ein tröstlicher Gedanke zu wissen, daß das, was man selbst zu tragen hat, haargenau dem entspricht, was alle anderen zu tragen haben.»

Damit ist das Zauberwort gefallen: Einheitssteuer.

Babeuf will die Einheitssteuer, unterteilt in je einen Zweig, der sowohl das bewegliche wie das unbewegliche Vermögen erfaßt. Den Immobilienbesitz zu erfassen, mache überhaupt keine Schwierigkeiten. Anders stehe es mit den beweglichen Vermögen. Der Vorschlag, jeden nach Maßgabe seines Wohnraumes zu besteuern, findet nicht seinen Beifall. Er entwickelt eine Methode, die völlig modern anmutet. In jedem Dorf und jedem städtischen Distrikt soll eine von der Provinzialversammlung ernannte Kommission die Steuererklärungen der einzelnen Bürger entgegennehmen. So wie sie sind, sollen sie zunächst bleiben nach dem Grundsatz «que la fraude ne se présume pas».

Dies aber – wie gesagt – nur zunächst. Anschließend sollen Kommissionen aus Vertretern der einzelnen Berufe zusammentreten; von ihnen wären nicht nur die allgemeinen Verhältnisse, sondern auch der offenkundige Lebensstandard jedes einzelnen zu beurteilen. Eine letzte Berichtigung werde dann auf der Generalversammlung jedes Dorfes oder Distrikts «über den Vermögensstand jedes einzelnen Bürgers» erfolgen.

Um die sich alljährlich im Steuergefälle ergebenden Veränderungen zu erfassen, brauche es geschultes Personal. Babeuf will hierzu Feldhüter, Geometer und Ingenieure heranziehen. Jeder dieser Beauftragten könne bei 280 Arbeitstagen im Jahr leicht einen Bereich von 140 Pfarrdörfern bewältigen.

Vor der Bestechlichkeit dieser Beamten wäre man dadurch gesichert, daß sie nicht selbst die Einziehung der veranlagten Steuern durchzuführen hätten. Dabei werde sich, wie bei allen Beschäftigungen, bei denen das Geld keine direkte Rolle spiele, zeigen, daß «wir im allgemeinen bemüht sind, unsere Pflichten ehrlich zu erfüllen, schon allein, um uns unsere Stellung zu erhalten».

Wie aber die Schätzung nach dem Bodenwert vornehmen? Die alten Kataster sehen vielfach – wenn sie überhaupt eine Klassifikation aufweisen – vier Gruppen vor: gut, mittel, schlecht und unbearbeitet. Babeuf ist gegen eine solche Schätzung des Ertragswertes. Er will statt dessen auf Grund der Marktpreise einen Durchschnittspreis errechnen. Die Prüfer sollen auf einer Gemeindeversammlung mit Stimmenmehrheit gewählt werden. Ihre Arbeit soll auf einer weiteren Versammlung überprüft und dann endgültig festgesetzt werden.

Babeuf besteht ausdrücklich darauf, diese Schätzung von Gemeindemitgliedern vornehmen zu lassen und keine fremden Parochialen, wie es du Tillet vorschlägt, heranzuziehen. Denn: das Vertrauen erweckt die Ehrlichkeit.

Ein weiterer Vorteil dieser alljährlichen Durchsicht und Kontrolle liege in der ständigen Anpassung der Katasterunterlagen an die wirklichen Verhältnisse. Was spielten demgegenüber Einwände angeblicher Sachverständiger, wonach der Umfang des Katasters sehr beträchtlich werden und ungeheure Papiermengen erfordern müsse, für eine Rolle? Babeuf appelliert an die vernünftigen und einsichtigen Menschen, wenn er fragt, ob es wohl besser sei, an Stelle seines Vorschlages alljährlich unzählige Steuereinnehmer zu besolden, die mechanisch die Steuerrollen des vergangenen Jahres ohne Rücksicht auf die inzwischen eingetretenen Veränderungen kopierten, und die folglich und unvermeidlich Ungerechtigkeiten begingen, die um so schlimmer würden, je weiter man sich von dem Zeitpunkt entferne, an dem die Veranlagung zu Recht bestanden habe.

Die Frage beantworte sich selbst. Doch die Zeit liege noch nicht weit zurück, da die grenzenlose Ergebenheit für die Sache des Gemeinwohls, die Babeuf für sich in Anspruch nimmt, nichts anderes bedeutete als «das gefährliche Treiben eines Neuerers»; da die «Ketten des Despotismus», die «Herrschaft der Vorurteile», jeden freien Gedanken hemmten, und in den meisten Menschen jeden Mut sich aufzulehnen, erstickten. Seitdem sei der Alpdruck der Vergangenheit gewichen. Eine glänzende Zukunft liege vor uns...

Plötzlich, als gebe er sich einen Ruck, wendet er sich dem Graphometer zu. Nach so vielen Druckseiten, die den Steuern und dem Kataster gewidmet sind, soll jetzt Audiffreds Erfindung zu ihrem Recht kommen. Doch statt «einer ganz eingehenden Beschreibung» begnügt Babeuf sich mit der Versicherung seiner Bereitschaft, an Hand des einzigen vorhandenen Modells, alle über die Vorteile der Arbeitsweise des Graphometers aufgestellten Behauptungen zu beweisen. Er rufe «alle unabhängigen freien Köpfe auf, sich selbst ein Bild von der neuen Erfindung zu machen. Wir erwarten nicht, unsere Richter in einer dieser verehrungswürdigen Anstalten zu finden, in denen man von dem Gedanken besessen ist, daß nützliche Ideen nur in ihren heiligen Hallen erzeugt werden. Jeder Akademiker kann für sich durchaus erträglich sein; aber Vereinigungen auf einer Grundlage aristokratischer Auslese sind es in ihrer Gesamtheit nicht und werden es niemals sein. Geschwollen von der närrischen Anmaßung, ausschließlich als wissenschaftliche Orakel zu gelten, nehmen sie für sich allein alle Früchte des Wissens in Anspruch...»

Nach dieser Abschweifung, die er seinen Erfahrungen mit Dubois und der Akademie von Arras schuldet, und seine Pflichtaufgabe gegenüber Audiffred erfüllt habend, beeilt sich Babeuf zum Schluß zu kommen. Welchen Zweck verfolge seine Arbeit? Er wolle die Mittel und Wege aufzeigen, die seiner Meinung nach allein imstande seien, die Ungleichheit im Steuerwesen zu beseitigen und «alle Franzosen im genauesten Verhältnis nach Maßgabe ihrer Möglichkeiten am Steueraufkommen teilnehmen zu lassen». Seine Studie sei der Gegenstand einer sehr gemäßigten Forderung des arbeitenden Volkes, das notabene ganz andere Forderungen stellen könnte, die vielleicht Erstaunen erregen würden.

Gleich Rousseau, der behauptet hatte, es sei dem Naturgesetz offensichtlich zuwider, «wenn eine Handvoll Leute im Überfluß ersticke, während die ausgehungerte Menge des Notwendigen entbehre», stellt sich Babeuf mit seinem Werk auf die Seite der Unterdrückten.

Was kann gegen die Armut geschehen? Noch geht Babeuf in seiner Antwort nicht wesentlich über Rousseau und Mably hinaus, ja er versichert ausdrücklich, nicht an die geheiligten Rechte des Eigentums rühren zu wollen. Das wesentliche Ziel seiner Arbeit bestehe darin, der Verwaltung die gangbarsten Wege aufgezeigt zu haben, um jederzeit und unter allen Umständen über ausreichende Mittel zu verfügen und für ewige Zeiten – PERPÉTUELLEMENT – die Steuergleichheit eines jeden Bürgers gesichert zu haben.

Doch damit ist die Frage nach dem, was gegen die Armut geschehen könne, noch keineswegs beantwortet. Der Arme, der Bürger, der überhaupt nichts besitzt, hätte keinen Anteil an einem solchen Fortschritt. Als getreuer Schüler Mablys erhebt Babeuf zwei Forderungen, die zeigen, daß er nicht gesonnen ist, sich mit bloßen Reformen innerhalb der bestehenden Gesellschaftsordnung zu begnügen. «Wer immer, eines mäßigen Wohlstandes in der Gesellschaft genießend, sich nicht damit genügen läßt, sollte als Räuber am Hab und Gut der anderen betrachtet werden.» Die Maxime ist klar. Was aber folgt daraus? Daraus folgt, schließt Babeuf, daß jeder, dessen Besitz unterhalb der allgemeinen Wohlstandsgrenze liege, das Recht haben müsse, wenn alles mit rechten Dingen zuginge, seinen Anteil an den Gütern dieser Welt zu fordern. Nicht um im Überfluß zu leben – wie es der *Vorläufer* träumte –, wohl aber, um zu einem sinnvollen Genügen zu gelangen.

Das wäre zu viel verlangt? Babeuf kann und will es nicht glauben.

II

Coupé

1

Am 17. Juli, drei Tage nach dem Sturm auf die Bastille, erreicht Babeuf das von brodelnder Erregung überquellende Paris. «Alles um mich herum», schreibt er seiner Frau, «ist in Bewegung, in einer solchen Gärung, daß man, selbst als Zeuge dessen was vorgeht, seinen Augen nicht traut.»

Die große Stadt, von der Restifs Vater Edme sehnsüchtig und bewundernd sagt, in ihr atme das Menschengeschlecht die kostbare und heilsame Luft der Gleichheit, wird seit Monaten von schweren Fieberanfällen geschüttelt. Seit dem 27. April, dem Tage des sac de la maison Réveillon, ist Paris nicht mehr zur Ruhe gekommen.

Der Herd der Unruhe liegt im Palais-Royal, «pêle-mêle du luxe et de la misère», von dem aus alles geschieht, die Flamme des Aufruhrs nicht mehr erlöschen zu lassen. Alles staut sich bei den Buchhändlern, um die neuesten Broschüren zu erstehen. In den Cafés Foy und Caveau werden hitzige Redeschlachten ausgetragen. Eine unübersehbare Menschenmenge strömt durch die Arkaden, die des Nachts, was als unerhörter Luxus gilt, durch Lampen erleuchtet werden.

Aber Paris ist nicht allein das Paris des Palais-Royal, die Stadt der glänzenden Läden und Geschäfte, der Beamten, Pensionäre und Kaufleute, es ist auch die Stadt der Arbeiter, deren Zahl sich im Laufe der letzten fünfzig Jahre mehr als verdoppelt hat. Auch die Vorstädte haben ihr Wort in die Waagschale zu werfen. Da ist hinter dem Stadthaus, zwischen dem Grève-Platz und der Bastille, der faubourg Saint-Antoine, der allein ein Zehntel der Einwohnerschaft umfaßt, darunter zu Zeiten 20 000 Arbeitslose. Da ist in der Nachbarschaft von Salpêtrière und Bicêtre der faubourg Saint-Marceau mit seinen geheimnisvollen Gäßchen der Glacière, in die selbst die Polizei nicht einzudringen wagt, mit seiner Bevölkerung der allerärmsten, bösartigsten und entschlossensten Einwohner von Paris. Aus diesen faubourgs kommen die Männer, die die Stadtverwaltung mit dem prévôt des marchands, den vier Schöffen und ihren 26 Räten hinwegfegen und durch ein *comité permanent* der Wahlmänner ersetzen, die die Waffenarsenale der Stadt und am 14. Juli die Bastille erstürmen.

Trotz dieser Erfolge begreift die in Bewegung geratene Masse sehr wohl, daß dem Fall dieser Festung vor allem symbolische Bedeutung zukommt und daß die wahre Entscheidung in dem seit Monaten anhaltenden Ringen noch aussteht. Während der König auf seinem Bittgang vom 17. Juli sich dem Volk mit der neuen dreifarbigen Kokarde geschmückt zeigt und auf dem Stadthaus einige vor Erregung unverständliche Worte stammelt, verharren die Massen ungerührt Gewehr bei Fuß, da Gerüchte über eine Verschwörung der Prinzen und ihrer Gefolgschaft nicht verstummen wollen.

«Die Wut des Volkes», schreibt Babeuf am 25. Juli seiner Frau, «ist längst nicht gestillt durch den Tod des Gouverneurs der Bastille und die Zerstörung dieses berüchtigten Gefängnisses; durch den Tod des prévôt des marchands, durch die Verzeihung, die Ludwig XVI. von seinen Untertanen zu erflehen kam, durch den Rückruf des Necker und der übrigen verabschiedeten Minister, durch den Abzug der Truppen; das Volk braucht eine ganz andere Sühne. Man will, sagt man, noch einige dreißig schuldige Köpfe fallen sehen.

Foulon, der Necker ersetzen sollte und der sich seit vier Tagen für tot erklären und einen Holzklotz statt seiner beerdigen ließ, wurde gestern verhaftet, aufs Rathaus geführt und im gleichen Augenblick, als er herauskam, gehängt. Sein Körper wurde durch die Straßen von Paris geschleift, dann in Stücke gerissen, sein Kopf auf einer Pike herumgetragen und zum faubourg Saint-Martin gebracht, um dort seinen Schwiegersohn, Bertier de Sauvigny, den Intendanten von Paris, zu erwarten, den man von Compiègne, wo er verhaftet wurde, heranführte und dem das gleiche Los wie seinem Schwiegervater zugedacht ist. Ich habe gesehen, wie man den Kopf des Schwiegervaters dem Schwiegersohn vorantrug, der unter Bewachung von mehr als tausend Bewaffneten anlangte. So blieb er, allen Blicken ausgesetzt, während des ganzen langen Weges durch den faubourg und die rue Saint-Martin, inmitten von zweihunderttausend Zuschauern, die ihn verwünschten und sich mit der Eskorte, die mit Trommelschlag daherzog, in Freudenausbrüchen ergingen [16]. Wie mir diese Freude zu Herzen ging! Ich war zu gleicher Zeit zufrieden und unzufrieden; ich sagte bald um so besser, bald um so schlimmer.

Ich verstehe, warum das Volk zur Selbstjustiz greift, ich billige diese Justiz, der durch die Vernichtung der Schuldigen Genüge geschieht; wie sollte sie heute nicht grausam sein? Die Hinrichtungen aller Art, das Vierteilen, die Folter, das Rad, der Scheiterhaufen, das Auspeitschen, der Galgen, die zahlreichen Henker überall, haben uns so verdorben. Die Herrschenden haben, statt uns zu erziehen, Barbaren aus uns gemacht, weil sie es selbst sind. Sie ernten und werden ernten, was sie gesät haben, denn all dies, meine Liebe, wird allem Anschein nach schreckliche Folgen haben; wir sind erst am Anfang. Du kannst diese Einzelheiten lesen lassen; gegenwärtig ist die Nation frei, und jedermann schreibt und sagt, was er will.»

Die grimmige Schadenfreude, mit der das Volk die Nachricht von dem gewaltsamen Ende der Spekulanten Bertier und Foulon aufnimmt, treibt das *comité permanent* zu fieberhafter Tätigkeit. Unter Leitung von Moreau de Saint-Méry, der «inmitten eines unbeschreiblichen Durcheinanders, unbeweglich wie ein Fels» ausharrt, arbeitet sein Ausschuß für Ernährung in Tag- und Nachtschichten, um Paris mit Lebensmitteln zu versorgen. Boten über Boten machen sich auf den Weg nach Versailles. Aber auch die Regierung weiß sich keinen Rat.

Die Schwierigkeiten in der Versorgung der Stadt lassen die Erinnerung an den Mehlkrieg, la guerre des farines, aufleben. Gerüchte wollen wissen, das unbotmäßige, mit Waffengewalt nicht zu beugende Paris solle nun durch den Hunger bezwungen werden. Die Behauptungen des chevalier Rutledge, der in Eingaben und Broschüren das Ministerium Necker und die hinter ihm stehenden Spekulanten für die wachsenden Schwierigkeiten der Versorgung verantwortlich macht, finden Eingang in immer weitere Kreise.

Babeuf kennt Rutledge, einen findigen Kopf und vielseitig begabten Mann, der es dennoch, wie es nicht selten geschieht, zu nichts bringen sollte, bereits seit seinem Aufenthalt in Paris vor zwei Jahren. Damals gab er eine Auswahl seiner Schriften an

Dubois weiter, wobei er hinzufügte, er schätze Rutledge als einen außerordentlich begabten Schriftsteller. Jetzt erneuern sie ihre Bekanntschaft und Babeuf lernt durch Rutledge nicht nur dessen Freunde im Distrikt der Cordeliers kennen, sondern findet durch ihn auch Zugang zu den Kreisen der Buchhändler und Verleger.

Einer von ihnen, Volland, übernimmt aus reiner Gefälligkeit den Druck einer Gelegenheitsarbeit Babeufs über *Die neue Unterscheidung der Stände,* die er, um den Absatz zu heben, unter dem populären Namen des Grafen Mirabeau veröffentlicht.

Darin setzt sich Babeuf polemisch mit Mirabeau auseinander, der am 10. August in der Nationalversammlung gefordert hatte, die Nation möge die in der Nacht vom 4. August beschlossene Abschaffung des Kirchenzehnten durch ein ihrer Würde entsprechendes Äquivalent ersetzen und die Diener der Kirche besolden. Als sich bei dem Wort besolden Mißfallensrufe hören ließen, habe Mirabeau ruhig hinzugefügt: «Jawohl, besolden. Ich kenne in der Gesellschaft nur drei Stände: Bettler, Diebe und Lohnempfänger.»

Babeuf sieht in dieser Äußerung einen Angriff auf das Prinzip der Gleichheit. Um die ihm teure Gleichheit, «Tochter des Himmels», zu verteidigen, greife er zur Feder. Aber sein Angriff ist nicht weiter ernst gemeint. Am Schluß leistet er Abbitte: «Ich war zu voreilig; Mirabeau ist unschuldig; ich widerrufe und werde versuchen, meinen Frieden mit ihm zu machen.»

Die kleine Schrift bleibt nahezu unbemerkt. Sie bringt Babeuf nicht einmal das erhoffte Dutzend Taler. Der Verkauf deckt gerade die Druckkosten.

Weniger Rücksichten als gegenüber Mirabeau und dessen grenzenloser Beliebtheit glaubt Babeuf in seiner Polemik mit Louchet, dem Herausgeber des *Journal de la Ville,* nehmen zu müssen. Dieser hatte in seinem Blatt geschrieben: «Der Generaldirektor der Finanzen ließ von seiten des Königs dem Ausschuß für Ernährungsfragen der *États Généraux* ein Memorandum zu dessen Unterrichtung zukommen», und sich mit diesem Rückfall in die Terminologie der Knechtseelen Babeufs ganzen Unwillen zugezogen.

«So also», bemerkt er in einer Zuschrift vom 16. August an den Redakteur des *Observateur* Feydel, «beginnt man schon wieder zu sprechen. Es ist immerhin gut, die jungen Leute zu warnen und auf die Gefahren aufmerksam zu machen, denen sie ihre Unerfahrenheit aussetzt. Sie, an Stelle Ihres Kollegen, hätten vielleicht noch gesagt: *Nationalversammlung* [17], ein unbedeutender Ausdruck und von einem aufreizenden Mißklang für viele Leser.» Und er rät dem noch jungen Redakteur, aus seiner, Babeufs, «alten Erfahrung», Vorteil zu ziehen und sich rechtzeitig der Zeit und den Umständen anzupassen, die offenbar eine Wiedergeburt der Herrschaft der Aristokratie erwarten ließen.

Allein über dem Vergnügen an dergleichen ironisch gefärbten Ausfällen vermag Babeuf keinen Augenblick die Schwierigkeiten der eigenen Lage zu vergessen. Unmittelbar nach seiner Ankunft in Paris sucht er Monsieur Maury, «einen Bruder des abscheulichen abbé Maury» auf, von dem er Geld zu bekommen hat und der ihn, statt zu zahlen, mit der Aussicht vertröstet, er werde ihm einen Auftrag für die Augustiner-Abtei Saint-Quentin-de-Beauvais zukommen lassen. Ein anderer Schuldner läßt sich erweichen und zahlt ihm 42 frs, von denen Babeuf dreißig an Marie schickt mit der Mahnung, sie wohl zu verwahren und niemand einen sou zu zahlen [18].

Mit Babeufs beruflichen Aussichten steht es ausgesprochen schlecht. «Ich habe Sorge», schreibt er nach Roye, «daß die Verzeichnisse über die Feudalabgaben und soviel andere Dinge, von denen man, was es mich auch kosten möge, gut tut sie über Bord zu werfen, zum Teufel sind. Alles, was ich höre, bestärkt mich darin, es zu glauben. Man sagt ganz offen, daß man keine Adligen, keine Herrschaften, keine Schlösser, keinen hohen Klerus mehr will. Man hat hundertmal recht, und ich stimme gern all diesen Änderungen zu; ich will sogar helfen, mit einem Fußtritt den Topf umzustürzen, aus dem meine Nahrung kommt; die Selbstsüchtigen werden mich für verrückt halten, aber das macht nichts.»

Wenig später kommt Babeuf darauf zurück. Er sieht ganz klar, daß er seinen Beruf an den Nagel hängen kann. Immerhin werde es fürs erste noch zu tun geben. Also sollen sein Bruder und der Gehilfe Wasse weiterarbeiten, als wenn alles beim alten wäre. «Da die Feudalgerechtsame ablösbar sind, sehe ich voraus, daß es auf lange Sicht Leute geben wird, die sie bezahlen, da sie nicht in der Lage sind sie abzulösen.» Darüber hinaus sei eine genaue Abgrenzung der Rechtstitel erforderlicher denn je, denn nur aus ihnen werde sich eine genaue Schätzung der abzulösenden Verpflichtungen herleiten lassen. Gegen die Erblichkeit der Feudallasten müsse ein Gesetz geschaffen werden, das den Grundherren zwinge, sich mit ihrer Abgeltung einverstanden zu erklären, damit eine Zeit komme, in der selbst die Erinnerung an «diese Unzahl von Dienstbarkeiten sich im Nichts verliert».

Um aber seiner Frau, die mit dergleichen theoretischen Erörterungen kaum etwas anzufangen weiß, ein wenig Mut zu machen, schreibt er ihr, «er sei beinahe sicher, eine Anstellung zu 800 frs zu bekommen». Allein schon wenige Tage später sieht er sich zu dem Geständnis genötigt, er fürchte, sich wohl oder übel an Audiffred um Hilfe wenden zu müssen, obschon er gute Gründe habe, dies solange als irgend möglich nicht zu tun. Einzig die Aussicht auf einige Einkünfte, die seiner Familie den dürftigsten Lebensunterhalt sichern würden, vermöge ihn von Zeit zu Zeit aus seinen düsteren Gedanken zu reißen.

Diese Aussichten, nach Babeufs Meinung «die allergünstigsten Auspizien», sollten sich bald verflüchtigen. Denn die Mitarbeit am *Courrier de l'Europe* des Monsieur de la Tour, der ihn mit der speziellen Aufgabe, die Londoner Korrespondenz zu bearbeiten, verpflichtet, erweist sich statt der erhofften Goldader als ein Schürfen in taubem Gestein.

Die Not zwingt Babeuf, zu seltsamen Ausflüchten seine Zuflucht zu nehmen. So schickt er seiner Frau den Entwurf eines Briefes, in dem von einer Zahlungsanweisung des abbé de Broglie an Babeuf in Höhe von 500 frs die Rede ist. Sein Bruder solle ihn abschreiben und mit ihrer Unterschrift versehen, an ihn zurücksenden. Diesen Brief wolle er Audiffred vorlegen, um daraufhin von ihm Geld leihen zu können.

In seinem mehr als bescheiden möblierten Zimmer bei Audiffred in der rue Quincampoix, hält es Babeuf, nach stundenlanger, hartnäckiger Arbeit am *Cadastre perpétuel*, dessen Vorrede er völlig umarbeitet, einfach nicht mehr aus. Ziellos streift er in diesen Wochen immer wieder durch die Straßen von Paris.

Eines Abends im September sieht er auf der Straße den marquis de Soyecourt in seinem Wagen vorbeifahren. Plötzlich kommt ihm der Gedanke, ihn anzusprechen. Er stürzt auf den Wagen zu. Der marquis, der ihn zunächst gar nicht erkennt, glaubt, es mit einem Verrückten zu tun zu haben. Babeuf rüttelt an der Wagentür. Sie ist verschlossen. Er springt vor den Wagen, die Pferde anzuhalten. Den marquis packt die Angst. Er sieht sich schon inmitten eines allgemeinen Auflaufs, als Opfer dieses rasenden Menschen. Mit versagender Stimme befiehlt er weiterzufahren, und der Kutscher hebt die Peitsche ... Babeuf gelingt es gerade noch im letzten Augenblick, zur Seite zu springen. Beschämt blickt er auf die Menschen, die ihn verwundert anstarren, und macht, daß er weiterkommt.

In diesen Wochen, in denen er einsam wie nie zuvor inmitten des wimmelnden Getriebes einer Weltstadt lebt, vollzieht sich in ihm ein entscheidender Prozeß. Seine Gedanken, die stets um den Menschen und die soziale Ordnung der Dinge kreisen, gewinnen neue Gestalt und Form. Die Bedeutung von Besitz und Eigentum innerhalb der menschlichen Gesellschaft erschließt sich ihm als das Kernstück seiner Überlegungen. Unmöglich, dies in die Form vorsichtiger Andeutungen zu kleiden. Seine Sprache wird – verglichen mit dem gefühlvollen Pathos seiner Zeitgenossen – scharf, schneidend und gewalttätig. In seinem *Discours préliminaire* zum *Cadastre* zieht er die Summe seiner Erkenntnisse.

«Die Zahl der Arbeiter ist außerordentlich angestiegen. Daraus folgt, daß nicht nur die Löhne ständig absinken, sondern auch, daß eine sehr große Zahl von Bürgern außerstande ist, Arbeit zu finden, selbst für den geringen Lohn, den das Kapital – la tyrannique et impitoyable opulence – bereit ist zu zahlen, und den der Arbeiter wohl oder übel annehmen muß. Und was wiederholen diese Leute, die selbst im Überfluß schwimmen, unaufhörlich dem Zudringlichen, der sie – von den dringendsten Bedürfnissen des Lebens getrieben –, um die kleinste Hilfe anspricht? An die Arbeit mit ihm! Ja, wo gibt es denn Arbeit?»

Babeuf übertreibt nicht. Er kennt den Reichtum, er sieht ihn vor sich in Gestalt des marquis de Soyecourt; niemals vermag er den höhnisch abschätzenden Blick, «l'œil du Crésus», zu vergessen, mit dem der marquis ihn, den notleidenden und dazu sein Recht verlangenden Bittsteller, zu mustern beliebte. In eben dem Maße, in dem der «unerträgliche Hochmut» dieser Herrschaften auf ein vernünftiges Maß heruntergeschraubt werde, werde die Nation an Glanz und Ansehen gewinnen.

Doch Babeuf begnügt sich nicht damit, Not und Elend in der Welt zu schildern. Er will sie abschaffen und nicht allein für den Augenblick, sondern für alle Zeiten. Er schreibt: «Die Gesellschaft ist eine große Familie, in der die verschiedenen Glieder gleiche Rechte haben müssen, vorausgesetzt, daß sie, ein jeder nach Maßgabe seiner körperlichen und geistigen Fähigkeiten, dem allgemeinen Nutzen dienen. Die Erde ist unsere gemeinsame Mutter. Darum sei der Anteil des einzelnen an Grund und Boden auf seine Lebensdauer beschränkt und unveräußerlich; der persönliche Besitz jedes einzelnen Bürgers wäre damit auf immer gesichert und unverlierbar.»

Was folgt daraus? Daraus folgt, daß diejenigen, die mehr haben als die anderen, es nicht Rechtens, sondern «par usurpation» besitzen. Doch Babeuf ist kein Utopist. Er will nicht zum Naturzustand zurück. Er erkennt, daß die Entwicklung der menschlichen Gesellschaft eine solche Rückkehr in den Urzustand der Menschheit ausschließt. Aber das Recht auf ihren Anteil am Besitz soll den Besitzlosen niemand mehr streitig machen. Wäre die besitzende Klasse unklug genug ihnen jede ausreichende Hilfe, natürlich nicht als Almosen, sondern auf der Grundlage von Gleich zu Gleich und unter Bedingungen, die jeden Rückfall in das jetzige «empörende Elend» ausschließen, zu verweigern, könnte es geschehen, daß die Besitzlosen unter Berufung auf ihr unveräußerliches Recht ihren vollen Anteil an den Gütern dieser Welt forderten. Und wenn unsere stolzen Besitzer fragen: Mit welchem Recht können jene, die nichts besitzen, soviel von denen fordern, die alles besitzen? So antwortet ihnen Babeuf: Meine Herren, in ihrer Eigenschaft als Menschen ...

Das ist nicht mehr Restif de la Bretonne mit seinem «Man muß die Armut achten», das geht über Marat und seine Feststellung, der Staat umfasse nur Herren und Untertanen, weit hinaus, denn hier wird die grundsätzliche Forderung nach einer neuen Verteilung des gesellschaftlichen Besitzstandes erhoben. Das sind nicht leere Worte wie beim abbé Brizard, der vom Schweiß der Armut als dem reinsten Blut der Völker spricht, das nicht länger zur Beute der Günstlinge, der Adler und Geier werden dürfe, das ist bereits die zur Grundlage einer neuen Politik gewordene Forderung des *bonheur commun* [19].

Denn Babeuf sieht die entscheidende Frage nicht in einem Entgegenkommen der besitzenden Klasse, sondern in der strikten Anwendung des Gleichheitsprinzips auf alle. «Es wäre von seiten des Volkes nur eine beklagenswerte Folge der Unkenntnis seiner Rechte, wollte es heute einwilligen, als Unterstützung zu erhalten, was es berechtigt ist, als Wiedergutmachung zu fordern.» Doch er ist nicht so blind, um nicht die Widerstände zu sehen, die sich einer solchen Forderung entgegenstellen. Um sie zu überwinden, wird es der Erziehung bedürfen, die entschieden mit der bisherigen Unwissenheit aufräumt. Denn: von der Art der Erziehung hänge das Geschick der Nationen ab.

Babeuf weiß nur zu gut, wie weit die Menschen und Dinge von dem Ziel, dem er zustrebt, «um den Menschen ein vollkommenes Glück zu verschaffen», noch entfernt sind. Gerade darin unterscheidet er sich von uferlosen Pläneschmieden nach Art des *Vorläufers*, daß er imstande ist, seine Forderungen den Gegebenheiten der Stunde anzupassen. Er weiß, allein wird er nichts ausrichten, also muß er sich dem anpassen, was, auf dem Boden der bestehenden Gesellschaftsordnung, als das Maximum der zu erreichenden Verbesserungen gelten kann. Das ist zunächst einmal die Ausschaltung der Willkür und die Schaffung der größtmöglichen Gerechtigkeit im Steuerwesen. Und bescheiden setzt er, nach all seinen Ausfällen gegen die bestehende Ordnung der Dinge, abschließend hinzu: «Das ist es, worauf sich unser Ehrgeiz beschränkt.»

Soweit gekommen, schreibt Babeuf seiner Frau: «Die Arbeit an diesem Buch hat mich weiter geführt, als ich ursprünglich glaubte; es wird ein ziemlich dicker Band. Aber einmal im Zuge, hätte ich nicht mehr aufhören können, ohne gleichzeitig die Frucht meiner gesamten Arbeit einzubüßen.»

Im September geht die Arbeit in Druck, und Babeuf erwarten neue Schwierigkeiten im Umgang mit Setzern und Faktoren. Alle Druckereien sind überlastet, denn «jedermann möchte von der Pressefreiheit Nutzen ziehen», und noch im Oktober stellt er fest, daß ihm «die Notwendigkeit, den Druck des *Cadastre* zu überwachen, keinen Augenblick freie Zeit ließ».

Immerhin geht es voran. Am 21. September wird der zwischen Babeuf und Audiffred seit langem beratene Vertrag rechtsgültig unterzeichnet. Erst jetzt kann Babeuf sicher sein, daß sein Werk erscheint und es macht ihm wenig aus, sich den Bedingungen zu fügen, die Audiffred, seines Geldes und Wertes wohl bewußt, hineinzubringen für angemessen erachtet [20]. Babeuf setze in ihn, so steht es im Vertrag, «das vollkommenste Vertrauen», und so mag es denn dabei bleiben.

Nun, da der Druck voranschreitet und da alle Welt von ihrer großen Entdeckung erfahren soll, beginnt auch Audiffred, sich ins Zeug zu werfen. Er holt Gutachten ein, bestellt Ingenieure und Mathematiker zu sich ins Haus, bewirtet sie und erzählt ihnen Wunderdinge von seinem Graphometer, dessen einziges Exemplar er sorgfältig unter Verschluß hält. Er schreibt sogar an Mirabeau und bittet ihn um eine Unterredung. Dieser antwortet höflich, ihr Besuch wäre ihm dann und dann genehm, und so begeben sich am vereinbarten Tage Audiffred und Babeuf zum quai d'Orsay, um mit einer der «voitures de la Cour» die Strecke nach Versailles zurückzulegen.

In Versailles, an der hölzernen Barriere vor der rue de Noailles angelangt, steigen sie aus, um den kurzen Weg zum Hôtel des Menus-Plaisirs, in dem die Nationalversammlung tagt, zu Fuß zurückzulegen und einen Blick in den Sitzungssaal zu werfen, in dem vor einigen Tagen, am 26. August, die Erklärung der Menschenrechte, die Magna Charta der französischen Nation, beschlossen und verkündet wurde.

Mirabeau empfängt sie, während der Sitzungspause am Nachmittag, als Mann von Welt, «der sich über alle dummen Rangunterschiede hinwegsetzt». Wohlwollend, ganz der olympische Jupiter, der Ruhe, Kraft und Größe ausströmt, hört er den Ausführungen Audiffreds zu. Heiteren Blickes schaut er auf die beiden vor ihm, ein Mann wie ein Fels, geschaffen, allen Stürmen zu trotzen.

Babeuf, der schweigsam bleibt, betrachtet ihn nachdenklich. Aus der Nähe gesehen, wirkt Mirabeau völlig anders als auf den überall von ihm verbreiteten Abbildungen. Die Größe bleibt. Aber es ist eine Größe im Zerfall. Dieser Mensch wird von einem inneren Fieber, einer ewigen Unruhe, hin- und hergeworfen. Er beherrscht sich. Doch nicht immer. Dieser Mund, feinschmeckerisch, genußsüchtig, unersättlich, hat von allem gekostet, außer der Macht. Doch es ist zu spät. Die Macht, an die er glaubt, besteht nicht mehr.

Audiffred und Babeuf verlassen Versailles nicht ohne neue Hoffnungen. Mirabeau hat ihnen geraten, den *Cadastre* dem Comité des requêtes einzureichen. So widmen sie ihr Werk der Nationalversammlung und versehen die Widmung mit einem Zitat aus Neckers Rede bei der Eröffnung der Generalstände: «Unter die Verbesserungen, die alle Bewohner des Königreiches angehen, muß man in erster Linie die Festsetzung der Grundlagen zählen, die eine gleichmäßige Verteilung der Steuern ermöglichen sollen.»

In seinem *Avis de l'éditeur* bemerkt Babeuf, die ersten Ansätze zu seinem Werk, «das zum Glück aller beitragen solle», reichten bis in die Zeit der Notabelnversammlung von 1787 zurück. Aber diese Zeit sei noch nicht reif «für die erhabenen Ideen des Patriotismus» gewesen. Sein Werk wäre damals als «ein schönes Projekt erschienen, geeignet, um in einer Republik ähnlich der Platons verwirklicht zu werden». Inzwischen aber hätten sich die Dinge gewandelt, und der Plan der Anfertigung eines allgemeinen Katasters erscheine «unzweifelhaft unter glücklichen Auspizien»; worunter die Bürger F. N. Babeuf, Archivar und Feudist und der Mathematiker J. P. Audiffred, als Verfasser und Herausgeber gemeinsam ihre Namen setzen [21].

Babeuf verläßt Paris am Morgen des 5. Oktober.

Die vielen Druckfehler des *Cadastre* beweisen, daß er den Korrekturen letzter Hand nicht mehr viel Sorgfalt gewidmet hat. Er verläßt Paris inmitten eines unbeschreiblichen Aufruhrs, während sich in den Distrikten die Nationalgardisten unter dem Geläut der Sturmglocken zu ihren Sammelplätzen begeben.

Er reist zurück nach Roye, wo er erfährt, das Volk habe den König und seine Familie aus Versailles nach Paris geholt; dort angelangt, habe dieser sofort der Erklärung der Menschenrechte und den bereits beschlossenen Artikeln der Verfassung zugestimmt.

2

Aus dem von revolutionärer Unruhe gärenden Paris nach Roye zurückgekehrt, sieht sich Babeuf in eine andere Welt versetzt.

Hier gibt es keine vor dem Stadthaus demonstrierenden Massen, keine Schlangen vor den Bäckerläden, kein Palais-Royal mit seiner einzigartigen Mischung von debattierenden Politikern und Literaten, von herumstreunenden Soldaten, Straßenmädchen und Gelegenheitsmachern, keine sich täglich erneuernde Broschürenflut, die immer neue Stürme heraufziehen läßt.

Hier herrscht die Ruhe der kleinen Stadt mit ihren Alltagssorgen und ihrer alltäglichen Geschäftigkeit, mit ihrer anscheinend unerschütterlich festgefügten Ordnung, ihrer in sich ruhenden Vergangenheit, ihrem Glauben an die gottgewollte Gliederung in streng voneinander geschiedene Stände, an den Staat als die große Familie, die sich um den König als ihren Vater schart. Und während in Paris

Ludwig XVI. und die Seinen sich bereits verloren sehen, scheint in Roye die Herrschaft der Dynastie Billecocq noch auf unerschütterlichen Grundlagen zu ruhen.

Dennoch kann die in Roye herrschende Ruhe nicht darüber hinwegtäuschen, daß auch in diesem Winkel der Picardie die revolutionären Gedanken bereits Eingang gefunden haben. Der Ruf nach Abschaffung der alten patriarchalischen Ordnung, nach dem Fall der Grenzen zwischen den Provinzen, Städten und Stadtvierteln, nach dem Aufhören der Standesunterschiede zwischen den Menschen, nach der Freiheit aller Berufe und Gewerbe, ist auch in Roye nicht ungehört verhallt. Auch hier, in der tiefsten Provinz, gibt es nicht wenige, die sich bemühen, mit der stürmischen Entwicklung Schritt zu halten. Aber sie bleiben verbindlich dabei und geben sich nach außen hin den Anschein, nur notgedrungen dem Zuge der Zeit zu folgen, während Babeuf unerschrocken und unermüdlich für die neuen Gedanken wirbt, als ein Mensch, der alle Brücken hinter sich verbrannt hat, und der offen bekennt, er sehe in der Verkündung der Menschenrechte weniger die Verheißung kommenden Glücks als vielmehr die Forderung des Tages.

Gestützt auf seine Anhänger in der Vorstadt Saint-Gilles wagt es Babeuf, offen gegen «die hinterhältige Politik der Privilegierten aller Stände» aufzutreten [22], wagt er, in einer Petition die Abberufung des von Roye in die Nationalversammlung entsandten Abgeordneten Prévost zu fordern, der in Versailles die Sache des Volkes, seiner Wähler verraten habe [23]. Mit Müh und Not gelingt es den Billecocq, «diesen schrecklichen Schlag» abzuwenden.

Mit nicht geringerer Erbitterung verzeichnet der in Roye herrschende Clan, daß sich Babeuf, aus vernünftigen Erwägungen heraus, für Montdidier und gegen Roye als Sitz des Distrikts ausspricht.

Doch weder die Bemühungen des Abgeordneten Prévost, zu dessen Unterstützung eine Deputation aus vier der angesehensten Bürger von Roye nach Paris entsandt wird, noch eine von den Deputierten der Stadt veröffentlichte Broschüre, vermögen es, einen Umschwung der Nationalversammlung zugunsten von Roye herbeizuführen. Am 30. Januar fällt die Entscheidung. Montdidier wird Sitz der Distriktsverwaltung, und auch bei dem Tauziehen um den Sitz des Distriktgerichts muß sich Roye geschlagen geben.

Die Gemeindewahlen im Februar, durch die das seit Juli 1789 in Roye bestehende *comité permanent* abgelöst wird [24], geben den

Billecocq Gelegenheit, die erlittene Schlappe wettzumachen. Der aus seinem Amt als lieutenant général du bailliage scheidende Billecocq wird zum Bürgermeister gewählt, und ein anderes Mitglied der Familie, Billecocq-Dumirail, setzt sich bei der Wahl zum Gemeindeprokurator durch. Auch die Wahl der acht Munizipalräte und der 18 Notabeln bringt keine Überraschungen. Die Billecocq können mit dem Ergebnis zufrieden sein. Vergeblich protestiert ihr Widersacher Babeuf gegen Unregelmäßigkeiten bei der Wahl einer Reihe von Notabeln. Man verweist ihn mit seiner Beschwerde an die Nationalversammlung, womit die Sache ihr Bewenden hat. Am 14. Februar leisten die neugewählten Stadtväter den vorgeschriebenen Eid.

Sie übernehmen ihr Amt in einer äußerst schwierigen Lage. Seit den Juliereignissen befindet sich die Stadt wegen der Erhebung der Stadtzölle sowie der Salz- und Getränkesteuern in offenem Konflikt mit dem Generalkontrolleur der Finanzen, Lambert, der sich mit seinen Forderungen auf eine Reihe von Erlassen der Nationalversammlung, insbesondere die Dekrete vom 23. und 26. September 1789 stützen kann, die eine weitere Erhebung dieser Steuern vorschreiben.

Der Streit um die Steuern hat eine lange und bewegte Vorgeschichte.

Nach seiner Rückkehr aus Paris war es Babeuf gelungen, entscheidenden Einfluß auf die Korporationen der Gast- und Schankwirte zunächst in Roye, dann in Montdidier und Péronne und schließlich in fast allen wichtigen Ortschaften der Picardie zu gewinnen. Schritt für Schritt arbeitet er sich vor; spricht mit jedem einzelnen, beschwichtigt Besorgnisse, widerlegt Einwände, ermuntert die Nachlässigen und zügelt die allzu Stürmischen, bis er das allgemeine Vertrauen erworben hat.

Am 7. November erreicht es Babeuf, daß die Korporationen die Stadtverwaltung davon in Kenntnis setzen, sie würden sich auch in Zukunft jeder Erhebung der Getränkesteuern in der bisherigen Form widersetzen. Als Ersatz schlagen sie eine Ablösung auf jedes von ihnen erworbene Stückfaß vor.

Der Finanzminister antwortet am 12. Dezember, er werde sich unter keinen Umständen mit einem derart eigenmächtigen Vorgehen abfinden. Nach Artikel 1 der Verordnung vom 23. September, seien die städtischen Behörden angewiesen, Mittel und Wege zu finden, um die Erhebung der Steuern, wenn nötig mit Waffengewalt, zu sichern. Es gebe andere Städte (aber er nennt keine Namen!), in denen bereits alles wieder wie am Schnürchen gehe; er frage sich, wie ihre Haltung mit dem Patriotismus vereinbar sei, «von dem man gegenwärtig soviel Aufhebens» mache. Im übrigen könne es ihm gleich sein, ob sie zahlten oder nicht. Er spreche allein im Interesse der Steuerpflichtigen, denn eines Tages werde alles nachgezahlt werden müssen. Er hoffe, dem König bald einen besseren Bericht von seiner guten Stadt Roye geben zu können.

Die Herren des *comité permanent* antworten am 19. Dezember mit der Versicherung ihrer guten Absichten. Dabei müsse es leider, zumindest fürs erste, sein Bewenden haben. Zum Beweis ihrer Behauptung fügen sie das Protokoll der letzten Sitzung der Gastwirte-Korporation bei; daraus gehe hervor, daß alle, mit Ausnahme von dreien, auf ihrer Weigerung, die Steuern zu bezahlen, beharrten.

Zwei Monate lang geschieht nichts. Erst am 20. Februar 1790 gelingt Babeuf ein neuer Vorstoß. Die Gastwirte wenden sich an die Nationalversammlung und erklären, sie müßten, nunmehr besser unterrichtet, ihr Angebot einer Ablösung der Getränkesteuern zurückziehen und auf ihrer Abschaffung bestehen. Habe nicht die Nationalversammlung am 7. Oktober 89 verfügt, alle Steuern und öffentlichen Lasten seien gleichmäßig auf alle Bürger entsprechend ihrem Vermögen und ihren Möglichkeiten zu verteilen? Man ziehe die Nutzanwendung aus so schönen Grundsätzen. Sie wollten sämtlich eher zugrunde gehen als länger mit der Frucht ihrer Arbeit den empörenden Müßiggang dieser Blutsauger des Volkes – womit die Steuereintreiber gemeint sind – unterstützen.

Einmal auf diesem Wege gibt es keinen Halt mehr. In der Vorstadt Saint-Gilles kommt es im Gasthof zum Cheval blanc – dessen Wirt übrigens zahlungswillig ist – zu Tätlichkeiten gegen die Steuereinnehmer, denen nur übrig bleibt, ihr Heil in der Flucht zu suchen. Auch als Billecocq am 28. Februar, kurz nach seiner Wahl zum Bürgermeister, die Gastwirte förmlich anfleht, ihren Steuerverpflichtungen nachzukommen, bleibt dies ohne Eindruck. Und als die Stadtverwaltung am 3. März die Korporationen auffordert, einen offiziellen Sprecher zu wählen mit dem Auftrag, im Generalrat ihre Ansichten über die Wiederherstellung der Stadtzölle und die Eintreibung der Getränkesteuern vorzutragen, fällt die Wahl der Korporationen auf Babeuf.

Am 7. März hat Babeuf zum ersten Male in seinem Leben Gelegenheit, seine Ansichten und Gedanken in öffentlicher und feierlicher Sitzung vorzutragen. In seiner Stimme schwingt Triumph, als er mit äußerster Sachlichkeit seine Gedanken über den Steuerstreit zu entwickeln beginnt. Er spricht – nach einem vorbereiteten Manuskript – lange und ins einzelne gehend, wobei er immer wieder auf Artikel 13 der Erklärung der Menschenrechte und das Dekret der Nationalversammlung vom 7. Oktober 89 zurückkommt.

«Finden Sie, meine Herren, daß dies abwegige Grundsätze sind? Sie hätten selbst auf jener Seite der Nationalversammlung, die man die aristokratische nennt, geäußert werden können. Ich habe sie aber den Barnave, Grégoire, Petion de Villeneuve und dem Bischof von Autun zugehen lassen. Und das Ergebnis? Lesen Sie nach im Protokoll der Sitzung vom 26. Februar. Es enthält den Beschluß, durch den Finanzausschuß der Versammlung binnen acht Tagen einen Vorschlag zur Abschaffung der Salzsteuer vorzulegen.»

Wie aber stehe es bei uns? «Hier scheint der gesunde Menschenverstand als Verbrechen zu gelten. Erst vor einigen Tagen haben sich die Zeitungsausrufer in Paris auf unsere Kosten heiser geschrieen. Man hat veröffentlicht, wir seien eine ‹einzigartige kleine Stadt›, wir wären die einzigen, die keine Nationalgarde gewollt hätten, unsere Stadtverwaltung sei im Widerspruch zu allen gesetzlichen Vorschriften gebildet worden, und daß, obwohl die Sitzungen der städtischen Behörden überall öffentlich seien, . . . sie hier geheime Konventikel wären, zu denen man den Bürgern den Zutritt verwehre.»

Man lasse zu, daß uns Montdidier in den *Affiches de Picardie* angreife, uns mit der bittersten Ironie und den verächtlichen Sarkasmen bedenke, um die ganze Provinz zu unseren Ungunsten zu beeinflussen und man habe nicht den Mut, eine einzige Silbe darauf zu antworten. Und auch dazu, er spreche es offen aus, habe man geschwiegen, daß ganz Paris das *comité permanent* von Roye anklage, durch Ausgabe falscher Pässe die Ausfuhr von Getreide ins Ausland begünstigt zu haben.

Nach diesem schwerwiegenden Vorwurf, geeignet, bei den Herren des Komitees unangenehme Erinnerungen an das Schicksal der Bertier und Foulon oder des unglücklichen Bäckers François [25] wachzurufen, zeigt sich Babeuf großmütig. Entgegen seiner ursprünglichen Ankündigung wolle er nichts gegen die bereits eingetroffenen Soldaten unternehmen; sie seien an Zahl zu gering, um gefürchtet zu werden. Aber er erinnere daran, daß er allen Mißbräuchen den Kampf angesagt habe. Davon nehme er nichts zurück. «Notabeln!» schließt er pathetisch, «man hat mir gesagt, es gebe nicht einen unter Euch, der nicht gegen mich wäre. Ich lasse meine Rede hier: wer es wagt, mich anzuklagen, werfe den ersten Stein!»

Billecocq und der conseil municipal beeilen sich, dieser Aufforderung zu entsprechen. Sie übermitteln Babeufs Ansprache und, der Vollständigkeit halber, ein von ihm am 15. März verfaßtes Plakat, der Nationalversammlung und dem Finanzministerium. Lambert zögert denn auch nicht, die ihm zugegangene Anzeige am 3. April an den Generalprokurator bei der *Cour des Aides* [26] weiterzuleiten.

An die Stadtverwaltung wendet sich der Vorsitzende des Ausschusses für Berichterstattung, Grégoire, mit einem Schreiben vom 5. April. Der Ausschuß billige die Mäßigung, die man in Roye gezeigt habe. Man solle sich Babeuf einmal vornehmen. «Man muß seinen Eifer in die richtigen Bahnen lenken, und er wird, wenn seine Absichten, wie wir hoffen, rein sind, der erste sein, der das Beispiel der Unterwerfung gegenüber den Verfügungen der Nationalversammlung gibt. Zeigen Sie ihm diesen Brief. Machen Sie ihn öffentlich bekannt . . .» Die wahre Freiheit bestehe im Gehorsam gegenüber dem Gesetz. Babeuf setze sich großen Gefahren aus, wenn es auf Grund seiner Agitation zu Ausschreitungen käme, die mit Gewalt unterdrückt werden müßten. Einmal in Händen der Justiz, müsse er damit rechnen, nur nach seinen Taten und nicht nach seinen Absichten beurteilt zu werden.

Doch statt dem wohlgemeinten Rat des Pfarrers von Embermesnil zu folgen, entfaltet Babeuf eine fieberhafte Aktivität, um den Kampf gegen die Überbleibsel des *ancien régime* im Steuerwesen auf eine wesentlich breitere, ganz Frankreich umfassende Basis zu stellen [27]. Um zu beweisen, daß die alten Steuern nicht einmal mehr provisorisch bestehen könnten und dürften, verfaßt er eine an die Nationalversammlung gerichtete Petition.

Die Bevölkerung des Landes werde sich mit nichts weniger zufrieden geben, als mit der gänzlichen Abschaffung des *Impôt malédictif*. Verstehe man sich nicht dazu, müßten unabsehbare Folgen eintreten. Schließlich seien die Abgeordneten verpflichtet, nach dem Willen ihrer Wähler zu handeln. «Zerschlagt diese verfluchten *aides et gabelles;* dann fordert Hab und Gut, Leib und Leben für das Wohl des Staates; kein Opfer soll uns zu groß sein.»

Der Erfolg dieser Petition ist außerordentlich. In kürzester Frist erklären 800 Gemeinden der Picardie ihre Zustimmung [28]. «Sie elektrisierte», sagt Babeuf, «das ganze Volk der Somme und nahm die Unterdrückung dieser Steuern vorweg.» Sein Drucker, der jüngere Devin in Noyon, der, wie Babeuf einem Bekannten in Péronne schreibt, «im Augenblick alle seine Arbeiter hierfür eingesetzt hat», kann kaum allen Anforderungen nach immer neuen Exemplaren der Petition genügen.

Aber auch Gegner melden sich. Um etwaigen «üblen Rückschlüssen» von vornherein zu begegnen, beschließen die Stadtväter von Péronne eine «formelle Mißbilligung» der Petition, wovon sie die Abgeordneten ihres Wahlbezirkes und die Nationalversammlung unterrichten. Da auch Roye einen förmlichen Protest gegen die Petition bei der Nationalversammlung einlegt, übergibt diese die Angelegenheit ihrem Untersuchungsausschuß, der Polizeifunktionen ausübt, zur weiteren Bearbeitung.

Um dem ihm drohenden Unwetter zuvorzukommen, richtet Babeuf am 10. Mai an die Herren vom Untersuchungsausschuß [29] einen offenen Brief, in dem er sich freimütig als Verfasser der Petition bekennt. Zugleich erhebt er lebhaft dagegen Einspruch, daß der Verbreitung und dem Beitritt zu den Grundsätzen seiner Schrift von seiten der Behörden alle nur denkbaren Hindernisse in den Weg gelegt würden. Man sei auf dem Wege der Diskriminierung so weit gegangen, daß man der Stadtverwaltung von Noyon habe vorschreiben wollen, dafür zu sorgen, daß die als «brandstifterisches Libell» bezeichnete Petition nicht mehr gedruckt und vertrieben werde. Dabei stütze sich, was zu beweisen ihm nicht schwerfallen werde, seine Schrift in allen wesentlichen Punkten auf die Erklärung der Menschenrechte.

Babeuf schließt: «Das also, meine Herren, ist die Analyse des Werkes, das ich verfaßt habe. Wenn Sie behaupten, es mache mich schuldig, hat die Revolution nur eine größere Versklavung zur Folge gehabt. Ich wiederhole: niemals, unter der Herrschaft des Despotismus, hat man sich offen dem widersetzt, daß die Bürger denen, die regieren, die Wahrheit zu verstehen gaben ... Und niemals, solange die Inquisition der Presse verbunden mit den Formalitäten der Zensur bestanden hat, gab es solche Willkürmaßnahmen wie jene, die Sie der Stadtverwaltung vorgeschrieben haben, in deren Bereich die Schrift gedruckt wurde, die Sie verurteilt haben. Wenn das, meine Herren, die Freiheit ist, die Sie uns versprochen haben, kann ich meinen Mitbürgern nicht mehr von Nutzen sein. Senden Sie Ihre Satelliten; ich werde zufrieden sein, für die gute Sache zu sterben.»

Und er unterzeichnet, ohne sich weiter mit irgendwelchen Höflichkeitsfloskeln aufzuhalten: Babeuf, Soldat-Citoyen, zu Roye in der Picardie.

Sein Brief ändert nichts mehr. Am 21. Mai trifft der angekündigte Gerichtsdiener in Roye ein und legt Billecocq den Haftbefehl gegen Babeuf vor. Man beschließt, die Verhaftung noch in der gleichen Nacht vorzunehmen. Im Morgendämmern des nächsten Tages befindet sich Babeuf, den «Satelliten» an seiner Seite, bereits auf dem Weg nach Paris.

3

Wer immer durch eine Verhaftung von heute auf morgen aus seiner gewohnten Bahn, aus dem geregelten Ablauf der täglichen Sorgen, Geschäfte und Verpflichtungen gerissen wird, um sich im Gefängnis wiederzufinden, tritt in eine neue, unbekannte Welt. In dieser Welt herrschen andere Gesetze als jene, die draußen den Ablauf des Lebens bestimmen. In den vergitterten Zellen und auf den Höfen mit ihren eisenstachelbewehrten Mauern scheint die Zeit still zu stehen und die Gefangenen zu verhöhnen, die ihr, wie in einen Zauberkreis gebannt, hilflos ausgeliefert sind.

Auch Babeuf ergeht es nach seiner Einlieferung in die Conciergerie nicht anders. In den ersten Tagen verweilt er in Gedanken bei den Besprechungen und Zusammenkünften der nächsten Zeit, die er nun versäumen würde, er denkt an die unerledigt bleibenden Briefe und er lächelt bei dem Gedanken an das Geraune und Getuschel unter den guten Bürgern von Roye, die sicher längst auch die kleinsten Umstände seiner Verhaftung erfahren haben. Wie dumm von den Billecorq, Lambert und Cochon ihn hier festsetzen zu lassen! Ein paar Tage nur und er würde triumphierend vor sie hintreten und ihnen die Maske vom Gesicht reißen!

Doch die Tage verstreichen, und nichts geschieht. Es ist Ende Mai, als er vom Hof, in dem sich die Gefangenen tagsüber aufhalten, geholt und durch die *Galerie des Prisonniers* zum Sprechraum für die Besucher gebracht wird. Seine Frau ist gekommen, ihm Wäsche, Lebensmittel und Tabak zu bringen. Auch Schreibzeug und Papier und vor allem Geld, das er dringend braucht, denn die Schließer lassen sich jeden Gang teuer bezahlen.

Wieder allein, beginnt Babeuf ernsthaft mit sich zu Rate zu gehen. Die Sache scheint ernster als zunächst angenommen. Wessen würde man ihn anklagen? Wegen eines Pressedelikts oder wegen Anstiftung zum Aufruhr? Sein Verfahren läuft bei der *Cour des Aides;* aber kann er sicher sein, nicht der Prevotal-Justiz überstellt zu werden? Hatte man nicht im vergangenen August in Rouen den Schauspieler Bordier, der das Volk über den Intendanten der Provinz aufklären wollte, verhaftet und kurzerhand zum Tode verurteilt und aufgehängt?

Der Fall Bordier geht ihm nicht mehr aus dem Kopf. Und hatte nicht selbst Turgot bei Unruhen die Prevotal-Gerichtsbarkeit empfohlen, um durch rasche Urteile abschreckende Beispiele zu schaffen? Man kennt die Justiz zur Genüge: sie handelt langsam und mit unendlichen Rücksichten gegen Leute von Stand, aber schnell und unerbittlich gegen das geringe Volk.

Wohl bestehen Vorschriften, wonach jeder Beschuldigte binnen vierundzwanzig Stunden seinem Richter vorzuführen ist; aber werden sie auch beachtet? Und urteilen die Prevotal-Gerichte nicht trotz des Oktoberdekrets der Nationalversammlung [30] wie seit je summarisch und in letzter Instanz?

Doch es kommt anders. Anfang Juni holt ein *huissier à verge* Babeuf aus der Conciergerie und bringt ihn, zusammen mit einem der Mittäterschaft in seiner Sache verdächtigen jungen Mann, ins Châtelet.

Das Châtelet, dessen Gewölbe einst von den Schrecken der Folter widerhallten, untersteht unmittelbar dem Parlament von Paris. In Erweiterung seiner bisherigen Befugnisse hat die Nationalversammlung im Oktober 1789 dem Châtelet die Untersuchung und Behandlung aller Fälle von Hoch- und Landesverrat übertragen. Im Volk zeigt man kein besonderes Zutrauen zu diesem Gericht, von dem man behauptet, die wahren Schuldigen gingen durch die eine Pforte hinein und durch die andere hinaus.

Babeuf macht im Châtelet schlimme Zeiten durch. Die allgemeine Unsauberkeit und das fast völlige Fehlen frischer Luft (in diesem uralten Gebäude gibt es kaum Fenster) setzen ihm gehörig zu. Auf dem viel zu kleinen Hof mit seinen übermäßig hohen Mauern ist es kaum besser, und des Nachts erfüllt die *chambre de paille*, die ihn mit über hundert seiner Mitgefangenen beherbergt, eine Luft zum Ersticken. Seine Stimmung grenzt an Verzweiflung, vor allem, als er das gegen ihn in Abwesenheit ergangene Urteil zugestellt erhält, das ihn ohne nähere Begründung, die nach den noch bestehenden Bestimmungen auch nicht erforderlich ist, zu einer entehrenden Strafe – über die er selbst sich nicht näher ausläßt – verurteilt.

Sein Brief, den er am 10. Juni, «in der Bitterkeit des tiefsten Schmerzes», an den ihm nur dem Namen nach bekannten Advokaten Mirbeck richtet und worin er ihn, zugleich im Namen seines mitverurteilten Gefährten, «auf den Knien» anfleht, sich für ihre Befreiung einzusetzen, ist ein einziger Aufschrei seines geängstigten Herzens. Das Urteil müsse, wenn es vollzogen werde, nicht nur ihn und seinen Gefährten, sondern auch ihre Familienangehörigen für immer aus der Gemeinschaft ehrbarer Menschen ausschließen.

Erst zum Schluß des Briefes wird er sachlicher: «Wir sind entschlossen, die Kosten eines Revisionsverfahrens auf uns zu nehmen gegen ein Urteil, das uns durch die äußerste Härte seiner Bestimmungen vernichtet. Man sollte keinen Augenblick verlieren, um einen Aufschub im Vollzug des Urteils zu erreichen. Geruhen Sie, Monsieur, uns zu Hilfe zu eilen und Ihren ersten freien Augenblick einem Besuch der Gefängnisse des Châtelet zu widmen, wohin wir jetzt überführt sind, damit wir Ihnen die notwendigen Aufschlüsse und Unterlagen für das Gesuch um Aufschub geben können.»

Doch Mirbeck, den vor dreizehn Jahren seine Verteidigung der Leibeigenen des Jura berühmt gemacht hat, antwortet nicht. Babeuf, dem Gefängnis und Pranger drohen, die für ihn das Ende jeder öffentlichen Wirksamkeit und für seine Angehörigen den Makel des Ausgeschlossenseins aus der bürgerlichen Gesellschaft bedeuten, sieht sich von aller Welt verlassen und schutzlos der gnadenlosen Härte der Justiz ausgeliefert.

Seine Lage hat sich durch die inzwischen eingetretene Zuspitzung der Verhältnisse weiter verschlechtert. In einem Schreiben, das der contrôleur général, Lambert, am 28. Juni an den Präsidenten der Nationalversammlung richtet, gibt die Regierung deutlich zu verstehen, sie wäre einer Gewaltlösung nicht abgeneigt. Ihre Haltung findet bei zahlreichen Abgeordneten Verständnis, die bereits hinter dem Steuerstreik das Gespenst der Anarchie auftauchen sehen.

Das Erscheinen dieses Briefes, in dem Babeufs Name in Zusammenhang mit den Unruhen in Roye, Montdidier, Amiens, Saint-Quentin und Guise auftaucht und in dem er, als Verfasser der Petition, gleichsam als Urheber des Steuerstreiks in der Picardie erscheint, muß auch den letzten Zweifel an den Absichten seiner Gegner schwinden lassen. In seiner verzweifelten Lage greift er zu einem verzweifelten Mittel. Er wendet sich an Jean-Paul Marat, den Herausgeber und Verfasser des *Ami du Peuple*.

Und das Unwahrscheinliche geschieht. Marat, der von den Gerichtsdienern des Châtelet gejagte Marat, der sich wie ein Aussätziger vor aller Welt verborgen halten muß, Marat liest aufmerksam und gewissenhaft Babeufs Brief und Petition. Er, der Verfolgte und Verfemte, er wird Babeufs «Offizialverteidiger».

In seiner Ausgabe des *Ami du Peuple* vom 4. Juli 1790 veröffentlicht Marat ein leidenschaftliches Plädoyer zugunsten Babeufs. Ausgehend von dessen nächtlicher Verhaftung «durch die Häscher der Polizei», schildert er Babeufs Überführung in die Conciergerie und dessen fünf Wochen andauernde Haft.

«Und warum diese barbarische Behandlung? ... Weil er seine Talente dem öffentlichen Wohl gewidmet hat; weil er ein Steuersystem ausgearbeitet hat, dessen Vorteil bewiesen wird durch den lebhaften Beifall, den es in der Öffentlichkeit gefunden hat; durch den allgemeinen Aufstand, den es bei den Betrügern und Blutsaugern des Fiskus erregt hat; durch die Stimmen von 800 Gemeinden der Picardie im Bereich der Städte Péronne, Saint-Quentin, Roye, Montdidier usw.; durch die Absendung von 800 unterzeichneten Exemplaren aus diesen Gemeinden an die Nationalversammlung. Dieser Plan ist in einer Broschüre ausgeführt, die unter dem Titel *Petition über die Steuern* erschienen ist. In ihr wird vollkommen klar bewiesen, daß die Getränke- und Salzsteuer sowie die Stadtzölle unter keinem Vorwand, auch nicht provisorisch, von den Bürgern des freien Frankreich mehr erhoben werden dürfen.»

Marats Haltung ist eindeutig. Nicht Babeuf sei von den Grundsätzen der Revolution abgewichen, sondern die Nationalversammlung habe mit den März-Dekreten den Boden ihrer Erklärung der Menschenrechte verlassen. Sie sei es, die sich revidieren müsse.

«Die Grenzen dieses Blattes erlauben uns nicht», schließt Marat, «auf weitere Einzelheiten einzugehen; aber wir empfehlen die Analyse dieses hervorragenden Werkes den Journalisten, die genügend Raum haben, sich darüber zu verbreiten. Darüber hinaus fordern wir die Herren Soulès, Paquin und Bentabole auf ... sich für seine allgemeine Verbreitung einzusetzen; wir sind überzeugt, daß sie sich nicht weniger für die Verbreitung nützlicher Arbeiten einsetzen werden, als sie dem Vertrieb schädlicher Werke einen Riegel vorzuschieben wissen [31]. Wir laden sie außerdem ein, sich in die Conciergerie zu begeben, um unserem Bruder Babeuf einen Besuch unter Gesinnungsfreunden abzustatten, seinen Mut aufzurichten und ihm durch den Vertrieb seines Werkes eine ehrenvolle Hilfsquelle zu erschließen. Wäre der Volksfreund nicht selbst Gefangener [32], er würde es sich zur Ehre anrechnen, hierbei ihr Gefährte zu sein ...»

Marats Aufforderung soll nicht ungehört verhallen. Um ihm aus der dringendsten Geldverlegenheit – denn die Preise im Châtelet sind einfach horrend – herauszuhelfen, verschaffen Marats Freunde Babeuf eine Einnahmequelle durch die Herausgabe des *Journal de la Confédération* [33], das aktuell genug, bereits im Titel auf das bevorstehende Föderationsfest hinweist.

Doch wieder einmal sieht sich Babeuf in seinen Erwartungen «gröblich getäuscht». Am 2. Juli muß er sich an eine Bekannte, Madame Meunier, mit der Bitte wenden, sie möge Druck und Vertrieb des *Journal* übernehmen und ihm für jede Nummer einen Pauschalbetrag zahlen. «Die Schwierigkeit besteht darin, daß sich der Redakteur in einer Lage befindet, in der er auf Mittelsleute angewiesen ist ...» Die gleiche Vorsicht, mit der er vermeidet, seine Gefangenschaft zu erwähnen, veranlaßt ihn, das Schreiben, nachdem er seinen Familiennamen sorgfältig ausradiert hat, mit seinem Vornamen Noël – dessen er sich sonst kaum bedient – zu unterzeichnen.

Wenige Tage später ist Babeuf frei. Er hat seine Freiheit, wie er fest überzeugt ist, der Intervention Marats zu verdanken, «der mich die Kerker der Conciergerie im Triumph verlassen ließ». So kommt er gerade zurecht, um als Zuschauer an dem großen Fest auf dem Marsfeld, zu dem Abordnungen aus ganz Frankreich nach Paris gereist sind, teilnehmen zu können.

Babeuf verläßt das Fest, die erste Feier des Quatorze Juillet, traurig und niedergeschlagen. Einem Freunde in der Provinz [34] gesteht er seine «unaussprechliche Verwirrung». Ahnungsvoll fügt er hinzu: «Ich kann mich nur Ihnen gegenüber beklagen; ich wäre verloren, wollte ich es in der Öffentlichkeit tun.» Dennoch läßt er, unverbesserlicher Literat, der er bereits ist (und wohl auch, um nicht völlig mittellos in Roye einzutreffen), den Brief anonym erscheinen [35].

Der Held des Tages ist La Fayette, dem das Volk hemmungslos zujubelt. «Er regiert, er trägt die Krone – nicht auf dem Haupt, er hält sie in der Hand wie Cromwell.» Der König habe in seiner gewohnten Passivität alles über sich ergehen lassen. «Er ist einfach sitzen geblieben ... La Fayette hat den Schwur für den König geleistet.» Schon sieht Babeuf die Macht den schwachen Händen des Monarchen entgleiten und auf La Fayette übergehen. Er allein sei zu fürchten, er, der Verräter, der in seinen Augen nur noch mit Sulla, Sejan, Narziss und dem Feigling Thersites, der Achills Waffen erprobe, verglichen werden könne.

Einen Augenblick habe ihn der Wunsch gepackt, sich durch das Volk Bahn zu brechen, zum König zu gehen, ihn zu umarmen und ihm zu sagen: «Verdiene Dir, daß man Dich liebt!» Doch was hätte es geholfen? Er wäre jetzt verfolgt wie Marat, Loustallot, Desmoulins und Mercier. «Sejan wäre vor Wut außer sich gewesen, er hätte mich beschuldigt, ein Verschwörer zu sein.» Denn Verschwörer heiße jeder, der La Fayette, Bailly oder Necker angreife; schon würden in Paris alle verhaftet, «die sich abfällig über La Fayette und den Schwur des Königs äußern».

Die Gefahr sei dringend: man habe Hochrufe auf La Fayette, den König und die Königin gehört. Das Vaterland und die Nationalversammlung habe außer den Bretonen und ihm niemand hochleben lassen. Immerhin hätten die Abgesandten der Departements nun die Gefahr aus der Nähe gesehen. Sie würden eine unüberwindliche Liga der Freiheit bilden, an der alle Diktaturgelüste zerschellen müßten.

Babeuf verabschiedet sich in düsterer Stimmung: «Das Leben ist mir zur Last, aber ich fühle in mir die Feigheit der Zeit, ich habe nicht den Mut, es mir zu nehmen.»

Mit diesem kaum ernstlich gemeinten Stoßseufzer schließt er das Schreiben.

4

Wieder in Roye, und von seinen Freunden als Sieger über die Hydra der Steuergerichtsbarkeit gefeiert, denkt Babeuf keinen Augenblick daran, auszuruhen oder die Waffen zu strecken. Sein erfinderischer Kopf brütet bereits über neuen Plänen. Das wirksamste Mittel scheint ihm eine neue Zeitschrift, um durch sie den Kampf gegen die Überbleibsel des *ancien régime* auf einer wesentlich breiteren Grundlage als bisher zu führen.

Den Titel hat er bereits: seine Zeitschrift soll *Le Correspondant Picard* heißen. Da Roye über keine Druckerei verfügt, wird er sie in Noyon, bei dem Freunde Devin, erscheinen lassen.

Die Verhandlungen verlaufen zufriedenstellend. Allerdings muß Devin als vorsichtiger Kaufmann darauf bestehen, daß ihm als Sicherheit für seine Auslagen vor Beginn des Erscheinens eine ausreichende Anzahl von Abonnenten nachgewiesen wird.

Babeuf macht sich ungesäumt an die Arbeit. Er verfaßt einen schwungvollen Werbeprospekt [36], dem der Erfolg nicht versagt bleibt. Aus zahlreichen Orten der Departements Somme, Aisne und Oise laufen Bestellungen ein. Vor allem sind es Kaufleute, Gastwirte, Druckereibesitzer und Buchhändler, die den *Correspondant* abonnieren, aber auch Advokaten und Geistliche bekunden ihr Interesse an der neuen politischen Wochenschrift.

Am 25. August geht, zusammen mit dem Prospekt, ein besonderes Rundschreiben an die Notabeln der Provinz heraus, in dem Babeuf die Mitglieder der Gemeindeverwaltungen bittet, «den *Correspondant Picard* mit Nachrichten zu versorgen, zu denen sie auf Grund ihrer Stellung leichter gelangen könnten als ein gewöhnlicher Sterblicher». Ein weiteres Rundschreiben wendet sich an die Geistlichkeit. Vor allem die Pfarrer, «jener ausschließlich nützliche Stand innerhalb der katholischen Hierarchie», deren Interessen mit denen ihrer Herde durchaus gleichzusetzen seien, sollen von dem großen Werk, an der «sozialen Freiheit und dem ihr entsprießenden Glück» mitzuarbeiten, nicht ausgeschlossen bleiben.

Doch damit hat Babeuf den Bogen überspannt. «Die wahre Liebe zum Volk gründet sich auf die Religion», schreibt ihm einer der angesprochenen Dorfpfarrer kurz und bündig. «Ihre Begeisterung für eine Revolution, die Frankreich dadurch zu Grunde richten wird, daß sie Thron und Altar umstürzt, Ihre Vorliebe für eine Freiheit, die alle anständigen und gutsituierten Leute dem gemeinsten Pöbel ausliefert . . . all dies enthüllt in Ihnen nur zu sehr einen Anhänger des Evangeliums der Bayle, Voltaire und Jean-Jacques.»

Als sich das Erscheinen der Zeitschrift durch «unvermutete Umstände» (über die Babeuf sich nicht näher ausläßt), um einen Monat verzögert, gilt es, auch gereizte oder empörte Briefe hinzunehmen. Vielleicht trugen technische Schwierigkeiten die Schuld, denn die Zeitschrift erscheint nicht, wie ursprünglich vorgesehen, im Quartformat, sondern muß sich mit Oktav begnügen. Vielleicht lagen die Schwierigkeiten bei der Hauptverwaltung der Post in Paris, die schließlich den Versand gegen eine Gebühr von einem sou je Druckbogen genehmigt.

Endlich ist es soweit. Am 1. Oktober 1790 erscheint die erste Nummer des *Correspondant Picard,* herausgegeben von F. N. Babeuf, *soldat-citoyen,* Autor des *Cadastre perpétuel* und Verfasser mehrerer Memoranden, darunter der *Petition über die Steuern,* die er an erster Stelle erwähnt.

Redaktionell gliedert sich die Zeitschrift in zwei Teile. Der erste enthält Nachrichten aus dem Bereich der Politik, im zweiten werden Petitionen, Adressen und Instruktionen an die verschiedenen Verwaltungskörperschaften veröffentlicht. Dazu ein Leserbriefkasten, mit dem Babeuf das im Prospekt erwähnte Versprechen, seinen Mitbürgern gratis Auskünfte über alle Fragen von allgemeinem Interesse zu erteilen, einlöst. «Diese Ankündigung hat uns alsbald eine erstaunliche Menge mündlicher Anfragen eingetragen», bemerkt er in seiner zweiten Nummer. Jenen gegenüber, die sich am Titel der Zeitschrift stießen, da es keine Picardie mehr gebe, gibt er offen zu, «man denke niemals an alles», wobei er hinzufügt, «man möge sich noch eine Zeitlang mit dem Ausdruck ‹Picard› abfinden, der übrigens eine gewisse Verwandtschaft mit dem Wort ‹Freimut› besitze».

Und freimütig ist er sicher, dieser *Correspondant Picard,* der in der ersten Nummer seinen Lesern versichert: «Laßt Euch nicht ablenken von der großen Frage der Verwaltung des Reiches: Euer Glück im einzelnen hängt ab vom Glück der Gesamtheit.» Oder wenn er ein Gesetz des alten Athen, «vielleicht das bewundernswerteste von allen, die diese unsterbliche Stadt auszeichneten», zitiert, wonach jedem Bürger das Einspruchsrecht gegen Gesetze zustand, die gegen die Freiheit und die sozialen Rechte der Mehrheit des Volkes verstießen.

Einen solchen Verstoß gegen die elementaren Menschenrechte sieht Babeuf vor allem in den Bestimmungen der Verfassung, die das Wahlrecht der Bürger einschränken und von bestimmten Grundvoraussetzungen abhängig machen. Als die Nationalversammlung das Zensuswahlrecht in die Verfassung aufnahm und die Wählbarkeit zum Abgeordneten an Grundbesitz und an ein Steueraufkommen von einer Mark Silber knüpfte, hatte sich unter unbeschreiblichem Tumult bereits das Wort von der Aristokratie des Geldes, die an die Stelle der Aristokratie der Geburt getreten sei, vernehmen lassen.

In einer geschickten Einkleidung – Babeuf wählt für seinen Artikel die Form einer *Eingabe der Mitglieder vom Pfennig-Orden an die respektablen Bürger des Ordens der Silbermark*[37] – zeigt er die Widersprüche auf, die sich, durch die Beseitigung des Wahlrechts für den ärmsten Teil der Bevölkerung, zwischen der Verfassung und der (niemals widerrufenen) Erklärung der Menschenrechte ergeben.

Für die vom Wahlrecht Ausgeschlossenen seien ernste Folgen unvermeidlich. Ohne Rechte, keine Pflichten. Also auch keine Steuern, selbst wenn diese nicht einmal den Wert von drei Arbeitstagen erreichten. «Die Freiheit des Menschen, das kostbarste aller Rechte, besteht einzig darin, nur dem Gesetz zu gehorchen, an dessen Zustandekommen man selbst oder durch gewählte Vertreter mitgewirkt hat. Derjenige, dessen Wille an der Bildung des Gesetzes, dem er unterworfen ist, mitgewirkt hat, ist also wahrhaft frei. In einem Staat, in dem es Bürger gibt, deren Wille ohne Einfluß darauf ist, sind dies Sklaven und die, die ihnen ihre Gesetze vorschreiben, Despoten.»

Es sei eine geradezu lächerliche Anmaßung, wenn man die Teilnahme an den Fragen des Gemeinwohls vom Grundbesitz abhängig mache. Artikel 6 der Rechte besage ausdrücklich, daß jedes Mitglied der Nation das unveräußerliche Recht habe, an der Bildung des Gesetzes mitzuwirken.

Gesetze aber, die dagegen verstießen, könnten für die Ausgeschlossenen keine Verbindlichkeit haben. Bis dieser Zustand beseitigt sei, gebe es keine Pflichten gegen das Vaterland, das sie zurückstoße, keinen Militärdienst, keine Steuern, weder direkte noch indirekte, und wenn all dies noch nicht genüge, das Mittel der Arbeitsverweigerung und den allgemeinen Ausstand; «wir würden aufhören, unsere Arme zu gebrauchen für jeden, der nicht von unserem Stande ist».

Babeuf sieht vollkommen klar, daß die proletarischen Schichten allein, ohne die Unterstützung der beschränkt wahlfähigen Stände, also der Bauern, der Handwerker und kleinen Geschäftsinhaber, keine Aussicht haben, ihre Ansprüche durchzusetzen. Auch sie müßten sich auf die Charta der Menschenrechte berufen, in der es heiße: «Alle Bürger sind vor dem Gesetz gleich. Sie sind in der gleichen Weise zu allen Würden, Stellungen und öffentlichen Ämtern zugelassen, je nach ihrer Fähigkeit und ohne andere Unterschiede als die ihrer Tüchtigkeit und Begabung.»

Der Artikel schließt kategorisch: «Entweder mache man mit der Charta ernst, oder man werfe sie ohne Umstände ins Feuer [38].»

In diesen Monaten, die bis zum Rand mit der Arbeit für den *Correspondant* ausgefüllt sind, verliert Babeuf zwei ihm besonders nahestehende Menschen. Am 11. September stirbt der abbé de Lartigue, dem Babeuf einen Nachruf widmet, der seiner Unparteilichkeit und menschlichen Sauberkeit alle Ehre macht. Denn dem abbé war Unrecht geschehen, und zwar durch das «irregeführte Volk», und Babeuf scheut sich nicht, dies bei aller Liebe für das Volk offen auszusprechen.

Einen nicht minder schmerzlichen Verlust bedeutet für ihn der Tod seines Freundes Florent Masson. In seiner Trauerrede rühmt ihn Babeuf als vorbildlichen Gatten und Vater, als gütigen Menschen, der seinen Klienten stets von aussichtslosen oder überflüssigen Prozessen abgeraten habe. Die übermäßigen Anstrengungen bei den Diskussionen in Paris, als es darum ging, für Roye den Distrikt oder das Distriktsgericht zu erkämpfen, hätten, nach allgemeiner Ansicht, den Keim zu jener Krankheit gelegt, der er erlegen sei. Nicht auf dem Schlachtfeld, sondern im Kampf um die angestammten Rechte seiner Heimat, sei er als ein Held auf dem wahren Felde der Ehre geblieben.

Der Tod des fortschrittlichen Freidenkers Masson beraubt Babeuf der letzten, wenn auch schwachen Stütze innerhalb der Oligarchie von Roye.

Er soll es bald zu spüren bekommen.

5

Und die Steuern?

Der Streit um die Bezahlung der *aides* hat sich seit Babeufs Entlassung aus dem Châtelet zunehmend verschärft. Der Übergang von dem bisherigen System der Steuerprivilegien zu der neuen Form der Steuergerechtigkeit, wonach ein jeder entsprechend seinem Vermögen zu veranlagen ist, vollzieht sich schleppend und unter Einschaltung zahlreicher Kautelen, die den Eindruck hervorrufen, man wolle im Grunde alles beim alten lassen.

So stehen die Dinge, als sich Babeuf, wiederum versehen mit einer Vollmacht der Gast- und Schankwirte von Roye, von neuem in die Arena begibt.

Die Arena ist der Sitzungssaal der Stadtverwaltung von Roye. Hier verlangt Babeuf in öffentlicher Sitzung am 17. Oktober das Wort, um eine von ihm vorbereitete Motion zu verlesen. Doch ehe es dazu kommt, fordert der Bürgermeister, es ist nicht mehr Billecocq, sondern sein am 22. Juli gewählter Nachfolger Longuecamp, Babeuf auf, alles, was er vorzubringen gedenke, als für das Protokoll bestimmt anzusehen und abzuzeichnen. So legt Babeuf vor Beginn der Sitzung seine Motion, seine Vollmacht und dazu seine ebenfalls schriftlich abgefaßte «persönliche Stellungnahme» in die Hände des Bürgermeisters, der sie dem Kanzleisekretär Dambry übergibt.

Nach dieser nichts Gutes versprechenden Einleitung, bekommt Babeuf das Wort zu seiner Rede. Er beginnt, nicht ungeschickt, mit einer Darstellung der übermäßigen Steuerlast der Picardie [39], dank ihrer exemplarischen Treue zum Königshaus provincia fidelissima et miserrima. Roye, das mehr Belagerungen als irgendeine andere Stadt des Königreichs auszustehen hatte, sei heute ein einfaches Dorf und besitze nichts mehr. Dennoch werde Roye sich nicht, wie Amiens und Abbeville, «unter das Joch der Steuerquetsche beugen», sondern, gestützt auf die Menschenrechte, der Unterdrückung Widerstand entgegensetzen.

Die mit Zahlen und Belegen gespickte Rede zieht sich eintönig hin, und die Gedanken der Zuhörer fangen an spazieren zu gehen, als plötzlich ein Name fällt, der Name eines Mannes aus Roye, den alle kennen, und der sie veranlaßt, von neuem mit angespanntem Interesse zuzuhören. Es handelt sich um Nicolas Larabit, den Direktor des Steueramtes von Roye. Dieser habe die Schamlosigkeit besessen, im Jahre 1786 mit der Korporation der Fleischer einen notariellen Vertrag abzuschließen, der «die abscheuliche Klausel» enthalte, die eingegangenen Verpflichtungen könnten unter gar keinen Umständen verändert oder verringert werden, «selbst nicht auf Grund von Pest, Krieg oder innerer Unruhen sowie von Hunger, Dürre oder sonstiger vorhergesehener oder unvorhergesehener Ereignisse». Himmel und Erde könnten einstürzen, aber Monsieur Larabit dürfe, wenn es nach ihm ginge, keinen sou dabei einbüßen.

Nach diesem Exkurs über die Moral der Steuerpächter kommt Babeuf wieder zur Sache. Die Steuerkontrolle habe in Roye faktisch aufgehört zu bestehen. Dort, wo es früher im Bereich einer Pfarrei ein bis zwei Läden gegeben habe, seien jetzt – vor allem in den Vororten – zehn, zwanzig und mehr eröffnet worden. Diese neuen Läden, die von der Steuer nicht erfaßt würden und hauptsächlich selbst gezogenen Wein verkauften, hätten die Preise erheblich gesenkt und die Käufer scharenweise an sich gezogen. Diesem Beispiel hätten die alten Läden notgedrungen folgen müssen, wobei sie mit ihren Preisen manchmal noch unter die ihrer Konkurrenz gegangen wären. Die Folge sei, daß die Gastwirte, in deren Namen er spreche, nicht einmal soviel erübrigten, um ihren eigenen Lebensunterhalt davon bestreiten zu können. Für die Zeit bis zum Inkrafttreten der neuen Steuergesetze fordere er, daß die aufgelaufenen Rückstände erlassen würden; daß eine neue Steuer als Übergangslösung mit der Stadtverwaltung vereinbart werde, die von Verbrauchern und Verkäufern aufzubringen sei, und die den sozialen Verhältnissen Rechnung trage, damit «der Bedürftige nicht mehr in die Lage komme, ebensoviel zu zahlen wie der Reiche».

Mit dieser Mahnung zu sozialer Gerechtigkeit und unter dem Beifall eines Teiles der Anwesenden, schließt Babeuf. Um seiner Rede die größtmögliche Verbreitung zu sichern, läßt er sie drucken und in die Nachbargemeinden versenden. Sie erscheint außerdem in gekürzter Form, bei der nur die wesentlichsten Punkte seiner Motion wiedergegeben sind, als Plakat auf den Häuserwänden und Mauern von Roye.

Der Stadtverwaltung erwachsen hieraus erhebliche Ungelegenheiten. Zunächst meldet sich Larabit bei Longuecamp und gibt seinen Protest gegen die verleumderischen Behauptungen des sieur Babeuf zu Protokoll. Auch der Untersuchungsausschuß der Nationalversammlung meldet sich und verlangt, die Stadt Roye solle sich rechtfertigen.

Longuecamp erschöpft sich in Versicherungen, die Stadtverwaltung habe bereits Einspruch gegen den Titel der Broschüre und die darin enthaltene Behauptung, sie sei auf Anordnung der Gemeinde gedruckt, erhoben, ohne damit das Mißtrauen gegen Roye völlig beseitigen zu können. Um ein übriges zu tun, verfaßt er in aller Form eine Anzeige, die er dem Distriktsgericht in Montdidier übermittelt. Aber, wie das Departement später feststellt, «hat es nicht den Anschein . . . als habe das Gericht der Anzeige Folge gegeben».

Ebenso unerfreulich ist, daß Babeuf am 14. November, bei der von der Verfassung vorgeschriebenen Erneuerung der Hälfte der Stadträte und Notabeln, zum Mitglied des Generalrates gewählt wird. Während er, nach seinen eigenen Worten, «friedlich die damit verbundenen Funktionen ausübte», beraten seine Gegner, wie man sich seiner auf geschickte Weise so schnell wie möglich entledigen könne.

Erst nach einigen Wochen findet Longuecamp den Rank, die Sache formgerecht aufzuhängen. Auf seine Veranlassung beantragt die Stadtverwaltung beim Direktorium des Departements, die Wahl Babeufs in den Generalrat für ungültig zu erklären; Babeuf sei zur Bekleidung eines öffentlichen Amtes nicht befugt, solange eine Anzeige bei der *Cour des Aides* gegen ihn laufe und er sich zur Verfügung des Gerichts zu halten habe.

Am 14. Dezember kommt der Fall in Amiens zur Verhandlung. Berichterstatter ist der procureur général syndic des Departements, Tattegrain, der seiner Advokatenberedsamkeit freien Lauf läßt. Das Gesetz fordere bei der Wahl zu öffentlichen Ämtern außer den Bestimmungen über das Steueraufkommen auch die persönliche Unbescholtenheit des Bewerbers, die fleckenlos sein müsse. Babeuf sei als Verfasser einer aufrührerischen Petition über die *aides* in Kriminaluntersuchung gezogen, verhaftet und gefangengesetzt worden. Wenn auch vorläufig entlassen, könne er nach den bestehenden Gesetzen nicht kandidieren, solange er nicht in aller Form freigesprochen sei. Babeuf müsse daher einen Gerichtsentscheid über die «Wiederherstellung seiner bürgerlichen Ehrenrechte» vorlegen; ohne ein solches Dokument sei er als «unfähig zur Bekleidung öffentlicher Ämter» anzusehen.

Demzufolge beschließt das Direktorium, Babeuf aufzuerlegen, binnen drei Tagen den erwähnten Beweis zu liefern; anderenfalls werde ihm das Recht der Wählbarkeit zu öffentlichen Ämtern abgesprochen und seine Wahl in den Generalrat für null und nichtig erklärt.

Babeuf weiß genau, wem er diesen Beschluß zu verdanken hat. «Es geschah», schreibt er rückblickend, «auf Antrieb des damaligen Bürgermeisters von Roye, Longuecamp, der von nun an in jeder der gegen mich angezettelten Aktionen eine Rolle spielen wird, daß mir diese Geschichte angehängt wurde. ... Alle Verwaltungen verständigten sich, mich zu Grunde zu richten. Man forderte von mir den Beleg einer Wiederherstellung der bürgerlichen Ehrenrechte. Ich schaffte ihn herbei, man nahm davon keine Notiz ...»

Als Babeuf, nun auch seinerseits hartnäckig, auf einer Entscheidung besteht, läßt ihn Tattegrain wissen, das Departement halte es vor einer abschließenden Stellungnahme für «absolut erforderlich», den Verfassungs-Ausschuß sowie einige Mitglieder der Nationalversammlung von dem Fall in Kenntnis zu setzen. Die mala fides ist offenkundig. Babeuf muß es sich gesagt sein lassen. «Ich erlitt das Gesetz des Stärkeren, und hielt mich für abgewiesen.»

Der gleiche Vorwand muß dazu herhalten, um Babeufs Wahl zum Friedensrichter, für welches nicht unerhebliche Amt auch Longuecamp seine Kandidatur angemeldet hatte, zu verhindern. Am Wahltag, dem 15. Januar, gleicht Roye einem Heerlager. Die Stadtbehörden haben die Nationalgarde, die Garnison und die Gendarmerie mobilisiert, um «die Freiheit der Wahlen» zu sichern und Wachen am Stadthaus postiert, mit dem gemessenen Befehl, Babeuf die Teilnahme an der Versammlung zu verwehren. Unnötig zu sagen, daß dank dieser gelenkten Demokratie Longuecamp und nicht sein Gegner mit stattlicher Mehrheit gewählt wird.

Babeuf muß sich damit begnügen in der Minimen-Kirche, in der der Klub der «Freunde der Revolution» seine Sitzungen abhält, gegen die Reaktionäre der Stadtverwaltung zu wettern, sie in Flugblättern, Plakaten und den Artikeln seines *Correspondant Picard* immer erneut anzugreifen.

Im Februar gibt es in Roye nochmals gewaltige Aufregung und Unruhe. Die Stadtverwaltung läßt die Bevölkerung wissen, daß wegen des Ausbleibens der Steuereinnahmen 200 Mann Kavallerie in Roye einquartiert würden. Für die Kosten habe die Stadt aufzukommen.

Auf einer Protestversammlung der Gastwirte bei Lambin im Grand Vainqueur, in der rue de Paris, nimmt Babeuf das Wort, wobei er sich die Stadtverwaltung heftig vornimmt und die Entsendung des Militärs als ihr alleiniges Werk hinstellt. Unterdessen sammeln sich Gruppen unzufriedener Bürger auf den Straßen, während im faubourg Saint-Gilles ein Angestellter der Gastwirtschaft Saint-Martin auf den Glockenstuhl der Kirche steigt und Sturm zu läuten beginnt. Doch die Behörden halten stand. Sie lassen Streifen durch die Stadt patrouillieren, und nach Verhaftung einiger Hauptschreier gehen alle übrigen friedlich nach Hause.

Dabei bleibt es vorerst. Die Soldaten halten Wache und ziehen auf Streife: niemand denkt daran, sie zu beleidigen oder anzugreifen. Aber ebensowenig läßt sich jemand durch sie zur Zahlung seiner Steuerrückstände bewegen. Und die Behörden «wagen es nicht, weitere Zwangsmaßnahmen» zu ergreifen. Dieser Zustand bleibt, bis die Nationalversammlung endgültig, mit Wirkung vom 1. Mai 1791, die Reste der verhaßten *aides* unterdrückt.

Der große Streit um die Steuern ist zu Ende.

6

Nicht weniger krisenhaft als der Übergang von dem System der Steuerpachten, Binnenzölle und Privilegien zu einer fast freien Marktwirtschaft, vollzieht sich auf dem Lande die Ablösung vom Feudalregime. Resigniert stellen Bauern und Pächter fest, daß ihre Hoffnungen auf die Beschlüsse des 4. August sich in keiner Weise erfüllt haben, und daß den großen Worten nur sehr kleine Taten gefolgt sind. Um das Maß der Verwirrung voll zu machen, tauchen in den Dörfern Agitatoren auf, die den Bauern, gestützt auf einen Stapel Dekrete der Nationalversammlung, erklären, sie brauchten überhaupt keine Feudalabgaben mehr zu zahlen.

Im Februar 1791 wenden sich die Bauern von Méry-sur-Oise, einem Dorf von 112 Höfen, an Babeuf um Hilfe. Die von ihnen angebotene Umwandlung des *champart* aus einer Naturalabgabe in eine Geldzahlung habe ihr Grundherr rundweg abgelehnt; so seien sie zur Erntezeit noch immer der Bequemlichkeit oder Willkür seiner Bevollmächtigten ausgesetzt; sie entbehrten des notwendigen Viehfutters und hätten nicht einmal das Recht, auf unfruchtbaren Landstrichen Bäume anzupflanzen.

Babeuf verfaßt, ganz im Sinne der Bauern von Méry, eine Petition an die Nationalversammlung, worauf, anstelle einer Antwort, «um die Erhebung des *champart* zu sichern», Militärpatrouillen nach Méry und Umgebung entsandt werden, die den aufsässigen Bauern zur Genüge klar machen, welche Auslegung den Beschlüssen der Nationalversammlung zu geben ist [40].

Nicht immer begnügen sich die Bauern mit schriftlichen Eingaben und Gesuchen. Manche ziehen es vor, zur Selbsthilfe zu greifen und die Frage der Feudalabgaben auf ihre Weise zu regeln.

So beschließen die Bauern von Davenescourt, einem Dorf im Kanton Moreuil, nach macherlei «nächtlichen Beratungen» und nachdem alle Versuche einer gütlichen Einigung über die Rückzahlung bereits entrichteter Feudalabgaben an dem hartnäckigen Widerstand ihrer Gutsherrin, der verwitweten Gräfin de La Myre, gescheitert sind, andere Saiten aufzuziehen.

Am 25. Februar läuten die Glocken in Davenescourt Sturm. Die Bauern des Dorfes ziehen, ihren Bürgermeister an der Spitze, aufs Schloß. Die Gräfin, ihre Tochter und die übrigen Schloßbewohner werden bedroht und mißhandelt, das Mobiliar zertrümmert und weggeschleppt. Um der Sache ein Ende zu machen, entschließt sich die Gräfin, den ihr vorgelegten Revers zu unterschreiben, durch den sie in aller Form auf die ihr zustehenden Feudalabgaben verzichtet.

Aber Madame de La Myre, eine energische Dame, gibt sich noch nicht geschlagen. Unmittelbar nach dem Abzug der Bauern richtet sie eine geharnischte Beschwerde an das Departement und wendet sich zugleich, um ihrem Vorgehen mehr Nachdruck zu geben, mit einem weiteren Schreiben an den Justizminister, Duport du Tertre, dem sie die Vorgänge der Bauerninvasion ihres Schlosses in allen Einzelheiten schildert.

Die Sache nimmt eine ernste Wendung. Das Dorf erhält Einquartierung; siebzehn seiner Bewohner werden verhaftet und nach Montdidier ins Gefängnis geschafft. Während sie ihren Prozeß erwarten, bemüht sich der Justizminister, das Verfahren der örtlichen Gerichtsbarkeit zu entziehen, indem er im April den königlichen Kommissar am dortigen Gericht an das Dekret vom 10. August vergangenen Jahres erinnert, durch das sich die Nationalversammlung das Vorgehen «gegen Anstifter von Raub und Gewalt» vorbehalten habe.

Eine Demonstration von Freunden und Verwandten der Verhafteten, die sich an einem Sonntag im Mai in Montdidier einfinden, um eine Beschleunigung der Voruntersuchung zu erreichen, hat das Ergebnis, daß die Bittsteller durch die Nationalgarde zum Verlassen der Stadt gezwungen werden und daß die Haft der Angeschuldigten verschärft wird.

Jetzt wenden sich die Bauern an Babeuf, der ohnehin, als Wahlverteidiger [41] des Angeklagten Bailli und seiner beiden Söhne, mit der Materie genau vertraut ist. In ihrem Auftrage verfaßt Babeuf, wiederum zu Händen der Nationalversammlung, eine umfangreiche *Denkschrift über die cause célèbre von Davenescourt*. Da die Tatsachen unbestreitbar feststehen und von den Angeschuldigten zugegeben werden, zeigt sich Babeuf vor allem darum bemüht, die Vorfälle auf Schloß Davenescourt in einen größeren Zusammenhang zu stellen und als unvermeidliche Folge des Fortbestehens «beträchtlicher Reste der feudalen Macht» erscheinen zu lassen. Seine Absicht sei, den Gesetzgebern klar zu machen, «was ihnen zu tun bleibt, dies uralte Monstrum zu stürzen», als Voraussetzung dafür, daß das Land zur Ruhe komme.

Nicht einer der angesprochenen Abgeordneten denkt daran, den Fall im Parlament aufzugreifen [42]. Und so nimmt der Prozeß, ungeachtet der Denkschrift Babeufs, seinen vorgeschriebenen Verlauf. Im Juli findet die Hauptverhandlung in Montdidier statt. Der Staatsanwalt fordert wegen Aufruhrs für alle Angeklagten die Todesstrafe. Das Gericht wagt es nicht, soweit zu gehen. Es begnügt sich damit, langjährige Galeerenstrafen zu verhängen.

Das Urteil, das ihr Leben rettet, haben die Bauern zweifellos dem Einsatz Babeufs zu verdanken, der es verstanden hatte, dem Prozeß einen weit über die Grenzen der Provinz reichenden Widerhall zu sichern. «Ich entriß diese siebzehn Unglücklichen dem Tode», stellt er selbst mit Genugtuung fest [43].

Für Babeuf haben die Affären von Méry und Davenescourt noch eine besondere Folge. Die Bevölkerung von Roye spricht ihm erneut ihr Vertrauen aus. «Sie ernannte mich, ohne mein Wissen, am 23. März 91 zum Kommissar mit der Aufgabe, über die Gemeindegüter [44] dieser Stadt eine Untersuchung anzustellen.» Longuecamp und die Stadtverwaltung erheben keinen Einspruch, was Babeuf mit Recht als «eine Art Verzicht auf den Einspruch gegen die Bekleidung öffentlicher Ämter durch mich» ansicht.

Als Vertreter des faubourg Saint-Gilles in der Kommission macht sich Babeuf ungesäumt an die Arbeit. Das Ergebnis seiner Untersuchungen läßt nicht auf sich warten. «Bald hatten mich», stellt er fest, «meine Nachforschungen zu der Erkenntnis geführt, daß die ehemaligen Schöffen von Roye den Einwohnern ein weites Wiesen- und Weideland, mit mehr als 200 Morgen vorzüglichen Bodens, sowie andere Ländereien entzogen hatten, deren Einkünfte die gewählte Stadtverwaltung nach dem löblichen Vorbild der ehemals königlichen Schöffen in skandalöser Weise vergeudete und sich unter verschiedenen Vorwänden aneignete.»

Von dieser Ansicht ausgehend, die wohl kaum als die Meinung der übrigen Kommissionsmitglieder anzusehen ist, verfaßt Babeuf eine Denkschrift, die das Gebiet von Bracquemont zum Volkseigentum erklärt und für die er auf eigene Faust Zustimmungserklärungen zu sammeln beginnt. Den Zögernden – und ihrer sind nicht wenige – erklärt er, es liege in ihrem eigensten Interesse ihre Unterschrift zu geben, falls sie Wert darauf legten, bei der Verteilung des Landes berücksichtigt zu werden.

Um ihrem Vorgehen noch mehr Nachdruck zu geben, veranstalten Babeuf und seine Anhänger eine Demonstration im Rathaus, bei der sie Longuecamp bedrängen, sofort eine Versammlung der Bürgerschaft einzuberufen. Dieser versucht, die aufgeregte Menge zu beschwichtigen. Vergebens. Man antwortet ihm, nach dem Muster von Paris, mit Schreien «an die Laterne», und zwingt ihn, eine Rede Babeufs anzuhören und schließlich – während die Glokken der Stadt Sturm läuten – seine Unterschrift unter dessen Memorandum zu setzen.

Noch in der gleichen Nacht wird Babeuf in seiner Wohnung verhaftet und unter Militärbewachung in das Gefängnis von Montdidier eingeliefert. Zwei Tage später, am 7. April, fordert eine von Longuecamp und den Mitgliedern der Stadtverwaltung unterzeichnete Anzeige den Staatsanwalt des Distrikts auf, gegen Babeuf ein Verfahren wegen Anstiftung zum Aufruhr einzuleiten. Es sei Eile geboten, da man ihn ohne Anklage «als Störenfried von Ruhe und Ordnung» nur acht Tage in Haft halten könne.

Die Anzeige ist in kräftigen Tönen gehalten. Der Geist des Aufruhrs, den ein Teil der Bürger bei seinem Widerstand gegen die Erhebung der indirekten Steuern gezeigt habe, nehme nunmehr, «nach dem Erlöschen besagter Steuern», eine andere Richtung.

Jegliches Eigentum, das öffentliche wie das private, drohe der Anarchie zum Opfer zu fallen. Die ständigen Unruhen und Gerüchte in Roye seien allein die Folge der Schriften des François-Noël Babeuf, der das Volk unablässig aufhetze. Seine «Schriften und Reden über die Souveränität des Volkes, über die Art und Weise, in der es von seinen Rechten Gebrauch machen könne und solle, ohne, mit voller Absicht, etwas von seinen Pflichten zu erwähnen», hätten die gesamte Region in Gärung versetzt. Auch die Stadtverwaltungen von Noyon, Saint-Quentin und Nesle führten bittere Klage über die Schwierigkeiten, die ihnen in ihrer Arbeit durch die Agitation Babeufs erwachsen wären.

Um ganz sicher zu gehen, schickt die Stadtverwaltung Longuecamp und Lefebvre nach Amiens, um persönlich mit dem Departement darüber zu beraten, wie man Babeuf der Gemeinde vom Halse schaffen könne. Ihre Verhandlungen nehmen den gewünschten Verlauf, worauf sie beruhigt die Rückreise antreten. In Montdidier angekommen, müssen sie zu ihrer unbeschreiblichen Überraschung erfahren, Babeuf sei tags zuvor, um elf Uhr abends, aus dem Gefängnis entlassen worden. Alle Zeugenaussagen seien eindeutig zu seinen Gunsten ausgefallen. Dem Gericht wäre nichts übrig geblieben, als das Verfahren gegen ihn einzustellen und unter lebhaftem Beifall der Zuhörer seine Freilassung zu verfügen.

Am Nachmittag des 14. April hält Babeuf, umringt von den Zeugen seines Prozesses, feierlich Einzug in Roye. Auf dem Wege zu seiner mit Blumen und einem Transparent geschmückten Wohnung, grüßt ihn der Jubel seiner Anhänger. Am nächsten Morgen geben seine Freunde ihm zu Ehren ein Essen im Gasthof Saint-Martin, bei dem Glückwünsche, Reden und Freudenbezeugungen kein Ende nehmen. Die festliche Stimmung erreicht ihren Höhepunkt, als Babeuf aus weiblicher Hand einen Lorbeerzweig mit den trikoloren Farben entgegennimmt.

An diesem Tage ist Babeuf glücklich. Er hat seinen dritten Prozeß durchgestanden und er genießt seinen Triumph mit der ganzen Unbekümmertheit der Jugend. Seine Gegner, vor allem Longuecamp, haben eine empfindliche Schlappe erlitten. Was nützt es ihnen, einen Reiter der *maréchaussée* mit einem Bericht nach Amiens zu entsenden? Was er melden kann, ist nur das Eingeständnis ihrer Niederlage, mit der sie sich abzufinden haben.

7

In die dumpfe Schwüle der Zwistigkeiten im Innern, die das politische Klima zunehmend verschlechtern, fährt wie ein Donnerschlag die Nachricht von der Flucht und Gefangennahme des Königs.

Im ganzen Lande tagen die Klubs in Permanenz und fassen Resolutionen von äußerster Schärfe. Am weitesten geht Marat, der hartnäckig für die Errichtung der Diktatur eintritt. Aber die Nationalversammlung folgt ihm hierin nicht. Dem Schwanken der Abgeordneten in der Frage der Regentschaft setzt Barnave am 15. Juli mit der Erklärung ein Ende, daß ein einziger Schritt weiter eine neue Revolution auslösen müsse. «Ein Schritt weiter auf dem Wege der Freiheit bedeute die Zerstörung der Monarchie, ein Schritt weiter auf dem der Gleichheit, die Zerstörung des Eigentums.»

Am nächsten Tage kommt es zur Spaltung des Jakobinerklubs, dessen gemäßigte Mitglieder sich im Klub der Feuillants zusammenschließen. Und am 17. Juli beenden die Schüsse auf dem Marsfeld bis auf weiteres die Auseinandersetzung um den Fortbestand der Monarchie.

Nach dem Blutbad die Abrechnung. Gleich vielen Zeitungen und Zeitschriften der Linken verschwindet um diese Zeit auch der *Correspondant Picard* von der Bildfläche [45]. «Allein gegen so viele Feinde der Wahrheit», stellt Babeuf rückschauend fest, «war ich nicht in der Lage mein Unternehmen lange durchzuhalten.»

Im gleichen Monat erstattet Gouy de la Myre, ein Sohn der Dame von Davenescourt, Anzeige gegen Babeuf, der sich erlaubt habe, im Klub von Noyon «den verfassungswidrigen Wunsch zu äußern, die monarchische Regierung, deren Grundlagen unsere weisen Gesetzgeber befestigt haben, durch eine Republik zu ersetzen». Doch die Staatsanwaltschaft in Montdidier, bei der sich die Akten in Sachen Babeuf bereits häufen, begnügt sich damit, die Anzeige zur Kenntnis zu nehmen.

Präsident des Klubs von Noyon, der den radikalen Außenseiter Babeuf zu Wort kommen ließ, ist ein Geistlicher, der 53jährige Pfarrer von Sermaize, Jacques-Michel Coupé, gegenwärtig Präsident des Distrikts Noyon. Ihm schreibt Babeuf am 20. August 1791, unmittelbar vor Beginn der Wahlen, einen grundsätzlichen Brief; er glaube, trotz dessen Länge, hoffen zu dürfen, «daß dieser erste

Brief [46] nicht der letzte sein wird, den Sie mir erlauben, an Sie zu richten».

Coupé gehört zu der nicht kleinen Zahl von Geistlichen des niederen Klerus, die in einem Winkel ihres Herzens Jansenisten geblieben sind, und als solche die strengen Moralbegriffe ihres Standes durch ein Leben voller Aufopferung und tätiger Nächstenliebe zu verwirklichen trachten.

Die Pflichten seines geistlichen Amtes übt er gewissenhaft, wenn auch ohne Überschwang aus; sein Herz gehört der Politik, der er mit ganzer Leidenschaft anhängt. Als die bürgerliche Verfassung des Klerus Tatsache wird, gehört er zu jenen Geistlichen, die ohne Bedenken und ohne Einschränkung den geforderten Eid ablegen. Und als im Mai 1791 neue Geistliche an Stelle der eidweigernden Pfarrer der Diözese in ihr Amt eingeführt werden, ist es Coupé, der ihnen zu Ehren, wozu zur Zeit der beginnenden Kirchenspaltung unbedingt Mut gehört, das feierliche Hochamt in der Kirche von Notre-Dame zu Noyon abhält.

Babeuf, der voraussieht, daß Coupé bald in der Lage sein werde, «die Interessen des Volkes zu verteidigen», entwirft von seinem *citoyen-frère* ein überaus schmeichelhaftes Bild: «Sie, der Sie so an Ihren Schäflein hängen, daß Sie sie nicht für das schönste Bistum verlassen würden, Sie, den alles Gold der Welt nicht imstande wäre in Versuchung zu führen, Sie, für den das frugale Leben, die einfachen und reinen Sitten und Gebräuche der Kindheit der Welt Reize haben, tausendmal verlockender als die Genüsse der Glücksgüter unserer Zeit, Sie sind zu durchdrungen von Ihren Pflichten als Bürger, um zwischen dem Glück einiger Menschen und jenem des Vaterlandes oder besser der Menschheit zu schwanken; infolgedessen werden Sie sich, ohne Zögern, der hohen Aufgabe widmen, die Ihnen bestimmt ist . . .»

Babeuf weiß, daß er selbst keine Aussichten hat, bei dieser Wahl zum Zuge zu kommen, obwohl, wie er «ganz freimütig» gestehe, «meine kühnsten Erwartungen erfüllt wären, wenn ich zu der eminenten Stellung gelangte, in der man mit Aussicht auf Erfolg die große Sache der Menschheit vertreten kann». Also gelte es sich zu bescheiden: «Eine große Anzahl Menschen, die meine ersten Schritte auf diesem Weg gegen mich aufgebracht haben, werden nur zu leicht die Stimme einiger aufrichtiger und leidenschaftsloser Freunde, die mir geblieben sind, zum Schweigen bringen, und ich werde allein mit meinem guten Willen und nichts weiter dastehen.»

Er habe sich die Feindschaft «einer mächtigen Horde von Verleumdern» zugezogen, die ein persönliches Interesse an den Mißbräuchen hätten, für deren Abschaffung er eintrete. «Diese Klasse von Fressern» bange um den sorglosen Besitz ihrer Futterkrippen und habe sich mit bedrohlicher Einmütigkeit gegen ihn gewandt. Nach dem offenen Kampf gegen ihn sei man darauf verfallen, «sich auf den schwankenden Boden der persönlichen Streitereien» und das Gebiet der «unwürdigsten Schikanen» zu begeben.

Hinterhältig habe man ihm nach und nach seine Einkünfte entzogen, seine Schuldner aufgefordert, nicht zu zahlen, und seine Gläubiger zu schärfstem Vorgehen gegen ihn angestachelt, sowie seine Arbeitgeber veranlaßt, ihm ihre Aufträge zu entziehen. Es gebe nichts, was man nicht versucht habe, um ihn «in ein Labyrinth unentwirrbarer Schwierigkeiten zu stürzen», um ihn außerstande zu setzen, ihnen Widerpart zu leisten «und mich zu zwingen, die politische Arena zu verlassen».

Gerade dies aber ist es, was er nicht will und nicht kann. «Ich weiß nicht», gesteht er Coupé, «ob ich mich täusche, aber mir scheint, die Revolution hat mich gehörig verdorben; ich überrasche mich oft bei dem Gedanken, daß ich völlig untauglich geworden bin zu jeder anderen Tätigkeit außer einer, die mit dem Journalismus und allem, was zur Gesetzgebung gehört, zusammenhängt. Die Politik und die Überlegungen über die wahren Grundlagen der Gesetze und ihr Inkrafttreten haben für mich eine so unwiderstehliche Anziehungskraft, daß ich dazu neige, darin meine einzige Berufung zu sehen.»

Einzig ausgerichtet auf das Ziel «der Abschaffung der Mißbräuche», führe er schon jetzt ein Leben, «gewissermaßen als Einsiedler», das ihn und die Seinen jeder Annehmlichkeit, jeden Vorteils einer guten Stellung beraube. Obendrein sei man die Zielscheibe des Spottes «für Dummköpfe oder Verdorbene», die ein «so wenig gewöhnliches Verhalten als Verrücktheit» betrachteten. «Man ist gemeinhin nicht sehr anmaßend, sofern man nicht vollkommen unwissend ist; immerhin, muß ich gestehen, gibt es in uns ein wenig von dieser guten Meinung des eigenen Ich, die uns glauben läßt, wir würden, in einer entsprechenden Stellung, imstande sein, den Sieg zugunsten des Volkes zu entscheiden.»

Natürlich wisse er ganz gut, daß es «auf dieser großen Bühne» der Legislative eine Fülle von Talenten geben werde, deren Überlegenheit bestreiten zu wollen einfach lächerlich wäre. «In der neuen Versammlung wird kein Mangel sein an glänzenden Rednern, mehr oder minder gewandten Improvisatoren, an Logikern mit einer bemerkenswerten Subtilität ihrer Sophismen zusammen mit ausgefuchsten Advokaten in der Behandlung des Für und Wider.» Zugegeben. Was aber Seltenheitswert haben werde, seien die «festen und soliden Köpfe» mit der Fähigkeit, taktisch und methodisch zu handeln.

«Was ich in dieser Versammlung sehen möchte, wäre, unter den Stützen des Volkes mehr mitempfindende Kenntnis seiner Leiden und seiner Bedürfnisse, mehr Entschlossenheit, so vielen Übeln gegenüber das einzig wirkliche Heilmittel anzuwenden, mehr Herz, um mit Energie und Hartnäckigkeit die Unterdrückung des Elends und der Unwissenheit zu wollen, und weniger von dieser trockenen Strenge des Robespierre und Petion; denn die Petion und Robespierre, mit ihrer zur feierlichen Gewohnheit gewordenen schulmeisterlichen Schroffheit, haben dennoch nicht auf der Hauptkonsequenz bestanden, die ganz natürlich dem Prinzip der Gleichheit an Rechten entspringt: der gleichen Erziehung und der gesicherten Existenz für alle.»

Dem Verlangen danach stehe allerdings «die Perfidie des Schwurs» entgegen, «die Verfassung in ihrer Gesamtheit und in allen ihren Teilen, so wie sie verabschiedet wurde, intakt zu erhalten». Ein solcher Einwand sei einfach lächerlich angesichts der Tatsache, daß sich die Versammlung selbst aus den *Etats généraux* zur *Assemblée nationale* und schließlich zur *Assemblée constituante* gemausert habe. Die Legislative brauche nur den gleichen Schritt zu tun [47]. Über allem stehe der Grundsatz, daß ein Volk immer das unveräußerliche Recht habe, seine Verfassung zu wechseln und zu modifizieren.

«Zur lebhaften Genugtuung der wahren Patrioten» sei die Bestimmung hinsichtlich der Silbermark gefallen. Jeder Aktiv-Bürger könne zum Abgeordneten gewählt werden. Dies genüge aber nicht. Vorausgesetzt, er besitze die erforderlichen Fähigkeiten, müsse auch «jener Unglückliche, den die Menschen unseres Jahrhunderts mit soviel Verachtung als Proleten – *va-nu-pied* – bezeichnen», seinen Platz unter den Erwählten der Nation einnehmen können.

Einmal im Zuge, das Werk der Konstituante von Grund aus umzuarbeiten, macht Babeuf selbst vor der Erklärung der Menschenrechte nicht halt. «Ihre Erklärung hat nur den Wert eines Kinderspielzeugs. Sie anerkennt zwar die großen Prinzipien der Freiheit und Gleichheit, aber mit Vorbehalten jeder Art, die es erlauben, ihnen in ihrer Anwendung einen anderen Sinn zu geben und sie durch Berichtigungen abzumildern, die ihnen keine Bedeutung mehr lassen.» Seiner Kritik fügt Babeuf einen von ihm verfaßten Entwurf bei, den er Coupé bittet, mit der bestehenden Erklärung zu vergleichen und sich selbst sein Urteil zu bilden.

Nächst der Verfassung widmet Babeuf besondere Aufmerksamkeit der Frage des Militärs. Er will die allgemeine Wehrpflicht, den Dienst in der Nationalgarde für alle Bürger, und er will «die regulären Truppen, die zumindest zum großen Teil zugleich überflüssig und eine Gefahr für die Freiheit sind», verabschiedet sehen.

Seine Reformpläne sind sehr weitreichend: Wahl der Offiziere, gleicher Sold für alle, gleiche Uniformen, bei denen nur die Rangabzeichen verschieden sein sollen, und eine Verbindung von Wehrpflicht und Arbeitsdienst. Auf diese Weise werde die Armee der Nation, die sie bezahle, Kanäle, Wege und fruchtbares Land gewinnen.

Babeuf gesteht selbst, daß er nicht wenig verlange. «Sie werden ohne Zweifel meinen, daß ich in meinen Reformplänen sehr weit gehe, aber ich habe die Überzeugung, daß schwache Änderungen nur oberflächliche Mittel sein werden, und daß man viel erneuern muß, wenn man will, daß die Revolution ihre Früchte trage. Ich ahne wohl, bis wohin sie gehen sollte, aber vielleicht verlangt die Klugheit nur etappenweise vorzugehen, ohne zu deutlich ahnen zu lassen, worin das neue soziale Gebäude bestehen wird. Aber es ist sehr wichtig, alle Gelegenheiten wahrzunehmen, um auf dem einen oder anderen Wege zu dem wahren Ziel der Revolution, der Gleichheit ohne Lug und Trug, der égalité sans mensonge, zu gelangen.»

Ohne es irgendwie gefällig zu umschreiben, läßt er Coupé wissen, welche Rolle er ihm dabei zugedacht hat. «Es genügte . . ., wenn ein Abgeordneter es übernehmen wollte, die von mir sorgfältig ausgearbeiteten Entwürfe vorzuschlagen.» Nach Beratung mit gleichgesinnten Kollegen und mit ihrer Zustimmung und Unterstützung solle er sich zum Sprecher für diese Anträge machen. Die vorherige Beratung in kleinem Kreise sei wichtig, um etwaigen Einwänden von vornherein zu begegnen, die Rollen bei der Diskussion im Abgeordnetenhaus zu verteilen und Widersprüche untereinander, die bei besten Absichten immer möglich seien, zu vermeiden. «In bezug auf den Redner und mich, die wir im Grundsätzlichen einig sind, ist es ganz klar, daß er das, was ihm von mir zukäme, genau so betrachten könne, als wäre es seinem eigenen Kopfe entsprungen; er wäre hierdurch völlig von der Schreibtischarbeit befreit, die von nun an ausschließlich mir zufiele.»

Mit diesem Brief in der Tasche, von dem er sich hütet, ein Wort verlauten zu lassen, reist Coupé nach Beauvais zur Wählerversammlung des Departements Oise, wo er am 2. September als fünfter unter den zwölf Abgeordneten, die das Departement zu stellen hat, gewählt wird. Für seine Wahl ist sein Amt als Präsident des Distrikts Noyon ausschlaggebend, denn die Wähler halten sich vor allem an die bereits in der Verwaltung tätigen Kandidaten.

Babeuf, der «aus Interesse am öffentlichen Wohl» nach Beauvais gereist ist, veröffentlicht am 8. September eine Broschüre [48], in der er den Wählern ins Gewissen redet und sie ermahnt, vor dem «trügerischen Schein» auf der Hut zu sein. Freunde und Feinde der Freiheit sprächen heute die gleiche Sprache, vielleicht mit dem einzigen Unterschied, daß die letzteren sich überlegen zeigten in der Kunst, «Euer Vertrauen durch einschmeichelnde Worte und liebenswürdige Umgangsformen» zu erwerben. Man lasse sich dadurch nicht täuschen. Man vergleiche Worte und Taten. Gegen die Patrioten neuer Prägung sei Mißtrauen am Platze, denn «ihr Herz ist sich gleich geblieben».

Wen also solle man wählen? Die, denen nicht jedes Gefühl für Menschlichkeit und Gerechtigkeit abgehe, jene, die «beim Anblick eines Unglücklichen» nicht gleichgültig blieben. Man lasse sich nicht abschrecken durch ihre nicht selten rauhe Schale und dadurch, daß man sie der Extravaganz und moroser Launen bezichtige und für fähig halte, «die öffentliche Ruhe und Ordnung zu stören».

Die Wahlen sind am 9. September beendet, aber Babeuf denkt nicht daran, sogleich nach Roye zurückzukehren. Tags darauf schreibt er einen zweiten Brief an Coupé. Warum er ihn nicht aufsuche? Das, was er ihm zu sagen habe, könne nicht «methodisch und fruchtbar in einer einfachen Unterhaltung» vorgebracht werden. Natürlich beglückwünsche er ihn zu seiner Wahl. Aber er habe ernsteres vorzutragen als bloße Komplimente. Dinge ganz anderer Bedeutung beschäftigten ihn unaufhörlich. Daher seine gehemmten, ungeselligen Umgangsformen, von denen er wie Rousseau bekennen müsse, er habe sie niemals abzulegen verstanden. «Er, Sie und ich sind einander vielleicht ein wenig ähnlich; das Ziel beschäftigt und erfüllt uns ganz . . .»

Nach dieser feierlichen Einleitung kommt Babeuf zur Sache. «Ihnen, mein Bruder, sage ich ganz laut, was ich anderen noch nicht so bald wagen werde, leise zu sagen.» Das Agrargesetz, von dem Mably geträumt habe, das nur «unter Umständen wie denen, worin wir uns befinden, am Horizont der Jahrhunderte auftaucht», immer, wenn «die Extreme sich absolut berühren», dieses Gesetz sei, mit einem Wort gesagt, «die Grundlage aller Gesetze».

Er betrachte es als einen Wink der Vorsehung, sie beide als Anhänger der ursprünglichen Gleichheit zusammengeführt zu haben. Coupé sei nun in der Lage, an weithin sichtbarer Stelle für die große Sache zu wirken.

Wie aber zu Werke gehen? Offen und durch ein klares Manifest? Natürlich nicht. Es werde in dieser «unglückseligen Versammlung» notwendig sein, «die Politik der Politik entgegenzusetzen»; es werde nötig sein, «die ersten Schritte ganz getarnt» zu machen, damit sie «in keiner Weise zu dem vereinbarten Ziel zu tendieren scheinen».

Über eines müsse man sich klar sein: «Es gibt fast niemand, der nicht das Agrargesetz weit zurückweist; das Vorurteil ist hierin noch viel schlimmer als in der Frage der Monarchie, und man hat stets diejenigen gehängt, die sich erlaubt haben, dies große Problem anzusprechen.» Sei er denn sicher, daß selbst Coupé mit ihm in dieser Frage einer Meinung sei? Werde er nicht mit aller Welt ihm entgegenhalten, «daß es ungerecht wäre, jene zu berauben, die ihr Eigentum gesetzlich erworben hätten . . . und daß, angenommen die Sache wäre möglich, die späteren Veränderungen den früheren Zustand wieder herstellen würden?»

Babeuf ist auf diese Einwände gefaßt. Er ist bereit, sie sämtlich zu widerlegen. Wenn Grund und Boden nicht mehr veräußerlich seien, widerlege man damit den Einwand der Erbteilung. Mit der Beseitigung der Ungleichheit in der Bezahlung und Bewertung der Arbeit – ein altes Thema für ihn seit dem *Cadastre perpétuel* – schaffe man für alle arbeitenden Menschen den gleichen Lebensstandard.

Dann, aber wirklich erst dann, werde sich niemand mehr über das Los seiner Kinder in einer ständigen, herzzerreißenden Unruhe befinden. Das goldene Zeitalter und das soziale Glück trete an die Stelle der Auflösung der Gesellschaft. Ein Zustand der Ruhe über die Zukunft werde die Folge sein, «ein dauerhaftes Glück, dem die Wechselfälle des Schicksals nicht mehr drohten, und das sogar den Glücklichsten dieser Welt erstrebenswert erscheinen müsse, sofern sie ihre wahren Interessen richtig verstünden».

Sein erstes Schreiben an Coupé enthalte bereits die taktischen Richtlinien, nach denen eine Politik des sozialen Fortschritts, die in ihrer letzten Konsequenz in das Agrargesetz und die tatsächliche Gleichheit einmünde, in der Gesetzgebenden Versammlung zu verwirklichen sei. Er warne Coupé nochmals, dies offen auszusprechen: aber ein Mensch guten Willens, der sich redlich bemühe, unter Hinweis auf die in der Erklärung der Menschenrechte sanktionierte Freiheit, Dekrete in dieser Richtung zu veranlassen, könne die Entwicklung sehr vorantreiben.

Die Aristokraten ahnten bereits, wohin der Weg gehe. Ihre heftige Opposition in der Frage der *champarts,* lasse ihre Furcht erkennen die Respektlosigkeit werde, sobald man einmal «mit profaner Hand an das, was sie das geheiligte Recht des Eigentums nennen», gerührt habe, keine Grenzen mehr kennen.

Dies sei der Schritt, der noch zu tun bleibe. Denn «was ist das Ziel der Gesellschaft? Besteht es nicht darin, ihren Mitgliedern das größtmögliche Maß an Glück zu verschaffen? Und wozu dienen denn alle Eure Gesetze, wenn sie nicht letzten Endes bezwecken, diese ungeheure Masse von Bedürftigen aus ihrem tiefen Elend zu ziehen, diese Menge, die die große Mehrheit der Gemeinschaft bildet?»

Es gelte, das Recht der breiten Masse auf ein gesichertes Leben zu verwirklichen, wenn anders die Worte Freiheit, Gleichheit und Menschenrechte, nicht leere, sinnlose Phrasen bleiben sollen. Wolle man dies nicht, so bleibe nur der Weg der Barnave, Thouret, d' André und so vieler anderer Verräter, deren sich die nationale Justiz eines Tages annehmen werde.

Petion habe in seinen Entwurf der Erklärung der Menschenrechte einen Artikel aufgenommen, der die Gesellschaft verpflichte, «allen ihren Mitgliedern eine auskömmliche Existenz zu sichern». Und Robespierre? «Analysieren Sie Robespierre, und Sie werden letzten Endes auch in ihm einen ‹Agrarier› entdecken; diese Berühmtheiten sind gezwungen, stark zu lavieren, weil sie fühlen, daß die Zeit noch nicht gekommen ist. Sie werden sich auf das Niveau dieser wahrhaften Menschenfreunde erheben . . .»

Mit dieser Anrufung der Autorität der äußersten Linken beschließt Babeuf sein Schreiben. Eine Antwort bleibt aus. Coupé denkt nicht daran, seine parlamentarische Laufbahn mit einem Bruch seines auf die Verfassung geleisteten Eides zu beginnen. Zwar wird er, als Montagnard und Mitglied im Jakobinerklub, während der Debatten um die Verfassung des Jahres 93, ein eigenes Projekt, in dem das Recht auf Widerstand gegen die Staatsgewalt enthalten ist, verlesen. Im übrigen aber wird er nützliche Arbeit im Landwirtschaftsausschuß leisten und als dessen Berichterstatter die Freude erleben, zahlreiche seiner Reden auf Beschluß des hohen Hauses gedruckt zu sehen. Er wird friedlich der Legislative, dem Konvent und dem Rat der Fünfhundert angehören, bis zu jenem 20. Mai 1797, an dem seine politische Laufbahn – wenige Tage vor dem Tode Babeufs – ihr Ende findet. Und er wird seine Tage unter dem Kaiserreich als stiller Privatgelehrter beschließen, ohne jemals noch ein Wort über seinen ungestümen Freund der Jahre 90 und 91 verlauten zu lassen.

Vergessen sind die «schönen Augenblicke», die «gegenseitigen Herzensergüsse» bei der Lektüre des Mably und vergessen die eigenen Gedichte über die *égalité primitive*, sobald Coupé in Paris eingetroffen ist, um seinen Platz in den Reihen der Gesetzgeber einzunehmen.

Vergeblich wendet sich Babeuf am 7. Oktober, diesmal allerdings in einem trockenen, kurzen Schreiben, nochmals an ihn, um durch seine Empfehlung eine Anstellung in einem der Büros des Abgeordnetenhauses zu erlangen. Coupé geruht nicht zu antworten.

So endet, wiederum in frostigem Schweigen, eine Freundschaft, von der Babeuf gehofft haben mag, sie werde ihm helfen, der dumpfen Enge der Kleinstadt und der Misere des Lebens in Roye zu entrinnen.

8

Mit dem Gefühl bitterer Enttäuschung und gekränkten Stolzes über das Verhalten seines *frère et ami* kehrt Babeuf nach Roye zurück. Nach den hochfliegenden Träumen der Tage von Beauvais herrscht nun wieder der Alltag von Roye mit seinen Sorgen und Nöten, und Mietrückstände sowie Schulden beim Bäcker, Fleischer und Milchmann verlangen, so klein sie auch sein mögen, daß man sich mit ihnen befasse.

Wir sind über dies Jahr seines Lebens, das letzte, das er in Roye verbringt, nur sehr bruchstückhaft unterrichtet. Sicher ist, daß er trotz aller häuslichen Plagen – und wir können nur ahnen, mit welch kümmerlichen Gelegenheitsarbeiten er seinen und seiner Familie Lebensunterhalt bestreiten mußte – sicher ist, daß er keinen Augenblick daran dachte, seine politische Arbeit und den Kontakt zu seinen Freunden im Lande aufzugeben.

Doch weder im Februar 1792 bei den Unruhen in Ourscamp, in nächster Nähe von Roye, noch in der die Gemüter aufs stärkste bewegenden Frage von Krieg und Frieden [49], sehen wir Babeuf mit einer eigenen, persönlichen Stellungnahme hervortreten. Seine finanzielle Notlage und das Elend seiner Familie haben einen Grad erreicht, der es ihm unmöglich macht, Reisen zu unternehmen und Roye aus anderen als geschäftlichen Gründen auch nur für wenige Tage zu verlassen. Was keine Drohungen, Einschüchterungsversuche oder Gerichtsverfahren erreichen konnten, das gelingt der Armut und der Sorge um das tägliche Brot: Babeufs Stimme verstummen zu lassen.

Ganz allerdings und zu allem, was unter seinen Augen vor sich geht, vermag er auch unter dem Zwange der Not und Entbehrung nicht zu schweigen. Sein Zorn gegen den Klüngel in der Stadtverwaltung, der in Roye die seit einem Jahr abgeschafften Stadtzölle weiter erhebt, macht sich in Briefen voll heftiger Anschuldigungen Luft. In einem Schreiben vom 8. Juni droht er der Behörde, er werde sie, «wenn dieser abscheuliche Mißbrauch kein Ende nehme», wegen Erpressung anzeigen.

Natürlich denkt die Stadtverwaltung nicht daran, sich durch Babeuf in der Erhebung des Stadtzolls beirren zu lassen. Sie findet im Distrikt und beim Departement wohlwollendes Verständnis, als ein Ereignis eintritt, das Babeuf Gelegenheit gibt, die Kampfbahn der Lokalpolitik zu verlassen, um in das Gebiet der großen Politik vorzustoßen. Am 20. Juni demonstrieren bewaffnete Volksmassen in den Tuilerien, um den König zur Sanktion der Dekrete über die eidweigernden Priester zu zwingen. Der Versuch scheitert, und die Ausschreitungen, denen sich die königliche Familie an diesem Tage ausgesetzt sieht, lösen in ganz Frankreich eine Welle des Mitgefühls und der Empörung aus.

In der Picardie kommt es zu rührenden Treuekundgebungen für den Monarchen. Die Distrikte Péronne und Abbeville und die Verwaltungen dieser Städte überbieten sich gegenseitig in ihrem Abscheu über die der «geheiligten Person» des Monarchen angetane Beleidigung. Am energischsten zeigen sich die Administratoren des Departements Somme. Sie beschließen, die Nationalgarde des Departements zu mobilisieren und, falls erforderlich, nach Paris zu entsenden, um sie dort über die Sicherheit des Königs und die Freiheit der Gesetzgebenden Versammlung wachen zu lassen.

Aber nicht überall ist man bereit, in die Entsetzensschreie der Distrikts- und Departementsverwaltungen einzustimmen. In Amiens kommt es zu Protesten der Bürgerschaft, die es den Behörden geraten erscheinen lassen, ihren Eifer für die Sache der Monarchie erheblich zu zügeln und sich im Juli wegen der Botschaft an den König zu rechtfertigen.

Es ist diese Rechtfertigung, die Babeuf als «einfachen Bürger» veranlaßt, am 14. Juli einen Brief an die Administratoren des Departements zu richten, worin er sich zum Sprecher der «allgemeinen Empörung» über ihre Botschaft vom 22. Juni macht. Der Brief führt eine drohende Sprache und spiegelt deutlich die Entschlossenheit der sich zum Sturm auf die Monarchie sammelnden Kräfte wider.

Der König, «der erste Funktionär des Reiches», morde die Freiheit durch sein Veto gegenüber Gesetzen, die allein die Freiheit retten könnten; er verabschiede fortschrittliche Minister, um Staatsfeinde an ihre Stelle zu setzen; er beschütze den Verrat und lasse die wahren Freunde der Verfassung und der Gleichheit verfolgen. Er beleidige die Nation durch den Mißbrauch des Wortes «Patriotismus», das er ständig im Munde führe. Während die Stimme des Volkes sich gegen soviele Verrätereien erhebe, scharten die Administratoren sich um den Verräter, bezeichneten sie als Attentat, was nur ein «energischer Schritt» des einfachen Volkes sei, dem die Freiheit soviel zu verdanken habe, gingen sie soweit, die Bürgersoldaten des Departements aufzufordern, den Schutz «dieser königlichen Vorrechte» zu übernehmen.

«Nein, Ihr werdet Eure die Freiheit meuchelnde Haltung nicht rechtfertigen können.»

Nach dieser Kriegserklärung, in der sich bereits das dumpfe Grollen des nahenden Aufstandes vernehmen läßt, schließt Babeuf mit einem vehementen Ausfall an die Adresse der Administratoren: «Nur die Regierung ist fähig, Eure Ergüsse willkommen zu heißen und von ihnen den größtmöglichen Gebrauch zu machen. Sie wird daraus ihren Vorteil ziehen und Euch nichtsdestoweniger insgeheim verachten. Man bedient sich des Verrats, ohne darum die Verräter zu achten. Das Vertrauen des Departements habt Ihr verloren und zugleich das der gesamten Nation.»

Die Antwort bleibt aus. «Denn glücklicherweise», wie Babeuf erleichtert feststellt, «kam der 10. August.»

III

Devillasse

1

Anfang September 1792 sind in allen Departements die Wahlen zum Konvent im Gange.

Die Stimmung auf den Wahlmänner-Versammlungen steht unter dem frischen Eindruck der jüngsten Ereignisse. Die Kapitulation des Königs am 10. August und sein «feiger Verzicht» auf den Versuch, an der Spitze der Schweizergarden und der ihm treu gebliebenen Bataillone der Nationalgarde einen Ausbruch aus den Tuilerien zu unternehmen und sich zur Normandie durchzuschlagen, bedeuten selbst für seine getreuesten Anhänger einen schweren Schlag. Flüsternd teilt man sich Einzelheiten über die Massaker in den Pariser Gefängnissen mit. Niemand will die schreckliche Wahrheit wahr haben. «Die Schatten der Dunkelheit haben uns nicht erlaubt zu sehen, was vor sich ging», hatte Dusaulx der Legislative berichtet. Und wie er bemüht sich jeder, einen Schleier über das Entsetzliche zu werfen.

In Abbeville, wo die Wahlmänner des Departements Somme, unter ihnen Babeuf, seit dem 2. September versammelt sind, hält man es für angebracht, mit einer Säuberungsaktion in den eigenen Reihen zu beginnen. Zunächst werden die Unterzeichner der Proteste gegen den 20. Juni ausgeschlossen und dann, da dies noch nicht ausreichend erscheint, alle, die überhaupt eine «anti-patriotische Petition» unterzeichnet haben. Damit sinkt die Zahl der Wähler von 780 auf 572, die nun daran gehen, die dem Departement zustehenden zwölf Abgeordneten zu berufen.

Aber mit der Wahl der Abgeordneten zum Konvent, die übrigens ohne Störung verläuft, hat die Versammlung ihre Aufgabe noch längst nicht erfüllt. Es bleiben noch vier stellvertretende Abgeordnete, zwei Geschworene beim Staatsgerichtshof und 36 Administratoren des Departements zu wählen. Um das langwierige Verfahren abzukürzen, schlägt Babeuf am 14. September vor, diese Wahlen per Akklamation vorzunehmen.

Damit dringt er allerdings nicht durch, genau so wenig wie seine Anhänger in der Wählerversammlung – und ohne Zweifel hat er bereits eine Gruppe entschiedener Anhänger – seine Wahl zum Abgeordneten hatten durchsetzen können. Trotz einer lebhaften Agitation zu seinen Gunsten und trotz der Tatsache (wodurch seine Aussichten steigen), daß für fünf Abgeordnete, die für ein anderes Departement optierten, Nachwahlen vorzunehmen sind, genügt das Argument seiner Gegner, unter denen sein ewiger Widersacher Longuecamp nicht zu überhören ist, Babeuf sei Anhänger des Agrargesetzes [50] (womit das Abgleiten in die soziale Revolution gemeint ist), um seine Hoffnungen auf einen Sitz im Konvent endgültig zunichte zu machen.

Allerdings, ganz abzuhalftern wagt man ihn nicht. Hat Babeuf doch eindeutig wie wenige seit den Julitagen 89 auf jener Seite gestanden, deren Triumph der 10. August unwiderruflich besiegelt hat. Mögen die Verdienste, die er für sich in Anspruch nimmt, in den Augen der gemäßigt Liberalen auch ebensoviel Verbrechen gegen die besitzende Klasse darstellen, unbestreitbar bleibt, daß er zu den Siegern des jüngsten Umsturzes zählt, dem ein Anteil am Siegespreis unmöglich vorzuenthalten ist.

Babeuf hat in seinem *Cadastre* die Steuerreform gefordert – sie ist gekommen. Er hat die Abschaffung der indirekten Steuern in ihrer bisherigen Form verlangt – sie sind gefallen. Er hat in seinem *Correspondant* der politischen und wirtschaftlichen Reaktion den Kampf angesagt – sie ist unterlegen. Er hat das Feudalregime angegriffen – es liegt in den letzten Zügen. Er hat die Teilung der Gemeindegüter gefordert – sie scheint bereits beschlossene Sache. Letztlich hat er gegen alle Widerstände recht behalten. Warum also ihn nicht mit einer Verantwortung betrauen, die sein Ungestüm zügeln wird? Diese Überlegungen geben den Ausschlag, und so wird Babeuf, zumal die Stellen im Departement längst nicht so begehrt sind wie das Amt eines Volksvertreters im Konvent, am 17. September mit 225 Stimmen, als zweiter der Kandidaten, zum Administrator des Departements Somme gewählt.

Babeuf bleiben nur wenige Tage, sich im Glanz seiner neuen Würde in Roye zu zeigen. Er hat es eilig nach Amiens zu kommen, wo der Generalrat des Departements am 25. September, wenige

Tage nach der Ausrufung der Republik, beim Schein der Freudenfeuer einer allgemeinen Illumination und mit einer von Babeuf vorgeschlagenen und verfaßten Grußbotschaft an den Konvent, seine Session eröffnet.

Bei der Wahl des achtköpfigen Direktoriums, dem die eigentliche Verwaltungsarbeit obliegt und das allein eine Besoldung erhält, während die Mitglieder des Generalrats für ihre Teilnahme an der jährlich einmal stattfindenden Session von vier bis sechs Wochen Dauer nur eine Aufwandsentschädigung erhalten, erwartet Babeuf bereits die erste Enttäuschung. «Geheime Umtriebe verhinderten meine Wahl ins Direktorium», urteilt er später, «und ich blieb einfaches Mitglied des Generalrates.»

Die Sitze im Direktorium des Departements fallen an Gemäßigte, wie Cordier, Verrier oder Flesselles, in Babeufs Augen eingefleischte Aristokraten mit konterrevolutionären Grundsätzen. Geradezu unglaublich erscheint ihm die Wahl Thierry's, der als Präsident des Distrikts Amiens nach dem 20. Juni eine der schwungvollsten Ergebenheitsadressen unterzeichnete, zum procureur général syndic. Im gesamten Generalrat findet er außer Devaux und Petit niemand, der seine Ansichten teilt.

Auf sie wird er sich später als Zeugen der Anstrengungen berufen, «die wir für das Wohl der Republik unternahmen, und der unwürdigen Widerstände, die der Generalrat unseren Ansichten entgegensetzte».

Dem brennenden Eifer Babeufs bleibt somit, außer der Jagd auf Lilien und Löwen als den Emblemen des Feudalismus und der Monarchie, nur wenig Spielraum, worüber er sich auf der Wählerversammlung in Péronne in bewegten Klagen ergeht: «Die Öffentlichkeit ist von den Sitzungen des Departements so gut wie ausgeschlossen. Man erreichte es, indem man die Sitzungen auf sechs Uhr abends verlegte, sorgfältig alle Türen verschloß und die Versammlungen in einem engen, lächerlich kleinen Raum abhielt, der kaum für die Administratoren ausreichte. Die Bezeichnung ‹öffentliche Sitzung› am Kopf des Protokolls ist nur ein leeres Wort. Der Generalrat selbst weiß nichts von dem, was gespielt wird. Man verbirgt vor ihm soviel man nur kann. Die Geschäfte besorgt das Direktorium, und man ist ständig auf der Hut, jede Kontrolle durch die Mitglieder des Rates auszuschalten . . .»

In der Verwaltung, bei allen Behörden, säßen noch immer die

gleichen Leute wie ehedem. «Nichts hat sich bis heute in der ehemaligen Intendanz geändert, sie ist, was sie 1788 war. Nur die Schale hat einige Verwandlungen erfahren . . .»

Trotz aller Widerstände, denen er auf Schritt und Tritt begegnet, denkt Babeuf nicht daran, sich zu bescheiden, und im Oktober (nach beendeter Session) wie die meisten der nicht in Amiens ansässigen Mitglieder des Generalrates nach Hause zurückzukehren. Um in Amiens bleiben zu können, sucht und findet er eine untergeordnete Stellung als Archivar in einem der Büros der Verwaltung, die es ihm ermöglicht, auch weiterhin – wenn auch nur als Zuhörer – den Sitzungen des Direktoriums beizuwohnen. Dies wiederum ergreift, um den lästigen Aufpasser wenigstens für einige Zeit loszuwerden, jede sich bietende Gelegenheit, ihn mit auswärtigen Missionen zu betrauen.

So reisen Babeuf und Devaux Anfang Oktober als Kommissare des Departements nach Péronne. Der Grund ihrer Mission sind Gerüchte, die Stadt solle, «nach dem erwarteten Erfolg der Belagerung von Lille», den Österreichern in die Hände gespielt werden. Babeuf nimmt diese Beschuldigung, so unwahrscheinlich ein Einverständnis der Bewohner von Péronne mit dem noch mehrere Tagesmärsche entfernten Feinde auch anmutet, durchaus ernst und sammelt eifrig Material zum Beweis einer «royalistischen Verschwörung». Nach Amiens zurückgekehrt, beschuldigt er den General La Bourdonnaye, das Mitglied der Konstituante Bouteville-Dumetz, den ehemaligen, ihm wohlbekannten procureur général syndic Tattegrain sowie Angehörige des Distrikts und der Stadtverwaltung von Péronne des Verrats an der Republik und des Einverständnisses mit dem Feinde. Das sind tödliche Anklagen, die die Herren im Direktorium mit Bestürzung zur Kenntnis nehmen. Aber statt der Anzeige Folge zu geben, «bewahrten sie ein schuldhaftes Schweigen über die Verschwörung», und so konnten «die Verräter trotz wiederholter Vorstellungen, trotz meiner Briefe an Roland, der noch nicht entlarvt war, in Ruhe schlafen, und mein Bericht blieb begraben».

Im November entsendet das Direktorium Babeuf in den Distrikt Abbeville mit dem Auftrag, «eine vorgebliche Hungernot» zu beheben. Wiederum untersucht Babeuf die Beschuldigungen an Ort und Stelle, wiederum verhört er Zeugen, verfaßt er Protokolle und schließlich ein ausführliches Memorandum, das die seiner Ansicht nach schuldigen Verwalter des Distrikts entlarvt und das er der zuständigen Stelle, dem Direktorium des Departements, übergibt; und wiederum geschieht nichts. «Ich selbst schuf mir», gesteht er treuherzig, «mit diesen Enthüllungen nur eine neue Schar Todfeinde.»

In den wenigen Wochen, die Babeuf zwischen seinen Reisen in Amiens verbringt, läßt er keine Gelegenheit vorbeigehen, seine politische Linie und fortschrittliche Einstellung deutlich zu machen. Am Tage nach dem vom Generalrat zur Feier der militärischen Erfolge in Savoyen beschlossenen Fest vom 28. Oktober, dem die Aufführung «eines den Umständen angemessenen Theaterstückes» einen würdigen Rahmen geben sollte, richtet Babeuf an die Schauspieler des Theaters einen Brief, den die *Affiches* des Departements publik machen.

«Warum sieht man», rügt Babeuf die bedauernswerten Komödianten, die doch nur spielen, was ihr Prinzipal ansetzt, «warum sieht man auf dem Theater in Amiens noch die Sklaverei in Szene gesetzt? Wie ist es möglich, daß am gleichen Tage im gleichen Theater ein Stück wie die *Héros français* und ein Schmarren wie die *Auberge pleine* [51] gespielt werden?» Sollen wir uns ewig gefallen lassen, daß auf der Bühne noch die Gespenster der Vergangenheit spuken, daß es dort von Grafen und Baronen nur so wimmelt, und daß man uns lachen läßt «über Tagediebe, die einen armen Kerl, immerhin meinesgleichen an Rechten, molestieren? Und am gleichen Tage, an dem man die Eroberungen der französischen Armee in Savoyen festlich begeht, will man mir zumuten, ein Stück wie *Ricco* über mich ergehen zu lassen, in dem adlige Herren und Leute ähnlichen Schlages auftreten?»

Die Schauspieler sollten aufhören mit beiden Seiten, mit den Patrioten und mit solchen, die es nicht seien, zu liebäugeln. «Man kann nicht zwei Herren dienen.» Eine neue Zeit sei, nicht zuletzt für sie, angebrochen. «Die Zeit ist gekommen, unsere Theater vollkommen zu säubern, aus ihnen Stätten der republikanischen Gesittung und Gesinnung zu machen.» Die Stücke, die dazu nötig wären, würden schon kommen. Stücke, in denen «der Kampf der Freiheit gegen die Tyrannei» behandelt werde und die geeignet seien, «das heilige Feuer in den patriotischen Seelen» anzufachen. «Und dann, habt Ihr nicht Stücke, die niemals veralten? Beinahe alles von Molière ist für uns noch absolut zeitgemäß [52].»

Der Brief, den er mit seinem revolutionären Vornamen Camille unterzeichnet, erregt erhebliches Aufsehen. In der Öffentlichkeit melden sich empörte Stimmen, und das Direktorium beeilt sich, von Babeuf abzurücken. «Ganz Amiens, zu dieser Zeit der Sammelplatz von mehr als zehntausend auswärtiger Aristokraten, verabscheute in mir einen unbequemen Zensor, und das verfaulte Direktorium nahm gegen mich für die verdorbenen Komödianten Partei.»

Das Eingeständnis ist klar. Babeufs Stellung wird allmählich unhaltbar. Er selbst fühlt sich isoliert, und der Aufenthalt in einer Stadt wie Amiens, in der wohlhabende Kaufleute und begüterte Magistraten nach wie vor den Ton angeben, wird ihm nachgerade zur Qual. Bei jeder seiner Äußerungen stößt er auf offenen oder versteckten Widerstand. Er muß es, ohne etwas dagegen unternehmen zu können, hinnehmen, daß man insgeheim die Gefangenschaft der königlichen Familie beklagt, daß man, wenn auch mit aller gebotenen Vorsicht, Emigranten und geflüchteten Aristokraten hilfreich zur Seite steht. Die Bevölkerung, selbst die ärmste, zeigt sich allen Extremen abgeneigt und verharrt gegenüber der «aufkeimenden Republik» in versteckter, feindseliger Ablehnung.

Im November kommen André Dumont und Chabot als Kommissare des Konvents nach Amiens. Das Direktorium nimmt die Gelegenheit wahr, sich bei ihnen in bewegten Klagen über Babeuf und «die maßlose Heftigkeit seiner Aufführung» zu ergehen. Und Dumont, von dem man in der guten Gesellschaft flüstert, Chabot habe ihn 1791 von den Galeeren geholt, Dumont, der Kollege Babeufs aus der Zeit der Lehrjahre in Noyon und später gleich Coupé einer der Bezieher des *Correspondant Picard*, Dumont, der sich voller Stolz als Maratist bezeichnet, stellt sich gegen Babeuf auf die Seite des Direktoriums.

Immerhin rät er zur Vorsicht. Man solle sachte vorgehen und jedes Aufsehen vermeiden. Wenn möglich, Babeuf abschieben, ohne ihn seines Amtes zu entheben; das beste wäre, er selbst willigte ein, sich anderswohin versetzen zu lassen.

Die Gelegenheit, Dumonts wohlmeinenden Rat in die Tat umzusetzen, findet sich bald. Im November finden auf Anordnung des Konvents Neuwahlen zur Besetzung der leitenden Positionen in allen Distrikten, Städten und Gerichten statt. Doch auf der Versammlung in Péronne am 11. November geht Babeuf, abgesehen von seiner Wahl ins Sekretariat, leer aus. So hat er nur Gelegenheit, wiederum eine Grußbotschaft an den Konvent zu richten, in der er versichert, das französische Volk wisse jetzt, was es für seine Interessen und seine Sicherheit tun müsse, und es kenne die Menschen, die sein Vertrauen verdienten.

Erst am 18. November auf der Wählerversammlung des Distrikts Montdidier kommt Babeuf zum Zuge. Er wird zum Sekretär der Versammlung und tags darauf zum Mitglied des Direktoriums im Distrikt Montdidier gewählt [53]. «Zum Unglück für den Staat und für mich wurde Longuecamp ... zur gleichen Zeit zum procureur syndic gewählt.» Trotzdem zögert Babeuf keinen Augenblick die Wahl anzunehmen und sein Amt als Mitglied des Generalrates in Amiens niederzulegen. «Ich überließ das Departement all seinen Abscheulichkeiten und ging in den Distrikt Montdidier, wo ich glaubte, eine Umgebung zu finden, die mir ähnlich war.»

Schon bald soll er Grund haben, seine Entscheidung zu bereuen.

2

Montdidier, ehemals die *ville financière* der Provinz, hatte seit der Revolution viel an Bedeutung verloren.

Die kleine Stadt mit ihren knapp 4 000 Einwohnern, die nicht einmal eine eigene Druckerei besitzt, ist dennoch ein Zentrum der Lebensfreude und des guten Geschmacks geblieben: ihre zahlreichen Gasthöfe mit den uralt bizarren Namen und Schildern sind weitum bekannt für ihre auserlesenen gastronomischen Genüsse, die selbst anspruchsvollste Besucher niemals enttäuschen.

Babeuf beeilt sich, unmittelbar nach seiner Wahl zum Administrator, gemeinsam mit seinem Sohn Emile, nach Montdidier zu übersiedeln. Er bezieht eine Dienstwohnung im Distrikt, dem ehemaligen Benediktinerkloster, das die Mönche anno 90 geräumt haben. Von ihnen ist einzig ihr Koch in Montdidier geblieben, der dort ein Hotel eröffnet hat, dessen Küche den Vergleich mit den Künsten der Méot, Doyen und Venua in Paris nicht zu scheuen braucht. Dort nimmt Babeuf seine Mahlzeiten ein. Und nicht wenige der guten Bürger Montdidiers mögen der schmalen Gestalt ihres neuen Administrators, mit den *en mouillettes* herabfallenden Haaren, neugierig nachgesehen haben, wenn er, den Kopf zur Seite geneigt, einen großen, messingverzierten Säbel unter dem Arm, gedankenverloren daherkam.

Babeuf, «durch die Wahl des souveränen Volkes zur Verwaltung des Distrikts Montdidier berufen», träumt von einer herrlichen, die ganze Menschheit beglückenden Zukunft. «Welch ein Anreiz muß es nicht sein für uns, die öffentlichen Angelegenheiten in einem Augenblick wie diesem in der Hand zu haben ... Wir werden es unseren Enkeln überliefern, daß wir das Glück gehabt haben, in den schönsten Tagen der Republik an ihrer Verwaltung mitzuwirken ... In diesen Zeiten, in denen alle Vorurteile schwanden, um Gesetzen der reinen Philosophie Platz zu machen, die bald das Gesetzbuch aller Nationen werden sollten. Glückliche Tage! Mögen sie sich in der Unendlichkeit der Zeiten für den ganzen Erdkreis verewigen, und möge der bezwungene Despotismus nie mehr die Geschichte der Menschen besudeln ...»

Zu dieser hohen Auffassung von seinem Amt kommt, daß er sich, zum ersten Mal seit langen Jahren, von finanziellen Sorgen frei fühlen kann. Die bescheidene Besoldung, die der Staat für die Administratoren festgesetzt hat, genügt ihm völlig. Er empfindet keinen Neid darüber, daß der procureur syndic und selbst der Sekretär des Distrikts weit höhere Gehälter beziehen [54]. Das Gefühl der Bedeutung der vor ihm liegenden Aufgabe erfüllt ihn ganz und läßt in seiner Seele keinen Platz für Gedanken kleinlichen Neides.

Ungeduldig drängt er darauf, ungesäumt mit der Arbeit zu beginnen. Da die bisherige Verwaltung, die an sich die Geschäfte bis zur Einberufung des Generalrates weiterzuführen hat, durch das Ausscheiden von Gantois und Damiens nicht beschlußfähig ist, überredet Babeuf seine Kollegen Hallot und Lefrançois, die Arbeitsaufnahme auf den 26. November vorzuverlegen. Diese erklären sich, sehr zum Ärger des Sekretärs Cochepin, einverstanden, und so ergreifen sie gemeinsam «die Zügel der Verwaltung» und tagen während sieben Tagen zusammen mit einem Mitglied und dem procureur syndic der bisherigen Administration.

Auf der Eröffnungssitzung des Generalrates am 3. Dezember, auf der Devillasse zum Präsidenten gewählt wird, macht Babeuf die Öffentlichkeit mit dem Programm der neuen Verwaltung bekannt. Diese Rede zeigt ihn von einer ganz neuen Seite. Kein Wort vom Agrargesetz, kein Wort über die Revision der Verfassung. Babeuf hat erkannt, daß zunächst ganz andere Aufgaben der Lösung harren. Dabei findet er, im Gefühl der übernommenen Verantwortung, sogar anerkennende Worte für seine Vorgänger im Amt: «Bei unserem Eintritt in eine weite und dornenvolle Laufbahn haben wir uns nicht die Schwierigkeiten verheimlicht, die den Anfänger erwarten . . . Wir haben uns glücklich geschätzt, Bürgern der vorigen Verwaltung zu begegnen, die über Erfahrungen und Fähigkeiten verfügen, um jene Hindernisse auszuräumen, vor denen Neulinge in ihrer Unerfahrenheit zurückschrecken . . . »

Der erste Teil seiner Ansprache gilt «dem ersten Gegenstand unserer Sorge», den Steuern. «Es genügt nicht, daß sie aufgeteilt sind; wichtig ist, sie bezahlt zu sehen.» Er gebe zu, die Aufteilung sei fehlerhaft erfolgt. Das Departement Somme habe eine «zerschmetternde Überlast» erfahren. Von dessen fünf Distrikten wäre Montdidier am härtesten betroffen [55]. Schuld hieran seien die «falschen und ungleichen Unterlagen des *ancien régime*».

Drei Dinge habe er vorzuschlagen: beschleunigte Anfertigung der Steuerlisten, um «in Anbetracht des dringenden Bedarfs der Republik» ein möglichst rasches Einziehen der Steuern nach dem gegenwärtigen Stand der Aufteilung zu erreichen; Einsatz aller Kräfte, um die Unterlagen zu erstellen, die der Forderung auf einen «allgemeinen Steuernachlaß» Nachdruck verleihen sollen; und letztlich Ausarbeitung einer Eingabe an den Generalrat des Departements, mit Unterlagen, aus denen hervorgehe, daß Montdidier im Vergleich zu den anderen Distrikten eine beträchtliche Überlast erfahre, um so für das Steueraufkommen des nächsten Jahres einen «provisorischen Nachlaß» zu erlangen.

Auf die Frage der Emigrantengüter geht Babeuf – aus offenbar wohl überlegten Gründen – nur mit einem Satz ein, wobei er sich mit dem sehr allgemein gehaltenen Versprechen begnügt, dieser Frage «aufmerksame Untersuchungen» und «sorgfältigste Überwachung» zuzuwenden.

Ausführlicher behandelt er die «weit beunruhigendere Kalamität» der Versorgung mit Lebensmitteln. Trotz «wahrhaften Überflusses» sei eine besorgniserregende Verknappung eingetreten. Das erschütternde Bild «einer allgemeinen Hungersnot» vor Augen, ruft Babeuf die Wohlhabenden auf, ihren notleidenden Mitmenschen zu helfen. «Daß die Habgier schweige! Die öffentliche Ruhe, die Sicherheit der Person und des Eigentums sind nur gewährleistet, wenn alle Mitglieder der Gesellschaft in einem gewissen Wohlstand leben.» Die Regierung habe bereits – gestützt auf das Gesetz vom 16. September – eine allgemeine Erfassung des Getreides angeordnet. Es gelte das Ende dieser Erhebung abzuwarten. Danach würden bessere Zeiten kommen. Der Distrikt verspreche sein Bestes, daran mitzuwirken.

Das Eingeständnis bleibt festzuhalten: daß der Staat nur dann auf sicheren Grundlagen ruhe, wenn sich alle «Kinder der großen Familie» eines «gewissen Wohlstandes» erfreuten. Trotz aller «staatsmännischen» Zurückhaltung, aller sich selbst auferlegten Reserve, kann Babeuf nicht umhin, den Wohlfahrtsstaat zu fordern, jenes Gebilde, das die Wohlhabenden unter seinen Zuhörern als den ersten Schritt auf dem Wege zur völligen Anarchie betrachten.

Nicht weniger Klugheit als mit dieser Rede beweist Babeuf bei der Bildung der (vier) Distrikt-Komitees. Gemeinsam mit den Administratoren Dubois und Delahoche übernimmt er am 20. Dezember das an sich wenig reizvolle Reglements-Komitee, zu dessen Aufgaben, neben der Aufsicht über die Archive, vor allem der Aufbau der inneren Verwaltung gehört. Bereits wenig später, am 31. Dezember, legt das Komitee einen ausführlichen Lagebericht vor mit zahlreichen Verbesserungsvorschlägen, darunter solchen, die eine tägliche Bürozeit von zehn bis elf Stunden für die Mitarbeiter der Verwaltung und Maßnahmen zur Eindämmung des Einflusses der eingesessenen Bürokraten zugunsten der Wahlbeamten vorsehen.

Trotz dieser offenkundigen Mäßigung soll der Friede nicht dauern. Gestützt auf die entsprechenden Dekrete und einen Runderlaß des Innenministers Roland, setzt Babeuf am 11. Dezember einen Beschluß des Distrikts durch, der alle nachgeordneten Stellen anweist, mit dem Sturm auf die staatsgefährdenden Lilien nunmehr unverzüglich Ernst zu machen. Babeuf hält die Angelegenheit für wichtig genug, um die Stadtverwaltung von Montdidier in einem besonderen Schreiben aufzufordern, dieses «Sühnopfer» mit der gebotenen Feierlichkeit «zu Füßen des Freiheitsbaumes» durchzuführen.

Niemand wagt, sich zu widersetzen. Und so findet wenige Tage später, in Anwesenheit Babeufs, auf dem Marktplatz von Montdidier das angekündigte Autodafé statt, bei dem die mit dem Lilienwappen geschmückten Wandteppiche aus dem Gerichtsgebäude, «sowie ein Dutzend stolzer Portraits von Königen, die im Stadthaus und im Sitzungssaal des Direktoriums verborgen waren», in die Flammen wandern.

Die Empörung ist allgemein. «Ich brachte alle Sklavenseelen der Stadt gegen mich in Harnisch», gesteht Babeuf. Doch soviel offenen und geheimen Widerwillen dieser Scheiterhaufen auch in allen mit der Aristokratie der Provinz versippten und verschwägerten Kreisen erregen mochte, bedrohlich wird es erst, als Babeuf die Beschlagnahme der Emigrantengüter zu betreiben beginnt.

Mit aller Entschiedenheit fordert er im Direktorium, auf Grund der bestehenden Gesetze gegen Emigranten vom Schlage eines duc de Liancourt, eines comte d'Herlie, der comtesse de la Myre, die er von dem Prozeß gegen die Bauern aus Davenescourt noch in genauer Erinnerung hat, und eine Menge weiterer Adliger vorzugehen [56]. Vergeblich versuchen Longuecamp und Lefrançois sich diesem Ersuchen mit der Behauptung zu widersetzen, die Genannten seien keine Emigranten im Sinne des Gesetzes. Vergeblich «erschöpfte man für sie alle Ausflüchte der Rabulistik, um die Beschlagnahme dieser unschätzbaren Besitzungen zu umgehen...»

Im Direktorium kommt es zu einem schrecklichen Auftritt. Doch Babeuf setzt sich durch. Er zwingt das Direktorium, einen von ihm entworfenen Plan anzunehmen, der die Beschlagnahme von über fünftausend Hektar Land aus Emigrantenbesitz im Wert von mehr als zehn Millionen livres vorsieht. «All dies trieb die Wut der Aristokraten dieser Stadt auf die Spitze, und man ehrte mich mit der Bezeichnung Maratist.»

Die äußerst gespannten Beziehungen zu seinen Kollegen werden nicht besser als Babeuf, «einige Tage nach dem Tod des Tyrannen», es wagt, seiner Genugtuung über dessen Hinrichtung öffentlich Ausdruck zu geben und zu erklären, «er freue sich darüber».

Seit diesem Tage ist sein Sturz, «um welchen Preis auch immer», für die konservativen Elemente der Verwaltung beschlossene Sache.

Die Voraussetzungen hierfür sind nicht ungünstig. Zwar hat er unter den Mitgliedern des Direktoriums nur zwei entschiedene Gegner: Longuecamp und Lefrançois, aber dafür auch niemand, auf den er, im Ernstfall, sich verlassen könnte. Keiner der Administratoren verfügt auch nur entfernt über jene Eigenschaften, die Babeuf als unerläßlich ansieht, um ein öffentliches Amt zu bekleiden: «uneingeschränkten Patriotismus, Liebe zum Allgemeinwohl, Unparteilichkeit, Gerechtigkeitssinn, Eifer und Aktivität und vor allem Unbestechlichkeit...»

Der Präsident Devillasse, Pfarrer von Etelfay, der sich lange genug als schlecht bezahlter Dorfgeistlicher durchgeschlagen hat, ist von der Manie besessen, jetzt Geld wie ehedem Seelen zu fischen, was nur im Trüben geschehen kann und ihn zu allerlei dunklen Machenschaften treibt. Hallot und Jaudhuin sind einfache Naturen, wenig gebildet und völlig unerfahren in der Führung der Geschäfte, weshalb sie froh sind, schwierigen Entscheidungen, denen sie sich ohnehin nicht gewachsen fühlen, aus dem Wege zu gehen.

Zu spät erkennt Babeuf, daß er mit dem Übergang von Amiens nach Montdidier «von der Scylla in die Charybdis» geraten ist. «Ich traf dort Longuecamp, meinen ewigen Widersacher», und dazu Lefrançois, einer wie der andere «Feinde des werktätigen Volkes» und «Beschützer der Adligen, Emigranten und Aristokraten», beide obendrein ehemalige Prokuratoren, «mit denen ich wie Feuer und Wasser war». Ständig belauern und beobachten sie ihn, um einen «ersten günstigen Vorwand» zu finden, mit ihm abzurechnen.

Aber auch Babeuf bleibt nicht untätig. Beim Herumstöbern im Archiv des Distrikts fällt ihm Ende Januar ein Dokument in die Hände, das sich bei richtigem Gebrauch als eine tödliche Waffe gegen seine Feinde erweisen könnte. Es ist der kurz nach Kriegsausbruch geschriebene Brief eines emigrierten Adligen, der den damaligen Administratoren bescheinigt, daß «der Geist der Zurückhaltung und Mäßigung», den der Distrikt bei der Beschlagnahme des Emigrantenbesitzes bewiesen habe, nicht unbemerkt geblieben sei; er könne deshalb des Schutzes und der Hilfe der auswärtigen Mächte, der Prinzen und aller Emigranten versichert sein.

Ein solches «Diplom» des Wohlverhaltens, das der Distrikt einfach zu den Akten genommen habe, ohne es zumindest der Nationalversammlung bekanntzugeben, müsse, folgert Babeuf, seine Empfänger in einer sehr zweideutigen Haltung erscheinen lassen. Zu den dadurch Belasteten gehörten Lefrançois, der es verstanden habe, sich in seinem Amte bestätigen zu lassen, und der jetzige Abgeordnete Gantois, dessen Haltung im Prozeß des Königs zur Genüge gezeigt habe, daß seine Einstellung die gleiche geblieben sei.

Doch bevor Babeuf dazu kommt seine kostbare Entdeckung, die er sofort durch zwei Zeugen beglaubigen läßt, dem Sicherheitsausschuß des Konvents zuzuleiten, holen seine Gegner zum entscheidenden Schlage gegen ihn aus.

Er wird – unvermutet – seines Amtes enthoben.

3

13. Dezember 1792

Im Domänenbüro des Distrikts wird das Pachtgut Fontaine-sous-Montdidier öffentlich und meistbietend als Nationalgut aus Kirchenbesitz zugunsten des Staates versteigert.

Das Gut gehört zu den vom Staat beschlagnahmten Besitzungen des Malteserordens. Es besitzt einen Umfang von 182 Tagwerken 95 Ruten, von denen zwei Drittel auf Ackerland entfallen. Der Rest besteht aus Wiesen, Gebäuden, Gärten, Scheunen und einer Kapelle.

Da an diesem Tage kein weiteres Angebot erfolgt, wird der Besitz dem Pächter des Gutes, Firmin Debraine, zu dem veranschlagten Preis von 29 398 livres 4 sous zugeschlagen. Doch der Zuschlag ist noch nicht endgültig. Nach den gesetzlichen Bestimmungen hat noch eine zweite, endgültige Versteigerung zu erfolgen. Sie wird auf den 31. Dezember anberaumt.

31. Dezember 1792

Die Versteigerung findet diesmal im Großen Saal des Distriktsgerichtes statt. Von der Distriktverwaltung sind der Präsident Devillasse, der procureur syndic Longuecamp, die Administratoren Hallot und Lefrançois, der Sekretär Cochepin und der Angestellte Lenoble anwesend.

Als letztes Objekt kommt das Pachtgut Fontaine zur Versteigerung. Der Zuschlag gilt als erteilt, wenn kein höheres Gebot erfolgt und die dritte der drei vor dem Auktionator brennenden Kerzen gelöscht ist.

Diesmal ist die Beteiligung stark, und der Kampf wogt lange unentschieden hin und her. Aus Fontaine sind zahlreiche Bauern gekommen, um als Zuschauer an der Versteigerung teilzunehmen. Debraine, der mit seiner Mutter erschienen ist, bietet anfangs mit; als aber die Angebote höher und höher werden, gibt er das Rennen auf.

Bald zeigt sich, daß vor allem ein Reflektant ernsthaft entschlossen ist, das Gut unter allen Umständen an sich zu bringen. Dies ist Charles-Constantien Levavasseur, ein in Montdidier ansässiger, reicher Mann, der jeden Konkurrenten mit lächelnder Sicherheit übertrumpft.

Einzig seine Kurzsichtigkeit macht ihm bei der Beobachtung des wechselnden Löschens und Anzündens der Kerzen Schwierigkeiten. So nimmt er es dankend an, als ihm der neben ihm sitzende der Versteigerung als Zuschauer beiwohnende Präsident Devillasse vorschlägt, er wolle ihm beim Bieten behilflich sein.

Von nun an bietet Devillasse für Levavasseur, dem schließlich das Pachtgut Fontaine für den Betrag von 76 200 livres zugeschlagen wird. Und während alles noch in Gruppen beisammen steht und das Ergebnis der Auktion beredet, erklärt Devillasse dem Sekretär Cochepin, er habe Fontaine nicht für sich, sondern im Auftrage [57] des Bürgers Levavasseur ersteigert. Cochepin möge dies zu Protokoll nehmen.

Im Saal hat sich um Debraine und seine Mutter eine Gruppe gebildet, die eifrig debattiert, ob dieser recht getan habe, die Gelegenheit, Eigentümer von Fontaine zu werden, vorbeigehen zu lassen. Auch Longuecamp, im Begriff ins Distriktsgebäude zurückzukehren und außerordentlich zufrieden, daß alles in Ruhe verlaufen ist, bleibt einen Augenblick bei ihnen stehen und bemerkt zu Debraines Mutter, er sei über die Haltung ihres Sohnes erstaunt. Debraine ist sehr blaß und verteidigt mit Heftigkeit seine Meinung: er ziehe es vor Pächter zu bleiben, als um solch einen Preis Besitzer zu werden.

Dann gehen alle, denn es ist spät geworden, und man will noch zu Tisch. Auch Devillasse hat es jetzt eilig und sagt zu Cochepin, er werde am Nachmittag das Protokoll unterzeichnen. Dieser hat nichts dagegen und schreibt das Protokoll zu Ende, das er selbst unterfertigt und auch von Levavasseur, der geduldig gewartet hat, unterschreiben läßt, worauf es Cochepin, zusammen mit den übrigen Versteigerungsprotokollen dieses Tages, auf dem Domänenbüro hinterlegt.

Kein Mensch denkt daran, Devillasse an seine Unterschrift zu erinnern.

25. Januar 1793

Aber Devillasse hat es nicht vergessen.

Gegenwärtig sitzt er mit dem Administrator Hallot, dem Richter Leclerc und einigen Bauern aus Etelfay und Fécamp im Gasthof

Chevrier, um das Ergebnis einer Versteigerung zu feiern, bei der er, im Auftrag einiger Hintermänner, den in seiner Pfarre gelegenen Besitz der Kirche zum Heiligen Grab erstanden hat.

Der Pfarrer von Etelfay, den seine fortschrittliche Gesinnung auf den Präsidentenstuhl des Distrikts gebracht hat, ist ein Mensch ohne besondere Geistesgaben, aber mit einer feinen Witterung für den eigenen Vorteil. Er kennt seine Bauern und hat mit der ihm eigenen Verschlagenheit längst begriffen, daß viele von ihnen Hemmungen haben, sich direkt am Eigentum der Kirche zu bereichern, aber keinerlei Skrupel empfinden, solchen Besitz indirekt, aus zweiter Hand, zu erwerben.

Devillasse, dem solche Bedenken völlig fremd sind, ist gegen ein kleines Aufgeld stets gern bereit, sein Seelenheil zu gefährden. Ohne einen Pfennig eigenen Vermögens zu besitzen, bietet er munter bei allen Versteigerungen mit, treibt sogar die Angebote in die Höhe (aber nur soweit, als es seine Auftraggeber gestatten), worauf er jedesmal, bis zum Fälligkeitstermin der ersten Rate, den ersteigerten Besitz mit einer entsprechenden Vergütung an den Mann zu bringen weiß.

Der Handel mit den Bauern ist rasch geschlossen, und diese ziehen, wenn auch im Innern ein wenig aufgebracht über ihren allzu geschäftstüchtigen Seelenhirten, zufrieden ab. Der Präsident kann sich in Ruhe anderen Überlegungen zuwenden.

Da ist die noch immer unerledigte Sache mit Levavasseur. Bei dem Gedanken an ihn wird Devillasse wütend, denn Levavasseur rührt sich nicht, und als er ihm vor ein paar Tagen zufällig auf der Straße begegnete, hatte dieser, seine Kurzsichtigkeit vorschützend, getan, als kenne er ihn nicht.

Die beiden, mit denen er zusammensitzt, hören ihm interessiert zu, wie er seine Gedanken weiterspinnt. Wohl habe er, Devillasse, für Levavasseur geboten; doch der habe seitdem mit keiner Silbe daran erinnert. Da er das Protokoll bis jetzt nicht unterschrieben habe, sei es wohl keine Frage, daß es ihm freistehe, gegebenenfalls einen anderen Namen an die Stelle von Levavasseur, der sein Desinteressement bekundet habe, zu setzen.

Der Richter Leclerc, seines Zeichens Landwirt und als solcher nicht gerade eine Kapazität in Rechtsfragen, stimmt ihm unbedenklich zu. Wenn es so stehe, sagt er zu Devillasse, möge er doch an Debraine, den gegenwärtigen Pächter von Fontaine, denken. Man kenne doch Levavasseur zur Genüge als einen Halsabschneider, mit dem es nicht möglich sei, sich auf gütlichem Wege zu einigen.

Worauf Devillasse, vielleicht selbst erstaunt, wie prompt sein Versuchsballon gelandet ist, erklärt, Leclerc möge (seinen Freund oder Verwandten) Debraine nur kommen lassen, er werde den Zuschlag des Pachtgutes zu dessen Gunsten ändern, und «es solle ihn keinen sou kosten».

26. Januar 1793

Leclerc verliert keine Zeit. Er verständigt sofort seinen Bruder in Ansauvillers-en-Chaussée, der sich als Notar in Geschäften mit Nationalgütern auskennt, sowie den Pächter Debraine von der glücklichen Wendung, die man dank Devillasse erhoffen könne. Bereits tags darauf sitzen alle vier bei dem Gastwirt Bourdon in Montdidier, um die Lage zu besprechen. Debraines Bedenken wegen der Höhe des Preises wissen die beiden Leclerc zu beschwichtigen. Ein Verwandter von ihnen, Léger Leclerc, Lieferant für Heeresbekleidung, werde als Mitersteigerer einspringen, falls Debraine nicht zahlen könne.

So scheint alles zum Besten geregelt, und der Notar Leclerc sagt fröhlich, als sie sich nach anderthalb Stunden trennen und er bei Madame Bourdon, die es später zu Protokoll geben wird, die Rechnung für alle begleicht, sie würden das Glück des Pächters Debraine machen und er bekäme bestimmt Fontaine.

27. Januar 1793

Auf der Registratur des Distrikts lassen sich Devillasse und Hallot das Protokoll der Versteigerung vom 31. Dezember vorlegen.

Als Devillasse den Namen Levavasseur entdeckt, stellt er sich sehr überrascht und erklärt es für eine unglaubliche Fahrlässigkeit, daß dessen Unterschrift, ohne ihn davon zu verständigen, auf das Protokoll gesetzt worden sei. Da er selbst seine Unterschrift nicht gegeben habe, sei der ganze Vorgang null und nichtig; er müsse es sich in aller Form vorbehalten, zu wessen Gunsten er seinen Verzicht erklären wolle.

Alles duckt sich. Niemand widerspricht. Und so verläßt Devillasse, nach diesem wohlerwogenen Auftritt, befriedigt die Registratur, während der diensttuende Beamte sich kopfschüttelnd beeilt, das geschmähte Protokoll an seinen Platz zurückzubringen.

30. Januar 1793, mittags

An diesem Tage – einem entscheidenden Tage in Babeufs Leben – treffen sich Devillasse, Leclerc de Raineval und Debraine bei Chevrier. Sie lassen sich, um ungestört zu sein, eines der oberen Gastzimmer geben und beraten, was man wohl tun könne, um die Sache zu Ende zu bringen.

Debraine zeigt sich ungeduldig. Er bedauere die Zeit, die er schon mit nutzlosen Besprechungen vertrödelt habe. Da entschließt sich Devillasse, nach Hallot zu schicken. Doch dieser ist (zu seinem Glück) nicht aufzufinden.

Enttäuscht berät man, wer von den Administratoren an seiner Stelle in Frage käme. Leclerc schlägt Jaudhuin vor. Aber Devillasse wendet ein, er sei zu beschränkt und in geschäftlichen Dingen zu unerfahren. So einigt man sich auf Babeuf.

Noch einmal wird – wie schon zu Hallot – das Dienstmädchen Rosalie zum Distrikt geschickt. Sie kommt mit Babeufs Sohn, dem siebenjährigen Emile, zurück, der ausrichtet, sein Vater werde bald kommen.

Die Tafelrunde atmet auf, als Babeuf eine halbe Stunde später anlangt. Während er zu Mittag ißt, übernimmt es Devillasse, ihn von den Vorgängen bei der Versteigerung am 31. Dezember ins Bild zu setzen. Seine Lesart klingt überzeugend, und Leclerc verfehlt nicht, die Angaben von Devillasse noch durch einige Hinweise auf den Geizkragen und Wucherer Levavasseur, der die Familie Debraine ins Unglück stürzen werde, zu ergänzen.

Es bedarf keines weiteren Anstoßes, um Babeufs ganze Tatkraft in Aktion zu setzen. Ohne sich nach weiteren Einzelheiten zu erkundigen oder den doch immerhin naheliegenden Vorschlag zu machen, auch Levavasseur zu hören, regt er an, gemeinsam zur Registratur zu gehen und die Sache in Ordnung zu bringen.

Gesagt, getan. Gemeinsam gehen sie hinüber und lassen sich von dem Angestellten Lenoble das Versteigerungsprotokoll des Pachtgutes Fontaine aushändigen. Der Präsident bittet Babeuf sich davon zu überzeugen, daß er – Devillasse – das Protokoll nicht unterzeichnet habe. Er könne also einsetzen, wen immer er wolle. Leclerc stimmt ihm zu, worauf Babeuf das Protokoll nimmt und Devillasse fragt: «Wen wollen Sie einsetzen?» Und dieser antwortet: «Den Bürger Debraine und den Bürger Leclerc aus Ansauvillers-en-Chaussée, beide gemeinsam haftend.»

Und so nimmt Babeuf, den nichts warnt, obwohl in diesem Augenblick Lenoble zu Leclerc bemerkt, er halte das Vorgehen für ungesetzlich, die Feder zur Hand und streicht den Namen Levavasseur und dessen Unterschrift auf der Versteigerungsurkunde aus. An den Rand setzt er dafür die Namen Debraine und Leclerc. Dann läßt er Devillasse und Debraine unterzeichnen und unterzeichnet selbst, gemeinsam mit dem Administrator Jaudhuin, der sich zufällig gerade in der Registratur aufhält.

Lenoble, der skeptisch bleibt und die Legalität des Vorgangs bezweifelt, fertigt dennoch auf Verlangen Babeufs einen Protokollauszug für Debraine an, den Babeuf, diesmal in Vertretung für den Sekretär Cochepin, unterzeichnet. Selbst der Hinweis von Lenoble, er habe bereits einen Auszug für Levavasseur ausgestellt und glaube, daß dieser schon die erste Rate seines Kaufes bezahlt habe, macht Babeuf nicht stutzig. Man geht mit der Bemerkung darüber hinweg, Debraine werde in diesem Falle Levavasseur das, was er irrigerweise bezahlt habe, zurückerstatten.

Anschließend trennen sie sich im besten Einvernehmen, ohne sich weiter mit den bürokratischen Bedenken der Registratur aufzuhalten. Debraine und Leclerc haben es eilig, zum Registrierungsbüro zu kommen, um die vorgeschriebene Anzahlung von einem Zwölftel des Preises auf Fontaine zu erlegen. Da Debraine nicht über genügend Geld verfügt, leistet Leclerc die Zahlung für ihn und erhält eine Quittung über 6 350 livres.

30. Januar 1793, nachmittags

Als erstem kommen Jaudhuin, der sich unter dem Einfluß Babeufs bereitgefunden hatte, seine Unterschrift zu geben, nachträglich Bedenken. Plötzlich erscheinen ihm die von Lenoble erhobenen Einwände durchaus nicht mehr lächerlich, sondern im Gegenteil überaus wohlbegründet und zutreffend.

In seiner Ratlosigkeit wendet er sich an seinen Kollegen Lefrançois und eröffnet ihm (es ist fünf Uhr nachmittags) «mit Tränen in den Augen», was sich in der Registratur abgespielt hat. Dieser, als geschulter Jurist, begreift sofort, welche Bedeutung dem Vorfall zukommt: ohne sich länger mit dem verzweifelten Jaudhuin aufzuhalten, macht er sich auf, um Longuecamp ins Bild zu setzen.

Kaum weiß dieser, um was es sich handelt, als auch er, ohne ein Wort zu erwidern, brüsk das Zimmer verläßt, um im Sturmschritt, gefolgt von Lefrançois, das Domänenbüro aufzusuchen und sich von Lenoble das fragliche Schriftstück aushändigen zu lassen. Sprachlos vor Freude betrachten die beiden immer wieder die verhängnisvollen, von Babeuf gestrichenen und hinzugefügten Worte der Urkunde. So ist es denn wirklich wahr, was Jaudhuin dem Lefrançois gestanden hat. Das Schicksal hat gesprochen. Möge es denn seinen Lauf nehmen!

Sorgfältig verschließt Longuecamp das kostbare Schriftstück, bevor er Jaudhuin zu sich kommen läßt. Dieser ist ganz gebrochen und macht sich wegen seiner Willfährigkeit die schlimmsten Vorwürfe. Er könne sich nicht verzeihen, beteuert er immer wieder, der Aufdringlichkeit Babeufs, der seine Unerfahrenheit ausnutzte, nachgegeben zu haben. Er sei von Babeuf überfahren worden und habe sich zudem in Gegenwart des Distriktspräsidenten und eines Richters nicht zu weigern gewagt.

Longuecamp entläßt ihn mit der wenig tröstlichen Versicherung, die Geschichte werde noch Weiterungen haben. Unmittelbar danach läßt er Babeuf zu sich kommen. Mit betonter Sachlichkeit – welch wahrhaft köstlicher Augenblick in seinem Leben! – führt er aus, die Auffassung, wonach die Unterschrift von Devillasse zur Gültigkeit der Versteigerung erforderlich sei, beruhe auf einem grundlegenden Irrtum. Das Protokoll enthalte die Erklärung, daß Devillasse zugunsten von Levavasseur geboten habe und trage zudem die Unterschriften der an diesem Tage diensttuenden Administratoren Lefrançois und Hallot sowie des Sekretärs Cochepin und sei in der vorliegenden Form rechtlich einwandfrei gültig. Die von Babeuf und Jaudhuin zugunsten von Debraine und Leclerc vorgenommene Änderung sei unwirksam und erfülle, juristisch gesprochen, den Tatbestand der Urkundenfälschung.

Babeuf bleibt wenig dagegen vorzubringen. Devillasse habe ihn gröblich getäuscht. Daher handele es sich keineswegs um eine Fälschung, sondern allenfalls um einen Rechtsirrtum, den in aller Form zu bereinigen, er sich vorbehalte. Er verstehe im übrigen sehr wohl, warum diese Angelegenheit aufgebauscht werde. Man suche nach einem Vorwand ihn loszuwerden. Doch solle man sich nicht zu früh freuen. Noch sei in dieser Sache das letzte Wort nicht gesprochen.

Und Babeuf verläßt das Zimmer, die Tür mit heftigem Ruck hinter sich zuwerfend, während Longuecamp sich erneut dem Protokoll zuwendet, dessen Anblick ihn mit stürmischer Freude erfüllt.

30. Januar 1793, abends

Noch am gleichen Abend, gegen acht Uhr, begibt sich Babeuf zusammen mit Jaudhuin, der ihn nur widerwillig begleitet, da er neue Fallstricke befürchtet, ins Distriktsgebäude, um durch den Sekretär Cochepin eine (recht gewundene) Erklärung protokollieren zu lassen. Nach ausführlicher Darlegung aller Umstände, bei der allerdings die Zusammenkunft bei Chevrier mit Stillschweigen übergangen wird, kommt Babeuf zu seinem Paterpeccavi:

> «Es bestehe tatsächlich eine am Tage des Verkaufs geschlossene Vereinbarung zwischen den Bürgern Vilasse und Levavasseur, derzufolge letzterer als Auftraggeber für den Erwerb der Domäne Fontaine anzusehen sei; Vilasse habe sich öffentlich und in der verbindlichsten Form zu dieser Regelung verpflichtet; es wäre seltsam und unerklärlich, daß er nachträglich dagegen aufgetreten sei und andere, ganz entgegengesetzte Bestimmungen getroffen habe.
>
> In Anbetracht dieser Umstände und auf Grund der Tatsache, daß sie, ohne von allen Begleitumständen der erwähnten Angelegenheit unterrichtet zu sein, veranlaßt wurden einzugreifen, erklären die unterfertigten Administratoren, daß ihre Unterschriften und die Änderungen im Protokoll der erwähnten Versteigerung, an denen sie am heutigen Tage mitgewirkt haben, keiner Partei zum Nachteil gereichen noch Eintrag tun sollen: ihr Wille sei, daß man sich in keiner Weise auf ihre Teilnahme hierbei berufen könne, und daß die Dinge in genau den gleichen Zustand zurückversetzt seien, in dem sie sich vor besagter Teilnahme befunden haben.»

Worauf Jaudhuin und Babeuf ihre Namen neben den des Sekretärs unter diese um fünf Stunden zu spät gekommene Erkenntnis setzen.

Auf der öffentlichen Sitzung des Generalrates in Montdidier wird als erster Zeuge Levavasseur vernommen.

Der Saal für die Zuhörer ist gesteckt voll, als Levavasseur mit schwacher Stimme seine Erklärung abgibt. Er schildert die Vorgänge bei der Versteigerung am 31. Dezember und erklärt, er habe erst später erfahren, daß der Pfarrer, der ihm behilflich gewesen sei, der Präsident des Distrikts war. Der Auszug aus dem Versteigerungsprotokoll sei ihm einige Tage später durch das Mitglied des Direktoriums, den Bürger Babeuf, zugestellt worden.

Bei Nennung des Namens Babeuf geht eine allgemeine Bewegung durch den Raum. Dieser Umstand war bisher nicht bekannt, und man lauscht gespannt auf das, was Levavasseur noch vorzubringen hat.

Dieser schildert weiter, wie er, unmittelbar nach der Versteigerung, das Protokoll in Gegenwart zweier Administratoren und von mehr als 300 Personen, unter ihnen sämtliche Einwohner Fontaines, unterzeichnet habe. Er sei seiner Sache so sicher gewesen, daß er eine Reise nach Fontaine gemacht habe, wo ihm die Bauern das Ehrenbukett überreicht hätten und Debraine ihm seine Glückwünsche ausgesprochen und zu seinen Ehren ein Fest veranstaltet habe. Er habe mit diesem eine Reihe notwendiger Hausreparaturen besprochen und Auftrag für diese Arbeiten gegeben.

Über die Pacht sei dabei überhaupt nicht gesprochen worden. Entgegen allen Gerüchten, wonach er versucht haben solle, Debraine zu steigern oder den Pachtvertrag nicht zu verlängern, erkläre er, daß dazu gar keine Veranlassung bestanden habe. Wie aus dem öffentlichen Anschlag der Versteigerung eindeutig hervorgehe, laufe dessen Vertrag bei einer Pachtsumme von 1 500 livres noch sechs Jahre. Dies sei ihm bekannt gewesen, und er sei gewillt, seinen vertraglichen Verpflichtungen in jeder Weise zu entsprechen. Er sei darum höchst überrascht gewesen, schließt Levavasseur seine Aussage, mit seiner a conto-Zahlung, die er fristgemäß am 31. Januar leisten wollte, abgewiesen zu werden, da Leclerc bereits tags zuvor diesen Betrag für Debraine eingezahlt habe.

Als nächster ist Devillasse an der Reihe. Seine Aussage ergibt nichts wesentlich Neues. Er hat längst seine ganze Sicherheit wiedergefunden. Sein geschmeidiges Organ füllt mühelos den Raum, und seine Kanzelberedsamkeit schläfert die Zuhörer ein. Devillasse ist gerissen genug, zu erkennen, daß der Blitz, wenn er herunterfährt, bestimmt nicht ihn treffen wird [58].

Während Devillasse redet, betrachtet Babeuf die vor ihm sitzenden Administratoren. Die gespielte Sicherheit Hallots, dem ein Zufall es ersparte, an seiner Stelle zu sitzen, und der sich groß dünkt, weil er Glück gehabt hat; die Gesichter der Generalratsmitglieder, die sich wichtig tun und glauben, daß sie den Staat retten, wenn sie ihn, ihren Kollegen Babeuf, zugrunde richten; das impertinente Grinsen auf dem Gesicht von Lefrançois, mit dem er ihn herauszufordern scheint. Er zwingt sich, nicht zu Longuecamp herüberzusehen. Der Anblick seines Feindes, der seinen Triumph über ihn genießt, ist ihm unerträglich.

Jetzt ist die weinerliche Stimme Jaudhuins zu vernehmen, der sich, vor Erregung stammelnd, als Opfer seiner Vertrauensseligkeit bezeichnet. Babeuf hört nicht weiter hin. Ihm ist speiübel bei alledem. Dann ist er selbst an der Reihe, und der Vorsitzende gibt ihm das Wort.

Was sagen? Was tun? Mit stockender, kaum vernehmlicher Stimme wiederholt er seine am 30. Januar abgegebene Erklärung. Er spürt, daß man ihm nicht glaubt. Seine eigenen Worte erscheinen ihm fremd und kraftlos, als sei er in einem entsetzlichen Alptraum befangen.

Nach ihm meldet sich Levavasseur noch einmal zu Wort. Er könne Babeufs Aussage in einem Punkte ergänzen. Dieser habe ihn aufgesucht, ihn wegen des Vorfalles um Entschuldigung gebeten und dazu in einem Schreiben versprochen, alles Geschehene in seinen ursprünglichen Zustand zurückzuversetzen.

Babeuf sagt nichts. Die Administratoren ziehen sich zur Beratung zurück. Die Sitzung ist aus.

Noch am gleichen Tage wird das Ergebnis ihrer Beratung bekannt. Das Direktorium stellt fest, die Versteigerung des Pachtgutes Fontaine sei den gesetzlichen Bestimmungen entsprechend durchgeführt worden. Die Bürger Babeuf und Jaudhuin seien bei dieser Versteigerung nicht zugegen gewesen. Alle nachträglich und eigenmächtig dem Protokoll zugefügten Hinweise, Streichungen, Zusätze und Unterschriften der Bürger Babeuf, Jaudhuin, Devillasse und Debraine seien null und nichtig. Ein Zusatzprotokoll, aus dem hervorgehe, daß der Bürger Levavasseur alleiniger und rechtmäßiger Besitzer besagter Domäne sei, solle durch die Bürger Longuecamp, Hallot und Lefrançois angefertigt werden. Abschrift dieses Beschlusses sei unverzüglich dem Direktorium des Departements zuzuleiten, wobei man sich vorbehalte zu prüfen, ob im Falle der Bürger Devillasse, Babeuf und Jaudhuin der Tatbestand des Amtsmißbrauches gegeben sei.

6. Februar 1793

Damit ist das Stichwort gefallen. Zwei Tage darauf wird – wiederum in öffentlicher Sitzung – das Urteil verkündet. «Der Rat war und ist mehr denn je davon überzeugt, daß die Akte, um die es sich handelt, eine Fälschung enthält, und er kann und darf nicht verheimlichen, daß seine Mitglieder ausnahmslos darüber empört sind, daß diese Fälschung als das Werk einiger ihrer Kollegen anzusehen ist.»

Zur Schuldfrage übergehend, beschäftigt sich der Beschluß zunächst mit Babeuf, dem offenkundig die erste Rolle zugedacht ist. Er, der Talent und Charakter, aber auch ein übersteigertes Selbstbewußtsein besitze, habe zweifellos die Bedeutung seiner Handlungsweise richtig einschätzen können.

Die (bisher nicht erwähnten) näheren Umstände ließen sein Verhalten besonders verwerflich erscheinen. Er habe am 30. Januar beinahe den ganzen Tag mit den Bürgern Devillasse, Leclerc und Debraine verbracht, habe mit ihnen zu Mittag gegessen und anschließend die Fälschung begangen.

Das gleiche gelte für Devillasse, während man Jaudhuin, der nur seine Unterschrift gegeben habe und als Opfer eines blinden Vertrauens in seine Kollegen anzusehen sei, mildernde Umstände zubilligen könne.

Der Vorfall habe in der Öffentlichkeit größtes Aufsehen erregt. Um so mehr seien die Administratoren deshalb verpflichtet, sich «auf der Höhe ihrer Stellung» zu zeigen, das Vertrauen des Volkes in sie zu rechtfertigen und selbst den Schatten eines Verdachts von sich fernzuhalten.

Es werde daher beschlossen und verkündet: «Die besagten Devillasse, Babeuf und Jaudhuin erhalten ein öffentliches Tadelsvotum; die Fälschung und der Amtsmißbrauch werden dem Direktorium des Departements angezeigt; bis zu dessen Entscheidung werden die Administratoren des Distrikts sich jeglichen Umganges mit Devillasse und Babeuf enthalten.»

So weit der Distrikt. Am gleichen Tage beschließt der Generalrat der Gemeinde Montdidier, den Bürgern Devillasse, Babeuf und Jaudhuin sein Vertrauen zu entziehen.

Die Akten gehen nach Amiens.

7. Februar 1793

Der Generalrat des Departements billigt, nach erfolgter Prüfung der Unterlagen, die in Montdidier am 4. und 6. Februar gefaßten Beschlüsse; sie seien der Staatsanwaltschaft zu übermitteln. Gegen Devillasse bestehe der Verdacht der Untreue im Amt; gegen Jaudhuin der Vorwurf tadelnswerter Nachlässigkeit; gegen Babeuf, der die Fälschung begangen habe, gebe es «sehr schwerwiegende Verdachtsgründe», wonach er als der eigentliche Anstifter anzusehen sei. Die Schwere des Delikts überschreite die Kompetenzen der Verwaltung. Das Gericht möge sein Urteil sprechen.

4

Zum ersten Mal in seinem Leben ist Babeuf restlos verzweifelt. Er fühlt sich hoffnungslos müde und abgekämpft. Hat er nicht wirklich alles versucht, um das Verhängnis, das ihn so hartnäckig verfolgt, aufzuhalten und ist ihm nicht alles fehlgeschlagen? Vergebens hat er sich vor Levavasseur gedemütigt und sich bei ihm entschuldigt; vergebens hat er sich – welch ein Kanossa für ihn! – nach Amiens begeben, um im Departement vorzusprechen und die Großmut seiner Feinde anzuflehen. Sie haben ihn mit nur schlecht verhehlter Genugtuung abgewiesen. Und seine Reise nach Paris, um bei dem Minister Einspruch gegen seine Amtsenthebung einzulegen, hat nur den Erfolg gehabt, daß man ihm achselzuckend erklärte, die Untersuchung sei bereits eingeleitet, l'affaire est criminalisée, und jeder Einspruch zu seinen Gunsten bedeute einen Eingriff in ein schwebendes Verfahren.

Wiederum und aber- und abermals überdenkt er seine Lage. Soll er zurück nach Montdidier, wo man überall verbreitet, er habe sich zusammen mit Devillasse für 10 000 frs von Debraine bestechen lassen? Soll er sich dem dortigen Gericht stellen? Er kennt dessen

Vorsitzenden und die Richter zur Genüge, um zu wissen, daß er von ihnen keine Milde, kein Verständnis erwarten darf. Soll er sich wehrlos ihnen ausliefern und abwarten, zu welcher Strafe sie ihn verurteilen? Was aber soll aus ihm werden, wenn die geringe Summe, die er von guten Freunden, denn noch haben ihn nicht alle verlassen, entliehen hat, aufgebraucht ist? Und was soll aus seiner Frau und seinen Kindern werden, wenn er im Gefängnis sitzt und nicht mehr für sie sorgen kann?

Zu alledem kommen die Vorwürfe, die er sich selbst machen muß. Er, mit seiner hohen Auffassung vom Amt eines Administrators, er, der vor allem Unbestechlichkeit verlangte und sich dessen öffentlich zu rühmen wagte, er erscheint jetzt rettungslos in diese schmutzige Affäre verstrickt.

Was mochte wohl zwischen Debraine und Levavasseur vorgefallen sein, als letzterer zu seinem Antrittsbesuch nach Fontaine kam? Ob es wohl zutraf, daß sich beide vor der Versteigerung untereinander geeinigt hatten, Debraine die Pacht auf Lebenszeit zu verlängern, und daß Levavasseur nachher erklärte, davon nichts zu wissen? Mußte Debraine, der betrogene Debraine, sich nicht nach dem *droit de marché*, dem uralten Gewohnheitsrecht der Picardie, zu jedem, noch so gesetzwidrigen Vorgehen gegen den Wortbrüchigen, der ihm die Pacht zu entziehen und ihn von Haus und Hof zu vertreiben drohte, berechtigt fühlen?

Fragen über Fragen und keine Antwort. Was nützt es ihm jetzt, alle Einladungen ausgeschlagen, sich niemals an geselligen Zusammenkünften mit Unternehmern und Lieferanten, zu denen er wie seine Kollegen geladen wurde, beteiligt zu haben? Andere verhielten sich weniger zurückhaltend, und kein Mensch fand etwas daran auszusetzen; sie blieben in Amt und Würden, und nur ihn, ausgerechnet ihn, hat man zum Sündenbock ausersehen. Im Fall einer Verurteilung werden er und seine Familie geächtet sein, und noch seine Kinder werden die Last eines anrüchig gewordenen Namens zu tragen haben.

Spricht denn nicht alles gegen ihn? Wie hatte er sich nur auf eine Verhandlung im Gasthaus, bei Chevrier, einlassen können! Wie rasch wäre er selbst bereit gewesen über jeden den Stab zu brechen, von dem er ähnliches erfahren hätte! Wie hatte er nur auf die hinterhältigen Vorschläge der Devillasse und Leclerc eingehen können, deren dunkle Geschäfte bereits Tagesgespräch in Montdidier waren!

Ja, wie konnte er nur? Er begreift es nicht, genau so wenig wie er versteht, warum er sich nicht einmal die Mühe genommen hat, dem Protokoll das Datum der Abänderung hinzuzusetzen. Mit diesem Datum hätte alles ein anderes Gesicht. Aber so? Und wird man diese Unterlassung nicht gerade ihm, einem Archivar und Kenner des Grundbuchwesens, nicht als Versehen, sondern als schuldhafte Absicht unterstellen? Mußte nicht jetzt bei jedem, der unvoreingenommen das Protokoll zur Hand nahm, der Eindruck entstehen, als seien Jaudhuin und er als diensttuende Administratoren bei der Versteigerung zugegen gewesen und hätten anschließend den Verzicht von Devillasse zugunsten von Debraine entgegengenommen?

Was soll er entgegnen, wenn man ihn fragt, warum er Devillasse mit seinem Ersuchen nicht an Lefrançois und Hallot oder an Longuecamp, die doch bei der Versteigerung anwesend waren, verwiesen habe? Warum hätten er und (auf seine Veranlassung) Jaudhuin in einen Vorgang eingegriffen, bei dem sie gar nicht zugegen waren und den sie aus eigener Anschauung überhaupt nicht kannten?

Peinigende Fragen, die ihm Tag und Nacht keine Ruhe lassen. Seine Stimmung ist derart niedergeschlagen, daß er ernstlich daran denkt, alles aufzugeben und den Kampfplatz zu räumen.

Aus Paris schreibt er an seine Frau: «Meine Liebste, Beste ... wir dürfen uns nicht länger verheimlichen, daß zuviel Leute in diesem unglückseligen Land unsern Untergang geschworen haben. Ich schulde es der Existenz meiner Kinder, meiner Verpflichtung sie zu erziehen, daß ich der unaufhörlichen Verfolgung, die ich seit so langer Zeit erfahre, weiche; wenn meine Unschuld an den Tag kommt, wenn ich meine Ehre aus diesem Labyrinth von Verleumdungen rette, glaube ich, wird es klug sein, meinen Feinden keine weitere Hartnäckigkeit zu zeigen. Also, wenn die Amtsenthebung aufgehoben wird, soll mich dies nicht hindern, meine Demission zu geben. Viele Böswillige werden lachen, aber was kommt es drauf an ...»

5

In Roye führt Marie unterdes einen aussichtslosen Kampf mit ihren Gläubigern. Doch es gibt keine Hilfe. Schließlich unterzeichnet sie, «den Tod im Herzen», eine Abtretung, um der Pfändung, mit ihren neuen Kosten, zu entgehen.

Alles in allem sind es wenig mehr als hundert livres, die sie dem Kaufmann, dem Fleischer und Bäcker schuldet, die Demütigungen nicht gerechnet, die es gekostet hat, ihnen soviel schuldig zu bleiben. Jetzt nehmen sie, was sie an Hausrat besitzt, dafür zum Pfand, wobei Marie das Recht behält, alles binnen zwei Monaten einzulösen. Und so trägt man unter den Blicken neugieriger Nachbarn davon: ein Holzbett mit Strohmatratzen, zwei abgetragene Mäntel, von denen einer «mit Seide gefüttert» ist, einen Küchentisch, einen kleinen Schreibtisch aus gefärbtem Holz mit Schubfächern, sechs Stühle mit strohgeflochtenen Sitzen und eine Steppdecke aus violettem Kattun.

Das ist alles. Mehr gibt es nicht zu holen. Die Kurve, die in Montdidier steil nach oben ging, hat, so scheint es, ihren tiefsten Punkt erreicht.

IV

Garin

1

In Paris findet Babeuf Unterschlupf und «brüderliche Gastfreundschaft» bei «dem wackeren Fournier», der ihn für mehr als sechs Wochen in seiner Wohnung in der Sektion Tuilerien beherbergt.

Fournier, der seinen Beinamen «der Amerikaner» der Tatsache verdankt, daß er einen guten Teil seines Lebens auf den Antillen verbrachte, wo er als Sklavenhändler und Schnapsfabrikant ein Vermögen erwarb und wieder verlor, genießt in der Öffentlichkeit den Ruf eines militanten Streiters der äußersten Linken. Das Bild des wackeren Kämpen und unerschrockenen Haudegens erscheint allerdings nicht wenig dadurch getrübt, daß ihm hartnäckig und unwiderlegt vorgeworfen wird, er habe sich bei seinen revolutionären Heldentaten – wie etwa dem Transport einer Gruppe politischer Gefangener, die dank seiner Nachlässigkeit in Versailles massakriert wurden – nicht schlecht bereichert.

Fournier, der sich weniger wegen dieses «Betriebsunfalls» als wegen der bei dieser Gelegenheit verschwundenen Pretiosen seiner Häftlinge in einer alles andere als erfreulichen Lage befindet, zögert denn auch keinen Augenblick, die Fähigkeiten seines Gastfreundes für sich in Anspruch zu nehmen. «Der Bürger Fournier», schreibt Babeuf an Marie, «hat mir eine kleine Beschäftigung besorgt; ich soll morgen etwas Geld erhalten und werde es Euch schicken. Ich erwarte auch den Ausgang seiner Affäre. Ich habe seine Petition aufgesetzt und sie gestern, Sonntag, vor acht Tagen, an der Schranke des Konvents verlesen. Sie ist dem Militärkomitee mit der Auflage überwiesen worden, unverzüglich Bericht zu erstatten. Dieser Bericht soll morgen oder übermorgen vorliegen. Wenn diese Affäre erfolgreich ausginge, ist mir eine schöne Stellung so gut wie sicher, und meine Kinder könnten noch einmal aufatmen.»

In Paris herrscht seit Wochen eine dumpfe Gärung, die einen Volksaufstand anzukündigen scheint. Die Assignaten sind bis auf die

Hälfte ihres Wertes gesunken. Am 25. Februar und den darauffolgenden Tagen plündert die aufgebrachte Menge Lebensmittelgeschäfte, in denen sie die Preise «revolutionär» festsetzt. Und während die Bergpartei noch unentwegt das Evangelium der freien Marktwirtschaft verkündet, erhebt sich in der Masse bereits der ungestüme Ruf nach einem Zwangskurs für Assignaten und nach Höchstpreisen für Lebensmittel.

In der Nacht vom 9. zum 10. März, als die ersten Nachrichten von Rückschlägen auf dem belgischen Kriegsschauplatz in Paris eintreffen, kommt es zu einer Art Aufstandsversuch, bei dem allerdings, außer der Zerstörung der Druckereien zweier girondistischer Blätter und dem Erscheinen einer Delegation auf dem Stadthaus, nichts weiter Bemerkenswertes geschieht.

Aber zwei Tage später, am 12. März, erscheint eine Abordnung der Sektion Poissonnière im Konvent und fordert, gewissermaßen als Fortsetzung der im Stadthaus gescheiterten Aktion, die Absetzung des Kriegsministers Beurnonville, die Anklage gegen Dumouriez und seinen Stab sowie ein gewaltsames Vorgehen gegen die Führer der Girondisten.

In einer immer wieder vom tosenden Beifall des gesamten Hauses unterbrochenen Rede verteidigt Marat die Angegriffenen und verlangt die Verhaftung der Delegation. Bei seiner Darstellung der Hintergründe der Verschwörung vom 10. März kommt Marat auf Fournier zu sprechen:

«Ich erhebe Anzeige gegen einen gewissen Fournier, der bei allen Aufständen dabei war, den gleichen Fournier, der in der Affäre auf dem Marsfeld La Fayette die Pistole auf die Brust setzte und straflos ausging, während die Patrioten abgeschlachtet wurden.»

Marat schließt mit der Forderung, den Verbrecher Fournier unter Anklage zu stellen. Aber Delbrel weiß den Konvent davon abzubringen. Die Versammlung sei nicht genügend unterrichtet. So bleibt es bei dem Beschluß, Fournier in Haft zu nehmen und seine Papiere zu beschlagnahmen.

Die Debatte wird am nächsten Tage fortgesetzt [60]. Garat erstattet «den unbefangenen Bericht von allem, was zu seiner Kenntnis gelangt ist», woraus hervorgeht, daß eigentlich nichts geschehen ist. Fournier erreicht es, an der Schranke des Konvents gehört zu werden. Er bestreitet energisch die gegen ihn erhobenen Beschuldigungen. Von einem Aufstands-Komitee sei ihm nichts bekannt. Um der

Sache ein Ende zu machen, hebt der Konvent den Haftbefehl gegen ihn auf. Fournier habe sich zur Verfügung des Revolutionstribunals zu halten, um als Zeuge vernommen zu werden.

Nach diesem Erfolg, und um seinen Sieg voll auszukosten, beschließt Fournier, seinem Widersacher Marat eine vernichtende Abfuhr zu erteilen. In seinem Auftrag verfaßt Babeuf eine Broschüre, die am 14. März erscheint.

Babeuf entledigt sich seiner Aufgabe als gewandter Journalist. Der Auftrag, den von ihm bewunderten und verehrten Marat anzugreifen, dem er obendrein persönlich verpflichtet ist, mag ihm alles andere als willkommen gewesen sein. Aber es gilt, die Schuld der Gastfreundschaft zu begleichen, und Babeuf zahlt, ohne zu murren.

Nach einer kurzen Darstellung des Sachverhalts, läßt er Fournier das Wort nehmen, der Marats Verhalten in der Sitzung vom 13. März angreift: «Marat, warum hast Du nichts gesagt, um Deine Anzeige vom Vortage gegen mich zu unterstützen? Du denunzierst, um zu denunzieren, um des Vergnügens willen zu verleumden; weil die üble Nachrede Dir gleichsam zur zweiten Natur geworden ist. Marat, Du bist keineswegs, wie Du es uns so viele Male wiederholt hast, der Freund des Volkes. Die wahren Freunde des Volkes denunzieren nicht leichtfertig die besten Patrioten.»

Nächst diesem Vorwurf, der bei dem ans Krankhafte grenzenden Mißtrauen Marats nicht ganz unbegründet erscheint, kommt es Fournier vor allem darauf an, seinen eigenen, in kritischer Lage immer wieder bewiesenen Mut ins rechte Licht zu setzen. «Habe ich Dich, Marat, jemals in den Augenblicken der Gefahr Dein Leben einsetzen sehen? Nein. Warst Du am 14. Juli an meiner Seite vor der Bastille? Nein. Habe ich Dich am 5. und 6. Oktober in Versailles bemerkt? Nein. Ich sah Dich ebensowenig auf dem Marsfeld an jenem schrecklichen Tage, an dem Du es verwunderlich findest, daß ich La Fayette die Zähne gezeigt habe, ohne daß er es mir in der Folge heimzahlte; als ob nicht ganz Paris gewußt hätte, daß mein Schutz darin bestand, das Mittel gegen die Unterdrückung ständig bei mir zu tragen.»

In diesem Stil, bei dem geschwollene Redensarten zum eigenen Lob mit klobigen Vorwürfen abwechseln, die darin gipfeln, Marat habe sich in der Stunde der Gefahr «unter die Erde» verkrochen, geht es noch seitenlang weiter. Den eigentlichen Grund der Aktion Marats streift er nur kurz; vermutlich habe

Fourniers «unwiderstehlicher Hang zur Wahrheit» ihm bei der Diskussion über die Unruhen wegen der Lebensmittel Marats Feindschaft zugezogen.

Auch Babeuf hat in dieser Frage Marat gegenüber einiges auf dem Herzen. Dessen Haltung bereitet ihm Kummer. «Wenn Du wirklich der Freund des Volkes bist, wenn Du Dich zu den Unglücklichen zählst, die alles getan haben, und für die man seit vier Jahren noch nichts getan hat, wobei man, allem Anschein nach, noch nicht einmal auf den Gedanken gekommen ist, etwas für sie zu tun, sei beständig auf der Tribüne, fasse unentwegt dort Fuß und verlasse sie erst, wenn Du erlangt hast, was Freunde der Sansculotten, wie Duchosal und Tallien, zu fordern wagen: den Wohlstand der notleidenden Klasse [61]!»

Nach dieser Fleißarbeit, der er sich nolens volens unterziehen mußte, ist Babeuf der Aufenthalt im Hause Fourniers verleidet. Nicht nur dessen Umgang mit zweifelhaften Damen vom Schlage der Pujol und einer angeblichen marquise de Saint-Girau, sondern ebenso die Erkenntnis, dieser ersten Auseinandersetzung mit Marat, der im Augenblick allerdings andere Sorgen hat, müßten bald weitere folgen, lassen es ihm geraten erscheinen, seine Zelte bei Fournier schleunigst abzubrechen. Sein Brief an den ihm nur flüchtig bekannten Redakteur der *Révolutions de Paris*, Sylvain Maréchal, zeigt den Grad seiner Ungeduld, aus den unerquicklichen Verhältnissen loszukommen, unter denen er gegenwärtig zu leben gezwungen ist.

«Diesen Brief schreibt Ihnen ein Bürger, ein Patriot, den die Last seines Unglücks niederdrückt. Er hat in Ihren Schriften das Gefühl des Mitleids mit dem Unglück anderer gefunden; er weiß also im voraus, daß seine traurige Lage Sie nicht gleichgültig lassen wird.»

Stets auf der Seite der Schwachen, habe er die Aristokratie der «reichen Egoisten» bekämpft. Unter elenden Vorwänden, die im einzelnen auszuführen den Rahmen eines Briefes überschreiten würde, sei er vor sechs Wochen von seinem Amt als Administrator suspendiert worden. Der Justizminister, bei dem er um Aufhebung dieser Verfügung eingekommen sei, habe bisher nicht geruht, sich mit seinem Fall zu beschäftigen. Unterdessen habe man seine Frau in Roye gepfändet und ihm selbst seine Bezüge gesperrt; gebe es wohl eine schrecklichere Lage als die seine?

«Wie recht hat Rousseau gehabt, als er empfahl, ein jeder möge ein Handwerk erlernen! Warum bin ich nicht fähig eines auszuüben! Ich ginge gern als Soldat freiwillig an die Grenze, mein Blut für das Vaterland zu vergießen, aber wer wird für meine Frau und meine Kinder sorgen? Das Vaterland verkennt seine mütterlichen Pflichten, es kann versprechen ... aber halten? Die Gesellschaft, in der Brüderlichkeit und Gleichheit noch keine tiefen Wurzeln gefaßt haben, verbietet es ihm ...»

Wie Jean-Jacques, der seinen Lebensunterhalt durch das Abschreiben von Noten gewann, will Babeuf den Versuch machen, durch handwerkliche Arbeit sein Leben zu fristen. «Ich habe mich im Gebrauch des Winkelhakens geübt. Eine Praxis von vierzehn Tagen wäre ausreichend, mich so gewandt wie jeden anderen zu machen. Verschaffen Sie mir bitte die Erlaubnis, mich in der Druckerei von Prudhomme einzuarbeiten; ich will nur bezahlt bekommen, was ich wirklich geschafft habe.»

Doch die Korrespondenz mit Sylvain Maréchal ergibt, wenigstens vorerst, keine greifbaren Resultate.

Unterdes nehmen die Dinge in Montdidier eine für Babeuf beunruhigende Wendung. Seit dem 4. März haben die Vernehmungen vor der Jury, die über die Erhebung der Anklage zu entscheiden hat, begonnen. Das Gericht nimmt seine Aufgabe ernst und läßt alle, die irgendwie mit dem Vorfall zu tun haben, als Zeugen aufmarschieren.

Am 29. März verkündet der Vorsitzende den Spruch der Jury. Er ist einigermaßen überraschend: das Verfahren gegen Jaudhuin, Devillasse und Leclerc de Raineval wird eingestellt. Allein gegen Babeuf wird Anklage erhoben. Gegen ihn ergeht Haftbefehl, und sein Fall wird dem Kriminalgericht des Departements in Amiens überwiesen.

Babeuf zeigt sich von dem Ausgang des Verfahrens wenig beeindruckt. «Ich erfuhr», schreibt er später, «daß der Präsident, der Richter Leclerc, der Pächter der Domäne Fontaine und Jaudhuin, mein Kollege, vorgeladen und in Haft gesetzt worden waren; daß die drei ersten angeklagt waren, mich bestochen zu haben, und ich, mich bestechen zu lassen. Einige Zeit danach wußte ich, daß sie freigelassen und in ihre Posten wieder eingesetzt wurden. Ich wußte wohl, daß man nur mich hatte treffen wollen und daß die Haft meiner angeblichen Korrupteure nur eine Formsache gewesen war; aber, habe ich mir gesagt, das Urteil spricht mich frei; es ist darin anerkannt, daß es keine Bestechung gegeben hat, also auch keinen Bestochenen.»

Babeuf handelt danach. Er beauftragt nicht einmal einen Anwalt mit der Wahrnehmung seiner Interessen, obwohl er weiß, daß die Akten seines Falles nach Amiens gegangen sind. Und wenn ihn manchmal in seinem Innern eine Stimme leise mahnt, es sei vielleicht doch noch nicht alles ausgestanden und der Kampf werde weitergehen, unterdrückt er diese Ahnungen, will er sie einfach nicht wahrhaben, bis es eines Tages ein böses Erwachen für ihn geben wird.

«Zufrieden in dem Glauben, stillschweigend freigesprochen zu sein, war ich entschlossen, mich in keine neuen Auseinandersetzungen mit meinen unerbittlichen Gegnern einzulassen . . .»

Inzwischen hilft ihm ein Zufall aus den mißlichen Verhältnissen bei Fournier herauszukommen.

Babeuf lernt den Holländer Makketros, Oberst der batavischen Legion, kennen, und dieser verschafft ihm die Möglichkeit, das Quartier zu wechseln, um Fournier «nicht länger lästig zu fallen». Babeuf läßt sich als Freiwilliger anwerben und übersiedelt in die Kaserne der Legion in der rue de Babylone. Dort bleibt er einen ganzen Monat, zufrieden, ein Dach über dem Kopf zu haben und einen Tagessold von 25 sous zu erhalten. Und wieder, wie in den Tagen von Montdidier, schleppt er, diesmal über das Pflaster von Paris, einen großen Säbel mit sich herum, während sein Kopf unentwegt von Plänen kommender Revolutionen erfüllt ist [62].

Mit Makketros verbindet Babeuf ein gutes kameradschaftliches Verhältnis. «Der Oberst Makketros», erinnert er sich, «gehörte zu jenen Bürgern, mit denen ich allen Grund hatte, sehr zufrieden zu sein. Er hatte mich schätzen gelernt und versprach mir, nach Aufstellung seiner Legion, die Stellung des Quartiermeisters . . .» Daraus allerdings wird nichts. Babeuf mag selbst empfunden haben, daß dies eine wenig passende Stellung für ihn sein mochte, da er sich von Makketros bestätigen läßt, er habe, sofern er einen besseren Platz finde, jede Freiheit, ihn anzunehmen.

Doch bis es soweit ist, kann sich Babeuf, den sein Dienst in der Legion, wofür Makketros sorgt, kaum beschäftigt, ganz seinem «ständigen Studium, der Suche nach den Mitteln, das Glück der Menschen zu bewerkstelligen», widmen.

Paris ist in fieberhafter Erregung. Dumouriez' Flucht, die beunruhigenden Nachrichten von der Front, die Diskussionen über den von Condorcet vorgelegten Verfassungsentwurf, an dem sich die Gegensätze zwischen Girondisten und Jakobinern heftig entzünden, haben die Leidenschaften zu einem Grade angefacht, der das Nahen eines revolutionären Umschwungs ankündigt.

In dem Entwurf eines Schreibens an Danton, «den eifrigsten Vorkämpfer der Freiheit», mahnt ihn Babeuf an «sein großes Werk». «Mein Freund, es ist nur zu wahr: Rom liegt in Fesseln und Du schläfst! Bei den großen Anlässen zeigt sich der große Mut! Der Augenblick fordert eine starke Seele, die allen Schlägen zu widerstehen vermag. Ich sehe allein die Deinige dieses erhabenen Aufschwungs fähig. Mein Freund, mein Bruder, das Vaterland ist am Rande des Abgrundes. Man will die Distrikte auflösen [63]! Wer sieht nicht in dieser Auflösung den immerwährenden Ruin der Freiheit! Wer wird unsere Rechte erhalten?»

Babeufs Schreiben an den «tapferen Verteidiger der guten Sache» bricht unvermittelt, mitten im Satz, ab. Er verzichtet darauf, sich an ihn zu wenden. Vielleicht, weil er eingesehen hat, daß der soeben zum Mitglied des Wohlfahrtsausschusses gewählte Danton keine gewaltsame Lösung des Konflikts will, sondern sich im Gegenteil bemüht, aus den «vernünftigen» Mitgliedern der Gironde und der Bergpartei eine Gruppe zu bilden, die gemeinsam mit der Mehrheit des Konvents den Extremisten Einhalt gebieten soll.

An Chaumette [64], als «den wahren Verteidiger des werktätigen Volkes», den er mit dem Ehrentitel eines Volkstribunen bedenkt, wendet sich Babeuf mit seinem Schreiben vom 7. Mai. Von ihm, seinem neuen Idol, erwartet er, wie einst von Coupé, den entscheidenden Schritt nach vorn, die Durchführung eines «sozialen 10. August».

Nicht ungeschickt beginnt Babeuf mit einem wahren Hymnus auf den «großen Charakter» seines Helden, den dieser am 18. April bewiesen habe, als er «diesen erhabenen Beschluß» herbeiführte, durch den «der Generalrat sich im Zustand der Revolution erklärt», solange die Lebensmittel nicht gesichert sein werden. «Es handelt sich nur mehr darum», fährt er fort, «die Fundamente zu stützen und den Bau dieses schönen Werkes fortzusetzen! Der Tag ist gekommen, an dem die Kommune von Paris zeigen muß, daß sie nicht unnütz sich verpflichtete, die Rechte des Volkes zu verteidigen.»

Babeuf sieht klar, daß es nicht möglich sein wird, die Frage der Maximalpreise, um die es gegenwärtig geht, getrennt von der Auseinandersetzung um den Begriff des Eigentums, wie er in der neuen Erklärung der Menschenrechte seinen Niederschlag finden soll, zu führen. Der vom Konvent gebilligte Entwurf, «der das Eigentum als das Recht definiert, frei über seine Habe, sein Kapital, seine Einkünfte und seine gewerbliche Tätigkeit zu verfügen», bedeutet für ihn nichts weiter als die gesetzliche Sanktion, das Volk nach Belieben auszuplündern.

Der Konvent habe versagt. «Der dritte Stand ist in der Versammlung nicht vertreten.» Man sehe deutlich, keiner der Abgeordneten habe jemals selbst «die schneidenden Ängste der Not» empfunden. «Sie sind unfähig, von sich aus das Wohl des Volkes zu schaffen! Sie werden es nur tun, wenn man sie dazu zwingt!»

Von diesem Anathema, das Jacques Roux am 25. Juni im Konvent wiederholen wird, nimmt Babeuf einen einzigen Abgeordneten aus. Es ist Robespierre, der «das Eigentum genau definiert hat». Zu ihm hat Babeuf Vertrauen: Du, der Du die Grenzen gezogen hast, durch die dieses Recht beschränkt werden muß, um es zu hindern, der großen Mehrheit der Gesellschaft verderblich zu sein ... Du bist unser Gesetzgeber [66].»

Babeuf verlangt von Chaumette und der Kommune sie sollten, «an der Seite unseres Lykurg» und seiner getreuen Jakobiner, gegen die vom Konvent beschlossene «perfide Erklärung der Rechte, nicht des Menschen, sondern der Spekulanten, Wucherer, Hamsterer, der unersättlichen und mörderischen Blutsauger, der habgierigen Spekulanten aller Art», geschlossen zu Felde ziehen und das «nationale Veto» über sie verhängen. Es gelte der Klasse der Bedürftigen, «der unstreitig unermeßlich überwiegenden Klasse im Staat», endlich reale Vorteile zu verschaffen und sie nicht länger mit schönen Worten «reiner Beschaulichkeit» abzuspeisen, so daß selbst «die Worte Revolution, Freiheit, Gleichheit, Republik, Vaterland» für sie zu leeren Phrasen geworden seien.

Als Folge dieser Entwicklung zeige sich «eine Apathie, eine Niedergeschlagenheit, eine allgemeine Gleichgültigkeit», die «die kleine Zahl der Bürger, die ihre volle Energie bewahrt haben, verzweifeln lassen».

Das letzte Dekret über die Lebensmittel könne vom Volk nur als «eine hinterhältige Ausflucht» angesehen werden. «Das Volk wollte, daß der Preis für alle lebensnotwendigen Nahrungsmittel für alle erschwinglich sein sollte.» Dies sei auch die Absicht Chaumettes am 18. April und die des faubourg Saint-Antoine bei seiner Demonstration am 1. Mai gewesen. Man müsse das von Robespierre aufgestellte Prinzip durchsetzen, wonach «die Gesellschaft verpflichtet ist, für den Unterhalt aller ihrer Mitglieder zu sorgen, sei es durch Beschaffung von Arbeit oder durch Unterstützung der Arbeitsunfähigen». Gestützt auf diesen «großen Artikel der Charta der Menschenrechte», solle Chaumette handeln. Der Prokurator der Pariser Kommune sei von allen Bürgern der Republik am ehesten in der Lage, «den Gewinn dieses großen Prozesses zu sichern, und diese Eroberung wird soviel wert sein, wie die des 10. August 92 . . . »

Schon bald soll sich zeigen, daß Babeuf in seinen Erwartungen zu weit gegangen ist und daß er vor allem Chaumettes Entschlossenheit, auf dem ihm angeratenen Wege weiter voranzugehen, falsch eingeschätzt hat. Wohl empfängt ihn Chaumette am 10. Mai zu einer Besprechung, aber mehr als eine Zusage, er werde Babeufs Brief in einer der nächsten Ausgaben des *Ami des Sansculottes* veröffentlichen, kann dieser bei ihm nicht erreichen.

Nicht lange und Babeuf wendet sich von Chaumette ebenso enttäuscht ab, wie er sich von Dubois und Coupé zurückgezogen hat. Und während er an seinem Buch über die Gleichheit, das zu vollenden, ihm nicht bestimmt ist, weiterarbeitet, hält er unentwegt Ausschau nach einem neuen «Volkstribun».

Der neue Mann, auf den Babeuf seine Hoffnungen setzt, ist weder der Führer der Enragés, der Priester Jacques Roux, noch der «Apostel der Gleichheit» Jean Varlet oder der aus Lyon nach Paris gekommene Journalist Théophile Leclerc, mit deren Ansichten er weitgehend übereinstimmt [67], der neue Mann, mit dem Babeuf seinen Plan eines «sozialen 10. August» verwirklichen will, ist ein schlichter Administrator beim Verpflegungsamt und der Öffentlichkeit beinahe so unbekannt wie er selbst.

Sein Name ist Garin.

2

Der knapp vierzigjährige Etienne-François Garin leitet seit dem 28. Februar 1793 (zunächst mit dem Administrator Cousin, dann gemeinsam mit Defavanne) die Lebensmittelverwaltung von Paris. Der ehemalige Bäcker kennt nicht nur sein Handwerk, sondern besitzt auch, was nicht weniger wichtig ist, eine politische Vergangenheit, die ihn als Mitstreiter der Rutledge, Marat und Héron ausweist.

Als sich Babeuf, auf Empfehlung von Sylvain Maréchal und Chaumette, bei ihm um eine Anstellung im Verpflegungsamt bewirbt, zeigt Garin, dem das «freimütige Bekenntnis» von Babeufs Pechsträhne gefallen haben mag, keine Bedenken, den abgehalfterten Administrator aus Montdidier bei sich zu beschäftigen. Er überträgt ihm die Leitung der Korrespondenz, und volle vier Monate nimmt Babeuf ganz allein diese Riesenarbeit auf sich.

Mit bescheidenem Stolz wird er später dieser Leistung gedenken: «Man konsultiere das Register der Korrespondenz, die ich dort, von Anfang Mai bis Ende August, allein besorgte; beschäftigt mit dem delikatesten und bedeutendsten Gegenstand in diesen unstreitig schwierigsten Zeiten wird man sehen, welch unermüdliche Aktivität, heiße Sorge und unbegrenzte Energie, meine Arbeiten während dieser ganzen Periode kennzeichneten.»

Er sagt damit nicht zuviel und Garin, der wohl begreift, welch unschätzbare Hilfe Babeufs Tatkraft für ihn bedeutet, wird sein Freund, der ihm «eine einzigartige Zuneigung» entgegenbringt. Als Babeuf Frau und Kinder aus Roye nach Paris kommen läßt, lädt er ihn ein, bei ihm Quartier zu nehmen. Doch Babeuf geht darauf nicht ein: «Eine falsche Scham, die ich mir ohne Zweifel zum Vorwurf machen muß, ließ mich zunächst dies großmütige Angebot ablehnen.» Seine Familie ist mit nichts als den Fetzen, die sie auf dem Leibe trägt, in Paris eingetroffen. Babeuf schämt sich, sie in diesem Aufzuge seinem Freunde vorzustellen und erst im Juli, als diese Bedenken nicht mehr bestehen, zögert er nicht länger, Garins Angebot anzunehmen.

Von nun an, bis neue Ereignisse eintreten, führen sie einen gemeinsamen Haushalt, wobei Garin, der nichts halb tun will, Babeuf bei den notwendigsten Anschaffungen behilflich ist. «Er kaufte mir alle unumgänglichen Möbel und fragte mich nicht, wann ich ihm seine Auslagen würde ersetzen können.» Marie kann aufatmen. Das Ende ihres Elends scheint gekommen.

Gleich zu Beginn seiner Tätigkeit im Verpflegungsamt sieht sich Babeuf einer äußerst kritischen Lage gegenüber. Paris, das fast völlig auf Zufuhren von außen angewiesen ist, reagierte seit jeher höchst reizbar auf jedes Anzeichen einer beginnenden Verknappung der

Versorgung und auf jedes Ansteigen der Preise, vor allem bei den wichtigsten Lebensmitteln wie Fleisch und Brot. Das vom Konvent erlassene Gesetz vom 4. Mai [68], das die Beschlagnahme und den zwangsweisen Verkauf von Getreide zu amtlich festgesetzten Höchstpreisen anordnet, scheint wenig geeignet, eine Besserung der Versorgungslage zu bewirken.

Babeuf ist sich über die Mängel dieses Gesetzes, das einen ersten, zaghaften Schritt auf dem Wege zur Beschränkung der freien Marktwirtschaft bedeutet, durchaus im klaren: «Ein Zwangsgesetz wird unter dem allgemeinen Beifall des Volkes erlassen. Die Sekte der Wucherer ist darüber empört; sie schwört Rache. Bald gelingt es ihr, beinahe alle Verwaltungen der Departements auf ihre Seite zu ziehen. Diese interpretieren und kommentieren das Gesetz ganz nach Belieben; sie verdrehen es durch ihre Beschlüsse. Ein Hauptirrtum macht sich bei diesen Entstellungen bemerklich, nämlich der, glauben zu machen, jeder Kanton solle von nun an alles, was er an Lebensmitteln besitzt, für sich bewahren. Jede Gegend isoliert sich und jene, die arm ist an Lebensmitteln, findet selbst bei jener, die daran Überfluß hat, trotz ihrer Hilferufe nur starrsinnige Ablehnung. Paris, das nichts produziert, aber einen unglaublichen Verbrauch hat, leidet am meisten inmitten dieser schrecklichen Verwirrung. Es ist im Zustand der Blockade . . .»

Babeuf übertreibt nicht. Er kann seine Behauptungen mit einer Fülle von Beweisen belegen.

Im Juni ist die Brotknappheit in Paris bereits merklich fortgeschritten. Vor Morgengrauen stehen an den Türen der Bäckereien Wartende in langer Schlange, die mit ihren Ansichten über das Versagen der Behörden nicht zurückhalten.

Um den Gerüchten über eine nahe Hungersnot zu begegnen, läßt der Bürgermeister den Sektionen mitteilen, die Magazine der Stadt seien sehr gut versehen. Aber schon jetzt lebt man nur von den eingelagerten Vorräten. Was soll geschehen, wenn sie aufgebraucht sind? Zu alledem kommen Klagen über die immer schlechtere Qualität des Brotes.

Garin sieht sich von allen Seiten verleumdet, angegriffen und befehdet. Zu seinen schlimmsten Widersachern zählen zwei von ihm entlassene Angestellte, Bouchet und Chaudouet, die es verstanden haben, Marat auf ihre Seite zu ziehen, der nicht zögert, in seinem *Publiciste* in das Gekläffe gegen seinen ehemaligen Schützling einzustimmen.

In einer am 6. Juli erscheinenden Broschüre nimmt Garins Freund und Kollege Defavanne ihn nicht nur gegen den Vorwurf der Vetternwirtschaft, sondern ebenso gegen die Behauptung in Schutz, er kenne als Bäcker nur den engen Bereich seines Betriebes und sei einer so ausgedehnten und schwierigen Aufgabe wie der Leitung der Lebensmittelversorgung nicht im mindesten gewachsen.

Ein solches Argument zeige wohl zur Genüge, von woher der Wind wehe. Im übrigen sei allgemein bekannt, daß sich Garin (was man ihm jetzt zum Vorwurf mache), der für die Stadt verhängnisvollen Subventionswirtschaft widersetzt habe. Aus Gründen der Menschlichkeit sei der Generalrat im Interesse der notleidenden Klasse darüber hinweggegangen. Nicht anders stehe es mit der Behauptung, Garin sei die treibende Kraft bei dem Gesetz über das Maximum gewesen. Dieser habe im Gegenteil immer die Auffassung vertreten, daß sich eine solche Regelung nur dann als wohltätig erweisen werde, wenn der Konvent selbst die Ausführungsbestimmungen erlasse, anstatt sie den Departements zu übertragen.

Als die ersten Schwierigkeiten bei der Handhabung des Gesetzes zutage getreten seien, hätten Garin und er, Defavanne, sie sofort dem Innenminister Garat gemeldet. Dieser habe jedoch von seiner Autorität gegenüber den Departements in keiner Weise Gebrauch gemacht. Ohne einen Finger zu rühren, habe er kaltblütig zugesehen, wie die Zufuhren für Paris aufhörten, wie die Stadt gezwungen war zu fasten, während ihre ausgedehnten Magazine sich zusehends leerten. Diese Lage werde erst dann eine Ende nehmen, wenn die Regierung aus ihrer Lethargie erwache und ernstlich Maßnahmen treffe, um dem Gesetz Gehorsam zu erzwingen.

Unter dem Druck der sich weiter verschlechternden Versorgungslage (sowie neuer Unruhen) erläßt der Konvent am 1. und 5. Juli zwei Dekrete, durch die das Gesetz vom 4. Mai in wesentlichen Teilen verändert wird. Damit fällt die Bestimmung, wonach Getreide nur auf den Märkten gehandelt werden darf. Von nun an sind Einkäufe bei den Bauern in allen Departements, in denen Überfluß an Getreide vorhanden ist, gestattet. Zugleich wird den Gemeinden ausdrücklich untersagt, irgendwelche Ausfuhrverbote für Getreide zu erlassen, selbst dann, wenn bei ihnen die gesetzlich vorgeschriebene Erfassung der Vorräte noch nicht abgeschlossen ist.

Mit diesen Dekreten glaubt die Lebensmittelverwaltung freie Hand zu haben. Garin ruft die Bäcker zusammen und erklärt ihnen, ein jeder von ihnen könne und solle, versehen mit einem Zertifikat der Stadtverwaltung, überall dort, wo er glaube, daß Überfluß herrsche, Einkäufe für Paris tätigen.

Sofort begeben sich zahlreiche Bäcker als Kommissare der Stadtverwaltung auf die Reise; sehr bald müssen sie feststellen, daß die bisherigen Schwierigkeiten keineswegs behoben sind. Während neue Fälle der Beschlagnahme des für Paris bestimmten Getreides gemeldet werden, berichten die nach Dammartin und Meaux entsandten Bäckermeister Lacher und Massonnier, sie hätten sich die Reise sparen können, da in der Provinz kein Mensch eine Ahnung von den beiden Juli-Dekreten habe.

Babeuf, nunmehr am Ende seiner Geduld, richtet am 15. Juli im Auftrage Garins einen Brief an Garat, der eine sehr deutliche Sprache spricht. «Wir wissen nicht, Bürger Minister, welchen Wert Sie den ständigen Beschwerden beimessen, die wir seit gut zweieinhalb Monaten, mit anderen Worten seit Erlaß des Gesetzes vom 4. Mai, an Sie richten. Wir können uns nicht länger der Tatsache verschließen, daß alles, was von uns an Sie gelangt, keine besondere Gnade vor Ihren Augen findet, da ja von so vielen Gesetzesübertretungen, die wir Ihnen angezeigt haben, nicht eine einzige genügend Gewicht besessen hat, um Sie zu veranlassen, uns der Antwort zu würdigen, Sie würden sie in Erwägung ziehen.»

Die Lebensmittelverwaltung sei in dieser Zeit fast täglich sowohl schriftlich wie mündlich bei dem Minister vorstellig geworden. Selbst der Hinweis auf die in den Departements gesetzwidrig beschlagnahmten 79 000 Sack Mehl habe keinen Eindruck gemacht. «Paris soll wissen, an wen es sich halten muß, wenn es nur zwei Finger breit vom Hunger entfernt ist. Es ist an der Zeit, unser Verhalten offen darzulegen und zu zeigen, ob es an uns liegt. Die Dinge sind an dem Punkt angelangt, an dem keine Umschweife mehr möglich sind. Man muß, sagen wir, wissen, ob dies Ergebnis, wie vermutet, die Folge eines Planes zur Aushungerung von Paris ist, und auf welchen Kern die Verzweigungen eines solchen Anschlages zurückgehen.»

Garat reagiert mit verständlicher Erregung. Er wendet sich wegen «dieser ganz besonderen Unverschämtheit» an den Bürgermeister und kündigt an, er werde die Angelegenheit im Konvent zur Sprache bringen. Das Ergebnis schildert er selbst: «Noch war keine Stunde vergangen, als der Bürgermeister Pache, wie immer sehr ruhig, und

Garin, mit einem reuigen und beinahe unterwürfigen Ausdruck, bei mir eintreten. Garin entschuldigt sich damit, daß er nicht die Zeit habe, alle Briefe, die er unterschreibe, zu lesen. Man macht den Vorschlag, alles zu vergessen. Ich willige ein und gebe sogar den Brief zurück, der meine Beleidigung enthielt. Zwei Tage später läßt Garin in ganz Paris ein rotes Plakat im Format von mehr als einem Meter anschlagen, in dem er die gleiche Absurdität und in genau den Worten des Briefes, den ich ihm zurückgegeben hatte, wiederholt.»

Damit nicht genug, richten Babeuf und Garin am 18. Juli eine formelle Anzeige an den Wohlfahrtsausschuß, in der sie ihre Beschuldigungen in konzentrierter Form wiederholen. «Bürger des Wohlfahrtsausschusses, Ihr seht, in welcher Lage Paris sich befindet. Was blieb uns zu tun übrig? Nichts weiter, als Euch diese Anzeige zu unterbreiten und zu gleicher Zeit unseren Mitbürgern, die uns mit ihrem Vertrauen bedacht haben, zu sagen: Wir schulden Euch Rechenschaft und können nicht mehr als dies für Euch tun. Jawohl, wir erklären Euch, wir sind machtlos und unfähig, Euch zu retten; denn ohne eigene Möglichkeiten Zwang anzuwenden, werden wir, inmitten all der Gesetzesverletzungen, die unsere Anstrengungen vereiteln, noch dazu von jenen nicht unterstützt, in deren Händen die Anwendung der Gesetze liegt. Noch ist es nicht an der Zeit zu sagen, Volk rette Dich durch Dich selbst [69]! Du wirst Dich nur retten, sofern Du erlangst, daß an die Spitze der Exekutive Menschen gestellt werden, unter denen die Gesetze nicht als nicht existent behandelt werden.»

Dieser fast unverhüllten Drohung mit der direkten Aktion folgen unmittelbar Plakate und eine Broschüre mit dem bezeichnenden Titel: *Das durch die Lebensmittelverwaltung gerettete Paris.* Die von Babeuf verfaßte und von Garin und Defavanne unterzeichnete Schrift ist Verteidigung und Angriff zugleich. Sie soll die Arbeit der Administratoren rechtfertigen und die wahren Feinde des Volkes, vor allem Garat, entlarven. In ihr faßt Babeuf das gesamte Material seines Briefwechsels mit dem Innenministerium zusammen, enthüllt er in 48 Beweisstücken den mörderischen Plan, dem er auf der Spur zu sein glaubt, Paris, das revolutionäre Paris, durch den Hunger auf die Knie zu zwingen. Noch klagt er hierin nur Garat offen des Verrates an, aber er läßt gleichzeitig durchblicken, daß Garat in seinen Augen nicht der einzige Schuldige ist.

Gegen diese Angriffe sucht Garat Hilfe im Konvent. In der Sitzung vom 26. Juli beklagt er sich bitter über die gegen ihn erhobenen Verdächtigungen. Garin rühme sich, Paris gerettet zu haben; aber nicht ihm, sondern allein dem Konvent verdanke die Stadt ihre Rettung. Thirion verteidigt Garat. Die Kampagne gegen ihn sei nur eine Fortsetzung der Manöver Buzots [70]. Er selbst sei durch einen Intriganten, der ihm das «erwähnte Plakat vorlegte», gedrängt worden, Garat anzuklagen, er habe Paris aushungern wollen. Die wirkliche Ursache der Brotknappheit sei in dem Plakat der Lebensmittelverwaltung zu suchen. Ohne weitere Maßnahmen zu beschließen, überweist der Konvent die Anzeige des Ministers an die Ausschüsse für Landwirtschaft und Handel; diese sollen Bericht erstatten.

Dafür handelt der Wohlfahrtsausschuß; er läßt Garin am 28. Juli verhaften. Doch seine Haft dauert nicht lange. Zwei Tage später ist er bereits wieder frei. Der Grund dieser überraschenden Nachgiebigkeit ist, neben einer Intervention der Kommune, wohl vor allem darin zu suchen, daß der Wohlfahrtsausschuß unbedingt vermeiden will, den zahlreichen Abordnungen aus der Provinz, die zu der *réunion fraternelle* am 10. August in Paris erwartet werden, das Schauspiel einer vollkommenen Desorganisation des Verpflegungswesens zu bieten.

Die bereits reichlich verworrene Lage wird dadurch nicht übersichtlicher, daß sich nunmehr auch die Pariser Sektionen mit Nachdruck in die Auseinandersetzung um die Versorgungslage einschalten. Dem Aufruf der Sektion Beaurepaire, zwei Kommissare aus jeder Sektion zur Kontrolle der Einkäufe sowie der Vorräte in den Mehl- und Getreidemagazinen ins Evêché zu entsenden, leisten 39 der 48 Sektionen Folge. Zu ihrem Sekretär wählen sie den Inspirator des Appells der Sektion Beaurepaire, den Architekten Cauchois, einen Freund der Familie Roland, der politisch den Girondisten nahe steht.

Die Sektionskommissare entfalten sofort eine rege Tätigkeit. Sie wählen eine Kommission aus 24 Mitgliedern, die sogleich beschließt, Garin und Defavanne einen unerwarteten Besuch abzustatten. Über diese Verhandlung gibt es einen (phantasievoll ausgeschmückten) Bericht aus der Feder Babeufs: «Die 48 Sektionen von Paris ernannten eine Kommission zur Untersuchung der Frage, wer die Schuld an der die Stadt bedrohenden Hungersnot trage. Garin gab dieser Kommission Erklärungen, die sie in Erstaunen setzte. Ich, in den er, ich darf wohl sagen genug Vertrauen setzte, um mich an seiner Verwaltungsarbeit aufs engste zu beteiligen, ich gab der Kommission den ausführlichsten Bericht, worin ich mich nicht scheute, in aller Form sowohl Pache und Garat wie Barère und den gesamten Wohlfahrtsausschuß anzuklagen. In meiner Anzeige entwickelte ich meine Auffassung über das Ziel der Verschwörer und legte auch die schriftlich vorhandenen Beweise des Bestehens der Verschwörung vor. Die Kommission faßte einen Beschluß, der Garin, seinen Kollegen Defavanne und mich, als ihren Sekretär, unter den Schutz der 48 Sektionen von Paris stellte und den Druck meines Berichtes anordnete. Paris sollte aufgeklärt werden über die Urheber seiner Leiden; große Wahrheiten und große Schuldige sollten entdeckt werden.»

Dazu kommt es allerdings nicht. Denn der Wohlfahtsausschuß hält es angesichts der bedrohlichen Lage für richtig, eine Art Stillhalteabkommen mit den Kommissaren zu schließen, um zunächst Zeit zu gewinnen. Während er ihnen einerseits seine volle Unterstützung zusagt und ihre Forderungen für durchaus richtig und bedeutsam erklärt, besteht er andererseits darauf, die Öffnung und Kontrolle der Magazine erst um den 15. August, also nach dem Föderationsfest, vornehmen zu lassen. Womit sich die Kommissare, nicht wenig beeindruckt durch die wohlwollende und verständnisvolle Aufnahme ihrer Anträge, dann auch einverstanden erklären.

Tags darauf schließt sich die Kommune, nachdem Chaumette den Kommissaren ein offenbar verabredetes Scheingefecht geliefert hat, dem Vorgehen des Wohlfahrtsausschusses an. Am 15. August werde die Kommune den Sektionen Rechenschaft ablegen und die Getreidemagazine zur Kontrolle freigeben.

Ungeachtet dieser Versprechungen fahren die Kommissare fort, im Evêché zu tagen. Cauchois, dem nach einer erneuten Zusammenkunft mit dem Wohlfahrtsausschuß erste Zweifel über die Ehrlichkeit der ihnen gemachten Zusagen gekommen sein mögen, verfaßt eine Zusammenstellung der hauptsächlichen Vorwürfe gegen die Lebensmittelverwaltung der Kommune. Seine Sektion stimmt dieser Aufstellung am 7. August zu und beschließt gleichzeitig, sie durch eine Deputation dem Konvent und dem Departement zustellen zu lassen.

Inmitten dieser Schwierigkeiten, die den Ausbruch eines Volksaufstandes in Paris befürchten lassen, bereitet der Wohlfahrtsausschuß, während der Bürgerkrieg in Bordeaux, Marseille, Lyon und der Vendée blutige Opfer fordert und von der Nordarmee katastrophale Nachrichten eintreffen, die Feier des 10. August vor. Das Fest wird ein voller Erfolg.

An diesem Erfolg sind auch Garin und Defavanne nicht unbeteiligt, die an eben diesem Tage eine von Babeuf redigierte Fortsetzung der Broschüre über das «gerettete Paris», die vermutlich ebenfalls als Plakat angeschlagen wird, erscheinen lassen.

Wenn dem Plan der Verschwörer, Paris auszuhungern, der Erfolg versagt geblieben sei, habe die Stadt dies in erster Linie dem Konventsdekret vom 18. Juli, durch das Kommissare mit unbegrenzten Vollmachten in die Departements entsandt wurden, zu verdanken. «Aber diese große Maßnahme ist auf Grund der durch uns bewiesenen Dringlichkeit beschlossen worden; unter diesen Umständen glauben wir, einige Ansprüche auf den Ruhm erheben zu können, zumindest an der Rettung von Paris mitgewirkt zu haben.» Umgekehrt müsse man in dem offenkundigen Fehlen jeder Aktivität von seiten Garats den Angelpunkt für die Tatsache sehen, daß Paris nur um Haaresbreite einer Katastrophe entgangen sei.

Nach der verhältnismäßigen Ruhe der Festtage sieht sich die Lebensmittelverwaltung bald neuen Angriffen ausgesetzt. Am 17. August fordert Jacques Roux die sofortige Öffnung der Lebensmittelmagazine sowie Rechenschaft über die von den Administratoren des Verpflegungsamtes vollzogenen Kaufabschlüsse, wobei er soweit geht, Garin und Defavanne mit der Guillotine zu drohen.

Um die gleiche Zeit verliest der Hébertist Marchant in der Sektion Sansculottes eine *Denunziation Garins*, die den vollen Beifall der Versammlung findet. Es sei keine Zeit mehr zu verlieren. Die Versorgung mit Mehl und Brotgetreide sei auf weniger als ein Drittel der täglich benötigten Menge zurückgegangen.

Dem Alarmruf Marchants [71] folgt am 18. August eine stürmische Auseinandersetzung im Generalrat der Kommune, bei der sich die Kommissare der Sektionen, aufgrund der fehlenden Rechenschaftslegung der Lebensmittelverwaltung und des offenkundigen Abrükkens der Kommune von ihren eigenen Zusagen, zu offenen Drohungen versteigen. Die Sitzung wird unter Tumult abgebrochen. In der Sektion Gravilliers bringt Jacques Roux eine Adresse an den Konvent durch, in der die Absetzung der Stadtverwaltung und Anklage gegen den Bürgermeister wegen Lebensmittelwuchers gefordert wird. Die Sektion Observatoire geht soweit, die Verhaftung von Pache, Chaumette, Réal und Hébert zu verlangen.

Angesichts dieser alarmierenden Entwicklung hält es der Wohlfahrtsausschuß für geraten, Garat fallen zu lassen. Am 19. August tritt der Innenminister zurück. Babeuf wertet diesen Rücktritt als Erfolg. «Garat gestand stillschweigend mit dem Verlassen des Ministeriums seine Mitschuld an dem Verrat.»

Auch die Kommune entschließt sich, aus Anlaß der Neuwahlen, Ballast abzuwerfen. Am gleichen Tage, an dem Garat zurücktritt, wird die Lebensmittelverwaltung erneuert. An die Stelle von Garin und Defavanne treten drei neue Leute: Champeaux, Louvet und Caillieux, der am 31. August durch Dumetz ersetzt wird.

Wenig später ist die Reihe an Cauchois und den Sektionskommissaren. «Das allmächtige Komitee», schreibt Babeuf, «mit dem wir anzubinden gewagt hatten, und das befürchten mußte, seine Schande ans Licht gebracht zu sehen, veranlaßte schleunigst ein Dekret über die Auflösung der Kommission [72].»

Gleichzeitig setzt sich in den Sektionen eine von den Jakobinern gesteuerte Bewegung durch. Jacques Roux wird von seiner eigenen Sektion, Gravilliers, im Stich gelassen. Am 28. August erklären die Sektionen des faubourg Antoine, du Mail und Poissonnière, im Konvent ihre Zustimmung zu den Beschlüssen der Sektionen, die Pache ihr Vertrauen ausgesprochen hatten. Unter diesen Umständen bleibt den Kommissaren im Evêché, die sich von allen aufgegeben sehen, nichts übrig, als ohne Widerstand dem Beschluß des Konvents zu gehorchen.

Aber dem Wohlfahrtsausschuß genügt es keineswegs diejenigen, die es gewagt hatten, seine Kreise zu stören, aus ihren Ämtern entfernt zu sehen. Er wünscht ganze Arbeit zu leisten. «In der Folge», berichtet Babeuf weiter, «wurden Garin und sein Kollege abgesetzt und in Haft genommen. Ich wurde unter einem anderen Vorwand in der Abbaye einquartiert [73], und der Präsident der Kommission wurde des Föderalismus angeklagt und hingerichtet [74]. Der ehrenwerte Garin hatte wenigstens die Genugtuung zu sehen, daß unser Vorgehen die gute Wirkung gehabt hat, den Plänen der Verräter eine Halb-Öffentlichkeit zu geben, die sie zwang, auf sie zu verzichten, und wenn auch Paris ein sehr schlechtes Brot aß, so fehlte es ihm doch nicht vollkommen. Garin saß zehn Monate – bewacht von drei Wächtern – unter Hausarrest. Am 9. Thermidor war er eines der wenigen Mitglieder der Kommune, die nicht an der Verschwörung teilnahmen. Er ging mit seiner Wache in die Sektion Champs-Elysées, um mit aller Kraft seines Charakters die Partei Robespierres zu bekämpfen. Einige Zeit darauf erhielt er seine Freiheit wieder. Aber ... bereits am folgenden Tage wurde er krank und starb nach sechs Tagen in der vollen Kraft seiner Jahre.»

Babeuf schließt seinen über ein Jahr nach den Ereignissen verfaßten Epilog auf Garin mit Worten des Mitgefühls für den Freund, der «als Opfer der Ergebenheit für sein Land, als ein würdiger Diener des Volkes, den allein seine Tugenden haben verleumden lassen», gestorben sei. Von Anfang an der Revolution ergeben, habe er ihr sein ganzes Vermögen geopfert und seine Familie in Armut zurückgelassen. Die Nachwelt werde sein Grab mit Palmen schmükken, wenn sie erkenne, welche Dienste er seinem Land und vor allem Paris, das er vor dem schlimmsten Hunger bewahrte, geleistet habe.

Doch auch diesmal zeigt sich Babeuf als schlechter Prophet — denn Garin bleibt vergessen.

3

Vier Tage nach der Entlassung Garins, dessen Ausscheiden aus dem Amt allen ehrgeizigen Erwartungen Babeufs auf eine politische Einflußnahme ein Ende setzt und seine Tätigkeit in der Lebensmittelverwaltung auf rein administrative Aufgaben beschränkt, hält das Schicksal eine neue Prüfung für ihn bereit.

Am 23. August 1793 verkündet der Präsident des Kriminalgerichts in Amiens, d'Esmery, das in Sachen Babeuf in öffentlicher Sitzung ergangene Urteil. Das Gericht verurteilt Camille Babeuf wegen Urkundenfälschung zu zwanzig Jahren Kettenstrafe und zu sechs Stunden öffentlicher Schaustellung auf dem Marktplatz von Montdidier.

Wie sich ein solches Urteil erklären? Zwanzig Jahre Bagno und zuvor sechs tödlich lange Stunden — seinen Feinden ausgeliefert — am Pranger, sollte dies nicht zu hart gemessen sein für den raschen Federstrich auf dem Domänenbüro in Montdidier?

Doch das Gesetz ist unerbittlich. Es kennt bei erwiesener Fälschung keine mildernden Umstände, und es gibt für den Schuldigen nur eine Strafe: zwanzig Jahre nebst Pranger. Juristisch sind die Richter, die Babeuf verurteilten, gedeckt. Moralisch sind sie es nicht, da sie offenkundig voreingenommen waren und es sogar unterließen, die vom Gesetz vorgeschriebene Prüfung, «ob die Fälschung in böswilliger oder schädlicher Absicht» erfolgt sei, vorzunehmen.

Für Babeuf bleibt das in absentia ergangene Urteil zunächst ohne Folgen. Da dem Gericht, zumindest offiziell, sein Aufenthalt unbekannt ist, bleibt der Vollzug der Strafe ausgesetzt, und so kann sich Babeuf ungestört in den nächsten Wochen in seine Arbeit vergraben. Champeaux, Louvet und Dumetz, die jetzt an der Spitze der Lebensmittelverwaltung stehen, lassen ihn gewähren und weiterhin ungehindert seine Blitze gegen die widerspenstigen Departements schleudern.

Er selbst rühmt sich «dieser leidenschaftlichen Überwachung», die ihm nach seinen eigenen Worten «nicht erlaubte, irgend eines der Departements, die sich den Requisitionen widersetzten, weder beim Innenministerium noch dem Wohlfahrtsausschuß oder sonst einer Behörde zu schonen». Auch kann er, um seinen Worten mehr Nachdruck zu verleihen und bei den widerstrebenden Behörden der Provinz jeden Gedanken eines Widerstandes im Keim zu ersticken, ihnen jetzt, was sich als sehr wirksam erweist, mit dem Einsatz der *armée révolutionnaire* drohen.

Hinzu kommt, daß sich der Konvent, nach langwierigen, tagelangen Diskussionen unter dem Druck der Straße gezwungen sieht, am 29. September das Gesetz über die Maximalpreise auf sämtliche Lebensmittel und alle Waren von lebenswichtiger Bedeutung auszudehnen [75].

Zugleich mit den Preisen werden Maximallöhne für die Arbeiter festgesetzt. Mit dieser Maßnahme, die eine umfassende Kontrolle der Löhne und Preise zur Folge hat, hatte der durch die Entfernung von 136 Anhängern der Girondisten amputierte Konvent wiederum, wie bei dem Erlaß des Gesetzes über die Verdächtigen und dem Einsatz von «Revolutionsarmeen» in den Departements, einer Forderung der radikalen Linken nachgegeben. Und folgerichtig setzt er diese Linie fort mit der Verabschiedung eines Dekrets über die Einführung eines neuen, revolutionären Kalenders, das den Kirchenkampf im Zeichen des *culte de la Raison*, einer Art Gottlosenbewegung, einleitet.

Babeuf begrüßt diesen Beschluß als einen neuen Schritt auf dem Wege zur Abschaffung der alten Vorurteile. Um seinen Mitbürgern bei der Benutzung des neuen Kalenders behilflich zu sein, veröffentlicht er (vielleicht auf Anregung seines Freundes Sylvain Maréchal) Ende Oktober im Selbstverlag eine Konkordanz der Tage des republikanischen und des Gregorianischen Kalenders. «Man werde», sagt er in der kurzen Vorrede, «vielleicht nur mit Hilfe einer solchen Vergleichstafel dahin kommen, sich mit dieser neuen Form vertraut zu machen.» Eine neue Auflage, für die er sich ein wenig mehr Zeit gelassen habe, sei im Druck. Er werde sie mit Zusätzen versehen, von denen er glaube, sie könnten wohl den Vergleich mit dem Almanach von Lüttich aushalten und Mathieu Laensberg ersetzen [76].

Wieder einmal soll es nicht dazu kommen. Der Wechsel seines Arbeitsplatzes – Babeuf wird am 7. November zu einem der Sekretäre der neugeschaffenen Lebensmittel- und Verpflegungs-Kommission der Republik [77] ernannt – und seine bald darauf erfolgte Verhaftung machen fürs erste alle literarischen Pläne zunichte. Auch der Almanach soll, wie das etwas voreilig angekündigte Werk über die Gleichheit, ungeschrieben bleiben.

Schon eine Woche nach Übernahme seiner neuen Stellung hat sich die Kommission mit Babeuf zu beschäftigen. Spät in der Nacht, sein Fall steht als letzter Punkt auf der Tagesordnung, wird seine Entlassung beschlossen. Als Grund werden die über ihn eingegangenen «sehr ungünstigen Auskünfte» angegeben.

Babeuf zeigt sich völlig überrascht. «Im Augenblick, in dem ich im Begriff stand, die günstige Meinung zu rechtfertigen, die man von mir wohl gehabt haben muß und der ich einen höheren Posten in der Kommission verdankte, wurde ich verhaftet . . .»

Es ist der 14. November 1793.

Unmittelbar nach seiner Festnahme schreibt er an seine Frau: «Ich wurde soeben verhaftet und in das Arrestlokal der Mairie eingeliefert. Es sind die Aristokraten-Administratoren von Montdidier, die noch einmal gegen mich ihre sträflichen Manöver spielen lassen. Ich soll nach Montdidier überführt werden. Tröstet Euch, meine Kinder, ich werde nur die Mühe haben, meine Feinde zuschanden zu machen. Bringt mir meinen Überrock, meine Bürgerkarte et voilà tout. Ich empfehle mich der Freundschaft des Bürgers Garin.»

Noch am gleichen Tage wird Babeuf von zwei Administratoren der Polizeiverwaltung (nach seinen Angaben Menessier und Dangé) vernommen. Erst in diesem Verhör erfährt er, wie es zu seiner Verhaftung gekommen ist.

Der Kommissar der Pariser Lebensmittelverwaltung im Departement Somme, Le Bouc, hatte von dem procureur syndic des Distrikts Montdidier, Varin, einen Brief erhalten, in dem von ihm die Rede war: «Man versichert der Distriktsverwaltung, daß ein sieur Babeuf, ehemals Administrator dieses Distrikts [78] und wegen Verfehlungen im Amt zu 20 Jahren Gefängnis verurteilt, als Sekretär oder Angestellter in der Lebensmittelverwaltung von Paris beschäftigt ist. Der Bürger Le Bouc wird, falls dies zutrifft, aufgefordert, die notwendigen Vorsichtsmaßnahmen zu treffen, damit das Verbrechen nicht ungestraft bleibe.»

Babeuf ist ehrlich entsetzt. Er sei fassungslos und könne sich einfach nicht erklären wie Varin, den er nur aus dem mit ihm geführten Briefwechsel kenne, dazu komme, in dieser gehässigen Weise über ihn herzufallen. Varin, Nachfolger des inzwischen verhafteten Longuecamp [79], habe ihm von sich aus vorgeschlagen, scharf gegen die Trägheit und das Übelwollen seiner Distriktsverwaltung vorzugehen. Er habe ihm ganz in diesem Sinne geantwortet, wie es die mit Varin geführte Korrespondenz beweise.

Varin, der seines Wissens weder aus dem Distrikt Montdidier noch aus dem Departement Somme stamme, müsse gröblich über ihn getäuscht worden sein. Das Mittel, die Patrioten gegeneinander zu hetzen, sei zur Genüge bekannt und entspreche vollkommen der Taktik der aristokratischen Sippschaft, mit der er auf Tod und Leben verfeindet sei. Le Bouc mache er keinen Vorwurf. Dieser habe, mit der Weitergabe von Varins Schreiben an seine vorgesetzte Dienststelle, nur korrekt gehandelt.

Es wird ein langes Verhör. Nur allmählich bekommt Babeuf Oberwasser, beginnt die unzugängliche Haltung der Administratoren aufgeschlossener zu werden. Seine Argumente verfehlen nicht, Eindruck auf sie zu machen.

So kommt es, daß sie nicht nur darauf verzichten, Babeuf (was er am meisten fürchtet) nach Montdidier zu überstellen, sondern auch — was ebenso ungewöhnlich ist — am gleichen Abend ein ausführliches Schreiben an Varin richten, in dem sie ihre Bedenken «über die Motive dieser Anzeige» offen aussprechen. «Wir benötigen ausführlichere Unterlagen, um entweder den Schuldigen seiner Strafe zuzuführen oder den Unschuldigen freizulassen.»

«Immerhin wollen wir», schließt das Schreiben, «den Dingen in keiner Weise vorgreifen. Was wir wollen ist aufgeklärt zu werden.»

Varin möge ihnen umgehend alle auf den Prozeß bezüglichen Unterlagen sowie eine Abschrift des Urteils übermitteln. Er möge gleichzeitig «die Meinung der wahren Republikaner des Landes» und der dortigen *société populaire*, «sofern ihre Einstellung einwandfrei ist», einholen. Mit einem Wort, sie benötigten alle erforderlichen Unterlagen, um in voller Kenntnis des Sachverhalts entscheiden zu können.

Doch die Tage vergehen, und von Varin kommt keine Antwort. Und Babeuf, dem der Aufenthalt in der *Chambre des milords*, unter Taschendieben und Vagabunden, zunehmend zur Qual wird, wendet sich unermüdlich in Briefen über Briefen an alle, von denen er annimmt, sie seien in der Lage, etwas für ihn zu unternehmen. Er schreibt an Sylvain Maréchal, an seine Kollegen im Verpflegungsamt und sogar an sein verblichenes Idol Chaumette. Doch die Tage vergehen, die Gefangenen wechseln und nichts geschieht.

Erst Babeufs Schreiben vom 22. November an Menessier, von dem er, und wie sich zeigen soll nicht zu Unrecht, erwartet, er werde sich aktiv für ihn einsetzen, bringt eine Wende zum Bessern. Gracchus [80] Babeuf, wie er sich hier wie schon in seinem Kalender nennt, stützt seine Darlegungen vor allem auf eine politische Argumentation, von der er annehmen kann, sie werde in den Augen des Patrioten Menessier ihre Wirkung nicht verfehlen: «Das System, sich der Patrioten auf dem Wege des Justizmordes zu entledigen, ist nicht auf Lyon, Toulon und Marseille beschränkt geblieben. Es war die bevorzugte Waffe aller Verwaltungen, in die das Verbrechertum verstanden hat sich einzuschleichen. Das Departement Somme ist nicht das letzte gewesen, diesen für die Nation mörderischen Plan anzunehmen.»

Der gegen ihn angestrengte Prozeß sei samt Urteil nichts weiter als ein schäbiger Racheakt der reaktionären Kreise. In der sogenannten Fälschung des Versteigerungsprotokolles der Domäne Fontaine hätten sie den gesuchten Vorwand gefunden, ihn loszuwerden. Man müsse diesen Hintergrund kennen, um die gegen ihn, den «Marat seines Departements», eingeleitete «grausame Verfolgung» zu verstehen.

Erst jetzt, mehr als neun Monate danach, und nachdem er habe glauben können, durch den Ausspruch der Geschworenen vom 29. März «stillschweigend freigesprochen» zu sein, erst jetzt werde er verhaftet. Erst jetzt erfahre er, seine Verhaftung sei auf Grund eines Urteils erfolgt, das besage, «er habe sich bestechen lassen».

Er und sich bestechen lassen! Und alle, die ihn angeblich bestochen hätten, seien ausdrücklich freigesprochen! Welch eine Absurdität, rechtlich gesehen! Die Nation habe in jedem Fall, ganz gleich, ob die Domäne Levavasseur oder dem Pächter gehöre, immer den gleichen Betrag erhalten. Distrikt und Departement hätten Levavasseur zum Eigentümer erklärt. Wer also sei überhaupt geschädigt?

«Die Verleumdung hat zu verbreiten gewagt, der Pächter habe als Preis meiner angeblichen Korruption zehntausend francs an Vilasse und mich gezahlt.» Wahr sei, daß er nicht nur keine zehntausend francs erhalten habe, sondern im Gegenteil gezwungen gewesen sei, die Hilfe seiner Freunde in Anspruch zu nehmen. Ein einfacher Arbeiter, der Sattler Dupuis aus Roye, habe ihm neun livres geliehen und der Tapezierer Douay aus Amiens 48 livres, die er ihm heute noch schulde. Auch könnten Fournier, Makketros und schließlich Garin bezeugen, wie er sich in den ersten drei Monaten seines Aufenthaltes in Paris habe durchschlagen müssen.

Marie, seine Frau, habe sich und die Kinder in diesen Monaten durch den Verkauf ihrer Habseligkeiten und dadurch, daß sie, zum ersten Male in ihrem Leben, Heimarbeit (sie nähte Soldatenhemden im Stücklohn) annahm, am Leben erhalten. Trotz ihres Elends habe diese prächtige Frau es fertig gebracht, von ihren geringen Einkünften sogar noch ihren Mann zu unterstützen. Als sie Roye verließ, hätten habsüchtige Gläubiger den Rest ihrer Habe gepfändet.

«Mögen alle», schließt Babeuf, «die etwas von mir wissen, es sagen, und ich bin alsbald gerettet; ich erlange, ohne Zweifel, von Beamten, die ihrer Stellung würdig sind und mich unter ihren Schutz nehmen, meine vorläufige Freilassung und die Überweisung meines Falles an das Kassationsgericht, vor dem ich die ungerechten Richter, die ein ebenso unsinniges wie barbarisches Urteil über mich verhängt haben, werde verfolgen können.»

Babeufs Brief muß Menessier überzeugt haben. Wenige Tage später schreiben er und Dangé nochmals an Varin und teilen ihm mit sie würden, falls er nicht mit dem nächsten Kurier antworte, Babeuf auf freien Fuß setzen. Er wird, da auch diese Mahnung unbeantwortet bleibt, am 7. Dezember aus der Mairie entlassen.

So ist Babeuf wieder frei. Seine Freunde Daube, Thibaudeau und Sylvain Maréchal haben für ihn gebürgt. Doch wieder ist er völlig mittellos. Um wenigstens etwas zu verdienen, greift er sofort zu, als ihm Maréchal vorschlägt, bis sich etwas besseres finde, eine

Tätigkeit als Hilfsarbeiter in der Druckerei der *Révolutions de Paris* zu übernehmen. So arbeitet er in den nächsten Wochen als Aushilfe «bei dem Patrioten Prudhomme».

Babeuf findet Paris nach den wenigen Wochen seiner Haft sehr verändert. Brot und Fleisch gibt es jetzt auf Karten, alle übrigen Lebensmittel, selbst Kartoffeln, sind äußerst knapp. Gemüse, Eier, Butter und Zucker werden im Schleichhandel zu überhöhten Preisen verkauft. Die Arbeiter schimpfen, der ehrliche Sansculotte bekomme nichts für sein Geld, während es den Reichen an nichts fehle. Die Kaufleute schickten ihnen alles durch Boten ins Haus, wo man ihnen die Preise, die sie verlangten, bezahle.

Vor den Bäckerläden, vor denen wie immer lange Schlangen geduldig Wartender stehen – dies gehört inzwischen zum gewohnten Bild der Stadt – gibt es keine Auftritte mehr. Verdrossen und gelangweilt wartet man, aber man hütet sich wohl, Betrachtungen oder Vergleiche mit früheren Zeiten anzustellen. Schweigend nimmt man das noch warme Brot in Empfang, schweigend kassiert der Bäcker sein Geld. Die Zeiten sind nicht danach angetan, überflüssige Worte zu machen; die Silhouette des vor dem Laden Wache haltenden Nationalgardisten besagt genug.

In der großen Politik das gleiche Bild. Der Wohlfahrtsausschuß regiert das Land. Die Verfassung, deren Annahme Hérault de Séchelles am 10. August auf dem Marsfeld feierlich verkündete, bleibt bis auf weiteres eingesargt. «Die vorläufige Regierung Frankreichs bleibt bis zum Frieden revolutionär.» Das bedeutet, keine Wahlen, kein Mitspracherecht, keine Pressefreiheit; dafür Überwachung der Regierung, der Armee und aller gewählten Körperschaften bis hinab zu den Distrikten durch den Wohlfahrtsausschuß, dessen Diktatur der Konvent «ohne Debatte» sanktioniert.

Den Schlußstein dieser Entwicklung bildet das Gesetz vom 4. Dezember, das eine straff zentralistisch gelenkte Verwaltung schafft[81], deren Kontrolle die vom Wohlfahrtsausschuß unmittelbar ernannten Nationalagenten gewährleisten. Absetzung bedeutet Verhaftung.

Dabei ist es schwieriger denn je zu sagen, worin die richtige Linie der Regierungspolitik eigentlich besteht. Die Woge der antichristlichen Maßnahmen, die mit der Schaffung des republikanischen Kalenders einsetzte und am 10. November in Paris mit der Feier des Festes der Vernunft, an dem sich der Konvent geschlossen beteiligte, ihren Höhepunkt erreichte, scheint bereits verebbt. Robespierre und mit ihm der Konvent haben offiziell die Linie der Kultusfreiheit bezogen.

Babeuf schweigt in diesen Wochen. Die ungewohnte Tätigkeit, vor allem das lange Stehen bei der Arbeit, ermüdet ihn über Gebühr. Allabendlich, wenn er nach Hause kommt, fühlt er sich kraftlos und wie zerschlagen. Zu seiner rein physischen Erschöpfung tritt die entmutigende Erkenntnis der eigenen Schwäche gegenüber der grenzenlosen Gewalt der Machthaber, die es sinnlos erscheinen läßt, sich dagegen aufzulehnen und der gegenüber dem einzelnen nur die Wahl zwischen «Stillschweigen oder Tod» gelassen wird.

Auch die Tage der *Révolutions de Paris*[82] sind gezählt. Nur noch wenige Wochen und Prudhomme wird seinen aussichtslos gewordenen Kampf für die Freiheit der Presse, für die «unbegrenzte Freiheit» alles zu sagen, als des «einzigen Palladiums der Republik», aufgeben müssen.

Trotz seiner Niedergeschlagenheit arbeitet Babeuf an seiner Rehabilitierung, beginnt er mit einer ausführlichen Niederschrift seines Falles, die er für die Wiederaufnahme seines Verfahrens benötigt. Mitte Januar schickt er einen Teil seiner Unterlagen an Prudhomme, mit der Bitte, sie zu lesen und sie «unserem Bruder» Sylvain zuzustellen, der vielleicht Gelegenheit habe, sie vorteilhaft geltend zu machen.

Doch auch dieser Versuch zeitigt kein greifbares Ergebnis. In seiner Enttäuschung entschließt sich Babeuf zu dem gewagten Schritt, ein Gesuch um Wiedereinstellung an die Kommission, die ihn im November entlassen hat, zu richten. Diese, in begreiflicher Verlegenheit über das unerwartete Ersuchen, wendet sich an den Justizminister um Rat.

Dessen Entscheidung läßt nicht lange auf sich warten. «Als verständiger Minister», schreibt Babeuf, «glaubte Gohier, daß ein Mensch, der von einem Gericht zu zwanzig Jahren Kerker verurteilt wurde, nicht frei herumlaufen solle und daß er sich dem Urteil fügen müsse. Er wies folglich die Polizeiverwaltung an, mich von neuem in Haft zu nehmen.»

So geschieht es. Am 30. Januar 1794 verständigen Dangé und Menessier den Direktor der Abbaye, «den des Unterschleifs beschuldigten Bürger Camille Babeuf, ehemaligen Angestellten der Distriktsverwaltung Amiens (!), in Gewahrsam zu nehmen und bis auf neue Anordnung dort zu belassen».

Babeuf stellt sich noch am gleichen Tage. Er begibt sich in Haft, im Vertrauen darauf, seinen Fall nunmehr bald und endgültig geklärt zu sehen.

4

Die Abbaye, ein enges, winkliges Gebäude in Form eines unregelmäßigen Vierecks, dient gleichzeitig als Militär-Arrestanstalt und als Untersuchungsgefängnis für politische Häftlinge.

Die Zellen in dem dreigeschossigen Bau sind sämtlich feucht und schlecht gelüftet. Am schlimmsten sind die mittellosen Häftlinge der Gemeinschaftszellen im Erdgeschoß daran, bei denen die Dünste des unmittelbar davor gelegenen Abtritts die ohnehin stickige Luft verpesten.

Hier, in einer dieser Zellen, die ihn zwei volle Monate beherbergen wird, beendet Babeuf in größter Eile (wobei ihm das Schreiben an Menessier als Grundlage dient) seine an den Justizminister sowie die Konventsausschüsse für Wohlfahrt, Sicherheit und Gesetzgebung gerichtete Verteidigung.

In den «Einführenden Bemerkungen» erweist Babeuf zunächst den Abgeordneten des Konvents seine Reverenz: «Die Republik in ihrer Gesamtheit schuldet dem Konvent und Euch ihr Glück; Ihr hattet es geschworen, und Ihr habt Euren Schwur in jeder Hinsicht erfüllt ...» Aber nicht alle könnten an diesem Glück teilhaben. In einigen Teilen der Republik, in denen der Einfluß der Aristokraten noch nicht gebrochen sei, hielten diese die Patrioten unter ihrer Fuchtel. Eine kurze Analyse seines Falles werde den Konvent überzeugen, daß er das Opfer einer ebenso ungerechten wie grausamen Justizkabale geworden sei.

Damit ist die Linie seiner Verteidigung klar angedeutet. Sein Fall sei ein politischer Fall, er gehöre in die Kategorie jener Fälle, in denen die Reaktionäre der Departements es verstanden hätten, sich mit Hilfe gesetzlicher Bestimmungen der fortschrittlichen Kräfte zu entledigen, «um vermittels der Justiz die Patrioten zu ermorden».

Dennoch erscheint es Babeuf ratsam, sich nicht ausschließlich auf die Wirksamkeit seiner politischen Argumente zu verlassen. Noch einmal – und noch immer nicht zum letztenmal – schildert er die Vorgänge des 30. Januar. Doch anstatt sich selbst der Leichtfertigkeit und Devillasse der betrügerischen Absicht anzuklagen, verteidigt er den gerissenen Patron und geht soweit, die Frage aufzuwerfen, ob nicht Devillasse gegen Levavasseur und den Sekretär Cochepin Strafantrag stellen solle. In seiner allgemeinen Verteidigung werde er diese Prinzipien weiter entwickeln.

Welche windigen Argumente und elenden Ausflüchte! Es fällt schwer zu glauben, Babeuf habe dies bona fide geschrieben. Sollte er wirklich noch immer nicht den wahren Sachverhalt durchschauen? Und die Zusammenkunft bei Chevrier? Verschweigen kann er sie nicht und so schreibt er: «Das Essen fand an der table d'hôte statt, in aller Öffentlichkeit, zusammen mit mehreren Unbekannten, wobei natürlich von keiner geheimen Abmachung die Rede war und sein konnte. Warum eine so einfache Tatsache vergiften?»

Anstatt einfach zuzugeben, ohne böswillige Absicht einen Schnitzer begangen zu haben, versteift er sich darauf, die Legalität seines Vorgehens beweisen zu wollen. «Alle vernünftigen Wesen werden mir beipflichten, daß die erwähnte Handlung legal ist; ich werde es vor allen möglichen Gerichten vertreten und sie werden diese Wahrheit bestätigen.»

Trotz dieser vielleicht nur vorgetäuschten Sicherheit, will er unter keinen Umständen in Amiens vor Gericht gestellt werden. Über formale Bedenken müsse man sich hinwegsetzen oder die gesetzlichen Bestimmungen abändern. Er appelliere an das revolutionäre Bewußtsein. Man dürfe vor Schwierigkeiten nicht kapitulieren. «Was wäre aus uns geworden, hätten wir nicht gehandelt, und würden wir nur eine Minute aufhören, als Revolutionäre zu handeln?»

Noch eine allerletzte Bemerkung zu dem, was zu tun wäre: «Villasse, Leclerc, der Pächter, Jaudhuin und ich sind angeklagt, bei der Versteigerung eines Nationalgutes Unterschleife begangen zu haben. Es ist Sache des Revolutionstribunals uns zu richten.»

Mit dieser kühnen Bemerkung schließt er sein Memorandum.

Wiederum verstreichen lange Wochen, ohne daß Babeuf etwas über den Erfolg seiner Eingabe erfährt, und in denen die Eintönigkeit der Haft nur durch seinen regen Briefwechsel mit Sylvain Maréchal und der Familie, vor allem mit seinem achtjährigen Sohn Emile, unterbrochen wird.

In den Briefen an seinen Sohn, den «kleinen Schelm» und «lieben Schlingel», spricht Babeuf über alles, was ihn beschäftigt. In den grauen Gefängnistagen erscheint ihm das künftige Reich der Gleichheit in strahlendem Licht. «Dann wird es keine hartherzigen

Reichen mehr geben, die des Elends der Unglücklichen spotten, keine Armen, denen es an allem fehlt, und die, um ihr trauriges Leben zu fristen, gezwungen sind, ihre Arbeitskraft den Reichen zu verkaufen, sich zu ihren Sklaven zu machen und in allem ihrem Willen unterworfen zu sein. Mein Freund, diese kostbare Gleichheit, deren erhabenes Prinzip Dich bewegt, sie ist meine Moral, sie ist die Religion deines Vaters, seine Verfassung, sein Gesetz; sie ist der Gegenstand all seiner Bemühungen, und er ist überzeugt, daß es unter den Menschen, solange sie nicht zu diesem System gekommen sind, weder Frieden noch Glück noch Gerechtigkeit geben wird.»

Noch ist es nicht so weit. Aber Babeuf ist zuversichtlich davon überzeugt, daß es, und sogar «unendlich leicht« gelingen werde, die Menschen von der «geringen Haltbarkeit» ihrer Einwände zu überzeugen. Das französische Volk werde seine Revolution weiterführen bis ihr Ziel, die vollkommene Gleichheit, erreicht sei.

Gelegentlich gibt es auch Meinungsverschiedenheiten. Als Emile ihm einmal, im Tone des Vorwurfs, eine Andeutung über seine geringen Einkünfte macht, antwortet sein Vater gereizt: «Ihr sagt mir, die Druckereiarbeiter verdienen mehr als ich; ich bin ärgerlich nicht mehr zu verdienen; ich verdiene, was ich kann und gebe es Euch. Ihr sollt Euch nicht herausnehmen, mir darum Vorwürfe zu machen.»

Seine bei der Dauer seiner Haft immerhin verständliche Gereiztheit führt gelegentlich zu unliebsamen Auftritten und Querelen mit Aufsehern und Schließern. Es kommt soweit, daß Babeuf an Maréchal schreibt, er wisse nicht, ob er nicht seine Hilfe brauchen werde, um nicht der Rache «dieser subalternen Henker» zum Opfer zu fallen. Maréchal beruhigt ihn. Er habe bereits Schritte bei dem Minister Gohier unternommen. Dieser habe sich geäußert, man werde Erfolg haben, wenn man nichts überstürze und eine Entscheidung nicht auf Biegen und Brechen durchsetzen wolle [83].

Doch Babeuf bringt es nicht fertig, sich in Geduld zu fassen. Auf sein Drängen entschließt sich sein Freund und Kollege Thibaudeau zu einer äußerst gewagten Demarche. Als er von Fouquier-Tinville, dem öffentlichen Ankläger beim Revolutionstribunal, der mit einer umfangreichen Erhebung über die Gründe der noch immer stokkenden Lebensmittelversorgung befaßt ist, den Auftrag erhält, die gesamte Korrespondenz der Lebensmittelverwaltung auf schuldhafte Verstöße hin durchzusehen, übermittelt er diesem am 11. März den angeforderten Bericht, wobei er in einem gesonderten Schreiben darauf verweist, daß sein Auszug aus dem Korrespondenzregister keineswegs alle Infamien des Departements Somme und des Distrikts Montdidier, die man dort in der Versorgungsfrage und bei der Verfolgung der Patrioten begangen habe, enthalte. Als Offizialverteidiger seines Kameraden Babeuf füge er weitere Ausführungen hierüber, die er bereits dem Wohlfahrtsausschuß und Gohier habe zugehen lassen, in der Anlage bei. Er werde diese Dinge aber nur dann publik machen, wenn er dazu die ausdrückliche Genehmigung des Wohlfahrtsausschusses erhalte.

Doch weder der Wohlfahrtsausschuß noch Fouquier-Tinville denken daran, die ihnen von Thibaudeau gewiesene Fährte zu verfolgen. Sie jagen ein anderes Wild. Am 17. März erfolgt die Verhaftung Chaumettes und seine Einlieferung ins Luxembourg-Gefängnis. Babeuf, von dessen Einvernahme sich Fouquier-Tinville keine greifbaren Ergebnisse verspricht, wird ohne Angabe von Gründen nach Sainte-Pélagie überführt [84].

Dort überreicht ihm, nach den unvermeidlichen Aufnahmeformalitäten, der Direktor [85] Bochaut, bevor er ihn in eine Zelle im dritten Stock einschließen läßt, einen Fragebogen mit der Aufforderung, ihn möglichst umgehend auszufüllen.

Babeuf macht sich ungesäumt an die Arbeit, die vorgeschriebenen sechs Spalten des Fragebogens — die siebente und letzte bleibt dem Überwachungsausschuß vorbehalten — auszufüllen.

Die Fragen nach seiner Person, über Grund und Dauer der Haft, nach Beruf und Einkommen vor und seit der Revolution, sind ohne Schwierigkeiten zu beantworten. Dagegen mahnt die fünfte Spalte, die lakonisch mit «Beziehungen und Verbindungen» überschrieben ist, zur Vorsicht. Babeuf führt nur zwei Namen an, auf die sich zu berufen ungefährlich erscheint: Marat, der tot ist, und Sylvain Maréchal, der als Redakteur der *Révolutions de Paris* immerhin einigen Einfluß besitzt. Außerdem verweist er auf «die namenlosen Sansculotten des Departements Somme, deren Sache ich als ihr Offizialverteidiger gegen die öffentliche und persönliche Unterdrückung von seiten der Aristokraten aller Schattierungen vertrat».

Keine Silbe über Dubois de Fosseux, der als Verdächtiger in Arras inhaftiert ist, oder über Fournier und Rutledge, die gleichfalls seit Monaten eingesperrt sind. Kein Wort über den ebenfalls verhafteten Freund Garin, keine Andeutung über seine Beziehungen zu Anaxagoras Chaumette, der im Luxembourg seinen Prozeß erwartet, oder über Coupé, den der Jakobinerklub wegen seines ablehnenden Votums in der Frage der Priesterehen ausgeschlossen hat.

Von ihnen zu schweigen ist einfach ein Gebot der Selbsterhaltung. Vor wenigen Tagen erst setzte das Fallbeil dem Leben des unglücklichen Cauchois ein Ende, der im vergangenen August die Sitzungen der Sektionskommissare im Evêché geleitet hatte. Das Urteil, das ihn für überführt erklärte, «unter der Maske des Patriotismus den Versuch gemacht zu haben, das Volk aufzuwiegeln und die bestehenden Behörden herabzusetzen und verdächtig zu machen», hätte ebenso gut auf Babeuf gepaßt.

Die folgende Spalte, die Auskunft über seine politische Einstellung seit 1789 fordert, bereitet Babeuf weniger Kopfzerbrechen. Hier braucht er nichts zu verschweigen [86]. Unbesorgt kann er die Stationen seiner politischen Wirksamkeit aufzählen: die Diskussion um das Beschwerdeheft von Roye; die Veröffentlichung des *Cadastre perpétuel;* seinen Kampf gegen die Steuern und Feudalgerechtsame des *ancien régime;* seine Haft in den Verliesen des Châtelet und der Conciergerie; die Wahl zum Mitglied des Generalrates im Departement Somme; seine Tätigkeit als Administrator im Distrikt Montdidier; und schließlich seine Arbeit in der Lebensmittelverwaltung von Paris.

«Ich erwarte heute», schließt Babeuf seinen politischen Lebenslauf, «mein Recht – nämlich meinen unerbittlichen Verfolgern entzogen und der Gesellschaft, der ich immer mit allen Kräften gedient habe, zurückgegeben zu werden – mit um so mehr Vertrauen, als das Dekret vom 8. Ventôse [87] den Sicherheitsausschuß bevollmächtigt, mich auf Grund meiner politischen Führung seit 89, in Freiheit setzen zu lassen.»

Der Fragebogen ist abgegeben, und wieder verstreichen endlos lange Wochen, ohne daß etwas erfolgt. Endlich, am 53. Tage seiner Haft in Sainte-Pélagie – das jetzt im Zeichen des Höchsten Wesens schlicht Pélagie heißt – beschäftigt sich der Konvent mit dem Fall Babeuf. An diesem Tage, es ist der 13. Mai 1794, nimmt im Konvent Merlin de Douai, als Berichterstatter des Gesetzgebungsausschusses, in Sachen Babeuf das Wort.

In seinem Bericht stützt sich Merlin auf das Gutachten, das die Kommission für Zivilverwaltung, Polizei und Gerichte (als Nachfolgerin des nicht mehr bestehenden Justizministeriums) über Babeufs Beschwerde gegen das Urteil vom 23. August erstattet hat. Aus dem Wortlaut der Dekrete vom 7. Oktober 1790 und 15. März 1791, die zur Zeit der Urteilsverkündung uneingeschränkt gültig gewesen seien, ergebe sich eindeutig, daß sowohl das Distriktsgericht in Montdidier wie auch das Kriminalgericht der Somme ihre Kompetenzen überschritten hätten. Sie wären nur dann befugt gewesen, gegen Babeuf ein Verfahren wegen angeblicher Vergehen in Ausübung seines Amtes einzuleiten, wenn ihnen der Konvent den Fall überwiesen hätte.

Soweit die Rechtslage. Aus ihr ergebe sich, daß die Akten dem Kassationshof zur Feststellung der Ungültigkeit und Aufhebung des ergangenen Urteils zuzustellen seien. Es sei ferner zu prüfen, ob durch die Kommission für Zivilverwaltung, Polizei und Gerichte Maßnahmen wegen der begangenen Rechtsfehler einzuleiten seien. Aufgrund der Vollmachten des Gesetzes vom 16. September 1791 habe der Kassationshof zu entscheiden, ob die Untersuchung des Falles einem anderen Gericht zu übertragen sei; dies habe dann aufgrund der Gesetze vom 30. Frimaire und 19. Floréal [88] zu verfahren.

Der Konvent stimmt ohne Debatte zu. Er verfügt zugleich, der Beschluß solle nur im *Bulletin de correspondance* erscheinen. Handschriftliche Ausfertigungen seien dem Kassationshof und dem Kriminalgericht des Departements Somme zuzuleiten.

Bereits am 9. Juni fällt der Kassationshof seine Entscheidung. Wie nicht anders zu erwarten, schließen sich die Berichterstatter Sibuet und Bayard den juristischen Definitionen Merlins an. Der Kassationshof kassiert und annulliert das gesamte Verfahren, einschließlich des Urteils vom 23. August 1793, und verweist Babeuf und seinen Fall an den öffentlichen Ankläger beim Kriminalgericht des Departements Aisne in Laon. Dieser möge entscheiden, ob erneut Anklage zu erheben sei.

Somit kann alles von neuem beginnen. Für Babeuf bedeutet dies, auf die Entscheidung eines ordentlichen Gerichts angewiesen zu bleiben. Über seinen Antrag, wegen eines politischen Delikts vor das Revolutionstribunal gestellt zu werden, geht man stillschweigend hinweg. Auch der Sicherheitsausschuß denkt nicht daran einzugreifen und das Verfahren wegen Geringfügigkeit einzustellen.

So hängt denn alles für ihn davon ab, wie das Gericht in Laon entscheiden wird.

5

Kaum in Laon angelangt – das Register des Gefängnisses in der rue Sainte-Geneviève verzeichnet seine Ankunft unter dem 4. Juli – überschüttet Babeuf das Gericht mit Anträgen, ihn aus der Haft zu entlassen. Doch das Gericht zeigt sich wenig entgegenkommend. Es läßt ihn am 12. Juli wissen, es sehe keinen Grund, in eine Beratung über seine verschiedenen Anträge einzutreten; eine vorzeitige Haftentlassung komme, angesichts der Schwere der bei einer Verurteilung zu erwartenden Strafe, nicht in Frage.

Drei Tage später wird Babeuf zu seinem ersten und einzigen Verhör in Laon geholt. Der vernehmende Richter ist der Präsident des Kriminalgerichtes, Louis-Augustin Poan; das Protokoll führt der commis-greffier Nicolas Damour. Dem Verhör folgt als aufmerksamer Beobachter der procureur général syndic des Departements Polycarpe Pottofeux.

Nach Erledigung der üblichen Formalitäten gibt Babeuf seine Darstellung der Vorgänge in Montdidier ohne auf die offenkundigen Widersprüche zu dem, was Levavasseur und Devillasse ausgesagt hatten, einzugehen. Der Ton wird schärfer, als Poan auf den Kern der Sache kommt.

Poan: Bist Du nicht am 30. Januar, dem Tag, an dem die Delikte, deren Du angeklagt bist, begangen wurden, aufgefordert worden, gemeinsam mit Debraine, Devillasse und Leclerc in einem Wirtshaus zu speisen? Hast Du einen Teil der Zeche bezahlt?

Babeuf: Ich wurde durch Leclerc de Raineval eingeladen, mit ihm und Devillasse zu Mittag zu essen. Das war nicht weiter ungewöhnlich, denn die beiden und ich waren in Montdidier im öffentlichen Dienst, ohne dort ansässig zu sein; wir waren mithin gezwungen im Gasthaus zu speisen. Wir luden uns gewöhnlich gegenseitig ein. Ich habe Debraine, den ich nicht kannte, bei dem Essen am 30. Januar gesehen. Wir waren an der table d'hôte zusammen mit anderen Fremden. Ich bezahlte keinen Anteil an der Mahlzeit, weil ich durch Leclerc eingeladen war und dies auf seine Kosten ging, genauso wie ich es bei anderer Gelegenheit für ihn getan hätte.

Poan: War nicht bei dieser Mahlzeit die Rede davon, das Versteigerungsprotokoll vom 31. Dezember zu ändern?

Babeuf: Es war gesprächsweise von den durch Devillasse gewünschten Abänderungen die Rede, aber es wurde nichts beschlossen.

Poan: Habt Ihr Euch gleich nach dem Essen auf die Verwaltung begeben, und war Debraine mit Euch?

Babeuf: Ich ging mit Devillasse in die Verwaltung. Dort setzte ich mich an die Arbeit. Nach einiger Zeit kamen Leclerc und Debraine und auch Jaudhuin fand sich ein. Devillasse machte seinen Vorschlag und erläuterte seine Darstellung. Man wartete einige Zeit auf die anderen Kollegen. Sie kamen nicht. Wir gingen zusammen ins Domänenbüro, ließen uns das Protokoll vorlegen und nahmen die bekannten Änderungen vor, nachdem wir die Wahrscheinlichkeit der von Devillasse gegebenen Darstellung anerkannt hatten.

Poan: Warum hast Du das Datum des 30. Januar nicht der Änderung hinzugefügt, die Du auf dem Versteigerungsprotokoll vom 31. Dezember vorgenommen hast?

Babeuf: Gerade dies hätte die Absicht, eine Fälschung zu begehen, bewiesen; denn dies hätte glauben lassen, daß die Versteigerung und die Zession am 30. Januar stattgefunden hätten, während sie in Wahrheit am 31. Dezember stattfanden. Gerade dadurch, daß wir das Datum nicht änderten, daß wir in aller Öffentlichkeit vorgingen, daß wir uns selbst und unseren Kollegen, sobald sie sich auf der Verwaltung eingefunden hatten, von diesem Schritt Rechenschaft gaben, haben wir wohl zur Genüge zu erkennen gegeben, daß wir der Frage des Datums keine Bedeutung beimaßen, und daß uns nicht einmal in den Sinn gekommen ist, daß das, was wir am 30. Januar taten, sich auf den 31. Dezember bezog.

Babeuf spricht lange und mit vollkommener Sicherheit. Vergessen sind die trüben Stunden des Zweifels, der Vorwürfe und der Einsicht. Das Gefühl, trotz allem im Recht zu sein, hat sie verdrängt und nichts und niemand wird ihn je davon abbringen können.

Pottofeux ist dem Verhör als schweigsamer Zuhörer gefolgt. Trotz seiner Jugend, er zählt noch keine dreißig Jahre, hat ihn das Vertrauen der Wähler in den Konvent berufen, wo er auf sein Mandat verzichtete, um die Stellung eines procureur général der Aisne zu behalten. Er ist überzeugter Jakobiner und gleich vielen seiner Gesinnungsgenossen wünscht er nichts sehnlicher, als die

Gesetze des Stadtstaates Sparta auf ganz Frankreich übertragen zu sehen. In dem Häftling Babeuf glaubt er einen Menschen zu erkennen, der ihm durch soziale Herkunft, politische Überzeugung und seinen Glauben an eine bessere Zukunft verwandt ist. Auch für ihn, wie für Menessier, wird die Begegnung mit Babeuf zu einer entscheidenden Stunde in seinem Leben.

Ein erstes Ergebnis der von Pottofeux eingenommenen Haltung zeigt sich bereits am nächsten Tage. Das Gericht stellt fest, der Kassationshof habe das Verfahren gegen Babeuf für nichtig erklärt. Damit sei auch der Freispruch seiner Mitangeklagten hinfällig, denn das gleiche Verfahren könne nicht für den einen als ungültig und für die anderen als gültig angesehen werden. Wenn gegen Babeuf ein neues Verfahren eingeleitet werde, so müsse, nach dem Grundsatz der Gleichbehandlung aller Beschuldigten, auch der Prozeß gegen die in Montdidier Freigesprochenen erneut in Gang kommen. Diese könnten, da sie in einem vom Kassationshof ausdrücklich als illegal bezeichneten Verfahren freigesprochen seien, sich nicht auf die Regel des non bis in idem berufen. Gegen sie vorzugehen habe das Gericht aber vorerst keine Vollmacht.

Um diese Schwierigkeit zu beheben, beschließt das Gericht, an die Kommission für Zivilverwaltung, Polizei und Gerichte heranzutreten und sie um entsprechende Vollmachten zu ersuchen, das Verfahren nicht nur gegen Babeuf, sondern gleichzeitig gegen alle an der Urkundenfälschung Beteiligten einzuleiten.

Ermutigt durch diesen für ihn günstigen Entscheid, stellt Babeuf erneut Antrag auf Haftverschonung. Diesmal mit Erfolg. Am 18. Juli beschließt das Gericht, nachdem auch die Staatsanwaltschaft positiv zu seinem Antrag Stellung genommen hat, Babeuf gegen eine Kaution von zehntausend livres vorläufig auf freien Fuß zu setzen.

Babeuf sei, heißt es in der Begründung, infolge ungewöhnlicher Umstände bereits länger in Haft, als gewöhnlich zur Durchführung eines Verfahrens erforderlich sei. Bis die Stellungnahme der Regierungskommission vorliege, könne eine weitere Verzögerung eintreten. Im Falle seines Freispruchs hätte er auf diese Weise bereits eine empfindliche Strafe verbüßt, die nicht wieder gutzumachen sei.

Noch am gleichen Tage wird Babeuf, nachdem sich, dank Pottofeux' Hilfe, zwei Bürger aus Laon zur Stellung der geforderten Kaution bereit erklärt hatten, aus dem Gefängnis entlassen. Zwei

Tage später erhält er einen Paß [89], um die Reise nach Paris antreten zu können.

Aber die Heimkehr verzögert sich. Emile, der die Haft seines Vaters in Laon teilte, ist erkrankt, und erst, als es ihm besser geht, können beide zu Fuß die Rückreise antreten.

Am 28. Juli, einen Tag nach dem 9. Thermidor, treffen sie in Paris ein.

V
Guffroy

1

In sein bescheidenes Quartier in der rue du faubourg Honoré zurückgekehrt, übernimmt Babeuf, der Not gehorchend, wieder seinen Posten in der Kommission. Aber er fühlt sich dort alles andere als wohl. «Ich setze Sie davon in Kenntnis», schreibt er an Garin, «daß ich auf meinen Platz zurückgekehrt bin, weil ich essen muß und für andere zu sorgen habe.»

Auch wird er es dort nicht lange aushalten. Inzwischen besucht er, um seine Rückkehr in die Politik vorzubereiten und neue Verbindungen anzuknüpfen, eifrig die Versammlungen des *club électoral,* in dem sich die «wahren Freunde der Menschenrechte, die antijakobinischen Patrioten, die Freunde Chaumettes» versammeln, Gesinnungsgenossen, von denen er hoffen kann, sie auf einer gemeinsamen Plattform des politischen Kampfes zu vereinigen.

Nach der Erstarrung unter der Diktatur des Wohlfahrtsausschusses ist das politische Leben in Paris zu neuer Regsamkeit erwacht. Einstimmig und allgemein ist der Ruf nach Versöhnung. Der Konvent entsendet Kommissare in die Gefängnisse, um unschuldige Opfer der Schreckensherrschaft in Freiheit setzen zu lassen. Die Gefangenen fordern Erleichterungen der Haft, Verbesserung der Verpflegung und den Erhalt des *Bulletin de la Convention,* Forderungen, die ihnen nach einigem Hin und Her bewilligt werden. Bald gibt es, nach Talliens Worten, «keinen Gefangenen, der nicht ein Feind Robespierres war». Und folgerichtig werden, wie Dufourny es vorausgesehen hat, die Verfolgten von gestern zu den Verfolgern von heute.

Babeuf findet sehr bald im *club électoral* und in den Versammlungen der Sektion Muséum, in deren Bezirk der Klub seinen Sitz hat, für seine Ansichten Gehör. Am 17. August faßt die Sektion einen «denkwürdigen Beschluß, den sämtliche Annalen der Sklaverei sich gehütet haben zu verzeichnen», durch den freie Wahlen gefordert werden.

Die Sprache ist kühn. «Die Revolution vom 9. zum 10. Thermidor sollte für immer jene in Schrecken versetzen, die es wagen würden, unmoralische oder blutdürstige Gesetze vorzuschlagen, dem Volke das Recht auf freie Wahlen zu entziehen oder öffentliche Ämter zu besetzen, deren Wahl ausschließlich dem Volke zukommt.»

Babeuf kann seinen Kampf um die demokratischen Grundrechte mit beträchtlichem Nachdruck führen, da er seit dem 3. September über ein eigenes Blatt, das *Journal de la Liberté de la Presse* [90], verfügt. Der Zufall hatte ihn mit Guffroy, einem Abgeordneten der äußersten Linken, der eine eigene Druckerei besitzt, Bekanntschaft schließen lassen. Sie einigten sich rasch über den Plan, gemeinsam eine Zeitung herauszugeben. Babeuf übernimmt die Redaktion und Guffroy den Druck; die Einnahmen sollen ihnen zu gleichen Teilen gehören.

Babeufs erste Sorge gilt der Pressefreiheit. «Ich eröffne eine Tribüne für die Rechte der Presse», schreibt er, und er wählt, um es noch deutlicher zu unterstreichen, als Motto der ersten Nummer ein Wort Frérons aus dessen Rede vom 26. August: «Wer immer dieser Freiheit einige Grenzen setzen will, hat Wahrheiten zu ersticken und Lügen gedeihen zu lassen.»

Die Wahl des Namens ist bezeichnend. Denn «die Freiheit der Presse ist nicht verfügt; sie ist erobert». Drohend erklärt Babeuf, Merlin möge sich hüten, «uns ein Gesetz in hundert und einigen Artikeln vorzuschlagen, um alle Fälle zu bestimmen, in denen es verboten sein wird, den Mund aufzumachen», und auch der Konvent möge sich in acht nehmen, «die schönste Stelle der Erklärung der Menschenrechte in Fetzen zu reißen».

Die Menschenrechte sind das Alpha und Omega seiner Politik, die untrügliche Richtschnur seiner Forderungen, der unbestechliche Gradmesser des Wahren und Falschen in der verwirrenden Fülle der Probleme. «Ich beziehe alles auf die Menschenrechte; ich hebe alles in den Himmel, was sich ihnen nähert, und untergrabe alles, was ihnen entgegen ist.»

Unter dem gleichen Gesichtspunkt führt Babeuf seine Auseinandersetzung mit Robespierre. Dieser Name wirkt wie Scheidewasser – er trennt die Geister.

«Es ist nur zu wahr, daß Frankreich während einiger Monate unter einem eisernen Joch geseufzt hat; der Tyrann hatte durch den Schrecken nicht allein die Freiheit der Meinungen erstickt; auch vor vertraulichen Mitteilungen oder den Klagen der bedrückten Unschuld machte er nicht halt. Reichtum, Talent, Ehrlichkeit, alles erweckte seinen Argwohn, und seinen Argwohn erwecken, war ein Verbrechen, das er niemals verzieh. Er hatte eine Spionage organisiert, schrecklicher als die der Sartine und Lenoir; wer ihm zu widersprechen wagte, wurde denunziert, verhaftet, seinen Henkern ausgeliefert. Er ging soweit, seine Opfer selbst in der Klasse der ärmsten und unbekanntesten Menschen zu suchen... An die Stelle der republikanischen Grundsätze hatte er die Maximen des Machiavell gesetzt und die Despotie der Regierungen von Algier und Marokko.»

Trotz seiner unnachsichtigen Kritik zeigt sich Babeuf bemüht, dem gestürzten Machthaber Gerechtigkeit widerfahren zu lassen. Man müsse allem Anschein nach in Robespierre zwei Personen unterscheiden: den ehrlichen Patrioten und Freund der Grundsätze bis zum Beginn des Jahres 93, und seit dieser Zeit den ehrgeizigen Robespierre, den Tyrannen und übelsten Verbrecher...“

Diese Unterscheidung – sie wird in Zukunft bei der Beurteilung verstorbener Diktatoren Schule machen – erlaubt es ihm, Robespierre je nach Bedarf zu bewundern oder als «den grausamsten Feind der Freiheit» zu bekämpfen. Wobei auch die Jakobiner ihr Teil abbekommen, die jetzt die Mitwirkung Robespierres an der Schaffung der Revolutionsregierung in Abrede stellen oder abschwächen «aus Furcht, diese Regierung der Verachtung preiszugeben».

Und Babeuf wiederholt, um es ganz klar herauszustellen: «Es ist nichtsdestoweniger wahr, daß unsere Erklärung der Rechte, mag sie immerhin nicht vollkommen sein, dennoch erhaben ist, obgleich das Geschenk, das wir mit ihr erhalten haben, von Robespierre stammt. Wir werden das Werk schätzen und bewundern und den Urheber vergessen; oder, wie ich es schon sagte, wir werden in Robespierre zwei Menschen unterscheiden, den Apostel der Freiheit und den verruchtesten der Tyrannen.»

Damit hat Babeuf sein Kredo als Mann des Thermidor umschrieben. Für eine gewisse Zeit stimmt das *Journal* in den Chor der thermidorianischen Presse ein, der geschlossen die Bestrafung der Terroristen – das Wort stammt von Babeuf – und die Ächtung der Jakobiner fordert. Für eine gewisse Zeit sind Michaud, Langlois, Richer-Sérizy und vor allem Fréron und Tallien seine Kampfgefährten. Und als ihn ein Journalist den «Attila der Robespierristen» nennt, der so unbarmherzig wie der Hunnenkönig mit den Besiegten verfahre, zeigt er sich durchaus nicht entrüstet oder geneigt, eine solche Ehre abzulehnen.

In einem Punkte allerdings – und zwar von Anfang an – unterscheidet sich Babeuf wesentlich von der Schar der Journalisten, die mehr oder minder gewandt die Tagesereignisse kommentieren. Ihm kommt es nicht darauf an Neuigkeiten zu bringen, ihm geht es um eine grundsätzliche Erörterung der revolutionären Entwicklung.

«Aber Neuigkeiten, Neuigkeiten werden die Oberflächlichen ausrufen, die nur dies in den Zeitungen suchen. Ich habe es schon gesagt, ich bin kein bloßer Zeitungsschreiber... Wir revolutionieren, denke ich, wir, die Partei der Verteidiger der Rechte; wir revolutionieren, sage ich, um dem Volk seine verlorene Freiheit zurückzuerobern. Das ist die Revolution, für die ich schreibe: die Grundsätze zu prüfen, ihre Verletzungen aufzuzeigen, an das zu erinnern, was getan wurde und zu sagen, was, meiner Ansicht nach, zu tun bleibt – das sind meine Neuigkeiten...»

Er teilt sein Blatt in zwei Hälften: die eine für sich und seinen Kampf um die Grundrechte, die andere als «Briefkasten» für alle, «die den Irrtum, die Verlogenheit und die Sklaverei mit den Waffen der Wahrheit, der Gerechtigkeit und der Vernunft bekämpfen wollen». Die Zuschriften bleiben nicht aus. Schon bald kann er sich beglückwünschen, über so zahlreiches Material zu verfügen, daß ihm nur die Mühe der Auswahl bleibe.

Auch hält er selbst nach Bundesgenossen Ausschau. Er ermuntert Prudhomme, dessen *Révolutions de Paris* im Februar aufhörten zu erscheinen, den versprochenen Nachtrag seiner «Errata» zu liefern. «Was fürchtest Du? Kaiser Maximilian gerät nicht mehr in Zorn... Marschiere mit uns, wir setzen Dich in Requisition. Könntest Du zurückweichen? Du bist kein Feigling.» Selbst der reichlich anrüchige Méhée, der unter dem Pseudonym Felhémési blutige Pamphlete gegen die Mächtigen von gestern schreibt, ist in seinen Augen «ein braver Mann», würdig, unter dem Banner der *Partei der Rechte* zu kämpfen.

Dieser Partei, mit ihrem vollen Namen *Partei der Verteidiger der Menschenrechte*, hat Babeuf die Ehre zugedacht, den Kampf gegen die noch aufrechten Bastionen der Schreckenszeit zu führen. «Ich behaupte», schreibt er mit einem Anflug trockenen Humors, «daß das Bataillon, das ich, ein armer Teufel, ein einfacher, aber frank und freimütiger Parteigänger, als erster gewagt habe zusammenzurufen, sich auf eine Weise verstärkt, die alle zittern läßt, die das Ziel dieses Kreuzzuges nicht lieben.»

Mit seiner seltenen Gabe komplizierte Dinge zu vereinfachen, und ohne auf die Schattierungen der sich gegenseitig bekämpfenden Gruppen von rechten und linken Thermidorianern, Montagnards, Hébertisten, Girondisten, Orléanisten und Legitimisten einzugehen, erklärt Babeuf, es gebe in der Republik nur zwei ausgesprochene Parteien: «die eine zugunsten des Fortbestandes der Regierung Robespierres, die andere zur Bildung einer ausschließlich auf die ewigen Menschenrechte gestützten Regierung».

Die Feinde der *Partei der Menschenrechte* sitzen im Konvent und bei den Jakobinern. Sie «wollen nichts an einem System ändern, das seinem Hauptorganisator immerhin den Kopf gekostet hat». Die Freunde und Anhänger seiner Partei glaubt Babeuf in den Sektionen und im *club électoral* zu finden.

Tatsächlich entsendet der Klub am 6. September eine Abordnung in den Konvent mit einer Petition, die ganz im Sinne der von Babeuf aufgestellten Forderungen gehalten ist. In ihr werden «die unbegrenzte Garantie der Meinungs- und Pressefreiheit sowie die Abhaltung freier Wahlen» gefordert.

Ihre Aufnahme ist mehr als kühl. Von seinem Sitz im Präsidium erwidert ihnen Bernard de Saintes trocken, ihre erste Forderung sei bereits durch die Erklärung der Menschenrechte geregelt. Was die zweite anlange, so könne davon keine Rede sein. Die Revolutionsregierung werde solange bestehen, bis ihre Aufgabe als erfüllt anzusehen sei; worauf der Konvent zur Tagesordnung übergeht. Doch als Billaud-Varenne, dem dies noch nicht genügt, den Klub als einen «Herd der Gegenrevolution» anklagt, der schon – ein recht überholter Vorwurf – an der Verschwörung Héberts beteiligt gewesen sei, beschließt der Konvent die Überweisung der Petition an den Sicherheitsausschuß, «um deren Motive zu prüfen».

Zwei Tage später gibt eine Abordnung der unter jakobinischem Einfluß stehenden Sektion Mutius Scaevola im Konvent ihren Befürchtungen über den sogenannten *club électoral* Ausdruck. Sofort stellt Roger Ducos den Antrag, dem Klub die Benutzung von Räumen im «ci-devant Archevêché» zu untersagen. Der Konvent stimmt zu und stellt die Klubräume dem Hôtel-Dieu zur Verfügung. Kurz darauf werden Bodson als Verfasser der Petition und Varlet, der sie im Konvent verlesen hat, verhaftet. Vergeblich fordert am 16. September eine Abordnung des Klubs im Konvent ihre Freilassung.

In seinem *Journal* verteidigt Babeuf den drangsalierten Klub. In einem Artikel, dessen vehemente Sprache bereits den *Tribun* ahnen läßt, deckt er die Hintergründe auf, die zu dem Vorgehen gegen den Klub geführt haben.

«Als nach dem 9. Thermidor die Freiheit glaubte, noch einmal aufatmen zu können, hielten einige der unter dem Tyrannen aufgelösten *sociétés populaires* die Stunde für gekommen, sich zu reorganisieren. Unter ihnen auch die ‹Gesellschaft vom Wählersaal›, deren Erfolg ihr eine heftige Rivalität von seiten der Jakobiner eintrug, die zweifellos fürchteten, ausgeschaltet zu werden.»

Um den verhaßten *club électoral* zur Strecke zu bringen, sei der «Gesellschaft vom 9. Thermidor» jedes Mittel recht. Eine erste Denunziation habe den Klub angeklagt, er lasse «die unglückseligen Menschenrechte, von denen man nichts mehr hören will, wieder aufleben». Dann habe man Réal und Dufourny zu ihren Ausfällen gegen die Adresse der Sektion Muséum veranlaßt; sodann habe man, entgegen der Wahrheit, überall verbreitet, die Gesamtheit der Pariser Sektionen habe diese Adresse zurückgewiesen.

Es sei ganz im Sinne der Diktatur, wenn der Konvent die Sektionsversammlungen einschränke und dem Volk von Paris untersage, sich seine Gemeindevertreter zu wählen. In klarer Verletzung der Menschenrechte habe Billaud die Überbringer der Petition im Konvent beleidigt; dann habe der Sicherheitsausschuß, durch eine Art *lettre de cachet*, den Sprecher des Klubs und den Verfasser der Petition einsperren lassen. Letzterer sei, schamlos genug, in Ausübung seines Amtes als Richter am Bezirksgericht, mitten in einer Verhandlung, verhaftet worden.

«Aber», schließt Babeuf, «unsere Partei ist stark. Ich verheimliche nicht, daß wir eine haben. Wären wir sonst so kühn? Man komme uns anzugreifen. Ich fordere nichts besseres als die Verfolgung.»

Zunächst scheint es, als wolle der Konvent jede weitere Zuspitzung vermeiden. Das Räumungsdekret bleibt unausgeführt und der

Klub, dem mehrere Sektionen und befreundete Gesellschaften, darunter der Klub in der rue du Vert-Bois, Unterkunft bei sich anbieten, setzt seine Sitzungen fort.

Er steigert sogar seine Aktivität. Am 28. September fordert eine Abordnung im Konvent erneut die Freilassung der verhafteten Klubmitglieder und die Rücknahme des Räumungsbefehls. Der Konvent beschließt, den Antrag den zuständigen Ausschüssen mit der Auflage zu überweisen, binnen drei Tagen darüber Bericht zu erstatten.

Am gleichen Abend beschließt der Klub eine Denkschrift an den Konvent, die außer politischen Forderungen eine Reihe wirtschaftlicher Fragen aufwirft.

Die Forderung nach einem Wiederaufleben der politischen Freiheit müsse ihre Ergänzung auf wirtschaftlichem Gebiet im Abbau der Zwangsmaßnahmen finden. «Vor allem duldet nicht, daß man unter dem Vorwand, unsere Armeen zu verproviantieren, alles mit Beschlag belege ...» An die Stelle der Zwangswirtschaft müsse wieder die freie Marktwirtschaft [91] treten und «dem Handel der größte Spielraum gegeben werden».

Die Denkschrift wird noch in der Nacht gedruckt, als Plakat angeschlagen und an die 48 Sektionen versandt. Auch die *sociétés populaires* erhalten je zwei Exemplare.

Die Antwort des Konvents läßt nicht auf sich warten. Am nächsten Morgen, in aller Frühe, erscheint ein Architekt mit einem Arbeitskommando vor dem Klublokal. «Die zweihundert Herostraten», schreibt Babeuf, «arbeiten ohne Pause bis zweieinhalb Uhr nachts. Das ist kein Abriß, das ist eine Verwüstung.» Der Trupp macht ganze Arbeit. Er zieht erst ab, nachdem er alles, was nicht niet- und nagelfest ist, herausgeschleppt oder zerbrochen hat. «Damit endet die Szene.»

Am nächsten Décadi, dem 1. Oktober, finden die Klubmitglieder ihr Lokal verrammelt. Aber sie gehen nicht einfach nach Hause. Sie versammeln sich unter freiem Himmel auf dem Platz vor Notre-Dame, die noch immer Temple de la Raison heißt, und beschließen, dem Konvent durch eine Abordnung ihre Denkschrift überreichen zu lassen und zugleich wegen des «coup d'autorité» gegen ihr Lokal zu protestieren.

Der Präsident, André Dumont, «der nur schriftlich vorbereitete Antworten verliest», fertigt sie höchst ungnädig ab: «Die Revolutionsregierung widersetzt sich eurer Forderung. Der Gehorsam gegenüber dem Gesetz ist die Pflicht der Patrioten. Der Konvent wird das Volk dadurch zu retten wissen, daß er die trifft, die es in Aufruhr versetzen wollen ... Der Konvent hat geschworen, die Revolutionsregierung bis zum Frieden beizubehalten.»

In seiner bereits in *Tribun du peuple* umbenannten Zeitung antwortet Babeuf dem Prokonsul der Picardie. «Glaubt André Dumont, daß ich ihn seiner infamen Antwort vom 10. Vendémiaire für quitt halte, die nicht wenig Ähnlichkeit aufweist mit jener Isnards, einige Tage vor dem 31. Mai? Jedermann erinnert sich ihrer: ‹Der erstaunte Reisende wird fragen, auf welchem Ufer der Seine Paris gestanden hat›. Das Impromptu des Monsieur de Bois-Roi kommt zumindest dieser unsterblichen Prophetie gleich.»

Worauf er, um das immerhin überraschende Adelsdiplom zu erklären, in einer Anmerkung hinzufügt: «So betitelte sich der hochwohlgeborene und vielvermögende Dumont zur Zeit des Feudalregimes, zur gleichen Zeit, in der sich die Barère, de Vieuxsac, die Billaud, de Varenne und die Collot, d'Herbois nannten. Im Zeitalter der Masken läßt er sich bescheiden der liebe, gute André nennen.»

Allerdings gebe es in Dumonts Vergangenheit noch ganz andere Schönheitsfehler als dergleichen kleine Eitelkeiten: sein Prokonsulat im Departement Somme sei der eigentliche Grund, warum Dumont sich zum bedingungslosen Vorkämpfer der Revolutionsregierung erkläre. «Du hast ohne Zweifel Deine Gründe», fährt sein unerbittlicher Ankläger fort, «um diese Regierung zu lieben, deren immer noch bestehende Grundpfeiler den Schleier halten, der tausende von Ungerechtigkeiten verbirgt. Du warst in der Somme nicht mehr Dumont de Bois-Roi; Du warst der ‹Roi-boit› geworden. Laß gut sein; wenn Du mich nicht erledigst, wenn ich nicht in einigen Tagen stumm gemacht bin, werde ich den wahrhaftigen und beklagenswerten Bericht Deiner Heldentaten geben.»

Die Auseinandersetzung mit Dumont hat aber nicht nur ihre persönliche Seite. Dumonts Haltung spiegelt die tiefreichende Verlegenheit wider, in die der unerwartete Sieg vom 9. Thermidor den Konvent gestürzt hat. Seit diesem Tage hat der Konvent keine Linie, keine bestimmte Meinung, kein festes System, das er befolgen will, mehr gezeigt. Unentschlossen, in einer «unsicheren und schwankenden Haltung», pendelt er zwischen den verschiedenen Möglichkeiten der politischen Entwicklung hin und her [92].

«Der Konvent», stellt Babeuf fest, «spricht von der Revolutionsregierung wie von einem Heiligtum mit Verehrung und Achtung und mit Empörung von der Regierung Robespierres, dem Terror- und Blutsystem, als ob dies nicht alles ein- und dieselbe Sache wäre.»

Alle Errungenschaften der Revolution seien gegenwärtig in Frage gestellt: «Ich sehe in dem augenblicklichen Zustand die Umwälzung des volksfreundlichen Systems, den Ersatz politischer Grundsätze durch politische Abstraktionen; eine Regierung der wenigen anstelle eines republikanischen Regimes; eine Volksvertretung, die beinahe ausgeschaltet ist und beständig durch einige Gruppen aus dem Regierungslager gelenkt wird; ein Volk, unglücklich, verwirrt und unsicher, das in der Revolution nur ein großes, allgemeines Mißgeschick erblickt.»

Nach diesen Feststellungen an die Adresse des Konvents fährt Babeuf unbekümmert fort: «Ist es nicht bald an der Zeit, daß bloße Worte keine Ehrfurcht mehr einflößen? Warum ist jenes Wort ‹Revolutionsregierung› unentwegt der Talisman, der alle Mißbräuche deckt, ohne zu erlauben, daß man sich darüber beklage? ... Alle Freunde der Freiheit streben nach dem Sturz der Revolutionsregierung; und zwar deshalb, weil sie das Ende jeglicher Freiheit bedeutet.»

Vom Grundsätzlichen her bestehe kein wesentlicher Unterschied zwischen der Revolutionsregierung als einer Monarchie von mehreren und der Monarchie eines einzigen. Er habe nur den Wunsch, zwei oder drei Abgeordnete möchten sich offen für die Wiederherstellung der demokratischen Grundrechte aussprechen [93], und er sei sicher, daß die Macht der öffentlichen Meinung bald den gesamten Konvent auf ihre Seite bringen werde.

Das Schwanken des Konvents, über das sich Babeuf beklagt, soll nicht mehr von langer Dauer sein. Schon die nächsten Wochen bringen die Entscheidung: sie fällt eindeutig zugunsten der Revolutionsregierung und zum Nachteil der *Partei der Menschenrechte* aus.

Einen ersten Vorstoß unternimmt Bourdon de l'Oise, der erklärt, die Schwäche der Regierung sei auf den Mißbrauch, der mit dem Petitionsrecht, den *sociétés populaires* und den demokratischen Bestimmungen der Verfassung getrieben werde, zurückzuführen.

Cambacérès setzt diese Linie am 9. Oktober fort. Unter starkem Beifall fordert er den Fortbestand der Revolutionsregierung, jener Regierung, der die Republik ihre Rettung zu verdanken habe. Sie müsse und werde bestehen bleiben, allerdings ohne «die Quälereien, die grausamen Maßnahmen und Ungerechtigkeiten, zu denen sie der Vorwand» gewesen sei. Man müsse in gleicher Weise «den ausschließlichen Patrioten», womit die Jakobiner gemeint sind, wie «dem heuchlerischen Patriotismus» jener mißtrauen, die eine «verfassungsmäßige Regierung» forderten, «Grundsätze proklamierten» und von «den Rechten des Volkes» sprächen. Dies geht auf Babeuf und den *club électoral.*

Drei Tage nach dieser Rede wird Legray, der Präsident des *club électoral,* in Haft genommen. Am gleichen Tage kündigt Guffroy den mit Babeuf geschlossenen Vertrag. Tags darauf erläßt der Sicherheitsausschuß einen Haftbefehl gegen Babeuf, der allerdings, da dieser nicht auffindbar ist, zunächst nicht vollstreckt werden kann.

Der Klub und sein Wortführer Babeuf scheinen fürs erste mundtot gemacht.

2

Seit dem 5. Oktober erscheint das *Journal de la Liberté de la Presse* unter seinem neuen Titel *Le Tribun du Peuple.*

Am liebsten hätte Babeuf das *Journal* in *Ami du Peuple* umbenannt, aber abgesehen davon, daß eine solche Zeitung erscheint, «gehörte dieser Titel vielleicht ausschließlich Marat». So wählt er den *Tribun* als die Bezeichnung eines Verteidigers der Volksrechte, wobei er hinzufügt, es gebe keine Analogie zwischen seinem Tribunat und dem der Römer. Er beanspruche kein Amt, sondern allein «eine moralische Magistratur».

Zugleich nimmt er, ungeachtet des jüngst erlassenen Verbots über das eigenmächtige Abändern von Namen [94], endgültig den Vornamen Gracchus an. Es ist seine dritte und letzte Verwandlung.

Sein Programm sei das Programm der Gracchen und wie sie sei er bereit, sein Leben für diesen Einsatz zu wagen. «Ich nenne mich im voraus glücklich, sollte ich wie sie als Märtyrer meiner Überzeugung sterben.»

Doch nicht allen erscheint die Aussicht auf das Martyrium gleich erstrebenswert. Zu denen, die sich in keiner Weise hierzu berufen fühlen, gehört Babeufs Teilhaber Guffroy, der mit zunehmendem Unbehagen den im *Tribun* eingeschlagenen Kurs verfolgt.

Nicht etwa, daß Guffroy an sich etwas dagegen hätte, grobes Geschütz aufzufahren. Sein *Rougyff*, mit seiner ultrarevolutionären Sprache und seinem Verfolgungswahn gegenüber allen «Verrätern», hatte es zur Genüge bewiesen.

Aber die Angriffe des wachsamen *Rougyff* hatten Föderalisten, Priestern und Aristokraten gegolten, Leuten, die von der Regierung geächtet waren, und die anzugreifen gefahrlos und verdienstlich zugleich war. Dagegen mußte Babeufs blinder Eifer ihn gerade mit jenen Kreisen verfeinden, auf deren Unterstützung – die Angst macht ihn hellsichtig – er bald mehr denn je angewiesen sein würde. Denn konnte nicht jeden Tag einer seiner Kollegen im Konvent darauf verfallen, sich mit der politischen Vergangenheit, den Handlungen und Wandlungen des Anwalts, Abgeordneten und Zeitschriftenherausgebers Guffroy näher zu befassen und die Frage aufzuwerfen: was für ein Mensch ist eigentlich dieser Guffroy?

Wie Robespierre stammt Joseph Guffroy aus Arras, wo er gleich ihm als Anwalt tätig gewesen war. Sein Aufstieg ist ihm nicht leicht gefallen. Er mußte lernen, bittere Enttäuschungen zu schlucken und vielfache Demütigungen hinzunehmen.

Doch Guffroy ist zäh. Bereits vor Ausbruch der Revolution Schöffe in Arras und Mitglied der Ständeversammlung des Artois, wird er 1790 zum Friedensrichter gewählt; zwei Jahre später gelingt ihm der Sprung in den Konvent.

Nach einem erfolglosen Versuch, sich bei den Girondisten anzubiedern, wählt er – wie Fouché – seinen Platz auf den Bänken des Berges. Dort segelt er, je nachdem es die Umstände geboten erscheinen lassen, nacheinander im Fahrwasser von Marat, Hébert und Robespierre.

Doch dieser, der ihn seit langem und nur zu gut kennt, begegnet ihm mißtrauisch und mit eisiger Ablehnung. Einer der ultrarevolutionären und antiklerikalen Artikel des *Rougyff* gibt ihm endlich im Frühjahr 1794 die nicht unerwünschte Handhabe, Guffroy aus dem Jakobinerklub ausschließen zu lassen. Damit ist er, ganz abgesehen von seiner Auseinandersetzung mit Le Bon, als Kandidat für die von Robespierre in Aussicht genommene Säuberung des Konvents von gesinnungslosen und korrupten Elementen gezeichnet.

Die Sorge um seinen Kopf veranlaßt Guffroy, sich im Thermidor der Gruppe der entschiedenen Gegner des «Tyrannen» anzuschließen. Doch der Sturz der verhaßten und gefürchteten Triumvirn bedeutet für ihn keine Rückkehr zur Macht. Trotz seines Übertritts ins Lager der entschiedenen Thermidorianer sieht er sich bei den Wahlen zu den Ausschüssen beiseite geschoben und übergangen. Um sich nach dieser Niederlage erneut in den Vordergrund zu spielen, braucht er ein Sprachrohr in der Öffentlichkeit, braucht er einen Menschen, der genügend begabt und geeignet ist, durch seine Haltung Einfluß auf die Entwicklung der Verhältnisse zu gewinnen, und der unbestreitbare Erfolg des *Journal de la Liberté* scheint ihm recht zu geben.

Sehr bald jedoch beginnt das *Journal* seine Pfeile in ganz anderer Richtung zu verschießen. Mehr und mehr wird die Revolutionsregierung und mit ihr der Konvent zur Zielscheibe seiner Angriffe.

«Bedeutet die Revolutionsregierung die Diktatur? Ja oder Nein?» fragt Babeuf. Man müsse dem Konvent einige «kräftige Wahrheiten» sagen, um ihn daran zu erinnern, daß mit dem 9. Thermidor noch nicht alles im Sinne der Freiheit getan sei.

«Die Umstände, Euer persönliches Interesse oder vielleicht sein eigenes Ungeschick, haben es Euch ermöglicht, Robespierre zu stürzen; aber Ihr habt noch nichts getan, um sein System zu zerstören. Der 9. Thermidor hat Frankreich nur davor bewahrt, dem Namen nach einen Gebieter zu haben, den es in der Tat seit mehr als einem Jahr besaß; dieser Tag war keine wirkliche Revolution. Ihr hättet ihm seitdem seine notwendige Ergänzung geben können oder vielmehr müssen; aber wo sind die Gesetze, die Ihr erlassen habt, um der Nation ihre entzogenen Rechte zurückzuerstatten? Was nützt es, den Menschen beseitigt zu haben, wenn alles, was er geschaffen hat, bleibt?»

Um dahin zu gelangen, und Frankreich die erwarteten Institutionen zu geben, müsse der Konvent den Mut finden mit dem Despotismus, der sich unter der Bezeichnung «Revolutionsregierung» verberge, aufzuräumen. «Seien wir nachsichtig. Laßt uns, nach dem Tode so vieler Unschuldiger, die Schuldigen schonen. Begnügen wir uns, jene, von denen ich spreche, für unwürdig zur Bekleidung öffentlicher Ämter zu erklären.»

Erschreckt entschließt sich Guffroy, das Erscheinen der Nummer vom 12. Oktober zum Anlaß zu nehmen, die Beziehungen zu Babeuf abzubrechen. In einem langen Schreiben, das er zugleich als Broschüre erscheinen läßt, geht er mit seinem Teilhaber streng ins Gericht.

«Es gibt», beginnt Guffroy seinen Sermon, «Wahrheiten zu sagen; aber es gibt auch – und es wird sie immer geben – Menschen, für die diese Wahrheiten ein zu starkes Mittel darstellen; unsere Ärzte in der Politik müssen also verstehen, das Heilmittel auf die Natur des Kranken abzustimmen.»

Wenn ein Patient an krankhaften Erregungszuständen leide, setzt Guffroy seinen Exkurs über politische Psychologie fort, müsse ihm jede Aufregung ferngehalten werden. Babeuf aber treibe direkt und indirekt zum Aufstand und liefere damit, wenn auch ohne es zu wollen, den Feinden des Vaterlandes eine weit gefährlichere Waffe, als es «die englischen Guineen, die spanischen Piaster oder die Wut, die Intrigen und die Dummheiten der Jakobiner» wären.

In Babeufs Forderung nach einer Verwirklichung der Grundrechte stecke «das Gift eines höchst subtilen Aristokratismus». Hinter der Forderung eines nec plus ultra an Rechten für das Volk verberge sich der Wille, an die Macht und damit zur Herrschaft über das Volk zu gelangen.

Man kenne im übrigen diese Methoden. Bei den Wahlen zum Konvent habe man überspannte Köpfe erlebt, die das Agrargesetz predigten. Leute dieses Schlages machten sich bereits Hoffnung auf die kommenden Wahlen. Wer einen klaren Kopf habe, sehe diese Intriganten bereits ihre Leitern aufrichten, mit deren Hilfe sie in das Abgeordnetenhaus zu gelangen hofften.

«Und wenn Du, Babeuf, auch nicht wie diese Wirrköpfe denkst, so sprichst Du immerhin ihre Sprache; seitdem können wir nicht mehr gemeinsam kämpfen; ich bin nicht mehr Dein Verleger.»

Damit ist es heraus. Das Band zwischen ihnen ist zerschnitten. Babeuf habe die Grundlage ihrer Zusammenarbeit zerstört, als er von der zwischen ihnen vereinbarten Linie abgewichen sei. Babeuf unterstütze den Kampf gegen die Überbleibsel des Terrorismus. Aber es sei ein «fühlbarer Widerspruch», ein «tadelnswerter Irrtum», man könne es auch Perfidie nennen, «das Gift der Agitation in dem heiligen Becher der Menschenrechte» anzubieten!

Es bedeute, das Volk zu täuschen und nicht es aufzuklären, wenn man ihm sage, es sei «das Recht der Patrioten, die Gesetze zu sanktionieren», obwohl er ganz genau wisse, daß dies nur Sache der gesamten Nation sein könne. Eine solche Behauptung und seine Ausführungen über die sogenannte *Partei der Menschenrechte* enthielten die gleiche Anmaßung, mit der Jakobiner und Montagnards für sich in Anspruch genommen hätten, «die einzigen zu sein, die die Republik und die Gleichheit der Rechte wollten . . .»

Babeuf möge sich selbst einmal fragen, ob er nicht das Vertrauen des Volkes in den Konvent untergrabe. Der Konvent verkörpere die Einheit der politischen Willensbildung. Es seien Phrasen, wenn er davon spreche, der Konvent zögere absichtlich den Abschluß eines Friedensvertrages hinaus, nur um dem Volk seine Rechte weiterhin vorenthalten zu können. Es hieße den Konvent herabsetzen, wenn er behaupte, dieser spreche zum Volk mit der «Sprache des Herren zu stummen Sklaven». Ja, er gehe soweit, die Auflösung des Konvents zu fordern, wenn er schreibe: «Wenn Ihr geruhtet, das Feld zu räumen, könnten andere Herren die Güte haben, uns die Freiheit zurückzugeben.»

Guffroy schließt sein Glaubensbekenntnis, mit dem er hoffen kann, seinen Frieden im Konvent und wieder einen Platz in einem der Regierungsausschüsse zu finden, mit der bezeichnenden Bemerkung: «Es ist Zeit, daß eine durch Gewalt begonnene Revolution sich durch Mäßigung festige.»

Und er setzt, obschon «geldliche Interessen» für ihn ohne Belang seien, um seine Rechte zu wahren, als Nachschrift hinzu: «Die vorhergehenden Nummern sind unser gemeinsames Eigentum; dennoch hat Deine Frau sie gegen meinen Willen fortgebracht. Das Ganze soll Dir, gegen Ersatz der Druckkosten, gehören.»

Soweit Guffroy. Marat hatte wohl recht, als er schrieb, daß «die Menschen keinen Abscheu vor den infamsten Dingen haben, sofern diese nur hübsche Namen tragen», oder Mably, wenn er feststellte, wie leicht es «unseren modernen Politikern falle, Sophismen für unbestreitbare Wahrheiten gelten zu lassen».

Babeuf nimmt diese gewundenen Erklärungen mit einem Gefühl des Abscheues und inneren Widerwillens zur Kenntnis. Noch am gleichen Tage, an dem er Guffroys Schreiben zugestellt erhält, richtet er an den *club électoral* einen offenen Brief, der auf der Klubsitzung am 18. Oktober verlesen wird.

Man werde, schreibt Babeuf, nicht ohne Empörung erfahren, wie man mit ihm umgesprungen sei. Um sich ganz der Arbeit an seiner Zeitung widmen zu können, habe er eine feste Stellung, die er ohnehin nach langer Haft erst einen Monat innegehabt hätte, aufgegeben. Seine Frau und sein neunjähriger Sohn hätten Tag und Nacht in der Druckerei gearbeitet, um beim Heften, Sortieren und in der Expedition zur Hand zu gehen. In dieser Zeit seien seine beiden anderen Kinder, von denen eines erst drei Jahre zähle, zu Hause ohne Aufsicht geblieben. Man habe sich nicht einmal die Zeit genommen, richtige Mahlzeiten zu kochen; in den letzten Wochen und Monaten habe seine Familie nur von Brot, Trauben und Nüssen gelebt.

Gestern habe sich nun folgendes ereignet: auf Anweisung Guffroys seien Druck und Vertrieb der Nummer 26 des *Tribun* eingestellt worden. Guffroy habe sich des gesamten Lagerbestandes von etwa 30 000 Exemplaren bemächtigt, Marie Babeuf und den kleinen Emile vor die Tür gesetzt und gleichzeitig zu verstehen gegeben, er werde ihn — Babeuf — beim Sicherheitsausschuß anzeigen [95].

Guffroy habe sein Vertrauen gröblich getäuscht. Hätte er ihm rechtzeitig gesagt, er solle auf halbem Wege stehen bleiben, so hätte er sich unverzüglich eine andere Druckerei gesucht. «Guffroy bestiehlt mich schamlos. Er hat den gesamten Ertrag meiner Arbeit eingesteckt. Meine ersten Nummern sind in zwei Auflagen erschienen; er hat eine unheimliche Menge verkauft, er hat alle Einnahmen kassiert, alle Abonnements entgegengenommen; ich habe keinen sou erhalten. Ich habe nur die Genugtuung, mir die Hochachtung meiner Leser, der Freunde der Freiheit, erworben zu haben, und sie wird mir Guffroy nicht entreißen . . .»

Aber Guffroy bestehle auch «die Elite der Patrioten», denn es sei noch nicht heraus, ob er die bereits erhaltenen Abonnementsgebühren zurückerstatten werde. Vermutlich werde er sie den in Paris ansässigen Abonnenten, die sich persönlich bei ihm einfinden könnten, zurückzahlen, aber wohl kaum den Beziehern in den Departements. Vor denen stehe jetzt er, anstelle von Guffroy, als Dieb da.

«Ich habe», beschließt Babeuf seinen offenen Brief, «der Witwe und der Schwester Marats berichtet, was dem, der seine Linie fortzusetzen beabsichtigte, zugestoßen ist. Sie waren schon über das, was Legray betraf, unterrichtet. Albertine Marat hatte bereits zugunsten Legrays einen Brief an Fréron gerichtet ... Ich habe Abschrift dieses Schreibens erhalten, und ich glaube der, die ihn schrieb, nicht zu mißfallen, wenn ich ihn, ohne ihr Wissen, in meine Nummer 27 aufnehme. Ich schicke Euch das Manuskript dieser Nummer. Es liegt diesem Schreiben bei. Ich übergebe vertrauensvoll mein Manuskript in die Hände der guten Bürger und überlasse ihnen die Sorge es in Druck zu geben, aus der Unmöglichkeit heraus, es persönlich in diesem Augenblick tun zu können.»

Der Klub enttäuscht das in ihn gesetzte Vertrauen nicht. Er beschließt noch auf der gleichen Sitzung, die Nummer 27 des *Tribun* mitsamt dem beigefügten offenen Brief drucken zu lassen [96].

Der Sicherheitsausschuß antwortet mit der Verhaftung Babeufs. Am 26. Oktober erstattet Merlin de Thionville dem Konvent Vollzugsmeldung: «Babeuf, der es gewagt hatte, den Konvent zu verleumden ... hatte eine Zuflucht im *club électoral* gesucht, wo er eine aufwieglerische Rede hielt. Der Klub stimmte ihm zu und ordnete den Druck seiner Rede durch einen Kollektivbeschluß an. Dem Gesetz entsprechend hat der Sicherheitsausschuß Babeuf, den Präsidenten und die Sekretäre des Klubs verhaften lassen, da sie einen Kollektivbeschluß unterzeichneten; die Papiere des Klubs sind in sicherem Gewahrsam.»

Bald darauf kündigt die Sektion Muséum die dem Klub überlassenen Räume.

Die *Partei der Rechte* besteht nicht mehr.

3

Das Gefängnis, das Babeuf «bis auf weitere Anordnung» bezieht, ist der große, steinerne Kasten des Luxembourg.

In der kurzen Zeit seines Aufenthaltes im Luxembourg – er wird bereits nach einer Woche ohne nähere Begründung entlassen – beschäftigen sich Babeufs Gedanken vor allem mit dem Schicksal des *club électoral* und der Notwendigkeit, eine wirkliche *société populaire* zu organisieren. Er faßt seine Überlegungen in einer (Manuskript gebliebenen) Schrift zusammen, die er unmittelbar nach seiner Entlassung zu Papier bringt.

In dieser niemals gehaltenen *Rede*, die Babeuf bewußt nicht von einem Mitglied, sondern von einem der Gäste, die auf der Galerie den Verhandlungen beiwohnen, halten läßt, geht er davon aus, daß der Klub, der sich seit der Epoche des 9. Thermidor unentwegt zu einer im Grundsätzlichen richtigen Politik bekannt habe, dennoch gescheitert sei.

«Die *sociétés populaires* entstanden mit der Revolution. Damals lebten wir noch in den Formen und Vorstellungen der Mönchsorden, die wir in unsere ersten revolutionären Gründungen einsickern ließen. Unsere 60 Distrikte trugen die Namen von 60 Heiligen der Legende ... Unsere Klubs machten es nicht besser ... Das Volk wurde durch sie in zwei Kasten geteilt, die der Auserwählten und die der Profanen. Das waren gewissermaßen aktive und inaktive Bürger; die einen konnten öffentlich über die Fragen der Politik sprechen, weil sie zahlten und ein Diplom hatten; die anderen waren gezwungen zuzuhören und zu schweigen, da sie nicht in der Lage waren, den Beitrag aufzubringen und daher der Gunst der Aufnahme nicht für würdig erachtet wurden ...»

Mit diesen Methoden müsse endgültig gebrochen werden. Der *club électoral* habe bereits einige Schritte auf diesem Wege getan. «Ihr habt dem Volke nicht mehr die Beleidigung zugefügt, es als die Klasse der Profanen zu betrachten.» Dies sei ein erster, zaghafter Anfang. Man müsse zu ganz neuen Formen übergehen und rücksichtslos mit den überlebten Formalitäten aufräumen, die zu einer Isolierung der *sociétés populaires* vom Volk geführt hätten.

«Ich nenne eine wirkliche *société populaire* eine Gesellschaft, in die jedermann aus dem Volk sich begeben, an deren Sitzungen jedermann mit vollem Stimmrecht teilnehmen kann, ohne den tausendundein Formalitäten unterworfen zu sein, wie sie zu Körperschaften gehören, die den Fanatismus und Royalismus nachahmen ...

Eine wirkliche *société populaire* besteht für mich dort, wo der, der kein Geld hat, nicht mehr unter dem steht, der Vermögen besitzt; wo alle gegenseitigen Schranken aufgehoben sind, wo wir alle miteinander des gemeinsamen Vorrechtes genießen, uns zum Besten des Landes und der Freiheit einzusetzen, wo man keine Mitgliedskarten mehr kennen wird, wo Diplome und Pergamente als kindische Spielereien der Eitelkeit und spätgeborene Kinder des *ancien régime* gelten ...»

Einmal im Zuge, packt Babeuf gleich noch ein weiteres Vorurteil an: «Laßt Eure Frauen teilnehmen an den Interessen des Landes; sie vermögen mehr für seinen Wohlstand als man denkt. Rechnet in Eurer Republik die Frauen für nichts, so werdet Ihr aus ihnen Anhängerinnen und Stützen der Monarchie machen, und ihr Einfluß wird von der Art sein, daß er eines Tages die Restauration herbeiführt ...»

Dies also sei anzustreben: eine wirkliche *société populaire*, die einfach Volksklub heißen könne, und in der sich das Volk vertreten finde, «ohne Unterschied, ohne Formalitäten, ohne Prüfung, ohne Mitgliedskarte, ohne Beitrag [97], ohne rednerische Talente; ein Klub, in dem man nicht fragt, wer und was jemand ist, vorausgesetzt, daß er vernünftig, gerecht, den Grundsätzen gemäß spricht und gute Dinge vorzuschlagen hat». Und was habe eine solche Gesellschaft zu tun? Babeuf antwortet mit der einfachsten Formel: «Über den Fortschritt zu diskutieren».

Zur gleichen Zeit, in der Babeuf ein Programm entwirft, um die politische Diskussion aus der Enge klubistischer Konventikel in die Weite wirklicher Massenversammlungen zu führen, tritt die Auseinandersetzung um den Jakobinerklub in ihr entscheidendes Stadium. Am 3. November hält Billaud-Varenne bei den Jakobinern eine Rede, deren Herausforderung nicht zu überhören ist: «Der schlummernde Löwe ist nicht tot; erwacht, wird er seine Feinde vertilgen [98]. Der Schützengraben ist besetzt; die Patrioten werden ihre Energie zurückgewinnen und das Volk auffordern, sich zu erheben.»

Der Ausfall Billaud-Varennes, den eine vollkommen falsche Einschätzung der Lage oder seine unüberwindliche Neigung zu epigrammatisch zugespitzten Sentenzen veranlaßt haben mochten, entfesselt in der Öffentlichkeit einen Sturm der Entrüstung. Bekannte Montagnards beeilen sich, ihren Austritt aus dem Klub zu erklären. Im gleichen Maße, in dem der Jakobinerklub dadurch an Einfluß verliert, gewinnt der aus Abgeordneten der Regierungsmehrheit bestehende *club de Clichy* zunehmend an Bedeutung. Aber die Rechnung mit den Jakobinern zu begleichen, ist weder dem Konvent noch den *Clichiens* bestimmt: die Rechnung begleicht die Straße, und die Straße gehört der *jeunesse*.

Seit dem Thermidor sammeln sich in Paris unter der Bezeichnung *muscadins* oder ihrem neuen Spitznamen *jeunesse dorée de Fréron*, die dem Terror feindlichen Elemente. Es sind vor allem junge Menschen, Studenten, Notariats- und Gerichtsschreiber, Kaufmannsgehilfen und Bankangestellte. Zu ihnen stoßen zahlreiche Dienstverweigerer, die es, statt sich zu ihren Bataillonen an die Front zu begeben, vorziehen, in den Straßen von Paris ihren Kleinkrieg zu führen. Sie tragen eine Art Uniform – Überröcke mit eckigen schwarzen Kragen, grüne Krawatten, die Haare gepudert und à *la cadenette* frisiert – und sind mit dicken Knotenstöcken ausgerüstet, mit denen sie sich rasch Respekt zu verschaffen wissen. Bald gehört ihnen die Straße, und im Laufe des Oktober setzen sie sich, verstärkt durch Überläufer aus dem gegnerischen Lager, auch in den Sektionsversammlungen durch.

Am 9. November fühlen sie sich stark genug, dem «Löwen» in seiner Höhle einen Besuch abzustatten. Eine Gruppe Jugendlicher, die bei ihrem Abmarsch aus dem Palais-Royal etwa dreihundert Mann zählt und unterwegs zweitausend Mitläufer sammelt, stürmt den Sitzungssaal der Jakobiner in der rue Saint-Honoré, wobei Scheiben, Tische und Bänke unter einem Hagel von Steinen in Trümmer gehen. Alle, die sich zur Wehr setzen, werden mit Stockschlägen traktiert, wobei man die Frauen, mit über dem Kopf zusammengebundenen Röcken, einem peinlichen, von den Flagellanten übernommenen Verfahren unterwirft [99]. Dem Jakobiner Duroy, der sich tags darauf im Konvent über das Nichteingreifen der Behörden beschwert, entgegnet Reubell trocken: «Sie haben, was sie verdienen», und die Debatte findet mit dem Vorschlag, die Sitzungen des Klubs einzustellen, ihr Ende.

Zwei Tage später ist es soweit. Nach einem erneuten Sturm auf das Klublokal beschließen die vereinigten Konventsausschüsse für Wohlfahrt, Sicherheit, Gesetzgebung und Militärfragen, den Saal zu schließen und die Schlüssel zum Klubgebäude im Sekretariat des Wohlfahrtsausschusses zu hinterlegen. Am 12. November bestätigt der Konvent, nachdem Laignelot als Berichterstatter gesprochen hat, diesen Beschluß. «Also scheinen», schreibt Babeuf, «die Jakobiner dafür bestraft, daß sie beleidigt und gekränkt wurden. Und somit scheint sich bei ihnen das Sprichwort bewahrheitet zu haben, das besagt: Wer den Schaden hat, braucht für den Spott nicht zu sorgen [100].»

Doch ganz wohl ist ihm bei dieser «komi-tragischen» Episode nicht. Er macht verschiedene Einschränkungen. «Ich kann nicht wie alle Welt diese Geschichte mit den Jakobinern einfach als einen Scherz ansehen. Sie ist es in bezug auf die Betroffenen; sie ist eher beunruhigend hinsichtlich der Grundsätze. Erheitern wir uns, wenn wir wollen, durch einige Witze über das Mißgeschick gewisser Leute. Aber laßt uns mutig auf den Grundsätzen bestehen und sie verteidigen.»

Der Kampf des Konvents gegen den reaktionären jakobinischen Klüngel, der nicht nur in den Tochtergesellschaften der Provinz, sondern in allen revolutionären Institutionen noch beängstigend stark sei, finde seine volle Unterstützung. Dies bedeute nicht, die *sociétés populaires* zu unterdrücken. Im Gegenteil. Man müsse sie vervollkommnen, sie wieder zu ihren ursprünglichen Grundsätzen zurückführen. Die *sociétés du peuple* müßten in voller Freiheit das Recht haben, als «Sprachrohr der wahren Bedürfnisse und wahren Wünsche der Masse und nicht einer Sippschaft, einer Korporation», an der Bildung der öffentlichen Meinung mitzuwirken.

Der Konvent dürfe sich nicht nur mit negativen Maßnahmen begnügen. Er möge das Recht der freien Meinungsäußerung wiederherstellen und den in der Öffentlichkeit entstandenen Eindruck beseitigen, als maße er sich an, nunmehr allein über das Privileg der öffentlichen Meinungsbildung zu verfügen. «Es braucht eine öffentliche Meinung, unabhängig von dem Einfluß des Senats, fähig, ein sicheres Gegengewicht gegenüber Eingriffen zu bilden; eine öffentliche Meinung, bei der es kein Sakrileg bedeutet, die Möglichkeit anzunehmen, der Senat wolle den Rechten und der Souveränität des Volkes Eintrag tun. Daran, daß die öffentliche Meinung nur die Meinung der Obrigkeit sei, erkenne der freie Mensch die Zeichen des Despotismus.»

In seiner unmittelbar darauf veröffentlichten *Reise der Jakobiner* unterstreicht Babeuf noch schärfer den Gegensatz zwischen der *Colonie Jacobite* und den unabhängigen *sociétés populaires*. Wiederum, wie schon in den *Jacobins jeannots*, bedient er sich einer scherzhaften Einleitung, die er, wie er selbst sagt, einschmuggelt, um gelesen zu werden, denn »eine Streitschrift ist nur dann abzusetzen, wenn sie einen boshaften Titel trägt, der hoffen läßt, ihr Inhalt werde Stoff zum Lachen geben . . .»

Nach einem angeblichen «Geheimbericht des Berges» sei den Jakobinern auf einer geheimen Versammlung ihr abgeschiedener Herr und Meister Robespierre erschienen, wie den Jüngern Jesu der Heilige Geist auf dem Berge Tabor. Aber während «Jesus der Gekreuzigte» seinen Geist in feurigen Zungen auf die Seinen herabregnen ließ, habe «Maximilian der Geköpfte» seinen Geist in Form von «Messern für die Guillotine, Kartätschenladungen,

Schiffsventilen [101] und Sprengstofflunten» erscheinen lassen. Unter diesen Zeichen habe Robespierre seine Jünger aufgefordert, in die Welt zu ziehen und Anhänger zu werben, worauf man beschlossen habe, in Paris, und zwar im «Departement der Blinden», in der Sektion Quinze-Vingts [102], den Anfang zu machen.

Aber die «Blinden» seien wachsam geblieben. Sie hätten sich auch dann nicht aus der Ruhe bringen lassen, als «die Maximilianisten» sich auf die Menschenrechte beriefen und jenen Artikel zitierten, der «den Aufstand für das heiligste der Rechte und die unumgänglichste der Pflichten» erkläre.

«Man kann mit den besten Dingen Mißbrauch treiben», läßt Babeuf die Blinden antworten, «und die Möglichkeit sei nicht ausgeschlossen, mit der Erklärung der Rechte die Gegenrevolution zu machen. Der geheiligte Grundsatz des Widerstandes gegen die Unterdrückung kann auch ohne innere Berechtigung angerufen werden. Man muß sich doppelt und dreifach vergewissern, bevor man ihn anwendet; denn man könnte, durch seinen Mißbrauch, dahin gelangen, der Gerechtigkeit Widerstand zu leisten.»

Die Entscheidung der «Quinze-Vingts» fällt negativ für die Jakobiner aus. «Eure Auflösung kann nicht als Unterdrückung angesehen werden; sie bedeutet eine glückliche Errungenschaft, davongetragen über die zügellosesten Unterdrücker. Nein, Ihr bemüht Euch umsonst; wir werden mit Euch keinen Aufstand machen.»

Mit dieser kategorischen Absage an die Jakobiner und ihr verspätetes Liebeswerben um die von ihnen zur Zeit ihrer Allmacht verfolgten und schikanierten *sociétés populaires*, schließt Babeuf seinen Bericht von der ersten Station der in alle Himmelsrichtungen geplanten jakobinischen «Karawane».

Um eine Einschränkung kommt Babeuf allerdings auch diesmal nicht herum. Es gelte eine «biedere kleine Lüge» [103] aufzuzeigen, die andere Journalisten in die Welt gesetzt hätten, als sie die Jakobiner eine (angebliche) Reise zum *club électoral* antreten ließen [104], wohl in der stillen Hoffnung, damit alles in einen Topf werfen zu können und den berechtigten Mißkredit der Jakobiner auf sämtliche *sociétés populaires* auszudehnen.

«Die demokratische Regierung kann ohne die *sociétés populaires* nicht auskommen. Überall, wo das Volk frei war, gab es ‹das Forum›, gab es Volksversammlungen, wo es zusammenkommen, diskutieren und die Angelegenheiten seiner politischen Verwaltung prüfen konnte. Ohne dies, ohne diese Brennpunkte, wäre die Leitung der Regierungsgeschäfte gänzlich in der Gewalt der Regierenden und vor jeder Kritik geschützt, woraus unfehlbar die absolute Herrschaft, die Abhängigkeit der Bürger und alle Arten des Mißbrauches der Macht entstehen würden.»

Babeuf billigt im großen ganzen die von Cadroy am 14. November im Konvent eingebrachte Motion über die *sociétés populaires,* obwohl er einschränkend hinzufügt, die von Cadroy nur oberflächlich behandelte Materie verdiene eine grundsätzliche Behandlung. «Der Konvent wird zweifellos den guten Bürgern genügend Zeit lassen, sich ihre Gedanken zu diesem wichtigen Thema zu machen, von dem, mehr als man denkt, Farbe und endgültige Form unseres Regierungssystems abhängen.»

Die Zeit sei nahe, schließt er, in der die Revolution zu ihren ewigen Grundsätzen zurückkehren werde.

4

Der am 15. Oktober vor dem Revolutionstribunal beginnende Prozeß gegen das *comité révolutionnaire* von Nantes bedeutet einen weiteren Höhepunkt im Ansturm der Reaktion auf die «fortschrittlichen» Errungenschaften der jakobinischen Diktatur.

Der Eröffnung des Verfahrens gegen vierzehn Mitglieder des *comité nantais* sind eine Reihe stürmischer Debatten im Konvent mit neuen und schrecklichen Beweisen für den Massenmord an Priestern, Frauen und Kindern in der Vendée vorangegangen. Aber der Prozeß, dessen Verlauf ganz Frankreich mit zunehmendem Entsetzen verfolgt, scheint in einem unentwirrbaren Knäuel einander widersprechender Angaben und Beschuldigungen enden zu sollen. 220 Zeugen, von denen siebzehn im Verlauf des Prozesses vom Zeugenstand auf die Anklagebank überwechseln, sind zu hören, aber weder ihre Aussagen noch die Bemühungen der Verteidiger Tronçon-Ducoudray, Villenave und Réal sind imstande, einigermaßen Klarheit in das heillos verworrene Durcheinander von Behauptungen und Gegenbehauptungen zu bringen.

Denn Carrier, der Hauptverantwortliche für alles, was in Nantes geschehen ist, sitzt nicht mit auf der Anklagebank. «Der Mann», ruft Goulin emphatisch aus, «der uns führte, der unsere Meinungen beherrschte, der unsere Handlungen leitete, sieht gelassen unserer Unruhe, unserer Verzweiflung zu! Es ist von entscheidender Bedeutung für unsere Sache, daß Carrier vor Gericht erscheine; die Richter, das ganze Volk sollen erfahren, daß wir nur die willenlosen Werkzeuge seiner Befehle und seines Wütens waren.»

Carrier verschanzt sich hinter seiner Immunität als Abgeordneter. In der großen Konventsdebatte über die Vendée ist nur beiläufig von ihm die Rede gewesen. Einzig ein (unbekannt gebliebener) Abgeordneter hatte gesagt: «Es ist Zeit, die Wahrheit zu sagen. Der Krieg in der Vendée ist erneut aufgeflammt durch die Abscheulichkeiten, die man in diesem Lande begangen hat...» Und er hatte Carriers Namen als den des Hauptschuldigen genannt. Seitdem ist dieser den Konventssitzungen ferngeblieben. Erst am 29. Oktober, nach einer Intervention des Revolutionstribunals beim Konvent, wird eine Kommission der 21 gebildet, um die Frage zu prüfen, ob der Anklage gegen Carrier stattzugeben sei.

Angesichts dieser Winkelzüge, hinter denen nur die Absicht stecken kann, Carrier, «den schlimmsten aller Mörder», «den unvergleichlichen Henker», seiner gerechten Strafe zu entziehen, entsteht in der Öffentlichkeit eine zunehmende Unruhe. «Carrier ist beschuldigt», schreibt Babeuf im *Journal de la Liberté de la Presse*, «befohlen oder zugelassen zu haben, daß man in Nantes achthundert Menschen ertränkte und tausend erschießen ließ. Kann der Konvent, ohne schuldige Parteilichkeit, verhindern, den Sachwalter Carrier vor das Revolutionstribunal zu ziehen [105]?»

Jetzt, da die Verhandlungen vor der Untersuchungskommission des Konvents sich hinschleppen und ein Ende des Tauziehens nicht abzusehen ist, alarmiert Babeuf die Öffentlichkeit mit der Nachricht: *Man will Carrier retten!*

«Die Missetaten dieses Hauptverbrechers sind offenkundig, liegen klar zu Tage; und dennoch hat er seine Verteidiger im Konvent; und dennoch besteht, allem Anschein nach, eine starke Partei, ihn zu retten!» Der mit der Bewachung Carriers beauftragte Polizeioffizier, der ihn, wie einen überführten Verbrecher, zur Sitzung des Untersuchungsausschusses geführt habe, sei wegen Mißachtung der Person eines Volksvertreters in Arrest gesteckt worden. Noch bezeichnender sei «die zärtliche Sorgfalt», die Abgeordnete wie

Guyomar oder Legendre[106] für ihren Kollegen Carrier erkennen ließen, während Duhem soweit gehe, die Geschworenen des Revolutionstribunals zu bedrohen und zu erklären, es gebe eine Partei, die sich vorgenommen habe, jene Abgeordneten zu verfolgen, «die in der Vendée alles getan haben, was möglich war, um das Vaterland zu retten».

Und was habe man getan? Anstatt die Irregeleiteten aufzuklären, wie es Philippeaux und Dubois-Crancé wollten, habe man sie zu Tausenden niedergemetzelt und ertränkt. Aber, schließt Babeuf, das Revolutionstribunal werde, getragen von dem Vertrauen aller guten Bürger, allen Beeinflussungsversuchen der Hinterlist, des Verbrechens und selbst der Macht gegenüber fest bleiben. Trotz der großmütigen Anstrengungen des Doktor Duhem und seiner Bande werde Carriers letzte Stunde bald gekommen sein.

Endlich, am 11. November, erstattet Romme den Bericht des Untersuchungsausschusses. Die Untersuchung habe eine Fülle von Belastungsmaterial ergeben. Obwohl Romme durchblicken läßt, ihm persönlich seien starke Bedenken gekommen, schließt er seine Ausführungen mit der Feststellung, daß die Kommission der Anklage gegen Carrier zustimme[107].

In den nächsten Tagen hat Carrier Gelegenheit, im Konvent zu den gegen ihn erhobenen Beschuldigungen Stellung zu nehmen. Er verteidigt sich nicht ungewandt. Der Konvent habe die Ausrottung jeden Widerstandes in der Vendée angeordnet und ihm unbegrenzte Vollmachten erteilt. «Alles hier ist schuldig», ruft er pathetisch, «alles, bis zur Glocke des Präsidenten!» Zu den Exzessen selbst, die er abzuschwächen, jedoch nicht abzuleugnen sucht, bemerkt Carrier, sie seien ein getreues Abbild der von der Gegenseite verübten Schändlichkeiten. Sie wären eine an sich bedauerliche, aber unvermeidliche Reaktion. Er habe Nantes gerettet und der Republik erhalten. Sein Prozeß sei der Prozeß des Royalismus gegen den Patriotismus.

Doch sein Fall ist entschieden. Niemand, außer Bourbotte, und auch dieser nur schwach, wagt ihn zu verteidigen. Selbst die Terroristen — und ihrer sitzen nicht wenige in der Versammlung — sind davon überzeugt, daß man ihn der öffentlichen Meinung zum Sühnopfer bringen müsse. Fouché aus Nantes, durch die Massenhinrichtungen in Lyon kaum weniger belastet als Carrier und vermutlich für dessen Entsendung nach Nantes mitverantwortlich, treibt zur Abstimmung über das Anklagedekret, das am 23. November nahezu einstimmig beschlossen wird.

Am 27. November – der Prozeß hat bereits 42 Tage gedauert – erscheint Carrier auf der Anklagebank. Das Erscheinen dieses Menschen, um dessen Namen sich zahlreiche Legenden ranken, läßt keinen der im Gerichtssaal Anwesenden unberührt. Sein Kopf, dessen Profil eine ungeheuerlich vorspringende Nase und eine stark gewölbte Oberlippe aufweist, die sich mit der fliehenden Stirn und dem flachen Kinn zu einem widerspruchsvollen Ganzen verbinden, läßt das Bild eines wollüstigen, menschenverschlingenden Ogers, das Babeuf von ihm zeichnet, nicht übertrieben erscheinen.

Der Prozeß zeigt ihn in den verschiedenen Stadien seiner Mission. Carrier, seit dem Juli 1793 in der Normandie, erhält im August vom Konvent den Auftrag, sich in die Departements der ehemaligen Bretagne zu begeben. Vom 20. Oktober bis zu seiner Abreise am 15. Februar 1794 bleibt er ständig in Nantes. In diese Zeit fallen die ihm zur Last gelegten Verbrechen, wird er zu jenem «Dämon der Vernichtung», dessen Blutrausch keine Grenzen zu kennen scheint.

Da sich die Gefängnisse, dank der von dem Gerichtspräsidenten Phélippes-Tronjolly befolgten Praxis einer peinlich genauen Beachtung der vorgeschriebenen Formen, nicht rasch genug leeren, um Platz für neue Opfer zu schaffen, erfindet Carrier eine bis dahin unbekannte Form der Hinrichtung. Es sind die Noyaden, Massenertränkungen in der Loire, denen vor allem eidweigernde Priester und gefangene Rebellen, unter ihnen Frauen und Kinder, zum Opfer fallen.

Carriers Verantwortung an diesen Abscheulichkeiten erscheint um so gravierender, als er zunächst sich bemüht, dem Konvent das wahre Gesicht der Geschehnisse, wenn auch durchsichtig genug, zu verschleiern. So meldet er am 17. November den tags zuvor durchgeführten ersten Massenmord als «einen Unfall zur Deportation verurteilter Priester» in den Fluten der Loire. Der Konvent klatscht Beifall. «Welch abscheuliche Moral», urteilt Babeuf.

Zu den Noyaden kommen die Fusilladen. Dem General Hector erteilt Carrier den ausdrücklichen Befehl, achtzig Aufständische einer berittenen Abteilung, die freiwillig kapitulierten, zu beseitigen. Sie werden sämtlich auf dem Anger von Mauves erschossen. Zweimal, am 17. und 19. Dezember, weist er den Präsidenten Phélippes-Tronjolly schriftlich an, eine Reihe festgenommener Rebellen «ohne Urteil» hinrichten zu lassen. Dieser protestiert, doch vergeblich. Die Hinrichtungen werden vollstreckt.

Am 20. Dezember schreibt Carrier, ohne das Massaker im mindesten zu bemänteln, an den Konvent: «Die Niederlage der Banditen ist so vollständig, daß unsere Posten sie zu Hunderten töten oder als Gefangene nach Nantes führen; die Guillotine kann die Arbeit nicht schaffen; ich bin daher gewillt, die Gefangenen erschießen zu lassen. Sie ergeben sich hier und in Angers zu Hunderten: ich sichere diesen wie jenen das gleiche Los. Ich fordere meinen Kollegen Francastel auf, sich ebenfalls dieser heilsamen und raschen Methode zu bedienen. Es geschieht aus Gründen der Menschlichkeit, daß ich den Boden der Freiheit von diesen Ungeheuern säubere.» Und dieser Brief gelangt mit einer «ehrenvollen Erwähnung» ins Protokoll!

Jetzt allerdings, wo man den Begriff der Menschlichkeit ein wenig anders auslegt als noch vor einem Jahr, beginnt Carrier von seinen eigenen Worten abzurücken. Als man ihm im Konvent seine Befehle vom 17. und 19. Dezember entgegenhält, stellt er sie kategorisch in Abrede. Und als die Originale, die inzwischen durch Sonderkurier aus Nantes beschafft wurden, vor Gericht verlesen werden, behauptet er, man müsse seine Unterschrift erschlichen haben. Aber auch damit hat Carrier kein Glück. Man kann ihm nachweisen, beide Befehle eigenhändig niedergeschrieben zu haben.

Mögen diese Tatsachen ausreichen, den «Menschenschlächter» von Nantes vor aller Welt seiner Verbrechen zu überführen, in den Augen des Konvents erscheint er vor allem schuldig wegen des Vorgehens gegen seinen Kollegen Tréhouart. Dieser, vom Konvent mit Sondervollmachten in die Departements Finistère und Morbihan entsandt, hatte einen gewissen Le Batteux, eine Kreatur Carriers, festsetzen lassen. Worauf Carrier nicht nur Le Batteux befreien und unter sicherer Bedeckung nach Nantes bringen ließ, sondern zugleich allen Behörden und Truppeneinheiten befahl, den Anordnungen Tréhouarts, der sich als «Anhänger aller Föderalisten, Royalisten, Gemäßigten und Konterrevolutionäre» entlarvt habe, keine Folge zu leisten.

In seiner Verteidigung vor Gericht zeigt sich Carrier selbstbewußt und geneigt, alle nur denkbaren Ausflüchte zu benutzen. Er lehnt den Vorsitzenden, den Vertreter der Staatsanwaltschaft und die Geschworenen als befangen ab. Immer wieder beruft er sich auf die Oktober-Erlasse des Konvents und die ihm erteilten unbegrenzten Vollmachten. Selbst Babeuf muß zugeben, er sei «nicht ohne eine gewisse Kraft bemüht gewesen, die schrecklichste Anklage, die jemals auf einem Angeklagten gelastet habe, zurückzuweisen». Auch ringt er sich dazu durch, in der letzten Sitzung des Prozesses seine Mitangeklagten, die Mitglieder des *comité révolutionnaire* von Nantes, in Schutz zu nehmen und indirekt zuzugeben, sie seien nur gefügige Vollstrecker seines Willens gewesen.

Das Urteil ergeht am 16. Dezember. Carrier, sowie seine Gehilfen Grandmaison und Pinard, werden für schuldig befunden und zum Tode verurteilt. Die übrigen Angeklagten – bis auf einige, deren Unschuld erwiesen ist – werden, obwohl ausnahmslos überführte Verbrecher, allein aufgrund der Annahme, sie hätten «ohne verbrecherische und konterrevolutionäre Absichten» gehandelt, von den Geschworenen freigesprochen.

Das Urteil scheint jedem Recht hohnzusprechen. Man kann einfach nicht begreifen, daß Bestien wie die Goulin, Foucauld, Richard, Robin und Konsorten, die bereitwillig an allen Scheußlichkeiten Carriers teilgenommen hatten, letztlich straffrei ausgehen sollen. Réal, der als Verteidiger von Goulin und Chaux, mit dem Feuer seiner Beredsamkeit die Angeklagten und selbst die Geschworenen zu Tränen gerührt hatte, sieht sich mit ihnen auf eine Stufe gestellt und der allgemeinen Verachtung preisgegeben [108].

Zwei Tage nach Carriers Hinrichtung verfügt der Konvent die Abberufung der Mitglieder des Revolutionstribunals und beschließt gleichzeitig, die Freigesprochenen weiter in Haft zu halten [109]. Sie werden sich nunmehr wegen krimineller Delikte vor dem Kriminalgericht des Departements Loire-Inférieure zu verantworten haben.

Babeuf, der zugibt, daß der Eindruck von Carriers Untaten auch nach seinem Tode nicht so bald verschwinden werde, zeigt sich dennoch beunruhigt über diesen Eingriff in die Unabhängigkeit der Justiz. «Was soll aus der geheiligten Institution der Geschworenen werden, wenn dergleichen Vorkommnisse Schule machen? Worauf wird man sich von nun an verlassen können, wenn man, nach einem feierlichen Freispruch durch ein Gericht, dennoch von neuem in Untersuchung gezogen werden kann [110]?»

Als Geschworener, erklärt Babeuf, hätte er seine Haltung in «dieser großen und beklagenswerten Affäre» wie folgt begründet:

die Gesetzlichkeit sei stets, vor allem aber in Zeiten des revolutionären Umschwungs, relativ. Bei einem Kampf der Parteien gegeneinander müsse der Grundsatz des salus populi suprema lex der Urteilsfindung als Richtschnur dienen. Eine unersättliche Rachsucht könne leicht zum Grab der Republik werden. Trotz bedauerlicher Greuel habe er in den Angeklagten – ausgenommen den obersten Lenker ihrer Handlungen und ihres Willens – nur leidenschaftliche Freunde der Freiheit sehen können. Ihre Absichten seien weder verbrecherisch noch konterrevolutionär gewesen. Somit wäre ihr Freispruch zu Recht erfolgt.

Wohl gebe es «schreckliche Wahrheiten», die der gestrenge Historiker nicht verschweigen dürfe. Aber sie sollten nicht der Rache, sondern der Aufklärung künftiger Zeiten dienen. «Blut ist genug geflossen, man wird wohl eines Tages damit zu Ende kommen müssen.»

So ist Babeufs letztes Wort zu diesem Prozeß ein Aufruf zur Versöhnung der Geister, zum Ausgleich der Spannungen und zur Herrschaft der Milde. «Mögen alle Bürger durch das Band der Brüderlichkeit sich vereinigen und gemeinsam alle Tyrannen, die Urheber der Leiden meines Vaterlandes niederwerfen!»

5

Carrier ist tot. Aber sein Tod hat die Frage, wie es zu dem Krieg in der Vendée kommen konnte, nicht beantwortet.

«Ich glaube», erklärt Babeuf, «daß die Geschichte meines schrecklichen Helden einen bedeutenden Platz in dem tragischen Teil der Annalen der Republik einnehmen muß.» Aber: rücksichtslos mit Carrier abzurechnen, ohne auf die tiefer liegenden Ursachen seiner Verbrechen einzugehen, hieße das Rauschen der Blätter in den Bäumen darstellen, ohne sich die Mühe zu machen, von dem Wind, der sie bewege, zu reden.

Als «strenger und vollkommen unabhängiger Geschichtsschreiber» unternimmt es Babeuf, die Urheber, Mitläufer, Begünstiger und Anhänger der in der Vendée begangenen Verbrechen zu entdecken. Er wird die Verbrechen selbst, ihre Umstände, ihren Charakter und ihre Zahl darstellen. Er wird zu beweisen suchen, daß es für die Drahtzieher im Hintergrund keine Rolle spielte, ob das Gemetzel von Soldaten der «katholischen oder der republikanischen Armee» begangen wurde; daß ein «System der allgemeinen Ausrottung» auf dem Gebiet von zehn Departements der Republik betrieben wurde. «Man muß den Schleier vollkommen zerreißen, der bisher verhinderte zu entdecken, daß ein Aufstand in der Vendée nur bestanden hat, weil infame Mitglieder der Regierung es gewollt haben . . .»

Um Platz zu schaffen für die von der Regierung geplanten Agrarkolonien, sei man bereit gewesen, die Bewohner eines Gebietes, das den achten Teil der Republik ausmache, auszurotten. «Warum konnte dieser Plan nicht zwei Jahre früher entdeckt werden? Eine Million Menschen, die jetzt im Grabe sind, wären vielleicht noch am Leben . . .»

Die Regierung, gegen die Babeuf den ungeheuerlichen Vorwurf erhebt, den «teuflischen Plan» eines Vernichtungsfeldzuges gegen das eigene Volk entworfen und durchgeführt zu haben, ist die Revolutionsregierung, jene Regierung, die nach dem 9. Thermidor zwar weitgehend umgebildet, aber durchaus nicht abgeschafft wurde. «Alles Unglück der Republik kommt von der Revolutionsregierung; und die Leiden der Vendée sind der Hauptteil des blutigen Dramas, das wir dieser infamen Regierung zu verdanken haben.»

Wenn man von den Auswirkungen spreche, dürfe man die Ursachen nicht mit Stillschweigen übergehen. Die Geschehnisse in der Vendée blieben unverständlich, wenn man sie nur für sich und nicht als Teil, und zwar als wesentlichen Teil eines größeren Ganzen betrachte. Hierzu gehörten sowohl das allgemeine System der Regierung Robespierres wie auch die von ihm angewandten Methoden. In diesem Zusammenhang gesehen, sei Carrier nur ein Werkzeug gewesen zur Durchführung der Pläne dieser Regierung, ein Werkzeug von besonderer Schärfe, durch das der Plan zur Entvölkerung eines wesentlichen Teiles unserer Republik vollzogen werden sollte.

Um zu beweisen, daß ein solcher Plan, so unwahrscheinlich er sich beim ersten Zusehen auch ausnehme, wirklich bestanden hat, kann sich Babeuf auf eine Fülle von Augenzeugen berufen. Er selbst hat die Vendée niemals gesehen, aber die Tatsachenberichte der Philippeaux, Choudieu, Westermann, Dubois-Crancé und Lequinio besagen genug. Sein Kronzeuge ist der (bereits hingerichtete) ehemalige Geschworene am Revolutionstribunal, Sempronius Gracchus Vilate, von dem feststeht, er habe «in vertrautem Umgang mit dem Chef der Dezemvirn und seinen Handlangern, den Barère, Saint-Just, Couthon, Billaud und Collot gelebt».

Sehen wir, wie es begann.

Auf dem Boden der Vendée, inmitten eines Gewirrs von Hecken und Gräben, undurchdringlichen Wäldern, Dünen, Sümpfen und unbetretenem Ödland, entwickelt sich ein Krieg, dem die Generale der Republik hilflos gegenüberstehen. Es ist ein Krieg ohne Regeln, ohne Taktik, gegen einen Feind, der überall und nirgends zu finden ist. Kirchtürme und Windmühlen signalisieren den Marsch der «Blauen» von Dorf zu Dorf, die ständig überwacht, jeden Augenblick gewärtig sein müssen, überfallen und niedergemacht zu werden [111].

Die Vendéer behandeln ihre Gefangenen menschlich. «Sie legten», wie Choudieu wörtlich erkläre, «unseren Gefangenen gegenüber eine falsche Menschlichkeit an den Tag; sie ließen nichts unversucht, um sie auf ihre Seite zu ziehen. Sie sandten sie uns oft zurück mit einem einfachen Verbot, die Waffen gegen die Religion und den König zu tragen.» Und wir? «Wir hätten», stellt Babeuf fest, «die gleichen Vorteile mit der gleichen Haltung erlangt.»

Statt dessen beschließt der Konvent den Krieg der verbrannten Erde. Er befiehlt, sämtliche Schlupfwinkel, Mühlen und Backstuben der Rebellen zu zerstören und anzuzünden. Zu diesem Zweck sollen durch das Kriegsministerium Brennstoffe jeder Art geliefert werden. Und Fayau, der selbst aus der Vendée stammt, stellt, um sich dem Wohlfahrtsausschuß, den «mörderischen Aristokraten» dieser Zeit, gefällig zu zeigen, den Zusatzantrag, eine besondere «Brandarmee» in die Vendée zu entsenden.

Zum Brand gesellt sich der Raub. «Man wird keine Mühe haben zu verstehen», schreibt Babeuf, «daß der Soldat überall Rebellen und Schlupfwinkel von Rebellen finden mußte.» Und weiter: «Ich sage hier ausdrücklich, daß Carrier recht gehabt hat, als er in seiner Verteidigung unterstrich, er habe das Gesetz ausgelegt wie jene, die es gemacht hätten, die keine Ausnahmen zuließen und die der Ansicht waren, es gebe in der Vendée keinen Menschen, den man nicht als Rebellen zu betrachten habe, und daß ‹Schlupfwinkel›, als bildlicher Ausdruck alle Wohnungen bezeichnete.»

Während der Monate Oktober bis Dezember 1793 geht der Vernichtungs- und Ausrottungsfeldzug in der Vendée ungestört weiter. Noch am 1. Dezember erklärt der Konvent, jeder sei als Rebell zu betrachten und als solcher zu bestrafen, der nicht aus allen Kräften an der Vernichtung der Feinde der Republik mitwirke.

Zu dieser Zeit ähnelt die Armee der Vendéer eher einer Horde aus den Zeiten der Völkerwanderung als einer kämpfenden Truppe. 80 000 Menschen, Männer, Frauen und Kinder sind auf dem Marsch, um sich vor dem Zugriff der «Blauen» zu retten. Sie haben die Loire überquert und marschieren auf Angers. Nach ihrer Niederlage vor dieser Stadt und auf dem Rückmarsch in die Vendée kommen mehr als 60 000 ums Leben.

Dem neuernannten Oberkommandierenden der West-Armee, General Turreau, fällt die Aufgabe zu, das Strafgericht an den Aufständischen zu vollziehen.

Die Militärgerichte beginnen ihr Werk. Ihre Aufgabe ist klar umrissen. «Die Menschenrasse der Vendée«, schreibt der Abgeordnete Hentz, «ist schlecht. Sie setzt sich aus Fanatikern zusammen, die im einfachen Volk zu suchen sind, oder aus Föderalisten in den gehobenen Schichten . . .»

Einer solchen Meinung, die mit einem Federstrich kaltblütig einige hunderttausend Menschen als gewogen und zu leicht befunden verurteilt, setzt Babeuf seine eigene Ansicht über die Menschen der Vendée entgegen. Er beschönigt nichts. Er sieht sie, wie sie sind: ein halbwilder, ungezähmter und unbezähmbarer Menschenschlag, der noch tief in den abergläubischen Vorstellungen seiner Religion befangen ist, und der unbeirrbar den adligen Familien des Landes anhängt. Im Grunde sind es einfache, gute, der Natur verbundene Menschen, die, gerade ihrer Vorurteile wegen, weit eher als Opfer denn als Schuldige anzusehen sind.

Turreau erkennt bald, daß der Kampf im eigentlichen Sinne beendet ist. Alles, was in der Vendée noch Widerstand leistet, befindet sich in einem riesigen Kessel, den «ein Feuergürtel» einschließt, aus dem es kein Entkommen gibt. Den Widerstand der Eingeschlossenen werden Hunger, Epidemien – unter ihnen wütet bereits eine Art bösartiger Krätze, die zahlreiche Opfer fordert – und die überlegene Artillerie der Republikaner früher oder später brechen und ihnen keinen Ausweg als «die Wahl der Todesart» übrig lassen. Die Hungerblockade beschließt den Krieg der verbrannten Erde.

Was konnte die Regierung mit diesem System der Ausrottung bezwecken? Welche geheimen Absichten mochten sich hinter der

Entsendung von Prokonsuln vom Schlage der Carrier, Lequinio und Hentz verbergen? Gab es irgendeinen, vielleicht verborgenen Sinn in der Arbeit der Militärkommissionen und dem Einsatz der *colonnes infernales?*

Babeuf glaubt diese Fragen beantworten zu können. «Maximilian und sein Kreis seien überzeugt gewesen, daß eine wirkliche Regeneration Frankreichs sich nur bewerkstelligen ließe vermittels einer neuen Verteilung des Territoriums und der Menschen, die es bewohnen.»

Merlin de Thionville habe am 7. November 1793 im Konvent einen Antrag gestellt, der dies eindeutig beweise: «Ich lenke die Aufmerksamkeit des Konvents auf die Ländereien der Vendée, die man an Flüchtlinge aus Deutschland hat verteilen wollen. Ich denke, daß wir den französischen Soldaten, die für die Freiheit kämpfen, den Vorrang geben sollen; aber ich denke auch, daß der Konvent hierüber erst beschließen soll, wenn die Vendée vollständig zerstört sein wird: denn sie ist es nicht.»

«Dieser Text ist klar», fügt Babeuf hinzu. «Es war unbestritten, daß die Absicht bestand, in der Vendée reinen Tisch zu machen, daß man, mit einem Wort, eine vollkommene Zerstörung wollte, um danach neue Kolonien zu bilden, die man bevölkern würde mit den Soldaten, die für die Freiheit gekämpft hatten und unter die allein man die Ländereien aufgeteilt hätte.»

Von dieser Grundlage ausgehend, sei man zu folgenden Überlegungen gekommen: bei dem gegenwärtigen Stand der Besitzverhältnisse verfüge eine verschwindende Minderheit über die Reichtümer der Nation, während die große Mehrheit nichts besitze; die Gleichheit bleibe solange ein leeres Wort, als die Aristokratie der Besitzenden die Masse der Besitzlosen oder Proletarier in wirtschaftlicher Abhängigkeit halte; um die Macht der besitzenden Klasse zu brechen, gebe es kein anderes Mittel, als jeglichen Besitz unter die Kontrolle der Regierung zu stellen; um dahin zu gelangen, sei der Terror der einzig gangbare Weg; darüber hinaus sei es erforderlich, die Bevölkerungszahl nach dem Stand der landwirtschaftlichen Produktion auszurichten und, worauf «die grauenvolle Schlußfolgerung» hinauslaufe, den Bevölkerungsüberschuß zu beseitigen.

Dies also sei das große Staatsgeheimnis, das alles erkläre. Das Gemetzel sollte Raum schaffen für eine neue soziale Ordnung. Einem Aderlaß von unerhörtem Ausmaß sollte es gelingen, das gestörte Gleichgewicht von Bevölkerungszahl und Produktionsrate wiederherzustellen.

«Mit dem System der Ausrottung und dem der neuen Verteilung der Reichtümer unter die am Leben gebliebenen, lasse sich alles erklären: der Krieg in der Vendée, der Krieg an den Grenzen, die Proskriptionen, die Massenerschießungen, -hinrichtungen, -ertränkungen, die Konfiskationen, die Politik des Maximum und der Requisitionen, alles, alles, alles.»

Das System der Entvölkerung, versichert Babeuf, sei im übrigen nicht auf die Vendée beschränkt geblieben. 1793 habe «ein ernsthafter Plan» zur Aushungerung von Paris bestanden mit dem Ziel, Unruhen ausbrechen zu lassen und diese zum Anlaß zu nehmen, Paris das gleiche Schicksal wie Lyon zu bereiten.

Das Bekanntwerden seines Anschlages habe den Wohlfahrtsausschuß bewogen, seine Taktik zu ändern. Da sich der ursprüngliche Plan einer Aushungerung der Stadt als nicht realisierbar erwies, habe man sich «durch die Guillotine, durch die spezielle Aufopferung der Pariser Bataillone an den Grenzen und in der Vendée, durch die Explosionen in der Abbaye und Grenelle» schadlos gehalten. Die bereits vorbereiteten Proskriptionslisten habe der 10. Thermidor glücklicherweise ungültig gemacht.

Als «unabhängiger Historiker», dem es nur auf die Wahrheit und nichts als die Wahrheit ankomme, habe er die Hintergründe des Krieges in der Vendée und die «befremdlichen Umtriebe» der Mächtigen von gestern enthüllt. Aber werde man ihn nicht, und sogar mit einem gewissen Recht, aufgrund dieser Enthüllungen als einen Konjunkturpolitiker, als einen Opportunisten ansehen? Um diesen Verdacht zu entkräften, halte er es für erforderlich, seinen eigenen Standpunkt, sein politisches Glaubensbekenntnis dem Gesagten hinzuzufügen.

Vor allem habe er keine den Umständen angepaßte Meinung. Auch denke er nicht daran, an jenem Teil der politischen Pläne Robespierres Kritik zu üben, der Maßnahmen zur Versorgung der Kriegsopfer auf Kosten der Reichen vorgesehen habe.

Er gehe sogar noch einen Schritt weiter. Selbst auf die Gefahr hin mißverstanden zu werden, halte er daran fest, daß der Staat der Gesamtheit seiner Bewohner eine gesicherte Existenz schulde und daß es die vornehmlichste Aufgabe der Regierung sei, das Gleichgewicht zwischen der Verteilung der Bodenerzeugnisse und jener der industriellen Produktion herzustellen. Kraft der Gesetze müsse man dahin gelangen, den Grundsatz des *Contrat social* zu verwirklichen: genug für alle, und für keinen zuviel. In dieser Frage habe Robespierre klar gesehen und staatsmännische Einsicht bewiesen.

Verfahre man auf die Dauer anders, werde der Krieg, wie er stets zwischen Hungrigen und Satten bestehe, offen ausbrechen und alle Dämme überfluten. Keine Regierung werde stark genug sein, diese Bewegung aufhalten zu können. Die Entvölkerung sei das einzige Mittel, um den Sturm zu beschwichtigen, und seine Anwendung sei nicht gefahrlos. Barère, Robespierre und ihre Gehilfen hätten diese Erfahrung gemacht [112].

Sich selbst müsse er, in dieser Hinsicht, als «in einem Vorurteil befangen» erklären. Nicht allen sei es gegeben, sich zur Höhe der Vorurteilslosigkeit eines Maximilian Robespierre aufzuschwingen. In jedem Fall gebe es, selbst wenn die von der Nation produzierten Nahrungsmittel nicht für alle Bewohner ausreichten, andere Möglichkeiten, die hungrigen Mäuler zu ernähren, als die Entvölkerung. Das simple Gesetz der Natur verlange in einem solchen Fall, daß ein jeder auf einen Teil des Seinigen verzichte, um den leiblichen Bedürfnissen aller im richtigen und gleichen Verhältnis Genüge zu tun.

Auch Platon, Mably oder Montesquieu, die diese Materie behandelten, hätten niemals kaltblütig zu einem Massaker des überschüssigen Teils der Bevölkerung geraten. Die Frage der Übervölkerung sei es wert, daß sich die Abgeordneten damit befaßten, und wer von ihnen es ablehne, darüber ernsthaft nachzudenken, sei überhaupt kein Gesetzgeber.

Babeuf begrüßt die am 2. Dezember vom Konvent beschlossene Amnestie für die Rebellen der Vendée. Sie werde helfen, das allgemeine Befriedungswerk zu krönen. Er bedauere nur, daß man das Dekret nicht schon viel eher erlassen habe.

Die früheren Fehden sind vergessen. Babeuf hat, unzweifelhaft, seinen Frieden mit dem Konvent gemacht.

VI

Germain

1

Plötzlich, noch während der Drucklegung seines *Système de dépopulation,* vollzieht Babeuf eine entschiedene Kehrtwendung. Er verläßt den eingeschlagenen Weg der Versöhnung und kehrt zu dem Punkt zurück, an dem er, genau vor zwei Monaten, den Kampf eingestellt hat; er veröffentlicht – am 18. Dezember 1794 – eine neue Nummer seines *Tribun du peuple.*

Das Erscheinen dieser Nummer bezeichnet einen entscheidenden Schritt in seinem Leben. Von jetzt an ergibt er sich, wie Guffroy es befürchtet hat, endgültig der «Übertreibung». Von nun an wird er sich nicht mehr damit begnügen, Kritik an einzelnen Maßnahmen des Konvents und der Regierungsmehrheit zu üben. An die Stelle der Kritik tritt der Kampf für ein neues, besseres Leben, für eine Politik, die er unter dem Begriff des *bonheur commun* zusammenfaßt.

Seine Umkehr vollzieht er mit ungemeiner Schärfe, ja mit Härte gegen sich selbst. Mit aller Deutlichkeit rückt er ab von dem, was er in den letzten Monaten geschrieben hat.

In einigen «nebensächlichen Schriften» habe er dem nachgegeben, was man gemeinhin Klugheit nenne, um gewissermaßen auf einem langen Umweg einige nützliche Wahrheiten an den Mann zu bringen. Diese Art des Kampfes mit geschlossenem Visier sage ihm nicht mehr zu, zumal sie beinahe dazu geführt habe, ihn «für einen Gesinnungsakrobaten gelten zu lassen».

«Ich bin wieder ich», sagt er selbstbewußt. Ohne Finten, hinter denen sich nur Täuschung oder Kleinmut verberge, werde er seinen Kampf führen. «Mit einem Wort, ich nehme meinen wahren Ton wieder auf.» Und damit auch die klassische Reminiszenz nicht fehle, setzt er hinzu: «Der tapfere Ajax soll nicht seine Zuflucht zu den geschmeidigen Formen und Listen des Ulysses nehmen.»

Wo aber den Hebel ansetzen? Was hat sich in den beiden Monaten seit Erscheinen der letzten Nummer des *Tribun* begeben? Vor allem eines: ein «beunruhigender Rückschritt» mache sich überall bemerkbar, mit dem ein Wiederaufleben der «Lakaiengesinnung» Schritt halte.

Babeuf gibt zu, eine solche Entwicklung nicht vorausgesehen zu haben. «Als ich, als einer der ersten, heftig gegen das monströse System Robespierres zu Felde zog, um es zu Fall zu bringen, war ich weit entfernt, vorauszusehen, daß ich dadurch half, ein Gebäude zu errichten, das sich, trotz einer ganz entgegengesetzten Konstruktion, als nicht weniger verhängnisvoll für das Volk erweisen sollte. Ich war weit entfernt vorauszusehen, daß man sich der Forderungen nach Milde, dem Aufhören von Zwang und Despotismus in jeder Form sowie nach der umfassendsten Meinungsfreiheit in Wort und Schrift, daß man sich dieser Forderungen bedienen würde, um die Republik in ihren Grundfesten zu unterminieren . . .»

Wieder, wie zu Zeiten der Könige, sei Paris «ein zweites Persepolis» geworden. «Ich erinnere mich sehr gut, wie der Hof, der wohl wußte, daß Korruption Sklaven hervorbringt, sich bei dem Föderationsfest im Jahre 90 die Mühe machte, zum Gebrauch der Abgesandten aus den Departements ein Verzeichnis aller Kurtisanen von Paris in einer immensen Auflage verteilen zu lassen.»

Das Dirnenunwesen, das, wenn schon nicht abzuschaffen, so doch aus den Straßen zu vertreiben, Chaumette und die Kommune des Jahres II sich redlich bemüht hätten, sei mit Hilfe etlicher «moderner Capets» frisch-fröhlich im Schwange. Ein Verzeichnis der Bordelle und «der Abriß der Talente einer jeden Straßenvenus» werde (mit Angabe der Preise) öffentlich vertrieben.

Die Bezeichnung «Sansculotte» komme, «wie es der Hof Ludwigs XVI. und die Aristokraten seiner Zeit wollten», beinahe einer Beleidigung gleich. Eine Sektion, die Sektion Le Peletier, sei schon soweit gegangen, zu fordern, man solle Beamte, die ohne Puder in den Haaren und in hemdsärmeliger Gewandung zum Dienst erschienen, ihres Amtes entheben.

Aber Scherz beiseite. «All dies geht nicht schlecht, geraden Weges zur Knechtschaft.» Die Konterrevolution in Sitten und Gebräuchen, «in der Reputation», sei eine ernste Sache. Schon verleumde man Chalier und Marat und fordere, sie aus dem Pantheon zu verbannen [113]. «Man hat die Menschen, die nach dem Urteil ganz Frankreichs als die Heroen und Schöpfer der Revolution angesehen werden, verleumdet und verleumdet sie weiter; dafür hebt man Tag für Tag die in den Himmel, die das Volk als seine Feinde und die der Freiheit beurteilt.»

Die «Feinde» sind die Girondisten, die der Konvent am 8. Dezember in Gnaden wieder aufgenommen hat [114], wogegen Babeuf stärkste Bedenken äußert. «Ich hätte gewünscht, daß das in der Erklärung des alten Dusaulx enthaltene Versprechen ausführbar wäre; daß die Wiedereinsetzung mit dem Abschwören aller Ressentiments keine andere Folge hätte, als die brüderliche Teilnahme der Rückkehrer an den großen Arbeiten des Konvents. Aber die 71 sind im Triumph als Sieger zurückgekehrt.»

Babeuf macht sich keine Illusionen über das Ziel der girondistischen Taktik: aus der Verurteilung des 31. Mai, die sie im Prinzip bereits erreicht hätten, müsse sich eine Rückkehr zu liberalen Grundsätzen in der Politik und damit zugleich eine Abkehr von der Verfassung des Jahres 93 ergeben.

«Die Erben der Gironde haben ihre Toten ausgegraben und ihre Lebenden in Kontribution gesetzt, um eine imposante Front gegen uns und unsere Verfassung zu bilden.» Die Witwe Gorsas veröffentliche die Orakel ihres Mannes, den man zu einem Heiligen erklärt habe. Baralère ginge bereits soweit, sich unverblümt für das föderalistische Prinzip einzusetzen und dessen Vorteile gegenüber dem Prinzip der Einheit und Unteilbarkeit darzulegen.

Angesichts solcher Pläne der «infamen Partei» steigert sich Babeuf in einen wahren Paroxysmus der Empörung. Nach Artikel 27 der Erklärung der Rechte sei jeder Usurpator der Volkssouveränität dem Tode verfallen. Er sei bereit, danach zu handeln und den ersten Abgeordneten, der es wagen sollte, die Abschaffung der Verfassung und der Erklärung der Menschenrechte, der einzigen Garanten dieser Souveränität, zu fordern, mit dem Dolch des Tyrannenmörders zu treffen. «Ich bringe ihn um [115] ... im Senat, bei sich zu Hause, auf der Straße, ganz gleich wo: es kommt mir nicht darauf an ...»

Nach dieser gesalzenen Erklärung kann es nicht überraschen, wenn sofort nach Erscheinen dieser Nummer polizeiliche Recherchen gegen Babeuf und Franklin, in dessen Druckerei der *Tribun* eine Heimstätte gefunden hatte, einsetzen. Babeuf muß, um nicht erneut verhaftet zu werden, untertauchen und versuchen, eine Geheimdruckerei für den *Tribun* ausfindig zu machen.

Das Vorhaben erweist sich als schwierig. Erst drei Wochen später kann die nächste Ausgabe des *Tribun* erscheinen. Ihr bläuliches Papier und ihr abscheulicher Druck beweisen zur Genüge die Schwierigkeiten, mit denen Babeuf zu kämpfen hat. Aber er gibt nicht nach und bis Ende Januar erscheinen in rascher Folge drei weitere Nummern seines Blattes.

Wegen der zahlreichen Druckfehler entschuldigt sich Babeuf bei seinen Lesern: «In der Dunkelheit eines Kellers, beim trüben Schein einer Lampe, ist man sehr schlecht daran, um Druckbogen zu korrigieren. Dies Werk hat das Los der Nummern Marats: sie waren voller typographischer Fehler. Die fortschrittlichen Leser verschlangen nichtsdestoweniger die Seiten des *Ami du Peuple.* Und, seine Lage bedenkend, machten seine Leser sich selbst an die Arbeit, um von sich aus sorgfältig die notwendigen Korrekturen vorzunehmen ... Ich bitte jene, die mich lesen, mir gegenüber die gleiche Nachsicht walten zu lassen.»

Wie Marat gezwungen, in der Abgeschlossenheit eines illegalen Quartiers zu schreiben, läßt Babeuf, gleich seinem großen Vorbild, die letzten Bedenklichkeiten, die Dinge bei ihrem wahren Namen zu nennen, fallen.

Jetzt, da er das gesamte Werk der Revolution in seinem Bestand gefährdet sieht, schreibt er, wie er es sich vorgenommen hat: hart, schonungslos, ohne Rücksicht auf Verluste. «Je me bats en flanc, corps-à-corps, et je brave tous les risques.»

Seine Stimmung grenzt an Verzweiflung. «Eine letzte Nummer, bevor die Freiheit zugrunde geht, bevor sie ihren Gnadenstoß empfängt!»

Obwohl die Verfassung ausdrücklich die unbegrenzte Freiheit der Presse garantiere, habe man im Konvent einen Gesetzentwurf über den Schutz vor angeblichen Presseverleumdungen einzubringen gewagt. Ginge ein solches Gesetz durch, sei die letzte Schranke auf dem Wege zur Konterrevolution gefallen. Man wäre dann wieder so weit wie vor dem 9. Thermidor, als man sagte, es genüge eine einzige Zeitung für die gesamte Republik.

Dies seien keine leeren Einbildungen. Schon habe Salaville in den *Annales patriotiques* Mercier und dessen Kapuzinerpredigten Platz machen müssen. Chasles vom *Ami du Peuple* [116] sehe sich durch Bentabole im Konvent angegriffen und solle durch den Besitzer seiner Druckerei herausgedrängt werden, weil er gewagt habe, in seinem Blatt von der «Partei des Thermidor» zu sprechen. Adonis Fréron, der sich zwar für die Erhaltung der Pressefreiheit, aber nur im eigenen Interesse, ausgesprochen habe, lasse durch seine Anhänger Autodafés mißliebiger Blätter im Palais-Royal veranstalten.

Schon könne man sich nicht mehr mit der roten phrygischen Mütze, dem *bonnet de la Liberté* zeigen, ohne angepöbelt zu werden, wie es dem Abgeordneten Armonville ergangen sei. Trotz eindeutiger Bestimmungen dulde man, daß die Nationalkokarde nicht mehr getragen werde, und im Palais-Royal setze man sich Faustschlägen aus, wenn man im Gespräch das vertraute Du der republikanischen Umgangssprache gebrauche.

Dem ungestümen Verlangen nach persönlicher Freiheit und dem Aufhören jeglichen Zwanges, die in dem allmählichen Abbau der «revolutionären Errungenschaften» des Jahres II ihren Ausdruck finden, entspricht die Entwicklung auf dem Gebiet der Wirtschaft.

Am 24. Dezember beschließt der Konvent, trotz der warnenden Stimme eines Noël Pointe, die bestehenden Dekrete über die Festsetzung von Höchstpreisen und -löhnen aufzuheben und zu den Grundsätzen der freien Marktwirtschaft zurückzukehren. Für Paris – dessen Sonderstellung ausdrücklich auch weiterhin anerkannt wird [117] – werden Ausnahmebestimmungen geschaffen, um die Belieferung, vor allem der arbeitenden Schichten, mit Brot, Fleisch und Brennmaterial zu den bisherigen Preisen zu sichern.

Empört schreibt Babeuf: «Das ist der Krieg der Reichen gegen die Armen ...» Man habe das Gesetz über die Abschaffung des Maximum so sorgfältig überlegt, daß man schon nach wenigen Tagen genötigt gewesen sei, Abänderungen vorzunehmen, durch die die Regierung ermächtigt werde, auf dem Wege der Requisition die den Eigenbedarf von sechs Monaten überschreitenden Vorräte an Mehl und Getreide bei den Besitzern zu beschlagnahmen.

Wie Babeuf richtig vorausgesehen hat, bedeutet das Ende des Maximum den Beginn des Hungers für «die Klasse der Sansculotten». Brot und Fleisch werden – jedenfalls zu den behördlich festgesetzten Preisen – sehr bald Mangelware, und die Lebensmittelpreise des «freien Marktes», auf dem es alles zu kaufen gibt, erreichen rasch eine Höhe, die es dem einfachen Arbeiter, mit einem Tagesverdienst von hundert sous, verunmöglichen, sich zusätzlich dort zu versorgen. Auch hilft es ihm wenig, wenn die Regierung empfiehlt, Brot aus Kartoffeln zu backen, da selbst Kartoffeln nicht anders als zu unerschwinglichen Preisen zu haben sind.

Zu den Schwierigkeiten der Versorgung kommt für viele Arbeiter die Furcht vor der drohenden Arbeitslosigkeit. Vom 20. Januar an sollen die Werkstätten zur Herstellung von Waffen nicht mehr auf staatliche Rechnung arbeiten, sondern wie ehedem als Betriebe der privaten Wirtschaft geführt werden. Die Arbeiter dieser Werkstätten, die nicht zu Unrecht starke Betriebseinschränkungen befürchten, zeigen sich äußerst unwillig. Es kommt zu Protesten und Kollektiveingaben im Konvent. Aber abgesehen davon, daß das Inkrafttreten des Gesetzes auf den 8. Februar 1795 verschoben wird, zeigt sich der Konvent unnachgiebig.

Babeuf sieht in dieser Anordnung einen weiteren Beweis dafür, daß man entschlossen sei, «die Lebenshaltung der Arbeiterklasse auf beinahe nichts zu reduzieren». Die Folge werde sein, daß die nicht mehr als unabkömmlich reklamierten Facharbeiter zu den Waffen eingezogen würden. Eine Fülle von Frauen und Kindern bleibe sich selbst überlassen, «au milieu du peuple d'Arabes», im Elend zurück. Auch die Heimarbeit, «diese schöne Einrichtung», die bisher vielen Arbeiterfrauen als Näherinnen von Soldatenuniformen [118] ein ehrenwertes Auskommen gesichert habe, werde aufhören.

Wohin ziele dies alles? Wolle man die Frauen zwingen, sich aus Not zu prostituieren und sich dem Geschmeiß geschniegelter Jünglinge, die überall herumflanierten, hinzugeben? Eine solche Absicht passe in das Bild der hohen Protektion, deren sich die Prostitution in Paris erfreue.

Die gleiche Mätressenwirtschaft wie zu Zeiten einer Pompadour, Dubarry oder Antoinette sei wiederum eingerissen. Tallien, Fréron und Bentabole, die neuen Größen, von deren Entscheidung alles abhinge, hielten bereits Hof, was dazu geführt habe, sie zu willenlosen Werkzeugen in den Händen ihrer Prinzessinnen zu machen. «Ist es nicht gut, jedermann wissen zu lassen, daß die legitime Gattin des *Ami des Citoyens* [119] die Tochter des spanischen Necker ist, des Millionärs Cabarrus, Direktors der berüchtigten Bank von Saint-Charles? Und sollte es jemand geben, der nicht weiß, daß der Patriot Bentabole eine Ehe eingegangen ist mit den zwei- oder dreihunderttausend livres Rente der comtesse de Choiseul-Gouffier[120], deren Schloß Heilly, im Distrikt Amiens[121], ein kleines Chantilly ist?»

In die gleiche Kategorie gehörten Legendre, der sich nach dem Tode seiner Frau mit der Contat getröstet habe, und Merlin de Thionville, der trotz seines bescheidenen Vermögens die Solier von der Oper aushalte.

Verwundert konstatiert Babeuf die unvorstellbare Verblendung dieser «ehemaligen Republikaner». «Ihr seht nicht, daß Euch diese schamlosen Weiber, diese Abenteuerinnen edler Rasse, die Euch heute die Ehre erweisen, sich in Euren bürgerlichen Armen zu prostituieren, den Garaus machen werden, sobald sie erreicht haben, die Dinge in das alte Fahrwasser zu lenken[122].» Zu ihrer Warnung erinnere er an das vom Konvent erlassene Dekret, das jeden Funktionär verpflichte, Rechenschaft über das von ihm während der Revolution erworbene Vermögen zu geben.

Abgesehen von ihren Ausflügen in die Gefilde von Capua und Sybaris, könne man den gleichen Herrschaften noch wesentlich ernstere Dinge vorwerfen. Man brauche Legendre nur an seine Affäre mit einem gewissen Marcandier[123] zu erinnern, auf die in Einzelheiten zurückzukommen er sich vorbehalte. Tallien und Fréron seien mit ihrer Zerstörungswut in Bordeaux und Marseille, als damals überzeugte Terroristen, ein wenig zu weit gegangen, wofür es eine Fülle von Beweisen gebe, die durchaus nicht verloren seien.

Trotz dieser Angriffe steht für Babeuf die Korruption einzelner Abgeordneter nicht im Mittelpunkt der politischen Auseinandersetzung. Mit grandioser Einfachheit entwirft er ein Bild der «beiden einander diametral entgegengesetzten Parteien», deren Ringen um die Macht noch nicht entschieden sei. Von dem Ausgang dieses Kampfes hinge das Schicksal der Revolution ab.

«Ich bin überzeugt, daß beide Parteien die Republik wollen; aber jede will sie auf ihre Art. Die eine wünscht sie bürgerlich und aristokratisch; die andere, die für sich in Anspruch nimmt, sie begründet zu haben, will sie volkstümlich und demokratisch. Die eine will die Republik der einen Million, die immer der Feind, der Beherrscher, der Halsabschneider, der Unterdrücker, der Blutsauger der 24 anderen Millionen war; der Million, die sich seit Jahrhunderten auf Kosten unseres Schweißes und unserer Arbeit im Müßiggang ergeht; die andere Partei will die Republik für die 24

Millionen, die ihre Grundlagen geschaffen und mit ihrem Blut befestigt haben, die das Vaterland mit allem, was es braucht, versorgen, es verteidigen und für seine Sicherheit und seinen Ruhm sterben.

Die erste Partei will in der Republik Patrizier und Plebejer; sie will eine kleine Zahl von Privilegierten und Herren im Besitze aller Genüsse, die breite Masse in der Lage von Heloten und Sklaven; die zweite will für alle nicht nur die Gleichheit an Rechten, die Gleichheit auf dem Papier, sondern dazu ein auskömmliches Leben, die gesetzlich geschützte Sicherheit der Existenz in bezug auf alle physischen Bedürfnisse, auf alle sozialen Vorteile, als gerechten und unumgänglichen Lohn für den Anteil an Arbeit, den ein jeder am gemeinsamen Werk zu leisten haben wird.»

Babeuf hofft, ein solches Programm mit der «proletarischen Partei» im Konvent durchsetzen zu können. «Noch sitzen im Konvent die gleichen Menschen oder beinahe die gleichen», fügt er einschränkend hinzu, «die einst den Sieg der Volkspartei erkämpften. Taktik und ein wenig Mut sind ihnen vonnöten, um sie wieder instand zu setzen, die Regierung der französischen Republik auf würdige Grundlagen zu stellen . . .»

Babeuf geht noch einen Schritt weiter. Er verspricht allen, «die an dieser großen Eroberung mitwirken werden», sie würden im gleichen Augenblick, in dem sie zum Kampf anträten, für alle Irrtümer und Fehler der Vergangenheit Absolution erlangen. «Und alle Irrtümer, selbst alle Fehler im Verlauf der Revolution, sind vergessen.»

Ein solcher Aufruf zur Einigkeit und zum Vergessen des Trennenden erscheint dringend notwendig zu einem Zeitpunkt, da die Linke im Konvent jeder Leitung und jeden Einflusses entbehrt. Um ihnen Mut zu machen, erinnert Babeuf die Abgeordneten an das große Gesetzgebungswerk des Jahres II, «an diese Gesetze, würdig einer demokratischen Revolution».

Um sie einem schuldhaften Vergessen zu entreißen, zählt er die Gesetze auf, die «das Patrimonium der Armen» bedeuten: das Gesetz, das allen Soldaten bei Kriegsende Landbesitz versprochen habe; das Gesetz, das Kranken, Alten und Bedürftigen «eine anständige Existenz» in Aussicht stellte; das Gesetz über das Erziehungswesen, der «erhabene Plan» eines Lepeletier; die Maximalgesetze, die dem Wucher und der Habsucht Grenzen zogen und die Ventôse-Gesetze [124], die den besitzlosen Sansculotten Land aus dem

Besitz der Volksfeinde zusicherten. «Erinnert Euch der am 10. August 93 sanktionierten Verfassung! Alle diese Gesetze sind das Erbteil der Armen!»

Auch in der nächsten Nummer des *Tribun* kommt Babeuf auf die Gegensätze der beiden Parteien zurück. Er wiederholt seine Ansicht, diesmal in zugespitzterer Form: «Ich mache mir keine Gedanken darüber, welche der beiden Parteien die stärkere ist ... Eine Handvoll demokratischer Abgeordneter genügt, um rasch den Senat von Coblenz, der vielleicht die Mehrheit im Palais der Tuilerien ausmacht, zum Schweigen zu bringen. Ja, Coblenz hat hier seinen Senat: das Ausland, die Koalition der Mächte, alle Tyrannen haben hier ihre Verteidiger, werden bestens bedient in unserem Areopag. Was sage ich? Sie werden es ausschließlich, das Volk ist verraten und verkauft, seinen tödlichen Feinden ausgeliefert und geopfert.»

Wenn noch nicht alles verloren sei, so nur darum, weil sich die Parteien der Mehrheit noch nicht über die Form der Regierung geeinigt hätten. Hier gebe es noch unterschiedliche Auffassungen. Man schwanke zwischen den verschiedenen Möglichkeiten einer Rückkehr zur Monarchie und dem Übergang zu einer zentralistischen oder föderalistischen Plutokratie.

Dem Volk bleibe in dieser Lage nur «die unumgänglichste der Pflichten», der Aufstand. Aber «kann das Volk diesen Aufstand» machen? «Das Volk», antwortet Babeuf, «hat, um der Unterdrükkung Widerstand zu leisten, heute nicht weniger Mittel als 89. Die Verzweiflung wird mehr ausrichten als damals, da niemand bestreiten kann, daß der Zustand der Verelendung der Arbeiterklasse, also der Masse des Volkes, jetzt um 32 Karat über dem liegt, in dem vierzehn Jahrhunderte der Sklaverei es gehalten hatten.»

Der Hunger ist das letzte Argument. Er wird den Ausschlag geben. Dem Hunger wird es gelingen, die in den Arbeiterbezirken schwelende Unzufriedenheit zur Flamme des Aufruhrs anzufachen. Was weder die polizeilichen Schikanen gegen fortschrittliche Patrioten [125] noch die Schließung der Klubs, das Einstellen der vierzig sous, die Zerstörung der Büsten Marats und das provozierende Verhalten der jungen Leute Frérons [126] erreicht haben, wird der Not und der Sorge um das eigene Leben [127] gelingen: den «friedlichen Aufstand» auszulösen.

Doch bevor der Aufstand ausbricht, wird Babeuf erneut verhaftet.

2

Seit dem 3. Januar 1795, dem Tage, an dem Franklin sich wegen der Nummer 28 des *Tribun* vor dem Sicherheitsausschuß verantworten mußte, ist Babeuf untergetaucht. Die Geheimagenten, die in der Nacht darauf in seiner Wohnung aufkreuzen, um ihn zwangsweise vorzuführen, müssen unverrichteter Dinge umkehren. Am nächsten Morgen wird Babeufs Frau zu einem Verhör geholt, das – wie zu erwarten – ohne Ergebnis verläuft. Marie, die erklärt, keinerlei Angaben über den Aufenthalt ihres Mannes machen zu können, wird zu ihren Kindern nach Hause zurückgeschickt.

Babeuf, der ein illegales Quartier in der rue Antoine, im zweiten Stock eines Eckhauses zum passage de Lesdiguières bezogen hat, bleiben nur wenige Wochen rastloser Arbeit am *Tribun*.

Am 29. Januar nimmt Tallien im Konvent zu einer groß angelegten Rede das Wort, um öffentlich mit Babeuf und dessen Hintermännern abzurechnen. Er verteidigt die *jeunesse*, spricht für Vergniaud und Brissot und gegen den 31. Mai und die Revolutionsregierung, worauf er schließlich nach mancherlei Umwegen bei Babeuf anlangt. Er verliest die Kritik des *Tribun* an dem von Merlin, dem «Zauberer Merlin», eingebrachten Gesetz von 22. Nivôse [128], dessen Fallstricke nicht einmal einer der demokratischen Abgeordneten bemerkt habe und zitiert Babeufs Worte: «Mir jedenfalls wären sie nicht entgangen. Ich sage es mit Stolz. Frankreich verliert viel, mich nicht unter seinen Gesetzgebern zu haben.» Babeufs Behauptung, «Coblenz hat hier seinen Senat», läßt die Wogen der parlamentarischen Erregung hochgehen.

Tallien kann zufrieden sein. Aber er hat sein eigentliches Wort noch nicht gesagt. Babeuf sei nur ein Strohmann. Hinter ihm stehe «ein Mensch, der den Bürgerkrieg herbeiführen wolle». Und Tallien nennt Fouché. Dieser habe ihm sogar einen Fahnenabzug des *Tribun* gezeigt.

Talliens Unterstellungen machen auf Fouché nicht den mindesten Eindruck. Gleichmütig, in seiner frostig abweisenden Art, antwortet er kurz und schlagend: «Ein Republikaner schuldet nur dem Gesetz Rechenschaft über seine Beziehungen. Ich bin bereit, die meinigen bekanntzugeben, sofern das Gesetz es befiehlt. Es ist nicht eine darunter, die mich nicht ehrt. Andere stehen in Beziehungen zur Macht und dem Besitz; es ist, denke ich, noch nicht verboten, solche mit den Unterdrückten und Verfolgten zu haben.

Ja, ich habe Beziehungen zu Babeuf, und da Tallien im Konvent darauf zu sprechen kommt, muß ich sagen, daß Babeuf mir tatsächlich den Korrekturabzug einer Broschüre zur Widerlegung der verschiedenen Schriften gegen den 31. Mai gesandt hat; einer Broschüre, die überhaupt nicht erschienen ist.»

Fouchés klare Antwort, die von den Zuschauertribünen mit Beifall bedacht wird, verfehlt nicht, Eindruck auf den Konvent zu machen. Die Sitzung endet mit «eindrucksvollem Schweigen».

Seit diesem Tage gelten Joseph Fouché und Gracchus Babeuf als erklärte Bundesgenossen. Was aber mochte Fouché nach so vielen kurzlebigen Bündnissen, mit dem Feuillant Coustard, dem Girondisten Condorcet, dem Hébertisten Chaumette, dem gemäßigten Jakobiner Danton und am Vorabend von Robespierres Sturz mit der Koalition des Zentrums und der Linken, was mochte ihn, ein Chamäleon der Politik, dazu bewogen haben, sich jetzt mit Babeuf zu verbinden?

Fouchés scharfer Verstand, das völlige Fehlen moralischer Grundsätze und ein untrüglicher Instinkt für das Vorhandensein menschlicher Schwächen, haben den einstigen Lehrer des Oratoire zu dem Politiker werden lassen, der es wie kein anderer versteht, bereits heute die Macht von morgen zu wittern. In diesem schwachen Körper mit der blassen, kränklichen Haut, den ausdruckslosen, gleichsam eingefrorenen Gesichtszügen, steckt ein unbezähmbarer Wille, der vor nichts zurückschreckt.

Keiner — und hierin dürfte die Erklärung zu suchen sein, warum Babeuf sich schrankenlos seinem Einfluß ergibt — keiner hat so wie Fouché den sozialen Charakter der Revolution unterstrichen. Kaum einer ist in der Verkündung atheistischer und egalitärer Grundsätze so weit gegangen wie er. Er wagte öffentlich zu erklären, daß die Gesellschaft in zwei Klassen, in Unterdrücker und Unterdrückte geschieden sei, und daß der Staat jedem Bürger entweder Arbeit oder Unterhalt schulde. Er hatte im Departement Nièvre die *comités philanthropiques* geschaffen, um die Reichen für den Unterhalt der Armen sorgen zu lassen. Von ihm stammt das berühmt gewordene: «Der Tod ist ein ewiger Schlaf», das seinen Widerhall in ganz Frankreich findet.

Dennoch: in einem Punkte unterscheiden sie sich wesentlich. Für Fouché bleibt es oberstes Gesetz, sich Rückendeckung zu schaffen. Er ist der Mann, der aus der Kulisse heraus handelt und dessen

Freundschaften an dem Tage enden, an dem sie zu einer politischen Belastung für ihn werden. Es ist nicht ungefährlich, Fouché zum Bundesgenossen gehabt zu haben. Chaumette, den er voranstieß auf dem Wege des Kirchenkampfes, sollte es erfahren, als es zur Umkehr für ihn zu spät ist. Collot d'Herbois, sein Kollege bei den Massenerschießungen in der plaine des Brotteaux in Lyon, wird allein dafür einzustehen und ohne ihn die Fahrt nach Cayenne anzutreten haben. Und nach Babeuf werden Barras und Bonaparte Gelegenheit haben, sich über ihren Bundesgenossen Fouché Gedanken zu machen.

Wenn Fouché sich jetzt im Konvent offen zu Babeuf bekennt, so darum, weil er ihm die Fähigkeit zutraut, dem anscheinend unaufhaltsamen Vordringen der Reaktion einen Wall entgegenzusetzen. Er selbst muß sich, seit der Konvent mit Beschwerden und Anklagen gegen ihn überschwemmt wird, ernstlich bedroht fühlen, zumal er, anders als Guffroy, nicht hoffen darf, von den zur Macht drängenden Girondisten verschont oder vergessen zu werden.

So setzt Fouché die gewandte Feder Babeufs in Bewegung, um gegen Carrier und Le Bon (deren Sache verloren ist) zu Felde zu ziehen, und Tallien und Fréron, die Abtrünnigen des Berges, den man jetzt spöttisch als *crête* bezeichnet, anzugreifen, um so den Versuch zu machen, das Umsichgreifen der Reaktion einzudämmen und eine gemeinsame Front der Linken zu schaffen.

Die Konventsdebatte gibt der Suche nach Babeuf neuen Auftrieb. Noch am gleichen Tage wird die Zeitungshändlerin Anne Frémond aus der rue Froidmanteau, von der man weiß, daß sie den *Tribun* vertreibt, durch die Polizei einem eingehenden Verhör unterzogen. Sie muß zugeben, von Babeuf selbst die zum Verkauf an ihrem Stand im Jardin de l'Egalité bestimmten Exemplare des *Tribun* erhalten zu haben. Auf die Frage, wer noch außer ihr den *Tribun* absetze, antwortet sie unbefangen, er werde ganz öffentlich, besonders auf dem Pont Neuf, verkauft.

Mit alledem kann die Polizei wenig anfangen. Auch die Personalbeschreibung, die von der Frémond gegeben wird, ist recht allgemein gehalten. Babeuf habe ein längliches Gesicht, sei mager, von mittlerer Größe, etwa vierzig Jahre alt und komme selten ohne Mantel; auf dessen Farbe habe sie nicht geachtet.

Das Verhör wäre ohne Ergebnis ausgegangen, hätte nicht eine letzte Frage einen wichtigen Hinweis geliefert. Befragt, ob sie wisse, wo die ersten Nummern des *Journal de la Liberté de la Presse* verkauft worden wären, gibt sie zur Antwort, es müsse in der Nähe der place des Piques gewesen sein. Mit dieser Antwort, deren Bedeutung ihr offenbar entging, gibt sie der Polizei einen Fingerzeig über die Richtung, in der weitere Nachforschungen angestellt werden können.

Babeuf bleibt gerade noch Zeit genug, die Nummer 32 des *Tribun* herauszubringen, die wiederum von Angriffen auf die reaktionäre Konventsmehrheit strotzt, das Zusammengehen mit Fouché eingesteht und sich in Hoffnungen auf eine organisierte Aktion der Linken ergeht [129].

Zwei Tage später, am 7. Februar, wird Babeuf durch den Polizeikommissar der Sektion Arsenal, Boula, verhaftet. Bei dieser Gelegenheit fällt auch das Manuskript der Nummer 33, an dem er gerade arbeitet, der Polizei in die Hände.

Boula läßt seinen Gefangenen durch den Gendarmen Labre ins Stadthaus bringen. Dort wird Babeuf kurz zur Sache vernommen, wobei er zugibt, «er habe sich der Unterdrückung entzogen, nachdem er Kenntnis von dem gegen ihn erlassenen Haftbefehl erhalten habe».

Vor dem Sicherheitsausschuß berichtet Labre über den Verlauf der Aktion in der rue Antoine. Babeuf habe seiner Verhaftung, trotz der Ankündigung im *Tribun*, er sei für diesen Fall mit einem Paar doppelt geladener Pistolen versehen, keinen Widerstand entgegengesetzt. Unterwegs, auf dem Transport ins Stadthaus, habe Babeuf versucht, ihn zu bestechen und ihm 30 000 livres und einen sicheren Zufluchtsort angeboten, wenn er ihn laufen ließe.

Noch am gleichen Tage läßt der Sicherheitsausschuß Babeuf in das Gefängnis des Ausschusses in der rue des Orties überführen.

Das erst kürzlich eröffnete Gefängnis liegt nicht weit vom Louvre und der place du Carrousel. Babeufs mitternächtliche Einlieferung macht unter den Gefangenen erhebliches Aufsehen. Babeuf zeigt sich durch diesen Empfang nicht unbeeindruckt und um der Vorstellung, die man sich von ihm macht, zu entsprechen, spielt er ein paar Tage den wilden Mann. Er beschimpft den Direktor Besse als «elenden Henkersknecht» und droht einem mit dem Verkleiden der Fensterrahmen beschäftigten Arbeiter, er werde ihn auf die Straße werfen. Als er in der Kanzlei vernommen werden soll, lehnt er es ab zu antworten und erklärt, nur einem Abgeordneten Rede und Antwort stehen zu wollen.

Doch diese Haltung hält nicht lange vor. Babeuf muß sich auf ernstliche Schwierigkeiten gefaßt machen. Am 8. Februar verkündet Mathieu im Konvent den Sieg des Sicherheitsausschusses. «Ein gewisser Babeuf, Verbrecher und Fälscher bis zu dem widerrechtlich angenommenen Namen Gracchus, ist verhaftet. Er ist jetzt außerstande, die Bürger zur Revolte aufzurufen, wie er es unablässig seit einem Monat getan hat.« Und Mathieu verbreitet sich ausführlich über den angeblichen Bestechungsversuch Babeufs, «der einen bei diesem Menschen nicht überrascht».

Babeuf begreift, daß er sich ernstlich zur Wehr setzen muß. In einer Reihe von Briefen wendet er sich an alle, von denen er sich Hilfe versprechen kann. Bentabole, der offenbar reumütig in die Reihen der *crête* zurückkehren will, macht er den Vorschlag, er solle «sich auf seine Seite stellen», wo er «mehr Ehre und Vorteil» als anderswo finden werde. Den wichtigsten Brief, ein Rechtfertigungsschreiben von einundzwanzig Seiten, «die 34. und letzte Nummer des *Tribun du peuple*», richtet er an den Sicherheitsausschuß. Er bestreite energisch, «den Konvent in seiner Gesamtheit als Senat von Coblenz bezeichnet zu haben». Sodann beschuldige man ihn der Anstiftung zum Aufruhr. «Wie habe ich ihn gepredigt? Ich habe zu einer Petition aufgefordert, um die Garantie der Erklärung der Rechte und der Verfassung zu fordern, die man im Begriff stand zu verletzen. Diese Garantie ist geschaffen durch das auf Vorschlag von Goujon am 8. Februar erlassene Dekret.»

Babeuf unterstreicht, er mache sehr wohl einen Unterschied zwischen Abgeordneten wie Goujon oder Roux (de la Haute-Marne), der sich im Konvent für die Verfassung des Jahres 93 eingesetzt hatte, und einem «Provokateur» wie Fréron, der die Erklärung der Menschenrechte als «konfuse Scharteke» bezeichnet habe.

Die Aussage des Gendarmen Labre über einen Bestechungsversuch mit 30 000 francs sei einfach lächerlich. «Warum nicht gleich dreißig Millionen? Als ich ins Gefängnis eingeliefert wurde, hatte ich sechs francs bei mir. Man gehe in meine Wohnung: man wird keine vier Hemden finden, für uns alle zusammen, mich, meine Frau und meine drei Kinder.»

Der Sicherheitsausschuß verzichtet, darauf zu antworten. Er hat Wichtigeres zu tun. Wenige Tage nach der Verhaftung Babeufs werden die als Widerstandszellen betrachteten *sociétés populaires* in den faubourgs Antoine und Marceau geschlossen.

Babeuf, noch immer ohne Antwort und weiteres Verhör, wird am 5. März, nachdem sich trotz eifrigen Suchens keine rechte Handhabe, gerichtlich gegen ihn vorzugehen, hatte finden lassen, in das Gefängnis La Force überstellt.

In den wenigen Tagen, die Babeuf in der Grande Force verbringt – bereits am 13. März wird er einem Gefangenentransport nach Arras zugeteilt – gelingt es ihm, eine neue Ausgabe der (im Manuskript) beschlagnahmten Nummer 33 des *Tribun* fertigzustellen.

Diese Nummer, «die umfassendste Anklageschrift gegen die Reaktionäre des Thermidor», hat ihre eigene Geschichte.

«Ich hatte es geschafft», berichtet Babeuf, «diese Nummer nach einem den Nachforschungen der Polizeischergen entgangenen Fahnenabzug der Druckerei zu rekonstruieren. Bei der Abreise von La Force in mein Exil zu Arras hatte ich sie als kostbares Depot vertrauenswürdigen Händen übergeben. Isoard, ehemals procureur von Marseille, und der nur zu bekannte Héron, von denen der erstere seitdem in Aix massakriert wurde, während der andere noch in den Verliesen eines Paris benachbarten Departements schmachtet, erhielten diesen Beweis meines Vertrauens ... Erst vor einigen Tagen erfuhr ich, daß sie, gleich nach meiner Abreise, eine starke Auflage drucken ließen, die Kosten von 2 000 francs verursachte; aber das Heilige Offizium, das Wind von der Sache bekam, beschlagnahmte die gesamte Auflage, setzte sie auf den Index und ließ die Herausgeber aus Paris ausweisen. So geschah es, daß ich unschuldig den Tod des armen Isoard verursachte.»

In Arras und ein halbes Jahr später in Paris wird Babeuf noch einen dritten und vierten Versuch machen, die Nummer 33 erscheinen zu lassen.

Auch diese Versuche scheitern. Da gibt er es auf. Das Schicksal war offenbar dagegen.

3

Mathieus Ausführungen im Konvent über den «Fälscher» Babeuf hatten die Aufmerksamkeit der zuständigen Stellen erneut auf seinen Prozeß wegen Urkundenfälschung gelenkt.

Wie steht es damit? Für Babeuf hat sich seit seiner Freilassung durch den Gerichtsentscheid vom 18. Juli nichts Neues ergeben. Seitdem hatte er nichts mehr von der Affäre gehört, und er konnte in gutem Glauben annehmen, sie sei endgültig ad acta gelegt.

Dennoch schwelt das Verfahren unterirdisch weiter. Am 22. Oktober 1794 treffen die Akten aus Laon bei der Kommission für innere Verwaltung, Polizei und Gerichte in Paris ein. In einem Begleitschreiben bittet das Gericht, entsprechend seinem Beschluß vom 16. Juli, die Kommission darüber zu entscheiden, ob außer gegen Babeuf auch gegen Jaudhuin, Devillasse, Leclerc und Debraine ein Verfahren einzuleiten sei.

In seiner Antwort vom 6. November macht Aumont, der amtierende Vorsitzende der Kommission, dem öffentlichen Ankläger in Laon wegen der monatelangen Verschleppung der Anfrage heftige Vorwürfe. Zur Sache selbst stellt er fest, der Beschluß des Kassationshofes vom 9. Juni sehe vor, das Verfahren gegen alle an der Fälschung beteiligten Personen zu eröffnen. Es sei auf eine Auslassung oder einen Redaktionsfehler zurückzuführen, wenn Babeuf allein nach Laon gesandt wurde. Er habe sich zur Klärung des Sachverhalts bereits an den Kommissar beim Kassationshof gewandt. Sobald dessen Bescheid vorliege, werde er nach Laon berichten.

Die Stellungnahme des Kassationshofes erfolgt am 17. Dezember. Sie gibt weder den Richtern in Laon noch Aumont recht. Die vier außer Babeuf Beschuldigten seien durch eine Jury ordnungsgemäß freigesprochen worden. Das Verfahren gegen sie könne deshalb nur bei Vorlage neuer Beweise – die nicht gegeben seien – erneut in Gang gebracht werden. Daher sei allein gegen Babeuf zu verhandeln.

Aumont, der mit diesem Beschluß nicht einverstanden ist, aber nichts gegen ihn unternehmen kann, läßt sich nun seinerseits Zeit, die Akten nach Laon zurückzuschicken. Erst am 10. Januar verständigt er in einem kurzen Schreiben die Staatsanwaltschaft in Laon von dem Entscheid des Kassationshofes. Kein Wort weiter. Der Ärger ist ihm deutlich anzumerken.

So wären die Akten sicher noch einige Male zwischen Laon und Paris hin- und hergewandert – wobei gute Aussichten bestanden, daß sei ein- für allemal verlorengingen – hätten sich nicht bestimmte Kreise außerhalb der gerichtlichen Instanzen eingeschaltet.

Am 31. Dezember schreibt der Abgeordnete Vaugeois dem öffentlichen Ankläger in Laon: «Ich lasse Dir eine Ausgabe des *Journal des Lois* mit einer Notiz meines Kollegen Dubois-Crancé zugehen; Du wirst davon den Gebrauch machen, den Dir Deine Gesinnung und die Pflicht Deines Amtes diktieren; offenbar kanntest Du das Dekret nicht, das die Sache Babeuf dem Gericht des Departements Aisne überwies. Man ist empört, abgefeimte Strolche sich zu Beschützern des Volkes aufwerfen zu sehen. Wer die Freiheit verteidigen will, muß rein sein wie sie. Ich habe mit Dubois-Crancé gesprochen, der mir bestätigt hat, daß die Notiz von ihm stammt. Gruß und Brüderlichkeit. Gabriel Vaugeois.»

Was mochte Vaugeois' Vorgehen gegen Babeuf, den er persönlich überhaupt nicht kannte, veranlaßt haben? Vielleicht steckte Grégoire dahinter, den Babeuf in der Nummer 28 des *Tribun* heftig attackiert hatte. Vielleicht waren es Babeufs Angriffe auf die Girondisten, die Vaugeois, der sich für die Rückkehr des geächteten Abgeordneten Delahaye in den Konvent eingesetzt hatte, zur Feder greifen ließen.

Auf die im *Journal des Lois* «aus Unwissenheit oder Bosheit» entstellt wiedergegebene Schilderung seines Lebens antwortet Babeuf im *Tribun:* «Da ich selbst mein Leben besser als irgendein anderer kenne, muß ich die Schnitzer des Erzählers berichtigen, der wohl, um sich von seiner ernsten Arbeit als Gesetzgeber zu zerstreuen, mein Geschichtsschreiber sein will.» Dieser Einleitung läßt Babeuf einen kurzgefaßten Lebenslauf mit den wichtigsten Stadien seiner Entwicklung folgen. Zum Prozeß übergehend, bemerkt er:

«Eine teuflische Kabale erfand gegen mich einen gewissen Prozeß wegen Urkundenfälschung, ebenso geschickt ersonnen wie in Paris die Verschwörung in den Gefängnissen. Mit dieser Handhabe zögerte man nicht, mich in Abwesenheit und ohne mein Wissen zu zwanzig Jahren Kerker zu verurteilen. Ich erfuhr es erst lange danach, im Brumaire 93, als ich zur Vollstreckung dieses Urteils verhaftet und eingesperrt wurde. Ich wandte mich an den Konvent. Ich machte ihm das absurde und abscheuliche dieses Urteils so deutlich, daß er, aufgrund eines von Merlin im Namen des Gesetzgebungsausschusses erstatteten Berichts, keinen Augenblick zauderte, die ganze infame Prozedur zu annullieren.

Ich wurde an das Gericht des Departements Aisne überwiesen. Der öffentliche Ankläger stellte fest, daß es keinen Grund zur Anklage gegen mich gab. Die Gemeinde Laon, die dortige *société populaire*, das ganze Departement Aisne nahmen, ich darf wohl sagen, ein lebhaftes und herzliches Interesse an meiner Rechtfertigung. Ich habe also das Recht, mich wegen dieses Prozesses für geehrt zu halten. Ich kehrte nach Paris zurück, ich nahm wieder meine Tätigkeit in der Lebensmittelverwaltung auf; aber ich schied bald danach aus, um das *Journal de la Liberté de la Presse* herauszugeben, dem ich in der Folge den Namen *Tribun du Peuple* gab.

Das ist meine Geschichte, genauer als sie Dubois de Crancé dargestellt hat. Schließlich, ich bin nicht reich: die Häscher der Regierungsausschüsse haben es gesehen, als sie, um mich festzunehmen, zweimal in meine Behausung eingedrungen sind. Seit der Revolution haben meine Frau und meine Kinder nicht alle Tage zu essen gehabt. Das Gefühl, das den in Armut gestorbenen Marat beseelte, ließ sie mit mir die empfindlichsten Entbehrungen aushalten; jene, die nicht geschaffen sind, um von Grund aus den Wert einer solchen Gesinnung zu erkennen, werden Mühe haben, es zu glauben.

Die Erklärungen, mit denen ich abschließen will, sind dennoch buchstäblich wahr. Meine Frau, ein einfaches, natürliches Geschöpf, hat keine großartige Erziehung gebraucht, um mich niemals von meinem Wege abzubringen, einem Weg der beständigen Opfer für das Vaterland, die uns nur Elend gebracht haben. Ich bin stolz auf die guten Anlagen meiner Kinder und stehe nicht an, hier mein Glück zu bekennen, das ich darüber empfinde, in meinem neunjährigen Sohn alle moralischen und bürgerlichen Tugenden in der Realität wiederzufinden, die der große Rousseau seinem *Emile* nur in der Welt der Gedanken zuschrieb.»

Doch der Gang der Justizmaschine ist mit solchen Erklärungen nicht aufzuhalten. Am 17. Januar 1795 schaltet sich der Gesetzgebungsausschuß des Konvents in das Verfahren gegen Babeuf ein. Er weist Aumont an, ihm innerhalb 24 Stunden Bericht zu erstatten, aufgrund welcher Verfügung Babeuf, trotz des Dekrets vom 13. Mai 1794, seine Freiheit wiedererlangt habe.

Aumont, der dem Gesetzgebungsausschuß die geforderte Auskunft nicht geben kann, wendet sich, am 20. Januar, an die Staatsanwaltschaft in Laon. Die Kommission wisse von keiner Verfügung, die Babeufs Freilassung anordne. Sie verlange sofortige Aufklärung darüber, wie es dazu gekommen sei, um so mehr, als der Gerichtsbeschluß vom 16. Juli ausdrücklich die Erhebung der Anklage gegen Babeuf bejahe.

Was bleibt dem geplagten Staatsanwalt in Laon übrig, als eine Abschrift des Gerichtsentscheids vom 18. Juli, der die Haftentlassung Babeufs gegen Kaution anordnet, an Aumont zu schicken? Worauf dieser verlangt, die Bürgen sollten Babeuf herbeischaffen.

Diese wiederum geben am 12. Februar auf dem Gericht in Laon zu Protokoll, Babeuf befinde sich, laut Mitteilung des *Bulletin officiel* vom 8. Februar 1795, in Haft. Sie seien daher außerstande, der an sie ergangenen Aufforderung zu entsprechen. Zugleich bitten sie um Entlastung hinsichtlich ihrer Kaution von 10 000 livres. Dont acte. Und zeichnen mit dem greffier.

Am gleichen Tage, an dem Babeuf verhaftet wird, hält Fréron den Augenblick für gekommen, seinerseits gegen ihn vorzugehen. Er überschwemmt Paris mit Plakaten, die nichts weiter als den Wortlaut des Urteils in Sachen Babeuf vom 23. August 1793 enthalten. Zwei Tage später veranstalten Anhänger Frérons ein Autodafé, bei dem sie den *Tribun* feierlich den Flammen übergeben.

Doch Babeuf weiß sich zu wehren. Es gelingt ihm mit Hilfe seiner Freunde, eine Verteidigungsschrift *An meine Mitbürger* aus dem Gefängnis zu schmuggeln, die kurz darauf als Plakat und Broschüre erscheint.

«Aus der Tiefe meines Verlieses» – du fond de mon caveau –, beginnt Babeuf, «sei mir verstattet, alle Lügen zu widerlegen, die man über mich verbreitet, um einen Vorwand zu haben, mich in Fesseln zu halten.» Und er wiederholt in vollem Wortlaut, abgesehen von einigen Änderungen und Ergänzungen [130], seinen bereits im *Tribun* veröffentlichten Lebenslauf. Das «infame» gegen ihn ergangene Urteil wiederzugeben, fügt er in einer Anmerkung hinzu, könne er sich ersparen, da es «der Vorreiter der légende dorée» bereits in ganz Paris habe anschlagen lassen.

Um eine juristisch klare Ausgangsposition zu bekommen, hält es der Gesetzgebungsausschuß für das Beste, nochmals den Kassationshof zu bemühen. Dieser fällt am 15. März 1795 eine neue Entscheidung, die Aumont am 2. April an die Staatsanwaltschaft in Laon weiterleitet.

Der Kassationshof bestätigt darin seinen Beschluß vom 9. Juni 1794, wonach das Kriminalgericht in Laon über die Anklage gegen Babeuf, und zwar allein gegen ihn, zu entscheiden habe. Gleichzeitig werden die Beschlüsse vom 16. und 18. Juli 1794 mit der Begründung aufgehoben, das Gericht in Laon habe seine Befugnisse überschritten. «Ein wegen Urkundenfälschung Beschuldigter könne nicht gegen Kaution auf freien Fuß gesetzt werden, ohne den

Artikeln 17 und 18 Abschnitt 5 des Gesetzes vom 16. September 1791 zuwiderzuhandeln.» Der Kassationshof überweise daher den Beschuldigten von neuem vor das gleiche Gericht, das dem Gesetz entsprechend verfahren möge.

So ist der Fall wiederum an seinen Ausgangspunkt zurückgekehrt. Am gleichen Tage, an dem der Kassationshof diesen Beschluß faßt, trifft Babeuf in Arras ein. Doch merkwürdig, während seiner dortigen Haft ist keine Rede davon, ihn nach Laon zu überstellen. Von der Urkundenfälschung wird erst im Dezember wieder die Rede sein.

4

Arras, das im *ancien régime* mit zwei Gefängnissen auskam, besitzt seit den Tagen der Schreckensherrschaft deren sieben: Providence, Hôtel-Dieu, Vivier, l'Abbatiale de Saint-Vaast, Capucins, Maison des Orphelins und Les Baudets [131], in das Babeuf am 15. März eingewiesen wird.

Die Zellen sind ungemütlich hoch, die Wände feucht und kalt. Nur selten dringt durch die grauen, eng vergitterten Fenster ein spärlicher Strahl Sonne, der unter dem stellenweise abgeblätterten Kalk der Wände das Wappen der einstigen Besitzer des Hauses, der Montmorency, erkennen läßt.

Der übergroßen Strenge zur Zeit Le Bons ist, wie in den meisten Provinzgefängnissen, ein völliges Schleifenlassen der Zügel gefolgt. Bei der Einlieferung gibt es keine Leibesvisitation. Alle Dinge des persönlichen Bedarfs werden den Gefangenen belassen. Sie behalten ihr Geld, bestellen auf eigene Kosten ihr Essen und bestehen darauf, des Nachts ihre Zellen selbst zu verriegeln.

Zwischen den einzelnen Gefängnissen herrscht, entgegen allen Vorschriften, ein lebhafter Briefwechsel; die Gefangenen tauschen, von keiner Zensur behelligt, ihre Ansichten untereinander aus. Die Häuser Hôtel-Dieu und Providence liegen zudem so dicht beieinander, daß sich die Insassen von den Fenstern aus sehen und mittels Zeichensprache verständigen können.

Die Verpflegung der mittellosen Gefangenen ist, angesichts der allgemeinen Knappheit an Lebensmitteln, mehr als mäßig. Im Distrikt häufen sich Anträge über Anträge, in denen die Gefangenen eine Steigerung ihrer täglichen Ration, die auf ein Pfund Brot heruntergegangen ist, verlangen.

Aus den Zeitungen, die meist unregelmäßig und verspätet eintreffen, erfahren sie von dem Ansteigen der Versorgungsschwierigkeiten, den Debatten im Konvent über die Umgestaltung der Verfassung [132] und den Demonstrationen der hungernden Massen in Paris.

Die verflogenen Hoffnungen und schneidenden Ängste, die dem gescheiterten Aufmarsch vom 12. Germinal folgen, spiegeln sich in einem Schreiben, das Babeuf im April, eine Woche nach den Ereignissen in Paris, an Fouché richtet.

Er schreibe mit einiger Verzögerung, da es eine Reihe von Schwierigkeiten gegeben habe, «um die Anordnung zu umgehen, die mir jede Verbindung nach außen untersagt». Ein sicherer Verbindungsmann mußte gefunden werden, um Fouché nicht zu kompromittieren. «Danach kam das Herannahen des revolutionären Ausbruchs, auf den ich meine größte Hoffnung gesetzt hatte.»

Er und seine Freunde hätten schlimme Ängste ausgestanden, als sie die Nachricht erreichte, Fouché sei verhaftet. Während einiger Tage habe sich ein Gerücht gehalten, wonach alle Abgeordneten des Berges verhaftet oder angeklagt wären. Die Gefängnisatmosphäre habe das ihre getan, diese Parolen am Leben zu erhalten. «Ich atmete erst wieder auf, als das Gerücht dementiert worden war.»

«Ich war noch», fährt Babeuf fort, «mit einigen Arbeiten beschäftigt, die aber die letzten Umstände, die wir zu beklagen haben, ganz unnütz machen. Seit dem Tage meiner Verhaftung scheint ein verhängnisvolles Fatum über allem zu walten, was ich tun will.»

Die in La Force neu geschriebene Nummer 33 des *Tribun* habe er Isoard, Loys, Fauvety aus Orange und anderen übergeben. «Sie hatten mir versprochen, sie in Druck zu geben. Ich glaube nicht, daß sie es getan haben. Unterdessen hatte ich hier eine dritte Fassung unter dem Titel *Brief des Tribun an den faubourg Antoine und an alle Sansculotten von Paris* fertiggestellt. Die Katastrophe vom 12. Germinal macht große Änderungen notwendig. Das will allerdings nicht besagen, daß ich darauf verzichte und daß ich die Partie aufgebe . . .»

Die Linke habe eine große Schlacht verloren. Ihre Folgen seien vielleicht nicht mehr gut zu machen. «Aber sollen wir uns deswegen niederdrücken lassen? Nein, erst in den großen Gefahren entfalten sich das Genie und der Mut. Wir sind übrigens nicht ohne Trost inmitten unseres Mißgeschicks. Wie es scheint, sind unsere heutigen Herrscher, nachdem sie die Menschlichkeit auf die Tagesordnung gesetzt haben, entschlossen, die Todesstrafe nicht mehr zu vollziehen. Sie haben beschlossen, die Deportation gegen die zu verhängen, die sie als die größten Verbrecher betrachten. Was ist die Deportation? Sie bedeutet das Exil, das heißt eine ehrenvolle Acht; es ist die Strafe, welche die Tyrannen der römischen Republik über die glühendsten Verteidiger der Freiheit verhängten; aber die Verbannung vernichtet nicht für immer. Die Zeit ändert die Ereignisse; man kehrt aus einer Verbannung zurück, und man kehrt ruhmvoll und siegreich zurück. Wir haben die Beispiele des Cicero und des Ämilius Paulus.»

Doch Fouché schweigt. Er mißtraut jenen «Aufständen, die aus der Erregung geboren werden und denen Furcht und Reue rasch folgen». Wenn Babeuf ihm schreibt, er wisse, Fouché gehöre zu denen, «die niemals zwischen ihrer Liebe zum Vaterland und ihrer eigenen Erhaltung schwanken, zu denen, die erst im Grabe die Waffen strecken . . .», so sind dies für ihn bloße Redensarten. Fouché hat einen guten Kopf, den Kopf «eines Mannes von Genie, der mit Klugheit seine Unternehmungen erwägt», und er ist fest entschlossen, ihn nicht sinnlos aufs Spiel zu setzen.

Während der Monate April und Mai herrscht in Paris eine unbeschreibliche Gärung. Die offizielle Verteilung von Brot oder Reis an die Bevölkerung sinkt im Mai auf zwei Unzen täglich, für die man stundenlang in der Schlange vor den Bäckerläden anstehen muß. An manchen Tagen gibt es buchstäblich nichts. In den Straßen werden täglich Menschen aufgelesen, die vor Entkräftung zusammengebrochen sind. Die Polizei schafft sie in die Hospitäler, wo sie zu Hunderten sterben, denn selbst die Krankenhäuser können nicht mehr ausreichend beliefert werden.

Auch in Babeufs Familie fordert der Hunger seine Opfer. Seine siebenjährige Tochter Sophie stirbt an den Folgen der Auszehrung. «Ich hatte», erinnert er sich in Vendôme, «eine Tochter von sieben Jahren; bald erreichte mich die erschütternde Nachricht, sie sei an den Folgen der mörderischen Herabsetzung auf zwei Unzen Brot gestorben. Als ich meine beiden anderen Kinder im September wiedersah, waren sie derart abgemagert, daß ich sie überhaupt nicht erkannte.»

Am 1. Prairial [133] bricht der seit Wochen erwartete Aufstand aus. Die Forderungen der Aufständischen lauten auf Brot, Abschaffung der Revolutionsregierung und die Einführung der Verfassung von 1793. Alle Mitglieder der Regierung sollen verhaftet, die eingekerkerten Patrioten freigelassen und Neuwahlen noch im gleichen Monat anberaumt werden [134].

Während vier Tagen bleibt alles in der Schwebe, scheint sich der Sieg bald der einen, bald der anderen Seite zuzuneigen. Doch die Aufständischen lassen sich, den sicheren Sieg in Händen, durch Versprechungen des Konvents hinhalten, zur gleichen Zeit, in der unausgesetzt Militärtransporte aus der Provinz in Paris eintreffen.

Am Nachmittag des 4. Prairial kommen die Maßnahmen zur Einschließung des faubourg Antoine zum Abschluß; die dortigen Sektionen kapitulieren vor der Drohung eines Bombardements und liefern ihre Waffen ab. Gegen zehn Uhr ist alles zu Ende.

Der Schrecken ist allgemein. Der Konvent räumt unerbittlich in den eigenen Reihen auf. Es hagelt Haftbefehle. Alles duckt sich. Selbst André Dumont und Tallien fragen sich beunruhigt, ob nicht morgen die Reihe an sie kommen werde.

Fouché, der sich während der Prairialtage im Hintergrund gehalten hatte, hat dennoch Anlaß, um seinen Kopf besorgt zu sein. Als er im Hof der Tuilerien Hyde de Neuville, einem jungen Menschen von neunzehn Jahren, der im Gesetzgebungsausschuß über Vorgänge im Departement Nièvre zur Zeit von Fouchés Prokonsulat vernommen werden soll, begegnet, erinnert er ihn angstvoll daran, daß er einmal Schritte zu seinen Gunsten unternommen habe. «Ich fühlte mich nicht verpflichtet, an die Reinheit des Bürgers Fouché zu glauben», bemerkt Hyde de Neuville. «Aber er war niedergeschlagen und nun seinerseits verfolgt; ich hatte die Großmut der Jugend, ich versprach, nichts gegen ihn zu unternehmen, und ich hielt Wort.»

Babeufs Name fällt in keiner der Verhandlungen der Militärkommission, vor der sich die Besiegten des Prairial zu verantworten haben. Nur einmal ist von ihm, wenn auch nur indirekt, die Rede.

Am 9. Juli gibt der aus Rennes zum Verhör geholte Brutus Magnier an, er habe eine Kopie seines Aufstandsplanes einem Patrioten übersandt, der ihn einem Volksvertreter übergeben sollte. Den Namen des Deputierten wisse er nicht, den Namen des Patrioten werde er nicht nennen. Seinen Plan habe er unter dem Eindruck einer Broschüre aufgestellt, in welcher allen Patrioten vorgeschlagen wurde, ihre Meinung darüber mitzuteilen, wie man unverzüglich einen «friedlichen Aufstand» organisieren könne. Doch wolle er weder über die Broschüre noch über ihren Verfasser etwas aussagen.

Ganz eindeutig bezieht Magnier sich hier auf Babeuf und den von ihm in der Nummer 31 seines *Tribun* geforderten «friedlichen Aufstand». Zu ihrem Glück haben es beide mit Richtern zu tun, die als Militärs sich nicht verpflichtet fühlen, Zeitungen und Zeitschriften zu lesen. Auch sonst kommt niemand auf diese Aussage zurück. Selbst Magnier, der trotz seines Geständnisses und seiner aufrechten Haltung vor der Kommission mit einer Verurteilung zur Deportation verhältnismäßig glimpflich davonkommt, hüllt sich in der Folge über seine Beziehungen zu Babeuf in Schweigen.

«Die Arbeiter haben ihre Arbeit wieder aufgenommen», meldet ein Polizeibericht, «die Frauen sind an den häuslichen Herd zurückgekehrt; sie sind stumm über die politischen Ereignisse.»

In den Straßen geht das Leben seinen gewohnten Gang, und obwohl die Brotrationen zwischen vier und sechs Unzen schwanken, «scheint sich niemand wie ehedem darüber beklagen» zu wollen.

Paris erhält Garnison. Die Polizei wird reorganisiert und unter die Verwaltung von drei Administratoren gestellt, die über eine neu geschaffene Truppe, die Polizeilegion, verfügen.

Die Auflösung der Kanonier-Kompanien und die fortschreitende Dezimierung der revolutionären Kader verurteilt die Massen der Vorstädte zur politischen Inaktivität. An die Stelle der Nationalgarde und der ungeordnet demonstrierenden Volksmassen tritt eine neue Macht, das Militär. «Durch ihren Gehorsam gegenüber Pichegru und Menou haben Bataillone, geboren mit der Republik und ausgezeichnet in den Kämpfen gegen die Satelliten der Könige, ihren Lorbeer beschmutzt», urteilt Babeuf. «Diese Schlacht gegen das Volk hat ihm mehr Leid zugefügt, als alle in seinem Namen gewonnenen Siege ihm Gutes gebracht haben.»

Wie aber die Kluft zwischen Volk und Armee überbrücken, wie sie aufs neue zusammenführen und in einer machtvollen Bewegung vereinen? Dies kann nur das Ergebnis einer neuen Politik sein, einer Politik, die mit der Verwirklichung des *bonheur commun* Ernst macht.

Das ist die Lehre, die Babeuf aus dem Desaster der Prairialtage zieht.

5

In Babeufs Leben bedeuten die sechs Monate seines Exils in Arras eine wichtige Zeit. Endlich einmal kann er, befreit von allen Tagessorgen, die theoretischen Grundlagen seines Kampfes in Ruhe überdenken, sichten und in ein System bringen. Die Ergebnisse dieser Gedankenarbeit werden ihren Niederschlag in den nächsten Nummern des *Tribun* finden. Ihre Anfänge und ihre Entwicklung finden sich in dem Briefwechsel mit Germain, dem einzigen, dem Babeuf in diesen Tagen restlos vertraut und dem er rückhaltlos seine geheimsten Gedanken offenbart.

Ihre Bekanntschaft datiert von ihrem gemeinsamen Aufenthalt im Gefängnis des Sicherheitsausschusses in der Orties-Straße. Aus der Bekanntschaft entwickelt sich eine enge Freundschaft, eine Freundschaft von einer solchen Unbedingtheit, wie sie allein unter den besonderen Verhältnissen der Gefangenschaft und unter Menschen der gleichen politischen Überzeugung zu entstehen vermag. Gegenseitige Zuneigung und vollkommenes Vertrauen sind die Grundlagen dieser Freundschaft, zu denen sich bei Germain noch die Bewunderung der intellektuellen Fähigkeiten Babeufs und der unerschütterliche Glaube an dessen politische Sendung gesellen.

Charles Germain ist zehn Jahre jünger als Babeuf. Er stammt aus Narbonne, wo ihn das Taufregister als Sohn gutbürgerlicher Eltern ausweist. Dem Einfluß des Erzbischofs von Narbonne, Arthur-Richard Dillon, verdankt er eine Freistelle auf einem Kolleg in Paris. «Häusliche Unglücksfälle» (vermutlich der frühzeitige Tod seines Vaters) «setzten mich außerstande, meine Studien fortzuführen und bestimmten mich Soldat zu werden. Ich zählte damals siebzehn Jahre . . .», sagt er von sich.

Über ein halbes Jahrzehnt einfacher Soldat, wird er im Dezember 1793, durch einen Befehl der Volksvertreter bei der Armee der Ost-Pyrenäen, zum Offizier in einem Husarenregiment befördert. Er bleibt es nicht lange. Am 12. Juni läßt ihn ein Abgeordneter der Linken, ein Montagnard, dessen Namen er großmütig verschweigt, wegen einer offenbar nicht linientreuen Rede absetzen und verhaften. Erst am 27. August, einem Monat nach Robespierres Sturz, erlangt er durch einen Befehl des Wohlfahrtsausschusses seine Freiheit zurück.

Aus der Armee entlassen, begibt er sich nach Paris, um seine Reaktivierung zu betreiben. Er hätte sie bei dem inzwischen eingetretenen Umschwung der Verhältnisse als «Opfer des Terrorismus» leicht erreichen können. Doch er verzichtet darauf, was ihn und seine Haltung kennzeichnet, aus dieser Eigenschaft Vorteil zu ziehen und den Mann, der ihn absetzen und einsperren ließ, und der nun selbst zu den Verfolgten gehört, seinerseits zu belasten.

So bleibt er unbeschäftigt und unberücksichtigt. Er ist es noch, als er am 16. Januar 1795 – wegen einer tätlichen Auseinandersetzung mit Angehörigen der *jeunesse* – festgenommen und zum Sicherheitsausschuß gebracht wird. Dort will es sein Pech, daß man ihn (dem ehemaligen marquis) Rovère, einem rechten Thermidorianer, der sich vom Terroristen zum Reaktionär gemausert hat, vorführt. Dieser läßt ihn, allein aufgrund seines verdächtigen jakobinischen Aussehens, ins Orties-Gefängnis bringen. Seine Überweisung enthält nichts weiter als den lakonischen Vermerk: «Verhaftet, ohne Angabe von Gründen.»

Dies genügt, ihn zunächst für drei Monate im Gefängnis des Sicherheitsausschusses festzuhalten. Am 25. April kommt er in das Plessis-Gefängnis, wo er einem Transport nach Arras zugeteilt wird, der ihn zu seiner nächsten Station, dem Gefängnis Providence, in der rue de Baudimont, befördert.

Kurze Zeit später gelingt es Germain, sich mit Babeuf in Verbindung zu setzen. Von nun an vergeht kaum ein Tag, an dem sie nicht in Briefen ihre Meinungen austauschen. Politische und philosophische Themen, Charakteristiken ihrer Mithäftlinge und poetische Episteln, wie Germains Gedicht an seine «Gefährten im Mißgeschick», wechseln einander in bunter Folge ab und bieten Stoff zu immer neuen Debatten.

Auch um Babeufs persönliches Wohlergehen zeigt sich Germain besorgt. Er erkundigt sich nach allen Einzelheiten: «Du hast mir noch nicht von Deinem Gefängnis gesprochen. Ist es ebenso angenehm wie das Orties? Es ist immerhin wohl besser als La Force. Was das unsrige anlangt, enthält es jede Art von Leuten, Soldaten in großer Zahl, Diebe, Huren, widerspenstige und vereidigte Priester, Emigranten, angebliche und wahre Patrioten. Die Mischung ist unglaublich und verhältnismäßig komisch.»

Er warnt Babeuf vor einem Spitzel, einem gewissen Nayez, einem Schwätzer und Taugenichts. Babeuf erwidert, er habe auf den ersten Blick erkannt, woran er mit ihm sei. «Sansculotte soviel es Dir gefällt, aber ich mache mich nicht gemein.» Gegen Unverschämtheiten wisse er sich zur Wehr zu setzen. Einem Mithäftling, der mit Stiefeln auf sein Bett gestiegen sei, habe er gedroht, ihn zu ohrfeigen, wenn er sich nicht schleunig auf die Beine mache. Worauf dieser, «ein als Soldat verkleideter Lakai», der sich im Gefängnis als Kalfaktor, Badewärter und Barbier betätige, es für richtig gehalten habe, ungesäumt den Rückzug anzutreten.

Die Ereignisse des Prairial bleiben nicht ohne Rückwirkung auf die politischen Gefangenen. An die Stelle übertriebener Hoffnungen, die nach Gerüchten über einen glücklichen Ausgang des Aufstandes entstanden waren, sind Verzweiflung und tiefe Niedergeschlagenheit getreten. Manche kehren der Politik endgültig den Rücken, andere versuchen sich bei den Siegern einzuschmeicheln. Die besten Elemente, Naturen wie Babeuf und Germain, stürzen sich in die Arbeit, um in ihr Vergessen und neue Kraft zu finden.

Germain vergräbt sich in das Studium des Helvétius. Er findet bei ihm die Ansprache des Hannibal an seine Soldaten: «Freunde, der Himmel verkündet mir den Sieg: betrachtet das Schlachtfeld, das keinen Ausweg für die Feiglinge hat. Wir gehen sämtlich zugrunde, wenn wir besiegt werden. Kein einfacheres Zeichen gibt es für den Schutz der Götter: sie haben uns zwischen den Sieg und den Tod gestellt!»

Helvétius will – wobei er Germains begeisterte Zustimmung findet – der Menschheit das reine Glück ihres Naturzustandes zurückgeben. Den übergroßen Reichtum der einen zu vermindern, um die übermäßige Armut der anderen zu beseitigen, scheint auch Germain der rechte Weg einer sozialen Neuordnung.

Immer wieder liest er in seinem abgegriffenen Exemplar des Helvétius diese Stelle, die er bald auswendig zitieren kann: «Die weisen Gesetze könnten ohne Zweifel das Wunder eines universellen Glückes bewirken. Alle Bürger haben etwas Eigentum. Alle sind in einem Zustand der Wohlhabenheit und können durch eine Arbeit von sieben oder acht Stunden ihre und ihrer Familien Bedürfnisse im Überfluß befriedigen. Sie sind dann so glücklich, wie sie es nur sein können . . .»

Ganz durchdrungen von seinen aus dem Helvétius geschöpften Erkenntnissen, entwirft Germain in einem Brief an Babeuf ein Bild der kommenden Gesellschaft. Doch der zeigt sich nicht sonderlich beeindruckt. Er erhebt Einwände. «Mir scheint, unsere Gegner hätten zu leichtes Spiel, wenn ich Dir nicht zu Hilfe komme . . .»

Germain ist sein Freund, sein Schüler, sein «General», den er wie einen jüngeren Bruder liebt. Ihm schreibt Babeuf am 28. Juli 1795 jenen Brief, der wie ein erstes Wetterleuchten den Schauplatz der kommenden sozialen Revolution erhellt.

Babeuf nennt vier Haupteinwände gegen die Anhänger des *bonheur commun:* «Ihr zerstört den Handel, ihr vernichtet die Industrie, ihr fördert den Müßiggang und ihr vernachlässigt die Landwirtschaft.» Hiergegen müsse man angehen. Was sonst noch vorgebracht werde, gelte nicht die Mühe der Widerlegung. Dies vorausgeschickt, macht sich Babeuf ans Werk.

«Was ist der Handel? Versuchen wir, ihn zu definieren. Ist er nicht einfach die Gesamtheit aller Tätigkeiten, die mit der Herstellung und der Verteilung der Produktion zusammenhängen? ... Warum aber haben gerade diejenigen, die die eigentlich produktive Arbeit leisten, unvergleichlich weniger Vorteil davon, als jene, die nur die untergeordnete Arbeit leisten, die in der Verteilung der Arbeitsprodukte besteht?» Die Antwort darauf sei nicht schwer. «Kaufleute und Spekulanten haben sich zusammengeschlossen, um den wirklichen Produzenten in Abhängigkeit zu halten und ihm zu sagen: arbeite viel, iß wenig, oder du wirst keine Arbeit mehr haben und überhaupt nichts zu essen. Das ist das barbarische Gesetz der Kapitalisten.»

In den Händen gewinnsüchtiger Geldleute werde der Handel, vor allem der Handel mit den zum Leben notwendigen Nahrungsmitteln, zu einem Spekulationsobjekt, bei dem sie je nach Bedarf bald eine Hausse, bald eine Baisse der Preise herbeiführten, und im Interesse ihrer Gewinne selbst vor einer Vernichtung der Lebensmittel nicht zurückschreckten. «Unter den gegenwärtigen Verhältnissen ist der Handel nichts weiter als eine riesige Summe mörderischer Mißbräuche. Aber jeder Mißbrauch muß zerstört werden, sagt die Gerechtigkeit. Deshalb besteht der Reformplan des Gracchus, der die Abschaffung aller Mißbräuche vorsieht, auch auf der Abschaffung des Handels, jedenfalls in seiner gegenwärtigen Form.»

Babeuf betont, er meine damit nicht die Abschaffung des Handels an sich. Er müsse durch ein System ersetzt werden, in dem alle gleichzeitig Produzenten und Konsumenten seien, eine erneuerte Gesellschaft, in der alle einträchtig dem großen Ziel des gemeinsamen Wohlstandes zustrebten, in der es weder Ausbeuter noch Ausgebeutete gebe, in der jeder seinen Beruf habe, den er gewissenhaft ausübe und der ihn glücklich leben lasse.

In einer solchen Gesellschaft werde selbst für Händler und Kaufleute Platz sein, vorausgesetzt, sie seien bereit, als einfache Angestellte an der Durchführung der Verteilung mitzuarbeiten. In diesem Stadium der Entwicklung werde sich der Handel sogar vervollkommnen, um endlich seiner wahren Aufgabe zugeführt zu werden, die darin bestehe, die Gesamtheit der Gesellschafter, also alle Einzelwesen des Staates, mit gleichen Anteilen zu versorgen. «Alle Unterschiede der sozialen Stufenleiter sind aufgehoben. Alle arbeiten und alle haben ein gleichmäßiges Anrecht auf die gemeinsamen Früchte dieser Arbeit.»

Vom Handel geht Babeuf zur Industrie über. Mit welchem Recht, fragt er, wiederholten eigentlich die Verteidiger der überlebten Ordnung bis zum Überdruß ihre Ansicht, die neue Ordnung werde die Industrie vernichten? Das Gegenteil sei richtig. Zunächst einmal bleibe ein jeder an seinem Platz. Einzig das bestehende Durcheinander in der Produktion werde beseitigt. Durch ein sorgfältig ausgearbeitetes Plansystem werde die Industrie den wirklichen Bedürfnissen entsprechend produzieren und auch den in Zukunft entstehenden Bedarf einkalkulieren. Sollte die Industrie daran zugrunde gehen?

Allerdings, mit dem bisherigen Zustand der Privatinitiative würde aufgeräumt. An die Stelle des bestehenden Produktionswirrwarrs trete eine nach planwirtschaftlichen Gesichtspunkten ausgerichtete Volkswirtschaft. Keine Fabrik, keine Ware, die nicht in dem großen Warenhaus, in der großen Fabrik, nämlich der Gesamtheit der Hilfsquellen der Republik, ihren Platz angewiesen erhielte.

Und was folgt daraus für den einzelnen? Er werde nicht mehr von der Sorge um seine Existenz gequält werden, sondern ruhig und unbekümmert seiner Arbeit nachgehen können. Was könne er mehr verlangen? Wer eine Maschine erfinde, die Zeit und Arbeit spare, werde sich keine Sorge machen müssen, daß man ihm seine Erfindung stehle oder daß er durch sie arbeitslos werde. Die Gesellschaft werde ihn belohnen, und die Gesamtheit aller Tätigen werde durch sie neue Freizeit – nicht als trostlose Arbeitslosigkeit, sondern als angenehme Muße – gewinnen.

Erst dann könne der Arbeiter ein echtes Interesse daran haben, durch Vervollkommnung des maschinellen Arbeitsprozesses seine eigene Lage zu verbessern. Da alle in gleichem Maße zur Bewältigung des Produktionsplanes aufgerufen seien, bedeute ersparte Zeit auch eine Verringerung des auf jeden einzelnen entfallenden Arbeitsanteils.

Noch eines sei zu berücksichtigen: die neue Gesellschaft werde dem einzelnen die Sorge um seine Existenz auch dahingehend abnehmen, daß sie ihn vor den Zufällen der Geldentwertung schütze und die Sorge für das Los der Kinder, der Kranken und alten Leute auf sich nehme. Den Kindern gegenüber leiste die Gesellschaft einen Vorschuß, den Alten zahle sie die Schuld der Menschlichkeit.

Wenn jetzt ein jeder bestrebt sei, möglichst viel Vermögen zusammenzuscharren, so sei dies durch die Unsicherheit der gesellschaftlichen Verhältnisse begründet. Seien doch selbst kolossale Vermögen durch zufällige Umstände vernichtet worden. Wem aber Sicherheit geboten werde, der schraube seine Ansprüche ganz von selbst herunter.

Aber der Müßiggang – würden die Gegner einwenden. Dabei sei es offensichtlich, daß gerade ein solches System dem Müßiggang ein Ende setzen würde. Der Grundanspruch auf gleiche Verteilung aller Produkte in Industrie und Landwirtschaft habe zur Voraussetzung, daß ein jeder nach Maßgabe seiner intellektuellen oder physischen Fähigkeiten mitarbeite. Kein Müßiggänger werde mehr geduldet. Niemand habe das Recht, auf Kosten eines anderen zu leben. Für Nichtstuer sei in der Gesellschaft kein Platz. Wer es dennoch versuchen wolle, werde bald erkannt sein und sich vor Gericht wegen des schweren Verbrechens der Arbeitsverweigerung, als eines Attentats auf die Gleichheit, zu verantworten haben.

Auch die Sorge, der Landwirtschaft könnten durch die Aufstellung militärischer Formationen zur Sicherung der Republik zuviel Kräfte entzogen werden, weiß Babeuf mit wenigen Sätzen zu widerlegen. Germain habe richtig darauf verwiesen, daß die Aushebung von 1 500 000 Mann vorgenommen werden konnte, ohne daß die Bestellung der Felder darunter gelitten habe. Wer sich auf diesem Gebiet auskenne, wisse Bescheid über die Wirkung des Einsatzes landwirtschaftlicher Maschinen und kenne die Erfolge bei zweckmäßiger Arbeitsteilung, vor allem in der Bewirtschaftung großräumiger Flächen. Vor der Revolution habe es auf dem Lande eine Fülle von Menschen gegeben, die in erzwungenem Müßiggang dahinlebten. Sofern man das bestehende System nicht ändere, müsse nach der Entlassung der jetzt einberufenen Soldaten eine ungeheure Arbeitslosigkeit auf dem Lande entstehen.

Wie aber in Zukunft den Außenhandel und ganz allgemein die Beziehungen zu den anderen Völkern gestalten? Babeuf und Germain sind sich einig, daß, zumindest für einige Zeit, jeder Handel mit den Nachbarstaaten aufhören müsse. Man werde sich mit dem begnügen, was man habe und auf überflüssige Dinge aus dem Ausland verzichten. Denn der Außenhandel würde, wäre er jedem erlaubt, den Geist der Gewinnsucht neu erwecken. Sollten bestimmte Gründe den Abschluß von Außenhandelsgeschäften zweckmäßig erscheinen lassen, so werde sie der Staat selbst in die Hand nehmen.

Dennoch will Babeuf das Prinzip der chinesischen Mauer nicht ausnahmslos angewandt wissen. Er stimmt Germain zu, der Ausnahmen für Besucher zulassen will. Dies verspreche gute Propagandamöglichkeiten, auf die zu verzichten unklug wäre. Man könne sogar soweit gehen, etwaigen Überfluß im eigenen Lande anderen Völkern als reines Geschenk zukommen zu lassen, und sich seinerseits bereit erklären, ebenfalls solche Geschenke aus dem Ausland anzunehmen.

Um seine Pläne zu verwirklichen, habe Germain sich für einen Handstreich zur Eroberung der Staatsmacht ausgesprochen. Babeuf wird nicht müde, in immer neuen Wendungen vor einer solchen, wie er fest glaubt, verhängnisvollen Aktion zu warnen. Was wäre, selbst bei einem Gelingen, die unmittelbare Folge? «Man wird in Deinen Anhängern nur Banditen sehen, Brandstifter, eingefleischte Verbrecher. Vergeblich würden sie unser heilsames Manifest verbreiten; es würde, inmitten des allgemeinen Schrekkens, nicht gelesen. Das Volk, die unaufgeklärte oder aufgehetzte Menge, würde sich verblendet auf uns stürzen. Wir wären dem Abscheu der Jahrhunderte geweiht. Nein, mein lieber General, hüten wir uns, zu rasch vorzugehen und alles im Sturm erobern zu wollen. Nach Deinem Plan hat man, im Fall des Erfolges, einen ungeheuren und entscheidenden Sieg errungen, dagegen im Fall eines Scheiterns, eine unwiderrufliche, tödliche Niederlage.»

Babeufs Plan ist weniger heroisch, dafür aber weit mehr den bestehenden Möglichkeiten angepaßt. Er geht davon aus, zunächst ein Aktionszentrum zu schaffen. Von hier aus, in einem Gebiet, in dem günstige Voraussetzungen für die Aufnahmebereitschaft der Bevölkerung gegeben seien, gelte es, Schritt für Schritt den Einfluß der neuen Doktrin auszudehnen.

Babeuf denkt an die Schaffung einer proletarischen Vendée, einer *Vendée plébéienne.* «Unsere Vendée würde, zumindest habe ich guten Grund es zu glauben, von Ort zu Ort mit solcher Geschwindigkeit wachsen, daß wir Grund hätten, weder um die Ausdehnung noch die Dauer des Erfolges besorgt zu sein.» Die wesentliche Voraussetzung des Gelingens liege in der genügenden Aufklärung.

Germain unterschätze offenbar das Ausmaß der gegnerischen Progaganda. «Diese mörderischen Parasiten werden uns als Vandalen, als Feinde von Wissenschaft, Kunst und Technik hinstellen und von einem Abgleiten in die Barbarei sprechen.»

Man dürfe sich dadurch nicht beirren lassen. Die Republik der Gleichen werde im Gegenteil ein Aufblühen der Künste und Wissenschaften zur Folge haben. Diese würden sich auf der Suche nach neuen Wegen entwickeln und vervollkommnen. Entlassen aus der schmählichen Abhängigkeit von privaten Gönnern, würden sie sich zu grandiosen Konzeptionen erheben, den einzigen, die einer wahren Zivilisation würdig seien.

Damit endigt Babeuf sein denkwürdiges Schreiben. Es habe ihn dazu geführt, «einige wesentliche Gedankengänge zu entwickeln, die kein schlechtes Material für das Manifest wären». Das Manifest, auf das Babeuf hier anspielt, wird im November im *Tribun* als *Manifeste des Plébéiens* erscheinen.

Babeufs Schreiben muß auf Germain schlechthin überwältigend gewirkt haben. Wir können diesen Eindruck gut aus den gestammelten Worten der Ergebenheit ablesen, die er, zwei Dekaden später, am 17. August, an Babeuf richtet: «Ich habe es versprochen ... ich habe den Glauben ... ich bin bereit.»

Noch in Vendôme, unter der tödlichen Drohung der Anklage, wird Germain in rührenden Worten dieser Zeit gedenken. «Während meiner Gefangenschaft in Arras unterhielt ich einen Briefwechsel mit Babeuf, einen Briefwechsel, der mir stets die Langeweile der Gefangenschaft verscheuchte und nicht selten sogar die Gitter und Riegel meines Gefängnisses erträglich erscheinen ließ.»

Glückliche Zeiten, in denen sie von einer schöneren Zukunft träumen. Die Zeit ist nicht fern, da sich ihr Traum mit der Wirklichkeit messen wird.

6

In den Gefängnissen scheint die Zeit still zu stehen. Tage dehnen sich aus wie Wochen, Wochen wie Monate, Monate wie Jahre. Der Gefangene kämpft mit der Zeit, die nicht vergehen will, die ihn in ihrem Würgegriff festhält, ihn schlaff und gleichgültig macht, bis er alles widerstandslos über sich ergehen läßt.

Alle Gefangenen, die politischen nicht ausgenommen, kennen diesen Kampf. Nur wenigen gelingt es, sich darin zu behaupten und auch hinter Gittern ihren Gleichmut zu bewahren.

Germain macht schlimme Zeiten durch. Tagelang kann er sich zu nichts aufraffen, hängt er, in endlose Grübeleien versponnen, traurigen und trostlosen Gedanken nach. Das heilige Feuer, schreibt er seinem Freunde Babeuf, sei in ihm noch nicht erloschen; aber er spüre, daß es Zeit werde aus diesem Gefängnis, das ihn schwach mache, herauszukommen. Er wolle endlich handeln.

Die Tage vergehen in eintönigem Gleichmaß. Zu der gedrückten Stimmung kommt die sommerliche Hitze, die den Aufenthalt in den Zellen und auf den von Mauern umgebenen schattenlosen Höfen unerträglich macht. Die Gespräche der Gefangenen drehen sich in ermüdendem Gleichmaß stets um die gleichen Fragen der Ernährung und der baldigen Befreiung, sei es durch einen Aufstand oder eine Amnestie.

Abwechslung bringen allein die heimlichen Korrespondenzen, sowohl untereinander von Haus zu Haus wie mit den Kameraden draußen, die noch oder schon wieder in Freiheit sind. Dies erklärt zur Genüge, warum sich alle, selbst halbe Analphabeten unter ihnen, dem Briefeschreiben mit seltener Hingabe widmen.

Zu den wichtigsten Beziehungen, die Babeuf in Arras anknüpft, gehören seine Verbindungen zur Familie Le Bon. «Ich lernte in diesem Gefängnis einen der Brüder Joseph Le Bons, namens Henry kennen, der keines weiteren Verbrechens angeklagt war, als der Bruder des berühmten Prokonsuls zu sein. Durch ihn lernte ich seinen Bruder Léandre kennen, der Henry im Gefängnis besuchte, um ihn mit den notwendigsten Dingen zu versorgen. Beide sprachen mir von der Frau Joseph Le Bons, die mit ihren beiden kleinen Kindern in einem anderen Gefängnis der gleichen Stadt eingesperrt war. Sie machte sich große Sorgen um das Schicksal ihres Gatten. Ich sandte ihr brieflich einige Trostworte, die sie dankbar empfand und auf die sie mir antwortete. Ich schrieb ihr einige Male bis zum Fructidor, in dem ich nach Paris zurückkehrte ...»

Durch die Geschwister Le Bon tritt Babeuf in brieflichen und persönlichen Kontakt mit deren zahlreicher Klientel aus Saint-Omer und Montreuil, den Zentren jakobinischer Patrioten im Pas-de-Calais. In kurzer Zeit gelingt es Babeuf, eine Reihe der engsten Mitarbeiter Le Bons, unter ihnen Caubrières, Taffoureau, Cochet und Fontenier, zu Anhängern seiner Idee «einer großen Revolution in den Besitzverhältnissen» zu machen und sie von der Notwendigkeit zu überzeugen, «eine proletarische Vendée zu bilden, um mittels Gewalt zu erreichen, was auf dem Wege der Forderungen zu erlangen nicht mehr möglich schien». Und Elisabeth Régnier-Le Bon glaubt sicherlich, ihrem Mann in seinem Gefängnis eine erfreuliche Botschaft zu übermitteln, wenn sie ihn wissen läßt, «daß alle Freunde in ständiger Verbindung mit Babeuf stehen».

Wie nicht selten bei Angehörigen einer verfolgten und in halber Illegalität arbeitenden Gruppe, wird die gemeinsame Verfolgung zur Grundlage unbegrenzten Vertrauens. So schreibt Cochet an Babeuf, zu dem er nur durch ihren gemeinsamen Freund Taffoureau in Beziehung steht, daß er einen Fluchtversuch aus dem Gefängnis von Saint-Omer vorbereite. Er bitte Babeuf, ihm an eine Deckadresse die Anschriften «einiger guter Kumpels» in Paris zukommen zu lassen, bei denen er hoffen könne, Unterschlupf zu finden.

Ähnlich vertrauensvoll wenden sich zwei im Militärhospital von Tournay inhaftierte Soldaten an Babeuf, und aus Arras schreibt ihm ein gewisser Goulliart, er sei sein begeisterter Anhänger und hoffe, es eines Tages beweisen zu können. «Ich erwarte diesen glücklichen Augenblick und werde ihn, soweit es in meinen Kräften steht, beschleunigen. Adieu, lasse mich Deine Neuigkeiten wissen; eine lange Antwort zu schreiben, wird Dir nicht mehr Mühe machen, als mich diese kurze Epistel gekostet hat.»

Nicht immer bleibt das gute Einvernehmen zwischen den «Brüdern und Freunden» ungetrübt. Cochet zeigt sich über gewisse, nicht gerade freundliche Äußerungen «des Herrn Josse» (der die für Babeuf bestimmte Post entgegennimmt und an ihn weiterleitet) empfindlich verstimmt. Auch zwischen Babeuf und Lebois [135], dem ebenfalls in den Baudets eingesperrten Herausgeber des *Ami du peuple*, bestehen Spannungen, die auf eine latente Feindschaft schließen lassen.

Um zwischen ihnen zu vermitteln, schreibt Germain an Babeuf: «Lebois hat einem meiner Kameraden geschrieben; er spricht überhaupt nicht von Dir; ich gestehe offen, daß mich das betrübt: man könnte daraus in der Tat auf eine Mißhelligkeit unter Patrioten schließen, die in gleicher Weise Opfer der gleichen Tyrannei sind.»

Germain soll übrigens sein Urteil über Lebois bald revidieren. «Er hat keinerlei Bildung», stellt er fest. Ein Brief von Lebois an ihn beweise es mehr als nötig. Immerhin zeige er einen festen Willen, denn er wolle keine «Aussöhnung» mit seinem Mitgefangenen Babeuf. Und Germain verspricht, möge Lebois auch fluchen, eine neue Demarche in dieser Richtung.

Wenn Babeuf Gründe haben mag, sich über Lebois und Varlet [136], den er vom *club électoral* her kennt, auszuschweigen, so glaubt er gegenüber einem anderen, in seinen Augen weit zweifelhafteren «Patrioten» keineswegs die gleichen Rücksichten nehmen zu müssen. Als er erfährt, der jüngere Gonord bemühe sich darum, aus Providence zu ihm in die Baudets verlegt zu werden, teilt er dem Friedensrichter Triboulet mit, er unterhalte keine Beziehungen zu Gonord und sei in keiner Weise daran interessiert, daß diesem Wunsche entsprochen werde.

Gonord, der durch Triboulet von diesem Schritt Babeufs erfährt, läßt seiner Empörung freien Lauf. In einem Schreiben, dessen Orthographie unfreiwillig an Babeufs Versuche zu einer Reform der Rechtschreibung erinnert, kanzelt er ihn ab: «Nimm zur Kenntnis, daß ich Dein Lob nicht nötig habe, um zu beweisen, was ich während der Revolution getan habe; daß ich niemals von irgendeiner Partei Geld genommen habe; ... daß ich keiner von der Sorte bin, die auf eine Art schreiben und auf eine andere denken. Nimm gleichzeitig zur Kenntnis, daß, wenn Du geglaubt hast, ich hätte getrunken, als ich vorgestern bei Dir zu Besuch war, ich damit nicht geglaubt habe, jemanden bloßzustellen und daß ich überzeugt bin, daß es nicht die Wassertrinker von der Art Babeufs sind, die allein die Revolution gemacht haben ... Aber Schluß mit den Komplimenten, Du wirst Dich erinnern, daß ich noch nicht nötig gehabt habe, gegen die Verfassung von 93 zu schreiben, um meine Freiheit zu erlangen.»

Babeuf versagt es sich zu antworten. Er notiert zum eigenen Gebrauch seine Erwiderung: «Ich bestreite ihm keineswegs seine revolutionären Titel» – Gonord hatte großspurig als «Sieger über die Bastille» und als «Blessierter vom 10. August» unterzeichnet – «ich greife auch nicht seine Absichten an, aber ich behaupte, daß er unüberlegt handelt und sich selbst nicht genügend kontrolliert. Er sagt, er habe vorgestern geglaubt, niemand bloßzustellen, und ich bin der Ansicht, daß er mehr riskierte, als nur Personen zu kompromittieren. Ich bin ärgerlich darüber, daß er nicht geneigt scheint, freundschaftliche Ratschläge entgegenzunehmen, und die Gründe und Absichten anderer unter ihrem wahren Aspekt zu sehen. Vielleicht wäre dies für ihn das Mittel, ihr Vertrauen nicht gänzlich einzubüßen. Was ich sage, hat keinen direkten Bezug auf seine Beschuldigungen, auf die zu antworten ich nicht gesonnen bin. Ich bin durchaus nicht in Verlegenheit, selbst vor dem anspruchsvollsten Kreise, alle meine Handlungen und mein ganzes Leben seit Beginn der Revolution in Fragen der Gesinnung zu rechtfertigen.»

Weniger abweisend als im Falle Gonords (der sich später als Polizeispitzel entpuppen wird), zeigt sich Babeuf gegenüber den vier Verhafteten, die am 8. August, nachdem sie im Stadttheater eine Aufführung von Cherubinis Lodoïska gestört hatten, ins Gefängnis Les Baudets eingeliefert werden. Unter ihnen befindet sich Béthune, der Chef der *jeunesse dorée* von Arras, dessen ungezwungene Haltung nicht verfehlt, selbst auf Babeuf Eindruck zu machen.

«Dieser junge Mensch, mit seiner blonden Mähne und dem glatt rasierten Gesicht», schreibt er Germain, «vereint in sich, dank einem gewinnenden, aber trügerischen Wesen, den Reiz der Jugend mit einer bis zur Manie getriebenen Unmoral ... Er ist der General der Jesuiten und Chouans im Pas-de-Calais ... Ohne echte Kenntnisse oder Talente hat er im Umgang die gleiche Gewandtheit wie einst die bevorzugten Höflinge der Antoinette und dazu ein gewisses chevalereskes Auftreten à la Bayard ... Dieser junge Adelssproß hat, seit dem neuerlichen Triumph der Partei der Wohlhabenden, mit Erfolg die Rolle gespielt, die ihm zugefallen war; eine Rolle, die er um so leichter spielen konnte, als er im Besitz eines unermeßlichen Vermögens geblieben ist, wozu seine natürliche Neigung kam, es in schmutzigen Ausschweifungen jeder Art zu vergeuden.»

Auf die von Sanlecq, einem der vier, nach seiner Freilassung in einer Broschüre erhobene Beschuldigung, die Insassen von Les Baudets hätten «zu ihrem Empfang mit Kreide auf die Mauer des Gefängnisses eine Guillotine, ihr ehemaliges Wappen, gemalt», antwortet Babeuf in einer kleinen Schrift, die bald in Arras die Runde macht: *Les Terroristes aux Furoristes d'Arras.*

«Es trifft tatsächlich zu, daß die Guillotine kurze Zeit nach der Ankunft dieser Herrschaften gezeichnet wurde; aber es geschah durch einen gewissen Vidier, Füsilier in der 3. Halb-Brigade, einen üblen Burschen, der wenige Tage darauf wegen Disziplinlosigkeit aus seiner Truppe gejagt wurde ... Wir glauben uns nicht in der Annahme zu täuschen, daß der Gedanke, die Guillotine zu zeichnen, ihm von den Neuankömmlingen in der Absicht, uns diese Freundlichkeit anzuhängen, eingegeben wurde.»

Die politischen Häftlinge hätten, versichert Babeuf, die vier Eingelieferten, die sehr niedergeschlagen gewesen seien – «sie glichen den vier Haimonskindern ohne Rüstung» –, anständig behandelt. Sie hätten ihnen gezeigt, daß sie keineswegs so schwarz und verworfen wären, wie man sie ihnen immer geschildert habe.

Den Zwischenfall im Theater – das, um weiteren Ausschreitungen vorzubeugen, von den besorgten Stadtvätern am 28. August geschlossen wird – findet Babeuf scherzhaft genug, um ihn in Versen über «den Empfang des Generals Béthune und seines Stabes [137]» zu besingen, bei denen er sicher die Lacher auf seiner Seite gehabt hat.

Nicht überall enden Zwischenfälle dieser Art so harmlos, im Stil des Figaro, wie in Arras. Im ganzen Süden, im Rhônetal, dem Languedoc und der Provence, herrscht der «weiße Schrecken», werden Gefängnisse gestürmt und die Gefangenen wie Freiwild erschlagen.

Auch in Arras gehen Gerüchte um, die von einem Sturm auf die Baudets durch eine *Compagnie de Jéhu* wissen wollen. In einem Brief an die Jakobiner von Arras, die *armée infernale,* wendet sich Babeuf am 3. September an die Arbeiter um Hilfe und erinnert sie an ihr Versprechen, die Gefangenen vor der Wut ihrer Gegner zu schützen. Doch alles bleibt ruhig und Pläne – sofern solche bestanden haben – die Gefangenen nach dem Muster von Lyon und Marseille abzuschlachten, bleiben unausgeführt.

Tags darauf setzt sich Babeuf in einem zweiten Schreiben an die *armée infernale* und die Patrioten von Arras mit der am 17. August in zweiter Lesung vom Konvent verabschiedeten Verfassung auseinander, über die am 6. September die Urwähler-Versammlungen abstimmen sollen.

Germain hatte politisches Fingerspitzengefühl bewiesen, als er im Juli an Babeuf schrieb: «Die neue Verfassung wird zugleich den Royalisten und den Demokraten einen Strich durch die Rechnung machen. Die Regierung denkt nur daran den achtbaren Bürgern, dieser alles verschlingenden Kaste reicher Besitzer, eine friedliche Existenz zu sichern. Die Verfassung der Elf vernichtet die Hoffnungen der Sansculotten ebenso wie die der Royalisten.»

Jetzt, in seinem zweiten Brief an die *armée infernale*, geht Babeuf in seiner Kritik wesentlich weiter als Germain. Seine Haltung zu dem Verfassungsentwurf, der zum Zensuswahlrecht, aber auch zum Grundsatz der Teilung der Gewalten zurückkehrt, und damit die von ihm noch unlängst so heftig befehdete Revolutionsregierung beseitigt, ist ein einziger vehementer Angriff auf die mittels der Verfassung erhoffte Stabilisierung eines Regimes der bürgerlichen Mitte.

«Nach dieser Verfassung habt Ihr nicht die Silbermark wie in der von 1791; Ihr habt Besseres, Ihr habt die Goldmark, und die großen Herren allein können in die gesetzgebende Körperschaft gewählt werden. Ungeachtet dessen, daß Ihr für die Gleichheit den 10. August gemacht und seit sechs Jahren dafür gekämpft habt.

Nach dieser Verfassung werden alle, die keinen Grundbesitz haben, und alle, die nicht zu schreiben verstehen, also die große Mehrheit der Franzosen, in den öffentlichen Versammlungen nicht einmal stimmberechtigt sein. Die Reichen und die geistige Elite werden allein die Nation darstellen ...

Nach dieser Verfassung habt Ihr nicht *einen* König, Ihr habt deren fünf, die alle fünf Jahre wechseln. Man nennt dies Quintemvirat die Exekutive. Es ist nicht das Volk, das sie ernennt, es ist die gesetzgebende Körperschaft. Jeder dieser Quintemvirn wird abwechselnd Diktator für drei Monate sein. Die oberste Verwaltung im Bereich der Republik, das Vorschlagsrecht für alle Gesetze und die Leitung der bewaffneten Streitkräfte liegen bei ihm ... O heilige Gleichheit von 1793, was ist aus Dir geworden!

Nach dieser Verfassung habt Ihr zwei Kammern, das Oberhaus und das Unterhaus, die Kammer der Pairs und die Kammer der

Gemeinen. Es ist nicht mehr das Volk, das die Gesetze sanktioniert; es ist das Oberhaus, dem das Veto zusteht ...

Das, Republikaner, sind einige der häßlichen Flecken ... dieses Projekts, das man Euch unter dem Namen einer ‹freien Verfassung› anbietet. Wollte man alle seine Abscheulichkeiten aufzählen, brauchte es dazu eine andere Arbeit; aber habe ich Euch nicht bereits mehr als zur Genüge bewiesen, daß Ihr, als Feinde des Despotismus, diesem Gebäude der Tyrannei nur die Ehre erweisen solltet, es mit Füßen zu treten [138]?»

Auch Germain zeigt sich kriegerisch gestimmt. «Wir haben eine große Säuberung durchzuführen, eine ungeheure Aufgabe zu erfüllen. Gehe jeder zugrunde, der durch alte oder neue Usurpation nicht der Bruder seiner Brüder sein will! Mögen alle zugrunde gehen, die es versuchen wollten, sich dem *bonheur commun* [139] zu widersetzen!»

Tags darauf, es ist der 10. September, werden Babeuf und Germain einem Gefangenentransport nach Paris zugeteilt.

Das Zwischenspiel in Arras ist zu Ende.

7

Am 14. September trifft der Transport, dem Babeuf und Germain zugeteilt sind, in Paris ein. Ihre Reise endet im Plessis, einem finsteren Gebäude im quartier Sorbonne, der gewöhnlichen Endstation für alle aus den Departements nach Paris überstellten Gefangenen.

Das Plessis, offiziell *Prison de l'Egalité* genannt, beherbergt eine Elite von Revolutionären aller Schattierungen, darunter Bertrand aus Lyon, Simon Duplay, Bodson, Claude Fiquet, Massard, Bouin und Buonarroti; ferner Mitglieder der wegen ihrer Strenge berüchtigten *commission populaire* von Orange und solche der Revolutionstribunale von Arras, Cambrai, Angers, Rennes und Brest; des weiteren Angehörige der *comités révolutionnaires* von Paris, Nantes, Nevers und Moulins sowie eine Fülle von «Terroristen» aus allen Departements, die der 9. Thermidor beschäftigungslos werden ließ. Unter diesen Umständen scheinen alle Voraussetzungen gegeben, um das *Prison de l'Egalité* zu einer Pflanzschule der *Partei der Gleichen* werden zu lassen.

Abgesehen von Bodson, der seine hébertistischen Anschauungen niemals verleugnet, und dem General Turreau, seinem alten Bekannten aus dem Luxembourg, der sich von aller Politik fernhalten will, findet Babeuf unter seinen Gefährten fast ausnahmslos Republikaner, die sich als Anhänger Robespierres offenbaren. Besonderes Ansehen unter ihnen genießt vor allem Debon, der, gleich einem proletarischen Diogenes, sein Leben unter den Außenseitern der Gesellschaft verbracht hat. Obwohl der Öffentlichkeit so gut wie unbekannt, heißt es von ihm, er habe über die Ursachen der sozialen Mißverhältnisse ein (verloren gegangenes) Buch verfaßt und sich wie kaum ein anderer mit dem politischen und sozialen Denken Robespierres vertraut gemacht.

Die Zeit im Plessis vergeht mit politischen Diskussionen und Auseinandersetzungen. Darüber, daß die Verhältnisse jetzt weit schlimmer seien als vor dem 9. Thermidor, sind sich alle einig. Die meisten, und zu ihnen zählt auch Babeuf, sehen jetzt in diesem Tage das Ergebnis einer unheilvollen Kabale: durch sie sei die Revolution von ihrem Wege einer demokratischen Entwicklung abgedrängt worden und in die Sackgasse der Reaktion geraten. Die Ansicht Turreaus, wonach der natürliche Gang der Ereignisse auch ohne den 9. Thermidor zu den gleichen Ergebnissen geführt hätte, teilen nur wenige.

Auch die Frage, warum der Volksaufstand im Prairial, nach Buonarrotis Ansicht «zum großen Teil das Werk einiger im Plessis gefangener Bürger», von denen er Claude Fiquet und den Architekten Leblanc nennt, scheitern mußte, und welche Lehren aus diesem Debakel zu ziehen seien, wird unermüdlich in endlosen Gesprächen erörtert. Denn ein neuer Zusammenstoß zwischen den in die Verteidigung gedrängten Anhängern der Revolution und ihren zum Angriff entschlossenen Gegnern, denen selbst die gefügige Konventsmehrheit längst nicht mehr gefügig genug ist, erscheint unvermeidlich.

So halten sich die Politischen bereit, im Ernstfall ihren Anteil an der für unausweichlich gehaltenen Auseinandersetzung mit dem wieder erstarkten Royalismus zu übernehmen. Gerüchte über eine nahe bevorstehende Amnestie erfüllen das Gefängnis und halten sich so hartnäckig am Leben, daß sogar Skeptiker wie Turreau und andere politisch Indifferente anfangen, daran zu glauben.

Im Oktober kommt es, wegen des vom Konvent am 22. August verabschiedeten Gesetzes «über die Mittel die Revolution zu beenden», das die Wählerversammlungen verpflichtet, zwei Drittel der neuen Abgeordneten aus den gegenwärtig amtierenden Konventsmitgliedern zu wählen, zwischen dem Parlament und den Sektionen der wohlhabenden Viertel zu einem offenen Konflikt.

In der Nacht zum 13. Vendémiaire erklärt sich der Konvent in Permanenz und erteilt einer Kommission der Fünf Sondervollmachten zu seiner Verteidigung. In einem beweglichen Aufruf wendet sich die Kommission an alle «Patrioten von 89», ihren Platz «in den Reihen der Sieger von Fleurus» einzunehmen. Aber diese Reihen sind bedenklich dünn. Alles in allem verfügt der Konvent über knapp 4 000 Mann einsatzbereiter Truppen. So hebt er, wenn auch widerwillig, das im Germinal erlassene Dekret auf, das die Entwaffnung der Terroristen verfügte, und schafft die Bestimmungen zur Überwachung der seit dem 10. Thermidor amtsenthobenen Staatsangestellten ab. Der Weg zur Schaffung einer Volksmiliz ist frei.

Und das Unerwartete geschieht. «Es erscheint geradezu wunderbar», schreibt Babeuf kurze Zeit danach, «daß es der Versammlung unserer Gesetzgeber gelingen konnte, wie es tatsächlich geschehen ist, aus dem Nichts heraus eine Armee zu schaffen ... Man ist wahrhaft versucht, darin die unsichtbare Hand eines die Freiheit beschützenden Genius zu erkennen.»

Die verfemten «Patrioten» kommen dem Konvent in seiner letzten Verlassenheit zu Hilfe. Es ist eine bunt zusammengewürfelte Schar, die sich unter den hohen Fenstern der Tuilerien sammelt. Verfolgte des Thermidor und des Prairial, Marseiller vom 10. August und 9. Thermidor, geflüchtete Jakobiner aus den Departements, in denen der «weiße Schrecken» die Oberhand hat, dazu wegen ihrer Gesinnung abgesetzte oder zur Disposition gestellte Offiziere, «die Elite unserer Armeen, eine immense Phalanx, zusammengesetzt aus allem, was den Dolchen der Thermidorianer entgangen war».

Fünfzehnhundert Republikaner sind dem Ruf des Konvents gefolgt. Die Kommission der Fünf stellt sie unter das Kommando des Generals Berruyer, der aus ihnen drei Bataillone bildet. Der Konvent bewilligt «den guten, zu seiner Verteidigung bewaffnet angerückten Bürgern» Truppenverpflegung und läßt Schnaps und Patronen an sie verteilen. Weiter zu gehen scheint nicht ratsam. Gesuche politischer Häftlinge aus La Bourbe, den Quatre-Nations und dem Plessis, ebenfalls in das «heilige Bataillon der Patrioten von 89» eingereiht zu werden, bleiben unbeantwortet.

Die Lage des Konvents ist verzweifelt. Angesichts der bewaffnet anrückenden Sektionen scheint seine Macht auf die wenigen Straßen und Plätze rings um die Tuilerien beschränkt, die seine Truppen besetzt halten.

Am Nachmittag, gegen viereinhalb Uhr, kommt es zum Kampf. Während sich im Sitzungssaal der Abgeordneten tiefe Stille ausbreitet und in den Gefängnissen die Häftlinge mit verschlossenen Gesichtern dem Trommeln in den Straßen, dem Prasseln des Gewehrfeuers – allein gegen La Force werden über hundert Schüsse abgegeben – und dem An- und Abschwellen des Kanonendonners lauschen, gehen die Sektionen auf den Quais zwischen dem Pont-Neuf und dem Pont-National auf breiter Front zum Angriff vor. Die ohne Artillerieschutz ungedeckt vorrückenden Aufständischen empfängt auf fünfzig Schritt ein vernichtendes Kartätschenfeuer, dem sie nicht standhalten. Ihre Reihen lösen sich auf. Der Angriff ist abgeschlagen. Der Konvent hat gesiegt.

Am nächsten Tage bietet Paris bereits wieder das gewohnte Bild. Der Konvent zeigt sich – anders als im Prairial – maßvoll nach seinem Siege. Zu deutlich hatte sich die wahre Einstellung der überwiegenden Mehrheit der Bevölkerung ihm gegenüber enthüllt. Auch stehen die Wahlen für das ausscheidende Drittel der Abgeordneten vor der Tür [140] ...

Weniger großmütig zeigt sich der Konvent gegenüber den Fünfzehnhundert der «heiligen Schar». Sie erhalten, da sie keine Miene machen sich selbst aufzulösen, am 7. Oktober den schlichten Abschied mit der Mahnung, «sich auf das erste Signal bereitzuhalten». Um ein übriges zu tun, beschließen die Ausschüsse ihnen «Ehrenurkunden auszuhändigen, auf denen die Dienste, die sie der Republik geleistet haben, verzeichnet sind».

Ganz allerdings kommt der Konvent um eine Wiedergutmachung an den Opfern der Thermidor-Reaktion nicht herum. So werden die von Aubry aus der Armee entlassenen Offiziere reaktiviert, und kurz darauf ordnet der Konvent die unverzügliche Entlassung aller Häftlinge an, denen keine kriminellen Delikte zur Last gelegt werden.

In der Kanzlei des Plessis drängen sich die Gefangenen, um ihre Entlassungspapiere in Empfang zu nehmen. Am 18. Oktober ist die Reihe an Babeuf, dessen Freilassung ein Erlaß des Sicherheitsausschusses verfügt. Der Rest der politischen Gefangenen erlangt aufgrund der Amnestie, die der Konvent an seinem letzten Sitzungstage, dem 26. Oktober 1795, für Straftaten aus politischer Überzeugung erläßt, seine Freiheit zurück.

Unter den Emigranten herrscht Trauer und Niedergeschlagenheit. Das Fazit ihrer gescheiterten Hoffnungen zieht Mallet du Pan in einem Schreiben an den Grafen Sainte-Aldegonde: «Da wären wir wieder in einen Abgrund zurückgefallen, dessen Umfang und Tiefe ich nicht ermessen kann ... Die Sektionen sind unterlegen, weil man sie vor der Zeit in den Kampf geführt hat ... Glauben Sie mir, der ursprüngliche Plan wurde durch Menschen von Gewicht entworfen, bessere Royalisten als die Schwätzer, die es dem Namen nach sind, und als die Tafelrunde von Mühlheim. Man hätte sie machen lassen sollen, anstatt die Sektionen aufzuputschen und sie vorzeitig zu einer Erhebung zu treiben, die den Leuten vom Konvent gelegen kam ... Der Konvent stand vor seinem offenen Grab; wir haben es geschlossen.»

VII

Darthé

1

Der Amtsantritt des nach der Verfassung des Jahres III geschaffenen Direktoriums der Fünf erfolgt unter wenig günstigen Vorzeichen.

Schon der Empfang in ihrem Amtssitz, dem petit Luxembourg, ist alles andere als vielversprechend. Die Räume sind völlig leer, dazu ungeheizt und gleichen eher geräumten Stallungen als einer menschlichen Behausung. Mit Mühe läßt sich der Hausmeister Dupont dazu bewegen, den Herren einen wackligen Tisch, einige Stühle und etwas Brennholz leihweise zur Verfügung zu stellen.

Zu alledem kommt, daß sie noch nicht einmal vollzählig sind. Sieyes hat es abgelehnt, seine Wahl anzunehmen und sich, dürftig genug, mit mangelnden Fähigkeiten für das hohe Amt entschuldigt. Im *Journal des Patriotes* bezeichnet Réal diesen Entschluß als eine „Desertion“, und wenn er auch mit einem „um so schlimmer für Sieyes» schließt, ist ihm die Enttäuschung deutlich genug anzumerken.

An Sieyes Stelle tritt Carnot, aber auch sein Name genügt nicht, die Aussichten des Direktoriums auf eine lange Lebensdauer zu verbessern.

Nach außen bietet das Direktorium ein überzeugendes Bild republikanischer Geschlossenheit. Fünf Direktoren, fünf *régicides,* die mit ihrem Votum über Ludwig XVI. eine unübersteigliche Schranke zwischen sich und dem Royalismus errichtet haben.

Auch die Ministerien werden mit zuverlässigen Leuten besetzt. Justizminister wird Merlin de Douai, mit dessen Namen sich die Verdächtigen-Gesetzgebung verbindet, die Ministerien für Krieg und Marine übernehmen Aubert-Dubayet und Truguet, das Außenministerium Charles Delacroix, und einzig der neue Innenminister, Bénézech, erweckt das Mißtrauen der überzeugten Republikaner.

Während die parlamentarische Arbeit in den Räten, dem der Fünfhundert in den Tuilerien und dem der Alten im Manegesaal, anzulaufen beginnt, befaßt sich das Direktorium mit der Vergabe freier Stellen, um die sich zahlreiche ehemalige „Terroristen“ bewerben, die mit mehr oder weniger Glück die mageren Zeiten des Nach-Thermidor überstanden haben.

Nur wenige gibt es, die sich versagen. Vergeblich schreibt Carnot zwei drängende Briefe an seinen Kollegen im Wohlfahrtsausschuß, Robert Lindet, dem er erst den Posten des Regierungskommissars im Departement Eure und dann die Übernahme einer diplomatischen Mission in Basel anbietet. Lindet bleibt ablehnend. Auch Félix Lepeletier läßt sich nicht zur Übernahme des Kommissariats im Departement Seine-et-Oise bewegen. Aber das sind Ausnahmen. Im allgemeinen zeigen die nach der Brumaire-Amnestie aufatmenden Jakobiner wenig Skrupel, sich für die ausgestandenen Ängste und Entbehrungen an den Futterkrippen des Staates schadlos zu halten.

Außer durch Staatsstellungen, weiß sich das Direktorium der Patrioten durch großzügige Subventionen, an die seit langem an Abonnentenschwund leidenden Organe der Linkspresse, zu versichern. Es leiht allen, die bereit sind, sich auf den Boden der Tatsachen, will sagen der neuen Verfassung zu stellen, seine hilfreiche Hand, indem es Monat für Monat auf Regierungskosten Zehntausende von Exemplaren in die Departements und an die Armeen gelangen läßt. Kein Wunder, daß die Louvet, Sibuée, Réal, Lemaire und Rousseville, für die das goldene Zeitalter angebrochen scheint, das Lob des Direktoriums anstimmen und nicht müde werden, die neu geschaffene Einheit im Lager der Republikaner in immer neuen Wendungen zu unterstreichen.

Doch nicht allen leuchtet die Gnadensonne des Brumaire. Eine Reihe ehemaliger Abgeordneter, unter ihnen Amar, Vadier, Ricord, Laignelot und Javogues, deren Mandate der Konvent kassierte, bleiben von der Wiederwahl in die neuen gesetzgebenden Körperschaften ausgeschlossen [141].

Zu ihnen gehört auch Fouché. Dem einstigen Prokonsul geht es erbärmlich schlecht. Ihm bleibt nichts als die schwache Hoffnung, sein Freund Barras, der jetzt am Ruder ist, werde etwas für ihn tun, um ihn nicht ganz vor die Hunde gehen zu lassen. Und Barras, der seine Fähigkeiten kennt und vielleicht fürchtet, läßt ihn nicht fallen. Da er vorerst nicht wagen darf, ihn mit einer offiziellen Mission zu betrauen, überträgt er ihm gelegentlich Aufträge vertraulicher Art, für die Fouchés Kenntnis der revolutionären Kader ihn besonders geeignet erscheinen läßt.

Am 5. November kommt es (in Fouchés Wohnung) zu einer stundenlangen Aussprache zwischen ihm und Babeuf, von dem bekannt ist, daß er sich um das Wiedererscheinen seines *Tribun du peuple* bemüht. Ermutigt durch den Erfolg eines inzwischen erschienenen, mehrseitigen Werbeprospektes, hat Babeuf nicht gezögert, die Nummer 34 seines *Tribun* fertigzustellen und in Satz zu geben. Er liest Fouché einige Abschnitte daraus vor. Vergebens versucht dieser auf ihn einzuwirken, er möge gewisse Umstellungen und Einschränkungen vornehmen. Babeuf zeigt sich unnachgiebig. Selbst die Aussicht auf Regierungssubventionen – die feste Abnahme von 6 000 bezahlten Exemplaren – vermag Babeufs Haltung nicht zu ändern. Sie trennen sich schließlich unzufrieden und unverrichteter Dinge.

Noch in der gleichen Nacht gibt Babeuf Auftrag zum Druck, und so erscheint in den Morgenstunden des 6. November, nach einer Pause von mehr als acht Monaten, der *Tribun* erneut an den Zeitungsständen von Paris.

Die Unterredung mit Fouché hat Babeuf tief bewegt. Der Bruch mit ihm hat mehr zu bedeuten als eine vorübergehende Trennung, eine taktische Schwenkung oder Meinungsverschiedenheit über den einzuschlagenden Weg. Der Graben ist unüberbrückbar. Was sie trennt, ist der ewige Gegensatz zwischen Opportunisten und Extremisten, zwischen Versöhnlern und Radikalen, zwischen Realisten und Utopisten, zwischen Politikern mit und solchen ohne Weltanschauung, zwischen den Patrioten von 89 und jenen, die sich von nun an die *Partei der Gleichen* nennen.

Keiner wird jemals den anderen überzeugen, und Babeuf gesteht offen, er habe dazu auch nicht die Absicht. In einem langen Schreiben, das er drei Tage später an Fouché richtet, rechnet er mit dem einstigen Freunde ab, nennt er die Gründe, durch die es unvermeidlich zum Bruch zwischen ihnen kommen mußte.

«Man hat seinerzeit zu sehr betont, Du wärest mein Mentor; ich habe zu viel Stolz, um zu dulden, daß ein solcher Gedanke sich in der Öffentlichkeit behaupte. Wenn Du geglaubt hast, das, was ehemals nur eine trügerische Annahme der Volksfeinde war, verwirklichen zu können, hast Du Dich getäuscht. Hinweise werde ich von allen meinen Mitbürgern, soviel sie mir zukommen lassen, entgegennehmen; aber ich will keinen Unterricht nach Art des Katechismus. Weißt Du, daß unsere Unterredung von zwei oder drei Stunden am 14. Brumaire ein wenig danach schmeckte? Nimm Dir die Mühe Dich zu erinnern, wie Du die Rolle des Lehrmeisters spieltest, und wie Du mich in die des zu Belehrenden verwiesen hast. Mein Selbstgefühl hat darunter gelitten!»

Nach diesem Ausbruch gekränkten Stolzes schildert Babeuf in allen Einzelheiten, was sich begeben hat. Fouché habe versucht, ihn zu einem gefügigen Werkzeug der Regierung, nach dem Muster der Mehée und Réal, zu machen. Er habe ihm nicht nur 6 000 Abonnenten für den *Tribun* in Aussicht gestellt, sondern sich sogar zur Übernahme der Druckkosten bereit erklärt. «Du bist sehr reich geworden, Fouché. Als ich im Norden interniert war, glaubte ich genügend Vertrauen in Dich setzen zu können, um Dir die Sorge für meine Kinder zu überlassen. Sie suchten Dich auf. Du gabst ihnen eines schönen Tages zehn Francs ... Heute würdest Du vier- bis fünftausend Francs opfern, um einige Wahrheiten zu ersticken.»

Als er vor einem Jahr mit Guffroy gebrochen habe, sei Lanthenas wie jetzt Fouché, mit ganz ähnlichen Vorschlägen, allerdings mit «ein wenig mehr Rücksichtnahme» an ihn herangetreten. Heute wie damals habe er nur die gleiche Antwort: er wolle keinen Zensor, keinen Korrektor, keinen Einbläser. «Ich wähle nochmals die Verfolgung, wenn es sein muß.»

Dies wäre eigentlich alles. Doch es ist, als empfinde Babeuf die Notwendigkeit, noch etwas Abschließendes, Endgültiges über den einstigen Freund zu sagen. Nichts Gehässiges oder Verletzendes, aber etwas, das den Kern seines Wesens trifft. Und der Tribun, ihn gleichsam mit einem langen Blicke messend, schreibt über den Politiker: «Du hast Beziehungen zu dem Für und Wider; Du schlängelst Dich ein bei allen Parteien; Du hast Dich nicht ausgesprochen in den Augenblicken der Gefahr; Du hast alle Ächtungen überdauert, und man hat sich nur den Anschein gegeben, Dich zu verfolgen: man weiß nicht, was man von Dir halten soll ...»

Die Geschichte hat dem nichts hinzuzufügen.

2

«Der Volkstribun ist frei. Die Regierung war ungeschickt genug ihn freizulassen. Die Folgen ihrer Torheit werden sich zeigen.»

Der Anfang ist bezeichnend. Mit einer Handbewegung schiebt Babeuf alles beiseite, was ihn hindern könnte, die Regierung, der er immerhin seine Freiheit verdankt, schonungslos anzugreifen. Seine Freilassung war nur ein Mißverständnis. Die Herrschaften sollen sehen, was sie davon haben.

Und dann, ist er denn wirklich frei? «Ich bin es nicht. Ich bleibe eingesperrt. Ich habe nur das Gefängnis gewechselt.» An die Stelle einer erzwungenen Haft trete für ihn eine freiwillige, die er sich selbst im Interesse der Sache auferlege.

Und warum? «Das Vaterland will, daß ich ihm nützlich sei.» Die Antwort ist etwas vage. Doch Babeuf wird sie sogleich verdeutlichen. «Ich kann keine zwei Worte sagen, ohne mich im höchsten Grade in den Augen der Unterdrücker schuldig zu machen.» Er mache sich zum Helfershelfer der Despotie, wenn er nicht vorziehe, ihr Verfolgter zu sein.

Damit ist bereits in den einleitenden Sätzen der Standort des *Tribun* klar umschrieben. Als unerschrockener Verteidiger der Rechte des Volkes wisse er sich in seinem Auftrag vom Volke anerkannt. Le titre de Tribun du Peuple est reconnu par le peuple.

So mag denn der Kampf beginnen. Doch auf welcher Ebene ihn führen? Wo den Hebel ansetzen, um die Masse erneut in Bewegung zu bringen?

Babeuf hat genau erkannt, welche entscheidende Bedeutung den Fragen der materiellen Existenz zukommt. Deshalb nimmt er sich alle vor, die «aus vollem Halse schreien, es gehe alles zum besten in dieser besten aller Welten». Wie großartig es gehe, zeigten zum Beispiel die Preise für die Dinge des täglichen Lebens.

Damit ist er im Mittelpunkt aller Auseinandersetzungen. Denn nicht mehr die Politik, sondern einfach die Frage, wie man sein Leben von einem Tage zum anderen fristen könne, beschäftigt unausgesetzt die Gemüter. Das Elend ist derart, daß kein Mensch seinen Gefühlen mehr Zwang auferlegt; manche sagen ganz offen, unter Robespierre sei man wenigstens nicht Hungers gestorben; andere gedenken der glücklichen Zeiten, in denen es unter der Herrschaft des Tyrannen Capet alles im Überfluß gegeben habe.

Die Preise steigen derart, daß selbst die Frauen der Tagelöhner und kleinen Handwerker, die gewohnt sind, das soeben erhaltene Geld umgehend zum Kauf von Lebensmitteln zu verwenden, nicht mehr zurechtkommen: die Preise laufen ihnen davon. Einen Tag nach Erscheinen des *Tribun* sind die von Babeuf für die wichtigsten Lebensmittel genannten Preise bereits überholt.

Babeuf sieht nicht oder will nicht sehen, daß die Revolution Millionen mittlerer oder kleiner Bauern zu Besitzern eigenen Landes gemacht hat. Er verliert kein Wort darüber, daß die in der Verfassung verankerte Berufs- und Gewerbefreiheit eine breite Schicht selbständiger Handwerker und Ladenbesitzer geschaffen hat, die ungeachtet des sie umgebenden Elends und der Schwierigkeiten, unter denen sie leben, zäh und unverdrossen an der Bildung eigenen Vermögens arbeiten.

Für ihn stellt sich das Problem ganz anders.

Er sieht den größten Teil des Volkes seiner Rechte und der zum Leben notwendigen Dinge beraubt. Das sei kein Naturgesetz, sondern das Werk einer kleinen Zahl von Usurpatoren, einer Kaste von Leuten, die das Volk ungestraft ausplünderten. Das Elend der breiten Masse beruhe auf dem Überfluß dieser wenigen Leute.

Was bedeute ein solcher Zustand? Und was bedeute in diesem Lichte gesehen die französische Revolution?

Babeuf antwortet: ein Krieg zwischen Patriziern und Plebejern, zwischen Reichen und Armen. Das sei die große Frage. Voilà donc la grande question abordée. Die Gesellschaft erscheine in zwei, allerdings sehr ungleiche Lager geteilt: die große Mehrheit der 24 Millionen Ausgebeuteten und die Minderheit der Ausbeuter, *le million doré*.

Das Volk sei der Revolution müde. Es verabscheue die Republik, die ihm nur Leiden und Entbehrungen gebracht habe. «Um der Masse des Volkes wieder Liebe zur Republik einzuflößen, empfand ich die Notwendigkeit nach einem neuen revolutionären Hebel. Ich hatte festgestellt, daß die alten abgenützt waren. Die Worte ‹Freiheit› und ‹Gleichheit›, deren magische Gewalt soviel Wunder seit 89 bewirkte, waren zumindest bedeutungslos geworden, seit das Volk einsehen mußte, daß seine Lage sich in nichts geändert hatte, daß sein Los um nichts glücklicher geworden war. Damals sah ich ein, daß man, um das Volk zurückzugewinnen, ... ihm sagen mußte, daß es sein Glück nur in der Republik, aber der wirklichen Republik, finden würde; und daß die wirkliche Republik jene wäre, die das Glück aller ihrer Mitglieder verwirklichen würde. Ich begriff, daß es notwendig war, das Glück sofort greifbar erscheinen zu lassen ...»

So kommt es zur Verkündung einer neuen Politik. Die Parole, unter der Babeuf seine Anhänger ins Feld führen wird, lautet: das Ziel der Revolution ist das *bonheur commun*.

Was aber ist das *bonheur commun*? Saint-Just hatte sich begnügt zu sagen: «Das Glück ist eine neue Idee in Europa» und auch Babeuf umschreibt es sehr allgemein: «... ein Zustand dauerhaften Glückes, die Befriedigung allen Bedarfs!» Um aber ganz deutlich zu zeigen, worauf er hinaus will, fügt er hinzu: «Der Gegenstand dieser Revolution ist Wohlstand für alle, Unterricht für alle, Gleichheit, Freiheit, Glück für alle. Das ist unser Ziel.»

In den Anfängen der Revolution sei man mit großen Schritten darauf losgegangen. «Sprechen wir es offen aus, es ging bis zum 9. Thermidor auf dieses Ziel zu. Seitdem ist der Gang der Revolution in entgegengesetztem Sinne verlaufen, gegen das Ziel der Gesellschaft, gegen das Ziel der Revolution; an die Stelle des ‹*bonheur commun*› ist das ‹*malheur commun*› getreten.»

Babeuf warnt die Volksvertreter: «Hört die Stimme des Volkes und seid seine Dolmetscher!» Nur um diesen Preis könnten sie in den Augen des Volkes gutmachen, was sie ihm als Handlanger seiner Feinde, der besitzenden Minderheit, angetan hätten. Das Volk wünsche nicht länger mit leeren Versprechungen abgespeist zu werden. «Zeigt dem Volke, und zwar bald, daß ihr im Stande seid, eure Versprechen zu verwirklichen. Wenn nicht, tretet ab. Das Volk wird unter anderen Führern den Marsch ins Gelobte Land anzutreten wissen.»

Zu dieser rauhen Sprache gegenüber Abgeordneten, von denen er ohnehin nicht viel hält, paßt es, wenn Babeuf die neue Verfassung in Bausch und Bogen verwirft [142]. Seine Begründung entbehrt nicht der Logik. «Die Verfassung von 93 hat eine Million mehr Stimmen erlangt als die Verfassung vom Jahre III. Nachdem die Verfassung des Jahres 93 vom Volke angenommen war, konnte der Konvent, ohne seine Befugnisse zu überschreiten, sie nicht mehr annullieren und durch eine andere ersetzen. Also bleibt, rechtlich gesehen, die Verfassung von 93 nach wie vor in Kraft.»

Das Wiedererscheinen des *Tribun* und seine Angriffe auf das Direktorium erregen Sensation in allen politischen Kreisen. «Meine Nummer 34 bedeutete geradezu eine Revolution», stellt Babeuf fest und fährt fort: «Sie war kaum erschienen; man hatte kaum Zeit gehabt, sie zu lesen, als sie schon als brandstifterisch und ultrarevolutionär, als Fackel der Anarchie und Apfel der Zwietracht unter den Patrioten bezeichnet wurde ...»

Die Reaktion der Linkspresse ist einheitlich unfreundlich. Méhée, «der dicke, schwerfällige, fette Mehée», in den Septembertagen 92 stellvertretender Kommune-Sekretär und jetzt gemeinsam mit Réal Herausgeber des *Journal des Patriotes de 89*, schreibt: «Wäre ich Royalist, ich verfaßte oder ließe die abscheuliche Nummer verfassen, die soeben im Auftrag von Gracchus Babeuf erschienen ist.»

Und da der immerhin etwas anrüchige Méhée vielleicht nicht allen glaubwürdig erscheinen mochte, öffnet das gleiche Journal drei Tage später seine Spalten einem «geächteten Terroristen» (dessen Namen es allerdings verschweigt), der fordert, die Empörung aller Freunde der Freiheit müsse sich kräftig gegen dies Produkt des Wahnsinns erklären ...

Im *Journal des Hommes libres* bedauert Duval im Namen aller wahren Freunde der Republik jene unklugen Seiten, die die Fackel der Zwietracht aufs neue entzünden, dem Royalismus Hilfsstellung geben und das Vaterland verderben könnten.

Die Front gegen Babeuf reicht von Jacquin, dessen *Journal du Matin* im Vendémiaire im Lager der aufständischen Sektionen stand, bis zu Lebois vom *Ami du peuple*, der mit gespielter Entrüstung über Babeufs Wandlungen klagt, der sich vom Anti-Jakobiner in den Tagen des Nach-Thermidor zum Verteidiger der Jakobiner unter dem Direktorium gemausert habe.

Babeuf, den das Kesseltreiben nicht weiter beeindruckt, scheut sich nicht, den hierfür Verantwortlichen beim Namen zu nennen.

«Und woher diese ganze Aufregung? Einzig und allein aus dem Grunde, weil sich Fouché einmischt. Und warum mischt er sich ein? Weil er offenbar daran interessiert ist, daß sich die öffentliche Meinung nur von Amts wegen bilde; weil er es übernommen hatte, mein Einbläser, mein Korrektor zu sein ...»

Und um ein für allemal die Art ihrer Beziehungen klarzustellen, veröffentlicht er jenen Brief, den er Fouché am 8. November geschrieben hatte.

In der gleichen Nummer vom 30. November nimmt er sich mit ironischer Überlegenheit die Duval, Méhée, Réal und Lebois vor: «Wirklich, meine Herren, Sie stimmen nicht schlecht überein! Die verschiedenen Überzeugungen gleichen sich an, und man darf, vor der frappanten Ähnlichkeit ihrer Phrasen, annehmen, daß Sie, während wir uns der Einbläser begeben, nicht ebenso denken. Man sieht bei Ihnen die große Wirkung der Moral des Tages und ihrer bewundernswerten Maximen wie Friede, Eintracht, Ruhe und Stille, trotzdem wir fast alle Hungers sterben; aber es ist endgültig beschlossen, nach sechs Jahren der Bemühungen zur Eroberung von Freiheit und Glück, daß das Volk der Unterlegene zu sein hat; es ist abgemacht, daß es alles für die Ruhe von ein paar Leuten zu opfern gilt; die breite Masse ist nur für deren Wohlbefinden da. Sie muß alles dulden, ohne sich zu beklagen . . .»

Um genau zu wissen, woran man mit diesen Leuten sei, die jetzt einen Chor der Verwünschung gegen ihn anstimmten, genüge es, sie einzeln Revue passieren zu lassen.

Jedermann wisse, daß Monsieur Méhée, ehemals Bürger Felhémési und noch früher chevalier de la Touche und würdiger Sekretär seiner Hoheit des Prinzen Salm, nach dem 9. Thermidor als getreuer Nachbeter Frérons mit Royalisten und Chouans unter einer Decke gesteckt habe.

Er und Réal seien wahrlich ein würdiges Paar, wenn man bedenke, daß Réal sich erboten habe, die Verteidigung eines Cormatin zu übernehmen, wie er seinerzeit den Redakteur des *Spectateur français*, Delacroix, vor Gericht vertreten habe.

Was Lebois angehe, der ihm ebenfalls den Fehdehandschuh hinwerfe, so bestreite er, ihn als Royalisten bezeichnet zu haben. Dagegen habe er durchblicken lassen, er halte ihn für bestochen, und die jüngsten Nummern des *Ami du peuple* hätten ihn in dieser Meinung bestärkt.

Duval, der selbst klein und schwach sei, ärgere sich, einen anderen groß und stark zu sehen. Der gleiche Duval, der sich mit seinem anmaßlichen Gehabe herausnehme, ihm die Leviten zu lesen und das Anathem über ihn zu verhängen, habe jedesmal, wenn es für ihn hätte gefährlich werden können, klüglich den Mund gehalten. Was bedeute heutigen Tages schon die banale und mehr als zweifelhafte Bezeichnung Republikaner, die Duval seiner Partei beilege? Und sein Eintreten für eine x-beliebige Republik?

«Wir», verkündet Babeuf voller Selbstgefühl, «versammeln um uns alle Demokraten und Proletarier. Bezeichnungen, die unzweifelhaft einen klareren Sinn ergeben: unsere Glaubenssätze sind die reine Demokratie, die Gleichheit ohne Fehl und Vorbehalt.»

Gegen die Einheitsfront der «Partei der Klugen», gegen eine Politik des Schweigens und des Verzichts, erhebt Babeuf unerschrocken seine Stimme, die Stimme des Predigers in der Wüste, mit der Forderung nach der Verwirklichung des *bonheur commun.*

Ihr Widerhall wird bald nicht mehr zu überhören sein.

3

Bedeutet der Vendémiaire eine Entscheidung oder nur eine Episode im Kampf um die Erhaltung der Republik? Was hat das Volk am 13. Vendémiaire tatsächlich gewonnen?

Der Einsatz der verfolgten und verleumdeten Republikaner, entwortet der *Tribun,* habe die Republik und mit ihr die Freiheit in den Tagen des Vendémiaire gerettet. Für die Demokratie aber seien keine entscheidenden Ergebnisse erreicht worden. Mit der Demokratie stehe es schlecht, denn die Verschwörer seien straflos ausgegangen und setzten ihre Umtriebe ungehindert fort. Die Königstreuen hätten eine Schlappe erlitten und den Republikanern habe man einige Pflaster zukommen lassen. Und das solle alles sein?

Der Kreis der Unzufriedenen, die sich um die Früchte des Sieges betrogen glauben, ist nicht klein: zu ihnen zählen auch die meisten der aus dem Plessis entlassenen politischen Gefangenen. Sie halten untereinander Kontakt und bemühen sich um einen Zusammenschluß der oppositionellen Kräfte. Doch die Ansichten gehen allzuweit auseinander. «Da in diesen Versammlungen», bedauert Buonarroti, «weder eine Einstimmigkeit der Ansichten noch das Vertrauen herrschte, das unerläßlich ist, um ein günstiges Resultat zu erzielen, konnte man sich nicht einigen und gab es bald auf, sich zu versammeln.»

Doch der Mißerfolg dieser ersten Versuche wirkt nicht abschrekkend. Man beschließt, auf breiterer Basis einen neuen Versuch zu unternehmen. Die erste dieser Zusammenkünfte findet bei Bouin statt. An ihr nehmen, außer Buonarroti, Germain, Darthé, Massard, Philip, Bertrand und Bodson, auch zahlreiche Mitglieder der Revolutionskomitees und Überwachungsausschüsse teil, die während der Thermidor-Reaktion im Gefängnis gesessen hatten. «Die Zusammenkunft bei Bouin war sehr rührend», bestätigt Buonarroti. «Die Seelen belebten sich wieder mit Hoffnungen, die durch so viel Unglück fast erloschen waren. Man schwor, einig zu bleiben und der Gleichheit zum Siege zu verhelfen.»

Auf einer noch zahlreicher besuchten Sitzung, «in einem kleinen Raum inmitten des Gartens der ehemaligen Abtei Sainte-Geneviève», einigt man sich auf den Plan einer zentralen demokratischen Gesellschaft. Eine weitergehende Aktion wäre solange sinnlos, als es nicht gelungen sei, «die Achtung des Volkes zurückzugewinnen. Inzwischen müsse man sich mit der Verfassung und selbst dem Schutz der Regierung decken bis zu dem Augenblick, wo man stark genug sei, sie anzugreifen und zu beseitigen».

Am 20. November versammelt sich im Speisesaal des zum Nationaleigentum erklärten Klosters der hl. Genoveva eine bunt gemischte Gesellschaft von etwa 150 Personen. Man beschließt nach mancherlei Hin und Her sich zu konstituieren und, da die Bezeichnung *société populaire* durch die Verfassung verboten ist, den Namen «Réunionsgesellschaft der Freunde der Republik» anzunehmen. In der Öffentlichkeit bürgert sich für sie, nach dem in der Nähe gelegenen Pantheon, der Name *Gesellschaft des Pantheon* ein.

Pächter der Räume ist der rührige Gastwirt Cardinaux, der keine Bedenken hat, den Umsatz seines Lokals durch politische Veranstaltungen zu steigern. Dreimal in jeder Dekade, am Quintidi, Décadi und — Cardinaux kennt keine Vorurteile — an den ehemaligen Sonntagen, ist bei ihm Ball; dann muß die Gesellschaft in die Kellerräume hinabsteigen, um dort «in einem großen, unterirdischen Gewölbe zu tagen, wo der bleiche Schein der Fackeln, das Gemurmel der Stimmen und die beschwerliche Lage der Teilnehmer, die stehen oder auf der Erde sitzen mußten, sie an die Größe und die Gefahren des Unternehmens erinnerten . . .».

Schwierigkeiten mit der Polizei lassen nicht auf sich warten. Gleich nach Bekanntwerden der ersten Zusammenkünfte verständigt sich der Innenminister Bénézech mit seinem Kollegen, dem Finanzminister Faipoult, wie man der Sache, ohne viel Aufhebens einen Riegel vorschieben könne. Am 24. November erhält Cardinaux eine amtliche Aufforderung, die von ihm gepachteten Lokalitäten zu räumen, da sie für die Einlagerung von Heeresproviant benötigt würden. Wegen etwaiger Unkosten solle er entschädigt werden.

Doch Bénézech und Faipoult werden zurückgepfiffen. Barras, dem die Polizei untersteht und mit dem, vermutlich durch Vermittlung von Lebois, gewisse Absprachen getroffen wurden, veranlaßt die Gegenorder. Von nun an finden die Sitzungen regelmäßig, fünfmal in der Dekade statt. Die Zahl der Teilnehmer nimmt rasch zu.

Am 29. November sind es nach dem Polizeibericht an die tausend, am 21. Dezember bereits um ein Drittel mehr. Kein Zweifel, die Gesellschaft ist ein Erfolg.

Lebois, Gründer und Organisator des *Pantheon*, der den Auftrag übernommen hat, die Statuten der Gesellschaft zu entwerfen, sieht sich vor eine schwierige Aufgabe gestellt, da die Verfassung eine Reihe von Bestimmungen enthält, die dem Klubwesen erhebliche Beschränkungen auferlegen.

Zu diesen Schwierigkeiten kommen die Bedenken vieler Mitglieder, die darauf bestehen, auch nur den Schein einer Ähnlichkeit mit den Jakobinern sorgsam zu meiden. Man muß, um nicht gleich zu Beginn einen Konflikt heraufzubeschwören, ihnen wohl oder übel nachgeben. So kommt es, daß nach der Satzung weder ein Präsident noch ein Sekretär gewählt wird; die Sitzungen leitet ein «Redner» und dessen Stellvertreter. Es gibt keine Protokolle, keine Mitgliederlisten, nicht einmal feste Beiträge. Jeder gibt nach Gutdünken. Für die unvermeidlichen Ausgaben an Beleuchtung, Porto- und Druckkosten – auf Miete hat Cardinaux verzichtet – wird alle zehn Tage eine Kollekte unter den Mitgliedern durchgeführt.

Von Anfang an steht der Klub unter scharfer Überwachung. Die Regierung besitzt genaue Unterlagen über jeden der aktiven Teilnehmer. Eine starke Gruppe bilden die ehemaligen Jakobiner, darunter Raisson, Fontenelle, Chaud, Roussillon, Bourgeois und Félix Lepeletier. Zwei von ihnen, Hu und Lalande, führen die Korrespondenz der Gesellschaft.

Außer ihnen sind es vor allem Darthé, Buonarroti, Germain und der ehemalige Bürgermeister von Lyon, Bertrand, die in der Gesellschaft das Wort führen. Die ehemaligen Abgeordneten im Konvent, die der Regierung besonders verdächtig erscheinen, bleiben sämtlich ausgeschlossen. Einzig mit Drouet, der dem Rat der Fünfhundert angehört, macht man eine Ausnahme.

Die Diskussionen tragen zunächst keinen aggressiven Charakter, wobei die Tatsache, daß zahlreiche Mitglieder der Gesellschaft eine Politik des Abwartens befürworten, den Ausschlag gibt. Zusatzbestimmungen zu dem Gesetz über die Zwangsanleihe, Höchstpreise für die lebensnotwendigen Dinge, eine strenge Überwachung der republikanischen Moral, können als recht gemäßigte Forderungen gelten, unter denen sich allerdings das Verlangen nach kostenloser Rückgabe der im Mont-de-Piété befindlichen Pfänder, eine Forderung, die später die *Partei der Gleichen* übernehmen wird, höchst umstürzlerisch ausnimmt.

Das Vorhandensein einer extremen Gruppe innerhalb der Gesellschaft [143], die allerdings bei allen Abstimmungen vorerst in der Minderheit bleibt, zeigt sich vor allem bei den Auseinandersetzungen um eine Petition, mit der man die Regierung zur Durchführung der Ventôse-Gesetze bewegen will. Der zunächst mit Begeisterung begrüßte Vorschlag wird schließlich, dank des Überwiegens bedenklicher Stimmen, die in ihm nicht zu Unrecht eine Herausforderung der Regierung erblicken, «auf unbestimmte Zeit» vertagt.

Von Babeuf und seinem *Tribun* ist kaum mehr die Rede. Man schweigt über ihn in den Stammlokalen der Linken bei Cauvain, bei Chrétien und bei Baudrais in den *Bains chinois* und ganz bewußt auch in der Gesellschaft des *Pantheon*.

Zwischen Babeuf und den Patrioten der Klubs hat sich eine tiefe Kluft aufgetan.

4

Inmitten lastenden Stillschweigens, geheimen Übelwollens oder offener Feindseligkeit fühlt Babeuf seine Kräfte wachsen. Weit klarer, als noch vor einem halben Jahr während des Exils in Arras, scheint ihm jetzt der Weg vorgezeichnet, den das Volk zu gehen hat, um sich endgültig aus seinem Elend zu befreien.

Drei Parteien machten einander den Sieg streitig: die der Royalisten, Aristokraten und Demokraten. Das Volk sei ungeduldig. Es wolle nicht länger warten. Man müsse ihm beweisen, daß nur die Demokratie imstande sei, es aus dem Zustand der äußersten Verelendung herauszuführen, und man müsse es ihm sofort beweisen. Es könnte sich sonst unüberlegt einer anderen Partei anschließen, möglicherweise sogar dem Royalismus, der nur auf die Gelegenheit warte, die schreckliche Hungersnot zu seinen Gunsten auszunutzen. Man müsse ihm zuvorkommen, es sei keine Zeit zu verlieren ...

Immer wieder und in immer neuen Wendungen wiederholt der *Tribun* seine Mahnung, die Zeit zu nützen, bevor es zu spät sei. Verächtlich fertigt er die Wohlmeinenden ab, die vor dem Bürgerkrieg warnten und sagten, man müsse politisch denken und Zeit zu gewinnen suchen.

«Kann ich politisch denken und auf der Stelle treten, wenn ich seit 48 Stunden nichts im Magen habe? Wenn ich des Morgens beim

Aufstehen nicht weiß, ob ich nicht meine letzte, abgenutzte Hose oder mein Hemd, meinen alten Rock oder die kümmerliche Bettdecke oder vielleicht alles auf einmal, werde versetzen müssen? Wenn ich nicht weiß, ob dies überhaupt zu der enormen Summe reichen wird, die notwendig ist, mich während eines einzigen Tages über Wasser zu halten? Und, noch schlimmer, wenn ich nichts mehr zu verkaufen habe? Das Haus steht in Flammen, und sobald man – was nahe liegt – vom Wasser spricht, es zu löschen, kommt Ihr mit Beleidigungen und erklärt, daß es sich nicht darum handele, sondern daß man vor allem politisch denken müsse! Wir sind auf dem allerhitzigsten Vulkan, und Ihr ermahnt uns zur Geduld!»

Die Römer hätten sich nicht gescheut, offen zu verkünden, «daß sie Land wollten, um leben zu können». Das Geschrei ihrer Gegner habe sie kalt gelassen. «Man machte sie nicht mit dem schwachsinnigen Grundsatz mundtot: Respekt vor dem Eigentum. Sie wußten darauf zu antworten: Respekt vor dem respektablen Eigentum.

Es ist an der Zeit, von der Demokratie zu sprechen; zu erklären, was wir unter ihr verstehen, und was wir durch sie erreichen wollen; sodann die Mittel zu vereinbaren, sie zu begründen und aufrechtzuerhalten.»

Es handele sich um nichts weniger als den Staat auf neue Grundlagen zu stellen. Nötiger als Konstitutionen seien Institutionen. Selbst die Verfassung von 93 sei nur darum anzuerkennen, weil sie den Weg zu neuen Grundlagen freimache. Den gleichen Weg habe Saint-Just im Thermidor gehen wollen, als er seine große Rede über die Staatsgrundlagen vorbereitete, zu der die Ventôse-Gesetze den Auftakt geliefert hatten. Damals habe der Sturz der Triumvirn diese Entwicklung verhindert und der Reaktion den Weg freigemacht. Es gelte, diesen historischen Irrtum ungeschehen zu machen. Darum: «Arbeiten wir zunächst daran, ein gutes Grundgesetz zu schaffen, Einrichtungen im Sinne des Proletariats, und wir dürfen sicher sein, daß eine brauchbare Verfassung folgen wird.»

Immer wieder kommt Babeuf auf die Grundpfeiler seiner Politik des *bonheur commun* zurück. Er fürchtet nicht, durch Wiederholungen zu langweilen. Die Vergleiche aus dem Plutarch und mehr noch aus dem Livius überborden. Beispiele über Beispiele drängten sich ihm auf. Er müsse darauf verzichten, sie alle anzuführen. Nur einen zu zitieren könne er sich nicht versagen, den Enkel des großen Scipio, den «tribun par excellence», Tiberius Gracchus, «den Menschen, den ich am meisten achte und bewundere. ‹Die wilden Tiere›, sagte er, ‹haben Höhlen und Gruben als Zuflucht, während die Bürger von Rom kein Dach über dem Kopfe haben, sich vor den Unbilden der Witterung zu schützen; gleich unglücklichen Verbannten irren sie, ohne festen Wohnsitz, in ihrem eigenen Vaterlande umher. Man nennt Euch die Herren und Meister der Welt. Was für Herren! Was für Meister! Ihr, denen man auch nicht ein Fleckchen Erde gelassen hat, groß genug, sich darin begraben zu lassen› [144]».

Nicht mehr das Agrargesetz, das er 1791 in seinem Brief an Coupé gefordert hatte, ist jetzt das Ziel seiner Politik. Er rückt ausdrücklich von ihm ab. «Nein: es ist mehr als das. Wir wissen, welches unbezwingliche Argument man uns entgegenzusetzen hätte. Man würde mit Recht sagen, das Agrargesetz kann nur einen Tag dauern; am Tage nach seinem Erlaß wäre die Ungleichheit von neuem da.»

Der wahre Hebel zum sozialen Fortschritt liege in den Institutionen. Die effektive Gleichheit sei kein Traumgebilde. Lykurg habe sie in Sparta verwirklicht. Die Lehre Christi ziele, obschon dunkel genug, darauf ab, wenn sie fordere: «Liebe Deinen Nächsten wie Dich selbst!»

Am deutlichsten sei Jean-Jacques gewesen, als er schrieb: «Damit der soziale Zustand vervollkommnet werde, ist es nötig, daß jedermann genug und keiner zuviel habe.» In diesem Satz liege der Angelpunkt der sozialen Frage, «das Elixier des Gesellschaftsvertrages».

Alle, die seitdem versucht hätten, auf dem Wege des sozialen Fortschritts voranzugehen, seien von dieser «heiligen und erhabenen Doktrin» ausgegangen. «Die Religion der reinen Gleichheit, die wir unseren beraubten und ausgehungerten Brüdern zu predigen wagen, wird ihnen selbst vielleicht befremdlich erscheinen, wie natürlich sie auch immer sei; befremdlich deshalb, weil wir unseren barbarischen und verdrehten Einrichtungen derart verhaftet sind, daß wir Mühe haben, gerechtere und einfachere überhaupt zu begreifen.»

Es sei an der Zeit, daß das Volk selbst seinen Willen bekunde. Que le peuple proclame son Manifeste. Die Demokratie dürfe nicht länger ein leeres Wort bleiben, sie müsse politische Wirklichkeit werden und den Zustand beenden, der das Elend der einen und den Überfluß der anderen sanktioniere. Wer mehr habe, als er zum Leben brauche, habe es dem gestohlen, dem es am Notwendigsten mangele. Auf gesetzliche Weise entwendet, wenn man wolle, aber immerhin gestohlen. So müsse die erste Forderung der neu begründeten Demokratie auf Wiedergutmachung des begangenen Unrechts ausgehen und darauf, daß Verhältnisse geschaffen würden, die einen Rückfall in das alte Unrecht für immer unmöglich machten.

Jeder sei Arbeiter und jeder erhalte auf Grund seiner Arbeit den gleichen gesicherten Lebensunterhalt! Alle Unterschiede in der Bewertung der Arbeit müßten aufhören, da die Natur allen Menschen die gleichen physischen Bedürfnisse gegeben habe. In dieser Hinsicht seien alle gleich, ob Tagelöhner oder Intellektueller, ob Feinmechaniker oder Kohlenträger, alle hätten nur einen Magen, der sein Recht verlange [145].

Was also tun? Nicht mehr und nicht weniger sei notwendig, als die Grundlagen der bestehenden Gesellschaft zu beseitigen und das Gebäude der sozialen Ordnung auf neuen Grundlagen zu errichten. An die Stelle der bisherigen Unsicherheit einer von den Wechselfällen des Lebens abhängigen Existenz werde vollkommene Sicherheit treten. Man müsse, um es noch deutlicher zu sagen, dahin gelangen, das Schicksal an die Kette zu legen. Einem jeden und seiner Nachkommenschaft, wie zahlreich sie auch immer sei, müsse eine bescheidene Existenz, aber eben nur sie, gesichert sein. La suffisance, mais rien que la suffisance.

Das Mittel und zugleich der einzige Weg, um dahin zu gelangen, liege in der Gemeinschaft, in der Vergesellschaftung des Bodens und der Produktion. Kein Privateigentum mehr. Jeder einzelne leiste der Gesellschaft die seinen Fähigkeiten entsprechende Arbeit: die Gesellschaft teile ihm dafür seinen Anteil an Nahrung, Kleidung und Unterkunft zu. Dafür, daß dieser Weg gangbar sei, gebe es bereits ein Beispiel: die zwölfhunderttausend Mann unserer zwölf Armeen; und was im Kleinen möglich sei, sei es im Großen.

Die Begründung ist aufschlußreich und wird Schule machen. Babeuf hat erlebt, wie der passive Gehorsam der zum Kriegsdienst einberufenen Soldaten das Wunder des Umschwungs an den Fronten bewirkte. Der passive Gehorsam der zum Arbeitsdienst in der Produktion aufgerufenen Bevölkerung soll das Wunder der sozialen Umgestaltung ermöglichen. Den Siegen an der Front des Krieges werden die Siege an der Front der Arbeit gleichgestellt, und die erfüllten (und übererfüllten) Ziffern der Pläne werden zu den Trophäen der neuen Gesellschaft.

«Eine solche Regierung», schließt Babeuf, «werde die Grenzsteine, Hecken und Mauern, die Schlösser an den Türen, die Streitigkeiten, Prozesse, Diebstähle, Morde, alle Verbrechen verschwinden lassen; die Gerichte, Galgen, Gefängnisse, Strafen und die Verzweiflung als die Folge all dieser Kalamitäten; den Neid, die Eifersucht, die Unersättlichkeit, den Hochmut, den Betrug, die Doppelzüngigkeit, kurz alle Laster; dazu (und dieser Punkt ist zweifellos der wesentliche) den nagenden Wurm der allgemeinen, persönlichen, ewigen Unruhe eines jeden von uns über unser Schicksal von morgen, im kommenden Monat und im folgenden Jahr, in unserem Alter und über das Los unserer Kinder und Kindeskinder.»

Soweit der «summarische Abriß» seines «schrecklichen Manifestes», als eine «erste Skizze» der Zukunft. Welchen Sinn aber hat es, das Land der Verheißung in schönen Worten zu schildern, welchen Wert haben all diese Überlegungen, wenn sie nicht von Taten begleitet sind? Mit beschwörenden Worten richtet Babeuf an die unterdrückte Masse den Appell zur direkten Aktion. «Möge diese Schrift das Signal, möge sie der Blitz sein, der alles, was ehemals Wärme und Mut besaß, zu neuem Leben erweckt! Alles, was in einer glühenden Flamme für das Wohl der Allgemeinheit und die vollkommene Unabhängigkeit entbrannte. Daß ihr das Volk die wahrhafte erste Idee der Gleichheit entnehme!»

Von den kleinen Dingen des Tages müsse das Volk sich wieder den großen Fragen seines Schicksals zuwenden. Der Kampf um die Frage des Eigentums müsse entbrennen. Der Krieg zwischen reich und arm, wie er sich täglich abspiele, müsse von nun an unter neuen Aspekten geführt werden. «Die Leiden des Volkes sind auf dem Gipfel; sie können nicht schlimmer werden. Marschieren wir vorwärts ohne Umschweife, als Menschen, die sich ihrer Kraft bewußt geworden sind: marschieren wir geraden Weges zur Gleichheit. Sehen wir das Ziel der Gesellschaft; sehen wir das *bonheur commun!*»

Worauf noch warten? Sei nicht der Bürgerkrieg bereits in vollem Gange, würden nicht Unzählige Tag für Tag seine Opfer? «Daß der *Mont sacré* oder die *Vendée plébéienne* sich an einem einzigen Punkt oder in jedem der 86 Departements bilde! Daß man sich verschwöre gegen die Unterdrückung, sei es im großen oder im kleinen, geheim oder offen, in hunderttausend Zusammenkünften oder in einer einzigen, ganz gleich, Hauptsache, daß man sich verschwöre, und daß von nun an die Gewissensbisse und die Ängste zu ständigen Gefährten der Unterdrücker werden. Wir haben offen das Signal gegeben, damit viele es bemerken ... wir sind nahezu sicher, daß man sich verschwören wird ... Wiederholen wir es noch einmal: alle Leiden sind auf dem Gipfel; sie können nicht mehr schlimmer werden; sie können nur durch eine vollkommene Umwälzung beseitigt werden! ! ! ... Alles kehre in das Chaos zurück, und aus dem Chaos entstehe eine neue und umgestaltete Welt. Que tout rentre dans le cahos, et que du cahos sorte un monde nouveau et régénéré!»

Wie einst in den Tagen der Jacquerie das Dröhnen der Glocken die picardischen Bauern zum Sturm auf die Schlösser ihrer Feudalherren rief, so ruft jetzt die Stimme des Gracchus Babeuf die in der Revolution zu kurz Gekommenen zum Kampf gegen die siegreiche Bourgeoisie, die sich allerdings hinter ihren Bankkonten weit sicherer verschanzt weiß als die Ritter in ihren Burgen hinter Wassergräben und Mauern!

Wie damals kann auch diesmal der Ausgang des Kampfes nicht zweifelhaft sein.

5

«Am 14. Frimaire [146], um die Mittagszeit», berichtet Babeuf, «kommt ein Mann zu mir und fragt nach dem Bürger Roche. Der Bürger Roche ist nicht da, antwortet man dem Unbekannten.

Ich werde ihn erwarten, erwidert er.

Dann setze Dich bitte, sage ich ihm. Der Mann wartet, er wird ungeduldig, geht weg, um einen Augenblick später zurückzukehren ... Ich argwöhne nichts und sage ihm, noch zu warten.

Nicht wahr, sagt er, Ihr seid der Bürger Roche?

Du täuschst Dich, ich bin es nicht.

Er besteht darauf, ich sei Roche.

Und wenn ich Roche wäre, entgegne ich, was möchtest Du von ihm?

Ihm diesen Brief übergeben.

Ich lese. Es ist eine Aufforderung an Roche, sich zu dem Friedensrichter der Sektion Champs-Elysées zu begeben.

Ich bin nicht Roche, sage ich noch einmal.

Das ist gleich, ich habe das Recht, Sie ebenfalls festzunehmen.

Wo ist Dein Befehl?

Da. Ich lese. Es ist ein Vorführbefehl für Roche.

Du hast keinen anderen? Ich gebe nicht nach, ich bin nicht Roche.

In diesem Fall, sagt der Polizeimensch, werde ich Verstärkung holen. Er steht auf und geht die Treppe herunter. Ich folge ihm stehenden Fußes. Unten angelangt, will ich aus dem Haus heraus. Der Büttel ist an der Tür zur Straße, er bemerkt meine Absicht, er packt mich am Kragen. Jetzt wird die Geschichte ernst ... Die drohende Gefahr verdoppelt meine Kräfte. Ich entschließe mich alsbald, buchstäblich die Vorschrift zu befolgen, die besagt, der Unterdrückung Widerstand zu leisten.

Ich nehme also den Kampf mit dem Häscher mittels Faustschlägen auf.

Das Gefecht dauert eine gute halbe Stunde. Endlich bleibe ich Sieger. Ich reiße mich aus den Klauen des Satelliten und ergreife die Flucht. Aber der Handlanger der Tyrannei verfolgt mich, laut schreiend: haltet den Dieb! Ich konnte in diesem Augenblick wirklich für einen solchen genommen werden: barhaupt, ohne Krawatte, den Rock auf dem Rücken von der Taille bis zum Kragen zerrissen: ich muß wirklich hübsch ausgesehen haben.

Dreimal werde ich auf der Strecke von der Ecke der rue de la Révolution bis zur rue Honoré, gegenüber Assomption, von Arbeitern angehalten. Alle dreimal genügt es, meinen Namen zu nennen, um losgelassen zu werden.

Die braven, im Lebensmittelmagazin der (ehemaligen Kirche) Assomption beschäftigten Lastträger der Halle waren die letzten, die mich festhielten; aber sie waren es auch, die sich am vorbildlichsten mir gegenüber verhielten.

Sobald sie wußten, wer ich war, deckten sie meinen Rückzug, indem sie meinen Verfolger mit Rippenstößen und einem wahren Regen von Schmutz und Straßenkehricht bedachten; schließlich werde ich, sozusagen eskortiert von der gesamten Menge, durch den Patrioten Bonjour, der sich durch einen glücklichen Zufall dort befand, an einen sicheren Ort gebracht.

Verzeichnen wir diesen Vorfall, der das Volk zeigt, wie es wirklich ist, in seinen Annalen.»

In allen «patriotischen» Cafés bietet Babeufs geglückte Flucht noch tagelang ausgiebigen Gesprächsstoff. Man lacht über die Ungeschicklichkeit der Polizei, macht Witze über den bedauernswerten Inspektor und trinkt auf die Gesundheit der Arbeiter, denen Babeuf seine Rettung verdankt [147].

Um die erhaltene Scharte auszuwetzen, holt das Direktorium zu einem Gegenschlag aus. Im *Moniteur* erscheint eine Direktive des amtierenden Präsidenten Reubell an den Justizminister Merlin, beim Kassationshof Erkundigungen über den Stand des gegen Camille Babeuf anhängigen Prozesses wegen Urkundenfälschung einzuziehen. Das Kriminalgericht der Aisne habe offenkundig seine Befugnisse überschritten, als es Babeuf provisorisch aus dem Gefängnis entließ.

Bereits am 20. Dezember bestätigt der Kassationshof, daß er seinen Beschluß vom 15. März voll aufrecht erhalte. Kraft des am 3. Brumaire erlassenen Gesetzes sei nunmehr für die Anklage die Jury des Kriminalgerichts in Compiègne zuständig. Gebe diese der Anklage statt, sei der Prozeß wegen Urkundenfälschung in Beauvais vor dem Kriminalgericht des Departements Oise zu verhandeln.

Babeuf darf, will er nicht der Öffentlichkeit gegenüber ins Hintertreffen geraten, keinen Augenblick zögern, Merlin zu antworten. So läßt er, trotz seiner Illegalität, am 21. Dezember dem *Moniteur* einen offenen Brief zugehen, der dort in vollem Wortlaut erscheint. Zwei Dekaden später veröffentlicht Babeuf den gleichen Brief, mit einer Reihe von Zusätzen, in der Nummer 38 seines *Tribun*.

Merlin, heißt es darin, sei der Erfinder und Verfasser der gegen ihn in Gang gebrachten «grotesken und sehr wenig skrupelhaften Bosheit». Mit seiner «ebenso absurden wie bösartigen Demarche» bezwecke er nichts weniger, als ihn, Babeuf, moralisch hinzurichten. Die ganze, künstlich aufgebauschte Geschichte sei im Grunde nichts weiter als eine elende Sachwalterschikane.

Im vergangenen Jahr, als seine Artikel anfingen, den damaligen Machthabern unbequem zu werden, habe ihm Fréron mit seinen Maueranschlägen «einen ersten schlechten Streich» gespielt. Seine Antwort sei aber derart schlüssig gewesen, daß er, während seiner anschließenden Haft von über acht Monaten, kein Wort von der ganzen Geschichte mehr gehört habe. Er sei auch nicht, wie man jetzt behaupte, auf Grund der Brumaire-Amnestie frei gelassen worden, sondern durch einen besonderen Beschluß des Sicherheitsausschusses, der alle Beschuldigungen gegen ihn genauestens überprüft habe.

Die Gründe, mit denen er vor einem Jahr seine Gegner zum Schweigen gebracht habe, brauche er jetzt nicht zu wiederholen. Aber auf eines müsse er mit allem Nachdruck verweisen: der heutige Justizminister Merlin sei der gleiche Merlin, der im Konvent als Mitglied des Ausschusses für Gesetzgebung das Dekret vom 13. Mai 1794 veranlaßte und den Entscheid des Kassationshofes vom 9. Juni gleichen Jahres bewirkte, der das Urteil vom 23. August annullierte. «Damals, Merlin, übernahmt Ihr hitzig meine Verteidigung. Damals brachte es Euch Ruhm, es zu tun. Wir waren unter der Herrschaft Robespierres. Es war ehrenvoll, die Sache eines guten, unterdrückten Patrioten zu seiner eigenen zu machen.»

Die Prozeßangelegenheit sei – was immer für Scheingründe man jetzt auch anführe – endgültig beigelegt, und zwar sowohl durch den Gerichtsbeschluß in Laon vom 18. Juli wie durch die Kommission für innere Verwaltng, Polizei und Gerichte, die im Thermidor des Jahres II entschieden habe, «ich sei in aller Form freigesprochen».

Wenn Merlin ihn jetzt aus Liebedienerei wegen der gleichen Sache angreife, in der er ihn vor zwei Jahren persönlich verteidigte, so habe dies vielleicht noch einen besonderen Grund. «Weil Ihr mir gegenüber hattet gerecht sein können, mußte ich darum, mehr als bei irgendeinem anderen, unter Stillschweigen übergehen, was mir an Eurer politischen Haltung verwerflich erschien? Ich erhob mich oft gegen Euer Projekt eines Gesetzes über die Verleumdung, das Ihr so oft durchzubringen versuchtet. Sollte darin der Grund für den mörderischen Dolchstoß vom 20. Dezember zu suchen sein?»

Er habe keinen Zweifel, schließt Babeuf, über das Los, das ihn erwarte, sollte er jemals in Merlins Hände fallen. Gleich dem geächteten Marat werde er sich den gedungenen Meuchelmördern zu entziehen wissen und seinen Weg weiter gehen. Um seinen guten Ruf mache er sich keine Sorgen. Das Attentat vom vergangenen Jahr habe keinen Erfolg gehabt. Auch der jetzige Angriff werde ihm nicht Herz und Vertrauen der Patrioten entziehen.

Merlin verzichtet darauf zu antworten, aber er drängt nach Kräften, den Prozeß wegen Urkundenfälschung erneut in Gang zu bringen. Am 29. Dezember schickt er dem Regierungskommissar beim Kriminalgericht in Laon den Entscheid des Kassationshofes. Er solle, entsprechend Artikel 458 des Strafgesetzbuches, dem Präsidenten des Gerichts davon Kenntnis geben und eine Abschrift in der Gerichtskanzlei hinterlegen. Alle Unterlagen des Verfahrens gegen Babeuf seien umgehend dem Direktor der Jury in Compiègne zu übermitteln.

Doch es stand wohl in den Sternen, daß dieser Prozeß nie stattfinden sollte. In Compiègne läßt man sich Zeit. Erst am 9. März 1796 erklärt die Jury die Anklage gegen Babeuf für begründet. Man erläßt Haftbefehl gegen ihn, und die Akten wandern zur Kanzlei des Kriminalgerichts in Beauvais. Ein Schreiben des Regierungskommissars beim Kriminalgericht des Departements Oise an den Polizeiminister bestätigt ihren Eingang.

Es ist zugleich das letzte Schreiben in dieser Sache. Der Haftbefehl gegen Babeuf kann, da dieser unauffindbar bleibt, vorerst nicht vollstreckt werden. Nach seiner Verhaftung im Mai aber ist – genau wie damals in Arras – von dem Prozeß wegen Urkundenfälschung nicht mehr die Rede. Sein Ausgang bleibt – als eine res non judicata – für immer offen.

6

In den Tagen, die dem dramatischen Zweikampf mit Inspektor Pernet folgen, lebt Babeuf bei seinem Freunde Darthé, in dessen Wohnung in der maison Conception, einem ehemaligen Kloster, das die Revolution in eine Mietskaserne verwandelt hat. Hier verbringt Babeuf in völliger Abgeschiedenheit zehn Tage. Selbst Darthés Besucher bekommen ihn nicht zu Gesicht. Danach verläßt er das Haus unbemerkt durch den Hofausgang, um in ein weniger gefährdetes Quartier zu übersiedeln.

Ein Haushaltsbuch verzeichnet die Einkäufe für ihre frugalen Mahlzeiten: Brot, Milch, Salat, dazu etwas Fleisch oder Fisch und natürlich Kaffee, das ist alles. Man sieht, ihr Tisch ist denkbar einfach bestellt. Aber beide sind jung, und beide haben andere Dinge im Kopf, als sich über solche Kleinigkeiten Gedanken zu machen [148].

Augustin-Alexandre Darthé, Sohn eines vereidigten Wundarztes und Geburtshelfers aus Saint-Pol im Artois, hat in Paris an der Universität Rechtswissenschaft studiert. In den Julitagen nimmt er mit einem Trupp *clercs de la Basoche* an der Belagerung und Erstürmung der Bastille teil. Bald darauf kehrt er, nach abgeschlossenem Studium, und ohne sich darum zu kümmern, seinen Namen in die Liste der «Sieger über die Bastille» eintragen zu lassen, nach Saint-Pol zurück, wo er zu den entschiedensten Vertretern der fortschrittlichen Richtung gehört. Im November 1790 gelangen er und Le Bas als Adjunkten in die Stadtverwaltung, und nach dem 10. August entsenden ihn die Wähler in das Direktorium des Departements Pas-de-Calais.

Dort findet er bald Gelegenheit, sich auszuzeichnen. Als sich in den späten Abendstunden des 2. April 1793 die Nachricht vom Verrat des Generals Dumouriez mit Windeseile in Arras verbreitet, begibt sich Darthé mit zwei weiteren Abgesandten zu dem Stadtkommandanten, General Tricotel, um sich persönlich von dessen Haltung zu überzeugen und ihn, wenn nötig, in Gewahrsam setzen zu lassen. Und Tricotel wagt es nicht, sich gegen sein Vorgehen aufzulehnen. Wenig später erhält Darthé den Auftrag, in Saint-Omer einen Konflikt der dortigen Behörden mit den Ausschüssen für Verteidigung und Sicherheit des Konvents zu schlichten, eine Aufgabe, die er mit Takt und Geschick zu erfüllen weiß.

Seine große Stunde, die seinen Namen zum ersten Mal über die Grenzen des Pas-de-Calais hinaus bekanntmacht, schlägt mit der Niederwerfung einer Revolte, die man in der Presse bombastisch als den «Aufstand von Pernes» bezeichnet. Am 25. August erfährt Darthé, der sich zur Durchführung der *levée en masse* [149] in seinem Heimatdistrikt Saint-Pol aufhält, daß sich Deserteure im Waldgebiet von Pernes zusammenrotten. Sofort entfaltet er eine fieberhafte Tätigkeit. Auf seine Anweisung wird die Nationalgarde von Saint-Pol mobilisiert. Alle in der Gegend verfügbaren Truppen werden aufgeboten und marschieren, unter dem Befehl des Generals Ferrand, in das Gebiet der Wälder von Sachin, Annerval und Nédonchel, die sie konzentrisch durchkämmen. Hundertfünfzig Verhaftete und ein Dutzend Tote sind das Ergebnis dieser Aktion.

In einem Schreiben an das Departement berichtet Darthé über die von ihm geleitete Operation. «Nein», fügt er stolz hinzu, «das Departement Pas-de-Calais wird keine zweite Vendée; ich stehe dafür mit meinem Kopf! Den ganzen Tag über war ich General, Schütze, Schreiber und Lebensmittelverwalter, alles zu gleicher Zeit.»

Neunzehn arme Teufel, meist Handwerker und Landarbeiter, büßen in den nächsten Tagen ihren Leichtsinn mit dem Leben. Der Konvent, der die Rebellion als eine mit dem Feinde abgesprochene Diversion im Rücken der Nordarmee ansieht, zeichnet die Gemeinde Saint-Pol durch ein Dekret aus: sie habe sich um das Vaterland verdient gemacht.

Von diesem Tage an verzeichnen die Annalen der Revolution den Namen Darthé.

Le Bon, der im Oktober mit ausgedehnten Sondervollmachten in die Departements Pas-de-Calais, Nord und Somme entsandt wird, findet für die Dauer seines Prokonsulats in Darthé einen seiner engsten Vertrauten und Mitarbeiter. Als öffentlicher Ankläger der Revolutionstribunale in Arras und Cambrai hat Darthé Gelegenheit, seine Ansicht über revolutionäre Gesetzlichkeit unmittelbar in die Tat umzusetzen. Er selbst sagt unumwunden, was er darunter versteht: «Bereits in unserem Innern wird das Urteil gefällt, bevor unser Mund es ausspricht. Unsere innere Überzeugung wird über das Los der Beschuldigten entscheiden, und keiner, den diese innere Stimme verurteilt, wird der nationalen Rache entgehen. Kein falsches Mitleid; es wäre ein Verbrechen.»

Ein Brief an Le Bas bezeugt seine revolutionäre Aktivität: «... Die *société populaire* hat soeben eine Säuberung durchgeführt: von etwa vierhundert Mitgliedern sind nur 63 übrig geblieben. Man hat mir Gerechtigkeit widerfahren lassen: ich bin unter den 63. Die politische Gesinnung hat hier ihre höchste Stufe erreicht. Dubois, der ehemalige Präsident des Departements, wurde als Intrigant und Ehrgeizling sowie als ehemals adlig entlarvt. Le Bon ist ausschließlich mit der Abfassung von Anklageschriften beschäftigt, und wir, zu fünft oder sechst, sind es damit, Verhöre anzustellen und Haussuchungen durchzuführen, bei denen es stets kostbare Entdeckungen gibt: wir kommen nicht mehr zum Schlafen.»

Der 9. Thermidor setzt dem Prokonsulat Le Bons ein Ende. Am Tage darauf abberufen, erhebt der Abgeordnete Asselin bereits am 1. August in aller Form Anklage gegen ihn und seine Mitschuldigen, unter denen er Darthé einen besonderen Rang zuweist.

In dem sich lange hinziehenden Verfahren gegen Le Bon teilt Darthé dessen Gefangenschaft zunächst in Paris und dann in «den Latrinen von Meaux». Dort trennen sich ihre Wege. Le Bon wird, nachdem der Konvent der Anklage gegen ihn zugestimmt hat, nach Amiens gebracht, wo sein Prozeß am Tage des 13. Vendémiaire mit dem allgemein erwarteten Todesurteil endet, während Darthé und seine Gefährten nach Paris in das Gefängnis Quatre-Nations überstellt werden. Dort wird er, auf Anordnung des Sicherheitsausschusses, am 14. Oktober 1795 aus der Haft entlassen.

Wieder frei, hat Darthé keine Eile, in sein Departement oder seine Heimatstadt zurückzukehren. Die gestürzten Halbgötter erwartet am Schauplatz ihrer Heldentaten kein freundlicher Empfang. Wie die meisten der durch die Amnestie befreiten Terroristen sucht er in Paris unterzukommen. Er findet Arbeit als Angestellter in der belgischen Handelsagentur.

Aber die Politik läßt ihn nicht los. Wenn auch Le Bas und Lanne, seine ältesten Freunde, noch aus der Zeit in Saint-Pol, wie seine Kampfgefährten Herman, Duquesnoy und Le Bon zugrunde gegangen sind, Darthé gibt sich deshalb nicht geschlagen. Die Gesellschaft des *Pantheon*, in der er zu den entschiedensten Wortführern des linken Flügels zählt, bedeutet für ihn die Möglichkeit, eine Politik des kompromißlosen Kampfes gegen die Kräfte der Reaktion weiterzuführen.

Buonarroti sagt von ihm, er habe «viel Einsicht und lebhafte Leidenschaft für die wahrhafte Gerechtigkeit mit strengen Sitten und einem mitfühlenden Herzen» zu vereinen gewußt. Weniger allgemein, doch vermutlich treffender, läßt sich Le Bon, der ihn schätzte und fürchtete, über ihn aus: «Darthé besitzt einen Charakter, der niemals verzeiht.» Homme d'un caractère à ne pardonner jamais.

Das ist der Mensch, mit dem Babeuf in diesen Tagen in enger Gemeinschaft lebt und arbeitet. Sie kennen einander noch nicht lange, und dennoch wird gerade Darthé es sein, der von allen Menschen in der Umgebung Babeufs den stärksten Einfluß auf ihn gewinnt. Darthé ist kein Dichter und Philosoph wie Sylvain Maréchal, kein schöpferischer Geist wie Buonarroti, kein Babeuf persönlich ergebener Freund wie Germain, er ist überhaupt kein Mensch mit einem persönlichen Eigenleben, er ist nichts als ein fanatischer Revolutionär. Das aber gibt den Ausschlag. Für Babeuf verkörpert Darthé die revolutionäre Aktion. Und nichts gibt es, was Babeuf so glühend bewundert wie sie.

Denn die Tat bleibt ihm versagt.

7

In der Öffentlichkeit findet der Beschluß des Direktoriums, wegen der alten Geschichten in Montdidier gegen Babeuf vorzugehen, wenig Anklang. Das Ganze habe einen unangenehmen Beigeschmack von Justizschikane [150], bemerkt selbst der regierungsfromme *Censeur des Journaux*.

Merlin begeht einen weiteren Schnitzer, als er vor der Anklagejury des Kriminalgerichts der Seine ein Verfahren wegen Pressevergehens gegen Babeuf (auf Grund des *Manifeste des Plébéiens)* und gegen zwei Journalisten vom äußersten rechten Flügel der Reaktion, Suard und Richer-Sérizy, in Gang bringt. Denn wenn auch die Jury am 31. Dezember der Anklage gegen Babeuf stattgibt, während sie bei den beiden anderen das Vorliegen einer Schuldfrage verneint, so muß Merlin, der «eminente Rechtsgelehrte» Merlin, dennoch bereits wenige Tage später einen peinlichen Rückzug antreten. In zwei langen Spalten beweist der *Moniteur*, daß der Entscheid der Jury null und nichtig sei, da derartige Verfahren nicht vor die ordentlichen Gerichte, sondern ausschließlich vor eigens dazu eingesetzte Sondergerichte gehörten.

Babeuf, der von der ganzen Geschichte überhaupt erst durch den Artikel im *Moniteur* erfahren haben will, zeigt sich zufriedengestellt. «Da bin ich zumindest», schreibt er, «auf die Weise, wie ich es wünschte, angegriffen. Man hat, nach dem Rat des weisen Trouvé, die alten Schwächen vergessen, um neue Delikte zu verfolgen.» Er sei damit endlich den ganzen Prozeßkram los, der ihn noch unlängst so stark beschäftigt habe [151].

Inzwischen bläst das Direktorium, getreu der ihm eigenen Schaukelpolitik, bereits auf der ganzen Linie zum Rückzug. Am 8. Januar ergeht eine Verfügung, wonach allabendlich in den Theatern das *Ça ira* oder die *Marseillaise* zu spielen sind. Andere Lieder, insbesondere der *Réveil du Peuple*, werden in Acht und Bann getan.

Gleichzeitig wird Bénézech angewiesen, dem Direktorium über seine Maßnahmen zur Beendigung des «weißen Terrors» und über die Durchführung des Gesetzes vom 3. Brumaire, das den Ausschluß aller mit der Emigration versippten und verschwägerten Kreise aus dem öffentlichen Leben verfügt, umgehend Bericht zu erstatten. Und am 15. Januar verkünden Maueranschläge den Beschluß des Direktoriums, ab sofort den 21. Januar, Capets Todestag, zum öffentlichen Feiertag zu erklären.

Die Linke zeigt sich zufriedengestellt, zumal die Auswirkungen dieser Beschlüsse nicht auf Paris beschränkt bleiben [152]; hinzu kommt, daß auch der Rat der Fünfhundert einschwenkt und den seit langem geforderten Ausschluß des Royalisten Job Aymé aus dem Parlament verfügt.

Selbst Babeuf kann nicht umhin im *Tribun* zu erklären, es wäre sehr schwierig und geradezu ungerecht, diesen Maßnahmen die Zustimmung zu versagen. Eine solche Einschätzung bedeute keine taktische Schwenkung. Schon seit langem versuche er das Direktorium, ganz oder teilweise, für seine Politik eines sozialen und revolutionären Fortschritts zu gewinnen. Habe er doch sogar der Hoffnung Ausdruck gegeben, es möge sich unter ihnen — wahrhaftig ein frommer Wunsch! — ein Agis und Kleomenes finden. Noch bei seiner Kontroverse mit Merlin sei er eifrig bedacht gewesen, dessen gehässige Schikanen von der Haltung des Direktoriums, das wegen einer Fülle wichtiger Arbeiten sich nicht mit den Angelegenheiten eines «simplen Bürgers» befassen könne, abzugrenzen.

«Die Einrichtung ist schlecht, aber die Menschen sind gut», schreibt er jetzt. Wenn das Direktorium tadelnswerte Beschlüsse gefaßt hätte, so vor allem darum, weil man es hintergangen habe.

Im *Pantheon* beeilt man sich, in diese Lobeshymnen einzustimmen. Gleichzeitig protestiert die Gesellschaft energisch gegen die Unterstellung, sie habe die Verfassung angreifen wollen. Zum Beweis ihrer Haltung sendet sie eine Adresse an das Direktorium, die ausdrücklich ihre Treue zur Verfassung des Jahres III unterstreicht.

Für kurze Zeit, in den ersten Wochen des Jahres 1796, stehen die Republikaner in geschlossener Front hinter dem Direktorium.

8

Der Burgfriede ist nur von kurzer Dauer. Bereits die nächste, am 30. Januar 1796 erscheinende Ausgabe des *Tribun* zeigt Babeuf unnachgiebig wie nur je.

Zu Babeufs neuer Schwenkung mag die Erkenntnis beigetragen haben, daß er durch eine versöhnliche Haltung Gefahr laufe, seinen politischen Kredit aufs Spiel zu setzen [153]. Auch kann er nicht übersehen, daß mit der steigenden Geldentwertung [154] und der weiteren Verschlechterung der Versorgungslage [155] eine zunehmende Bereitschaft, den revolutionären und egalitären Parolen Folge zu leisten, Schritt hält.

Vor allem die Arbeiter, die der Polizei bis dahin wenig zu schaffen machten, werden zunehmend rebellisch. Hatten noch im November wenige Verhaftungen genügt, um den beim Assignatendruck beschäftigten Arbeitern die Lust zu einer geschlossenen Arbeitsniederlegung zu nehmen, so häufen sich jetzt die Fälle, in denen es zu einem kollektiven Vorgehen der Arbeiter kommt.

Im Dezember versammeln sich Druckereiarbeiter, «zumeist Familienväter», in einem Gasthaus der rue de Harlay, um über gemeinsame Lohnforderungen zu beraten. Zur gleichen Zeit sieht sich ein Regierungsblatt, der *Courrier républicain* genötigt, zuzugeben, seine Setzer hätten durch Arbeitsniederlegung eine Verdoppelung ihres Akkordlohnes erzwungen. Die Lastträger des Lebensmittelmagazins Assomption, die Babeuf so tatkräftig zu Hilfe kamen, werden, als sie Lohnforderungen stellen, durch Soldaten abgelöst; aber als man sie, da dies ohne Wirkung bleibt, durch Streikbrecher aus Saint-Lazare ersetzen will, sind heftige Protestaktionen die Folge.

Das am 6. Dezember verabschiedete Gesetz, das sich in seinen Bestimmungen weitgehend an die Zwangsanleihe vom September 93 anlehnt, wird allgemein, da es vor allem die verhaßte *million doré* der kapitalkräftigen Kreise trifft, beifällig aufgenommen. Es bleibt Babeuf vorbehalten, seine «unglückseligen und unvermeidlichen Konsequenzen» aufzuzeigen, die er mit einer Pumpe vergleicht, dazu bestimmt, die notleidende Bevölkerung bis aufs Mark auszuquetschen.

Ohne behördliche Maßnahmen einer Preisfestsetzung und Gewinnabschöpfung würden alle Lasten einer Sonderbesteuerung ohne weiteres auf den wirtschaftlich Schwächeren abgewälzt. «Was bedeutet es diesen Blutsaugern, daß Ihr sie besteuert? Es sind höchstens Vorschüsse, die Ihr ihnen abnehmt, und die sie sich letztlich zurückholen.» Die Regierung spiele das Spiel der besitzenden Klasse, denn je höher das Elend steige, um so größer werde die Abhängigkeit des Armen vom Reichen.

Fürs erste allerdings gilt es, dem an monetärer Auszehrung leidenden *Tribun* einige kräftige Spritzen zu verabfolgen. Babeuf scheut sich nicht, seine Geldkalamitäten öffentlich bekannt zu geben: «Ich benachrichtige meine Abonnenten [156], daß ich kein Geld mehr habe. ... Alle, die noch nicht die für das Trimester geforderten 125 livres bezahlt haben, sind ganz besonders eingeladen, diese Summe zu begleichen. Sie wird ohnehin, wie ein Blick auf den Preis aller übrigen Blätter zeigt, ungenügend sein. Ich werde binnen kurzem endgültig bekanntgeben, was mir noch fehlt.»

Der Appell verhallt nicht ungehört. Babeufs Anhänger in Arras veranstalten eine «patriotische Kollekte», die 1 265 livres einbringt, über deren Empfang Babeuf im *Tribun* öffentlich quittiert. Kein

Zweifel, daß darüber hinaus sich auch wohlhabende Parteifreunde, wie Félix Lepeletier und Amar, zu finanziellen Opfern bereitgefunden haben.

Zu den finanziellen Schwierigkeiten kommen Sorgen ganz anderer Art. Ein Journalist, Nicolas Bonneville, der eine Zeitschrift *Le Vieux Tribun* herausgibt, behauptet «voller Bitternis», Babeuf habe ihm den Titel *Tribun du peuple* gestohlen. Babeuf vermutet dahinter (und sicher nicht zu Unrecht) mehr als eine Autorenrivalität; Bonneville handele im ministeriellen Auftrag, um den schrecklichen *Tribun* in Mißkredit zu bringen.

Mehr Sorge als die Animositäten eines Bonneville oder Trouvé, der ihm im *Moniteur* vorwirft, gesetzwidrig den Vornamen Gracchus beibehalten zu haben, bereitet Babeuf die Haltung des *Ami du peuple*. Dieser sei, wie er in einem langen Schreiben an Simon, einen Freund Darthés, ausführt, nach dem Ausscheiden von Châles in die Hände des ex-abbé Pitou, eines getreuen Sprachrohrs des Girondisten Mercier, geraten. Lebois, der Eigentümer des Blattes und der Druckerei, sei nur ein «armseliger Strohmann», der keine Ahnung von dem habe, was um ihn herum vorgehe.

«Lebois' Blatt ist niemals gewesen, was es sein sollte. Gut an ihm waren nur die drei Worte des Titels. Es war nur ein Spielzeug in den Händen einer verbrecherischen Partei . . .» Jetzt habe Pitou aus einem Gefühl der Ungeduld oder des Widerwillens die Redaktion niedergelegt. Der Posten als Chefredakteur honoris causa sei frei; Simon möge ihn übernehmen, um zu verhindern, daß er nochmals in schlechte Hände falle. Aber zu Babeufs Bedauern lehnt Simon ab. Die Umstände und seine berufliche Tätigkeit erlaubten ihm nicht, der Aufforderung zu entsprechen.

Drei Tage nach dem Erscheinen der Nummer 39 des *Tribun* erhält Merlins Nachfolger im Justizministerium, der Girondist Génissieu, vom Direktorium Anweisung, gegen Babeuf ein Verfahren wegen umstürzlerischer Propaganda einzuleiten.

Diesmal nimmt die Linkspresse Partei für Babeuf. Im *Journal des Hommes libres* schreibt Félix Lepeletier: «Das Ministerium weiß ganz genau, daß man Babeuf nicht den Prozeß machen kann, ohne zu einer Verurteilung und öffentlichen Verbrennung der unsterblichen Werke eines Rousseau, Mably oder Helvétius zu kommen, die ebenso wie Babeuf den Mut gehabt haben, mit Offenheit die heikle Frage des Eigentums aufzuwerfen.»

Da Babeuf unauffindbar bleibt, nimmt die Polizei am Nachmittag des 5. Februar sehr voreilig, wie sich zeigen soll, seine Frau in Haft. Die bei dieser Gelegenheit vorgenommene Haussuchung fördert außer einigen Exemplaren des *Tribun* und einem Packen belangloser Zettel nichts weiter zutage.

Bei dem Verhör durch den Friedensrichter Lamaignère hält Marie sich tapfer. Sie gibt zu – was man ohnehin weiß – Babeufs Frau zu sein und den Vertrieb des *Tribun* besorgt zu haben. «Über alles weitere schwieg sie sich hartnäckig aus» bemerkt Lamaignère in seinem Bericht an den Polizeiminister.

Doch Lamaignère verfolgt noch eine weitere Spur. Bei der Verhaftung Maries war ihr Sohn Emile nicht in der Wohnung. Lamaignère beauftragt zwei Inspektoren, ihn sorgfältig zu überwachen. Aber zu seinem Kummer zeigen sich die Polizeiagenten unfähig, die ihnen gestellte Aufgabe durchzuführen. Sie melden am nächsten Tage, der junge Babeuf sei gegen Abend in die Wohnung zurückgekehrt und habe sie am nächsten Morgen um sechs Uhr früh verlassen, ohne sich nochmals blicken zu lassen. Dem enttäuschten Friedensrichter, dem damit die letzte Möglichkeit, zu weiteren Ergebnissen zu kommen, genommen ist, bleibt nur übrig, die femme Langlet, wegen Verdachts der Teilnahme an einer Verschwörung, in das Frauengefängnis Petite-Force in der rue Pavée überführen zu lassen.

Im *Tribun* prangert Babeuf am 24. Februar das «gemeine Attentat» gegen seine Frau und seine Kinder in der schärfsten Weise an.

«Die Regierung hat sich zu diesem Gewaltstreich der Dienste des Herrn de la Maignière, des Friedensrichters der Sektion Champs-Elysées bedient, eines Mannes vom Vendémiaire, der damals gewöhnlich das Präsidium seiner Sektion innehatte und einer Abordnung der Sektion Le Peletier diese denkwürdige Antwort gab: ‹Die Sektion Champs-Elysées, deren Ansichten mit denen der Sektion Le Peletier übereinstimmen, sieht mit Vergnügen die Agonie der Verbrecherbande im Konvent.› Diesen Ausspruch werden zweitausend Zeugen, Mitglieder der Sektion Champs-Elysées, bestätigen.»

Nicht zufrieden damit, eine Mutter ihren Kindern, von denen eines schwer krank gewesen sei, entrissen zu haben, habe ihr Monsieur de la Maignière jegliche Verpflegung verweigert, wohl in der Annahme, er werde ihr auf diese Weise das Geheimnis, wo sich ihr Mann verborgen halte, entreißen. Erst am Abend des 6. Februar habe er sie, als der Verschwörung gegen die Republik verdächtig, nach Petite-Force bringen lassen. Und diese große Verschwörerin könne weder lesen noch schreiben! Dort habe sie am nächsten Morgen – nach 36 Stunden! – endlich etwas zu essen bekommen.

Wenn man ihn frage, was seine Frau im Verhör geantwortet habe und was aus ihm und seinen Kindern werden solle, könne er nur sagen: «Meine Frau, meine Komplizin, hat geantwortet, wie es ihr zukam, mit dem Ton der Empörung und Verachtung ... Meine Kinder sind nicht gestorben oder an Hunger und Verlassenheit zugrunde gegangen ... Diese unschuldigen Wesen sind die Kinder des Vaterlandes oder zumindest die der Patrioten: sie haben überall Väter und Mütter. Ich selbst stehe unter dem Schutz aller Freunde der Gleichheit und Freiheit; sie alle sind meine Komplizen, sie alle sind meine Leibwachen.»

Der Fall zieht weite Kreise. Am 25. Februar bringt Germain die gesetz- und verfassungswidrige Verhaftung der Frau Babeufs im *Pantheon* zur Sprache und schlägt vor, eine Eingabe an das Direktorium zu richten. Seiner Ansicht wird von Lachart widersprochen, der erklärt, die Gesellschaft dürfe sich nach ihrer Satzung nicht mit persönlichen Angelegenheiten befassen. Eine hitzige Diskussion ist die Folge. Germains Antrag wird schließlich mit Mehrheit angenommen, worauf die Gesellschaft für Babeufs Frau und Kinder eine Sammlung veranstaltet [158].

Am 26. Februar erklärt die Jury die Erhebung einer Anklage gegen Babeuf auf Grund der Artikel 483 und 485 des Code vom 3. Brumaire für zulässig. Am gleichen Tage erhält Marie nach 21 Tagen Haft ihre Freiheit zurück, nachdem die «zuständigen Rechtsverdreher» festgestellt hatten, es gebe keine gesetzliche Bestimmung, um gegen sie vorzugehen. Da man sie auf Grund erwiesener Unschuld freigelassen habe, folgert Babeuf, könne er sein Büro in der rue du faubourg Honoré wieder eröffnen [159].

Und so zeichnet die femme Langlet bereits in der nächsten, am 30. März erscheinenden Ausgabe des *Tribun* von neuem als verantwortlich für den Vertrieb.

9

Die Propaganda des *Tribun* für eine «wahrhafte Gleichheit» beginnt auf die Massen zu wirken.

«Wir haben», rät Babeuf seinen Anhängern, «einen doppelten Weg zu verfolgen, um das Gebäude des Verbrechens zu untergraben und um die Grundlagen eines solchen der wahren Gerechtigkeit zu errichten: die am Ruder befindlichen Mächte verabscheuen zu lassen, mittels der ständigen Enthüllung ihrer dauernden Mißbräuche; und das System der wahrhaften Gleichheit schmackhaft zu machen, indem wir mehr und mehr dessen Vorteile ins rechte Licht setzen.»

Die Polizeiberichte spiegeln übereinstimmend die wachsende Unzufriedenheit wider. Zwar sind die Anhänger der Verfassung von 93 bei den Diskussionen meist in der Minderheit; aber das Mißvergnügen über die Väter der gegenwärtigen Verfassung ist allgemein. Gelegentlich lassen sich bereits Drohungen mit dem bewaffneten Aufstand hören. Das Volk brauche sich nicht vor dem Einsatz der Soldaten zu fürchten. Es sei auch mit den Schweizern am 10. August fertig geworden.

Allgemein spricht man von einem «neuen 13. Vendémiaire», allerdings ohne sich über die Partei, die ihn auslösen soll, einig zu sein. «Man erwartete einen Aufstand in Paris: ein dumpfes Gerücht schien ihn anzukündigen», meldet der preußische Gesandte, Sandoz, am 22. Februar seiner Regierung. Die jungen Leute, die zu den Fahnen einberufen werden, flüchten in die Wälder von Bondy. In den Cafés Valois und Conti sprechen die Royalisten offen davon, daß sie der kommende Aufstand ans Ruder bringen werde. In den Straßen zeigen sich — wie zu den Zeiten der *jeunesse* — die Chouans in ihrer Uniform, dem Zopf *à la cadenette*, der grünen Krawatte und dem schwarzen Rockkragen.

Selbst die Armee — letztes und beinahe einziges Bollwerk der Regierung — bleibt von krisenhaften Erscheinungen nicht verschont. In der Rhein-Mosel-Armee beklagen sich die Soldaten ungehemmt über die unzureichenden Brotrationen, das Fehlen von frischem Fleisch (wofür sie ranzigen Speck oder geräucherte Heringe erhalten), und machen das Direktorium für das Ausbleiben der versprochenen Löhnung in Hartgeld verantwortlich. Die Offiziere verschließen diesen Auftritten gegenüber Augen und Ohren, zumal sie selbst nicht viel besser daran sind als ihre Untergebenen.

Babeuf, den zahlreiche Korrespondenten über die Stimmung unter den Streitkräften der Republik auf dem laufenden halten, bemüht sich nach Kräften, die schwelende Unzufriedenheit zur offenen Flamme des Widerstandes anzufachen. Immer wieder kommt er auf die den Soldaten gemachten Versprechen zurück, erinnert er an das denkwürdige Dekret vom 23. Februar 93, das ihnen Pensionen entsprechend der Zahl ihrer Dienstjahre zugesichert habe. Immer wieder fordert er sie auf, sich Rechenschaft geben zu lassen über den Verbleib der versprochenen Milliarde aus Emigrantenbesitz, die dank der Mißwirtschaft des Regimes verpulvert und vertan worden sei.

Daß diese Sprache ihre Wirkung nicht verfehlt, zeigt ein Schreiben, das der Quartier-Zahlmeister der 121. Halb-Brigade der Italien-Armee, Desplaces, am 20. Februar an Babeuf richtet und dem er den Betrag von 200 livres als Spende für den *Tribun* beifügt. Aber sein Brief macht zugleich die Grenzen deutlich, die Babeufs Einfluß gesetzt sind.

Desplaces schreibt: «Man schlürft in langen Zügen die ganze Wahrheit Deiner Maximen; aber, mein Freund, trotzdem wir davon aufrichtig durchdrungen sind, fühlen wir dennoch, daß einige Punkte in der Praxis zu schwierig, ja sogar unmöglich sind. Die vollkommene Gleichheit kann nicht bestehen. Verzichte auf diese hirnverbrannten Ideen. Das französische Volk könnte sie niemals annehmen und in die Tat umzusetzen versuchen, ohne sich Erschütterungen auszusetzen, die um so gefährlicher wären, als die Intriganten, Ehrgeizlinge, Royalisten, Partisanen des Absolutismus, kurz, diese ganze Horde von Schuften, die unter uns wimmelt, sich beeilen würde, Vorteil aus den Augenblicken der Krise zu ziehen, in die uns diese Umstellung werfen würde, um so zu ihrem Ziel zu kommen und dem Volk, das natürlich bestrebt ist zu bewahren, was es um den Preis seiner eigenen Mühen erworben hat, die Revolution als die Quelle all seiner Leiden darzustellen und sie ihm hierdurch verhaßt zu machen.»

Die gleichen Bedenken, die Desplaces naiv und zutraulich gegen die ihm utopisch erscheinenden Gedanken Babeufs äußert, finden sich – wenn auch in wesentlich durchdachterer Form – in einem offenen Brief, den M... V... (vermutlich der ehemalige Präsident des Sicherheitsausschusses, Marc Vadier) an den Volkstribun richtet.

«Auch ich möchte», schreibt Vadier, «die wahrhafte Gleichheit. Ich bin bald Sechzig und besitze nichts oder fast nichts als Eigentum. Ich habe für sechs Kinder zu sorgen, die noch zu jung sind, um selbst arbeiten zu können. Ich habe das Unglück, kein Handwerk gelernt zu haben und bin weder Kaufmann, noch verstehe ich mich auf

Geldgeschäfte, ja, ich bin nicht einmal Büroangestellter; wieviel dringende Gründe, um die wahrhafte Gleichheit zu wünschen! Aber ist sie möglich? Wie sie ins Leben rufen? Immer bleibt es beim Wort, und niemals kommt es zur Sache . . .»

Es gebe eine ganze Reihe von Fragen, die ihm Kopfschmerzen machten. Solle die Gesellschaft in Zukunft in kleine Gemeinschaften aufgegliedert werden, wie sie in den Mönchsorden bestanden? Und werde sich eine solche Entwicklung nicht als rückschrittlich herausstellen und praktisch einen Rückfall in überholte Gesellschaftsformen bedeuten? Wie vertrage sich das von Babeuf propagierte System mit der Notwendigkeit, auch weiterhin bestimmte Obrigkeiten, ganz gleich, ob man sie Prioren, Superioren oder Direktoren heiße, beizubehalten? Hätten doch selbst Rousseau und Mably sich in ihren Schriften gegen die Verwirklichung der «tatsächlichen Gleichheit» in Frankreich ausgesprochen!

Trotz dieser Bedenken sei er bereit, seine Einwände zurückzustellen. Babeuf möge offen seine Karten aufdecken. «Tribun! Gib uns einen Plan; beweise uns ganz klar die Möglichkeit der wahrhaften Gleichheit und daß sie dauerhaft sein kann; zeige uns ganz positiv den Weg, dahin zu gelangen; zeige uns, wie wir dahin gelangen können ohne jahrelange Anarchie und ohne Gefahr zu laufen, nach schmerzlichen und nutzlosen Opfern uns schlechter zu befinden als wir gegenwärtig daran sind.»

Vadiers offener Brief bleibt zunächst unbeantwortet. Erst im März wird Buonarroti (im Einvernehmen mit Babeuf) in einer glänzend geschriebenen Broschüre dessen Einwände gegen das System der vollkommenen Gleichheit zu widerlegen suchen. Dagegen glaubt Babeuf, sich sofort mit der Neuauflage einer Broschüre des Dantonisten Vilain d'Aubigny auseinandersetzen zu müssen, in der die alten Geschichten «von der glorreichen Thermidor-Revolution» aufgewärmt werden.

«Welch ein Unterschied zwischen Danton, dem Patron aller eifrigen Anhänger der Republik der Reichen, und jenen, deren Taten und Reden sämtlich nur die Liebe zum wahren Volk und der Gleichheit atmeten! Danton liebte die Republik auf die Art seines intimen Freundes, des Schlachtermeisters Legendre. Er wollte sie, um die Revolutionäre an die Stelle der Prinzen und großen Herren zu setzen; um Merlin de Thionville Schloß Raincy und die Contat-Messalina dem obengenannten Schlachter zu geben. Wir sind wohl soviel wert wie Artois und Orléans, sagten, nach ihrem Meister, diese Verbrecher unter sich.

Ja, wiederholte Danton beständig, jetzt ist die Reihe an uns. Die Revolution ist für die, die sie gemacht haben. Die Revolutionäre an die Stelle jener, die sie gestürzt haben; wie jene sollen sie Geld, Vermögen, Paläste, Ländereien, hübsche gefällige Mädchen und alles nur denkbare Vergnügen haben. War dies die Lehre des Philosophen von Arras? Man höre seine erhabene Rede vom 17. Pluviôse des Jahres II [160], und man wird in ihr eine andere Art, das Ziel der Revolution zu bezeichnen, erkennen.»

Der Angriff zeigt, daß Babeuf die Anhänger Dantons als heimliche Bundesgenossen der «Sybariten des Tages» betrachtet, dazu bestimmt, die *Partei der Gleichen* – der Name hat sich seit Ende Januar durchgesetzt – auf den Weg einer Rechtsabweichung zu führen [161].

Auch mit den sektiererischen Tendenzen seines Freundes Sylvain Maréchal muß sich Babeuf kritisch auseinandersetzen. «Mache Dich», hatte ihm Maréchal in einer (anonym erschienenen) Broschüre geraten, «von jeder Vorliebe, jeder Voreingenommenheit frei. Du tadelst mit Recht die Mitglieder des *Pantheon*, die der Verfassung des Jahres 95 Treue geschworen haben. Aber jene des Hérault de Séchelles war doch nur ein klein wenig demokratischer als die Charta des Boissy d'Anglas. Die Natur und Dein Herz sind ohne Zweifel mehr wert als alle diese von Heuchlern oder Unwissenden verfaßten Rechte des Menschen und Bürgers. Folge keiner fremden Fahne, sei ganz Du selbst.»

Babeuf hält, obwohl er zugibt, prinzipiell könnten keine Einwände dagegen erhoben werden, eine solche Sprache gegenwärtig für nicht angebracht. «Die Demokraten lieben es nicht, wenn man in einem Ton der Mißachtung von der Verfassung des Jahres 93 spricht...» Diese Verfassung sei immerhin ein großer Schritt nach vorn auf dem Wege zur sozialen Gerechtigkeit, und die Absichten ihrer Verfasser liefen darauf hinaus, stufenweise ihren Gipfel zu erreichen; er könne es deshalb nicht zulassen, daß man sie der Heuchelei und Unwissenheit bezichtige.

Davon abgesehen, sind sich Babeuf und Maréchal darin einig, daß der Staat gegenwärtig so «verfault, erniedrigt, entartet und unkenntlich gemacht» sei, daß er nicht einmal den Namen einer Republik verdiene. «Eine Republik? Besteht sie dort, wo ich das Unglück sehe, in einem Ausmaß ohne Beispiel? Wo ich sehe, wie alle Verbrechen triumphieren? Wo die Unterdrückung nur ihren Namen geändert hat?»

Aber soll man sich damit abfinden? Der Philosoph rät Babeuf zu einer Politik des Stillhaltens: «Verachte Direktoren und Royalisten. Laß davon ab, Leute zu erniedrigen, die sich selbst zur Genüge verächtlich machen. Kümmere Dich nicht um sie. Wenn sie die Stärkeren sind, erleide das Gesetz, das will, daß das Lamm vom Wolf verschlungen wird.»

Doch Babeuf denkt nicht daran, diesem prophetischen Ratschlag zu folgen. Unbeirrt und unermüdlich arbeitet er in der Stille seines illegalen Quartiers, wie in einem geheimnisvollen Laboratorium, weiter an dem großen Ziel, das die Anstrengungen seines Lebens krönen soll, an der Republik der Gleichen.

10

Babeufs Angriffe auf den der Gesellschaft in einem Augenblick der Schwäche «eskamotierten Treueschwur zur patrizischen Verfassung» und wegen ihrer Teilnahme an den offiziellen Feierlichkeiten des 21. Januar, «als Eskorte der Direktoren auf dem Wege vom Luxembourg zum Marsfeld», für die er in erster Linie die getarnten Agenten der Regierung, Féru und Roussillon, verantwortlich macht, sind nicht ohne Wirkung geblieben. Ihr Einfluß als Sprecher des regierungstreuen Flügels geht ständig zurück. Im Verlauf des Februar sehen sich die Opportunisten und Versöhnler im *Pantheon* erst in die Defensive und schließlich in die Isolierung gedrängt. Bei allen Abstimmungen schrumpft die Zahl ihrer Anhänger zunehmend zusammen. Der linke Flügel setzt sich mit der Wahl Buonarrotis zum Präsidenten – Orator – der Gesellschaft endgültig durch.

«Die Gesellschaft des *Pantheon*», stellt Babeuf befriedigt fest, «zeigt sich von einem viel besseren Geist beseelt, seit wir ihre direktorialen Anführer öffentlich bloßgestellt haben ... Einige Intriganten hätten wohl gern gesehen, wenn die Mitglieder des *Pantheon* sich für die gesamte Gesellschaft die harten Worte gesagt sein ließen, die ich ausschließlich an die zweifelhaften und eingeschleusten Elemente in ihrer Mitte gerichtet habe, die die einfachen Gemüter verwirrten. Der Wunsch dieser Strolche ist nicht in Erfüllung gegangen, und der Klub des *Pantheon* hat mir seine Achtung und sein Interesse bewahrt.»

Die neuen Mehrheitsverhältnisse im *Pantheon* zeigen sich vor allem bei den Diskussionen über die Frage, ob die Gesellschaft mit einem besonderen Kult des Höchsten Wesens in der Öffentlichkeit Propaganda machen soll. Trotz aller Bedenken, daß man damit fatale Erinnerungen an die Staatsreligion des Wohlfahrtsausschusses wachrufen müsse, und zugleich eine neue Form des religiösen Aberglaubens schaffe, setzt sich die Gruppe der Gleichen durch. Es wird beschlossen, von der Regierung zu verlangen, der Gesellschaft eines der wieder eröffneten Gotteshäuser zu überlassen, um dort an jedem Décadi «die Gottheit öffentlich durch die Predigt des Naturgesetzes zu ehren».

Ungeachtet dieser frommen Absichten bleibt niemandem verborgen, daß der Antrag vor allem darauf abzielt, in der Öffentlichkeit ein neues und größeres Forum zu erlangen. Auch denkt die Regierung nicht daran, dem Verlangen der Gesellschaft nach deistischen Predigten zu entsprechen. Sie zieht die Sache in die Länge, in der stillen Hoffnung, es werde sich ein geeigneter Vorwand finden, den Zusammenkünften des *Pantheon* legal ein Ende zu setzen.

Die bisherigen Versuche in dieser Richtung waren allerdings wenig ermutigend verlaufen. Bénézech, der schon mit seiner Anordnung zur Beschlagnahme der von Cardinaux gepachteten Räume eine Schlappe erlitten hatte, glaubt es diesmal besser zu treffen, wenn er die Öffentlichkeit mit der Mitteilung alarmiert, in der Leitung des *Pantheon* säßen der «Strauchdieb» Jourdan und der «Anti-Thermidorianer» Duhem. Worauf er sich von Babeuf belehren lassen muß, daß der eine seit langem tot sei, während der andere sich im Auftrag der Regierung bei der Nordarmee befinde.

Eine weitere Maßnahme des Innenministeriums erweist sich als glücklicher gewählt. Um Babeufs Einfluß einzudämmen, veranlaßt Bénézech den Druck einer gefälschten Ausgabe des *Tribun*, die in Massenauflage in die Departements versandt und kostenlos verteilt wird. Babeuf protestiert empört. «Dieser Streich ist der hinterhältigste und abscheulichste, den man mir spielen konnte, um meinen Namen und meine Grundsätze verabscheuen zu lassen.» Er werde kein Mittel unversucht lassen, um zu verhindern, daß die Brüder in den Departements Opfer «dieses groben Betruges» würden.

Vielleicht war es der Versand dieser gefälschten Ausgabe, der Darthé veranlaßte, «um einen Versuch zur Erforschung der Meinungen zu machen», die soeben am 25. Februar erschienene echte Ausgabe der Nummer 40 des *Tribun* im *Pantheon* zu verlesen.

Der Eindruck dieser Vorlesung, die eine ganze Sitzung in Anspruch nimmt, ist ungewöhnlich stark. «Der Verfasser des *Tribun*», schreibt einer der anwesenden Polizeiagenten, «nimmt sich die Bürger Barras, Fréron, Tallien, Merlin de Douai, Legendre und eine Reihe von Abgeordneten kräftig vor. Er beschuldigt einen Teil dieser Bürger, die Urheber der Leiden zu sein, die Frankreich seit dem 9. Thermidor verheeren. Er verleumdet schändlich den Minister des Inneren und verspricht, sämtliche Verbrechen der Regierung in seiner 41. Nummer zu enthüllen. Er vergleicht die Mitglieder des Direktoriums mit Tyrannen, bei welchem Ausdruck die Mehrheit der Versammlung lebhaft Beifall geklatscht hat.»

Mit diesem Bericht, den gleichlautende Angaben anderer Agenten bestätigen, erhält das Direktorium die erwünschte Handhabe, gegen den Klub vorzugehen. Es faßt den Beschluß, die Gesellschaft aufzulösen und bezieht, um den Schein der Überparteilichkeit zu wahren, einige Versammlungslokale der Royalisten in die Aktion ein. Mit der Durchführung betraut es den Kommandierenden General der Armee des Inneren, Bonaparte.

Der General trifft Maßnahmen, als erwarte er einen Überfall. Am Morgen des 28. Februar durchstreifen berittene Patrouillen die Vorstädte, die sich über das ungewohnte Bild militärischer Kavalkaden nicht wenig beunruhigt zeigen. Polizeiagenten beeilen sich, die aufgeregten Gemüter mit der Versicherung zu beschwichtigen, es handele sich nur um vorbeugende Sicherungen gegen Unruhen bei der Schließung der Klubs. Die Verriegelung des *Pantheon* nimmt Bonaparte, umgeben von einem zahlreichen Stabe, persönlich vor, während starke Verbände die umliegenden Straßen besetzt halten.

Alles bleibt ruhig. Das Volk rührt sich nicht, und Bonaparte erhält keine Gelegenheit, sich abermals als Retter der Gesellschaft, diesmal vor der drohenden Anarchie, zu erweisen. Nach vollzogener Aktion erstattet er Barras «sehr ehrerbietig, wie gewöhnlich mit dem Hut in der Hand», Meldung; dieser gestattet ihm gnädig, seinen Bericht vor dem versammelten Direktorium zu wiederholen.

Auch im Rat der Fünfhundert verläuft alles glatt. Audouin gibt die Botschaft des Direktoriums bekannt, wobei er von sich aus hinzufügt, daß mehrere dieser Vereinigungen bereits 4000 Mitglieder zählten; daß sie ihre Sitzungen bis in die Nacht hinein verlängerten; daß sie Ausländer zu Wort kommen ließen, die den übertriebensten Ansichten huldigten.

In der Presse das gleiche Bild. *Pantheon* und *Feydeau* seien beide gleich verwerflich, schreibt Réal. Man lese Babeuf. Er halte das Direktorium für überführt, royalistischer als selbst Condé zu sein und hätte im Grunde nichts dagegen einzuwenden, wenn man den Direktoren in einem Verfahren à la Maillard den Prozeß mache. Wenn sich das *Pantheon* zu derartigen Gedanken bekenne, so liefere es den Leuten vom Vendémiaire den billigen Vorwand, von der nahe bevorstehenden Rückkehr des Terrors zu sprechen. Wenn die Mitglieder des *Pantheon* wahre Freunde der Republik und der Freiheit seien, so müßten sie sich zum Wohle des Ganzen damit abfinden, zeitweilig auf das von der Verfassung garantierte Recht der Versammlungsfreiheit zu verzichten.

Lebois und seine Freunde zeigen sich über die Schließung des *Pantheon* tief betroffen. «Was hatten wir denn getan», jammert der *Ami du peuple* in einem Artikel, der einen wahren Kniefall vor der Regierung bedeutet. Lebois ergeht sich in wehmütigen Beteuerungen seiner Unschuld und gelobt reumütig Besserung, indem er verspricht, in Zukunft von allen abzurücken, die durch ihre Haltung den Zorn des Direktoriums herausgefordert haben.

Gegen «diesen unverdauten und abscheulichen Wortschwall von Klagen» wendet sich Germain in einem «Dementi», das «derart kräftige Wahrheiten gegen die Mitglieder der Regierung» enthält, daß es selbst Babeuf geraten erscheint, Germain von dem Gedanken, diesen Aufsatz zu veröffentlichen, abzubringen.

Eine vorsichtige Opposition wagt das *Journal des Hommes libres.* Die Schließung des *Pantheon* sei, vor allem wegen ihrer Rückwirkung auf die Provinz, zu bedauern, da sie dort ein Erstarken der Reaktion und blutige Ausschreitungen zur Folge haben werde.

Die wahren Gründe, die zur Schließung führten, seit «diese Gesellschaft nicht mehr im Sinne der Regierung spurte», enthüllt der *Eclaireur* vom 9. März.

Solange alles im Sinne der Regierung verlaufen sei, und man sich beim Fest des 21. Januar sogar vor ihren Wagen spannen ließ, habe es nichts Erbaulicheres als das *Pantheon* gegeben. Als aber strenge Zensoren, aufrechte Republikaner das Heft in die Hand bekommen hätten, habe man entdeckt, es handele sich um die neu erstandenen Jakobiner. Damit nicht genug, habe das *Pantheon* es gewagt, sich für Marie Babeuf, die aus fadenscheinigen Gründen verhaftet wurde, einzusetzen, und es habe sich unterstanden, für die Rechte der Soldaten einzutreten und an die Einlösung der ihnen in der Zeit des Terrors gemachten Versprechungen zu erinnern. Es habe Denkschriften an die gesetzgebende Körperschaft gerichtet und sich erlaubt, darin die härtesten Wahrheiten zu sagen... Das sei zuviel gewesen.

«Aber wo den Dreh finden, um die Gesellschaft zu schließen? In der Verfassung natürlich. Dort findet sich alles nach Bedarf, ganz wie im Koran oder dem Evangelium der Christen. Man sucht und findet im Codex Anglas nicht weit von dem Artikel, der die Eröffnung von Klubs gestattet, vorausgesetzt, sie seien aus Eunuchen und Kammerdienern der Groß-Wesire zusammengesetzt, man findet, sage ich, nicht weit von dieser Stelle jenen Artikel, der die Möglichkeit gibt, sie zu schließen, sofern sie sich selbständig machen.»

Aber das Direktorium denkt nicht daran, sich durch derartige Deklamationen von dem als richtig erkannten Weg abbringen zu lassen. Am 17. März weist es seine Kommissare bei den Departementsverwaltungen an, für eine Entfernung aller noch in der Verwaltung befindlichen Anhänger der Verfassungen von 1791 und 93 Sorge zu tragen. Es erklärt allen Extremisten als Royalisten und Anarchisten den Krieg [162]. Von nun an wird die Politik des *juste milieu* zur offiziellen Richtschnur des Direktoriums.

Den Gleichen, denen jede Möglichkeit eines Widerstandes genommen ist, bleibt nur mehr der Weg in die Illegalität. Nach der Schließung des *Pantheon* gelte es, besondere Methoden zu entwickeln. Es sei notwendig, vom offenen Kampf zu konspirativen Formen des Kampfes überzugehen.

Und Babeuf schreibt: «Demokraten! Ich zeige Euch, wie man dem Despotismus entgegenwirken muß. Ihr werdet Euch in Eure jeweiligen Sektionen zurückziehen, Ihr werdet das Pantheon in 4800 Teile zerlegen: Ihr werdet etwa hundert Vereine in jeder Sektion bilden. Ihr werdet sie einrichten in einigen Cafés, aber vor allem in Euren Wohnungen. Dort werdet Ihr ohne Zwang, ohne irgendein Hindernis, Eurem Haß gegen die Bedrücker der Republik Luft machen können.»

Ein solcher Rückzug in die Bereiche des privaten Lebens und der Häuslichkeit biete ungeahnte Möglichkeiten. Man werde in Ruhe die demokratischen Blätter lesen, ihre Forderungen diskutieren und ohne Furcht vor Spitzeln und Agenten seine Meinung frei sagen können. «Mögen sie es doch versuchen, in den Haushalt jedes Patrioten einen Spion einzuschleusen!» Zunächst, bis zu dem Tage der großen Abrechnung, müßten alle vertrauensvoll auf dem vorgeschlagenen Wege voranschreiten. «Das *Pantheon* wird in seinen einzelnen Zweigen ebensoviel wert sein wie das *Pantheon* in seiner Gesamtheit . . .»

Das also ist die Parole: das *Pantheon* ist tot, es lebe das *Pantheon!* Der Kampf geht weiter.

VIII

Drouet

1

Die Erkenntnis der allgemeinen Unsicherheit, des Unglaubens an die Dauer der bestehenden Ordnung, bestärkt Babeuf in seiner Überzeugung von dem raschen Heranreifen einer revolutionären Krise. Wenn dem aber so ist, so muß vor allem die Propaganda unter der Masse der Arbeiter, Handwerker und kleinen Geschäftsinhaber, ohne die an keinen Erfolg des Umsturzes zu denken ist, bedeutend verstärkt werden.

Für die Bewältigung dieser Aufgabe erscheint der *Tribun* zu akademisch und doktrinär. Um an diese Schichten heranzukommen, braucht es ein Blatt, das vor allem ihre Sprache spricht, ihre Gedanken denkt und ihre Stimmung zum Ausdruck bringt.

Am 2. März 1796 erscheint die erste Nummer des *Eclaireur du peuple*. Als verantwortlich für die Herausgabe zeichnet unter dem Pseudonym S. Lalande [163], soldat de la Patrie, der ehemalige Sekretär Robespierres, Simon Duplay. Er stellt sich als Kriegsopfer vor. «Da meine Wunden mir nicht mehr erlauben, auf dem Felde des Ruhmes meinen tapferen Waffengefährten zu folgen, trete ich meine Laufbahn als Zeitungsschreiber an, mit dem gleichen Mut und der gleichen Entschlossenheit wie ehemals gegen die Satelliten der Könige. Diese Art des Kampfes ist nicht weniger ruhmvoll.»

Das Erscheinen einer neuen, illegalen Zeitschrift beunruhigt die Polizei, die wahre Treibjagden veranstaltet, um sich der Auflage, und selbst einzelner Exemplare, zu bemächtigen. «Mein Signalement», schreibt der *Eclaireur*, «ist bereits allen Friedensrichtern, allen kleinen und großen Spitzeln zugegangen ... Nach dem Erscheinen meiner ersten Nummer ... hatte ich die Ehre, die Verfolgung aller mutigen Schriftsteller zu teilen. Ich lade meine Freunde, alle Patrioten von 92 ein, sich zu Kolporteuren zu machen und selbst mein Blatt zu verbreiten, da das Direktorium mir die üblichen Wege untersagt.»

Der Stil des *Eclaireur* ist bewußt volkstümlich. Er vermeidet die theoretischen Erörterungen des *Tribun*, ohne deshalb in den Kaschemmenton des weiland *Père Duchesne* zu verfallen. Gelegentlich gefühlvoll, etwa wenn er behauptet, die Erwähnung von Robespierres Namen lasse das Volk jetzt Tränen der Reue vergießen, hält er im allgemeinen einen Ton der ungeschminkten, derben Offenheit durch, der seine Wirkung nicht verfehlt [164].

Seine politische Linie und die Auseinandersetzung mit dem Direktorium ist auf eine denkbar einfache Formel gebracht: die Revolution sei von ihrem wahren Wege abgeirrt. Wohl wolle die große Mehrheit des Volkes unzweifelhaft das Gute; dennoch bewege sie sich seit Beginn der Revolution in einem verhängnisvollen Kreise; aus der Gewalt einiger Intriganten sei sie in die Hände einer Liga von Schuften geraten. Abgesehen von jenen achtzehn Monaten, in denen eine kleine Zahl von Freunden der Menschheit ihr Schicksal in Händen gehabt habe, sei die Revolution ihrem erhabenen Ziel, dem *bonheur commun,* noch um keinen Schritt näher gekommen.

Der Wagen der Revolution sei im Schlamm festgefahren. Dort solle er nach dem Willen des Direktoriums stecken bleiben. Wer zu behaupten wage, die Revolution sei nicht zu Ende oder habe ihr Ziel verfehlt, werde als Anarchist bezeichnet und der Verfolgung preisgegeben.

Aber es gebe in der Republik außer der Regierung und dem Royalismus noch eine dritte Partei. Sie sei mächtiger als die beiden anderen zusammen. Sie stütze sich auf eine Masse von 24 Millionen ausgebeuteter und unterdrückter Menschen. Es sei die Partei, die unter dem Banner der Gleichheit marschiere und als ihr Ziel die Verwirklichung des *bonheur commun* fordere.

Die Regierung bediene sich ihrer Zeitungsschreiber, um Gerüchte von einer bevorstehenden Koalition zwischen Royalisten und Terroristen auszustreuen. «Ich bewundere ihre Erfindungsgabe», bemerkt der *Eclaireur.* «Sie wissen sehr wohl, daß Terroristen und Republikaner das gleiche bedeuten und daß die Sache der Terroristen und die der Royalisten einander diametral entgegengesetzt ist; aber sie glauben durch diese lächerliche Verbindung einige leichtgläubige Gemüter zu täuschen.»

Alle Zeitungen, von denen es in der Republik nur so wimmele, seien an die Regierung oder den Royalismus verkauft. Ihre Beziehung zum Volk beschränke sich gewöhnlich auf den Titel ihrer Kopfleiste. «Ich nehme hiervon», fügt der *Eclaireur* in einer Anmerkung hinzu, «einzig den *Tribun du peuple* aus, der seines ruhmvollen Namens wahrhaft würdig ist. Könnte er in einer ausreichenden Auflage unter dem Volk verbreitet werden, würde das von der Tyrannei errichtete künstliche Gebäude an Sophismen bald in sich zusammenbrechen.»

Babeuf, der Verfasser des *Tribun du peuple*, sei der erste gewesen, der es nach dem Blutbad vom 9. Thermidor gewagt habe, die großen Prinzipien der Freiheit und sozialen Gerechtigkeit zu verkünden; der erste, der in die Arena gestürmt sei, um offen die patrizische Tyrannei zu bekämpfen; Babeuf, unter dessen Banner sich der *Eclaireur* als einfacher Soldat einreihe, sei noch immer geächtet, weil er sich nicht habe bestechen lassen, weil er dem Despotismus die Sache der Gerechtigkeit und Menschlichkeit vorgezogen habe.

Babeuf zeigt sich befriedigt. In einer offenbar für den *Tribun* bestimmten (und nicht mehr zum Abdruck gelangten) Notiz schreibt er: «Man kann mit einigem Vertrauen überzeugt sein, daß das Blatt ... eine unabhängige Haltung bewahren wird ... Sein Verfasser, Lalande, scheint, trotz des Eigensinns einiger Leute, die es nicht glauben wollen, wirklich ein kriegsversehrter Soldat zu sein ... Sein zugleich kräftiger und zupackender Stil hat zudem das Verdienst, klar und für alle Arten von Lesern leicht verständlich zu sein. Seine Doktrin ist absolut demokratisch. Das *bonheur commun* scheint auch sein Losungswort ...»

Gelegentlich veröffentlicht der *Eclaireur* auch ein Lied, wie Maréchals *Chanson nouvelle à l'usage des Faubourgs*, das in den *Bains chinois* und dem Café *Madeleine* wahre Beifallsstürme erregt. Seine Beliebtheit bleibt nicht allein auf Paris beschränkt. In Poitiers händigt die Frau des Drogisten Bichon der Gemeindeverwaltung ein Exemplar aus, die es, zusammen mit einem Protokoll über den Vorfall, an den Polizeiminister sendet.

Am Schluß seines *Chanson* wagt Maréchal eine Prophezeiung, die sich, wenn auch nicht für ihn, nur zu bald erfüllen wird:

Je m'attends bien que la prison
Sera le prix de ma chanson
C'est ce qui me désole.
Le peuple la saura par cœur
Peut-être il bénira l'auteur
C'est ce qui me console.

2

Babeufs Lage ist, seit er sich am 6. Februar nur durch einen Glücksfall der Verhaftung entziehen konnte, ausgesprochen schwierig. Er ist gezwungen, sein illegales Quartier ständig zu wechseln. Gegenwärtig wohnt er bei dem Schneider Clerex in der rue Babille 10, einer kleinen Straße in der Nähe des Schnittpunktes der rue du Louvre und der rue des Deux-Ecus. Von hier aus leitet er die Arbeit am *Tribun* und dem *Eclaireur*; hier empfängt er seine nächsten Freunde und Vertrauten, um sich mit ihnen über Strategie und Taktik des Einsatzes der revolutionären Kader zu beraten.

Die Voraussetzung für den Erfolg des geplanten Aufstandes sieht Babeuf in der Schaffung einer Einheitsfront der radikalen Linken. Um dahin zu gelangen, erscheint es erforderlich, alle divergierenden Tendenzen zu beseitigen und zu versuchen, die *Partei der Gleichen* auf eine einheitliche politische Linie auszurichten. Daher seine Auseinandersetzung mit dem «Ultra» Bodson und dem «Versöhnler» Antonelle.

Der Graveur Joseph Bodson gehört zu der zahlenmäßig schwachen Gruppe der Anhänger Héberts, die sich unter den Arbeitern in Paris, die niemals mit der autoritären Demokratie im Sinne Robespierres ganz einverstanden gewesen waren, einen gewissen Einfluß bewahrt hat. Die Reaktion hat seine Überzeugung nicht gewandelt. Er sei nach wie vor ein Gegner der Politik Robespierres, läßt er Babeuf wissen. Das Urteil über ihn und seine Politik seien der Ausgangspunkt des künftig einzuschlagenden Weges.

Babeuf antwortet sofort. In einem ausführlichen Schreiben entwikkelt er die Gründe, die gegenwärtig seine Haltung gegenüber Robespierre, der Revolutionsregierung und den Hébertisten bestimmen.

«Meine Meinung hat niemals im Grundsätzlichen geschwankt; aber sie hat sich in bezug auf einige Menschen geändert. Ich bekenne heute offen, zu bedauern, ehemals sowohl die Revolutionsregierung wie auch Robespierre und Saint-Just allzu schwarz in schwarz gesehen zu haben. Ich glaube, daß diese Männer allein soviel wert waren wie alle Revolutionäre zusammen und daß ihre diktatorische Regierung verteufelt gut ausgedacht war. Ich bin durchaus nicht Deiner Meinung, daß sie große Verbrechen begangen und viele Republikaner zugrunde gerichtet haben. Ich glaube, daß es die Thermidor-Reaktion war, die viele zugrunde gehen ließ.

Ich will nicht untersuchen, ob Hébert und Chaumette unschuldig waren. Selbst in diesem Fall rechtfertige ich Robespierre. Dieser konnte mit Fug und Recht sich als einziger für fähig halten, den Wagen der Revolution seinem wahren Ziel zuzuführen. Wirrköpfe, Durchschnittsmenschen, nach seiner Meinung und vielleicht auch in Wirklichkeit, ruhmsüchtige und anmaßende Menschen wie ein Chaumette, können Robespierre in ihrem Bestreben, ihm die Leitung des Wagens streitig zu machen, aufgefallen sein. Er, der die Initiative hatte, er, in dem Gefühl seiner alleinigen Fähigkeit, mußte sehen, daß all diese lächerlichen Rivalen, selbst mit guten Absichten, alles behindern, alles verderben würden. Nehmen wir an, er habe gesagt: laßt uns diese Irrlichter mitsamt ihren guten Absichten auslöschen. Meine Meinung ist, daß er recht daran tat.

Das Heil von 25 Millionen Menschen darf nicht der Schonung einiger zweifelhafter Individuen die Waage halten. Ein Führer und Erneuerer muß die Dinge im Großen sehen. Er muß alles niederwerfen, was ihn hindert, alles, was seinen Weg versperrt, alles, was dem Erreichen des Zieles, das er sich gestellt hat, schaden kann. Ob Spitzbuben oder Schwachköpfe, ob Anmaßende oder Ruhmsüchtige, ganz gleich und – um so schlimmer für sie. Warum befinden sie sich dort? Robespierre wußte dies alles und das ist es gerade, was mich ihn bewundern läßt. Das ist es, was mich in ihm das Genie erkennen läßt, dessen Ideen auf eine wahrhafte Erneuerung abzielten. Es ist wahr, diese Ideen konnten sowohl Dich wie mich wegspülen. Was hatte das gegenüber dem erreichten *bonheur commun* zu besagen? Ich weiß nicht, mein Freund, ob es aufrichtigen Menschen, wie Du einer bist, nach diesen Erklärungen noch erlaubt sein kann, Hébertisten zu bleiben.»

Nach diesem Ausflug in die schwindelerregenden Gefilde des Führerprinzips kehrt Babeuf auf den Boden der Tatsachen zurück:

«Ich halte es auch nicht wie Du für unpolitisch oder überflüssig, um unsere Doktrin zu stützen, die Asche und Grundsätze von Robespierre und Saint-Just zu beschwören. Zunächst muß man, um der Wahrheit die Ehre zu geben, sagen, daß wir nur die zweiten Gracchen der französischen Revolution sind. Ist es nicht auch nützlich zu zeigen, daß wir nicht neu beginnen, daß wir nur den ersten großmütigen Verteidigern des Volkes nachfolgen, die vor uns das gleiche Ziel ... zu dem das Volk gelangen soll, bezeichnet hatten? Und weiter, Robespierre erwecken heißt alle energischen Patrioten der Republik erwecken und mit ihnen das Volk, das ehedem nur auf sie hörte und nur ihnen folgte. Der Hébertismus dagegen ist nur in Paris vertreten und nur bei einer kleinen Anzahl von Menschen; er besteht sozusagen nur am Rande. Der Robespierrismus ist in der ganzen Republik ... und natürlich überall im Volk verankert. Der Grund ist ganz einfach: der Robespierrismus ist die Demokratie und diese beiden Begriffe sind vollkommen identisch: also, den Robespierrismus aufzurichten bedeutet, die Demokratie zu errichten.»

Aber Bodson, der ein ehrlicher Mann ist, gibt sich nicht so schnell geschlagen. In seiner Antwort vom 2. März unterstreicht er nochmals, daß er eine Rückkehr zu den Grundsätzen der Politik Robespierres und des Wohlfahrtsausschusses für aussichtslos, ja für verhängnisvoll ansehe. «Ich denke, diese Idee würde die Zahl Deiner Feinde außerordentlich vermehren.»

Das Volk sei der Revolution müde. Es erstrebe eine stabile Regierung, die ihm Unabhängigkeit und Wohlstand sichere. Selbst angenommen, das Volk sei unter der Revolutionsregierung glücklicher gewesen als jetzt, so bleibe dennoch unbestreitbar, daß es zugleich seiner Souveränität so sehr beraubt war, daß es nicht einmal aus freien Stücken einen Wohlfahrtspfleger habe ernennen können. Die vom Volk gewählten Männer seines Vertrauens seien mir nichts, dir nichts ohne Rücksicht auf die demokratischen Institutionen abgesetzt worden. Zu den größten Verbrechen jener Menschen, deren Andenken Babeuf verteidige, gehöre die allgemeine Demoralisation des Volkes [165], jene «Art barbarischer Freude» beim Anblick von Hinrichtungen, über deren Gründe es nur «heuchlerisch verlogene Berichte» gegeben habe.

Menschen, die sich derartiger Mittel bedienten, um im Besitz einer schrankenlosen Macht zu bleiben, dürften kaum als würdige Vertreter einer Politik des Allgemeinwohls betrachtet werden, es sei denn, «sie hätten unwiderruflichere Beweise als einige isolierte Phrasen einer Rede» geliefert. Wenn hartnäckige Vorurteile, Verbohrtheit und Kriechertum den Fortgang der Revolution – worin er Babeuf durchaus beistimme – entscheidend gehemmt hätten, so gebe es dafür, bis zu welchem Exzeß sie getrieben werden könnten, kein besseres Beispiel «als die monströse Zelebrität» Robespierres. «Jene, auf die Du zählst, obwohl sie sich in den Augen der Vernunft erniedrigt haben das Los einer so bedeutenden Revolution wie der unsrigen von dem Schicksal eines Menschen abhängig zu machen, sind sehr schwache Werkzeuge, um an der Errichtung des Gebäudes zu arbeiten, dessen Programm im Herzen aller wahren Freunde der Menschheit ruht und das Du selbst auf unerschütterlichere Grundlagen gestellt hast als den Ruhm jener, die ich vorziehe, im Pantheon der Geschichte als an der Spitze der Regierung zu sehen.»

Trotz seiner Vorbehalte versagt Bodson seine Mitarbeit nicht. Er sei so wenig Anhänger von Hébert und Chaumette wie von Robespierre und Saint-Just. Sein politisches Glaubensbekenntnis seien die Grundsätze der *sainte égalité*, und er sei mit Babeuf über das Ziel der Revolution vollkommen einig. Er würde sich unendlich glücklich schätzen, die Arbeiten Babeufs teilen zu können, versichert er ausdrücklich. Andere ehemalige Hébertisten wie Clémence, Marchand und der General Fyon folgen seinem Beispiel und werden bald mit dem robespierristischen Flügel der *Partei der Gleichen* ein «kompaktes Bündel» bilden.

Außer mit den Hébertisten gilt es vor allem, sich mit einer Richtung auseinanderzusetzen, die in erster Linie durch die Redakteure des *Journal des Hommes libres* [166] im Lager der Demokratie vertreten wird. Diese Gruppe, die ihr Wohlgefallen an den Gedankengängen Babeufs durchaus nicht verheimlicht, verharrt dennoch in der strikten Ablehnung aller auf einen unmittelbaren Umsturz abzielenden Pläne.

Unter ihnen ist Antonelle die geistig beweglichste und politisch am stärksten profilierte Persönlichkeit. In seinem Wesen verbinden sich angenehm liebenswürdige Umgangsformen mit einer bemerkenswerten Festigkeit der Gesinnung, für die er, als Obmann der Geschworenen im Revolutionstribunal, den Beweis nicht schuldig geblieben ist. Allen Genüssen des Lebens leidenschaftlich zugetan, wechseln bei ihm Perioden sinnlicher Ausschweifungen (in denen er keine der von den Damen des Palais-Royal gebotenen Varianten ausläßt) mit Zeiten der Askese, in denen sein durchdringender Verstand in die abgelegensten Pfade philosophischer Erkenntnis einzudringen sucht.

Um Antonelle, der alle Pläne eines sofortigen Übergangs zum egalitären Regime als reine Theorie, als «Träumerei» bezeichnet hatte, für die Sache der Gleichen zu gewinnen, war Babeuf der kostbare Raum einer ganzen Nummer des *Tribun* [167] nicht zu schade gewesen. Doch auch danach hatte sich Antonelle keineswegs überzeugt gezeigt und weiterhin kein Hehl daraus gemacht, daß er seine

Zweifel an der realen Möglichkeit einer Politik des *bonheur commun* aufrecht erhalte. Babeuf antwortet ihm am 24. März in einem langen Schreiben, in dem er sich seine Behauptungen eine nach der anderen vornimmt, um sie, Morellys *Code de la nature* vor Augen, nacheinander zu widerlegen.

Dabei kommt es Babeuf vor allem darauf an, die (weitverbreitete und sicher nicht unberechtigte) Auffassung zu zerstören, die effektive Abschaffung des Eigentums und die Einführung des Kommunismus seien undenkbar ohne Enteignungen und die Schrecken des Bürgerkrieges.

Demgegenüber argumentiert Babeuf: Es gebe keinen grausameren Krieg als den, der unentwegt seit der Bildung von Besitz und Eigentum bestehe und der den Krieg aller gegen alle heraufbeschworen habe. Erst in der Gütergemeinschaft werde sich die Menschheit wieder in jenem ursprünglich von der Natur gewollten Zustande befinden, von dem sie sich zu ihrem eigenen Unheil entfernt habe. «Es handele sich nur darum, der großen, ihrer Rechte beraubten Majorität verständlich zu machen, daß diese Ordnung der Dinge eine so vollkommene Gegenseitigkeit der Hilfe bedeutet, daß keinem Menschen dann weder das Notwendige und Nützliche noch selbst das Angenehme mehr fehlen würde.» Soweit der *Code*. Und es sollte nicht möglich sein, die breite Masse der vom Schicksal Enterbten davon zu überzeugen, daß ein solcher Zustand tatsächlich das nec plus ultra ihres Glückes bedeute? Er, Babeuf, könne dies nicht glauben. Liege es doch im eigensten Interesse von 99 Hundertstel aller Menschen, sich diese Erkenntnis zu eigen zu machen!

Mit Empfehlungen wie denen, man solle versuchen, dem eingewurzelten Übel, sofern man es nicht ausrotten könne, zumindest gewisse Schranken zu setzen, wisse er wenig anzufangen. Mit Palliativmittelchen, halben Maßnahmen und schrittweisen Verbesserungen werde man auf die Dauer nichts ausrichten. Das licinische Gesetz in Rom und die Maximalgesetze in Frankreich, die nur von kurzer Dauer und zudem leicht zu umgehen gewesen wären, hätten es bewiesen.

Würden aber, gesetzt den Fall, der Umsturz habe stattgefunden, seine Anführer «fähig sein, den erhabenen Tempel der Gleichheit zu errichten?» Ganz bestimmt, antwortet Babeuf, und den unwiderleglichen *Code*, sein Grundgesetz samt Moses und den Propheten, aufschlagend, zitiert er: «... all dies ist nur eine einfache Angelegenheit der statistischen Erfassung, ein einfacher rechnerischer Plan und folglich geeignet zu einer sehr übersichtlichen Ordnung.»

Das Schreiben beeindruckt Antonelle. Auch er zögert nicht länger, seine Bedenken zurückzustellen und sich in die entstehende Einheitsfront der Demokraten einzureihen. Von nun an kann die *Partei der Gleichen* nicht nur ihn, sondern auch seine Zeitung zu ihren Bundesgenossen zählen.

«Die Republikaner», bestätigt Buonarroti, «die das *Journal des Hommes libres* leiteten, leisteten der Demokratie wichtige Dienste durch die Behauptungen, die sie über die Form der Regierung und das große System der Gleichheit aufzustellen wagten, deren Gerechtigkeit sie hervorhoben, indem sie die gemachten Einwände siegreich widerlegten.»

Wer aber soll die Führung in dem bevorstehenden Kampf übernehmen? In einem leidenschaftlichen Schreiben appelliert Germain an Babeuf, er möge sich an die Spitze der Bewegung stellen: «Deine Eigenschaft als Volkstribun legt Dir die Verpflichtung auf, dem Volk den Plan, das Projekt des Angriffs vorzuzeichnen. Du bist der gegenwärtige Führer der Demokraten, die auf Deine Stimme hin die Gleichheit begründen wollen; Du bist ihr anerkannter Chef: Du allein kannst den Weg aufzeigen, der gegangen werden muß . . .»

Das *Chanson nouvelle* greift diesen Appell an Babeuf auf:

Tribun courageux, hâte-toi
Nous t'attendons: trace la loi
De l'égalité sainte.
Oui, tribun, il faut en finir.
Que tes pinceaux fassent pâlir
Luxembourg et Vérone.

Babeuf verschließt sich diesem Drängen nicht. Auch er hält die Stunde einer letzten, äußersten Anstrengung für gekommen. In der letzten Dekade des März erfolgt die Bildung einer konspirativen Zentrale aus Babeuf, Antonelle, Sylvain Maréchal und Félix Lepeletier. Sie wird, schon nach wenigen Tagen, auf Vorschlag Didiers durch Darthé und Buonarroti ergänzt, die ihrerseits die Aufnahme Debons erlangen.

Das auf diese Weise auf sieben Mitglieder erweiterte Zentralkomitee der Partei, das die Bezeichnung «Geheim-Direktorium für das öffentliche Wohl» annimmt, kommt am 30. März 1796, drei Dekaden nach Bonapartes Handstreich auf das *Pantheon*, in Babeufs illegalem Quartier in der rue Babille zu seiner ersten Sitzung zusammen.

3

Wird das neu gebildete Geheim-Direktorium seiner Aufgabe gewachsen sein? Es habe keine politischen Meinungsverschiedenheiten unter ihnen gegeben, behauptet Buonarroti. Eine vollkommene Einmütigkeit habe sie miteinander verbunden. Diese Behauptung muß, zumindest in bezug auf Sylvain Maréchal, in Zweifel gezogen werden.

Wie Babeuf in seinem Buch über die *Crimes de Carrier* hatte auch Maréchal in seinen *Crimes de la Révolution* entschieden mit Hébert, Chaumette und Robespierre, dem Hauptverantwortlichen für einen in seinen Augen sinnlosen Terror abgerechnet; einen Terror, dessen wichtigstes Ergebnis in der Zahl der abgeschlagenen Köpfe bestanden habe, ohne der breiten Masse der Habenichtse eine fühlbare Erleichterung ihres sozialen Loses zu bringen. «Die Ägypter, die für Weise galten, bildeten eine Hieroglyphe, um ein Volk im Stadium der Revolution darzustellen: eine Schlange, die sich in ihren Schwanz beißt und an ihrem eigenen Blute berauscht.»

Auch seine Einstellung zur Religion trennt ihn von den jakobinischen Elementen im Geheim-Direktorium. Als Anhänger der Philosophie eines Holbach und Helvétius ist und bleibt Maréchal bis zur letzten Stunde überzeugter Atheist. Sein streitbarer Atheismus hatte ihn übrigens nicht gehindert, sich (rein äußerlich) dem Kult des Höchsten Wesens anzuschließen, so wie er jetzt darauf verzichtet, sich polemisch mit Buonarroti auseinanderzusetzen, der, auch hierin ein getreuer Schüler Robespierres, an den deistischen Dogmen von der Existenz einer strafenden und belohnenden Gottheit und der Unsterblichkeit der Seele festhält.

So gibt es manches, was Maréchal von seinen Kollegen im Geheim-Direktorium trennt. Dennoch sieht Babeuf in ihm einen wichtigen Bundesgenossen, auf dessen Mitarbeit er nicht verzichten will. Denn gleich ihm gehört Maréchal zu denen, die seit Beginn der Revolution erkannt haben, daß der politische Kampf um Freiheit und Gleichheit seine notwendige Ergänzung auf sozialem Gebiet finden müsse [168].

«Die Ungleichheit der Vermögen ist mir noch verhaßter als die Ungleichheit der Stände», hatte Maréchal bereits 1791 geschrieben und hinzugefügt: «Die Revolution ist noch nicht gemacht!»

In dieser Einschätzung der Revolution und in ihrer Forderung nach einer egalitären «fortschrittlichen» Demokratie begegen sich Babeufs und Maréchals Auffassungen.

«Immer und überall», schreibt er jetzt in seinem *Manifeste des Egaux*, «schläferte man die Menschen mit schönen Worten ein: niemals und nirgends haben sie die Sache zugleich mit dem Wort erlangt. Seit Menschengedenken wiederholt man uns voller Heuchelei: die Menschen sind gleich; und seit undenklichen Zeiten lastet unverschämt die erniedrigendste wie die abscheulichste Ungleichheit auf dem Menschengeschlecht ...

Nun denn! Von nun an wollen wir als Gleiche leben und sterben, wie wir geboren sind: wir wollen die tatsächliche Gleichheit oder den Tod ... Die französische Revolution ist nur die Vorläuferin einer anderen viel größeren, viel erhabeneren Revolution, welche die letzte sein wird.»

Aber Maréchal treibt zur Anarchie in des Wortes eigentlicher Bedeutung, wenn er fortfährt: «Beseitigt endlich die empörenden Unterschiede von reich und arm, von groß und klein, von Herren und Knechten, von Regierenden und Regierten.»

Mit dieser Gesinnung eines freiheitlichen Kommunismus, der auch vor der Demontage der Staatsapparatur nicht zurückschreckt, steht Maréchal im Geheim-Direktorium allein. Debon und Buonarroti erheben entrüstet Einspruch. Und auch Babeuf, der sich in seinem *Manifeste des Plébéiens* ausdrücklich auf die Regierungsform des demokratischen Zentralismus festgelegt hat, wendet sich gegen ihn.

An ihrem Widerstand scheitert die Veröffentlichung des *Manifeste des Egaux*, das in seiner leidenschaftlichen Größe und hinreißenden Sprache als «das bemerkenswerteste Zeugnis der Revolutionäre von 1796» anzusehen ist. Es bleibt in der Schublade von Babeufs Archiv [169], da Sylvain Maréchal es verständlicherweise ablehnt, die geforderten Korrekturen vorzunehmen.

Mit der Ablehnung seines Manifestes findet Maréchals Aktivität im Geheim-Direktorium ihr Ende. Enttäuscht, auch in diesem Kreis nur jene geistige Beschränktheit zu finden, über die er sich oft genug in «schneidenden Sarkasmen» ausgelassen hat, kehrt Maréchal zu den «friedlichen Arbeiten» [170] seiner Bibliothek zurück. Seiner Gewohnheit getreu, jeden offenen Bruch zu vermeiden, verzichtet er darauf, seinen Rücktritt zu erklären, aber er beschränkt von nun an seine Mitarbeit auf ein Mindestmaß, das ihn kaum mehr in Erscheinung treten läßt.

4

Seitdem beherrschen Babeuf und Buonarroti als die offiziellen Theoretiker der Partei allein das Feld. Im Zeitraum von zwölf Tagen verfassen sie im Auftrage des Komitees eine wahre Flut von Propagandaschriften [171], die sämtlich die von Babeuf im *Tribun* entwickelte Linie ausbauen, ergänzen und fortführen.

Buonarroti sieht im Übergang von der Theorie zur Praxis das eigentliche Ziel der Revolution: «Es war Sache der französischen Revolution die Auffassungen der Philosophie, die man ehedem als utopisch betrachtete, in die Tat umzusetzen. Wir haben begonnen, gehen wir bis zu Ende. Wenn wir an dem Punkt anhielten, an dem wir uns befinden, die Menschheit hätte uns nicht groß zu danken.»

Noch nüchterner sagt es Babeuf: «Die Revolution ist nicht zu Ende. Ihr Ziel besteht in der Abschaffung der Ungleichheit und der Errichtung des *bonheur commun.*»

Doch der entscheidende Schritt bleibt noch zu tun. Ihn geht Babeuf, indem er die als steril erkannte Forderung nach dem Agrargesetz fallen läßt und stattdessen die gemeinsame Nutzung der Bodenerzeugnisse fordert.

Aber die «Gütergemeinschaft» bliebe unvollständig, ohne ihre sinnvolle Ergänzung in der «Arbeitsgemeinschaft». «Die Natur hat jedem die Verpflichtung zur Arbeit auferlegt; es ist ein Verbrechen, sich der Arbeit zu entziehen», erklärt Babeuf. Und weiter: «Es herrscht Unterdrückung, wenn der eine, trotz erschöpfender Arbeit, Mangel an allem leidet, während der andere, ohne etwas zu tun, im Überfluß schwimmt; Arbeit und Erholung müssen allen gemeinsam sein . . .»

Und Buonarroti stellt, diese Gedankengänge aufnehmend, folgenden Stufenplan auf dem Wege zur Republik der Gleichen auf: Jegliches Eigentum wird Staatseigentum; Einführung der allgemeinen Arbeitspflicht; staatliche Arbeitsplanung; staatliche Warenlager zur Erfassung der landwirtschaftlichen und industriellen Erzeugnisse; Regelung von Arbeit und Freizeit; an die Stelle des Privateigentums und der Privatwirtschaft tritt eine vom Staat gelenkte Verteiler-Organisation.

Für alle, die in dieser staatlich gelenkten Lebenshaltung vielleicht ein Haar finden könnten, hält Buonarroti die tröstliche Aussicht auf eine wesentliche Verkürzung der Arbeitszeit bereit, «die in unserem System eine angenehme und erfreuliche Beschäftigung werden würde, der niemand Lust noch Interesse hätte sich zu entziehen». «Ich verstehe nicht», sagt er an anderer Stelle, «wie man unseren (gegenwärtigen) Staat als den bestmöglichen betrachten kann, solange die große Masse des Volkes unglücklicher lebt als im einfachen Naturzustand ... Jedermann arbeite für die große soziale Gemeinschaft und jedermann empfange von ihr die Existenz, die Annehmlichkeiten und das Glück; das ist die Stimme der Natur; das ist der Staat, in dem die Gleichheit keine Einbildung ist und in dem die Freiheit eines jeden auf sicheren Grundlagen ruht.»

Wie ein guter Hausvater werde der Staat, den Buonarroti ausdrücklich als die «grande famille sociale» bezeichnet, und den die Menschen bei einer solchen Ordnung der Dinge bald mehr lieben würden als heute ihre Familien, Arbeit und Erholung in wohl abgemessener Dosierung an seinen Schäfchen verteilen. Wie Licht und Luft für alle gleich seien, so solle es für alle nur ein und dieselbe Erziehung, nur ein und dieselbe Nahrung geben. Ja, Babeuf geht in dem Verlangen nach absoluter Gleichheit so weit, zu fordern, daß ein Mensch, der mehr als andere arbeite, als asozial zu verfolgen sei.

Natürlich werde man, dies sei vorauszusehen, auf dem Wege zum «neuen Leben» einige Schwierigkeiten zu überwinden haben. Die Organisation der tatsächlichen Gleichheit werde zunächst vielleicht nicht nach jedermanns Geschmack sein. Tief eingewurzelte Gewohnheiten, uralte Vorurteile würden sich der Errichtung der Republik der Gleichen in den Weg stellen. Jene, die den Mut hätten, ihre Pflicht der breiten Masse gegenüber zu erfüllen, müßten erwarten, als Banditen, Brandstifter und Royalisten angeschwärzt zu werden. Alles, was sich nach Geist und Besitz zu den führenden Schichten rechne, werde dagegen sein, und ehrlicherweise müsse man zugeben, daß die ehemals herrschende Klasse in der Periode des Übergangs harte Entbehrungen erfahren werde. Aber was vermöchten einige Tausend Unzufriedene gegen die Masse des Volkes? Im übrigen werde man diese Handvoll Verdorbener so oder so, aus freien Stücken oder mittels Gewalt, zu vernünftigeren Ansichten bekehren.

Trotz der Geschlossenheit dieser mit nicht geringer Überzeugungskraft vorgetragenen Lehre fühlen die Mitglieder des Geheim-Direktoriums instinktiv, daß ihrer Propaganda, um wirksam zu sein, noch ein entscheidender Zusatz fehlt. Sofern man nicht an etwas Bekanntes, bereits Vorhandenes anknüpfen kann, hängen ihre Theorien in der Luft. Dem Volk, auf dessen Unterstützung man zumindest im Anfangsstadium des Umsturzes unerläßlich angewiesen ist, muß eine leicht faßliche Parole gegeben werden, die seiner Begriffswelt angepaßt und dennoch mit der Theorie der Partei vereinbar ist. So entschließt sich das Geheim-Direktorium, die Forderung nach Einführung der Verfassung des Jahres 93 zu einem wesentlichen Bestandteil seiner Propaganda zu machen.

«Die vom Volke feierlich angenommene Verfassung von 1793 ist das wahre Gesetzbuch Frankreichs; die angebliche Verfassung des Jahres III ist ungesetzlich und reaktionär», verkündet Babeuf.

Dem Geheim-Direktorium erscheint die Verfassung von 93 als der geeignete Hebel, die Massen in Bewegung zu setzen. Das Ziel ist, an die Macht zu kommen. Einmal dahin gelangt, behält man sich vor, durch entsprechende Maßnahmen den Fehlern dieser Verfassung abzuhelfen, die Buonarroti vorsichtig andeutet, wenn er schreibt, sie schütze das Volk «nicht genügend vor den Anmaßungen des Parlaments und seinen eigenen Irrtümern».

Das Ziel der Partei ist ohnehin klar umschrieben: eine Gesellschaftsordnung, in der das Einzelwesen nichts und der Staat alles bedeutet. Die Theorie der Staatsallmacht, wie sie der Wohlfahrtsausschuß in die Praxis umzusetzen verstanden hat, soll noch umfassender in der Republik der Gleichen auferstehen.

Keine dieser Broschüren, mit Ausnahme von Buonarrotis *Antwort an M. V.*, die seine Initialen F.B. trägt, ist gezeichnet. Man darf daraus schließen, daß sie die Kollektivmeinung der Partei darstellen und ihre Ansicht über Theorie und Praxis des Kampfes um die Macht wiedergeben.

Der Erfolg dieser Propaganda, vor allem eines Plakates mit der *Analyse der Doktrin Babeufs*, ist derart, daß sich die Polizei zu einem Sondereinsatz gegen das gefährliche Plakat genötigt sieht.

Die Saat des Geheim-Direktoriums beginnt aufzugehen.

5

Zur gleichen Zeit, in der die Propaganda der Partei wirksam zu werden beginnt, geht das Geheim-Direktorium an den Aufbau eines illegalen Parteiapparates.

Noch in seiner ursprünglichen Zusammensetzung aus vier Mitgliedern hatte das GD eine Geschäftsordnung beschlossen.

Sie ist kurz und bündig. Ihr wichtigster Artikel besagt, das GD werde geheim bleiben.

Anweisungen des GD an seine Agenten werden durch ein besonderes Siegel [172] — das sich bis zu seiner Verhaftung im Besitz Babeufs befindet — kenntlich gemacht.

Gleichzeitig beschließt das GD, in jedem der zwölf Pariser Arrondissements — die aus je vier Sektionen bestehen — einen Instrukteur einzusetzen.

Um den illegalen Apparat möglichst umfassend zu tarnen, verfügt das GD, daß sich nicht einmal die Instrukteure der zwölf Bezirke untereinander kennenlernen. Diese Kenntnis sei für ihre Arbeit durchaus nicht erforderlich. Verrat oder selbst eine Unvorsichtigkeit könne das Auffliegen der gesamten Organisation zur Folge haben. Die Instrukteure würden einzig und allein den Mitgliedern des GD bekannt sein, in die sie, was immer auch geschehe, volles Vertrauen setzen könnten.

Für die Zusammenkünfte in den Bezirken vermeide man jede geschwollene Bezeichnung. Statt von Geheimgesellschaften, Klubs oder Treffs zu sprechen, rede man von Spaziergängen, gegenseitigen Besuchen und dergleichen. Privatwohnungen wären den Cafés vorzuziehen, da man in ihnen weniger der Beobachtung ausgesetzt sei.

Die Instrukteure müßten sich stets bewußt bleiben, an dem ruhmvollsten Unternehmen mitzuwirken. Die revolutionäre Situation sei soweit herangereift, daß es eher notwendig sein werde, mäßigend als anfeuernd einzugreifen.

Das wichtige Amt eines Verbindungsmannes zu den Instrukteuren wird Didier übertragen, der mehreren Mitgliedern des GD seit langem bekannt und freundschaftlich verbunden ist. Er gehörte mit seinem Nachbarn Duplay zu den «soliden» Geschworenen des Revolutionstribunals und damit zu dem kleinen Kreise, den Robespierre seines persönlichen Umganges für würdig hielt. Buonarroti, der mit Elogen sparsam verfährt, urteilt über ihn, daß «es niemals einen besseren Verbindungsmann als Didier gegeben habe, dessen Eifer, Tätigkeit, Geschicklichkeit und Verschwiegenheit stets über allem Lob standen».

Wesentlich mehr Schwierigkeiten bereitet die Wahl der Instrukteure. Das GD benötigt dazu mehrere Sitzungen, in denen die – vornehmlich von Babeuf, Buonarroti, Darthé und Debon vorgeschlagenen Kandidaten auf Herz und Nieren geprüft werden. Über jeden von ihnen wird gesondert abgestimmt, worauf es Babeuf übernimmt, sie anschließend von ihrer Wahl zu verständigen [173].

Bodson, den Babeuf und Buonarroti gemeinsam vorgeschlagen haben, erklärt, er wolle alles tun, was in seinen Kräften stehe, um die Sache der Gleichen zu fördern. Er bitte Babeuf, volles Vertrauen in ihn zu setzen und versichere, er werde absolute Verschwiegenheit in allem, was das Interesse der gemeinsamen Sache erfordere, bewahren. Und er zeichnet: Salut d'égal, Dein Freund J. B.

Cazin, der von Babeuf den Auftrag zur Übernahme des (besonders wichtigen) 8. Bezirks, des ehemaligen faubourg Antoine, erhält, lehnt zunächst ab. Als Babeuf ihm Vorwürfe macht, ändert er seine Ansicht und entschließt sich zur Übernahme der ihm übertragenen Funktion. Sein Bezirk ist ein ausgesprochener Arbeiterbezirk, und das GD hat Cazin, der aus der Arbeiterklasse kommt, vor allem gewählt, um unter Arbeitern zu agitieren. Seine Unbildung (er schreibt Babeufs Namen «pas beuf» und alles übrige entsprechend) kann hier keinen Schaden anrichten.

Dennoch erweist seine Wahl sich als wenig glücklich. Der ehemalige Koch und Konditor, aus dem die Revolution einen Inspektor beim Festungsbau gemacht hat, ist ein exaltierter Mensch, dazu krank und zu alkoholischen Exzessen neigend. Babeuf wird, abgesehen von der Bedeutungslosigkeit seiner Berichte, bald Grund genug haben, das Cazin erwiesene Vertrauen zu bereuen.

Pâris, ein verabschiedeter Offizier aus dem Heeres-Versorgungsamt, steht schon seit längerer Zeit mit Babeuf und Darthé in Verbindung. Babeuf hält viel von ihm, da er ihn nach erfolgter Machtübernahme für die Leitung des Schatzamtes vormerkt.

Am 14. April meldet Pâris dem GD, er sei im faubourg Antoine auf gewisse Indiskretionen gestoßen. Er wisse nicht, ob das GD den Bürger Cazin beauftragt habe, Sondierungen vorzunehmen. In jedem Fall halte er es für seine Pflicht, vor Cazin zu warnen, der sich zwar den Anschein größter Verschwiegenheit gebe, aber unter

Alkohol gesetzt, unverantwortliche Dinge erzähle. Ohnehin sei sein vertrauter Umgang mit Leuten wie Bentabole und anderen dazu angetan, ihn verdächtig zu machen.

Babeuf dankt Pâris für seinen «wertvollen Hinweis» und fügt hinzu, man habe den Betreffenden nur mit gewissen Bedenken unter die Mitarbeiter aufgenommen. Wenn Pâris einen besseren Mann wisse, der an Cazins Stelle treten könne, solle er dem GD willkommen sein.

Damit nicht genug, erteilt das GD Cazin einen strengen Verweis. Er habe einen «förmlichen Verstoß gegen die geheimen Anweisungen» begangen, als er, noch dazu betrunken, den Kanonieren des faubourg Antoine das Versprechen abgenommen habe, sich bereit zu halten. Diese «gefährliche Unklugheit», die man allenfalls seinem Übereifer zu gute halten könne, erscheine aber in einem wesentlich anderen Licht, wenn man bedenke, daß Cazin in vertrautem Umgange mit Bentabole stehe und diesen über den grünen Klee lobe. Er möge sich klar darüber sein, daß er es mit Verschworenen, die keine Halbheiten duldeten, zu tun habe und sein Verhalten danach einrichten.

Cazin antwortet kleinlaut, er könne zwar die Berechtigung der ihm gemachten Vorwürfe nicht einsehen, werde aber dennoch in seinem Eifer für die gute Sache nicht nachlassen. Worauf Babeuf, schnell versöhnt, antwortet, er habe es nicht anders erwartet und vorschlägt, «nicht mehr davon zu sprechen».

Moroy, der Instrukteur des faubourg Marceau, ist ein Typ ganz anderen Schlages, der sich voller Stolz als Sohn der Arbeiterklasse bezeichnet. «Dies Arrondissement besteht nur aus Arbeitern, der wertvollsten Klasse der Gesellschaft», schreibt er nicht ohne Selbstgefühl dem GD in einem seiner Berichte.

Auch Moroy lehnt zunächst ab. Das Elend, in dem er lebe, und seine Armut erlaubten ihm nicht, sich mit einiger Bewegungsfreiheit der politischen Arbeit zu widmen. Doch das GD läßt diese Gründe nicht gelten. Es verspricht Hilfe, und Moroy übernimmt den ihm angebotenen Posten. Über die erhaltenen Beträge führt er getreulich Buch. Sehr bald kann ihm Babeuf die Zufriedenheit des GD mit seiner Arbeit bestätigen.

Menessier, obwohl seit zwei Jahren nicht mehr bei der Polizei beschäftigt, besitzt immerhin noch Verbindungen, die von ihm besonders wertvolle Aufschlüsse erwarten lassen; auch ihm wird das GD bald bescheinigen, es habe mit seiner Person «eine glückliche Wahl» getroffen.

Baudement, der als Mitglied einer *commission populaire* zahlreiche Verdächtige zur Deportation verurteilte, scheint als einziger unter seinen Kollegen eine gewisse Vorstellung von konspirativen Arbeitsmethoden besessen zu haben. In seinen Berichten an das GD ersetzt er die Unterschrift durch einen Stempel mit zwei *bonnets rouges*, was ausreicht, um von der Polizei nicht identifiziert zu werden.

Guilhem aus Lyon, den Germain vorschlägt, ist ein ehemaliger Postschaffner, der in Paris kurze Zeit vor den Germinal-Unruhen wegen aufrührerischer Propaganda verhaftet wurde. Guilhem schreibt seine Berichte nicht selbst. Er diktiert sie seinem Freunde Germain in die Feder.

Der Architekt Claude Fiquet, nach Buonarroti einer der Organisatoren des Prairial-Aufstandes, hatte mit einigen der Verschworenen im Plessis, aus dem er nach der Brumaire-Amnestie entlassen wurde, Freundschaft geschlossen. Wie Menessier war auch er im Jahre II Mitglied der Polizeiverwaltung gewesen, und wie er wird er jetzt seine Kenntnisse und Beziehungen im Dienst der Partei einsetzen.

Bouin, der sich ebenso durch seine Stellung als Friedensrichter der Sektion des Marchés wie durch seine unerschütterliche Haltung als Fürsprecher Carriers empfiehlt, ist ein klassisch gebildeter Mann: in seinen Berichten zitiert er Stellen aus den Briefen des Cicero an Atticus. Das GD kommt seinem Bestreben nach literarischer Mitarbeit dadurch entgegen, daß es eine von ihm verfaßte Broschüre *Le cri du peuple français* drucken und verteilen läßt. Als das GD bei ihm anfragt, ob er sich für den Bürger Labarre verbürgen könne, antwortet Bouin, er kenne Labarre aus dem Gefängnis; er stehe auch jetzt noch in freundschaftlichen Beziehungen zu Legendre und Mathieu und komme daher wohl nicht in Frage. An Stelle Labarres schlage er Pierron vor, Aktuar in der Verwaltung des 10. Bezirks, in den er, obwohl sonst gegen jedermann mißtrauisch, volles Vertrauen setze.

Das GD folgt diesem Vorschlag und Babeuf schreibt Pierron einen Brief, der den guten Mann in nicht geringe Verlegenheit gestürzt haben mag. «Du hast», heißt es darin, «mehr als die anderen zu schaffen, um den Vorsprung, den sie bereits haben, einzuholen: aber alles, was wir von Dir verlangen, übersteigt nicht das Maß der

Kräfte eines intelligenten Menschen ... Kraft, Energie, Aktivität, Klugheit, Kühnheit, Verschwiegenheit oder – Tod.» Pierron, der sich vor dem 9. Thermidor als eifriger Terrorist gebärdete und jetzt zu den der Polizei wohlbekannten Stammgästen des Café Chrétien gehört, nimmt diesen Ratschlag wörtlich und stellt sich tot. So wird er zwar auf der Fahndungsliste vom 13. Mai figurieren, im übrigen aber unbehelligt bleiben.

Deray, den Darthé empfohlen hat, muß sehr bald gemahnt werden. Das GD fordert ihn auf, zumindest alle zwei Tage Bericht zu erstatten. «Man muß sehr rasch vorangehen oder sich überhaupt nicht darein mischen. Die Tage zählen wie Jahre», schreibt ihm Babeuf.

Auch Nicolas Morel zeigt sich nach seinem ersten und einzigen Lagebericht säumig. Unter dem Vorwand beruflicher Arbeit – er ist Rechtsbeistand – verläßt er Paris. Aber Babeuf ist nicht gesonnen, einen solchen Affront stillschweigend hinzunehmen. In einem Brief, der an Deutlichkeit nichts zu wünschen übrig läßt, rügt er Morel: «Dein zumindest leichtfertiges Verhalten seit dem Augenblick, an dem Du unsere Mission übernommen hast, gibt uns Grund zur Beunruhigung und Unzufriedenheit. Der noch am wenigsten ungünstige Anschein ist der, daß Du die Größe Deiner Aufgabe nicht begriffen hast. Man mußte erkennen, daß sie erforderte, alle privaten Angelegenheiten bei Seite zu lassen. Die Vasallen der ehemaligen Marbeuf sind weniger wichtig als das Vaterland. Wir arbeiten an der Niederschlagung der neuen Feudalität in der gesamten Republik; diese große Befreiung wird auch die der Gemeinde Champs – wohin Morel sich begeben hatte – einschließen.»

Der erzürnte Tribun schließt mit einer nur schwach verhüllten Drohung: «Wehe dem, über den wir uns tatsächlich zu beklagen hätten! Denke daran, daß wirkliche Verschworene jene, die sie einmal herangezogen haben, nicht mehr freigeben ... Diese Sprache ist hart, aber sie ist nützlich im Verhältnis von uns zu Dir.»

Morel ist, scheint es, nach Erhalt dieses Monitums endgültig abgesprungen.

6

Das GD läßt sich – mag das Agentennetz infolge des Ausscherens von Pierron und Morel auch erhebliche Lücken aufweisen – dadurch nicht weiter beirren. Der ersten Instruktion folgen in der Zeit vom

6. bis 27. April zahlreiche weitere Rundschreiben, in denen es seine Instrukteure über die in Agitation und Propaganda einzuschlagende Linie unterrichtet. Gruppenredner sollen die im *Tribun* und *Eclaireur* erschienenen Artikel erläutern. Durch den Einsatz von Klebekolonnen hoffe man, eine ausgedehnte Streuung der Plakate in ganz Paris zu erreichen.

Gleichzeitig fordert das GD von den Instrukteuren ausführliche Berichte über die gegnerischen Kräfte in ihren Bezirken, die Aufstellung von Listen der Anhänger und Sympathisierenden, dazu Angaben über Polizei und Militär, über Waffenlager, Werkstätten und Lebensmittelmagazine.

Diese Berichte der Instrukteure, die Tag für Tag beim GD eingehen, vermitteln in ihrer Gesamtheit ein umfassendes Bild des rasch fortschreitenden Aufbaus der illegalen Organisation.

Vor allem in den Arbeiterbezirken macht die vom *Eclaireur* empfohlene und jetzt durch die Instrukteure geförderte Zellenbildung gute Fortschritte. Aus seinem Bezirk meldet Moroy den erfolgreichen Aufbau von Fünfergruppen, die ihrerseits zu Keimzellen neuer Gruppen würden. Die seit dem Prairial herrschende Niedergeschlagenheit beginne nachzulassen und die Zahl der Anhänger nehme sichtlich zu. Der Arbeiter beginne den Zustand der Betäubung abzuschütteln, worin ihn die Fabrikanten, von denen er abhängig sei, gehalten hätten. Es gebe sogar eine Anzahl kleiner Fabrikanten, die heftig gegen die Konkurrenz der Großunternehmer wetterten: das werde nicht wenig dazu beitragen, unzufriedene Arbeiter zu gewinnen.

«Die Unzufriedenheit mit der Regierung ist allgemein», berichtet Moroy; «man hört gern von der Verfassung des Jahres 93 sprechen, und wir werden das Vergnügen haben, Euch täglich anzuzeigen, daß die Zahl ihrer Anhänger sich vermehrt.»

Das System der Gruppenredner beginnt Früchte zu tragen. Fiquet meldet, er führe allabendlich, wenn die Arbeiter nach Hause gingen, an der porte Martin und der porte Denis Aussprachen durch. «Mes groupistes vont à merveille», versichert auch Guilhem.

Baudement stellt fest, daß die von ihm in den Sektionen Le Peletier, Butte-des-Moulins, faubourg Montmartre und Mont-Blanc organisierten Klebekolonnen und Gruppenredner gute Arbeit leisteten. «Die Stimmung macht rasche Fortschritte; sie überschreitet manchmal sogar die ihr von uns gesetzten Grenzen; man hört laute Rufe wie: weg mit den Kanaillen in der Regierung!»

Das Plakat der *Analyse* habe die denkbar größte Wirkung hervorgebracht, schreibt Guilhem. Die Arbeiter seien von der Tatsache, daß man sich darin mit ihren Sorgen und Nöten befasse, außerordentlich beeindruckt.

Die in der Nacht geklebten Plakate würden häufig von Polizeistreifen wieder entfernt, meldet Moroy. In der Sektion Finistère machten sich die beiden Söhne des ehemaligen Polizeikommissars der Sektion ein Vergnügen daraus, sie abzureißen. Er sei daher dazu übergegangen, sie nicht mehr des Nachts, sondern am Morgen zwischen vier und fünf Uhr anzukleben. Die Arbeiter, die um sechs zur Arbeit gingen, hätten dann Gelegenheit, sie zu lesen, während die Royalisten um diese Zeit noch in den Betten lägen. Es wäre sogar nicht ausgeschlossen, am hellichten Tage die Plakate zu kleben, sofern man nur etwas Mut habe.

In seinem Rundschreiben vom 15. April warnt das GD seine Instrukteure und durch sie seine Anhänger vor zwei Fallen, die in gleicher Weise zu fürchten wären.

Einmal seien die Abgesandten der Tallien, Legendre und Barras eifrig dabei, dem Volke einzureden, sie wären jetzt bereit, sich an seine Spitze zu stellen, um ihm zu helfen, seine Rechte zurückzuerobern. Die Absichten dieser erbärmlichen Kreaturen seien leicht zu durchschauen. Sie seien von der Unvermeidlichkeit eines Zusammenstoßes überzeugt. In ihrer peinlichen Lage zwischen zwei Feuern, dem Lager der Royalisten und dem der Demokraten, seien sie bemüht, die Aktion des Volkes einzig und allein gegen die Monarchisten zu lenken. «Sie würden uns, ganz wie im Vendémiaire, nach deren Niederlage in die Wüste schicken.»

Ebenso gelte es, eine zweite, wenn auch nicht ganz so gefährliche Klippe zu vermeiden. Ein zweites Komitee habe sich aufgetan, das aus Amar, Vadier, Laignelot, Javogues, Choudieu, Ricord und anderen ehemaligen Abgeordneten des Konvents bestehe. Gegen sie gebe es berechtigte Bedenken; einmal wegen ihres Gebrauchs der Macht, als sie am Ruder waren, und dann wegen der Charakterlosigkeit, die sie gezeigt hätten, als sie ihren Händen entglitten sei. «Diese Menschen haben aus dem Becher der Macht getrunken; sie haben sich nicht alle und immer, in strengem Sinne, als Demokraten bewährt. Es braucht neue Männer, wirkliche Männer des Volkes.»

Die von der Partei bezogene Linie ist klar: keine Bündnisse mit politischen Gruppen der Linken, soweit sie durch Machthaber von gestern vertreten werden. Immerhin scheint es hierbei einige Übertreibungen gegeben zu haben. So macht Bodson das GD darauf aufmerksam, es gebe im Lager der Freunde der Gleichheit Stimmen, wonach alle, die am 9. Thermidor, wenn auch in bester Absicht, am Sturz des Regimes beteiligt gewesen seien, nach dem Siege der Demokraten mit Repressalien zu rechnen hätten. Bodson versichert, er habe diese «kindischen Befürchtungen» zerstreut. Dennoch könne es nichts schaden, wenn auch das GD zu dieser Frage offiziell Stellung nehme.

Babeuf greift im *Tribun* diese Anregung auf und erklärt nachdrücklich, man begrüße selbstverständlich in den Reihen der Partei alle, die getäuscht worden seien, die in reiner Absicht gehandelt hätten und auch alle, die als «bloße Mitläufer» der Reaktion anzusehen wären. In seiner Ausgabe vom 6. April richtet der *Eclaireur* ein ausgesprochenes Bündnisangebot an alle ehrlichen Republikaner, zu denen selbstredend die «Barras, Tallien, Legrendre e tutti quanti» nicht zählten, sich auf dem Boden der Verfassung von 93 zu einer Einheitsfront zusammenzuschließen.

Außer der *Partei der Gleichen*, die den von Babeuf aufgezeigten Weg verfolge, gebe es noch eine ganze Anzahl überzeugter Republikaner, die mit ihr wohl über das Ziel, aber nicht über den Weg dahin einig seien. «Es wäre absurd, Bürgern ein Verbrechen daraus machen zu wollen, in einem Augenblick des Irrtums, in dieser oder jener Krise, vom wahren Wege abgewichen zu sein. Diese Fehler sind unzertrennlich von den Stürmen der Politik ... Jede Krise hat die Masse der Republikaner eine Anzahl anständiger, der geheiligten Sache des Volkes aus Prinzip, aus Liebe ergebener Menschen gekostet.

Heute bemüht sich die Tyrannei, Vorteil aus diesen revolutionären Fehlern zu ziehen; sie erweckt künstlich die Irrtümer der Vergangenheit, um Demokraten gegen Demokraten zu hetzen, weil sie wohl weiß, daß sie nur dadurch, daß sie sie trennt, dahin gelangen kann, sie zu vernichten. Zu diesem Zweck unterhält das Direktorium unter den Demokraten käufliche Elemente, deren Aufgabe es ist, sie untereinander uneinig zu machen.»

Die Demokraten müßten auf sich allein gestellt den Royalismus besiegen; sowohl den, dessen Idol in Verona sitze, wie den, dessen Idol durch das Luxembourg verkörpert werde. «Die Regierenden machen einzig und allein Revolutionen, um an der Regierung zu bleiben. Wir wollen die Revolution, um das Glück des Volkes für immer durch die wahre Demokratie zu sichern.»

Diese Erkenntnis bedeute keinen Verzicht auf die Eroberung der Macht. Aber es sei entscheidend, erst dann loszuschlagen, wenn die objektiven und subjektiven Voraussetzungen geschaffen seien. Sie zu erkennen und richtig zu beurteilen, sei Sache der Partei, zu der man das Vertrauen haben müsse, sie werde im richtigen Augenblick das Signal geben.

«Das Volk wird sich nur in Masse und auf die Stimme seiner wahrhaften Befreier erheben, deren Signal es an bestimmten Zeichen erkennen wird. Es wird ruhig bleiben ... es wird nicht durch eine falsche Überstürzung alles verderben wollen. Nach so vielen Leiden wird es noch einige Augenblicke länger zu warten wissen, um besser seine Befreiung zu sichern. Es wird seinen Freunden glauben, solange sie ihm sagen, daß der Augenblick, das Vaterland zu retten, noch nicht gekommen ist.»

Mit größter Eindringlichkeit fordert Babeuf: Laßt Euch nicht irreführen! Geht in keine Falle! Erkennt Eure wahren Freunde! «Ich sage und wiederhole es Euch: Es ist ein Irrtum zu glauben, daß Ihr allein und durch Euch selbst nichts vermögt. Etwas Großes und Würdiges wird nur durch das Volk und allein vom Volke geschaffen.»

Wenn es so weit sein werde, wenn der «Tag des Volkes» gekommen sei, werde das Volk, vereint mit der Armee, «unter der Leitung seiner ihm bekannten Führer einem sicheren Siege entgegengehen».

Diese kräftige und siegesgewisse Sprache bleibt nicht ohne Eindruck. Kein Zweifel, die *Partei der Gleichen* ist auf dem Vormarsch. «Die durch den Demokraten Babeuf angeprangerten Verbrecher hatten schon ein gewisses Vertrauen erworben», schreibt Baudement; «aber das Gegengift ist zur rechten Zeit gekommen, und die Heilung ist völlig gelungen.»

Nach dieser Klarstellung kommen die meisten Instrukteure der Aufforderung des GD, ihm Namen und Anschriften von Sympathisierenden aus den Bezirken mitzuteilen, mit großer Genauigkeit nach.

In den meisten Listen überwiegen die mittleren Funktionäre aus dem Apparat der Kommune des Jahres II, nebst ehemaligen Mitgliedern der Revolutionskomitees, der *sociétés populaires* und der *armée révolutionnaire*.

Mit nicht geringerer Aufmerksamkeit verzeichnen die Instrukteure alle royalistischen Umtriebe ihres Bereichs. Bouin berichtet von einer Unterhaltung, die ein als Chouan verkleideter Patriot mit einem Agenten Rovères gehabt habe; nach dessen Angaben sei der Klub der Monarchisten gut organisiert; man habe sich auf die Person des jungen Orléans geeinigt; wenn es losgehe, würden binnen zehn Tagen alle, die am Tode Capets schuld hätten, gehängt.

Bouin leitet diese Äußerung, die seinem politischen Urteilsvermögen nicht gerade das beste Zeugnis ausstellt, kommentarlos weiter.

Ernster sind Menessiers Angaben über den Klub in der rue de Clichy zu nehmen, an dessen Sitzungen dreihundert Abgeordnete teilnehmen. Weitere Treffpunkte royalistischer Gruppen seien ein Haus in der rue Dominique, im faubourg Germain, und eines in der rue Neuve-des-Mathurins. Hier träfen sich Tag für Tag die Verantwortlichen für den weißen Terror, unter ihnen Isnard, Cadroy, Chambon, Rovère, Jourdan und Dumas. Deray gibt aus der Sektion Arsenal eine Aufstellung von 45 Royalisten und Reaktionären, die er mit genauen Angaben zur Person, den Anschriften und selbst einzelnen Äußerungen der Betreffenden versieht.

Eine sicher nicht unbegründete Sorge des GD gilt dem Eindringen von Spitzeln und Provokateuren in das innere Gefüge der Organisation. In einem besonderen Rundschreiben (von dem allerdings nicht feststeht, ob es abgegangen ist) warnt Babeuf vor einem gewissen Fournier mit dem Beinamen «der Amerikaner», einem schlechten Subjekt, das Marat verleumdet habe und jetzt versuche, sich an die Demokraten heranzumachen. Bodson macht auf einen Spitzel namens Féru aufmerksam – den Babeuf rät, mit Fußtritten zu verjagen – und Fiquet bittet, im *Eclaireur* eine Notiz zu bringen, in der die Soldaten vor einem Sergeanten namens Prou gewarnt werden.

Um solchen als Patrioten getarnten Spitzeln das Handwerk zu legen, beauftragt das GD (auf Anregung Bouins) den Instrukteur Bodson, er möge für einige Tage zwei Leute als Wache vor den Eingängen zum Polizeiministerium und der Mairie, wo das *bureau central* seinen Sitz hat, postieren.

Befürchtungen über Verräter in den eigenen Reihen werden dagegen meist nicht ernst genommen. Auf einen Hinweis von Deray, die Regierung sei über alles, was im Lager der Demokraten vorgehe, auf dem laufenden, antwortet Babeuf mit der einfachen Feststellung, es gebe unter ihnen keine Verräter und die Regierung wisse nichts Genaues. Deray möge unbesorgt sein.

Selbst dem Vorschlag, zur Verbesserung der konspirativen Methoden Decknamen in der Korrespondenz zu verwenden, fügt sich das GD nur zögernd. Babeuf läßt sich mit seiner Antwort acht Tage Zeit, um dann zu erklären, zumindest die Anfangsbuchstaben der Namen wären erforderlich; im übrigen sei damit keine Gefahr verbunden. Und beinahe unwillig fügt er hinzu: «Mut, Unerschrockenheit. Diese Tugenden sind für Revolutionäre unumgänglich.»

Auch Bouin, der sich erlaubt anzufragen, ob er sicher sein könne, daß die gesamte Korrespondenz nach Kenntnisnahme verbrannt werde, erntet für seinen beherzigenswerten Vorschlag keinen Dank, sondern nur eine trockene Bestätigung. Es ist offenkundig, daß Babeuf die Methoden der konspirativen Arbeit zwar in der Theorie als richtig bejaht, in der Praxis aber als Belastung ansieht und dementsprechend vernachlässigt. «Man muß ein wenig Kühnheit zeigen, um sie andern einzuflößen», schreibt er Cazin. «Die heimlichen Methoden erwecken Mißtrauen bei der wenig aufgeklärten Menge.»

So kann es nicht überraschen, wenn auch andere Mitglieder des GD die Regeln der konspirativen Arbeit auf die leichte Schulter nehmen. Besonders leichtfertig handelt Darthé, der nicht einmal seine Besuche in den *Bains chinois* einstellt, obwohl ihm genau bekannt ist, daß das Café als ein Treffpunkt radikaler Elemente von allen Andersdenkenden gemieden und von der Polizei genau überwacht wird. Auf einen Hinweis Menessiers, der Polizei bleibe nichts von dem, was dort vorgehe, verborgen, antwortet Babeuf zustimmend, daß auch er derartige Unvorsichtigkeiten mißbillige. Das ist alles. Das GD denkt nicht daran, seinen Mitgliedern den Besuch dieses Cafés, dessen Besitzer Baudrais, wie sich herausstellen wird, im Dienste der Polizei steht, zu untersagen.

Abgesehen von diesen Schwächen, die im übrigen den Aufbau des illegalen Apparates nicht hindern und zudem weitgehend durch das Bestehen zahlreicher Querverbindungen zu Polizei- und Regierungsstellen aufgewogen werden, macht sich im Grunde nur ein einziges Hemmnis störend bemerkbar: der absolute Mangel an Geld.

Buonarroti übertreibt nicht, wenn er bemerkt, die äußerste Armut sei vielleicht das bezeichnendste Charakteristikum der Verschworenen gewesen. Kein Mitglied des GD verfügt über größere Mittel.

Selbst Félix Lepeletier, der als Krösus gilt, ist nur mäßig wohlhabend [174] und ebensowenig wie Antonelle oder Maréchal in der Lage, beträchtliche Summen beizusteuern.

Was durch Geldsammlungen eingeht, ist vollkommen unzureichend. Baudement meldet einmal 400 livres in Assignaten als Ergebnis einer Sammlung; Pâris stellt 500 livres zur Verfügung, und Guilhem hofft, einige wohlhabende Demokraten zu einigen Opfern bewegen zu können, die helfen sollen, die Kosten der Propaganda zu tragen.

Angesichts leerer Kassen sieht sich das GD ständigen Geldforderungen gegenüber. Fiquet erklärt, er habe in seinem Bezirk, in dem die Patrioten weder reich noch wohlhabend seien, bereits 1 200 livres für das Ankleben von Plakaten ausgelegt. «Ihr wißt, das Geld ist ein großer Hebel; verschafft mir also Geld, wenn ich Euch darum ersuche; ohne Geld kann ich für keine exakte Ausführung einstehen.» Worauf ihm das GD, zugleich mit der Überweisung des Geldes, antwortet: «Wir wissen wie Du, daß das Geld der Nerv des Krieges ist. Wir bevollmächtigen Dich, die unumgänglichen Ausgaben zu machen, aber nur wirklich unumgängliche. Bedenke, daß diese Revolution nicht von Mylords unternommen wird; und wäre sie es, wolltest Du ihr nicht dienen.»

Trotz dieser Schwierigkeiten gelingt es immer wieder, die notwendigen Mittel aufzutreiben. Die Abrechnungen mit Lamberté, in dessen Druckerei das GD arbeiten läßt, beweisen zur Genüge, daß die nicht unerheblichen Beträge für den Einkauf von Papier und die Bezahlung der Druckkosten, wenn schon nicht völlig, so doch zum größten Teil beglichen werden konnten.

Im Augenblick ihrer Verhaftung verfügen die Verschworenen über zehn Louisdor – eine für ihre Verhältnisse beträchtliche Summe –, und Buonarroti lüftet einen Zipfel des Schleiers, der über den geheimen Finanzquellen des GD liegt, wenn er verrät, der Minister einer verbündeten Republik habe diesen Betrag gestiftet [175].

Weitere Geldmittel sind dem GD vermutlich durch Buonarrotis Verbindungen zur italienischen Emigration zugeflossen. Auch einzelne Spenden aus dem Kreise wohlhabender Gesinnungsfreunde mögen hinzugekommen sein.

Mag auch all dies nicht genügen, um volle Klarheit über die Finanzquellen der Partei zu schaffen, so steht eines immerhin fest: der Mangel an Geld hat den Aufbau der illegalen Organisation niemals ernstlich gefährdet.

7

Am 4. April notiert einer der Beobachter des *bureau central* in der rue Mouffetard eine Äußerung, die er für wichtig genug hält, sie an seinen Vorgesetzten weiterzuleiten: «Es gibt zwei ausgesprochene Parteien, die Royalisten und die Demokraten; beide Parteien konspirieren ... Die einen wollen den Thron wiedererrichten, die anderen die absolute Demokratie einführen; wenn keine der beiden Parteien losschlägt, so darum, weil sie die Armee fürchten.»

Die Armee ist die große Unbekannte in dem Tauziehen um die Macht, das zwischen der Regierung und den Kräften der Opposition von rechts und links ausgetragen wird. Seit den Tagen des Prairial und Vendémiaire ist die Armee zum ausschlaggebenden Faktor im Spiel der Kräfte geworden. Wer die Armee gewinnt, gewinnt die Macht. Der Staatsstreich tritt an die Stelle des Volksaufstandes.

Die Armee – das bedeutet vor allem die Armee des Inneren. Denn die Armeen, die am Rhein, in Italien, in den Pyrenäen oder in der Vendée stehen, zählen kaum mit in diesem Kampf, der in Paris geführt und in Paris entschieden wird. Die Armee des Inneren aber steht in und um Paris. Ihr Einsatz bedeutet die Entscheidung.

Ein Zufall gibt dem GD Gelegenheit, die Arbeit unter der Truppe in neuer und wirksamerer Form als bisher aufzunehmen [176].

Anfang April macht ein eifriges Mitglied des «Bundes der Gleichen», der Lederarbeiter Monnier aus der rue de la Vannerie, in den *Bains chinois* Darthé mit einem Offizier bekannt. Dieser ist, wie sich im Laufe der Unterhaltung herausstellt, capitaine à la suite des 3. Bataillons der 38. Halb-Brigade, dem ehemaligen Regiment Maréchal de Turenne, das in der *Ecole militaire* stationiert ist. Sein Name ist Georges Grisel.

Nach geschlossener Bekanntschaft begegnet die Verständigung zwischen Grisel und Darthé keinen besonderen Schwierigkeiten. Grisel hat bald heraus, worauf sein Gegenüber hinaus will und schwadroniert munter drauflos. Er trägt ein wenig dick auf, aber Darthé hört ihm aufmerksam zu. Schließlich macht er Grisel unter vier Augen den Vorschlag, er solle seine Ansichten zu Papier bringen. Grisel, der überlegt, daß dabei etwas für ihn herausspringen könne, ist einverstanden. Man trennt sich im besten Einvernehmen und verabredet für den übernächsten Tag eine erneute Zusammenkunft am gleichen Ort.

Grisel findet sich pünktlich ein und überreicht seinem neuen Freund das in der Zwischenzeit verfaßte Libell.

Darthé macht sich sofort an die Lektüre. Die Schrift ist in Form eines Briefes gehalten, den ein Soldat der *armée circo-parisienne*, Franc-Libre, an seinen Freund La Terreur bei der Rhein-Armee richtet. Franc-Libre nimmt kein Blatt vor den Mund. Er vergleicht die fünf Direktoren mit fünf herausgeputzten provenzalischen Maultieren, «die mit ihrem Gefolge vom Schlage der Scapin, Scaramouche und Cartouche den Hochmut, die Unverschämtheit, die Tyrannei und den Despotismus des dahingegangenen Cochon Capet, ihres würdigen Vorgängers, verfünffacht haben».

In diesem Kantinen-Stil des gegen den verhaßten Zivilisten, den pékin (der Ausdruck stammt aus dieser Zeit), gereizten Uniformierten geht es seitenlang weiter. Grisel vergißt keine der bei den Soldaten üblichen Klagen: die Enge des Kasernenlebens, den Drill und die übertriebene Disziplin, dazu die versprochene und nunmehr in weite Ferne gerückte Milliarde.

Er schließt ganz im Sinne der babouvistischen Propaganda: «Ich fände kein Ende, mein lieber La Terreur, wollte ich Dir alle Widrigkeiten, die mich hier umgeben, aufzeichnen; aber gewohnt, mich eher zu schlagen als zu beklagen . . . warte ich, mein lieber Kamerad, mit zehn Millionen unterdrückter Demokraten auf den Augenblick, da der Friede an den Grenzen, Dir wie Deinen Waffengefährten erlauben wird, an Euren Herd zurückzukehren. Dann werden wir gemeinsam Frankreich und der ganzen Welt beweisen, daß wir ebenso die Verräter zu strafen und unsere Schwüre von 93 zu halten wissen, wie wir verstanden haben, die Meute der Könige zu besiegen. Gruß und Brüderlichkeit. Dein Bruder Franc-Libre.»

Nach dieser Probe seines Könnens und seiner Gesinnung wird Grisel von den Demokraten mit offenen Armen aufgenommen. Darthé, der «zu vertrauensselige Darthé», begegnet im GD keinerlei Schwierigkeiten, als er Grisel zum Verbindungsmann für das Lager Grenelle vorschlägt. Wenig später überbringt ihm Darthé in Begleitung Germains, zugleich mit der Ernennung zu einem der Militäragenten, eine Instruktion des GD.

Es gebe beim Militär, heißt es darin, abgesehen von einigen Bataillonen, noch eine große Aufklärungsarbeit zu leisten. Hierbei gelte es, mit größter Sorgfalt und unter strengster Beachtung der konspirativen Methoden vorzugehen... «Verzichten wir zugunsten der praktischen Arbeit auf den armseligen Glanz des äußeren Scheins!»

Hauptaufgabe der Militär-Bevollmächtigten sei es, den Geist der Truppe zu bilden und zu leiten und dem GD in regelmäßigen Berichten hierüber Rechenschaft zu geben.

Haupthebel der allgemeinen Propaganda unter den Soldaten sei das Eintreten für deren ureigenste Interessen, denn das Gesamtinteresse setze sich aus der Summe aller Einzelinteressen zusammen. Hierin liege der stärkste Beweggrund für künftige Aktionen und die sicherste Garantie des Erfolges.

In einem langen, noch in der gleichen Nacht verfaßten Schreiben dankt Grisel dem GD für die Instruktionen und das Brevet eines *agent secondaire*. Er hoffe und verspreche, das ihm erwiesene Vertrauen durch «Eifer, Mut, Beständigkeit und vor allem Verschwiegenheit» zu rechtfertigen. Für die ihm übertragene Aufgabe bringe er zwei ganz besondere Voraussetzungen mit: er kenne Paris, wo er acht Jahre gewohnt habe, genau und verstehe sich, was noch wichtiger sei, auf den Geist der Truppe, den er während der Feldzüge dieses Krieges «als Beobachter» studiert habe.

Vor allem müsse man sich über den grundlegenden Unterschied klar werden, der zwischen dem Militär von 1789 und den Soldaten und Offizieren des Jahres 1796 bestehe. Damals habe sich der Soldat der revolutionären Bewegung aus eingefleischtem Haß gegen seine Offiziere angeschlossen. Heute bestehe das Offizierskorps, abgesehen von den höheren Rängen, nahezu ausschließlich aus ehemaligen Soldaten, die zum Lebensunterhalt auf ihren Sold angewiesen seien. Ein Bataillonschef bekomme faktisch nicht mehr als acht sous täglich. Folglich seien diese Offiziere gezwungen, sich wie die einfachen Soldaten aus der Feldküche zu verpflegen. Die Kluft, die anno 89 Offiziere und Mannschaften getrennt habe, sei gänzlich geschwunden.

Die Soldaten seien auch nicht mehr mit den Freiwilligen der Jahre 92 und 93 zu vergleichen, von denen der größte Teil auf dem Felde der Ehre geblieben sei. Heute bestehe die Masse der Soldaten aus zwangsweise ausgehobenen Bauern, die den Militärdienst nicht anders betrachteten, als ein Sträfling den Dienst auf der Galeere. In einem Bataillon von vierhundert Mann gebe es keine vierzig, die lesen und schreiben könnten. Wer ein wenig beschlagen sei, habe Mittel und Wege gefunden, sich dem Dienst zu entziehen. Der einzige Wunsch der großen Mehrzahl aller Soldaten sei, möglichst rasch nach Hause zu kommen ...

Abschließend wolle er seine Vorschläge noch einmal zusammenfassen: Stimmungsmache gegen die Generale und Stabsoffiziere, aber nicht gegen die Offiziere im allgemeinen; Maßnahmen zur Desorganisation und Lockerung der Disziplin; das Versprechen einer Plünderung der Reichen und einer umgehenden Entlassung aus dem Dienst, wobei man sich vorbehalten könne, später je nach den Umständen zu verfahren. Die Propaganda der absoluten Gleichheit sei tunlichst einzuschränken, da die Truppe durch ihre Vorgesetzten dagegen eingenommen sei. Am Tage X solle man die Soldaten in der Nähe der Kasernen dazu einladen, sich einen anzutrinken, um sie in die richtige Stimmung zu versetzen.

Sofern man oben seine Auffassung teile, sei er bereit, noch zwei weitere Schriften für den Gebrauch unter der Truppe zu verfassen. Er denke dabei an einen *Dialog zwischen Jambe-de-Bois und Franc-Libre* und an eine *Antwort von La Terreur an Franc-Libre* [177].

Damit schließt er. Doch dann fällt ihm ein, man könne vielleicht an der etwas formlosen Art des Briefes Anstoß nehmen, und so fügt er als Nachschrift hinzu: «Es ist zwei Uhr nachts; meine Kerze geht zu Ende, und ich komme nicht mehr dazu, noch eine Reinschrift anzufertigen; ich bitte daher, meine Weitschweifigkeit und das Geckleckse zu entschuldigen; ebenfalls das Papier – er benutzt einen Dienstbogen – das ich genommen habe, da es mich nichts kostet und ein anderer Bogen nicht zur Hand war.»

Nun, das GD denkt nicht daran, ihm solcher Kleinigkeiten wegen einen Vorwurf zu machen. Bereits am 18. April bestätigt es dem Bürger Griz ... genannt Franc-Libre sein Schreiben und erklärt sich mit seinen Vorschlägen einverstanden. Er möge die angekündigten Broschüren schreiben; das GD werde sie, ebenso wie seinen *Brief des Franc-Libre an La Terreur*, drucken lassen.

Dank Grisel scheint die Arbeit in der *Ecole militaire* und im Lager Grenelle in den besten Händen. Um ganze Arbeit zu leisten, ernennt das GD eine Reihe weiterer Militär-Bevollmächtigter für die in Paris und Umgebung stationierten Verbände: den verabschiedeten General Fyon, einen Emigranten aus Lüttich, der sich als Kommandant des belgischen Freikorps bei der Einnahme von Courtrai auszeichnete, zum Verbindungsmann bei den Invaliden; Germain als zuständig für die Polizeilegion; den Generaladjutanten Massey zum

Verantwortlichen für die in Franciade, dem ehemaligen Saint-Denis, kasernierten Verbände; und schließlich den ehemaligen Kommandanten der Nationalgarde der Sektion Cité, Vanheck, zum Verbindungsmann zu den übrigen Truppen intra et extra muros.

Zur Unterstützung seiner Arbeit unter der Truppe gehen dem GD zahlreiche Hinweise zu. «Man versichert mir», schreibt Bouin, «daß es in Meudon einen Artilleriepark von mehr als 80 Kanonen gibt; das Depot wird gegenwärtig nur durch 30 Kanoniere und 40 Mann bewacht; Lecointre, dem dies bedeutende Depot untersteht, würde nicht ungern der Gewalt weichen. Vincennes ist mit Munition und Lebensmitteln vollgestopft. Eine große Anzahl Gewehre lagert bei den Feuillants; die Leitung und Kontrolle dieses Gebäudes untersteht Lefranc... Er ist Demokrat und kann uns den Zutritt erleichtern; nehmt mit ihm deswegen Verbindung auf; er kann uns von großem Nutzen sein.»

Moroy meldet, in der Sektion Observatoire seien zehn bis zwölf kleine Mörser für Zweipfünder vorhanden; im Gebäude des *comité civil* befinde sich ein Gewehrdepot unter der Obhut eines Adjutanten.

Pâris macht darauf aufmerksam, daß sich bei den Miramionnes 300 Gewehre befänden; weitere 240 lagerten im Verwaltungsgebäude der Sektion Droits de l'Homme und ebensoviel im hôtel d'Anières, in der rue du Temple. Gleichzeitig bittet er, da das GD nicht nur Kanoniere, sondern auch Offiziere brauche, sich mit dem General Ganier – er wohne in der rue Neuve-des-Petits-Champs – zu verständigen; dieser habe einen Plan, wie man sich der Truppenlager Meudon und Vincennes bemächtigen könne.

Das GD, dem am gleichen Tage wichtige Informationen über die beiden Truppenlager zugegangen sind, zeigt sich nicht sonderlich angetan und verweist, da Pâris auf einer Fühlungnahme mit Ganier beharrt, auf die Möglichkeit, bestimmte Fragen schriftlich zu beantworten. Als Ergebnis stellt sich schließlich heraus, daß der General, abgesehen von Methoden des Einzelterrors, nichts weiter vorzuschlagen hat, als die Regierung bei einem Aufstand vollkommen von der Umwelt zu isolieren.

Ganier, dem gegenüber ein unbestimmtes, obschon sicher nicht unberechtigtes Mißtrauen bestanden hat, ist nicht der einzige Offizier, der seine Mitarbeit zur Verfügung stellt. In den Listen des GD erscheinen die Namen der entlassenen Generale Lamy, Rossignol,

Dutertre, Doppet, Parrein und Merle. Zu ihnen gesellen sich der ehemalige Kommandant der Sektion Bon-Conseil, Dumoulin, die Kommandanten der Kanoniere der Sektionen Droits-de-l'Homme und Quinze-Vingts, Eudes und Placet, und der capitaine Pêche von der Polizeilegion.

Sie alle, daran zweifelt im GD niemand, werden in der entscheidenden Stunde zur Stelle sein.

8

Zur gleichen Zeit, in der sich die Kräfte der Opposition formieren und auf die entscheidende Auseinandersetzung mit dem Direktorium vorbereiten, erfolgen im Regierungslager wesentliche Umbesetzungen. Die wichtigste Veränderung betrifft das Polizeiministerium, das am 3. April neu besetzt wird.

Der neue Polizeiminister Charles Cochon de Lapparent, «ein kleiner Mann von guter Figur und einem angenehmen Äußeren, hat nichts an sich, was den Durchschnitt überragt; aber er ist durchtrieben, rührig, hinterhältig, mit einer Spürnase begabt und sehr ehrgeizig». Diese Eigenschaften, verbunden mit großem Fleiß und Erfahrung in den Geschäften der Polizei, werden ihm helfen, sich fünfzehn Monate auf seinem schwierigen Posten zu behaupten.

In der Öffentlichkeit wird seine Ernennung, abgesehen von schlechten Scherzen, zu denen sein Name herausfordert, ohne besondere Aufregung hingenommen.

Wer Cochon wirklich ist, und welch wahrer Kern in diesen Wortspielen enthalten ist, ahnt damals und zu seinen Lebzeiten so gut wie niemand. Einer der wenigen, die genau über ihn Bescheid wissen, ist der englische Resident in Bern, Mr. Wickham, der seinem Vorgesetzten, dem Außenminister Lord Grenville, am 30. April 1796 aus Fribourg über ihn schreibt: «Cochon, der neue Polizeiminister, war die Person, von der ich die Dokumente erhielt, die ich Ihnen letztes Jahr aus Mülheim durch den Kurier Shaw zukommen ließ. Sie enthielten einen Überblick über die künftigen Pläne der französischen Regierung, von denen die meisten inzwischen völlig verwirklicht wurden. Er wurde dann Mitglied des Wohlfahrtsausschusses. Ich kann die Person, die dies für mich besorgte, nicht dazu bewegen, nach Paris zurückzukehren. Cochon muß hoch bezahlt werden, aber er will alles tun und wird für Geld jeden verraten.»

Kaum im Amt, ist es Cochons erste Sorge, unter den unzuverlässigen Elementen seines Ministeriums aufzuräumen.

Ein Aristokrat, meldet Nicolas Morel dem GD am 6. April, habe ihm erzählt, daß Cochon sein Amt nur unter der Bedingung übernommen habe, daß ihm gestattet würde, die Terroristen und Jakobiner aus ihren Stellen im Ministerium zu verjagen.

Diese Ankündigung einer durchgreifenden Säuberung bedeutet keine leere Drohung. Cochon holt sich Dossonville als Generalinspekteur in sein Ministerium, einen Polizeiagenten, der als Kollege der Héron und Senar über eine umfassende Kenntnis der jakobinischen Kader verfügt. Die Nachrichtenquellen des GD bei der Polizei versiegen. Wohl hofft Fiquet noch am 25. April, er werde trotz aller Personalveränderungen in dieser Verwaltung seine internen Informationen weiterhin erhalten. Aber es bleibt bei der Hoffnung. Wenige Tage später sieht auch Menessier sich genötigt, zuzugeben, daß seine bisherigen Verbindungen abgerissen seien und daß keine Hinweise seitens der Polizei mehr an ihn gelangten [178].

Trotz Cochons Geschäftigkeit begreift das Direktorium sehr wohl, daß es, mit polizeilichen Maßnahmen allein, nicht gelingen werde, den heraufziehenden Sturm zu beschwören. In seiner Sitzung vom 14. April entschließt es sich daher zur Herausgabe einer Proklamation «über die neuen Machinationen der Royalisten», die sich, entgegen dieser Ankündigung, vor allem mit der *Partei der Gleichen* beschäftigt.

«Seit einigen Tagen», heißt es darin, «kursieren in Mengen aufrührerische Schriften und Plakate; hetzerische Vorschläge, drohende Reden lassen sich vernehmen; die Parteiführer verbergen nicht mehr ihr Ziel, sie erklären es offen.»

Und was sei ihr Ziel? «Sie wollen die Verfassung umstürzen, die Volksvertretung und die Regierung beseitigen, die unbrauchbare Verfassung von 93 in Kraft setzen, die angeblich gleiche Teilung allen Besitzes, selbst der bescheidensten Haushalte und des kleinsten Ladens, vornehmen; sie wollen den Raub; sie wollen, mit einem Wort, die Schafotte aufrichten und sich wie ehemals in Eurem Blute baden, um sich an Eurem Reichtum wie an dem geringsten Produkt Eurer Arbeit zu mästen. Das Ausland, das sie bezahlt, weiß sehr wohl, daß sich die breite Masse, wäre die gegenwärtige Regierung erst einmal gestürzt, einer Folge von Umwälzungen müde, die ihre Leiden nur vermehrt hätten, einem Monarchen in die Arme werfen würde.»

Der Umsturz bedeute die Monarchie. Ziele nicht darauf die Politik der Gegner des Direktoriums ab? Warum wohl widersetzten sie sich mit solcher Hartnäckigkeit dem Abschluß eines ehrenvollen Friedens? Warum wohl diskreditierten sie durch unaufhörliche Gerüchte die bestehende Währung und unterminierten alle Versuche den Krieg siegreich zu beenden? Warum wohl stellten sie selbst die offensichtlichsten Erfolge der direktorialen Politik in Abrede? Und erklärten sie nicht ständig, gerade die wahren, aufrechten Republikaner würden von der Regierung verfolgt?

Nichts sei falscher als diese Behauptung. Ganz im Gegenteil sehe die Regierung in ihnen ihre eigentliche Stütze und wisse sehr wohl zwischen ihnen und den getarnten Anhängern des Royalismus zu unterscheiden, die die ruhmreiche Bezeichnung Patrioten nur annähmen, um sie zu entehren. Das Direktorium sei der wärmste Freund der Patrioten. Alle Schichten des Volkes, die bei einem Umsturz etwas zu verlieren hätten, sollten sich hüten, durch ihre Sorglosigkeit dem Sturz der Regierung Vorschub zu leisten. Die Regierung werde, getreu ihrer Pflicht, bis zuletzt unerschütterlich auf ihrem Posten ausharren.

«Diese Proklamation», schreibt der *Eclaireur,* «hat ganz die Wirkung hervorgebracht, die ihre Verfasser erwarten konnten. Tags darauf sah man die ehemaligen Soldaten Frérons auf den öffentlichen Plätzen *à la cadenette* frisiert und mit grünen Kragen erscheinen.»

Doch vor allem gilt es, die Verwirrung zu bekämpfen, die die Proklamation in den mit der Partei sympathisierenden Schichten der Handwerker und kleinen Gewerbetreibenden hervorrufen konnte. Babeuf nimmt den Fehdehandschuh auf. Im *Tribun* nimmt er sich den abscheulichsten aller Royalismen vor, «den Royalismus des Luxembourg und der beiden Kammern».

«Welch ein Gebilde aus Marktschreierei, Hinterlist, dicken Lügen, ungeschickten Sophismen, platten Verleumdungen und banalen Phrasen ist diese Proklamation!» Man wolle glauben machen, daß wir die Plünderung des kleinsten Ladens, des bescheidensten Haushaltes forderten, als ob es nicht allein die Regierung sei, die es verstanden habe, die Menschen um ihr bißchen Hab und Gut zu bringen. Als ob es da noch etwas zu rauben gebe. Als ob nicht wir, ganz im Gegensatz zu dem, was die Regierung behaupte, seit jeher gerade mit aller Deutlichkeit unterstrichen hätten, daß wir die kleinen Läden und kleinen Haushalte wieder in die Höhe bringen und stärken wollten, um ihnen einen Ausgleich für das zu geben, was ihnen durch die legale Ausplünderung entrissen worden sei. Als ob wir nicht immer gesagt hätten, daß wir nur die Riesenvermögen beseitigen und alle übrigen aufbessern wollten.

Ebenso absurd sei der Vorwurf, die Partei werde vom Ausland bezahlt. Pitt und Koburg könnten sich im Gegenteil keine besseren Statthalter wünschen, als die jetzigen Machthaber, deren Herrschaft eine täuschende Ähnlichkeit mit dem Regime aufweise, das in ihren Ländern gewaltsam aufrechterhalten werde. Wenn von Bestechung die Rede sein könne, so wohl nur von der, mit der das Direktorium seinerzeit ihn – Babeuf – allerdings vergeblich, zu kaufen gesucht habe.

Bleibe noch die Behauptung, wonach das Direktorium der beste Freund der Patrioten sei. Wenn es überhaupt zwischen ihnen eine Verbindung gebe, so sei es die gleiche wie zwischen dem Strick und dem Gehängten [179].

Seiner Proklamation läßt das Direktorium am 16. und 17. April zwei Gesetze folgen, die in aller Hast von den Räten verabschiedet werden.

Das Gesetz vom 27. Germinal «gegen die Urheber und Begünstiger von Revolten gegen die republikanische Regierung» bedroht alle mit dem Tode, «die in Wort oder Schrift, sei es durch Druck oder Anschlag, zur Auflösung der Volksvertretung oder des Direktoriums, zum Mord an allen oder einem seiner Mitglieder, zur Wiederherstellung der Monarchie, der Verfassung von 1793 oder der von 1791 oder jeder anderen Regierung als der durch die Verfassung des Jahres III eingesetzten, aufreizen; die zum Raub oder der Teilung von Privateigentum unter der Bezeichnung ‹Agrargesetz› oder irgendeiner anderen Form auffordern». Die Geschworenen können bei Vorliegen mildernder Umstände statt der Todesstrafe auf Deportation erkennen. Gleichzeitig werden aufrührerische Ansammlungen auf Straßen und Plätzen, ja selbst das Tragen einer anderen Kokarde als der mit den Nationalfarben, unter Strafe gestellt.

Tags darauf stimmt der Rat der Alten einer vom Direktorium bereits seit dem 12. April geforderten Verschärfung der pressegesetzlichen Bestimmungen zu. Von nun an darf keine Publikation mehr ohne Angabe des Verfassers oder ohne Namen und Anschrift der Druckerei erscheinen. Bei Verstößen drohen schwere Strafen, wobei unter Umständen auch die Bestimmungen des Gesetzes vom 27. Germinal angewandt werden können.

Die Stimmung unter den Arbeitern ist flau. Das Gesetz gegen die Royalisten und Anarchisten habe den besten Effekt hervorgebracht, meldet ein Polizeibericht vom 18. April. «Die Arbeiter sagten: mag doch kommen, was will, wir werden ruhig zu Hause bleiben und nicht die gleiche Dummheit wie im Vendémiaire begehen.» Auch der *Eclaireur* muß zugeben, er habe Menschen, die sich als Freunde der Freiheit bezeichneten, am 27. Germinal sagen hören, es sei alles verloren.

Die hitzigen Diskussionen auf Straßen und Plätzen hören auf. Wo sich Gruppen bilden, vermeidet man klüglich, auf politische Fragen einzugehen; Schwarzhandel und Währung bieten den hauptsächlichen Gesprächsstoff.

Auch die Partei bleibt, nach Erlaß der Germinalgesetze mit ihren «inquisitorischen und mörderischen» Bestimmungen, von einer gewissen Panikstimmung nicht verschont. Gegen sie versucht das GD mit seinem Rundschreiben vom 18. April anzugehen. Der Despotismus speie im Augenblick Feuer und Flamme. Dieser Sturm werde sich legen und solle keinen der unsrigen beunruhigen ... Noch sei nichts Unwiderrufliches, nichts, was in seinen Folgen nicht mehr gut zu machen sei, geschehen. Der gegen die Demokraten entfesselte Terror beweise gerade die steigende Furcht und Verwirrung in den Kreisen der Machthaber. Nur schwächliche Gemüter würden sich durch Drohungen in ihrer Haltung beeinflussen lassen. Die Partei müsse sich der gegebenen Lage anpassen und entsprechende Maßnahmen treffen.

Selbst in der Regierung sind die Ansichten über die Zweckmäßigkeit der Germinalgesetze, trotz der nach außen hin eingetretenen Beruhigung, geteilt. Wohl hat Carnot seine seit der Schließung des *Pantheon* konsequent vertretene Auffassung, man dürfe den Anarchisten gegenüber sich nicht nur verteidigen, sondern müsse zurückschlagen, endlich durchsetzen können. Aber der Erlaß der Gesetze allein genügt nicht. Man wird sich dazu entschließen müssen, sie anzuwenden.

Doch ehe es dazu kommt und somit unwiderrufliche Tatsachen geschaffen werden, unternimmt der gerissenste der Direktoren, Barras, den Versuch, die *Partei der Gleichen* zu einem Frontwechsel zu veranlassen, und sie aus einer Partei der Fronde zu einer Hilfstruppe seiner eigenen Politik zu machen.

Barras, Offizier und Vicomte aus altem Adel, dessen Konduitenliste allerdings nur Scharmützel in den Kolonien aufweist, verdankt seinen militärischen Ruf und seinen Titel als General den Aktionen vom Thermidor und Vendémiaire in den Straßen von Paris. Barras weiß, daß er gut aussieht, daß er mit freundlicher Herablassung und doch gewinnend zu sprechen versteht. Im Grunde seines Herzens langweilt ihn alles. Er ist faul, träge, indolent und der Erfolge wie Mißerfolge herzlich überdrüssig. Dennoch hängt er – ohne sich des Widerspruchs bewußt zu sein – mit allen Fasern seines Wesens an der Macht. Steht sein Einfluß in Frage, wird er argwöhnisch, hinterhältig und berechnend. Er kennt keine Skrupel, wenn es gilt, sich am Ruder zu halten.

Am Morgen des 19. April läßt er, durch Vermittlung eines gewissen Lombard, Germain zu einer persönlichen Aussprache ins Luxembourg holen. Dieser erstattet noch am gleichen Tage Babeuf in einem ausführlichen Schreiben Bericht.

Barras habe sich, schreibt Germain, zunächst in langatmigen Tiraden über die der Republik drohenden Gefahren ausgelassen. Erst als sein Besucher über das ihm vorgetragene «absurde, zusammenhanglose Geschwätz» einige Ungeduld gezeigt habe, sei er auf sein eigentliches Anliegen gekommen. Er wolle versuchen, bei der Wiedergabe dieser Unterredung soweit als möglich Barras' eigene Worte zu wiederholen.

Er wisse aus vertrauenswürdiger Quelle, habe Barras ausgeführt, daß sein Landsmann Germain ein braver Offizier sei, den die Royalisten trotz bewiesener Tapferkeit verabschiedet hätten und der sich den extremen Patrioten, der Partei der Demokraten angeschlossen habe. «Wir wissen, daß diese einen Aufstand vorbereiten. Die guten Leute! Ihr Eifer verblendet sie. Sie werden sich prairialisieren lassen. Stattdessen brauche es, um das Vaterland zu retten, einen neuen Vendémiaire.»

«Ich weiß wie Ihr», habe Barras hinzugefügt, «daß der gegenwärtige Zustand der Dinge nicht das Ziel ist, das sich die Männer, die die Bastille stürmten, die den Thron und Robespierre stürzten, vorgenommen hatten. Ich weiß wie Ihr, daß eine Änderung notwendig ist; daß diese Änderung nicht so weit entfernt ist, wie man glauben könnte. Und während man, um diese Änderung zu bewirken, mehr denn je die Patrioten brauchen wird, sind sie es, die unseren Untergang, unseren Tod planen. Sie machen sich, ohne es vielleicht selbst zu wissen, zu Werkzeugen der Emigranten, Royalisten und Fanatiker, die der Wiedererrichtung der Monarchie niemals so nahe wie jetzt gewesen sind.»

Hätte man die Pläne der Regierung unterstützt, statt sie – offenbar auf Anweisung von Pitt und Koburg – auf jede Weise zu unterminieren, so hätten sich die Anführer des weißen Terrors und der Konterrevolution, die Isnard, Rovère und Jourdan bereits in ihren eigenen Netzen gefangen. Worauf Barras, innehaltend, als habe er schon zu viel gesagt, ihn gefragt habe: «Nun, Kamerad, was meinst Du zu alledem?»

Er habe, fährt Germain fort, sich darauf beschränkt, jede Verbindung zu Pitt und Koburg, aber auch zu Leuten wie Isnard und Rovère, zu bestreiten. Eine gewisse und sicher nicht unberechtigte Unzufriedenheit im Volk sei zweifellos vorhanden, aber von einem Aufstand könne keine Rede sein. Wenn Barras sage, er befürchte einen neuen Prairial ... (hier habe ihn Barras lebhaft unterbrochen, um zu betonen, er sei während der Prairialtage in Saint-Omer gewesen und vergieße noch jetzt bittere Tränen über das Desaster dieser Tage), so müsse er einwenden, die Demokraten wünschten weder einen neuen Prairial noch einen neuen Vendémiaire, die sie beide als gleich unheilvoll für die Sache des Volkes betrachteten; für sie bedeute Prairial das Ende der demokratischen Gesetzlichkeit und Vendémiaire den Beginn der Herrschaft der Aristokraten.

Barras habe ihm zugestimmt. Er bedauere, im Vendémiaire die Gewalt allzu schnell aus der Hand gegeben zu haben. Hätte er nicht befürchten müssen, das Signal zum Ausbruch eines schrecklichen Bürgerkrieges zu geben, so hätte er vorgezogen, den siegreichen Republikanern für drei Tage freie Hand zu lassen, mit ihren Gegnern aufzuräumen. «Ich habe es nicht getan. Die Gelegenheit möge sich von neuem bieten, und man wird sehen, ob ich zu Unrecht den Abscheu der Royalisten verdiene.» Allerdings sei es ihm, als er kürzlich durch einen der faubourgs geritten sei, vorgekommen, als ob alles ruhig und friedlich wäre. Wenn es sichtlich im Volke gäre, wäre sein Entschluß gefaßt, mit ihm zu marschieren. Denn der Wille der Nation werde durch das Volk offenbar. Aber ein paar Agitatoren seien nicht das Volk.

Im übrigen, habe Barras nochmals unterstrichen, sollten die Demokraten reiflich nachdenken und überlegen, ob sie nicht mit ihrem

Geschrei und dem Willen, das Direktorium ans Kreuz zu schlagen, gerade das Geschäft ihrer größten Gegner, der Herren in Verona, besorgten. Germain kenne jetzt seine Einstellung und seine Grundsätze; er werde immer dem Volk und der Republik verbunden bleiben. «Seien Sie, ebenso wie alle wahren Patrioten davon überzeugt, daß ich nichts vernachlässigen werde, um die Erfolge der Republik zu sichern, und daß ich nur um ihretwillen dem Wunsch widerstehe, zurückzutreten und mich aus dem öffentlichen Leben zurückzuziehen.»

Barras, schließt Germain, habe ihm dann eine Karte als Passierschein für das Luxembourg gegeben und ihn gebeten, ihn von Zeit zu Zeit aufzusuchen. Über weitere Einzelheiten des Gesprächs, insbesondere über die Partei Orléans, die für einen schriftlichen Bericht zuviel Zeit beanspruchten, stehe er jederzeit zu einer mündlichen Aussprache zur Verfügung.

Babeuf, der noch im März, nach der Schließung des *Pantheon* (in einem unveröffentlicht gebliebenen Aufsatz «Über das Gerücht eines neuen 31. Mai und eines neuen 13. Vendémiaire») die zunehmende Entfremdung zwischen der Regierung und den Patrioten beklagte und seiner Besorgnis vor einem Militärregime Ausdruck gab, und der damals eine Verständigung mit der Regierung für durchaus möglich hielt, weist jetzt jeden Gedanken an einen Kompromiß als Verrat an der Sache des Volkes und ein Aufgeben der Parteilinie schroff zurück. Die Germinalgesetze zeigten zur Genüge, welchen Kurs die Regierung einzuschlagen gedenke.

«Es ist vollbracht», schreibt Babeuf in der am 24. April erscheinenden 43. (und letzten) Nummer des *Tribun.* «Der Terror gegen das Volk ist an der Tagesordnung. Es ist nicht mehr erlaubt zu sprechen; es ist nicht mehr erlaubt zu lesen; es ist nicht mehr erlaubt zu denken; es ist nicht mehr erlaubt zu sagen, daß man leidet; es ist nicht mehr erlaubt zu wiederholen, daß wir unter der Herrschaft der schlimmsten Tyrannen leben.»

Und mit der gleichen schmerzlichen Ironie, die bereits die nahende Katastrophe ahnen läßt, fährt er fort: «Tod dem, der sagen wird, daß die beiden Kammern aus Tyrannen, aus Royalisten und Konterrevolutionären zusammengesetzt sind; und daß folglich diese Kammern aufgelöst zu werden verdienten. Tod dem, der eine solche Ansicht zu Papier bringen wird! Tod dem, der sie drucken wird! Tod dem, der sagen, schreiben oder drucken wird, daß irgendein Abgeordneter oder ein Mitglied des Direktoriums durch die Zahl und die Schwere seiner erkannten und bewiesenen Verbrechen den Tod verdiene.»

Die gleiche Linie bezieht der *Eclaireur*. «Die Verräter haben die Maske fallen lassen. Wir werden gegen die Barras, Tallien, Legendre, Fréron und ihre Anhänger einen offenen Krieg führen. Alles schare sich um die Verfassung von 93!»

Genaue Angaben über die Maßnahmen, die erforderlich seien, sich der neuen Situation anzupassen, gehen den Instrukteuren mit dem Rundschreiben vom 25. April zu. Die Versammlungen unter freiem Himmel, die gewissermaßen an die Stelle des *Pantheon* getreten wären, hätten den großen Nachteil gehabt, allen Achtgroschenjungen Zutritt zu geben. Das GD komme daher auf den in seiner ersten Instruktion gemachten Vorschlag der Fünfergruppen zurück. An die Stelle spontaner Diskussionsgruppen müßten Zellen in den Wohnungen der Demokraten treten. Dies sei von entscheidender Bedeutung. Durch sie werde man auf sicherem Wege dahin gelangen, das politische Bewußtsein zu leiten und wach zu halten. Ausschlaggebend für den Erfolg sei die richtige politische Linie, wie sie von der Partei vertreten werde.

Keine Furcht, keine Niedergeschlagenheit mehr, verlangt Babeuf. Die Tyrannei liege in der Agonie. Außer Festigkeit und Mut sei aber auch äußerste Klugheit mehr denn je vonnöten, um den «elenden Manövern», mit denen die Unterdrücker das Volk in einen letzten Abgrund zu stürzen suchten, zu begegnen. «Wir werden ihn Euch vermeiden lassen . . .»

Und Babeuf schließt mit der stolzen Versicherung: «Ich erkläre den Tyrannen, daß ich aufrecht stehe, daß ich mich nicht für besiegt erkläre.»

Wieder heißt es: der Kampf geht weiter.

9

Zu dem Beschluß des GD, jede Verständigung mit Barras rundweg abzulehnen, mag die Stimmung in den Departements nicht wenig beigetragen haben. Aus ihnen gehen dem *Tribun* zahlreiche, zum Teil sehr ausführliche Berichte zu. Sie lassen erkennen, daß Babeufs unnachgiebige Politik Verständnis findet und nicht selten begeisterter Zustimmung begegnet.

«In mehreren Departements, mein lieber Gracchus», schreibt der Pionierhauptmann B., «spricht man nur davon, Deine Ansichten in die Tat umzusetzen. Ich komme soeben von einer langen Reise und habe überall einen absoluten Widerwillen festgestellt, gegen all das, was seit achtzehn Monaten geschehen ist.» Das verelendete Volk murre darüber, daß es für Assignaten nichts zu kaufen gebe und stelle mit Bedauern fest, daß «dieser Robespierre viel Talent und auch sonst seine Meriten» gehabt haben müsse, da unter ihm der Kurs al pari gestanden habe. Wohl versuche der Royalismus, geschickt aus dieser Lage Vorteil zu ziehen und die Revolution für alle Leiden des Volkes verantwortlich zu machen. Aber nur Dummköpfe glaubten es, und die Masse erkenne klar, daß es vorteilhafter für sie sei, die Republik auf das rechte Gleis zu bringen, als einen Tyrannen erneut auf den Thron zu setzen. Er stehe für die Departements, sofern Paris den Anfang mache.

Nicht weniger ermutigend sind die Äußerungen, die den *Tribun* aus den Departements Moselle, Mont-Blanc, Pas-de-Calais, Manche und Var erreichen. Im Departement Manche, versichert der dortige Korrespondent, gewinne die Partei täglich neue Anhänger. Bei einer Verstärkung der Propaganda werde man bald die Mehrheit der Bevölkerung hinter sich haben. Ein Bericht aus Toulon zitiert eine Rede des Präsidenten der Gemeinde, die sich stark an Babeufs Grundsätze anlehnt. Ein Schreiben aus Fréjus beweist, daß Babeufs Anhänger im Departement Var nicht nur in Toulon vertreten sind.

Man müsse der Arbeit in den Departements stärkere Aufmerksamkeit widmen, fordert der Instrukteur Guilhem in einem Schreiben an das GD. Er habe bereits aus eigener Initiative begonnen, in seinem Bezirk Quartiere für die aus Lyon vor dem weißen Terror geflüchteten Demokraten zu beschaffen. Er schlage vor, die gleiche Maßnahme auch in den übrigen Bezirken durchzuführen. Das GD möge außerdem, möglichst aus dem Kreis der Flüchtlinge aus Lyon, einen Vertrauensmann für die auswärtigen Demokraten bestimmen.

Das GD gibt dieser Anregung Folge. Im April wendet sich Babeuf an den aus seiner Vaterstadt geflüchteten jakobinischen Bürgermeister von Lyon, Bertrand, um ihm, zugleich mit Instruktionen für seine Arbeit, seine Ernennung zum Beauftragten des GD für die Betreuung der aus dem Süden geflüchteten Demokraten mitzuteilen. Ein Mittelsmann werde die Verbindung zwischen ihm und dem GD aufrecht erhalten.

Bertrand, der bereits an den ersten geheimen Zusammenkünften bei Bouin teilgenommen hatte, äußert keine Bedenken. Seine Gefangenschaft in Lyon, während des Maiaufstandes und der Belagerung von 1793, und die nicht weniger qualvollen Monate der Haft nach dem 9. Thermidor bis zur Brumaire-Amnestie, haben ihn in seiner jakobinischen Gesinnung nur noch bestärkt. Er ist, nach Buonarrotis Zeugnis, ein unbedingter Idealist, einer der Menschen, die persönliche Integrität mit dem ganzen Fanatismus ihrer Überzeugung zu verbinden wissen. Er wird alles daransetzen, das Vermächtnis seines Freundes Chalier zu erfüllen.

Um die gleiche Zeit ernennt das GD eine Reihe von Bevollmächtigten in den Departements: Pottofeux aus Laon für das Departement Aisne; Duponchel und Taffin-Bruyant aus Arras für die Departements Pas-de-Calais und Nord; Théry aus Bapaume für das Gebiet der Somme; und Antoine Fiquet (auf Empfehlung seines Bruders, des Instrukteurs Claude) für die Departements Drôme und Ardèche. Eine (von Babeuf verfaßte) sehr allgemein gehaltene Denkschrift geht ihnen im April als Material für ihre Arbeit zu.

Die Arbeit in den Departements gelangt kaum über erste Ansätze hinaus. Immerhin lassen vereinzelte Streikbewegungen und Hungerrevolten, bei denen der Einfluß der Partei, wenn auch versteckt, zutage tritt, darauf schließen, daß die Bevollmächtigten des GD nicht untätig geblieben sind. Daß die Voraussetzungen für eine stärkere Verankerung der Partei in einigen Departements durchaus gegeben sind und daß es ihr bei längerer Wirksamkeit durchaus möglich gewesen wäre, vor allem in den Zentren der industriellen Produktion, feste Kader zu schaffen, beweist der Propagandafeldzug, den Armonville und seine Gruppe in den Departements Marne und Ardennes durchführen.

Jean-Baptiste Armonville, Arbeiter in einer der Kammgarnfabriken von Reims, den seine Kollegen aus der Sektion Fléchambault als Abgeordneten in den Konvent entsandten, kennt Babeuf und Darthé (vor allem mit dem letzteren verbinden ihn freundschaftliche Beziehungen) bereits aus der Zeit vor dem Thermidor. Darthé nimmt denn auch an den Besprechungen im Februar und März 1796 in Armonvilles Wohnung in der rue de Vaugirard teil, bei denen sich einige abgesetzte Funktionäre aus dessen Departement treffen: unter ihnen der Schuhmacher Depaquit, Präsident des Departements im Jahre II; der Administrator Oudart, der seit kurzem einen Posten als Stellvertreter Thuriots bei den Justizbehörden der Marne angetreten hat; ferner der Sekretär Robert Lindets in der Lebensmittelverwaltung, Noël, der es verstanden hat, auch unter dem Direktorium im Amt zu bleiben.

Noël verschafft Armonville, Depaquit und Darthé eine amtliche Anweisung, die sie im Auftrag der Regierung «zum Ankauf von 50 000 Quintal Weizen und dessen Einlieferung in die Mühlen von Lizy-sur-Ourcq bei La Ferté-Milon» ermächtigt. Seine Wahl in das GD läßt Darthé von der geplanten Aktion zurücktreten. So begeben sich Armonville und Depaquit, begleitet von ihren Familien und einigen Freunden, allein auf die Reise. In ihrem Gepäck führen sie zahlreiches Propaganda-Material mit sich, vor allem Ausgaben des *Tribun* und Plakate und Broschüren des *Pantheon.*

In Châlons machen sie Station, um sich mit ihrem Gesinnungsfreund, dem Arzt und Journalisten Benjamin Bablot, zu beraten. Der größeren Sicherheit halber läßt Bablot das ihm übergebene Material durch Gendarmen des Palais de Justice abholen und in die Dienstwohnung Oudarts bringen.

Am Abend des 7. April treffen Armonville und seine Gefährten in Reims ein. Einen Teil des Materials nimmt der Buchhändler Desmaretz, den Rest Oudarts Vorgesetzter, der Regierungskommissar Thuriot, den man für die *Partei der Gleichen* gewonnen zu haben glaubt, in Verwahrung. Im quartier des Minimes beginnt Armonville mit Arbeiterversammlungen; während der Nacht vom 12. zum 13. April erfolgt eine allgemeine Klebeaktion mit Plakaten der *Vérité au peuple.*

Tags darauf reisen Armonville und Depaquit in das Departement Ardennes weiter, wo sie in Rethel Zusammenkünfte mit Vertrauensleuten durchführen und die gleichen Plakate verbreiten. Anschließend begeben sie sich in das Departement Aisne, um auch hier, zunächst in Soissons und Villers-Cotterêts, mit dem Aufbau der Partei zu beginnen.

Die gleichen Broschüren und Plakate sind bereits im März im Departement Marne in den Gemeinden Verrieux und Neuville-au-Pont aufgetaucht. In Sainte-Menehould kommt es sogar, da die wenigen Exemplaren rasch vergriffen sind, zu einer Neuauflage der Broschüre *La Vérité au Peuple.*

Der Auftrag hierzu stammt von Armonvilles Kollegen im Konvent Drouet, der sich um diese Zeit zu einem kurzen Urlaub in Sainte-Menehould aufhält.

Am 26. Dezember 1795 hatte in Basel, auf neutralem Boden, eine seltsame Zeremonie stattgefunden. Nach einer kurzen und förmlichen Begrüßung überreichten die Bevollmächtigten der kriegführenden Mächte einander die von ihren Regierungen ratifizierten Urkunden, die den nach langen Verhandlungen erreichten Austausch von acht Franzosen [180] gegen ein siebzehnjähriges junges Mädchen, mit Namen Marie-Thérèse-Charlotte de France, Tochter Ludwigs XVI., vorsehen.

Drei Wochen später, am 13. Januar 96, erstattet Drouet, einer der acht, dem Rat der Fünfhundert, dem er ohnehin durch seine Wahl im Departement Nord angehört, über seine Erlebnisse in österreichischer Kriegsgefangenschaft Bericht.

Vom Konvent in das von den österreichischen Truppen belagerte Maubeuge entsandt, sei er in der Nacht zum 3. Oktober 1793 bei dem Versuch, sich nach Paris durchzuschlagen, verwundet und gefangengenommen worden. Man habe ihn erst nach Brüssel, dann nach Luxemburg gebracht und schließlich in Mähren auf der Festung Spielberg interniert. Ein mit einem selbst verfertigten Fallschirm unternommener Fluchtversuch sei gescheitert, da er sich beim Anprall auf den Boden einen Fuß gebrochen habe. Ohne den Austausch wäre das Gefängnis sein Grab geworden.

Die Fünfhundert hören ihm aufmerksam zu und beschließen, seinen Bericht «jedem der Abgeordneten in sechs Exemplaren zur Verfügung zu stellen und ihn außerdem in die Departements und an die Armeen zu versenden». Am 15. Februar stellt der Rat der Alten in einer Botschaft an das Direktorium fest, Drouet und seine Kollegen hätten «ihren Auftrag ehrenvoll erfüllt».

Drouet kann zufrieden sein, und doch fühlt er sich alles andere als wohl. Nach einer Abwesenheit von fast zweieinhalb Jahren findet er sich in einer völlig veränderten Welt, in einer Umgebung, die durch einen Abgrund von der Republik des Jahres II getrennt erscheint.

Babeuf, der seine Haltung aufmerksam verfolgt, wendet sich im *Tribun* an den berühmten Heimkehrer. «Drouet, was mußtest Du bei Deiner Rückkehr zu uns empfinden? Welchen Vergleich mußtest Du ziehen zwischen dem, was wir waren, als Du uns verlassen hast und dem, was wir sind? Du mußt aus allen Wolken gefallen sein!»

Die bekannten Führer der Revolution – verschwunden. Ihre demokratischen Gesetze – abgeschafft. Umgangsformen, Sitten, Gebräuche, Moral der Republik – alles dahin. Die Verfassung von 93, die wahrhaften Menschenrechte – begraben. Und was sei an ihre Stelle getreten? Ein neuer Feudalismus, chevalereske Umgangsformen, uralte Vorurteile, Prunksucht, Dünkel der Reichen und Verachtung der Armen, Despotismus und Egoismus der Regierenden, Ausplünderung der breiten Masse, die vor Hunger krepiere. Und all dies nenne sich noch immer die Republik!

Babeuf hat richtig in der Seele Drouets gelesen. Unwillen und Ekel erfüllen ihn. Verdrossen und angewidert folgt er den Sitzungen im Parlament. «Die energischen Patrioten von einst, die noch dem Rat angehören», schreibt er seinem Freunde Farci, «sind von einer Sorglosigkeit, für die es schwierig ist, Worte zu finden. Ich fasse mich manchmal an den Kopf, um festzustellen, ob ich nicht selbst durch Zufall ein Aristokrat geworden bin!! Man sieht eine Unzahl gut gekleideter und gut erzogener Leute, von diesen *honnêtes gens à taille quarrée*, die behaupten, die Regierung solle sich beeilen, diese Halunken von Terroristen und Anarchisten, die sich niemals mit den anständigen Leuten einigen würden, erschießen zu lassen. Was mich anlangt, steht mir der Verstand still seit meiner Gefangenschaft; ich begnüge mich, große Augen zu machen und sprachlos zu bleiben.»

Im Februar nimmt er Urlaub, um persönliche Angelegenheiten in seiner Heimatstadt Sainte-Menehould zu regeln.

Drouet ist nichts weniger als ein Intellektueller. Aber auch «der ehemalige Dragoner aus dem Regiment Condé», als den er sich bei seinem ersten öffentlichen Auftreten bezeichnete, ist er längst nicht mehr. Er hat viel gelesen und viel nachgedacht. Die Lücken seiner Bildung macht er weitgehend durch natürliche Auffassungsgabe und gesunden Menschenverstand wett.

Unverkennbar in seinem Wesen ist das urwüchsig rustikale Element, ein Grundzug, der es ihm leicht macht, sich mit Arbeitern, Handwerkern und einfachen Soldaten zu verständigen, ihre Sprache zu sprechen, ihre Gedanken zu denken und ihre Träume zu träumen. Die Misere des Volkes, von der Babeuf spricht, ist für ihn kein leeres Wort, und die von der Verfassung des Jahres III sanktionierte Abschaffung der *sociétés populaires* ist für ihn alles andere als ein bloßer Schönheitsfehler.

Auch sein Ruhm macht ihm zu schaffen. Seit jenem Tage, an dem er, stutzig geworden durch die Bemerkung einer jungen Magd der Posthalterei, der «dicke Reisende» in der Berline, die gerade den Posthof verließ, ähnele dem Bild des Königs auf den Assignaten, sich entschloß, ihn mit seinem Freunde Guillaume und «acht Mann guten Willens» zu verfolgen und in Varennes festnehmen zu lassen, seit jenem Tage ist sein Name für jedermann ein Begriff. Varennes bestimmt sein Schicksal.

Nun, dreieinhalb Jahre später, kehrt er nach Sainte-Menehould zurück, wo neue Enttäuschungen seiner warten. Abgeschafft wurde nicht nur der revolutionäre Name der Gemeinde, sondern mit ihm zugleich sind sämtliche Denkmale der jakobinischen Zeit verschwunden. Der «Berg» besteht nicht mehr.

Auch um seine persönlichen Angelegenheiten steht es schlecht. 1791 hatte ihm seine Mutter, gegen die Verpflichtung einer Zahlung von 30 000 livres, die Stelle des Postmeisters abgetreten. Seine Wahl in den Konvent und seine Gefangenschaft hatten ihn gehindert, das Amt zu übernehmen und diese Verpflichtung einzulösen. Jetzt, unter dem Zwang der Verhältnisse, entschließt er sich zu einem übereilten Schritt, den er bald bitter bereuen soll. Er überläßt die Postmeisterei für den mäßigen Betrag von 50 000 livres dem Sohn des Gastwirtes Faillette, wobei der Zahlungsmodus nicht oder nicht genügend klar ausgemacht wird. Eine Fülle weiterer Schwierigkeiten ist die unausweichliche Folge.

Drouet ist noch in Sainte-Menehould, als bereits die ersten Anzeigen über Äußerungen von ihm in Paris eintreffen. Seinem erklärten Feind, dem reaktionären Abgeordneten Albert, meldet ein gewisser Durand: Drouet habe sich in Gesellschaft von rund zwanzig Personen abfällig über die Verfassung geäußert und sie als eine «englische Verfassung» bezeichnet. Seiner Meinung nach seien die Direktoren fünf Könige. Die Verfassung von 93 sei die allein richtige und gute; um sie wieder zu bekommen, brauche es den Terror und die Guillotine. Diese «infamen Reden» hätten alle Anwesenden empört und erschreckt. Albert leitet das Schreiben an den Polizeiminister weiter. Cochon wird es zu gegebener Stunde zu präsentieren wissen.

Ende März nach Paris zurückgekehrt, nimmt Drouet sein früheres Leben wieder auf. Er verkehrt mit Ricord und Laignelot, Kollegen aus der Zeit des Konvents, wie mit Freunden aus dem Kreise des *Pantheon* und der Partei, darunter Armonville, Antonelle und Darthé; und die Polizei versäumt nicht, ihn mit Javogues, Rossignol und Amar unter den Stammgästen der *Bains chinois* zu registrieren.

Drouets Absicht, auf den Kommissionsbericht von Mailhe über die *sociétés populaires* im Rat der Fünfhundert zu antworten, veranlaßt Babeuf – nachdem das GD seine ursprüngliche Absicht, durch Antonelle [181] eine Motion für Drouet ausarbeiten zu lassen, aufgegeben hatte – an ihn zu schreiben und ihn darüber ins Bild zu setzen, «in welchem Sinne er seine Rede halten soll».

«Deine Rede ist ein Nichts, sie ist Deiner unwürdig, wenn sie nicht Wort für Wort Deine Empfindungen so wiedergibt, wie ich sie im *Tribun* darzustellen für richtig gehalten habe. Du solltest diese Seiten erneut durchlesen und sie in Deine Motion über die *sociétés patriotiques* übertragen. Sie würden ohne Zweifel einen großen Eindruck hervorrufen; alles, was Du sonst etwa vortragen könntest, wird überhaupt keinen Eindruck machen. Deine Aufgabe ist es zu sagen: ‹Was habe ich gesehen und was sehe ich? Was war das Vaterland als ich es verließ, und wie finde ich es wieder [182]?› »

Babeufs Schreiben stammt vom 6. April. Erst zwei Tage später hat Emile Gelegenheit, Drouet den Brief seines Vaters zu übergeben. Am 12. unternimmt Drouet im Rat der Fünfhundert einen Vorstoß. Er beklagt das allgemeine Umsichgreifen der politischen Apathie und verlangt, die Diskussion über die Vereinigungen, die sich mit der Erörterung politischer Fragen befaßten, solle am nächsten Tage eröffnet werden. Doch der Rat beschließt, die Aussprache hierüber erst am 16. durchzuführen.

Für diesen Tag bereitet Drouet einen Antrag vor, für den er von Babeuf einen Entwurf erhält. Aber die Tagesordnung wird auf Grund der vom Direktorium eingereichten Vorlagen für die Germinal-Gesetze abgeändert. Drouet kommt nicht dazu, seine Rede zu halten. So entschließt er sich, sie in Druck zu geben und schickt seinen Sekretär Gagnant am 17. zu Darthé – bei dem gerade Grisel zu Besuch ist – mit der Bitte, dieser möge sie durchsehen und Babeuf zum Lesen geben.

Die Rede, in der Drouet den Bericht Mailhes zwar als «Brandpfeil der Zwietracht» bezeichnet, sich im übrigen aber damit begnügt, für das Volk das «Recht der Kritik» zu fordern, erregt wegen ihrer maßvollen Haltung den heftigen Unwillen Babeufs.

In einem Brief vom 20. April, in dem er zugleich um Rückgabe seines Manuskriptes ersucht, kanzelt er Drouet wie einen schlechten

Schüler ab. An Stelle von Tatsachen und Wahrheiten bringe er bedeutungsloses Geschwätz, das beweise, wie stark er sich von großmäuligen Phrasendreschern beeinflussen lasse. Anstatt seinen Platz unter denen einzunehmen, die das Volk befreien wollten, mache er sich mit seinem Wischiwaschi zum Helfershelfer und Mitschuldigen der Tyrannei. Er verzichte auf die schönste Aufgabe, die sich ihm dank seiner Vergangenheit biete und die ihn befähigt hätte, inmitten der üblen Bande, unter der er sitze, eine einzigartige Stellung einzunehmen, da er allein an den Verbrechen seiner Kollegen keinen Anteil habe und dadurch in den Augen des Volkes zu einem Führer und Mittelpunkt der Bewegung hätte werden können.

Drouet schluckt widerspruchslos die bittere Pille [183]. Statt ihn abzuschrecken, bestärkt Babeufs hemmungslose Kritik seinen Glauben an ihn als den vom Schicksal ausersehenen Führer. Babeuf erscheint ihm als ein wahrer, unbestechlicher Volkstribun, als ein Cato Censorius, der, unbeirrt von kleinlichen Erwägungen und unbeirrbar in seinen Entschlüssen, einzig dem großen Werk der Rettung der Republik hingegeben lebt.

Seinem Freunde Farci in Sainte-Menehould, dem er am 8. Mai das Manuskript seiner verunglückten Rede schickt, zu einem Zeitpunkt, an dem vollkommen deutlich ist, daß der Rat der Fünfhundert nicht daran denkt, noch in eine Aussprache über die *sociétés populaires* einzutreten, schreibt Drouet: «Die Frage ist abgetan. Wir haben es mit einer Sippschaft zu tun, die es wunderbar versteht, eine Diskussion, die ihr nicht paßt, auszuschalten.» Farci möge das Manuskript lesen und unter seinen Bekannten kursieren lassen.

Er habe sich dazu entschlossen, die Rede nicht drucken zu lassen, denn einmal sei sein Beutel nicht genügend gespickt und zum anderen hätte sie nur dazu gedient, ihn erneut in den Mittelpunkt der allgemeinen Aufmerksamkeit zu rücken, wovon er mehr als genug habe. Er beneide jeden Unbekannten, der friedlich bei sich zu Haus sitze, seinen Kohl baue und sich um nichts zu kümmern habe.

So niedergeschlagen, trostlos und abgekämpft äußert sich Drouet am gleichen Tage, an dem die Vereinigung der Abgeordneten des Berges mit der *Partei der Gleichen* vollzogen wird!

IX

Grisel

1

Nach dem Aufbau der illegalen Organisation und der ersten Propagandawelle der Partei, ist es vor allem die Frage der «endgültigen Gesetzgebung der Gleichheit», die das GD beschäftigt. «In diesen Dokumenten», versichert Buonarroti, «legten die Verschworenen ihre geheimsten Gedanken nieder.» Diese Entwürfe und Dekrete, die am Tage der Katastrophe «fast sämtlich infolge des Schreckens, der sich der Geister bemächtigte», vernichtet wurden, bilden das ideologische Fundament der Partei.

An ihrer Spitze steht, wie es sich für das Zeitalter der absoluten Gleichheit von selbst versteht, der Entwurf eines Dekrets über die Polizei. Der Staat unterscheidet nur noch zwei Klassen von Bürgern: Werktätige und Klassenfeinde. Nur die Werktätigen, zu denen mit gewissen Einschränkungen auch Wissenschaftler und Erzieher gehören sollen, genießen politische Rechte. Alle anderen werden keine haben oder können sie erst nach einer gewissen Probezeit erlangen. Sie leisten auch keinen Dienst in der Nationalgarde; den Besitz verbotener Waffen ahndet der Tod.

Da dies, wie sich denken lasse, für die Nicht-Werktätigen nicht immer und unbedingt das non plus ultra des irdischen Glücks bedeuten werde, brauche es, um ihrer Einsicht nachzuhelfen, eine starke Polizei mit unbeschränkten Vollmachten, um unzufriedene oder verdächtige Elemente auf administrativem Wege fortzuschaffen und in Konzentrationslager zu überführen.

Diese Lager würden sich auf den Inseln Marguerite, Honoré, Hyères, Oléron und Ré befinden und von der Außenwelt völlig abgeschnitten sein. Ihre Insassen erhielten Gelegenheit, sich unter Aufsicht mit nützlichen Arbeiten zu beschäftigen und könnten sogar (was das berüchtigte «Arbeit macht frei» anklingen läßt), aufgrund von «Beweisen der Besserung, des Fleißes und des guten Betragens», ihre Freiheit zurückerlangen.

Während es Aufgabe der Polizei sei, die Ruhe im Innern des neuen Staates zu sichern, obliege der Volksarmee, in der jeder Werktätige fünf Jahre zu dienen habe, der Schutz der Grenzen. Ein Volk in Waffen, fordert das Militärdekret. Der Soldat bleibe auch in Uniform Bürger und übe seine Rechte weiter aus. Dies werde das Aufkommen einer neuen Militärkaste verhindern. Wenn das Vaterland in Gefahr sei, genüge eine bescheidene Verlängerung der täglichen Arbeitszeit, um mehr Soldaten und Hilfsmittel zur Verfügung zu haben, als sämtliche Kapitalisten Europas imstande wären aufzubieten.

Der Weltfriede ist das große Ziel, dem auch die Armee zu dienen hat. Der Krieg, als ein Mittel der Politik, solle in Acht und Bann getan, namentlich jeder Angriffskrieg durch Gesetz verboten werden. Ausschließlich zur Abwehr feindlicher Angriffe, in Verteidigung der bedrohten Freiheit und der Errungenschaften des Staates der Werktätigen sei es «nützlich und gerecht, zu den Waffen zu greifen».

Die Begeisterung für das Vaterland der Werktätigen solle auf jede Weise unter der Masse der Bevölkerung geweckt und gefördert werden. «Dieser Gedanke war die Seele aller ihrer Pläne», erinnert sich Buonarroti.

Die sozialen Errungenschaften werden in dem Entwurf eines ökonomischen Dekrets, dem ausführlichsten aller Entwürfe, beschrieben. In ihm sind jene Bestimmungen enthalten, die nach Ansicht des GD geeignet sind, das Heraufkommen «einer neuen sozialen Ordnung» entscheidend zu beeinflussen.

Obenan steht der Arbeitszwang für alle oder, wie Buonarroti es ausdrückt, «die Abschaffung des Müßigganges» [184]. Von nun an wird der Staat, «die große nationale Gütergemeinschaft», der alleinige Arbeitgeber für Millionen werktätiger Arbeiter und Bauern. Der Staat übernimmt auf Grund entsprechender Gesetze – wobei man nicht kleinlich zu verfahren gedenkt – das gesamte bewegliche und unbewegliche Eigentum der Feinde der Republik, das bisherige Staatseigentum und den Besitz jener, die ihn «freiwillig» der Republik abtreten [185].

Das Recht der Erbfolge wird mit einem Federstrich beseitigt, so daß auch das vorerst nicht beschlagnahmte Eigentum nach dem Tode der gegenwärtigen Besitzer auf den Staat übergeht. An die Stelle des Rechts auf Eigentum tritt ein ganz neues Recht, nämlich das auf «eine ebenso glückliche Existenz wie die aller übrigen Mitglieder der sozialen Gemeinschaft», getreu der Maxime, wonach die Gleichheit darin bestehe, daß jeder genug und keiner zuviel habe.

Der Staat teilt einem jeden Arbeit in der Landwirtschaft oder Industrie zu, wobei die Dauer der Arbeitszeit gesetzlich geregelt wird. Besondere Verwaltungen befassen sich mit der Produktionsplanung für die einzelnen Gebiete. Eine oberste Planbehörde werde dafür sorgen, daß Überschneidungen vermieden und «der Reichtum des Ganzen mit den Bedürfnissen jedes Teiles» abgestimmt würde.

Das Ergebnis dieser «allgemeinen Aktivität», der sich niemand entziehen könne, werde eine gewaltige Produktionssteigerung sein, die einen wahren Überfluß an allen lebensnotwendigen Dingen mit sich bringe. Mit Hilfe neuer Maschinen sowie der Vervollkommnung der bisherigen und durch den Einsatz mechanischer und chemischer Hilfsmittel werde man die Arbeit weitgehend erleichtern und in unfruchtbaren Gegenden zu einer Überwindung der Natur gelangen. All denen, die sich als «Helden der Arbeit» [186] durch besondere Leistungen auszeichneten, seien Ehrungen und Belohnungen zugedacht. Kranke, Arbeitsunfähige und alte Leute sollen von der Arbeit befreit und sogar besser als die übrigen verpflegt werden.

Allen, die rückständig genug seien, an ihrer bisherigen Lebensform und an einer selbständigen Existenz festhalten zu wollen, oder sogar die Auffassung verträten, ein solcher Staat verwirkliche eine neue Form der Sklaverei, bleibe nur noch die Wahl zwischen Unterwerfung oder Auswanderung. Der Staat, meint Buonarroti, habe es im übrigen völlig in der Hand, durch die Ansetzung von Preisen und Löhnen, die Verteilung der Steuern und sonstige behördliche Maßnahmen, diese Entscheidung in Kürze zu erzwingen [187].

Wer also unter Verzicht auf sein Hab und Gut das Land verlassen wolle, möge es tun. Vom Ausland, von dem man ohnehin keine freundlichen Gesinnungen erwarten könne, werde man sich durch einen «eisernen Vorhang» [188] absperren, der nur für Gesinnungsfreunde, die gezwungen wären, vor der Unterdrückung in ihren Ländern zu flüchten, nicht undurchdringlich sein werde [189]. Auf Reisende, die aus Neugier kämen, könne man leicht verzichten. Wer sich dennoch einfallen lasse zu kommen, müsse sich eine «strenge Überwachung» gefallen lassen. Der Warenaustausch mit dem

Ausland werde von Staats wegen erfolgen und durch eine besondere Stelle für den Außenhandel abgewickelt.

Das Mittel aber, dessen es sich zu bedienen gilt, um das einmal errichtete Gebäude des Staates zu festigen, zu verbessern und unerschütterlich zu machen, ist die Erziehung. Mit ihrer Hilfe werde man «das Antlitz der Nation» völlig verändern. Aus diesem Grunde bezeichnet das Dekret die Errichtung eines zentralen Seminars zur Ausbildung von Lehrern als «ein Objekt von allergrößter Bedeutung».

Die Revolution müsse allumfassend sein. Nichts, weder im öffentlichen noch im privaten Bereich, dürfe dem Grundsatz der Gleichheit zuwiderlaufen. Alles im Staat müsse dieser Doktrin untergeordnet sein und sich danach ausrichten. Es sei die Hauptaufgabe der Politik, den Menschen durch die Erziehung zu verändern, das menschliche Herz umzubilden und in der Republik eine Einheit des Wollens, der Aktion und der Interessen zu schaffen. Die Republik räume keinem der bestehenden Kulte und keiner Religion eine Vorrangstellung ein [190]; einzig das «Dogma der Gleichheit» müsse als Glaubenslehre allgemeine Gültigkeit haben [191].

In Zukunft werde es nicht so sehr darauf ankommen, wissenschaftliche Erkenntnisse an sich zu vermitteln, als vielmehr die Wissenschaft in den Dienst des Staates und seiner Erfordernisse zu stellen. An Stelle gelehrter Spintisiererei und bloßer Subtilitäten, die zu nichts führten, werde es die Hauptaufgabe jeder Wissenschaft sein, den praktischen Fortschritt der Menschheit zu fördern und zu entwickeln.

Eine solche «kluge Beschränkung der menschlichen Kenntnisse», die jeden wissenschaftlichen Objektivismus ausschließe, sei «die sicherste Grundlage der sozialen Gleichheit». In Zukunft werde die Wissenschaft vom Staat und seiner Verwaltung keine Geheimlehre für wenige Eingeweihte mehr sein, sondern soweit vereinfacht, daß sie «jeder Ladenschwengel» begreifen könne. Auch Babeuf denkt nicht anders, wenn er schreibt: «Die Republik der Gleichen hätte vielleicht ihre Akademie gehabt, aber sie hätte von ihren Mitgliedern, um ihre Arbeiten zu autorisieren, das Parteibuch verlangt.»

Um das Leben in ihrer erträumten Republik zu verschönen und das Glück ihrer Untertanen vollkommen zu machen, sollen alle Künste aufgerufen und in den Dienst der großen Sache gestellt werden. Angespornt durch staatliche Preise und Hilfen jeder Art, würden die Künste sich zu ungeahnter Blüte entfalten. Allerdings gelte auch hier der Grundsatz des «allgemeinen Nutzens». Was nicht allen zugänglich sei, was vom gesunden Volksempfinden abgelehnt werde, müsse mit Strenge ausgemerzt werden.

Alles ist allen gemeinsam. Daher: kein individuelles Fernbleiben von den öffentlichen Veranstaltungen, keine großen Städte, «in denen es so leicht ist, seine Handlungen der öffentlichen Kritik zu entziehen». Dafür uniforme Kleidung, Kinderreichtum und strenge Sitten und natürlich Pracht- und Monumentalbauten des Regimes. «Die Republik allein wäre reich, glänzend und allmächtig.» Welch ein Weg von den kindlichen Vorstellungen «einer radikalen Lösung» im *Avant-coureur*, zu den gebieterischen Forderungen des neuen Lebens in der egalitären Demokratie!

Und die Presse? Die Presse ist vollkommen frei. Sie darf in jeder Weise die offiziellen Theorien erläutern und die Maßnahmen der Regierung begründen.

Erst bei der Frage, in wessen Hände die Macht nach gelungenem Aufstand übergehen soll, kommt es zu Meinungsverschiedenheiten im GD.

Wie sich entscheiden?

Die Diskussionen nehmen unvermutet an Schärfe zu. Darthé, unterstützt von Debon, erklärt, er sei überzeugter Anhänger der Diktatur, trotz aller Bedenken, die man seit Beginn der Revolution dagegen geäußert habe. Er halte die Diktatur in der Periode des Überganges, nach dem Sturz der bisherigen Regierung und bis zur völligen Konsolidierung der Macht in den Händen der arbeitenden Klasse, für das beste Mittel, die Reorganisation der sozialen Ordnung zu sichern. Gegen Mißbräuche müsse man sich dadurch zu schützen suchen, daß man die Dauer der Diktatur von vornherein auf eine bestimmte Zeit begrenze.

Doch gerade dieser Gedanke stimmt Babeuf bedenklich. Wie soll das praktisch vor sich gehen? Er notiert: «Man würde ihm (dem Diktator) sein Verhalten vorschreiben! Diese Bedingung wäre der Diktator des Diktators, also eine Diktatur über der seinigen. Ich verstehe das nicht. Angenommen, er hat die öffentliche Meinung und die Bajonette für sich. Was dann?»

Außerdem werde man sofort das allgemeine Mißtrauen erwekken, da die Diktatur, also die Macht eines einzelnen, aufs Haar der Monarchie gleiche. Ganz abgesehen von der Schwierigkeit, eine geeignete, wirklich überragende Persönlichkeit zu finden. Auch sei erfahrungsgemäß ein einzelner viel stärker als eine Gruppe von Menschen zu beeinflussen.

Diesen Einwänden, die gegen die Errichtung einer Diktatur im Sinne Marats sprechen, kann auch Darthé sich nicht völlig verschließen. An Stelle der Diktatur eines einzelnen entscheidet man sich für die kollektive Diktatur, die Diktatur des GD, das nach vollzogener Revolution seine Arbeit nicht einstellen, sondern die Aufsicht über die neue, aus ernannten Mitgliedern bestehende Volksvertretung ausüben werde.

Ebenso wird man sich darin einig, den Begriff der Volkssouveränität dadurch einzuschränken, daß Beschlüsse der Volksvertretung in keinem Fall die Doktrin der Gleichheit gefährden dürfen. Die Bildung gewählter Körperschaften, die man stufenweise in der Republik der Gleichen einzuführen gedenkt, kann allenfalls als ein schwaches Zugeständnis an die demokratischen Elemente gelten. Hinter der demokratischen Fassade dieser Versammlungen aus Gesetzgebern und Konservatoren verbirgt sich der im GD verkörperte Wille zur Diktatur einer fortschrittlichen Minderheit, der *Partei der Gleichen*, die entschlossen ist, das in seiner übergroßen Mehrheit rückständige Volk schrittweise an die Institutionen des «neuen Lebens» heranzuführen [192].

Die Hindernisse auf diesem Weg sollen in einem großen Ansturm beseitigt und durch den Aufstand der Massen hinweggefegt werden. «Um Ordnung in die große Bewegung zu bringen», beschließt das GD, die von ihm als unerläßlich angesehenen Maßnahmen in einer *Aufstandsakte* niederzulegen. Zu Maßnahmen, die dem Gelingen der ersten Stunde gelten, treten Beschlüsse, die dem Aufstand die Unterstützung breiter Schichten, vor allem aus den Reihen der landarmen Bauern und kleinen Pächter sichern sollen. Dazu gehört in erster Linie die Ankündigung, «sämtliche Güter der Emigranten, der Verschwörer und aller Volksfeinde ohne Aufschub an die Verteidiger des Vaterlandes und die Armen» zu verteilen.

Eine derartige Bodenreform, die praktisch auf die Enteignung des größten Teiles der Grundbesitzer hinausläuft, ähnelt allerdings viel mehr dem Agrargesetz als der Politik des *bonheur commun*. Buonarroti beeilt sich denn auch, diesen Widerspruch als nur dem Anschein nach bestehend zu erklären. «Man hätte Unrecht, das Versprechen einer großen Landverteilung als entgegen dem Geist der Gemeinschaft, zu der man gelangen wollte, anzusehen. Die Hauptsache war das Gelingen ...», fügt er mit schöner Offenheit hinzu. Das GD habe sich seine eigene Auslegung dieses Punktes vorbehalten. «Die Güter verteilen bedeutete nicht das Grundeigentum zu zerstückeln, denn die wahren Güter sind nicht der Boden, sondern die Früchte, die er hervorbringt. Mit der Verteilung der Bodenerzeugnisse wäre also das Versprechen vollkommen erfüllt worden ...»

Mit diesem dialektischen Schachzug gelingt es Buonarroti, an die übliche Vorstellung vom Wesen der sozialen Revolution als einer gleichen Verteilung des Grundbesitzes anzuknüpfen, und den Schritt darüber hinaus mit der Theorie der Partei in Einklang zu bringen. Alles wird volkseigen, oder, wie Buonarroti es ausdrückt, «das Eigentum verbleibt immer der Republik, die darüber zu jeder Zeit, mit Ausnahme der Dinge des persönlichen Bedarfs, verfügen kann».

Wie aber die Gesetze, die erforderlich sind, um «die Ungleichheit zu beseitigen», erlassen und beschließen? An allgemeine, freie und geheime Wahlen ist vorerst, darüber sind sich alle Mitglieder des GD vollkommen einig, überhaupt nicht zu denken. So beschließen sie, «die Sorge, die Revolution zu beenden und der Republik die Freiheit, die Gleichheit und die Verfassung von 93 zu geben, einer Nationalversammlung anzuvertrauen, die sich aus je einem Demokraten für jedes Departement zusammensetzt; diese werden vom Volk auf Vorschlag des Aufstandskomitees ernannt».

Von einer auf diese Weise «gewählten» Volksvertretung ist anzunehmen, daß sie gefügig genug sein werde, den Weisungen des souveränen Volkes nicht zuwider zu handeln. Um aber völlig sicher zu gehen, sollen die Abgeordneten inmitten des Aufstandes, gleichzeitig mit der Proklamation der Verfassung von 93, zur Annahme einer Entschließung bewogen werden, die die Abschaffung der ungleichen Verteilung von Besitz und Arbeit, die Einführung der allgemeinen Arbeitspflicht und die Erklärung von jeglichem Besitz zu Volkseigentum, als Grundlage ihrer Tätigkeit festlegt.

Von diesem Grundgesetz ausgehend, werden die 97 — soviel können es nach der Anzahl der Departements [193] und nach dem Willen des GD allenfalls sein — «im Interesse und namens aller Franzosen die Verfassung von 1793 verbessern ... und der französischen Republik eine unveränderliche Gleichheit, die Freiheit und das Glück sichern».

«Die Gegenwart ist zukunftsschwanger» — le temps présent est gros de l'avenir — schreibt Babeuf [194]. Aber die Zukunft soll Frankreich nicht die Republik der Gleichen, sondern das Konsular-Regime und das Kaiserreich bescheren. Bonaparte und nicht Babeuf wird es bestimmt sein, das Erbe des Direktoriums anzutreten [195]. Ihm, der die «soziale Stabilität» [196] verkörpert, und nicht der kollektiven Diktatur des GD bleibt es vorbehalten, am Tage nach dem 18. Brumaire, «die Revolution zu beenden».

2

Der Beschluß der Regierung, die Polizeilegion, ein «zunächst einzig zum Dienst innerhalb der Stadt bestimmtes Korps, das beschämt wäre, immer auf die nützlichen, aber ruhmlosen Funktionen der Polizei beschränkt zu bleiben», den Truppen der Republik gleichzustellen und an die Front zu verlegen, findet zwar die Zustimmung des Rates der Fünfhundert, aber durchaus nicht die der Legion.

Der Beschluß über den Abmarsch der Polizeilegion habe den äußersten Unwillen der Soldaten erregt, meldet Baudement. Alle hätten erklärt, sie würden nicht abmarschieren; sie schrieen es durch die Fenster der Kasernen auf die Straße. Ihre Offiziere könnten nichts ausrichten. Das Dekret über die Polizeilegion habe vielen die Augen geöffnet und sie die Schwäche und Furcht der Regierung erkennen lassen, bestätigt Moroy. Der größere Teil der Legionäre sei entschlossen, dem Befehl zum Abmarsch keine Folge zu leisten. Den Offizieren, die in mehreren Kasernen beruhigend auf ihre Leute einzuwirken versuchten, habe man kurz und knapp mit ach, scheiß! geantwortet. Eine allgemeine Desertion sei im Gange. Viele Soldaten nähmen ihr Gepäck auf den Rücken und gingen, wenn auch ohne Waffen, einfach stiften.

«Das ist eine Masse Unzufriedener von 8 000 Mann», drängt Fiquet, «aus der man die Vorhut der Volksarmee und des Aufstandes bilden kann ... Denkt daran; die Augenblicke scheinen mir, der ich nur den Erfolg sehe, sehr dringend. Es liegt an Euch, zu beurteilen, ob die Umstände uns günstig sind, ob wir sie beschleunigen sollen, ob es nötig ist, aus dem Augenblick Vorteil zu ziehen oder noch zu warten.»

Über den wachsenden Druck und die zunehmende Kontrolle innerhalb der Polizeilegion beklagt sich ein Legionär aus Choisy-sur-

Seine in einem Brief an seinen Vater, der ihn durch Baudement an das GD gelangen läßt. Man müsse mit größter Umsicht zu Werke gehen, schreibt der Soldat. Einer aus ihrer Gruppe sei bereits verhaftet und sitze im Gefängnis. Er bestätigt zugleich den Umlauf von Propaganda-Broschüren der Partei, von denen sie zuletzt eine mit dem Titel *Soldat, arrête encore* erhalten hätten.

Wie aber reagieren die Führer der Partei? Jedermann sei über den «unvorhergesehenen Vorteil» betroffen, der sich uns von dieser Seite biete, heißt es recht gewunden in dem Rundschreiben vom 26. April. «Wir wußten, daß das Polizeikorps Elemente mit guten Grundsätzen enthielt, deren Wert wir offenbar nicht richtig eingeschätzt haben. Die Tyrannen setzen uns durch ihr Vorgehen instand, die Bedeutung dieser Hilfstruppe besser zu würdigen. Lassen wir sie uns nicht entgehen.»

Schöne Worte, aber eben nur Worte. All dies wissen die Instrukteure selbst. Aber was ist zu tun? Auch im GD begreift man, daß konkrete Anweisungen erforderlich sind. Am 27. geht ein neues Rundschreiben heraus. «Beeilen wir uns: die Umstände drängen und reißen uns fort. Der Augenblick, unser Land zu befreien, ist vielleicht nicht so fern, wie wir selbst gedacht hatten ... Rasch vor allem die Listen der Kanoniere und die aller Demokraten ... Dazu die Angaben über Pulver, Waffen, Lebensmitteldepots ... Es ist kein Augenblick mehr zu verlieren.»

Der 27. April vergeht in der größten Unruhe. Die Legionäre lassen ihrem Unmut die Zügel schießen. Sie sitzen scharenweise in den Wirtschaften des Palais-Egalité, um sich vollaufen zu lassen und große Reden zu schwingen. Ganze Gruppen stürmen die Geschäfte, um noch rasch bei Goldschmieden, Schneidern und Mützenmachern Einkäufe vorzunehmen. Wenn sie zahlen sollen, zahlen sie ungerührt den Münzpreis in Mandaten, was die Umwandlung der Kaufläden «in blutige Arenen» zur Folge hat.

Am Abend des gleichen Tages kommt es im Palais-Egalité zu einer Massenkundgebung, auf der sich Legionäre, Freiwillige und Arbeiter verbrüdern und feierlich erklären, ihre Streitigkeiten untereinander begraben zu wollen. Gleichzeitig senden die Legionäre eine Abordnung ins Direktorium, um die Freilassung ihrer wegen Aufsässigkeit in Arrest sitzenden Kameraden zu fordern.

Die Regierung erklärt sich, um Zeit zu gewinnen, bereit, ihren Forderungen zu entsprechen. Die Abgesandten der Legionäre ziehen sich auf diesen Bescheid hin zurück, während die Direktoren noch in der gleichen Nacht beschließen, den Kriegsminister an den Befehl zum Abmarsch der Legion zu erinnern. Die notwendigen Maßnahmen seien unverzüglich zu treffen. Das Direktorium erwarte im Laufe des Tages Bericht über ihren Vollzug.

In den frühen Morgenstunden des 28. April macht das GD seine Instrukteure mit den Ereignissen des Vortages bekannt. An der Kundgebung im Palais-Royal hätten etwa 1 800 Soldaten teilgenommen. Der Streit zwischen den *collets blancs* und den *collets rouges*, zwischen Freiwilligen und Legionären, sei als Mittel der perfiden Taktik der Regierung durchschaut und beigelegt. Das Direktorium habe «in unwürdiger Hinterhältigkeit» das den Legionären gegebene Wort noch in der gleichen Nacht gebrochen und ihren sofortigen Abmarsch befohlen.

«Sie leisten noch Widerstand. Wir haben ihnen einige unserer Leute gesandt, um ihnen Mut zu machen, diesen Widerstand fortzusetzen, unter dem Versprechen einer raschen, bedeutenderen Unterstützung: man muß ihnen Wort halten und Vorteil aus dieser Gelegenheit ziehen. Der Augenblick des Handelns ist gekommen; sendet zunächst die größtmögliche Zahl Demokraten aus jedem Eurer Bezirke zu den beiden Kasernen, in der rue Mouffetard, im faubourg Antoine, und der rue Verte, im faubourg Honoré. Gebt ihnen Anweisung, mit den Legionären zu fraternisieren, die Freiwilligen zu überreden, sich der Bewegung anzuschließen, einige Sammelpunkte wie den gestrigen im Palais-Royal festzulegen, wo die Legionäre an einer neuen Verbrüderung teilnehmen könnten. Wenn diese vorbereitende Aktion steigt, wird man einen erheblichen Betrag an den Ort der Zusammenkunft senden und den Akteuren zu trinken geben ... Bereitet die Transparente und alles sonstige vor und haltet Euch bereit.»

Von nun an überstürzen sich die Ereignisse. Um elf Uhr vormittags sendet Germain dem GD einen ersten Bericht. In der Courtille, der Kaserne in der rue Mouffetard, seien die Legionäre zum offenen Widerstand übergegangen. Ein höherer Offizier habe sie ohne Erfolg zur Aufgabe ihres Widerstandes aufgefordert. Dem Vernehmen nach hätten die Legionäre der Courtille Abordnungen zu den übrigen Kasernen der Polizeilegion entsandt, mit der Aufforderung, sich ihrem Vorgehen anzuschließen. Ihre Abgesandten seien überall brüderlich empfangen worden.

Gegen Mittag verfaßt Germain einen weiteren Lagebericht. Die Courtille sei noch immer im Aufstand. Ein Lastwagen mit Gewehren werde in der Kaserne zurückgehalten. Die Soldaten säßen in sämtlichen Schenken der Umgebung und fraternisierten mit den Freiwilligen. In der Umgebung sammelten sich Neugierige, um zu gaffen. Ein paar Mutige agitierten unter der Truppe und hätten den Legionären Quartiere angeboten.

«Diese scheinen entschlossen, am Abend mit entfalteten Fahnen und in guter Ordnung nach Vincennes abzumarschieren, um sich mit den dort lagernden Bataillonen zu vereinigen. Ist dieser Beschluß gut oder schlecht? Ich denke, wenn er ohne Widerstand verwirklicht werden könnte, wäre es für uns kein kleiner Erfolg. Ich mache Euch aufmerksam, daß ich allein bin, alle Eure Instrukteure sind in ihren Bezirken, um die Stimmung zu erforschen und die Menschen, die diese unerwartete Bewegung in Unruhe versetzt, zu beruhigen. Was soll ich tun?» Und er setzt, um auch das noch zu sagen, hinzu: «Ich habe keinen roten Heller.»

Um ein Uhr mittags, und noch immer ohne Nachricht von seiten des GD, ergänzt Germain seinen noch nicht abgegangenen Brief durch eine noch dringendere Nachschrift. Alles sei unverändert. Ordonnanzen mit «betreßten Hüten» über «bleichen Gesichtern» galoppierten den Boulevard entlang. Polizeispitzel versuchten, den herumstehenden Gaffern beizubringen, die Legionäre hätten «verbrecherischerweise» am 13. Vendémiaire auf das Volk geschossen. Aber sie machten keinen großen Eindruck damit. Worauf er, mit der liebenswerten Unbekümmertheit des Südländers vor grandiosen Gesten, fortfährt: «Rasch, meine Freunde, gebt Eure Anweisungen; und der Schritt vom Leben zum Tode soll für mich nur ein fröhlicher Sprung sein, da es die Sache der Gleichen gilt.» Er schließt den Brief. Dann fällt ihm ein, das GD werde nicht wissen, wo es ihn erreichen könne, und so kritzelt er mit Bleistift auf den bereits geschlossenen Umschlag: «Laßt mir sofort oder sobald als möglich über Guilhem Antwort zukommen.»

Der Satz gibt zu denken. Germain geht, da es für ihn nichts mehr zu tun gibt, einfach nach Hause, zu Guilhem, in die rue de Carême-Prenant, um dort abzuwarten, was das GD beschließen wird.

Zur gleichen Zeit mahnt Fiquet dringend zur Aktion überzugehen: «... die Gelegenheit ist schön; laßt der Regierung keine Zeit zu Maßnahmen gegen die Menschen, von denen Ihr so großen Vorteil ziehen könnt ... Ihr Beschluß ist großartig; sie wollen ins Lager von Vincennes abrücken und gemeinsam mit ihren Kameraden nach Paris zurückkommen, Alarm schlagen, die Bürger versammeln und über die Verbrecher herfallen. Das sind die Tatsachen. Es liegt an Euch zu entscheiden, was zu tun ist.»

Aber das GD ist in dieser entscheidenden Stunde nicht beschlußfähig. Erst um die Mittagszeit gelingt es, drei seiner Mitglieder zusammenzubringen. Sie schreiben an Germain: «Wir sind hier zu dritt; wir erhalten Deinen Brief; wir senden Dir ein Manifest im Namen der Legion, das heute abend gedruckt vorliegen wird. Teile schon immer das Konzept den Anführern der Legionäre mit. Wir werden sofort eine Erklärung im Namen des Volkes als Antwort auf das Manifest abfassen. Es ist wichtig, der Legion bekanntzugeben, daß das Volk zu ihrer Verteidigung bereit ist; anbei 6 000 francs. Wir denken, daß die Legion Paris nicht verlassen soll; versuche, sie bis morgen festzuhalten. Wir werden im Verlauf des Tages und der Nacht die notwendigen Maßnahmen treffen. Setze Dich mit Fyon und Rossignol in Verbindung und sage uns noch heute abend, ob sie bereit sind; falls nicht, würden wir andere Dispositionen treffen. PS: Es ist wichtig, daß der Wagen mit den Gewehren nicht abgehe. Du kannst diesen Brief den Verantwortlichen, deren Du sicher bist, zeigen.»

Das ist alles. 6 000 francs, die nicht den Wert eines einzigen Louisdor darstellen, und ein paar Blatt Papier mit der Überschrift *Die Polizeilegion an sich selbst, ihre Waffenbrüder und das Volk.* Weiß Gott, es heißt viel von Germain erwarten, wenn man ihm zutraut, er werde mit so unzureichenden Mitteln in der Lage sein, die Meuterei der Legion in einen Aufstand überzuleiten.

Und während weiterhin kostbare Stunden verstreichen und Germain den ganzen Nachmittag ratlos in der Umgebung der Courtille herumirrt, ohne auch nur die Möglichkeit zu haben, in die Kaserne zu gelangen, entwirft das GD ein weiteres Flugblatt *Die Sansculotten von Paris an die Polizeilegion*, das am nächsten Morgen verteilt werden soll. Darin versichert es den «mutigen Brüdern» der Legion, daß das Volk zum Aufstand bereit sei. «Seine Führer werden ihm das Signal geben. Es hört sie, es ist an Eurer Seite. Seine Tyrannen verschwinden, die Freiheit erscheint wieder; der Überfluß, das Glück erstehen von neuem; die Republik triumphiert überall, und die notwendigen Maßnahmen sind getroffen, auf daß sie nicht mehr unterliege.»

An die Instrukteure ergeht ein zweites Rundschreiben. «Der Augenblick ist gekommen, die Tyrannei zu Boden zu werfen. Setzt die Partei in Alarmbereitschaft und ordnet die Herstellung der für den Aufstand bestimmten Losungen an. Laßt Transparente mit folgenden Losungen anfertigen: VERFASSUNG von 1793, GLEICHHEIT – FREIHEIT – ALLGEMEINER WOHLSTAND.» Auch Schilder, die allen den Tod androhen, «die die Souveränität des Volkes usurpieren», und solche, auf denen der Aufstand als «die heiligste der Pflichten» erklärt werde, seien unbedingt erforderlich. «Sendet von Stunde zu Stunde Sansculotten zur Courtille, um mit den Legionären zu fraternisieren.»

Noch in der Nacht zum 29. April gibt das GD in fieberhafter Eile der *Aufstandsakte* ihre endgültige, den letzten Ereignissen angepaßte Form und beschließt gleichzeitig, sie sofort in einer Auflage von 30 000 Exemplaren drucken zu lassen.

Zur gleichen Zeit, in der das GD sich bemüht, das Gesetz des Handelns an sich zu reißen, beschließt die Regierung auf Veranlassung Carnots, der den Befehl eigenhändig niederschreibt, das 2. und 3. Bataillon (der 1. Halb-Brigade) der Polizeilegion, die den Gehorsam verweigert haben, aufzulösen und sämtliche Offiziere der beiden Bataillone abzusetzen.

Dieser Beschluß setzt der Meuterei rasch ein Ende. Vor der Entschlossenheit der Regierung, die aus dem Lager Grenelle feldmarschmäßig ausgerüstete Truppenverbände unter General Brune vor den Kasernen aufmarschieren läßt, kapitulieren die Legionäre [197].

In einem langen Schreiben an das GD macht Germain seiner Enttäuschung Luft. «O Gipfel der Schande», ruft er pathetisch, «wie wären wir hereingefallen! Man hat die Rebellen (sie verdienen keinen anderen Namen) gefragt, was sie wollten: nach Hause zu Muttern, haben sie geschrien; und sofort hat man ihnen den Befehl zu ihrer Auflösung mitgeteilt. Außer sich vor Freude haben die Feiglinge ihre Reihen aufgelöst. Vergebens haben einige Beherzte ihnen klarzumachen versucht, daß dies der Augenblick wäre, standhaft zu bleiben; daß ein hartnäckiger Widerstand das Volk und sogar ihre Kameraden auf der anderen Seite zu ihnen herüberziehen würde ... sie wollten nichts hören, absolut nichts, und den Sack auf dem Rücken, macht sich ein jeder auf den Weg zu dem, was er sein zu Hause nennt. Die Gruppen, in deren unmittelbarer

Nähe sich diese Infamie begeben hat, sind niedergeschlagen und sozusagen starr vor Staunen. Man sagt sich: das ging so schön, und jetzt ist einfach alles futsch!»

Dem GD bleibt nur übrig, das Fazit seiner gescheiterten Hoffnungen zu ziehen. Mit bemerkenswerter Offenheit schreibt es am 29. April:

«Das Thermometer ist gefallen; die Losung ist nicht mehr die gleiche wie gestern; unsere Taktik muß sich infolgedessen ändern.»

Dieser zweifellos richtigen Feststellung läßt das GD eine Darstellung der Ereignisse folgen, die sich im wesentlichen mit dem Ablauf der Geschehnisse deckt.

«Die Erhebung war nur ein Ausbruch von Disziplinlosigkeit; diese Soldaten, auf die wir Hoffnungen gesetzt hatten, waren sich viel eher einig in ihren kleinen persönlichen Angelegenheiten als in der Liebe zum Vaterlande. Kaum daß man ihnen verkündete, sie nach Hause zu schicken, änderten sie ihre Haltung, ließen sich feige entwaffnen und zur *Ecole militaire* abführen, wo sie jetzt eingepfercht sind . . .»

Aber das GD spürt sehr wohl, daß seine nüchternen Feststellungen eine Welle der Niedergeschlagenheit hervorrufen müssen. Zu stark kontrastiert die Wirklichkeit von heute mit den hochgespannten Erwartungen von gestern. So läßt es eine Reihe ermutigender Bemerkungen folgen. Immerhin gebe es insofern einen Grund zur Zufriedenheit, als die Regierung, «dank der umsichtigen Haltung, die wir und die unsrigen bei dieser Gelegenheit bewiesen haben», nicht die *Partei der Gleichen,* sondern die *Muscadins* für den Ausbruch der Insubordination verantwortlich mache. «Treibt unsere gemeinsamen Arbeiten voran. Liefert uns alle Unterlagen, die uns noch fehlen . . . Seid dessen sicher, daß wir die erste Gelegenheit, die Ketten des Volkes zu brechen, nicht werden vorbeigehen lassen. Wir wollen zu einem nahezu sicheren Siege marschieren und vereinigen alle unsere Maßnahmen im Hinblick auf dieses Ziel.» Mit dieser Aufforderung zu verstärkter Aktivität schließt das Rundschreiben, das seine Empfänger sicher nicht in der besten Stimmung erreichte.

Die Anhänger der Partei, antwortet Pâris, seien über das Los der Legionäre beunruhigt und befürchteten, man werde sie im Stich lassen. Es wäre notwendig, sie darüber aufzuklären. Und noch dringlicher zwei Tage später: «Es wäre sehr wichtig, daß im *Tri-*

bun ein Wort gesagt werde, um die Ungeduld der Demokraten zu beschwichtigen. Die Schlag auf Schlag erschienenen Broschüren, die den Anschein erweckten, als stehe der Aufstand unmittelbar bevor, ... kontrastieren zu stark mit dem gegenwärtigen Stillschweigen und dem Ausbleiben von Nachrichten: rasch also zwei Worte des *Tribun* oder des *Eclaireur*.»

Aber *Tribun* und *Eclaireur* schweigen und werden ihre Stimme nicht mehr erheben. Die *Aufstandsakte* bleibt in Ballen verpackt liegen. Vergebens macht Bouin auf die gute Gelegenheit aufmerksam, die der Abmarsch der Legionäre nach Metz biete. Sie seien nicht gewillt fortzugehen und würden Widerstand leisten, wenn man sie unterstütze. Das GD rührt sich nicht.

Die Stimmung in der Partei droht völlig umzuschlagen. Moroy, der Getreuesten einer, schreibt voller Verzweiflung: «Unsere Anhänger sind nahe daran, mir zu entgleiten; ich weiß nicht mehr, wie ich sie länger zur Geduld ermahnen soll; sie sind mehr als verärgert darüber, daß man vorgestern den Augenblick der Verbrüderung nicht genutzt hat: die verbliebenen Legionäre beschuldigen uns des Verrats oder der Feigheit. Ich schwöre Euch, wenn das eine kurze Weile so weiter geht, stehe ich allein ... Mehrere Bürger haben ihre Freunde aus der Umgebung von Paris zu sich geholt; sie lassen mich ihre ganze Unzufriedenheit fühlen und werden mich bald steinigen. Die Stimmung ist nicht mehr wie vor vier bis fünf Tagen; die Royalisten und die Emissäre der Regierung verderben sie.»

Wahrlich, das Thermometer ist gefallen, daran ist nicht zu zweifeln. Germain ist ehrlich genug zuzugeben, man habe, «da wir ja in unserer Erwartung enttäuscht wurden», eine Schlappe erlitten, wenn auch «der verpfuschte Tag» die Partei nicht bloßgestellt habe.

Auch für die Partei gilt es, die Lehren aus dem «foutu jour» zu ziehen [198]. Das GD kann nicht umhin selbstkritisch festzustellen, daß sich die Kader der Partei als nicht genügend aktionsfähig erwiesen haben. Unerläßliche Voraussetzung für den Aufstand sei das Vorhandensein eines Planes, der die Aktionseinheit und das Ineinandergreifen von politischen und militärischen Maßnahmen sichere. Die Fahnenflüchtigen der Legion müßten als fester Kern der Armee des Aufstandes erfaßt werden. Um dieser Aufgabe gerecht zu werden, sei es notwendig, vor allem die Arbeit im Militärausschuß zu verstärken.

Mit diesem Beschluß tritt die Verschwörung in ein neues Stadium.

3

Um sein Versprechen, die Arbeit des Militärausschusses zu beleben, einzulösen, entschließt sich das GD zu einem ungewöhnlichen Schritt. Entgegen seinen eigenen, von ihm selbst erlassenen Richtlinien beschließt es, gemeinsam mit dem für die Leitung der militärischen Operationen vorgesehenen Komitee zu tagen. Dieser Verstoß gegen ein Grundgesetz der konspirativen Arbeit, wonach der Kopf einer illegalen Organisation unter allen Umständen hermetisch gegen jedermann abzuschirmen ist, soll schwerwiegende Folgen nach sich ziehen und für die Partei, wie Buonarroti in verspäteter Einsicht bemerkt, «zur Hauptursache des Scheiterns ihrer Pläne» werden.

Die Sitzung findet am Nachmittag des 30. April in Babeufs illegalem Quartier, in der rue de la Grande-Truanderie, statt. Alle Mitglieder des GD mit Ausnahme von Antonelle und Lepeletier sind zugegen; dazu Didier als Verbindungsmann der Zentrale. Vom Militärausschuß sind Germain, Fyon und Grisel geladen, und dazu an Stelle von Massey und Vanheck, auf deren Teilnahme man ihrer Inaktivität wegen verzichtet, als neue Mitarbeiter der General Rossignol und der Bataillonskommandant Massard. Sie beide, ebenso wie Grisel, bekommen an diesem Tage zum ersten Mal Gelegenheit zu einer persönlichen Aussprache mit dem Führungsstab des geplanten Aufstandes.

Die Stimmung ist, wie sich denken läßt, recht gedrückt. Man ist sich einig, den 28. April als einen dies ater für die Bewegung anzusehen. Der Ausbruch der Meuterei in der Polizeilegion habe die Partei unvorbereitet gefunden. Es sei ihr nicht gelungen, die Führung zu übernehmen und die Meuterei in der Courtille auf die übrigen Kasernen der Legion, vor allem auf die Militärbasen in Vincennes und Grenelle, auszudehnen.

Allmählich jedoch, nachdem Buonarroti auf das Umsichgreifen der Desertion unter den Legionären und das Eintreffen zahlreicher Jakobiner aus den Departements hingewiesen hat, aus denen sich leicht eine Kerntruppe des Aufstandes bilden lasse, beginnt man weniger schwarz zu sehen. Man einigt sich darauf, die Ereignisse des 28. und 29. April nicht als Abschluß einer revolutionären Entwicklung, sondern im Gegenteil als Auftakt einer Kette weiterer Unruhen zu betrachten.

Während man sich auf diese Weise unterhält, kommt Rossignol darauf zu sprechen, ob sich Babeufs Theorien nicht zu stark an das vom Konvent einmütig abgelehnte Agrargesetz anlehnten. Babeuf widerspricht lebhaft. Das Agrargesetz wolle aus Frankreich eine Art Schachbrett machen. Seine Theorie des *bonheur commun* bestehe dagegen in der Abschaffung des Privateigentums. Die Erde, als von Gott geschaffen, gehöre niemand; ihre Früchte gehörten allen gemeinsam. Dies sei der Kern seiner Lehre, die jeder intelligente Mensch begreifen könne.

Im Anschluß an diesen theoretischen Exkurs verliest Babeuf die in der Nacht zum 29. April fertiggestellte und inzwischen gedruckt vorliegende *Aufstandsakte*, die in zwanzig Artikeln die praktischen Maßnahmen behandelt, die «die wohltätigen Absichten des Geheim-Direktoriums und die Gesetzmäßigkeit der Aktion» vor aller Welt rechtfertigen sollen.

Nach dem Muster der Aufstände vom Germinal und Prairial würden die militärischen Aktionen mit einem Massenaufmarsch des Volkes einsetzen. Die Demonstration sei unmittelbar in den bewaffneten Aufstand überzuleiten, der mit der Besetzung der Stadtausgänge und der Beschlagnahme aller erreichbaren Waffen beginne. «Das Volk wird sich des Schatzamtes, der Münze, der Post, der Ministerien und aller öffentlichen oder privaten Lebensmittel- und Munitionsmagazine bemächtigen.» Die Aufstandsleitung befehle den Legionen der Lager von Grenelle und Vincennes, «die geschworen haben, für die Gleichheit zu sterben», das Volk überall zu unterstützen. Die aus den Departements nach Paris geflüchteten Patrioten und die abgesetzten Offiziere wären aufgerufen, «sich in diesem heiligen Kampf auszuzeichnen». Jeder Versuch eines Widerstandes sei im Keim zu ersticken. Wer immer von den bisherigen Machthabern, angefangen von den Direktoren und Administratoren, bis herunter zu den Offizieren und Unteroffizieren der Nationalgarde, sich widersetzlich zeige, habe sich auf der Stelle wegen des Verbrechens «der Usurpation der Volkssouveränität» zu verantworten. Eine Kommission werde die Urteile verkünden, die – nach dem Muster der Volksjustiz im September 92 – sofort zu vollstrecken seien.

Die sozialen Hilfsmaßnahmen, die sofort in Kraft treten sollen, sehen vor allem die Unterbringung der Obdachlosen und Bedürftigen in den Wohnungen der «Verschwörer» vor, sowie die kostenlose Rückgabe der auf dem Mont-de-Piété verpfändeten Gegenstände. Enteignungen auf eigene Faust seien unerwünscht. «Das öffentliche und private Eigentum steht unter dem Schutz des Volkes», heißt es trocken und eindeutig.

Den Soldaten, die auf der Seite des Volkes am Kampf teilgenommen hätten, solle es freistehen, «mit Waffen und Gepäck» nach Hause zurückzukehren. Den Verfolgten des Thermidor und des «weißen Terrors» wird eine ausreichende Entschädigung zugesichert.

Das Schweigen, das der Verlesung folgt, unterbricht Grisel mit der Bemerkung, er erlaube sich darauf hinzuweisen, daß seiner Auffassung nach die Durchführung dieser Maßnahmen zu einer «völligen Anarchie» führen müsse, da nicht näher bestimmt werde, welche Exekutive an die Stelle der Regierung treten solle.

Seiner an sich gut gemeinten, wenn auch in diesem Kreise völlig unangebrachten Äußerung folgt eine betretene Stille. Alle betrachten einander mit unruhigen oder fragenden Blicken. Schließlich ruft Rossignol den Voreiligen zur Ordnung: «Was geht das Dich an? Wozu bist Du hierher gerufen? Fehlt es Dir an Vertrauen in die Einsicht des Komitees? Es hat alles bedacht. Sei Dir klar, daß Du nur hierher berufen bist, um als Soldat technische Ratschläge zu geben und nicht, Dich mit allem übrigen zu befassen: Du mußt volles Vertrauen zum Geheim-Direktorium haben.»

Grisel schweigt verlegen. Er begreift, welchen Fehler er begangen hat. Um die Scharte einigermaßen auszuwetzen, beeilt er sich, eine besonders radikale Maßnahme vorzuschlagen. Man solle am Tage des Aufstandes Brände in Bellevue, Meudon und Trianon legen, um Truppen aus Grenelle und Vincennes abzuziehen und die Kräfte der Regierung zu zersplittern. Aber auch damit hat Grisel, trotzdem Rossignol und Darthé ihm beipflichten, kein Glück. Fyon und Babeuf sprechen dagegen und beweisen die völlige Nutzlosigkeit einer solchen Aktion.

Am Schluß der Aussprache kommt man überein, eine ins einzelne gehende sorgfältige Planung der vorhandenen Kräfte vorzunehmen. An die Stelle einer spontanen Aktion müsse der militärisch exakt vorbereitete Aufstand treten. Man beschließt ferner, zur Planung und Koordinierung der erforderlichen Maßnahmen, aus den fünf anwesenden Offizieren, unter der Bezeichnung Militärausschuß, eine Art Generalstab, mit Germain als Berichterstatter, zu bilden.

Bevor man sich, gegen sieben Uhr abends, trennt, betonen Fyon und Rossignol, wie sie es Darthé und Germain gegenüber bereits wiederholt getan hätten, man solle sich mit dem aus ehemaligen Abgeordneten bestehenden *comité montagnard* verständigen. Dies sei in ihren Augen eine wesentliche Voraussetzung für das Gelingen des Unternehmens.

Das GD sagt zu, es werde sich ungesäumt und eingehend mit dieser Frage befassen.

4

Das neu geschaffene Komitee macht sich umgehend mit vielem Eifer an die Arbeit.

Wo aber den Hebel für die geplante Aktion ansetzen?

Mit den Angaben, die dem Militärkomitee von seiten der Instrukteure zugehen, ist nicht viel anzufangen. Bodson meldet, er habe einige Soldaten gesprochen, die an sich nicht schlecht seien, aber absolut unselbständig und von einer erstaunlichen Unkenntnis in politischen Dingen. Menessier unterstreicht die royalistischen Tendenzen der mit der Entwaffnung der Polizeilegion beauftragten Offiziere. Ein von einem unbekannt gebliebenen Mitarbeiter stammender Bericht läßt sich darüber aus, daß in den Kasernen eine gewisse Unruhe herrsche, da die Truppe nicht wisse, ob sie sich nicht mit ihrem Vorgehen gegen die Legionäre von ihren Kameraden in den Militärlagern isoliert habe.

Was dem Komitee sonst an Material zugeht, sind Pläne, wie der des Generals Ganier, zu dem das GD in einem Anflug von Selbstkritik bemerkt, «er hätte zweifellos sein Gutes, aber unter anderen Verhältnissen als den jetzigen, unter denen man den Aufstand aus dem Stegreif vorbereiten muß» [190].

Wenn aber wirklich konkrete Angaben an sie gelangen, wie in einem Bericht Moroys vom 6. Mai, der mitteilt, es gebe in seinem Bezirk im Besitz der Demokraten ganze dreißig Gewehre und nur sehr wenig Patronen – können sie als ausgesprochen entmutigend bezeichnet werden.

Was dem Komitee sonst zugeht, sind Listen über Listen mit Namen ehemaliger Generale und Generaladjutanten, aus denen überhaupt nicht ersichtlich ist, inwieweit und ob mit ihnen Verbindungen bestehen. Dazu die Namen und Anschriften ehemaliger Offiziere der Nationalgarde und der Kanonier-Kompanien, über deren politische Einstellung man ebenfalls auf Vermutungen angewiesen bleibt.

Ungeachtet dieser mageren Ergebnisse bestürmt das GD die Mitglieder des Komitees mit Anfragen und Anforderungen. In einer *Hauptinstruktion über das, was zu geschehen hat,* unterstreicht es die Wichtigkeit der Besetzung des Schatzamtes, der Münze, der Hauptpost, der Ministerien und der Lebensmittelmagazine. Außer den Gebäuden, in denen der Rat der Fünfhundert und der Rat der Alten tagten, müsse man sich des Louvre, der Kanonen bei den Feuillants, des Pulvermagazins von Grenelle und der Zufahrtsstraßen nach Paris bemächtigen.

In hilfloser Verlegenheit lassen die Mitglieder des Komitees diesen Ansturm von Forderungen über sich ergehen. Als Soldaten sind sie gewohnt, taktische Aufgaben mit dem Einsatz bestimmter, operativer Einheiten zu verbinden und Pläne auszuarbeiten, bei denen Fähnchen auf der Karte die Stelle von Halb-Brigaden und Bataillonen vertreten. Hier gibt es nichts dergleichen. Nicht eine einzige Kompanie, die als geschlossene Einheit zur Verfügung stände und um die man versuchen könnte, die sonst noch vorhandenen Kräfte zu gruppieren.

So wiederholt sich auf allen Sitzungen des Militärausschusses ungefähr der gleiche Vorgang. Man kommt zusammen, begrüßt sich, spricht über dies und jenes, erkundigt sich, ob etwas Neues vorliege und trennt sich schließlich, ohne etwas beschlossen zu haben.

Auch an sonstigem Ärger fehlt es nicht. Ihr erster Quartiergeber, der Sattler Reys, zeigt sich gekränkt, als man ihn nicht an den Sitzungen des Komitees teilnehmen läßt. Aus konspirativen Gründen ist man genötigt, in die Wohnung von Clerex zu übersiedeln. Hier erlaubt sich Darthé, der dem Komitee überhaupt nicht angehört, in offenem Widerspruch zu den Instruktionen, den capitaine Pêche von der Polizeilegion zu einer der Sitzungen mitzubringen. Worauf sich anschließend vor allem Rossignol und Massard über diese «Indiskretion» empört äußern.

Ihre Verlegenheit, mit den vorhandenen Mitteln einen militärisch brauchbaren Plan auszuarbeiten, macht sich am 5. Mai in einem Schreiben an das GD Luft, hinter dessen gewollter Forsche nur zu deutlich ihre Ratlosigkeit zu erkennen ist.

Angenommen, erklären die Mitglieder des Komitees, der Aufstand breche aus: wie uns gleichzeitig mit den Truppen vereinigen oder die Truppen mit uns? Durch welchen «elektrischen Draht» eine gleichzeitige Bewegung auslösen? Das wären wesentliche Punkte, über die es notwendig sei, dem Komitee volle Aufklärung zu geben und alle Zweifel zu beseitigen.

Nach ihrer Ansicht, und sie seien sicher, daß diese Auffassung vom GD geteilt werde, laufe alles darauf hinaus, durch «die Auflehnung der Truppe oder zumindest eine Meuterei wie in der Courtille – aber kombiniert mit unseren Plänen – das Zeichen zum Aufstand» zu geben.

Also zunächst eine Meuterei. Sie ist der Punkt des Archimedes, der die Welt aus den Angeln heben soll. Aber, und damit wendet sich das Schreiben von den Hypothesen wieder den Tatsachen zu, das Komitee sehe sich außerstande, eine solche Voraussetzung zu schaffen. «Wir können die Truppe nicht zur Desertion bewegen, da wir, wie Ihr wißt, in keiner Weise über die dazu erforderlichen Geldmittel verfügen. Wenn Ihr sie uns zukommen ließet, könnten wir Helfer finden. Prüft und überlegt genau, inwieweit eine Gehorsamsverweigerung der Truppe die beste Voraussetzung für den Aufstand bildet und seid überzeugt, daß viele Menschen, auf die wir zählen, die Meinung vertreten, es gebe nichts zu machen, falls die Truppe nicht vorweg marschiere.»

Der Bericht schließt, um das Maß der Entmutigung voll zu machen, mit der Mitteilung, daß Hervieux und Marigny, die Leiter der Militärtransporte im Lager Grenelle, die versprochen hätten, Pulver und Pferde zu liefern, trotz zweier Besuche nicht zu erreichen gewesen seien. Man müsse ihnen jemand schicken. «Ihr wißt, wir sind nur zu viert und es ist notwendig, bald in den faubourg Antoine, bald nach Grenelle zu laufen; wie sollen wir das allein überhaupt schaffen?»

Am gleichen Tage, an dem dieser Brief eingeht, erreicht das GD eine weitere Hiobsbotschaft. Ein Soldat, der über einen Verbindungsmann in den *Bains chinois* Material erhalten und mit Lepeletier in Verbindung gestanden habe, sei verhaftet. Er sitze in Einzelhaft und werde strengen Verhören unterzogen. Man müsse sofort feststellen, wen er kenne und ob er nicht auch bei Didier und anderen gewesen sei.

Das Schreiben des Militärausschusses und diese Nachricht hätten genügen müssen, dem GD reichlich Stoff zum Nachdenken und zur

Überprüfung der geplanten Aktion zu geben. Statt dessen läßt Babeuf am 6. Mai Fyon, Germain und Massard zu einer Rücksprache kommen, bei der er sie wegen ihrer «Bauchschmerzen» gehörig ins Gebet nimmt; worauf sie, merkwürdig genug, mit erneutem Eifer an die Arbeit gehen.

Davon, daß sich eines der Mitglieder des Komitees und noch dazu der einzige aktive Offizier unter ihnen, offenbar stillschweigend beurlaubt hat, ist überhaupt nicht die Rede.

Niemand fragt: was ist los mit Grisel? Und vor allem: wer ist Grisel?

5

Wer ist Grisel? Niemand in der Parteileitung scheint sich der Mühe unterzogen zu haben, sich ein wenig näher mit seiner Vergangenheit zu befassen.

Georges Grisel, Sohn eines Flickschneiders aus Abbeville in der Picardie, war bei seinem Vater in die Lehre gegangen, bis ihn mit achtzehn Jahren die Abenteuerlust packte und er nach La Rochelle durchbrannte, um sich beim Infanterieregiment Royal-Comtois anwerben zu lassen, wo man Soldaten für eine Aktion gegen Gibraltar brauchte. Doch der Friede von 1784 macht ihm einen Strich durch die Rechnung; als verabschiedeter Soldat muß er nach Abbeville an den häuslichen Herd zurück.

Wiederum hält es ihn nicht lange in der verhaßten Werkstatt. Diesmal flieht er, die väterlichen Ersparnisse ungefragt als Reisekasse entleihend, nach Paris. Aber die Großstadt zeigt dem mittellosen, mit keinerlei sonderlichen Fähigkeiten begabten Schneidergesellen kein freundliches Gesicht. Um leben zu können, muß er in seinem Beruf arbeiten, und so schlägt er sich comme ci, comme ça durch, bis ihm im September 1791 die Aufstellung der Freiwilligen-Verbände Gelegenheit bietet, in das Bataillon der Somme einzutreten.

Mit Zähigkeit klammert er sich an das Metier des Soldaten, für das er, rein äußerlich, wegen seiner schwächlichen Konstitution und anfälligen Gesundheit wenig tauglich erscheint. Seine Ausdauer läßt ihn Karriere machen. Allmählich erklimmt er Sprosse um Sprosse der militärischen Stufenleiter. Er wird Korporal, Feldwebel, Leutnant und im Dezember 1793 Hauptmann. Nach drei

Jahren Dienst bei der Nordarmee wird er 1794 zur 38. Halb-Brigade nach Marly und von dort als capitaine à la suite nach Grenelle versetzt, wo ihm ein glücklicher Zufall einen Posten als Rapportführer beim Militärgericht in der *Ecole militaire* verschafft.

Doch die Schreibstubenarbeit füllt ihn nicht aus. Während der langweiligen und langwierigen Verhandlungen, bei denen es meist um unbezahlte Rechnungen, falsches Geld, Alimente oder Wirtshausschlägereien geht, hat er Zeit, seinen Gedanken nachzuhängen. Zum Greifen deutlich spürt er, an einem toten Punkt angelangt zu sein. Solange er hier festsitzt, wird er niemals Gelegenheit haben, sich auszuzeichnen und es, wie viele seiner Kameraden, zu Rang und Ansehen zu bringen; wenn nichts geschieht, wird er niemals zu Geld kommen und ewig in der trostlosen Misere seiner unerfüllten Wünsche stecken bleiben. Denn dieser Grisel hat Wünsche, vor allem den einen, nach oben zu kommen, und das Hungerleben eines Proletariers – wie es die auf ihren Sold angewiesenen Offiziere zu führen gezwungen sind – mit dem guten Leben und dem sicheren Wohlstand, von dem er träumt, zu vertauschen.

Er ist nicht dumm, er ist rede- und schreibgewandt, er hat Phantasie, vielleicht sogar ein wenig zuviel, und den verbissenen Ehrgeiz des im Leben zu kurz Gekommenen. Warum sollte nicht auch ihm eines Tages das Glück den Steigbügel halten und ihm helfen, im Galopp die vor ihm liegenden Hürden zu nehmen? So ist er unentwegt auf der Suche nach etwas Neuem, etwas Unerwartetem und Einmaligem, das ihm eine glänzende Laufbahn eröffnen soll.

Als Monnier ihn mit Darthé bekanntmacht, bleibt er zunächst zurückhaltend und skeptisch. Irgendein Jakobiner, denkt er. Doch Darthés selbstbewußte Art verfehlt nicht, Eindruck auf ihn zu machen. Bereitwillig schreibt er den *Brief des Franc-Libre*, bedankt er sich überschwenglich für die Ehre seiner Ernennung zum *agent secondaire*. Er sieht sich gedruckt, gelesen und anerkannt, denn man reißt sich um seine Broschüre. Aber er denkt nicht daran, sich zu exponieren. Er hat seinen Beitrag geliefert; wenn die Stunde schlägt, wird man ihn nicht übergehen können. Bis dahin wartet er ab. Er schützt dienstliche Obliegenheiten vor, und während zweier Wochen, bis zu dem Tage, an dem ihn ein Unbekannter aus der *Ecole militaire* zu der Sitzung in der Grande-Truanderie abholt, bleibt er den *Bains chinois* fern, macht er sich unsichtbar, als sei er in der Versenkung verschwunden.

Das Versagen der Partei bei der Meuterei in der Polizeilegion und das uferlose Gerede auf den Sitzungen des Militärausschusses sind übrigens ganz dazu angetan, seine ohnehin niemals hellodernde Begeisterung für die Sache der Gleichen vollends abzukühlen. Selbst Schneider von Beruf, kann er sich beim besten Willen nicht vorstellen, daß ausgerechnet von einer Schneiderwerkstatt im dritten Stock eines Hinterhauses der rue Babille die Eroberung von Paris und ganz Frankreichs ausgehen soll.

Wenn er bisher geglaubt hatte, die *Partei der Gleichen* verfüge über einen umfangreichen Apparat, über Querverbindungen zu den höchsten Stellen in der Regierung und natürlich über erhebliche Geldmittel, so muß er jetzt mit bestürzender Klarheit erkennen, daß er es mit Leuten zu tun hat, die noch schlechter daran sind, als er selbst. Der General Rossignol ist so arm, daß er sich nur durch den Verkauf seiner Habseligkeiten über Wasser halten kann und froh wäre, in seinem erlernten Beruf als Goldschmied Arbeit zu finden. Massard hat nicht einmal genug Geld, sich seine Stiefel, die es dringend nötig hätten, besohlen zu lassen.

Der Gedanke, auf die falsche Karte gesetzt und damit seine Stellung, das einzige, was er besitzt, völlig nutzlos gefährdet zu haben, erregt ihn bis zu fieberhaften Tränen des Mitleids mit sich selbst und Wutausbrüchen auf diejenigen, die ihn in eine solche Lage gebracht haben. Je mehr er sein künftiges Verhalten überdenkt, um so klarer wird ihm, daß es mit einem bloßen Wegbleiben von den Sitzungen des Ausschusses nicht sein Bewenden haben kann. Mit einem Gefühl panischen Schreckens sieht er bereits Darthé und Germain in der *Ecole* auftauchen, um ihn drohend an seine Pflichten zu erinnern. Wie sich dann verhalten? Was ihnen sagen? Und was soll aus ihm werden, wenn die Polizei das GD verhaftet und sein Name, der Name Grisel, in den Listen der Partei entdeckt wird?

Das Beste, und zugleich die einzige Möglichkeit, sich geschickt und mit heiler Haut aus der Affäre zu ziehen, wäre, die ganze Geschichte auffliegen zu lassen. Aber wie? Und wem sich entdecken? Sein Freund, Leutnant Montion, oder sein unmittelbarer Vorgesetzter, der Bataillonskommandant Degean, hielten ihn bestimmt für verrückt, gäbe er sich ihnen als Verfasser des *Franc-Libre* zu erkennen.

Nein, überlegt er weiter, so geht es nicht; er muß sich an eine höhere Stelle, an eine Stelle, die auch politischen Einfluß besitzt, wenden, sonst ist er verraten und verkauft. Er wird sich, beschließt er seinen Gedankengang, an die höchste Stelle wenden, die es gibt, an den amtierenden Präsidenten des Direktoriums [200]. Dies ist, turnusmäßig seit dem 30. April, Carnot. An ihn schreibt Grisel am Morgen des 2. Mai unter dem Namen Armand einen unverfänglichen Brief, in dem er um eine Audienz ersucht.

Sie wird ihm überraschend schnell gewährt. Bereits am Abend des 4. Mai, um neun Uhr, empfängt der Bürger Direktor im Luxembourg den Bürger Armand, der nicht zögert, alsbald sein Pseudonym zu lüften.

Carnot, trotz seines frostig distanzierten Wesens, das jede Vertraulichkeit ausschließt, gibt sich Grisel gegenüber leutselig und aufgeschlossen. Er hat beim Anblick dieses verzweifelten Menschen sofort erkannt, daß er nichts tun darf, was ihn noch mehr erschrekken oder verschüchtern könnte.

So hört er in voller Ruhe an, was der von fiebriger Erregung geschüttelte Mensch vorzubringen hat. Und Grisel erleichtert sein Herz. Er erzählt alles, alles, alles. Plötzlich zeigt sich, daß sein Gedächtnis zuverlässig und getreu alle Namen der Verschworenen aufbewahrt hat. Er läßt nichts aus. Angefangen von der zufälligen Begegnung mit seinem alten Freunde Mugnier, der ihn mit Monnier bekanntmachte, bis zu der Sitzung, an der Darthé, Germain, Babeuf, Didier, Buonarroti, Fyon, Rossignol und Massard teilgenommen haben, verrät er alles, was er weiß. Selbst bloße Komparsen wie Reys und Clerex läßt er nicht aus. Ja, er nennt auch solche, von denen er nur hat sprechen hören wie Drouet, der dazu bestimmt sei, «an der Spitze des Aufstandes» zu stehen oder Félix Lepeletier, der «mitsamt seiner Familie» für die erforderlichen Geldbeträge sorge.

Carnot hört zu, ohne eine Miene zu verziehen. Nur einmal, als Grisel auf seine eigenen Sünden zu sprechen kommt und gesteht, Franc-Libre in Person zu sein, kann Carnot nicht an sich halten. Der Gedanke, sich diesen Grisel, der wie ein Häufchen Unglück vor ihm hockt, als einen die Brandfackel schwingenden Terroristen vorzustellen, hat für ihn etwas unwiderstehlich Komisches.

Als Grisel geendet hat, bittet er ihn, der Ordnung halber, seine Angaben schriftlich zu fixieren. Aber Grisel hat an alles gedacht und «eine Art Konzept» mitgebracht, das er Carnot aushändigt. Dieser liest es und findet es gut. Die Audienz ist zu Ende.

Von nun an rollt die Kugel, von der niemand weiß, in welchem Feld, ob rot oder schwarz, ihr Lauf enden wird. Carnot präsentiert Grisel am nächsten Abend seinen Kollegen im Direktorium, mit Ausnahme von Barras, dem er nicht traut. Grisel, der sich bereits in seine Rolle als Retter der Nation einzuleben beginnt, erhält den Auftrag, die Spuren der Verschwörung unablässig weiter zu verfolgen; wegen seines Dienstes solle er sich keine Gedanken machen; er werde von seinen dienstlichen Obliegenheiten solange befreit, als es die Aufgabe erfordere, der er sich zu widmen unternommen habe.

Grisel verabschiedet sich in bester Laune, um sich, zufrieden mit sich und der Welt, auf den Heimweg zu begeben. Durch den dunklen Garten des Luxembourg bis zur Straße soll ihn der Kommandant der Wache, Blondeau, begleiten. Plötzlich fährt ihm siedend heiß ein Schreck in die Glieder. Dieser Blondeau! Sollte es am Ende der gleiche Blondeau sein, von dem unlängst auf einer Sitzung des Militärausschusses die Rede war? Wie, wenn er auf den Gedanken käme, ihn im Schutze der Nacht umzulegen? Und Grisel taucht, ohne ein Wort des Abschieds, in der Dunkelheit unter, welchen Vorfall der erstaunte und nichtsahnende Blondeau kopfschüttelnd den Direktoren meldet.

An den Polizeiminister richtet Grisel am 6. Mai ein erstes, noch mit Armand unterzeichnetes Schreiben. Der Erfolg seiner Arbeit sei im höchsten Maße davon abhängig, daß seine Person absolut im Hintergrund bleibe. Er werde den Minister über alle Vorkommnisse und Einzelheiten ständig auf dem laufenden halten, sobald er sich mit ihm abgesprochen habe. Cochon empfängt ihn noch am gleichen Abend.

Grisel kommt nicht mit leeren Händen. Er übergibt Cochon einen ersten Bericht, der wertvolle Ergänzungen seiner Angaben enthält. Bei Darthé habe er den capitaine Pêche vom 3. Bataillon der Polizeilegion getroffen, der sich bereit erklärt habe, den Aufständischen aus einem ihm anvertrauten Depot dreihundert Gewehre zu überlassen. Um Babeufs Wohnung zu ermitteln, sei er Massard, der zu ihm wollte, heimlich bis in die rue de la Grande-Truanderie gefolgt; leider habe er das Haus, in das er gegangen sei, nicht genau ausmachen können.

Die Verhandlungen des GD mit dem *comité montagnard*, dem die ehemaligen Konventsmitglieder Lefranc (dessen Mandat Grisel frei erfindet), Ricord, Laignelot und Robert Lindet angehörten, machten Fortschritte. Er habe eine gemeinsame Zusammenkunft aller Verantwortlichen vorgeschlagen. Wenn sie stattfinde, sei der Augenblick gekommen, «das Netz auszuwerfen und einzuziehen». Als weitere Verschwörer habe er im Laufe des Tages die Namen der Generale Vachot, Dutertre und Lamy nennen gehört.

Cochon und Grisel verstehen sich ausgezeichnet. Der Minister kann mit seinem Mitarbeiter zufrieden sein. Dennoch, meint er, dürfe nichts überstürzt werden. Von entscheidender Bedeutung sei es, worauf auch Carnot den allergrößten Wert lege, sich zugleich mit der Person der Verschwörer ihrer Papiere zu bemächtigen. Ohne unumstößliche Beweise gegen sie in der Hand zu haben, müsse Carnot, zumal streng genommen die Polizei nicht in sein Ressort falle, damit rechnen, daß sich die Angeklagten in Ankläger verwandelten, die zweifellos bei der Opposition Unterstützung finden würden.

Grisel sei, vermutlich als einziger, in der Lage, an das Material der Verschwörung heranzukommen. Um seine Aufgabe zu erleichtern und notwendige Auslagen begleichen zu können, stelle er ihm aus dem Geheimfonds seines Ministeriums eine erste Anweisung auf 10 000 livres in Assignaten – in klingender Münze dreißig Silberfrancs – zur Verfügung.

Und Grisel macht sich an die Arbeit. Kaum aus dem Polizeiministerium zurück, schreibt er noch in der gleichen Nacht einen ausführlichen Brief an das GD.

Seit drei Dekaden habe er vergeblich im Lager von Grenelle nach einem vertrauenswürdigen Mitarbeiter Umschau gehalten. Ein glücklicher Zufall habe ihn endlich einen Vertrauensmann finden lassen, durch den er hoffen könne, an weitere Kreise heranzukommen. Bei einer Flasche Wein habe er sich mit seinem Kameraden, Leutnant Montion, ausgesprochen, wobei sie festgestellt hätten, daß ihre politischen Ansichten völlig übereinstimmten.

Sein Freund werde noch heute mit drei guten Freunden zusammenkommen; er werde ihnen – dies sei wesentlich – versichern, er sei schon mit dreihundert Mann im Einverständnis. Um jedem Verrat vorzubeugen, sollten sich immer nur vier als Mitglieder einer Gruppe untereinander kennenlernen. Bald werde ein kleiner Kern von fünfzehn bis zwanzig Freunden, unter ihnen leider nur drei Offiziere, da diese am wenigsten ansprechbar seien, für die Sache der

Gleichen gewonnen sein. Er habe vor, jedem von ihnen tausend francs, um die Soldaten bearbeiten zu können, zur Verfügung zu stellen.

Um die erforderlichen Beträge locker zu machen, habe er bei einem seiner Brüder in Abbeville 35 000 livres in Assignaten, die dieser für ihn aufbewahre, brieflich angefordert. Sein Vetter Ponticourt, Notar in der rue Sainte-Croix-de-la-Bretonnerie, der sehr reich sei und obendrein ein großer Royalist, habe sich bereiterklärt, ihm 10 000 livres für eine neue Uniform, die er dringend benötige, zu leihen.

Und er unterzeichnet, ohne sein Meisterwerk noch einmal zu überlesen, schwungvoll: Franc-Libre.

6

Die von Fyon und Rossignol am Schluß der Sitzung vom 30. April erhobene Forderung nach einem Zusammengehen mit dem *comité montagnard* droht, wie ein Rohrkrepierer, die Einheit der Partei zu sprengen.

Bisher hatte das GD einmütig die Auffassung Babeufs, «man brauche neue Leute», geteilt. Es änderte seine Einstellung auch dann nicht, als die Regierung sich entschloß, eine Reihe ihr unbequemer ehemaliger Konventsmitglieder aus Paris auszuweisen [201]. Erst nach dem Scheitern aller Hoffnungen auf einen Aufstand der Polizeilegion sah es sich erneut vor die Frage gestellt, ob eine Erweiterung seiner Basis durch einen Zusammenschluß mit den Führern des einstigen Berges zweckmäßig sei [202].

Das *comité montagnard*, dem Ricord, Laignelot, Choudieu, Amar, Huguet, Javogues und das ehemalige Mitglied des Wohlfahrtsausschusses, Robert Lindet, angehören, verfügt damit über eine Reihe der Öffentlichkeit wohl vertrauter Namen. Hinzu kommt, daß in der Partei nicht nur Fyon und Rossignol sich unbedingt für eine Vereinigung mit dem Komitee aussprechen, sondern daß auch Drouet, auf dessen Beteiligung es dem GD entscheidend ankommt, der Vereinigung der beiden Gruppen zuneigt.

Doch immer noch zögert die Partei, den entscheidenden Schritt zu tun. Die Unsicherheit und Ratlosigkeit in dieser Frage erreichen ihren Höhepunkt als Germain, nach einer Aussprache mit Ricord und Laignelot, dem GD am 3. Mai ein offizielles Bündnisangebot des *comité montagnard* überbringt.

Was tun? Ein Beschluß muß gefaßt werden. Noch einmal prallen auf einer stundenlangen, stürmischen Vollsitzung des GD die Meinungen heftig aufeinander.

Debon macht sich zum Sprecher der Richtung, die jedes Zusammengehen mit den Montagnards unbedingt ablehnt. Die *Partei der Gleichen* könne unmöglich mit jenen paktieren, die am 9. Thermidor in verhängnisvoller Verblendung den Sturz Robespierres und seiner Anhänger bewirkt, die Herrschaft der Aristokratie wieder errichtet und dem Royalismus neue Hoffnungen erweckt hätten. Mit den Führern des Berges werde der alte Parteihader wieder aufleben. Nach seiner Meinung sei sogar eine «völlige Untätigkeit» der vorgeschlagenen Vereinigung vorzuziehen.

Seine Haltung erregt im GD stürmischen Protest. Darthé geht soweit, Debon der Feigheit zu beschuldigen, und dieser, obwohl nicht überzeugt, schweigt schließlich, als er sieht, daß er mit seiner Meinung allein bleibt.

Das GD will den Erfolg, einen Erfolg um jeden Preis [203]. Und so fügt das GD den vielen Widersprüchen, zu denen die Verhältnisse und die Macht der Umstände es treiben, einen weiteren, überaus folgenschweren hinzu: es beschließt die Vereinigung mit den Abgeordneten des Berges, mit einer Gruppe, die das soziale Programm der Partei in Bausch und Bogen ablehnt.

Als einzige Sicherung, um sich nicht völlig mit gebundenen Händen auszuliefern, beschließt man, die Vereinigung von Bedingungen abhängig zu machen, die es der Partei ermöglichen sollen, ihren Einfluß auf die weitere Entwicklung auch nach dem Aufstand zu behalten.

Man einigt sich auf drei Punkte:

Der Einberufung des Konvents wird zugestimmt. Er soll sich aus den im Brumaire von der Wiederwahl ausgeschlossenen 68 Abgeordneten und je einem Demokraten für jedes Departement, die das GD benennt, zusammensetzen.

Die Verfügungen über die sozialen Hilfsmaßnahmen des Artikels 18 der *Aufstandsakte* seien unverzüglich in Kraft zu setzen.

Der Konvent habe die am Tage des Aufstandes vom Volk beschlossenen Dekrete als für sich verbindlich anzuerkennen und zu befolgen.

Am Morgen des 4. Mai erscheint Ricord als Abgesandter des Komitees der Montagnards zu einer Besprechung mit dem GD in der Grande-Truanderie.

Babeuf begrüßt Ricord, der politisch wenig hervorgetreten ist und gegen den selbst von Demokraten strengster Observanz kaum Einwände erhoben werden können, mit einer ausführlichen Rede. Er gebe offen zu, man sei ursprünglich entschlossen gewesen, sich aller Angehörigen der vorangegangenen Nationalversammlung zu begeben. Um ganz ehrlich zu sein, müsse man aussprechen, daß ein Hauptvorwurf gegen die Montagnards darin bestehe, daß sie sich ihrer Aufgabe nicht gewachsen gezeigt hätten und daß man befürchten müsse, mit ihrer Rückkehr zur Macht die alten Zwistigkeiten und Fraktionskämpfe wieder aufleben zu sehen.

Erst in den letzten Tagen habe man sich, um ein unheilvolles Gegeneinander zu vermeiden, zu einem gemeinsamen Vorgehen mit ihnen entschlossen. Dieser Beschluß sei aber an eine Reihe von Bedingungen geknüpft, die er ihm mitzuteilen habe. Würden sie angenommen, wolle man alles Vergangene auf sich beruhen lassen und in völliger Eintracht am Sturz der Tyrannei zusammenarbeiten.

Ricord zeigt sich in seiner Antwort umgänglich und entgegenkommend. Er gebe zu, daß ein Teil der ehemaligen Abgeordneten das ihnen gezeigte Mißtrauen verdiene. Er macht auch keine Schwierigkeiten, als das GD seinen Bedingungen noch zwei weitere hinzufügt, die die Ausweisung der seit dem 9. Thermidor zurückgekehrten Emigranten und die Ungültigkeit aller seit diesem Tage erlassenen Gesetze und Verordnungen vorsehen. Was ihre Bedingungen angehe, müsse er die Zustimmung seiner Kollegen im Komitee einholen.

Man trennt sich im besten Einvernehmen. Im GD glaubt man sich bereits über den Berg und seiner Sache so sicher, daß man sogleich die Liste der Demokraten, die den Konvent ergänzen sollen, aufzustellen beginnt.

Die Stimmung im GD schlägt jäh um, als Ricord am nächsten Morgen die Ablehnung der vorgeschlagenen Bedingungen überbringt. Sie seien unannehmbar und für das Komitee einfach eine Zumutung. Die Ergänzung des Konvents durch ernannte und nicht gewählte Abgeordnete bedeute einen klaren Verstoß gegen die Volkssouveränität. Ebenso ausgeschlossen sei, daß sich der Konvent von vornherein Beschlüssen der Aufständischen unterwerfe. Dagegen sei das Komitee bereit, dem GD die vollziehende Gewalt zu übertragen und seine Angehörigen zu Mitgliedern eines nach dem Aufstand zu bildenden Vollzugsrates zu ernennen.

Also ein Ministerium Babeuf, dazu ausersehen, ihn und seine Mitarbeiter vom «Ruder der Gesetzgebung» gänzlich zu entfernen und sie zu bloßen Befehlsempfängern des Konvents und seiner Ausschüsse zu degradieren [204].

Die Antwort, mit der das GD Ricord entläßt, zeugt von unbeugsamer Härte. Eher wolle man durch die Hand der eigenen sich verraten glaubenden Anhänger umkommen oder der Regierung in die Hände fallen, als das Volk jenen auf Gnade und Ungnade ausliefern, die es am 9. Thermidor verraten hätten. Solange es keine Sicherheit gebe, die bestehende Unterdrückung nicht gegen eine neue, nicht weniger verabscheuenswerte einzutauschen, sei an ein Zusammengehen nicht zu denken.

Der Hinweis auf die bedrohliche Stimmung im eigenen Lager ist kein leeres Gerede. Seit dem 3. Mai schweigt das GD. Erst am Abend des 5. Mai erreicht die Instrukteure eine neue Botschaft. Das GD begründet sein Stillschweigen mit «langen Vorbereitungsarbeiten», die seine ganze Zeit in Anspruch genommen hätten. Man könne noch nicht den genauen Zeitpunkt angeben, an dem Sturm geläutet werde. Der Augenblick sei nicht mehr fern. Die Klugheit gebiete zu warten. Man dürfe sich nicht zun unüberlegten Schritten hinreißen lassen.

Aber mit solchen Überlegungen ist die Unruhe, das wachsende Unbehagen der Funktionäre über die ihnen unverständliche Haltung des GD nicht mehr zu beschwichtigen, zumal auch die beiden nächsten Tage vergehen, ohne daß etwas geschieht. Auch im Militärausschuß fallen an diesen Tagen die Sitzungen aus. Alle Anzeichen sprechen für eine ernste Krise des Vertrauens. In dieser Lage entschließt sich das GD am 7. Mai, seine Karten aufzudecken und in einem ausführlichen Rundschreiben die wahren Gründe seines Zögerns einzugestehen.

Seit einigen Tagen sei die Sprache das GD weniger fest, weniger entschieden, beinahe schwankend. Und dies zu einem Zeitpunkt, in dem die Demokraten und die Masse des Volkes auf das Zeichen zum Kampf warteten. Nicht weniger als alles stehe auf dem Spiel. Man müsse daher sicher sein, daß die Macht aus den Händen der Verbrecher in die Hände der wahren, reinen und absoluten Demokraten übergehe. «Wie aber dies bewerkstelligen? Darin liegt die Schwierigkeit, die uns aufgehalten hat und noch aufhält: es ist die Diskussion dieses heiklen Punktes, die uns gezwungen hat, bereits mehrere für den Erfolg des Kampfes wertvolle Vorteile vorbeigehen zu lassen. Die Schlacht zu gewinnen bedeutet nichts, wenn wir nicht sicher sein können, aus dem Siege Vorteil zu ziehen.»

Dies sei der Grund, warum das GD sich entschlossen habe, wie es die erste Fassung der *Aufstandsakte* vorsehe, an die Stelle der gegenwärtigen «tyrannischen Autorität» eine «aus den energischsten und erprobtesten Demokraten zusammengesetzte Nationalversammlung» treten zu lassen. Diese Versammlung hätte den Auftrag erhalten, gemeinsam mit der Leitung des Aufstandes, «die Revolution zu beenden und das Glück aller zu sichern».

«Eine Fülle von Umständen», fährt das Rundschreiben fort, «hat uns dazu geführt, anzunehmen, daß wir stärker und des Erfolges sicherer wären, wenn wir die geächteten Abgeordneten des ehemaligen Berges zurückriefen, jene, die nicht an der Verletzung der Verfassung von 1793 teilgenommen haben und nur der Gewalt gewichen sind. In den Augen der Demokraten bildeten sie die legale Autorität, die das Volk niemals abberufen hatte und die folglich weiterbestand. Wir verheimlichten uns indes nicht, daß dieser Teil des Konvents beinahe ebenso schuldig war wie der Rest ... und daß die meisten dieser Abgeordneten obendrein die Würdelosigkeit besessen hatten, Stellen aus der Hand der Regierung anzunehmen. Aber zwingende Gründe, die wir Euch – ebenso wie dem Volk – später enthüllen werden, haben uns genötigt, einen Augenblick über diese Umstände hinwegzusehen ...»

Bei näherer Überlegung sei man übereingekommen, die 68 als «die am wenigsten unsauberen Reste des Konvents» zurückzurufen und ihnen eine Anzahl von etwa hundert einwandfreien Demokraten aus den Reihen der Partei beizugesellen. Ein neues Manifest in einer Auflage von 50 000 Exemplaren sei bereits in Auftrag gegeben worden, als plötzlich, man sollte es nicht für möglich halten, das *comité montagnard* sich besonnen und seine Zustimmung zu der getroffenen Absprache zurückgezogen habe.

«Das ist es, offen heraus, was uns aufgehalten hat. An diesem Punkte halten wir noch: diese ehrenwerten Bergparteiler halten uns in der Schwebe; und während sie im Interesse ihres Ehrgeizes oder ihres Hochmutes um den Preis ihrer Beteiligung feilschen, machen sie sich wenig daraus, ob das Vaterland Gefahr läuft zugrundezugehen. Es ist bedauerlich, wir wiederholen es, daß Umstände, über die wir uns gegenwärtig nicht auslassen können, uns zwingen, uns ihrer nicht begeben zu können.»

Sollte daher das GD, selbst gegen seine Überzeugung, zum Nachgeben gezwungen sein, so gelte hiermit für alle Mitarbeiter als eine der «wichtigsten Instruktionen» die Aufforderung, im Falle des Aufstandes dem GD mit einem Massenaufmarsch der Aufständischen zu Hilfe zu kommen, «um den glücklichen Ausgang des Aufstandes zu sichern, und dem zu neuem Leben erstandenen Konvent den Willen des Volkes begreiflich zu machen, und den Vollzug der totalen Erneuerung, die man vornehmen muß, zu garantieren».

Das Rundschreiben ist noch nicht abgegangen, als Darthé gegen neun Uhr abends eintrifft, um dem GD über eine neue Rücksprache mit dem *comité montagnar*d Bericht zu erstatten. Er bringt gute Nachrichten. Nach heftigen Debatten habe das Komitee, vor allem dank Lindets Haltung, seinen früheren Beschluß aufgehoben und stimme nunmehr allen Bedingungen der Partei für eine Zusammenarbeit zu.

Doch das GD zieht sein Rundschreiben nicht zurück. Es begnügt sich damit, seine Instrukteure in einer Nachschrift von der Schwenkung des Komitees zu unterrichten und unterstreicht die bereits an sie ergangene Weisung, dem Konvent durch eine bewaffnete Massendemonstration «den Willen des Volkes begreiflich zu machen».

Wie Babeuf in einer handschriftlichen Notiz vermerkt, beschließt das GD darüber hinaus, die Macht nach geglücktem Aufstand nicht aus der Hand zu geben. Man werde solange «in Permanenz» tagen, bis «die neue Revolution gesichert und gefestigt» sei. Das GD werde die provisorische Regierung der Republik bilden und frühestens nach drei Monaten, wenn «die öffentliche Meinung auf der erforderlichen Höhe» sei, die Urwähler-Versammlungen zur Wahl einer neuen verfassunggebenden Versammlung zusammenrufen.

Auch nach getroffener Übereinkunft bleibt das Mißtrauen zwischen den Bündnispartnern bestehen. Da die Zeit fehlt, für jeden der Instrukteure eine Abschrift des Rundschreibens anfertigen zu lassen, erhält Didier den Auftrag, seinen Inhalt am nächsten Tage jedem von ihnen persönlich mitzuteilen. Seiner grundsätzlichen Bedeutung wegen, werde ihnen eine schriftliche Ausfertigung nachgeliefert.

Aber der ereignisreiche 7. Mai soll nicht ohne eine weitere Überraschung zu Ende gehen. Am Nachmittag hatten sich Massard und Grisel zu einer Sitzung des Militärausschusses in der rue Babille eingefunden. Als außer ihnen niemand erschien, war Massard, des Wartens müde, gegangen. Grisel blieb zurück, um noch ein wenig in aller Harmlosigkeit mit Clerex zu plaudern, der ihm erzählt, die entscheidende Zusammenkunft des GD mit dem *comité montagnard* werde am Abend bei Ricord, in der rue Florentin, stattfinden. Im Besitz dieser wichtigen Information hat Grisel es eilig, auf Umwegen das Luxembourg zu erreichen und dem Direktorium Meldung zu erstatten.

Man kommt überein, das Nest der Verschwörer durch ein starkes Kommando noch in der gleichen Nacht ausheben zu lassen.

Doch die Nacht vergeht in vergeblicher Erwartung. In den frühen Morgenstunden kommt die Meldung, man habe in der rue Florentin nichts Verdächtiges bemerkt und auch niemand in der Wohnung des Bürgers Ricord angetroffen.

7

In begreiflicher Unruhe macht sich Grisel in aller Frühe auf den Weg zu Darthé, um herauszubekommen, warum die Sitzung bei Ricord abgesagt wurde. Darthé ist ganz unbefangen und hat offenbar keine Ahnung von der nächtlichen Aktion in der rue Florentin. Die Verhandlungen mit den Abgeordneten seien endlich in gutem Fahrwasser, berichtet er, ohne sich lange bitten zu lassen. Eine Zusammenkunft beider Leitungen werde am Abend bei Drouet in der rue Honoré 90, in der Nähe der place Vendôme, stattfinden. Grisel solle sich gegen acht Uhr dort einfinden.

Einigermaßen beruhigt, begibt sich Grisel anschließend «auf den größten Umwegen» ins Luxembourg. Wenn Carnot die erforderlichen Befehle gebe, könne man abends gegen halb zehn sämtliche Verschwörer in der Wohnung Drouets verhaften.

Carnot ist einverstanden. In einem kurzen Schreiben teilt er Cochon mit, «der Schlag, der uns gestern daneben gegangen ist», könne heute mit besserem Erfolg wiederholt werden. Cochon solle «um elf Uhr [205] abends 150 Mann sicherer Truppen» bereithalten. Sein Bruder, Carnot-Feulins, werde sich noch, um die Einzelheiten der Aktion zu besprechen, bei ihm einfinden [206].

Gegen halb neun ist die Versammlung bei Drouet vollzählig. Von der *Partei der Gleichen* nehmen, außer dem Gastgeber, Babeuf, Buonarroti, Darthé und Didier sowie Fyon, Massard, Rossignol und

Grisel daran teil. Das *comité montagnard* ist durch Robert Lindet, Ricord, Laignelot und Javogues vertreten.

Die Zeit vergeht mit Reden. Babeuf erläutert im Namen des GD die getroffenen Maßnahmen und die Abänderung der Aufstandsakte. Auf ihn folgt Robert Lindet, der ausführlich die Gründe darlegt, die eine Einberufung des Konvents rechtfertigen. Es sei notwendig, der kommenden Revolution durch gesetzgeberische Maßnahmen einen egalitären Charakter zu geben, um ihr bei der Masse des Volkes eine breite Unterstützung zu sichern.

Als Berichterstatter des Militärausschusses nimmt Massard das Wort. Nach dem Plan des Ausschusses sollen die Aufständischen in drei Divisionen zusammengefaßt und unter Führung je eines Generals zum Sturm auf die Tuilerien, das Luxembourg und den Stab der Armee des Innern geführt werden. Nach dem Siege werde eine *armée révolutionnaire* die Verpflegung von Paris sichern und der revolutionären Propaganda in den Departements neuen Auftrieb geben.

Grisel hält es für richtig, eine persönliche Erklärung abzugeben. Er werde von seinem Onkel, dem „Aristokraten“, 10 000 livres bekommen, die am Tage des Aufstandes gute Dienste leisten würden, die Truppe unter Alkohol zu setzen.

Während er spricht, schlägt es zehn. Alles bleibt ruhig. Und während Grisel, der von Minute zu Minute das Eintreffen der Polizei erwartet, sich trotz seiner Sicherheit und erstaunlichen Suada des Gefühls, auf kleinem Feuer geröstet zu werden, nicht erwehren kann, einigt sich die Versammlung in aller Ruhe über die nächsten Schritte. Am Tage X werden sich die Abgeordneten geschlossen zu dem für die Sitzungen des Konvents vorgesehenen Gebäude begeben. Um alle notwendigen Maßnahmen zu koordinieren, soll umgehend eine gemeinsame Sitzung der Instrukteure mit dem Militärausschuß einberufen werden. In zwei Tagen, am 10. Mai, werde man sich erneut treffen, um endgültig Tag und Stunde des Aufstandes festzusetzen.

Mit diesem Beschluß endet die Sitzung. Es ist kurz vor elf. Alle gehen, bis auf Darthé, der noch einiges mit Drouet [207] besprechen will. Auch Grisel hat es eilig fortzukommen. Er läuft «sehr rasch», um sich im Luxembourg über die nicht eingehaltene Absprache zu beklagen. Carnot klärt das Versehen rasch auf. Ein Bote wird eilends abgesandt, um, wenn möglich, die Truppe noch aufzuhalten und ihr den Befehl zur Umkehr zu überbringen.

Doch es ist zu spät. Als der Bote anlangt, ist die Aktion in vollem Gange.

«Die Leute haben sich sehr ungehörig aufgeführt», beschwert sich Drouet am nächsten Tage bei Carnot; «sie haben mich fast eine Stunde im Dunkeln sitzen lassen, ohne daß es ihr Anführer für nötig hielt, mir einen Befehl zur Haussuchung vorzuweisen. Seine ganze Rede bestand darin, beim Hereinkommen zu sagen, wer sich muckse, bekäme das Bajonett in den Bauch.» Ein solches Verhalten sei um so empörender, als er dem Einbruch der bewaffneten Horde keinerlei Widerstand entgegengesetzt habe, sondern ruhig mit einem Landsmann, der sich zu Besuch bei ihm befunden habe, am Tisch sitzen geblieben sei. Seinem Kollegen Béraud, der im gleichen Hause wohne, sei es nicht besser ergangen. Der Kommandant habe sich schließlich, nicht ohne von ihm die bündige Versicherung mit auf den Weg zu bekommen, das Ganze werde noch ein parlamentarisches Nachspiel haben, mitsamt seiner Truppe unverrichteter Dinge entfernt.

Um ein Uhr weiß man im Luxembourg Bescheid. Man ist sehr beunruhigt, und auch Grisel macht sich diesmal mit sehr bedenklichen Empfindungen auf den Nachhauseweg. Einzig der Gedanke, daß die Aktion ohnehin ein Schlag ins Wasser gewesen wäre, da bei der Sitzung, entgegen seiner Erwartung, kein einziges Schriftstück zum Vorschein gekommen war, gibt ihm einigen Trost.

In dieser Nacht findet Grisel keinen Schlaf. Um fünf Uhr früh schickt er einen Boten zu Carnot mit der Aufforderung, er möge für das Lager Grenelle Ausgangssperre anordnen. Es gebe hierfür triftige Gründe, die er später erklären werde.

Anschließend begibt sich Grisel zu Darthé, der ihn mit spürbarer Zurückhaltung empfängt und wenig zum Sprechen aufgelegt scheint. Als sein Besucher in ihn dringt und wissen will, was er denn habe, entschließt er sich widerstrebend, ihm mitzuteilen, was in der Nacht geschehen ist. Grisel scheint wie vor den Kopf geschlagen. War es Verrat oder nicht? Sie überlegen lange, sprechen alle Möglichkeiten durch.

Seien nicht alle verdächtig und am meisten die, die überhaupt nicht an der Sitzung teilgenommen hätten? Wie stehe es mit Germain? Müsse man ihn überprüfen? Aber hätte nicht, wenn Verrat im Spiel gewesen wäre, die Polizei gleichzeitig in der Grande-Truanderie eine Haussuchung vorgenommen, um sich der Papiere des GD zu bemächtigen? Also sei es nicht auf Verrat, sondern eher auf die

Unsicherheit der Polizei zurückzuführen, die über keine genauen Hinweise verfüge, wenn Haussuchungen bei Ricord und Drouet stattgefunden hätten.

Grisel verläßt Darthé beruhigter als er gekommen ist. Noch ist nichts verloren. Darthé wird, davon ist er überzeugt, die gleichen Argumente, die gegen einen Verrat zu sprechen scheinen, im GD mit Erfolg vorbringen.

Mittags schreibt er an Cochon: „Um drei Uhr werde ich Darthé, Massard und andere auf der Terrasse gegenüber den Feuillants treffen. Ich soll ihnen meine drei Hauptagenten im Lager von Grenelle bringen; aber da das ganze Lager Ausgangssperre haben wird (wenigstens nach dem Vorschlag, den ich heute morgen dem Bürger Carnot gemacht habe), wird dieser Befehl für mich eine ausreichende Entschuldigung dafür sein, daß ich keinen meiner Agenten mitbringe. Wir werden zusammen speisen ... und uns um vier Uhr zu Massard begeben, der bei der Witwe Sergent wohnt, in der rue Neuve-Egalité, an der Ecke der rue des Filles-Dieu, Nummer 377 im dritten Stock, nahe bei einer Weinhandlung.»

Um Babeuf zu fassen, sollten «fünf oder sechs der sichersten und intelligentesten Agenten» von acht Uhr ab die rue de la Grande-Truanderie auf beiden Straßenseiten unter ständiger Kontrolle halten. «Ich bin sicher, daß Babeuf heute abend ausgehen wird; ich rechne sogar damit, daß er dorthin kommt, wo ich sein werde.» Und da er im Grunde den polizeilichen Spürnasen wenig traut, fügt er als Signalement hinzu: «Eine schmächtige Gestalt von 5 Fuß und 1 Zoll, mit schwarzen, rund und kurz geschnittenen Haaren; trägt einen blauen Rock mit rotem Kragen. Stiefel.»

Trotz dieses liebevollen Hinweises bemühen sich die Agenten umsonst. Babeuf bleibt in seinem Quartier. Und noch immer kennt Grisel die Nummer des Hauses nicht, in dem Babeuf sich verborgen hält und in dem sich die Dokumente der Verschwörung befinden.

Noch immer. Aber wie lange noch? Trotz der beängstigenden Vorfälle der letzten Tage, trotz aller warnenden Stimmen, die aufs entschiedenste versichern, das *bureau central* habe bereits Vollmachten erhalten, um zahlreiche Verhaftungen vorzunehmen, trotz verschärfter Überwachung aller Verkehrslokale der Demokraten, unternimmt das GD nichts, um sich gegen etwaige Überraschungen zu sichern. In verhängnisvoller Selbsttäuschung verzichtet es auf alle Vorkehrungen zu seinem Schutz.

Es tut so, als sei nichts geschehen. Keinerlei Vorsichtsmaßnahmen werden getroffen; die bisherigen Quartiere bleiben, und die geplanten Sitzungen finden, wie vorgesehen, statt.

8

In der Grande-Truanderie tagt das GD seit den Morgenstunden des 9. Mai in Permanenz. Auch unausgesprochen spüren alle, daß die Entscheidung näher und näher rückt. Alle sind müde, übernächtigt, erschöpft. Ihre Stimmen klingen heiser und angespannt. Aber sie arbeiten verbissen.

Babeuf verliest die politischen Sofortmaßnahmen, die der Konvent unmittelbar nach seinem Zusammentreten beschließen soll: die Übergabe von Nationalgütern im Wert der versprochenen Milliarde an die Soldaten; die Verteilung der restlichen Nationalgüter an das Volk und die Schaffung besonderer Verwaltungen zu ihrer Übergabe; die Erklärung, wonach alle seit dem 9. Thermidor erlassenen Gesetze und Verfügungen außer Kraft gesetzt werden und alle seit diesem Zeitpunkt erfolgten Streichungen von der Emigrantenliste zu annullieren seien.

Darthé schlägt Maßnahmen vor, die den Verwaltungsapparat betreffen. Alle Behörden seien in der gleichen Zusammensetzung wie vor dem 9. Thermidor einzuberufen, um den Verwaltungsdienst in Gang zu halten. Wer sich dieser Aufforderung widersetze, solle als Verräter betrachtet und entsprechend behandelt werden.

Anschließend wendet sich die Diskussion der Besetzung der wichtigsten zivilen und militärischen Kommandostellen zu. Zwei Demokraten aus jeder Sektion sollen gemeinsam mit den Überlebenden der «revolutionären Kommune» des 9. Thermidor den Generalrat bilden. Für die Spitze der Stadtverwaltung sind ausnahmslos erprobte Parteianhänger vorgesehen: Claude Fiquet zum Bürgermeister, Payan zum Syndikus der Stadt und Menessier zum Polizeichef. Dazu als Kommissare: Tissot für Fragen der Ernährung, Julien für die Herstellung von Waffen und Munition und Clémence für das Gebiet der Post.

Bleibt noch die Armee. An Offizieren stehen Rossignol, Fyon und andere zur Verfügung. Und natürlich Germain, den Babeuf bereits in Arras zum General beförderte. Einer von ihnen soll das Oberkommando der Armee des Innern und der bewaffneten Streitkräfte in Paris übernehmen. Gewichtige Gründe sprechen für Rossignol; aber man will sich nicht unbedingt auf ihn festlegen. Zum Stadtkommandanten wird Massard ausersehen, dem der Instrukteur Pâris als *commissaire ordonnateur*[208] zur Seite stehen soll. Man könne, «ohne Übertreibung» und ohne die zahlreiche Arbeiterschaft in Paris zu berücksichtigen, mit einer Armee von 17 000 Mann rechnen[209].

Immerhin bleibt noch ein großes Fragezeichen: wie werden die Armeen an der Front auf den Umsturz in Paris reagieren? Man wird ihnen schleunigst Bevollmächtigte schicken müssen, um sich gegen unliebsame Überraschungen zu sichern. Saliceti solle Vollmachten erhalten, um die Verräter-Generale der Italien-Armee verhaften zu lassen. An Bonapartes Stelle werde General Faure treten[210]. Auch wäre es zweckmäßig, General Hoche von der West-Armee nicht in seinem Kommando zu belassen. Einzig Jourdan erscheine vertrauenswürdig genug, um selbst die Säuberung seiner Armee «von den schlechten Offizieren» vorzunehmen.

Die Sitzung hat bereits einige Stunden gedauert. Es scheint, als sei alles gesagt. Aber Darthé ist noch nicht zufrieden. Er müsse darauf bestehen, erklärt er in seiner gewohnten Hartnäckigkeit, die Fragen des Selbstschutzes und der Strafjustiz des Volkes zu behandeln, um keinerlei Unklarheiten bestehen zu lassen. Er nehme an, daß grundsätzlich Einverständnis bestehe über eine sofortige Entwaffnung und Verhaftung aller Gegner. Jeder Widerstand sei mit Gewalt zu brechen und als Volksverrat mit dem Tode zu bestrafen.

Darüber hinaus seien bestimmte Exekutionen durchzuführen, die die Zustimmung des GD zur Voraussetzung hätten. Das Volk sei nach seinen bisherigen Erfahrungen mit Recht mißtrauisch. Man habe ohne Ausnahme alle, die sich aus eigener Verantwortung zu energischem Handeln entschlossen hätten, später vor Gericht gestellt. Er erinnere an die Prozesse gegen Carrier und Le Bon und an die Verhandlungen vor dem Revolutionstribunal wegen der Hinrichtungen im September 92 und wegen des angeblichen Mordes an Féraud. Um innerhalb der Partei Klarheit zu schaffen, habe er einige der ihm wesentlich erscheinenden Punkte aufgeschrieben.

Und gleichmütig beginnt er vorzulesen: «Die Fünf töten; die sieben Minister; den General des Innern und seinen Stab; sich des Sitzungssaales der Alten und des der Fünfhundert bemächtigen und alle, die sich dort versammeln, beseitigen.»

Darthé macht eine Pause, als erwarte er, jemand werde widersprechen. Doch niemand sagt etwas. Antonelle und Lepeletier sehen sich an, als glaubten sie, nicht recht gehört zu haben. Maréchal zuckt mit der Schulter. Er mag kein großmäuliges Geschwätz. Debon lächelt spöttisch. Er errät, was in ihnen vorgeht und genießt ihre Verlegenheit. Babeuf und Buonarroti bleiben unbewegt. Wo gehobelt wird, fallen Späne. Wozu soviel Worte verlieren über eine Handvoll Verräter?

Doch Darthé ist noch nicht fertig. Der Aufstand des Volkes müsse allgemein und absolut umfassend sein. Im Augenblick der Erhebung müsse das Volk dazu veranlaßt werden, mit seinen Feinden kurzen Prozeß zu machen. Militante Royalisten seien in ihren Häusern auszuräuchern. Es sei von unendlicher nicht zu überschätzender Wichtigkeit, unwiderrufliche Tatsachen zu schaffen. Wenn der Degen gezogen sei, müsse man die Scheide von sich werfen. Jedem Versuch zur Beschwichtigung des Volkes sei von vornherein zu begegnen. Dazu seien Handlungen, die kein Zurückweichen mehr zuließen, erforderlich.

Dem hat niemand etwas hinzuzufügen. Babeuf und Buonarroti kommen überein, im Laufe des Abends und der Nacht die erforderlichen Anweisungen für die Instrukteure abzufassen und das Material für die nächste Sitzung mit den Abgeordneten des *comité montagnard* vorzubereiten.

Alle verabschieden sich. Auf einmal haben sie es eilig, fortzukommen.

Babeuf bleibt allein zurück und betrachtet nachdenklich das Schriftstück, das Darthé auf dem Tisch liegen gelassen hat. Flüchtig geht ihm durch den Kopf, ob er nicht besser täte, es zu verbrennen. Aber er schiebt den Gedanken beiseite. Die Revolution ist grausam, denkt er. Blut und Tränen bezeichnen ihren Weg. Aber sie sind notwendig für das große Ziel.

Und behutsam nimmt er das Blatt, um es sorgfältig in seinem Archiv zu verwahren.

9

Am Nachmittag des gleichen Tages begibt sich Darthé zu Massard in die rue Neuve-Egalité, um an der gemeinsamen Sitzung des Militärausschusses mit den Instrukteuren, von denen allerdings nur die Hälfte erschienen ist, teilzunehmen.

Germain führt Protokoll.

Fiquet regt an, im faubourg Antoine, auf der Straße nach Vincennes, eine Barrikade zu errichten, um gegen die Truppen des Lagers, falls diese sich für die Regierung erklärten, geschützt zu sein. Frauen sollten den Truppen entgegengehen und sie überreden, nicht gegen das Volk zu marschieren. Aber diese Maßnahme allein genüge nicht. Für alle Fälle sei noch eine zweite Barrikade, zur Stadt hin, erforderlich, um die Soldaten, wenn sie sich nicht aufhalten ließen, im faubourg einzuschließen. In diesem Fall sei es wiederum Sache der Frauen, auf eine «noch radikalere Weise» mit den Soldaten zu fraternisieren, und sie dahin zu bringen, mit dem Volk gemeinsame Sache zu machen.

Rossignol meint, dies sei durchaus möglich. Die Stimmung der viertausend Mann im Lager von Vincennes wäre gut, ja sogar ausgezeichnet. Um den schwankenden Elementen Mut zu machen, halte er es für richtig, in Vincennes das Gerücht umlaufen zu lassen, das Lager von Grennelle habe sich bereits dem Volk angeschlossen. Umgekehrt könne man in Grenelle verbreiten, das Lager von Vincennes habe sich mit dem faubourg Antoine verbrüdert [211].

Auch Bodson betont, daß es vor allem gelingen müsse, den Einsatz geschlossener Truppeneinheiten zu verhindern. Frauen und Kinder sollten sich furchtlos unter die Soldaten mischen und sie fragen: «Was habt Ihr denn gegen uns? Haben wir nicht zusammen die Revolution gemacht?» Durch einen solchen unerwarteten Empfang würden die Soldaten, wie das das Beispiel der gardes-françaises von 89 beweise, selbst wenn man sie betrunken gemacht hätte, unsicher und könnten dem Kommando ihrer Vorgesetzten entgleiten. Auch wolle er anregen, mit Rücksicht auf die Arbeiter, den Aufstand an einem Tage ausbrechen zu lassen, an dem der Décadi mit einem Sonntag zusammenfalle.

Cazin, als ehemaliger Inspektor beim Festungsbau, macht den naheliegenden Vorschlag, sich der Höhen von Montmartre zu bemächtigen, um Paris in Schach zu halten. Durch eine Schiffsbrücke in der Gegend des Jardin des Plantes werde es möglich sein, die Verbindung zwischen den faubourgs Marceau und Antoine aufrechtzuerhalten.

Wirklich konkrete Vorschläge kommen von Moroy. Die Truppe in der Kaserne an der porte Marceau verfüge nur über eine Kanone und zwei Munitionswagen. In dem Militärgefängnis Collège-Montaigu, in der rue des Sept-Voies, säßen dreihundert Gefangene. Die

Wache bestehe nur aus fünfzehn Mann, die leicht zu überwältigen seien. Mit Hilfe der befreiten Arrestanten werde man sich der Wache im Pantheon und der übrigen Posten in der näheren Umgebung bemächtigen können.

Massard wendet ein, er wisse aus sicherer Quelle, daß bereits ein Befehl des Stabes an alle Sektionsadjutanten herausgegangen sei, wonach im Falle von Unruhen nur fünfzehn Gewehre auf jeder Wache zu belassen wären. Die übrigen seien an zuverlässige Bürger auszugeben, wobei alle, die nach dem 9. Thermidor verhaftet worden seien oder am 13. Vendémiaire dem *bataillon sacré* angehört hätten, ausgeschlossen bleiben sollen.

Pâris legt einen von General Ganier ausgearbeiteten Plan vor. Im ersten Morgengrauen müsse man sich der Gebäude, in denen die Räte tagten, bemächtigen. Die Wachen würden kaum Widerstand leisten. Die zum Carrousel und den Tuilerien führenden Straßen seien durch ausgesuchte Abteilungen zu besetzen. Desgleichen alle Brücken. Der Ministerien müsse man sich bemächtigen, um jede Verbindung zwischen ihnen und dem Direktorium abzuschneiden. Alle Ausgänge des Luxembourg, vor allem die unterirdischen, seien ebenso wie die Barrieren am Stadtrand zu bewachen.

Für den Fall, daß einzelne Abgeordnete den Versuch machten, zum Volk und zur Truppe zu sprechen, solle man in der Menge der Demonstranten einige ausgesuchte und gut bewaffnete Leute haben, mit dem Auftrag, jedem derartigen Versuch kurzerhand ein Ende zu setzen.

Man wisse bereits, daß sich «die Chouans der gesetzgebenden Körperschaften» allabendlich nach Sitzungsschluß in der rue de Clichy, in der maison Boutin, versammelten. Ein Plan dieses Hauses werde leicht zu beschaffen sein. Sie säßen dort sämtlich in der Falle. Gleichzeitig werde man sich ihrer Kasse, die sich in der rue des Vieux-Augustins 264 befinde, bemächtigen.

Nach ihm nimmt Darthé das Wort.

Der Aufstand müsse schlagartig ausbrechen. Das Läuten der Alarmglocken und Trompetensignale in den Straßen wären das Zeichen zu seinem Beginn.

In der ersten Phase sei es vordringlich, sich der Zugänge zur Stadt zu bemächtigen, die für jedermann hermetisch verschlossen bleiben müßten. Gleichzeitig seien die Telegraphenstationen Louvre und Montmartre, die Brücken sowie die gesamte Flußschiffahrt unter Kontrolle zu halten.

Nicht weniger entscheidend sei die nächste Phase. Der 13. Vendémiaire habe bewiesen, daß bei Straßenkämpfen der Besitz von Artillerie den Ausschlag gebe. Man müsse daher unverzüglich versuchen, sich in den Besitz der in Meudon und bei den Feuillants befindlichen Kanonen zu setzen.

Ein beträchtliches Waffendepot von etwa 12 000 Gewehren befinde sich im Gebäude der Feuillants unter Befehl von Lefranc. Es sei anzunehmen, daß er keinen oder nur symbolischen Widerstand leisten werde. Aber auch die Geschäfte der Waffen- und Munitionshändler seien nicht zu verachten, um die Masse zu bewaffnen. Man solle nehmen, was man finde, selbstredend gegen Quittung, die nach geglückter Erhebung eingelöst werde. Um nicht in Geldschwierigkeiten zu geraten, empfehle es sich, das Schatzamt zu besetzen und die dortigen Administratoren und Angestellten unter Aufsicht weiterarbeiten zu lassen.

Was die Haltung der Truppe anlange, dürfe man die von Frauen und Kindern geleistete Agitation nicht überschätzen. Er habe nichts dagegen, halte es aber unbedingt für erforderlich, den Soldaten außerdem handgreifliche Vorteile zu bieten. Waffen, Pferde und alles sonstige Heereseigentum solle ihnen gehören. Jeder Soldat habe das Recht, nach Hause zurückzukehren. Wer Ausrüstungsgegenstände freiwillig zurückgebe, solle dafür ein bestimmtes Entgelt erhalten.

Von ausschlaggebender Bedeutung sei es auch, daß die bewaffneten Volksmassen nicht wieder, wie im Germinal und Prairial, ohne Verpflegung blieben. Zu diesem Zweck seien alle Lebensmittelgeschäfte, alle Bäckereien und Weinhandlungen anzuweisen, ihre Vorräte gegen Quittung zur Verfügung zu stellen. Mit denen, die sich weigerten, sei kurzer Prozeß zu machen. Sämtliche Mehlvorräte in den Haushaltungen seien, ebenfalls gegen Quittung, an die Bäkkereien abzuliefern. Auf das Hamstern von Vorräten stehe der Tod.

Zur Fleischversorgung müsse man sich rechtzeitig des Marktes von Poissy versichern. Auch seien alle Transportmittel zu beschlagnahmen, um die Aufständischen jederzeit und reichlich mit Proviant versorgen zu können.

Massard stimmt eifrig zu. Er habe bereits auf einer anderen Sitzung unterstrichen, daß die Versorgung der Stadt durch kleine Abteilungen, nach dem Muster der *armée révolutionnaire* erfolgen müsse, die den Auftrag hätten, durch bewaffnete Exkursionen die Zufuhr von Lebensmitteln nach Paris in Gang zu halten.

Die erforderlichen Unterlagen, um den Aufstand auszulösen, seien allerdings, wie er für seine Person und auch namens des Militärausschusses erklären müsse, noch immer unzureichend. Es genüge keineswegs zu wissen, was man tun wolle. Erforderlich seien genaue Angaben, vor allem über die unteren Chargen. Erst wenn ganz bestimmte zahlenmäßige Unterlagen über die Stärke der einsatzfähigen Gruppen, über ihre Ausrüstung und ihre Kommandanten vorhanden seien, könne man mit Aussicht auf Erfolg handeln.

Niemand widerspricht dieser nüchternen und einleuchtenden Erklärung. Die anwesenden Instrukteure versichern, sich sofort mit ihren Mitarbeitern verständigen zu wollen und Massard bis zum nächsten Tage die erforderlichen Unterlagen zuzustellen. Unter keinen Umständen dürfe man länger zögern. Die Stimmung in den Bezirken sei auf des Messers Schneide; es werde ebenso gefährlich sein zu warten wie unvorbereitet loszuschlagen. Wenn die Truppe Gewehr bei Fuß stehen bleibe, sei «der Sturz der Tyrannei» absolut sicher. Im schlimmsten Falle, wenn der bewaffnete Aufstand im Feuer der Truppen zusammenbreche, sei man darauf vorbereitet, den Widerstand im Straßenkampf und von den Dächern der Häuser aus fortzusetzen.

Mitten im Aufbruch – man verläßt das Haus aus Sicherheitsgründen nur in kleinen Gruppen zu zweit oder dritt – schneidet Cazin die heikle Frage der Geldmittel an. Bereits vor drei Tagen habe er dem GD Mitteilung gemacht, daß es so nicht weiterginge. Sein Stellvertreter Vacret und er hätten sich bereits in Schulden gestürzt, nur um die allerdringlichsten Ausgaben zu bestreiten. Bis heute habe er keinen sou erhalten.

Germain, dem Cazins zudringlich unverschämte Art auf die Nerven geht, weist ihn schroff zurück. Es sei in höchstem Maße ungehörig, derartige Fragen hier vorzubringen. Wenn es bei ihm im Bezirk an etwas fehle, so wisse er genau, an wen er sich zu wenden habe.

Aber Cazin, den Germains hochfahrende Art ärgert, läßt sich nicht so einfach abspeisen. Germain möge den Mund halten, wenn er weiter nichts als Phrasen vorzubringen habe. Offen gestanden, halte er ihn für einen intellektuellen Schwätzer, für einen von jener Sorte Menschen, die seit je der Revolution Unglück gebracht hätten.

Der Streit spitzt sich zu. Fyon macht dem unerfreulichen Auftritt schließlich dadurch ein Ende, daß er aus seiner Tasche Cazin und Moroy, der es ebenfalls brauchen kann, einige Louisdor zusteckt.

Bevor er geht, wendet sich Germain an Didier mit der Bitte, er möge das Protokoll zur Grande-Truanderie mitnehmen. Er selbst getraue sich nicht mehr dorthin, da er positiv wisse, daß er beobachtet werde.

10

Grisel schließt sich Darthé beim Fortgehen an. Er hat in der Sitzung nur soviel gesprochen, wie notwendig war, um nicht aufzufallen. Im übrigen hatte er reichlich zu tun, sich die Namen der Anwesenden und ihre Vorschläge einzuprägen. Notizen zu machen wäre auffällig und vielleicht verdächtig erschienen.

Aber er muß unbedingt herausbekommen, wo die morgige Sitzung des GD mit den Vertretern des *comité montagnard* stattfindet. Auf seine direkte Frage antwortet Darthé, man werde sich gegen Mittag im faubourg Poissonnière, in der rue Papillon, treffen. Als Grisel Näheres wissen will, wehrt er, aus einem unbestimmten Gefühl heraus, unwillig ab. Grisel möge ihn um elf in seiner Wohnung abholen. Sie könnten dann zusammen dorthin gehen.

Grisel bleibt in der schlechtesten Laune zurück. Er verflucht sich und sein Schicksal und die ganze elende, geheimnisvoll tuende Bande, die ihm so viel zu schaffen macht. Spätestens morgen soll der große Fischzug steigen, und er steht praktisch mit leeren Händen da. Sein Wissen beschränkt sich auf zwei Straßennamen, die rue de la Grande-Truanderie und die rue Papillon. Das reicht bei weitem nicht, um der Polizei eindeutige Anweisungen zu geben, die jeden Mißerfolg ausschließen.

Mißmutig entschließt er sich, auf gut Glück in die Grande-Truanderie zu gehen. Kaum angelangt, läuft er Didier in die Arme. Dieser ist «sehr erstaunt», ihn hier zu treffen; Grisel muß seine ganze Geschicklichkeit aufbieten, ihm einzureden, es handele sich um einen bloßen Zufall. Und Didier, ein ehrlicher Mann und der Partei durch und durch ergeben, läßt sich beschwatzen. Er geht mit Grisel ein Glas Wein trinken und vergißt über dessen Gerede vollkommen, daß es seine Pflicht gewesen wäre, von ihm eine bündige Erklärung zu verlangen oder den Vorfall umgehend dem GD zu melden.

Es ist elf Uhr nachts, als Grisel im Luxembourg anlangt. Die Direktoren erwarten ihn bereits voller Ungeduld und in ängstlicher Spannung. Sein ausführlicher Bericht über die Sitzung bei Massard ist kaum dazu angetan, sie zu beruhigen.

Seit Tagen melden die Polizeiberichte übereinstimmend, daß alle Anzeichen einer unmittelbar bevorstehenden Aktion vorhanden seien. Die Indolenz in allen Klassen der bürgerlichen Gesellschaft sei wahrhaft niederschmetternd. Nur von einem kräftigen Zupakken der Regierung könne das Heil kommen. Aber es sei bisher nicht möglich gewesen den Verschwörern, die ihre Ränke geschickt im Verborgenen anzuzetteln wüßten, auf die Spur zu kommen. Es sei kein Geheimnis, daß die Anarchisten ebenfalls ihre Büros, ihre Polizei, ihr Direktorium hätten. Offen sei allein die Frage, ob sie, nach der Auflösung der Polizeilegion, außer einzelnen Deserteuren und Refraktären, über eine einsatzfähige Truppe verfügten.

In dieser aufs äußerste gespannten Lage, meint einer der Direktoren, sei es das Beste, sich durch sofortigen Zugriff aller Verschwörer zu bemächtigen, deren Wohnungen man kenne. Grisel widerspricht entschieden dieser Ansicht. Er brauche unbedingtes Vertrauen. Verhaftungen würden den Aufstand nicht verhindern. Man müsse sich mit einem Schlage der Anführer und ihres gesamten Materials versichern oder alles wäre verloren.

Carnot gibt ihm recht. Er setze in Grisel volles Vertrauen. Er wäre bereit, ihm noch eine Stunde vor Ausbruch des Aufstandes einen Aufschub zu bewilligen, wenn er es für erforderlich hielte.

Carnots eindringliche Worte geben den Ausschlag. Man beschließt, Grisel auch weiterhin freie Hand zu lassen. Ohne sich im einzelnen über das, was er zu tun beabsichtigt, auszulassen, schlägt dieser vor, Truppen in der Nähe der rue de la Grande-Truanderie und des faubourg Poissonnière zu postieren. Am nächsten Morgen, spätestens um zehn Uhr, werde er sich im Besitz der genauen Adressen befinden.

Das ist Grisels große Stunde.

Immer, wenn der langweilige Alltag und der stumpfsinnige Garnisondienst, die sein Leben in Zukunft ausfüllen werden, ihn ganz und gar mit Beschlag belegen, wird er dieser einen, köstlichen Stunde gedenken, in der die Großen dieser Welt sich gezwungen sahen, auf sein, Grisels, Kommando zu hören. Wenn es etwas gibt, um ihn über das Bedauern hinwegzubringen, in dieser Stunde nicht einmal eine lumpige Million oder das Kommando einer Division gefordert zu haben, so ist es die Erinnerung an die Angst dieser Direktoren – von denen nur einer, Barras, wie gewöhnlich seine eigenen Wege geht – und ihr gehorsames Einschwenken auf das, was er zu sagen hatte. War er nicht groß, unnahbar und majestätisch in diesem Augenblick? Für kein Kommando und für keine Million wäre ihm diese Erinnerung feil. Einmal in seinem Leben, wenn auch nur für den winzigen Bruchteil einer Sekunde der Weltenuhr, hat auch er, der Sohn des Schneiders aus Abbeville, gleich einem der Helden des Plutarch, das Schicksal der Republik in seinen Händen gehalten.

Zur gleichen Stunde legen Babeuf und Buonarroti die letzte Hand an ihr Werk.

Alles ist durchgesprochen. Alle Maßnahmen sind getroffen. In einer letzten Anweisung an die Instrukteure erläutern sie nochmals die wichtigsten Punkte, die bei Ausbruch des Volksaufstandes zu beachten sind.

Gegen Abend hatte Rossignol die Meldung gebracht, Barras lasse wissen, er sei bereit, sich mit seinem Stab an die Spitze des Aufstandes zu stellen oder, falls man es verlange, sich als Geisel im faubourg Antoine internieren zu lassen. Sie schieben sein Angebot verächtlich beiseite. Für Überläufer ist es zu spät. Mögen die Schuldigen zittern. Die Stunde der Abrechnung ist gekommen.

Und während Buonarroti die Anweisungen an die Instrukteure zu Papier bringt und Seite um Seite dem Kopisten Pillé zum Abschreiben übergibt, entwirft Babeuf eine Ansprache an «das siegreiche Volk». «Der Sieg dieses Tages wird noch die kommenden Generationen in Staunen setzen. Er erschüttert bereits Europa; er wird das Universum befreien!»

So arbeiten sie über ihre Papiere gebeugt, während draußen, vor den verhängten Fenstern, die Nacht zu verdämmern beginnt.

Der Morgen des 10. Mai bricht an.

11

Es ist kurz nach sieben, und das Wetter verspricht einen schönen Tag, als Grisel die *Ecole militaire* verläßt. Er hat den Rest der Nacht damit zugebracht, seinen Schlachtplan zu entwerfen.

Begleitet von einem Polizeiagenten, von denen er jetzt ständig einige zur Hand hat, begibt er sich in die rue Babille. Dort läßt er den Agenten vor dem Haus Nummer 10 mit dem Auftrag zurück, einer Frau, die in einigen Minuten das Haus verlassen werde, zu folgen und genau festzustellen, wohin sie gehe. Sobald er Bescheid wisse, solle er ihm seine Meldung unverzüglich in das Café an der Ecke der Deux-Ecus bringen.

Während der Agent sich auf der gegenüberliegenden Straßenseite postiert, um den Hauseingang im Auge zu behalten, steigt Grisel zu Clerex hinauf, um ihm mitzuteilen, er habe eine wichtige Nachricht für Babeuf, die brandeilig sei. Clerex' Frau, von der er wisse, daß sie schon des öfteren dergleichen Besorgungen erledigt habe, möge den Brief zu Babeuf bringen. Ob er den Brief habe? Nein, antwortet Grisel, aber er wolle ihn gleich schreiben.

«Ein Teil der Hauptagenten», meldet Grisel, «ist gestern erschienen. Sind Sie einverstanden, daß meine Gruppenführer heute erscheinen? Ich halte es im Hinblick auf das gegenseitige Vertrauen für erforderlich, sie kommen zu lassen. Ich werde zu D. erst um elf Uhr gehen, da ich bis zu dieser Zeit mit einem Bataillonschef zusammen bin.»

Worauf er, in der Hoffnung, zwei Fliegen mit einer Klappe zu schlagen, hinzufügt: «Ich bin in einem Café der rue des Deux-Ecus. Ich bitte, mir sofort zu antworten und mir genau den Ort der Zusammenkunft anzugeben, damit ich mich dort zwischen elf und zwölf einfinden kann.»

Doch was nützen die besten Pläne, wenn man genötigt ist, ihre Ausführung unfähigen Kreaturen anzuvertrauen! Der von Grisel ausgesandte Spitzel kehrt mit leeren Händen zurück. Er habe, meldet er unberührt, in der sehr belebten rue Denis die Spur der Frau verloren und könne daher nicht angeben, wohin sie gegangen sei.

So sehr es Grisel widerstrebt, er muß noch einmal in die rue Babille zurück. Aufgeregt – und man darf ihm glauben, daß er es wirklich ist, da die Zeit drängt – teilt er Clerex mit, er habe etwas sehr Wesentliches vergessen. Da die Sache größte Eile habe und Clerex' Frau noch nicht zurück sei, wolle er selbst zur Truanderie gehen, um Babeuf zu verständigen. Er sei schon dort gewesen, wisse aber die Hausnummer nicht mehr genau.

Der Schneider Clerex, ein biederer Mann ohne Falsch und sonderliche Geistesgaben, möchte Grisel, der seit einer Woche bei ihm ein- und ausgeht, unbedingt helfen. Die Nummer könne er ihm leider nicht sagen, aber das Haus sei nicht zu verfehlen. Es sei das Eckhaus an der rue Verderet; neben dem Eingang befinde sich ein Café.

Das ist deutlich genug. Ohne sich aufzuhalten, eilt Grisel spornstreichs in die rue de la Grande-Truanderie. Endlich, nach so vielen Umwegen, hält er unmittelbar am Ziel.

Von einem Lokal aus, vielleicht dem Café, das ihm Clerex genannt hat, schreibt er an Carnot:

«Babeuf wohnt rue de la Grande-Truanderie, der zweite Eingang links, von der rue Montorgueil aus, nach der rue Verderet.

Der erste Eingang, nach der rue Verderet, ist ein kleines Café mit einer in Rot gehaltenen Tür. Über der Haustür von Babeuf's Quartier ist die Nummer 21 angebracht. Das Haus ist sehr hoch und gut gebaut; es kann mehrere Ausgänge haben, möglicherweise auch durch die Nachbarhäuser in die rue Verderet, die sehr schmal ist.

Die rue Verderet mündet mit einem Ende in die rue Montorgueil, mit dem anderen in die rue Conseil [212].

Babeuf befindet sich im dritten Stock, nach vorn, unter dem Namen Tissot. Beim Hereinkommen findet man einen Wandschirm, den man links liegen lassen muß, dann sind zwei Zimmer zu durchqueren, danach stößt man links auf eine Tür, die zu Babeuf führt. Man glaubt, daß es eine Schiebetür ist. Die rue Verderet muß bewacht werden.»

Grisel siegelt den Brief, den er einem der Polizeiagenten, die seit Tagen die Truanderie auf und ab spazieren, mit dem Bemerken übergibt, ihn unbedingt Carnot persönlich auszuhändigen.

Doch seine Aufgabe ist erst zur Hälfte erfüllt. Gegen zehn Uhr, er hält sich absichtlich etwas auf, um ganz sicher zu gehen, erscheint er zum dritten Male an diesem Vormittag in der rue Babille. Er hat Glück. Clerex' Frau ist zurück und übergibt ihm die Antwort auf seine Anfrage.

«Weihen wir nicht zu viel Leute ein», schreibt ihm Babeuf, «es hat deren schon genug. Wenn Deine Gruppenführer zu Dir Vertrauen haben, werden sie Dir Glauben schenken, wenn Du ihnen die Existenz eines Komitees zur Befreiung des Volkes versicherst. Wenn sie zweifeln sollten, würde sie der Anblick dieses Briefes überzeugen. Man könnte ihnen übrigens eine besondere Zusammenkunft mit einem von uns verschaffen, aber nicht mit allen: ich halte diese

Zusammenkunft für zwecklos. Wenn diese wackeren Soldaten Mitteilungen zu machen haben, so können sie es durch Dich tun. PS: Die Versammlung ist bei dem Tischler Dufour, in der rue Papillon, Nummer 331.»

Grisel atmet auf. Er hat die zweite Adresse. Dieser Tag ist wirklich ein Glückstag. Er macht sich «sehr rasch» auf den Weg in den faubourg Poissonnière, wo ihn der Generaladjutant Blondeau erwartet. Gemeinsam begeben sie sich in die rue Papillon, um «die äußeren Lokalitäten des Hauses» zu besichtigen, und die zu einer restlosen Absperrung erforderlichen Maßnahmen zu besprechen.

Von dort begibt sich Grisel, der nichts versäumen will, in die rue Honoré. Es ist viertel vor zwölf. Doch Darthé ist bereits fort. Aber er hat ihm einen Zettel mit der Anschrift der Zusammenkunft bei Dufour hinterlassen, den ihm Didiers Frau aushändigt.

Nun erst, da er sicher sein kann, die Führer der Verschwörung unentrinnbar in seinen Netzen verstrickt zu haben, kehrt Grisel, nach «zwei schlaflos verbrachten Nächten zum Umfallen müde», in die *Ecole militaire* zurück.

Sein Werk ist getan.

12

Im Vorzimmer des amtierenden Präsidenten Lazare Carnot warten seit Stunden der Polizeiminister Cochon und ein hoher Beamter seines Ministeriums, der stellvertretende Generalinspekteur der Polizei, Jean-Baptiste Dossonville.

Dossonville hat eine bewegte Vergangenheit hinter sich, wie sie phantastischer kein Restif hätte erfinden können. Vom Hütejungen und Kammerdiener des Präsidenten Salaberry bringt er es in der Revolution zum Besitzer eines Cafés in der rue Bourbon-Villeneuve, das nicht schlecht geht, zum Leutnant der Nationalgarde und Friedensrichter seines Distrikts.

Aber das ist nicht alles. Vom Angeklagten vor dem Sondergericht des 17. August, das ihn, trotz erwiesener Schuld, aufgrund eines Mißverständnisses freispricht [213], avanciert er zum Hauptagenten des Sicherheitsausschusses mit Vollmachten, wie sie weitreichender kein Abgeordneter, Minister oder Satrap jemals besessen hat. «Herr über das Leben aller», sagt der mit den Salaberrys verschwägerte Dufort-Cheverny von ihm, «ist er stets nur der Schrekken der Schufte gewesen.»

Wie kaum ein anderer weiß Dossonville in den Gefängnissen von Paris Bescheid, zu denen er als Agent des Sicherheitsausschusses mit dem Recht, Einsicht in alle Register zu nehmen, unbeschränkten Zutritt hatte. Aber auch die Kehrseite der Medaille soll er zur Genüge kennenlernen in den vier Monaten, die er in Sainte-Pélagie und den vierzehn Monaten, die er, nach Robespierres Sturz, in der (allerdings komfortablen) maison Talaru zuzubringen gezwungen ist.

Zum Bilde dieses ungewöhnlichen Menschen gehört, daß er, ungeachtet aller Wechselfälle seines Schicksals, stets seine gute Laune bewahrt. Anders als sein Kollege Héron, der nur, bis an die Zähne bewaffnet, auf Fang ausging, trägt er nie eine Waffe bei sich. Von kräftiger Statur, begnügt er sich mit einem kleinen Stock von der Größe einer Reitgerte, seinem «bâton de Jacob», den er immer mit sich führt und verspielt durch die Luft sausen läßt.

Das also ist Dossonville, dem Cochon, als seinem besten Pferd im Stall, die Verhaftung Babeufs zugedacht hat.

Gegen neun Uhr läßt Carnot, als er Grisels Schreiben aus dem Café in der Truanderie in Händen hält, seine Besucher eintreten. Und Dossonville notiert, während Carnot das Schreiben verliest, in seinem Notizbuch: rue de la Grande-Truanderie 21, neben dem Café an der Ecke der rue Verderet.

Aber Carnot findet, abgesehen von dem abscheulichen Stil, der in nichts die geschmeidigen Phrasen eines Franc-Libre erkennen läßt, Grisels Angaben nicht klar genug. Er nimmt einen Rotstift und zeichnet mit raschen Strichen, nachdem er sich auf einer Wandkarte vergewissert hat, eigenhändig einen Lageplan mit den Straßen Montorgueil, Truanderie, Verderet und Conseil, den er Dossonville mit dem Bemerken aushändigt, danach «seine Batterien aufzustellen».

Vom Luxembourg begibt Dossonville sich unmittelbar in die rue de la Grande-Truanderie. Nachdenklich betrachtet er das Haus Nummer 21. Er kennt die Gegend, eines der ältesten Viertel von Paris, recht gut, sein Café liegt nicht weit davon ab, an der cour des Miracles.

Zwischen den altersgrauen, hohen und schmalen Häusern dieser Straße haben sich unzählige Schicksale abgespielt. Freud und Leid, Größe und Einsamkeit, Heiligkeit und Verbrechen haben hier gewohnt und ihre Spuren hinterlassen. Hier hatte die Bruderschaft der «Frères Cordonniers», eine Genossenschaft fleißiger Handwerker, die «in der Stille die Tugend praktizieren», ihren Sitz. Hier wohnten der Wucherer Bourmault, der Abgeordnete baron d'André, eine Zeitlang Führer der Konstituante und jetzt Emigrant, und der Winkeladvokat Lhuillier, der zum allgewaltigen procureur général aufsteigen und durch Selbstmord enden sollte. Aber nicht sie haben der Straße das Gesicht gegeben. Es sind die Namenlosen, die Entwurzelten, jene, die am Rande der Gesellschaft leben und nach denen sie heißt: die Straße der großen Landstreicherei.

An der Kreuzung Eustache trifft Dossonville den Generaladjutanten Jolly, der ihn dort mit einem Detachement Kavallerie erwartet. Sie kommen überein, Jolly solle, sobald Dossonville das fragliche Haus in der Grande-Truanderie betreten habe, je zwei Berittene am Ein- und Ausgang der rue Verderet postieren, mit dem strikten Befehl, niemand passieren zu lassen. Der Rest der Truppe solle in der Truanderie vor der Nummer 21 Aufstellung nehmen. Da es, wie in einem so belebten Viertel nicht anders zu erwarten, vermutlich einen Auflauf geben werde, solle Jolly von seinen Leuten verbreiten lassen, es handele sich um die Festnahme der berüchtigten Bande, die kürzlich die Post nach Lyon überfallen und den Kurier ermordet und beraubt habe.

So wäre alles aufs beste geregelt, bis auf den Friedensrichter, der – wie das Gesetz es befiehlt – bei Verhaftungen anwesend zu sein hat. Um ihn zu holen und keine Zeit zu verlieren, nimmt Dossonville, den Jolly begleitet, einen Wagen. Die Suche wird eine wahre Odyssee.

Der erste, den Dossonville aufsucht, ist der Bürger Baron, Friedensrichter der Sektion du Mail; er ist nicht zu Hause. Also kehrt Dossonville um und versucht sein Heil bei dem Friedensrichter der Sektion Brutus, Lefrançois, dem er, ohne auf Einzelheiten einzugehen, mitteilt, er habe im Auftrage des Polizeiministeriums eine vom Direktorium angeordnete Festnahme durchzuführen. Aber Lefrançois sperrt sich. Lieber wolle er seine Demission geben als dabei mitzuwirken. Der nächste, bei dem Dossonville vorstellig wird, ist der Friedensrichter der Sektion Contrat-Social. Er liegt krank zu Bett und denkt nicht daran aufzustehen.

Dossonville, nach drei Mißerfolgen bereits ungeduldig, entschließt sich nun, den Friedensrichter von Bon-Conseil, in dessen Bezirk die Grande-Truanderie gelegen ist, aufzusuchen. Auf seine

Aufforderung, ihn in Erfüllung seines Amtes zu begleiten, verlangt dieser den Befehl zu sehen. Dossonville hält das Papier in der Hand; einer unwillkürlichen Regung folgend, fragt er zurück, ob er denn mitkommen wolle. Worauf der Richter prompt mit Nein antwortet. So steckt Dossonville sein Schreiben wieder ein und bemerkt, er werde über seine Weigerung Bericht erstatten. Das solle er halten wie er wolle, entgegnet der Friedensrichter, er könne sogar hinzufügen, daß er es absolut abgelehnt habe, ihn zu begleiten.

Was also tun? Die Zeit verstreicht, und irgendein unvorhergesehener Zufall kann die ganze Aktion scheitern lassen. Dossonville berät sich mit Jolly, der im Wagen gewartet hat, wohin sie sich noch wenden könnten. In der Nähe ist die Sektion Bonne-Nouvelle. Aber Dossonville kennt den dortigen Friedensrichter und verspricht sich von seinem Besuch nicht den mindesten Erfolg.

Schließlich schlägt Jolly vor, sich an Renel, den Polizeikommissar der Sektion Brutus, zu wenden. Leider wisse er dessen Adresse nicht. Sie würden sie aber sicher bei dem Friedensrichter seiner Sektion erfahren können. So fahren sie zurück zur Sektion Brutus, und diesmal haben sie Glück. Dossonville trifft Renel bei dem Friedensrichter und bittet ihn um ein kurzes Wort unter vier Augen. Als Renel hört, es handele sich um eine Verhaftung, erklärt er sich, ohne Näheres wissen zu wollen, sofort bereit mitzumachen.

Es ist höchste Zeit. Als sie in der Grande-Truanderie eintreffen, schlägt es vom Turm der Saint-Eustache elf Uhr.

Zusammen mit Renel und vier Agenten betritt Dossonville das Haus. Auf dem Treppenabsatz zum dritten Stock läßt er zwei seiner Leute zurück. Dann läuten sie bei Tissot.

Tissots Frau öffnet. Dossonville fragt, ob er ihren Mann sprechen könne. Als die Frau antwortet, ihr Mann sei nicht zu Hause, dringt Dossonville, ohne sich mit weiteren Erörterungen aufzuhalten und gefolgt von seinen Begleitern, in die Wohnung, wo er einen kleinen Korridor durchquert, an dessen Ende er eine Tür auf der linken Seite aufstößt.

«Ich öffnete die Tür so unerwartet», berichtet Dossonville, «daß ich mich bei Babeuf und denen, die mit ihm waren, befand, bevor sie mich sozusagen bemerkt hatten. Babeuf redigierte an seinem Tisch seine Nummer 44 [214]. Bei ihm waren Buonarroti und der Sekretär Hérons, Pillé. Ich verlas den Befehl, dessen Überbringer ich war und gab den Bürgern, die während dieser kurzen Zeitspanne im Zimmer angelangt waren, Anweisung, sich an den Fenstern aufzustellen und auf die geringste Bewegung dieser Herrschaften zu achten.»

Im Zimmer herrscht lähmendes Schweigen. Auf den Gesichtern der drei malt sich tödliche Niedergeschlagenheit. Sie sitzen da wie gelähmt. Keiner macht eine Bewegung, um nach den Waffen, die griffbereit in der Nähe liegen, zu greifen.

Als erster faßt sich Babeuf. «Es ist aus», sagt er mit belegter Stimme, «die Tyrannei hat gesiegt.» Und dann, als besinne er sich auf etwas, was ihm entfallen sei, fragt er Dossonville, warum er seinen Herren gehorche. Dieser erwidert gemessen, er gehorche der verfassungsmäßigen Regierung und beginnt, die auf den Tischen liegenden Papiere einzupacken.

Auch Buonarroti leistet keinen Widerstand. Instinktiv versucht er ein Papier zu verstecken [215], doch resigniert legt er es, einen Augenblick später, auf den Tisch zurück.

Pillé bemerkt, er sei in dem Haftbefehl nicht erwähnt. Darüber möge er sich mit dem Polizeiminister auseinandersetzen, entgegnet Dossonville kurz.

Die Grande-Truanderie wimmelt von Menschen, als die Gefangenen erscheinen. Man schreit «Bravo!» und «Laßt die Banditen nicht entwischen!»

«Babeuf schien», schließt Dossonville seinen Bericht, «überrascht, daß man ihm ‹Bandit› zurief. Vielleicht wäre er es nicht so sehr gewesen, hätte man sich begnügt, Mörder zu rufen, da ja nach seinen Projekten 30 000 Köpfe fallen sollten.»

Die Wagen, von Berittenen eskortiert, rollen in schlankem Trabe fort zum Polizeiministerium.

Eine Stunde später werden in der rue Papillon Drouet, Darthé, Germain, Didier, Ricord, Laignelot und der Wohnungsinhaber Dufour von dem Friedensrichter Delorme, einer Reihe Polizeiagenten und dem Generaladjutanten Blondeau festgenommen. Auch sie versuchen keinen Widerstand. Darthé, den die Agenten, «zwischen zwei Matratzen versteckt», aufstöbern, gibt zu Protokoll, er habe sich, «ganz betäubt von dem Geschrei der Frau Dufour und ihrer Kinder», dorthin geflüchtet.

Die Verschwörung der Gleichen ist zu Ende.

X

Lepeletier

1

Unmittelbar nach ihrem Eintreffen im Polizeiministerium werden die Verhafteten – ewige und unveränderliche Praxis aller Polizeiämter – einer Leibesvisitation unterzogen. Dabei stellt man fest, daß Buonarroti, neben einem gültigen vom Außenministerium ausgestellten Reisepaß zur Italien-Armee, auch eine gehörige Dosis Opium mit sich führt. Befragt, was er damit bezwecke, erklärt Buonarroti, er habe sich das Gift bereits vor fünf Jahren beschafft mit der Absicht, seinem Leben ein Ende zu setzen, «falls er genug davon habe».

Babeuf, den Cochon persönlich verhört, zeigt eine hochmütige Selbstsicherheit. Er denke nicht daran, seine Verantwortlichkeit zu leugnen oder auf andere abzuwälzen. Seiner innersten Überzeugung nach sei das gegenwärtige Regime volksfeindlich; er habe sich zu seinem Sturz mit allen Demokraten verbunden. Namen zu nennen, lehne er ab. Auf die Frage, welcher Mittel er sich habe bedienen wollen, antwortet er kurz und bündig: «Aller gegen die Tyrannen erlaubten Mittel.» Auf Einzelheiten wolle er vorerst nicht eingehen. Die erforderlichen Maßnahmen hätten im übrigen nicht von ihm allein bestimmt werden können. «Ich hatte nur meine Stimme im Rat . . . der Sturz der Regierung hätte uns genügt, égorgerie à part.»

Cochon besteht nicht auf weiteren Erklärungen. Babeuf möge im Anschluß an seine Einvernahme, gemeinsam mit dem Polizeikommissar Renel, ein Verzeichnis des bei ihm beschlagnahmten Materials aufsetzen.

Hierbei kommt es zu einem ersten Zwischenfall als Babeuf bestätigen soll, er habe das bei ihm beschlagnahmte und versiegelte Material unversehrt vorgefunden. Er wisse nicht, ob das vorhandene Siegel das gleiche sei, das bei ihm verwendet wurde; er habe aus Unachtsamkeit versäumt, darauf zu bestehen, daß ihm der

Stempel ausgehändigt werde. Er könne also nicht wissen, was in der Zwischenzeit mit dem Material geschehen sei und ob man nicht gewisse Stücke entfernt und andere hineingetan habe. Er müsse sich alle Schritte in dieser Frage vorbehalten. Babeufs Einspruch wird, seinem Wunsch gemäß, zu Protokoll genommen, worauf er sich weiter daran beteiligt, die Belege der Verschwörung zu sichten und zu klassifizieren [216].

Am Abend des 10. Mai nimmt die Abbaye die Verhafteten auf. Da es bereits spät ist, trägt der concierge Lange ihre Personalien erst am nächsten Tage in das Journal ein, in die gleiche Spalte, die bereits die Namen des Kommodore Sydney Smith, seines Sekretärs und seines Dieners aufweist. Unter der Rubrik «Gründe der Verhaftung» heißt es bei allen summarisch «Verdacht der Verschwörung gegen die Regierung».

Die Abendblätter bringen noch nichts über das Auffliegen der Verschwörung. Ihre Spalten sind gefüllt mit Nachrichten von den Kriegsschauplätzen, mit Berichten von dem Prozeß gegen die Septembermörder und dem üblichen Gesellschaftsklatsch, wie der bemerkenswerten Tatsache, daß nunmehr auch die Damen Tallien und Buonaparte der Manie der blonden Perücken nachgegeben hätten, ohne die man nicht mehr wagen könne, sich in der guten Gesellschaft zu zeigen. Einzig im *Journal des Patriotes* findet sich ein eigenartiger Hinweis auf eine unterirdisch schwelende Mine, deren Explosion den Besiegten des Prairial dazu verhelfen solle, das verlorengegangene Terrain zurückzugewinnen.

Die Öffentlichkeit unterrichten am Abend amtliche Maueranschläge über die Gefahr, der sie glücklich entronnen ist. Dank der Wachsamkeit des Direktoriums sei es gelungen, das «abscheuliche Komplott» einer «Horde von Dieben und Mördern» zu vereiteln, deren Absicht gewesen sei, unter der Regierung, den Abgeordneten und sämtlichen Behörden ein Massaker zu veranstalten, die Verfassung von 93 auszurufen und Häuser, Magazine und Läden zu plündern. Die Regierung kenne die Anführer des Komplotts und habe alle erforderlichen Maßnahmen getroffen, um sie und ihre Anhänger der strafenden Gerechtigkeit zu überantworten.

Die erste Reaktion auf diese beunruhigenden Mitteilungen, in denen noch kein Name genannt wird, ist ungläubiges Staunen. Selbst spöttische Zweifel darüber, ob ein solches Massaker wirklich ein großes Unglück gewesen wäre, lassen sich hören.

Die Einstellung wandelt sich in den nächsten Tagen, als die Presse mit Enthüllungen aufzuwarten in der Lage ist. Noch immer sind die Nachrichten ungenau und vielfach unzutreffend, aber allmählich doch in dem Sinne überzeugend, daß etwas ernsthaftes vorgefallen sein müsse.

«Die heute nacht festgenommenen Verschwörer», meldet der *Moniteur* am 11. Mai, «sind Drouet, Babeuf, Laignelot, Ricord, Rossignol, Antonelle, Chasles, Germain, Darthez und der Sekretär von Joseph Lebon. Vadier und Amar sind entkommen.»

Am 12. werden die Angaben genauer, erscheinen Einzelheiten und erste Berichte von Augenzeugen. In seinem wie immer gut informierten *Journal des Patriotes* berichtet Réal, er sei am Nachmittag des 10. Mai, gegen zwei Uhr, in der rue des Saints-Pères (in unmittelbarer Nähe des Polizeiministeriums) einem von Kavallerie eskortierten Gefangenentransport begegnet, über den verschiedene Ansichten zu hören gewesen wären: einige hätten erklärt, es handele sich um Kriegsgefangene aus der Vendée oder von der italienischen Front, während andere, und zwar die Mehrzahl behaupteten, man habe die Mörder des Lyoner Kuriers gefaßt [217].

«Man stelle sich mein Erstaunen vor», fährt Réal fort, «als ich in dem ersten Wagen Ricord erkannte! Ich erfuhr bald danach, daß man die Entdeckung eines Aufstands-Komitees anzeigte; daß die Gefangenen, die ich passieren sah, und unter denen ich eine Frau zu bemerken glaubte, dessen angebliche Mitglieder waren; daß Babeuf verhaftet war und daß sich unter der Zahl der in flagranti ertappten Verschwörer der Abgeordnete Drouet von Varennes befand. Ich kenne das Los, das mir Babeuf und seine Freunde bestimmten; ich habe sie freimütig und hartnäckig bekämpft, aber sie sind heute in Ketten, sie sind in Händen der Justiz, und nach meiner beständigen Gewohnheit überlasse ich es anderen, sich herzliche Sorgen um ihr Urteil oder ihre Hinrichtung zu machen.»

Und Babeuf? Er, der den großen Plan, die Revolution zu ihrem einzig sinnvollen Abschluß zu führen, entworfen hatte, er, der so sicher geglaubt hatte, diesmal das neidische Geschick bezwingen und die Macht in einer einzigen, gewaltigen Kraftanstrengung erobern zu können, er sieht sich wiederum vom Schicksal genarrt und wie der Geist in der Flasche zu ohnmächtigem Schweigen verurteilt. Überall, wo er geht und steht, tagsüber im Polizeiministerium vor einem Wust aus Briefen, Berichten, Artikeln und Namenslisten, die ihn gleich an Land geschwemmten Schiffstrümmern umgeben, des Nachts in der Einsamkeit seiner Zelle, verfolgt ihn unablässig der gleiche Gedanke: noch einmal einen äußersten, letzten Versuch zu machen, das Schicksal zu wenden und die Partei vor dem unabänderlich erscheinenden Zusammenbruch zu retten.

Der Brief, den er am 12. Mai, zwei Tage nach seiner Verhaftung, vom Polizeiministerium aus an das Direktorium richtet, beginnt mit einem emphatischen Appell: «Würdet Ihr, Bürger Direktoren, es für unter Eurer Würde halten, mit mir von Macht zu Macht zu verhandeln? Ihr habt jetzt das Maß des umfassenden Vertrauens, dessen Mittelpunkt ich bin, ermessen können; Ihr habt gesehen, daß meine Partei der Euren wohl die Waage halten kann; Ihr habt ihre weitreichenden Verzweigungen gesehen; ich bin nahezu sicher: diese Beobachtung hat Euch tief erschreckt.»

Nach dieser erstaunlichen Einleitung kommt Babeuf zur Sache. Er will Frieden schließen. Er schlägt vor, man solle das Geschehene auf sich beruhen lassen. «Liegt es in Eurem Interesse, liegt es im Interesse des Vaterlandes, viel Aufhebens von der entdeckten Verschwörung zu machen?» Die Antwort steht für ihn fest: «Ich denke nicht.»

Die Gründe liegen auf der Hand. Bei einem Prozeß fiele ihm «die ruhmvollste aller Rollen» zu, die des Verteidigers der Volksrechte gegen die Unterdrücker. Sollte er zur Deportation oder zum Tode verurteilt werden, so wäre sein Ende glorreich wie das der Barnevelt und Sydney, wie das der «erhabenen Märtyrer», der Robespierre und Goujon. Ferner: das Direktorium solle sich nicht einbilden, mit seiner Person die Verschwörung unter Kontrolle zu halten. Er sei nichts weiter als ein Glied der langen Kette, aus der sie sich zusammensetze.

Gegen ihn vorzugehen, bedeute, alle Demokraten der Republik in einer Front gegen das Direktorium zu vereinigen. Man habe das heilige Feuer austreten wollen: es brenne und werde weiter brennen. Selbst angenommen, die Partei der Sansculotten wäre vernichtet, müsse man sich fragen, auf wen das Direktorium sich dann stützen wolle. Es stehe allein und schutzlos dem Royalismus gegenüber, der nicht zögern werde, seinen Vorteil daraus zu ziehen.

Man sage vielfach, und auch diesen Einwand wolle er widerlegen, die Demokraten seien der Regierung gefährlicher als die

Königstreuen. Dies sei eine glatte Verleumdung. Ebenso verleumderisch sei es, zu behaupten, die Demokraten wollten ein allgemeines Blutvergießen. «Ich, ich kann Euch sagen, daß sie es nicht wollten; sie wollten andere Wege gehen als Robespierre; sie wollten kein Blut . . .» Sie hätten einzig und allein die Rückkehr zu demokratischen Regierungsformen gewollt, wie sie der Vendémiaire anzubahnen schien, und wie er selbst in seiner Zeitschrift es für möglich erklärt habe, daß die Regierung zu den wahren republikanischen Grundsätzen zurückkehre.

Auch jetzt sei es dazu noch nicht zu spät. Man müsse politisch denken. Auch sollten sie nicht etwa glauben, sein Schritt erfolge aus Schwäche oder weil er den Tod fürchte. Tod oder Exil seien für ihn der Weg zur Unsterblichkeit; doch nicht um ihn handele es sich, sondern um das Schicksal der Republik. Er stehe nicht an zu erklären, die Mitglieder des Direktoriums seien nicht ständig die Feinde der Republik gewesen. Man habe auf beiden Seiten Fehler begangen. «Warum sollten wir nicht alle unsern extremen Standpunkt verlassen und uns miteinander auf eine vernünftige Weise verständigen? . .. Bürger Direktoren, regiert mit dem Volk und für das Volk, das ist alles, was die Patrioten von Euch fordern.»

Er sehe nur einen vernünftigen Weg: zu erklären, es habe keine ernsthafte Verschwörung bestanden. «Fünf Männer, die sich groß und großmütig zeigen, können heute das Vaterland retten. Ich stehe Euch dafür ein, daß Euch die Patrioten mit ihren Leibern decken und Ihr werdet nicht mehr ganze Armeen brauchen, Euch zu verteidigen. Die Patrioten hassen Euch nicht, sie haben nur Eure volksfeindlichen Taten gehaßt.» Es wäre nicht das schlechteste, wenn der Effekt dieses einfachen Briefes dazu beitragen könne, den Frieden im Innern Frankreichs und die Ruhe Europas zu sichern.

Unmittelbar nach Abgang seines Schreibens scheinen Babeuf Bedenken gekommen zu sein. In einem Brief an Cochon bittet er um eine Unterredung für den nächsten Morgen. Er habe Erklärungen abzugeben, von denen er glaube, sie könnten für die Regierung von größtem Nutzen sein. Wenige Stunden später richtet er erneut ein dringliches Schreiben an den Polizeiminister. Er bitte, ihm für zwei Stunden Tinte und Papier zur Verfügung zu stellen, da er, um Mißverständnissen vorzubeugen, die erwähnten Erklärungen schriftlich abgeben möchte. Danach nichts mehr. Kein Wort über die angebotenen «Erklärungen», von denen man sich nur schwer vorzustellen vermag, worin sie, außer einer erneuten Versicherung abrüsten zu wollen, hätten bestehen können.

Im Direktorium verliest der Generalsekretär Lagarde Babeufs Brief in der Sitzung vom 18. Mai. Anstelle einer Antwort ziehen die Direktoren es vor, das Schreiben an den Rat der Fünfhundert und die Presse kommentarlos weiterzuleiten.

In der Öffentlichkeit findet Babeufs Alleingang ein sehr unterschiedliches Echo. In einem Schreiben an die Stadtverwaltung von Clermont-Ferrand äußert Gaultier de Biauzat die Ansicht, er enthalte das Eingeständnis Babeufs, der Chef des «abscheulichen und hirnverbrannten Projekts» der Verschwörung gewesen zu sein. Der Brief gebe eine gute Vorstellung «von der wahnsinnigen Verwegenheit dieses Individuums».

Andere sehen in dem Schreiben eher eine Art öffentlicher Abbitte, eine in versteckter Form vorgetragene Bitte um Begnadigung. Nach den Polizeiberichten zu urteilen, sind viele der Ansicht, man könne darin den klaren Beweis erblicken, daß Babeuf – genau wie Drouet – nicht bei vollem Verstand sei [218].

Wie dem auch sei, dieser Brief hätte nur von einem Parteiführer geschrieben werden dürfen, der noch in der Lage ist, Verhandlungen anzubieten. «Wenn die Affären nicht reif sind, das heißt, wenn die Mächte nicht ein beinahe gleiches Interesse daran haben, sie zu beenden, ist es unnütz, sich zu rühren; je mehr Entgegenkommen die eine Seite beweist, um so weniger wird die andere Neigung verspüren abzuschließen.»

Soweit Mably. Und Babeuf hätte gut getan, sich dieser Worte seines Meisters zu erinnern. Die Dinge sind nicht «reif». Im Gegenteil. Die Regierung wird «die Ratschläge der Klugheit verachten» und sich aus «erschrecktem Hochmut» einer «blinden Wut» überlassen.

Diesen Absichten kommen die Blätter aller Richtungen bereitwillig entgegen. Abgesehen von dem *Journal des Hommes libres* und dem *Ami du peuple*, die gelinde Zweifel am Bestehen der Verschwörung erkennen lassen und sich dadurch sofort den Argwohn der Polizei zuziehen, ergeht sich die gesamte Presse in einmütigen Haßtiraden, bei denen sie sich gegenseitig in der Verurteilung des Komplotts zu überbieten sucht.

In seiner *Sentinelle* schreibt Louvet, «der Demokrat Babeuf ist nur ein verkappter Royalist», und im *Ami des Lois* erklärt Dubois-

Crancé, «der Schlag, der Babeuf getroffen hat, macht sich bis ans Ende der nach London reichenden Kette bemerklich, wo man bedauert, einige tausend Guineen zum Fenster hinausgeworfen zu haben».

Aus Brüssel, wo er in Geschäften weilt, meldet sich Réal mit einem offenen Brief zu Wort, in dem er Babeuf, «diesen elenden Henker, der sich mit Sydney vergleicht», mit einer Flut von Gossenworten überschüttet, um anschließend, mit einer wahrhaft realistischen Wendung, dem Direktorium zu raten, man solle nicht, «um den Prunk des Triumphs zu vergrößern, aus dem Affen Babeuf einen Riesen machen».

In allen Klubs, Lesezirkeln, Cafés, Theatern und Gesellschaften gibt es tagelang kein wichtigeres Thema als die Verschwörung und die geheimnisvollen Umstände ihrer Entdeckung. Selbst die Berichte über Bonaparte und die Heldentaten der Sieger von Lodi treten dagegen in den Hintergrund.

Die Regierung hat sichtlich Oberwasser. Der Polizeiminister und die Direktoren werden über den grünen Klee gelobt. «Man erwartet alles von ihrer Festigkeit und Wachsamkeit.» Die Kirchen sind voller denn je und die Prozessionen finden unter allgemeiner Anteilnahme statt.

Am 29. Mai, dem «Tag des Sieges», einem der offiziellen Feiertage, steht Carnot bei der Parade auf dem Marsfeld im Mittelpunkt der allgemeinen Bewunderung. Weit wichtiger als die in Italien eroberten Standarten ist der Mann, der die drohende Anarchie bezwungen hat.

Wer in die allgemeine Begeisterung nicht einstimmt oder Zweifel äußert, wird «als ein Babeuf» angesehen. Als einzige Einschränkung läßt man gelten, daß nach so vielen Siegen nun bald Frieden geschlossen werden müsse. «Immer nur Siege und kein Friede; wann wird er kommen?» murren die Unzufriedenen, die es auch jetzt noch gibt.

Die Arbeiter schweigen. Was sie denken, weiß niemand [220].

In den Stammcafés der Partei herrscht Ruhe. Auch die *Bains chinois* liegen still und verlassen. Und verärgert bemerkt ihr Besitzer, der Spitzel Baudrais, zu einem Kollegen, «es lasse sich niemand mehr bei ihm sehen».

2

Im Rat der Fünfhundert kursieren am Vormittag des 10. Mai unbestimmte Gerüchte, die wissen wollen, man sei einer großen Verschwörung auf der Spur. Die Diskussion über die Frage einer Verstärkung der Garde der gesetzgebenden Körperschaft schleppt sich müde hin, bis gegen Mittag die angekündigte Botschaft des Direktoriums eintrifft.

Unter tiefem Schweigen des Hauses verliest der Präsident die von Carnot bereits am Vortage verfaßte Botschaft. Sie besagt mit nüchternen Worten, daß beim nächsten Tagesanbruch ein «entsetzliches Komplott» ausbrechen sollte, dessen Ziel, außer Raub und Plünderung, der Umsturz der Verfassung und die Ermordung der Abgeordneten, der Regierung, des Stabes der Armee des Innern und der Behörden von Paris gewesen sei.

Die Regierung habe rechtzeitig zugegriffen und die Führer der Verschwörung verhaftet. «Mit Schmerz erfahren wir, daß sich unter ihnen einer Eurer Kollegen, der Bürger Drouet, der in flagranti festgenommen wurde, befindet . . .» Das Direktorium bitte zu entscheiden, wie ihm gegenüber zu verfahren sei.

Gleichzeitig kündigt das Direktorium eine weitere Botschaft an, die sich mit den nach der Aufdeckung der Verschwörung erforderlichen Sicherheitsvorkehrungen befassen werde. Noch bevor sie eintrifft, billigt der Rat der Fünfhundert die Verhaftung Drouets. Seine Papiere seien unter Verschluß zu nehmen. Befriedigt verständigt das Direktorium den Polizeiminister. Drouet solle mit aller Rücksicht, die man ihm als einem Abgeordneten schulde, behandelt werden.

Die zweite Botschaft, die ihren Niederschlag in dem Gesetz vom 21. Floréal findet, verhängt eine Art Belagerungszustand über Paris. Alle der Regierung verdächtigen Elemente haben, innerhalb von drei Tagen, die Stadt zu verlassen und ihren Wohnsitz mindestens vierzig Kilometer entfernt zu nehmen.

Von nun an vergeht kaum ein Tag, ohne daß den Abgeordneten Botschaften mit neuen Enthüllungen in Sachen Drouet/Babeuf zugehen. Als am 16. Mai noch immer kein Ende dieser Botschaften abzusehen ist, haben die Abgeordneten vorerst genug. Sie bilden eine Kommission aus sieben Mitgliedern, die den Auftrag erhält, sich mit dem Material zu befassen und Vorschläge für die in dieser Sache noch erforderlichen Schritte auszuarbeiten.

Doch die Aktivität des Direktoriums erschöpft sich keineswegs in parlamentarischen Aktionen. Am 12. Mai weist es die Anklagebehörde an, aufgrund des Gesetzes vom 27. Germinal, unverzüglich das Verfahren gegen die in der Abbaye befindlichen Verschwörer einzuleiten. Am Tage darauf ergehen, nach Artikel 145 der Verfassung, Haftbefehle gegen weitere 110 Verdächtige, die sämtlich der Verschwörung gegen die innere und äußere Sicherheit der Republik beschuldigt werden [221].

Die Meute ist losgelassen, und als erste bekommen es jene Blätter, die sich einen Funken Unabhängigkeit bewahrt haben, zu spüren. Am 13. Mai wird Vatar, Eigentümer und Redakteur des *Jornal des Hommes libres*, verhaftet; am 15. sind Lecointre und Lebois vom *Ami du peuple* an der Reihe.

Besondere Aufmerksamkeit widmet Cochon seinen ehemaligen Kollegen im Konvent. Chasles, der nach seiner schweren Verwundung an der Nordfront Aufnahme bei den Invaliden gefunden hat, wird auf bloßen Verdacht hin verhaftet. Amar, den die Polizei am 15. Mai festnimmt, sei, wie der Minister in seinem Bericht an das Direktorium unterstreicht, «ein entschiedener Anhänger der Verfassung von 93 und ein geschworener Feind jener von 95». Selbst Guffroy, der vergeblich versucht, durch eine Eingabe bei Barras für sich eine Ausnahme von den Bestimmungen des Gesetzes vom 21. Floréal zu erreichen, muß, wenn auch nur für kurze Zeit, im Plessis Quartier nehmen.

Vadier, gegen den ein gewisser Darmaing [222], der «Sohn eines seiner Opfer», eine Reihe von Broschüren losläßt, wird am 5. Juni in Toulouse verhaftet. Nach Paris überstellt, leugnet er in seinem Verhör jede Verbindung zu Babeuf oder anderen Beschuldigten wie Amar, Ricord und Laignelot. Selbst dem *Pantheon* habe er niemals angehört. Einzig aus Gründen seiner persönlichen Sicherheit sei er, über die zugebilligte Frist hinaus, in Paris geblieben. Doch er kommt damit nicht durch und bleibt in Haft.

Auch die Behörden stellen ihr Kontingent an Verhafteten. Im Juni wird der ehemalige Innenminister Paré, «eine Kreatur des berüchtigten Danton», seines Postens als Regierungskommissar beim Departement Seine enthoben und anschließend verhaftet. Das gleiche Los trifft seinen Kollegen im Departement Seine-et-Oise, Germain, gegen den nichts weiter vorliegt, als daß ihn Félix Lepeletier für sein Amt empfohlen hatte.

In Périgueux, im Departement Dordogne, werden sämtliche Mitglieder der Stadtverwaltung, an ihrer Spitze der Präsident Peyssard, ein ehemaliges Konventmitglied, ihrer Ämter enthoben. Peyssard habe Brutus Maignet, einen «berüchtigten Anarchisten», der nach Périgueux «wie aus den Wolken gefallen» gekommen sei, und der in den Listen Babeufs als Abgeordneter für das Departement Ain geführt werde, bei sich aufgenommen, beherbergt und beköstigt.

In Laon stellt sich der ehemalige procureur général Pottofeux (in der Fahndungsliste steht sein Name als Pot-au-Feu), um seiner Verhaftung zuvorzukommen, selbst der Polizei. Seinen Fall benutzt die Stadtverwaltung, den ihr unbequemen Regierungskommissar Hamaide, als einen Freund der Pottofeux und Babeuf zu denunzieren, worauf die Regierung unverzüglich seine Absetzung verfügt.

Nicht immer geht es bei diesen Verhaftungen ohne Schwierigkeiten ab. Als die Polizei mit dem Friedensrichter der Sektion Tuileries am 13. Mai in der Wohnung Morels, in den Ecuries-Egalité, erscheint, um eine Haussuchung vorzunehmen, ist Morel gerade im Begriff, durch das Fenster zu klettern, um das Weite zu suchen. Er sei bis an die Zähne bewaffnet gewesen, vermerkt das Protokoll, und habe seiner Festnahme heftigen Widerstand entgegengesetzt.

Ein anderer Bericht erwähnt eine Zusammenrottung an der Barrière-Renversée, «die nur unter Anwendung von Gewalt habe zerstreut werden können»; unter den Demonstranten habe sich ein gewisser Cazin, «ein sehr übles Subjekt», befunden, der für seine engen Beziehungen zu Babeuf bekannt sei. Cazin wird denn auch tags darauf verhaftet.

Die Arbeit der Polizei erleichtern zahlreiche Anzeigen, die teils anonym, teils gezeichnet eingehen. Eines dieser Schreiben macht auf den ehemaligen Zahlmeister bei der *armée révolutionnaire* Pierre-François Pâris, «einen der auf der Flucht befindlichen Verschwörer», aufmerksam. Pâris trage für gewöhnlich einen blauen Rock, Schnürstiefel und einen runden Hut. Vor sechs Monaten habe er bei Rousseau in der rue de Richelieu 309 gewohnt; seit dem 10. Mai seien er und seine Frau in Bercy bei einem dort gut bekannten, sehr vermögenden Mann untergetaucht. Pâris habe auch in der Gegend der Hallen ein Absteigequartier. Doch glaube man, daß er in Bercy übernachte. Aber der Hinweis kommt zu spät. Pâris ist nicht mehr zu fassen.

Selbst Carnot verschmäht es nicht, sich persönlich in die Arbeit der Polizei einzuschalten. Den Spitzel Boursault-Malherbe verweist er mit einem Empfehlungsschreiben an Cochon. Malherbe komme täglich mit Rossignol zusammen und werde der Polizei behilflich sein können, ihn verhaften zu lassen. Auch über andere Agenten der Verschwörung könne er nützliche Hinweise geben.

Dennoch gelingt es nicht, Rossignol festzunehmen. Auch Antonelle und der Brigadegeneral Fyon verstehen es, sich fürs erste allen Nachforschungen zu entziehen [223]. Robert Lindet findet in Caen bei Mesnil, einem ehemaligen Administrator des Departements Calvados, eine gastliche Zuflucht und bleibt unentdeckt.

Unauffindbar bleiben auch die Mitglieder des Geheim-Direktoriums Debon, Maréchal und Lepeletier. Bei Félix Lepeletier, der über Geld und weitreichende Beziehungen verfügt, erscheint dies nicht weiter erstaunlich. Debon ist ein Unbekannter, der spurlos in der Masse verschwindet. Daß Sylvain Maréchal unbehelligt bleibt, ist weniger leicht zu erklären. Man kann nur vermuten, daß Prudhomme, der sich des besonderen Wohlwollens von Barras (als dessen Geheimagent) erfreut, ihn gewarnt oder zu seinen Gunsten interveniert hat [224].

Andere wiederum finden bei Gesinnungsfreunden, die noch im Amt sind, wohlwollendes Verständnis und direkte Hilfe, sie dem Zugriff der Polizei zu entziehen. Der am 27. Mai in Villers-Cotterêts wegen «Paßvergehens» verhaftete ehemalige Abgeordnete Armonville wird am 11. Juni, auf Anweisung des Regierungskommissars Silvy, auf freien Fuß gesetzt. Dabei geht Silvy soweit, dem Friedensrichter in Villers-Cotterêts, wegen angeblicher Willkür bei der Verhaftung Armonvilles, einen Verweis zu erteilen. Und Armonville kehrt, nachdem er sich einige Wochen bei Freunden verborgen gehalten hat, friedlich nach Reims zurück, wo er auch in der Folge unbehelligt bleibt.

Über der Jagd auf die Anhänger der *Partei der Gleichen* vergißt das Direktorium keineswegs jene zu belohnen, die ihm getreulich geholfen haben, seine dornenvolle Aufgabe zu erfüllen. Dossonville allerdings, dessen Schicksal es ist, für große Dienste mäßige Belohnungen einzuheimsen, erhält nur 3 000 livres in Mandaten, nicht einmal genug, sich beim Schneider einen neuen Anzug machen zu lassen. Die Agenten «Noël und andere» schneiden schon besser ab; sie erhalten für ihre Auslagen bei der Verhaftung Babeufs und seiner Gefährten 44 508 livres. Und den Bürgern Desjeon und Linage lassen die Direktoren für ihre mühevolle Tätigkeit, «die öffentliche Meinung im faubourg Antoine auf der gewünschten Höhe zu halten und über das, was dort vorgeht, zu berichten», 10 500 livres anweisen.

Wie aber Grisel belohnen, der ohnehin verärgert ist, da ein gewisser Gonord ihm den Hauptanteil an der Rettung der direktorialen Republik streitig zu machen sucht? Zwar hat Grisel bereits 10 000 livres am 6. und weitere 45 000 livres am 14. Mai «für Ausgaben bei der Aufdeckung der Verschwörung» erhalten. Doch Grisel ist ehrgeizig. Er möchte mehr, vor allem eine angemessene Beförderung außer der Reihe. Carnot hätte nichts dagegen, aber Barras widersetzt sich energisch. Schließlich einigt man sich auf einen Kompromiß: Grisel erhält, an Stelle eines Avancements, einen Ehrendegen mit Gehenk. Vom Dienst bleibt er auch weiterhin befreit. Ein Pflaster für seine sicher nicht geringe Enttäuschung mag es sein, daß der *Moniteur*, am 11. Juni, seine Anzeige bei Carnot in vollem Wortlaut veröffentlicht.

Seitdem gehört Grisel zu den Größen des Tages. Man reißt sich um ihn in der guten Gesellschaft und wer ihn dort nicht zu sehen bekommt, kann den kleinen Hauptmann Grisel, Seite an Seite mit dem großen Verbrecher Babeuf, im Wachsfigurenkabinett des Monsieur Curtius [225] in voller Lebensgröße bestaunen.

3

Einzig das Vorgehen gegen Drouet bereitet der Regierung erhebliche Schwierigkeiten. Ohne ihn, ohne seine Teilnahme an der Verschwörung, wäre alles in schönster Ordnung, und der Prozeß gegen Babeuf und Konsorten könnte in Kürze, wie von der öffentlichen Meinung gefordert, vor dem Kriminalgericht des Departements Seine stattfinden. Aber Drouet ist Abgeordneter des Rates der Fünfhundert und es bedarf, um das Verfahren gegen ihn in der von der Verfassung vorgeschriebenen Form durchzuführen, sowohl der Zustimmung beider Räte wie auch der Einberufung des (vorerst nur auf dem Papier bestehenden) Staatsgerichtshofes.

Wie nicht anders zu erwarten, läßt Drouet keine Möglichkeit aus, die vorhandenen Schwierigkeiten zu vergrößern. In einer Eingabe vom 12. Mai, in der er sich mit Regulus und die Abgeordneten mit dem Senat Karthagos vergleicht, wendet er sich an den Rat der Fünfhundert mit der Bitte, seine Haft in der Abbaye in Hausarrest auf Ehrenwort umzuwandeln.

Am 17. Mai beschwert er sich, in einem von der Presse veröffentlichten Schreiben, über die Fortdauer seiner Haft. Es müsse weit mit dem französischen Volk gekommen sein, wenn man dem Ehrenwort eines von ihm gewählten Abgeordneten keinen Glauben schenke; eines Abgeordneten, den man 1791, 92 und 93 geradezu in den Himmel gehoben habe.

Drouets Selbstsicherheit ist nicht schwer zu erklären. Er weiß, daß so gut wie kein Material gegen ihn vorliegt. Bei der Haussuchung durch Cochon und den Friedensrichter Delorme waren, in den beiden möblierten Zimmern seiner Wohnung, nach Abnahme der Siegel nur fünf (belanglose) Schriftstücke und ein zerrissener Zettel mit einigen Versen zum Vorschein gekommen.

Das ist sicher ein mageres Ergebnis und auch Drouets Einvernahme durch Cochon, der sich persönlich zu ihm in die Abbaye bemüht, ergibt kein besseres Resultat. Er habe sich, erklärt Drouet, mit einigen Bekannten bei Dufour getroffen, um sich mit ihnen wegen seiner Beschwerde über die nächtliche Haussuchung am 8. Mai zu beraten. Als Cochon wissen will, ob er Gracchus Babeuf kenne, bejaht Drouet dies ohne Umschweife; er habe von ihm vor einiger Zeit einen Brief erhalten, den er ihm zurückgeschickt habe, da er grundsätzlich mit den darin entwickelten Gedanken nicht einverstanden gewesen sei.

Damit ist wenig anzufangen und da auch die Nachforschungen in Sainte-Menehould, außer belanglosem Geschwätz, kaum greifbares Material ergeben, sieht der Polizeiminister dem Verfahren gegen Drouet nicht ohne Sorge entgegen.

Seine Besorgnis erscheint um so begründeter, als in der Presse Duval und Réal, deren Beziehungen zu Barras für niemand ein Geheimnis sind, trotz aller Kritik an Babeuf offen für Drouet eintreten. Voller Empörung fordert Réal, die Regierung möge endlich das (von der Polizei aufgebrachte) Gerücht dementieren, Drouet habe etwas mit dem Raubmord an dem Lyoner Kurier zu tun, nachdem feststehe, daß die wahren und durch die gestohlenen Wertsachen überführten Täter in Troyes verhaftet seien.

Und am 9. Juni, dem gleichen Tage, an dem im Parlament die Debatte über den Fall Drouet ihren Anfang nimmt, veröffentlicht

Réal eine Leserzuschrift, in der es heißt, man erwarte mit Ungeduld den Tag, an dem die Affäre Drouet im Abgeordnetenhaus zur Sprache komme. «Die Republikaner aller Richtungen betrachten seine Haft als ein öffentliches Unglück und jedermann erwartet, daß die Freunde der Republik sich in die Diskussion einschalten.»

Die Kraftprobe im Rat der Fünfhundert läßt denn auch nicht auf sich warten. Als erster meldet sich in der Aussprache Tallien zu Wort. Tallien, der sich seit Quibéron und den Tagen des Vendémiaire der von Sieyes geführten Opposition des club de Noailles [226] angeschlossen hat, nimmt in seiner Rede, zumal er sich von Carnot und Cochon persönlich bedroht weiß, kein Blatt vor den Mund. Er greift Cochon offen an.

Der Minister sei dafür verantwortlich, wenn in Paris an der Spitze der Polizei ein geschworener Feind der Republik, wie der baron de Batz, stehe. Ein weiterer Polizeichef sei Dossonville, als Royalist einer der Angeklagten in der Affäre d'Angremont, dann Terrorist unter Amar und einer der Hauptverantwortlichen für das Schreckensregime vor dem 9. Thermidor. Die gleichen Elemente, die vor dem 10. August die Patrioten im Solde La Fayettes und des Hofes verfolgt hätten, seien gegenwärtig mit der gleichen Aufgabe betraut ...

Talliens Rede folgt ein heftiger Tumult. Beschlossen wird nichts, aber der Polizeiminister sieht sich genötigt, Erklärungen abzugeben. Cochon versichert, er habe niemals den baron de Batz beschäftigt, vielmehr angeordnet, man solle ihn, sofern man seiner habhaft werde, nach den Bestimmungen des Gesetzes vom 21. Floréal behandeln. Gegen Dossonville liege nichts Belastendes vor. Er habe sich in der Affäre Babeuf vorbildlich geführt [227].

Drouet, der am 16. Juni auf einer Geheimsitzung zu Wort kommt, ist alles andere als ein mitreißender oder auch nur geschickter Redner. Seine Unfähigkeit, eigene Gedanken folgerichtig zu entwickeln, versucht er, wie seine wenigen Reden im Konvent beweisen, durch Übertreibungen wettzumachen, die nicht selten selbst das Mißfallen seiner Freunde erregen.

Diesmal verzichtet er, vermutlich auf Anraten Réals, von vornherein darauf, den Angriff als die beste Art der Verteidigung zu wählen. Das von ihm verlesene Memorandum beschränkt sich auf eine nüchterne Aufzählung von Tatsachen. Er kenne Babeuf überhaupt nicht näher. Dieser habe ihn zweimal in seiner Wohnung aufgesucht, um seine Ansicht zu verschiedenen Fragen einzuholen. Er selbst habe ihn nie besucht und sei auch niemals an einem dritten Ort mit ihm zusammengekommen. Den von Babeuf ausgearbeiteten Entwurf einer Rede über die *sociétés populaires* habe er rundweg abgelehnt [228], was, etwa um den 4. oder 5. Mai, zum Abbruch ihrer Beziehungen geführt habe. Da das Volk die Verfassung des Jahres III angenommen habe, sei sie für ihn Gesetz. Diesem Gesetz sei er gefolgt und werde er weiterhin folgen.

Drouets Rede überzeugt niemand. Das Abschwächen seiner Beziehungen zu Babeuf, seine Versicherung, er sei ein loyaler Anhänger der Verfassung, dazu die wiederholten Beteuerungen seiner Unschuld und seine Manie, sich mit Cato, Sokrates und Aristides zu vergleichen, sind samt und sonders nicht dazu angetan, die Abgeordneten für ihn günstig zu stimmen. Die Anklage wird beschlossen, obwohl immerhin 130 Abgeordnete dem Dekret ihre Zustimmung versagen [229].

Das Ergebnis der Abstimmung führt zu heftigen Auseinandersetzungen im Direktorium. Letourneur geht so weit zu verlangen, womit er selbst Carnots Widerspruch herausfordert, man solle Drouet kurzerhand durch ein Standgericht aburteilen und erschießen lassen. Barras meint, man sei in der Sache bereits zu weit gegangen und solle rechtzeitig Retraite blasen. Als er im Floréal erklärt habe, die angeblichen Beweise von Drouets Schuld seien nur in Cochons Phantasie vorhanden, hätte man sich darüber hinweggesetzt.

Vergeblich habe er sich auch gegen die Ausdehnung des Verfahrens auf Ricord, Laignelot, den Generaladjutanten Jorry und Félix Lepeletier gewandt. Er halte es nach wie vor für mehr als bedenklich, wenn man die lächerliche Furcht vor den Jakobinern so weit treibe, selbst eine Persönlichkeit wie den ehrenwerten holländischen Gesandten Blaw als Anarchisten zu bezeichnen, und dies zum Vorwand zu nehmen, seine Abberufung zu verlangen [230].

Barras, den durchaus keine Sympathien für Babeuf und dessen Politik zu seiner Haltung bestimmen, kommt es in erster Linie darauf an, Drouet, dessen Name noch immer mit der Gloriole des Helden von Varennes umgeben ist, von Babeuf und der Sache der Gleichen zu trennen. Drouet, zu dessen Ruhm Romanzen gedichtet [231] und gesungen werden, und zu dessen Gunsten erst kürzlich die Offiziere eines Pionierbataillons in La Rochelle eine Petition an den Rat der Fünfhundert gerichtet hatten, ist ein Idol der Republik, das zu stürzen, im Augenblick jedenfalls, gefährlich erscheint.

Doch Barras' Ansicht wird im Direktorium nur von Reubell geteilt. Der Majorität erscheint Barras, wegen seiner Beziehungen zu Germain, selbst kompromittiert und wenn man auch, um den Skandal zu vermeiden, darauf verzichtet hatte, ihn in die Untersuchung einzubeziehen, so bleibt er dennoch mit dem Verdacht geheimer Beziehungen zu den Verschwörern behaftet.

Am 15. August überreicht ein Staatsbote des Rates der Fünfhundert dem Direktorium die Anklage gegen Drouet; sie lautet auf Teilnahme an einer Verschwörung gegen die innere Sicherheit der Republik und am Umsturz der Verfassung. Bis zum 1. September seien er und seine Mitangeklagten nach Vendôme zu überführen.

Zwei Tage später, am 17. August, flüchtet Drouet aus der Abbaye. Das von dem Friedensrichter Noël und dem Polizeikommissar Petit gemeinsam verfaßte Protokoll stellt fest, der Schließer Carrion habe Drouet um sechs Uhr abends in seiner Zelle aufgesucht, um das Bett des Gefangenen zu richten. Als er, anderthalb Stunden später, erneut die im dritten Stock gelegene Zelle Drouets betreten habe, um ihn einzuschließen, sei Drouet bereits fort gewesen.

In Paris zweifelt kein Mensch daran, daß Drouet im Einverständnis mit dem Gefängnisdirektor Thorin – Buonarroti wird es später bestätigen – einfach zur Tür hinausspaziert ist. Bei Velloni im Palais-Egalité sagt man ganz offen: «Wollen Sie wissen, wo Drouet ist? Gehen Sie zu Barras. Das ist eine abgekartete Geschichte, und Drouet hat sich nicht groß anstrengen müssen, um zu entwischen [232].»

Drouet selbst gibt sich keine große Mühe, seinen Aufenthalt in Paris verborgen zu halten. Er wohnt zunächst bei seinem Schwager, und als Cochon ihn dort aufstöbert, in einem Quartier, das ihm ein Mitglied des Rates der Fünfhundert, der Abgeordnete Bergoing, zur Verfügung stellt.

Damit nicht genug, entfaltet er eine lebhafte Betriebsamkeit. Am 20. August wendet er sich in einem Schreiben an den Rat der Fünfhundert. Zwar lehnt dieser es ab, das Schreiben verlesen zu lassen, aber tags darauf kann jedermann im *Moniteur* Drouets Brief in extenso lesen.

In seinen Eingaben an das Direktorium verlangt er nicht nur die Freigabe seiner Wohnung, sondern ersucht zugleich um eine Unterredung mit einem der Direktoren, «um gemeinsam die Lage zu erörtern und die aufgeregten Gemüter zu beschwichtigen, falls man ehrlich gewillt sei, das republikanische Regime aufrecht zu erhalten».

Vergeblich entrüstet sich Letourneur über Drouets Dreistigkeit. Vergeblich schlägt er vor, Drouets Verteidiger, Réal, durch einige geschickte Polizeiagenten beschatten zu lassen und so dessen Aufenthalt auszukundschaften. Das Direktorium will nichts mehr von einem Vorgehen gegen Drouet wissen und hat nur den einen Wunsch, ihn sich so bald wie möglich vom Halse zu schaffen.

Erst im November, nachdem am 7. Oktober 1796 ein Haftbefehl des Staatsgerichtshofes gegen ihn ergangen ist, verläßt Drouet Frankreich. Er geht nach Holland und von dort nach den Kanarischen Inseln, wo er seinen Freispruch in Vendôme erfährt.

Im September 1797 ist er wieder in Paris.

An Babeuf denkt er schon lange nicht mehr.

4

Als Untersuchungsrichter in der Strafsache Drouet, Babeuf und Konsorten fungiert André Gérard, Richter am Zivilgericht und zugleich Vorsitzender einer kantonalen Anklagejury. Gérard, mit seinen 37 Jahren nur ein Jahr älter als Babeuf, verfügt über solide juristische Kenntnisse verbunden mit einiger Phantasie und jenem besonderen Spürsinn, ohne den kein Inquisitor auskommt.

Seine Aufgabe erfordert ein nahezu unerschöpfliches Maß an Geduld. In monatelanger Sisyphusarbeit tragen er und seine Gehilfen, Debelle und Denonvilliers, die ihm bei der Abfassung der Protokolle und der Durchsicht des Materials zur Hand gehen, Steinchen um Steinchen zu dem umfangreichen Mosaik der Anklage zusammen, durch die das Maß der Teilnahme und der Verantwortung jedes Beschuldigten an der Verschwörung und der Vorbereitung des bewaffneten Aufstandes festgestellt und bewiesen werden soll.

Da Geständnisse der Hauptbeschuldigten nicht vorliegen und diese offenbar stillschweigend übereingekommen sind, «keine Erklärungen abzugeben und sich in den Grenzen der äußersten Behutsamkeit zu halten», sieht sich Gérard in erster Linie auf die Gutachten der Schriftsachverständigen, Harger und Guillaume, angewiesen. Deren Arbeit aber erfordert viel Zeit, und noch ist nicht abzusehen, wann sie, sofern sie überhaupt zu brauchbaren Resultaten gelangen, das Ergebnis ihrer Schriftvergleiche werden vorlegen können.

So wäre dem Untersuchungsrichter vermutlich der Erfolg versagt geblieben, hätte nicht einer der Verhafteten die Nerven verloren und sich bereitgefunden, ein umfassendes Geständnis abzulegen. Aus Angst, wegen seiner zahlreichen Abschriften als aktiver Teilnehmer der Verschwörung angesehen zu werden, beeilt sich der Schreiber des Geheim-Direktoriums, Pillé, am 19. Mai bei seinem ersten Verhör durch Gérard, Aussagen zu machen, die Babeuf, Buonarroti und Félix Lepeletier aufs schwerste belasten.

Nicolas Pillé ist ein Mensch von schüchternem, stark gehemmtem Wesen, den seine Schwerhörigkeit äußerst mißtrauisch und reizbar gemacht hat. Wie Babeuf bestätigt, hatte Pillé in der Grande-Truanderie außer zu einem guten Morgen und guten Abend fast nie den Mund aufgetan und seine Arbeit als Kopist schweigend und in sich gekehrt verrichtet. Seine Schweigsamkeit mochte seinen früheren Chef, den Hauptagenten des Sicherheitsausschusses, Héron, bewogen haben, ihn zum Sekretär zu nehmen und ihn später als besonders vertrauenswürdig Félix Lepeletier zu empfehlen.

Nach seiner Verhaftung zeigt sich Pillé von einer ganz anderen Seite. Er wird krankhaft geschwätzig, behauptet Umgang mit Dämonen zu haben und Geister zu sehen, die seinen Untergang prophezeiten. Bei dem Verhör auf dem Polizeiministerium bricht er vor Cochon in Tränen aus und verlangt, nach Hause gehen zu dürfen. Seine Mutter ängstige sich zu Tode, wenn er zu lange ausbleibe.

Mit einem solchen Schwachkopf, der Ausdruck stammt von Babeuf, hat Gérard leichtes Spiel. Pillé gibt zu und wird dies Geständnis auch in Vendôme aufrechterhalten, als Kopist für das Geheim-Direktorium gearbeitet zu haben. Im März sei er arbeitslos gewesen und habe darum gleich zugegriffen, als Félix Lepeletier ihm anbot, ihn mit Schreibarbeiten zu beschäftigen. Da Lepeletier seinen ständigen Wohnsitz in Versailles hatte und sich immer nur vorübergehend in Paris aufhielt, habe er die ihm übertragenen Abschriften in der rue Culture-Sainte-Catherine bei Lepeletiers Nichte Suzanne angefertigt.

Er entsinne sich, sieben- bis achtmal eine Abhandlung mit dem Titel *Schaffung eines Aufstandskomitees* und ähnliche Sachen abgeschrieben zu haben. Die Manuskripte stammten von Babeuf. Nach etwa einem Monat, gegen Ende April, habe Lepeletier ihm aufgetragen, seine Tätigkeit in der rue de la Grande-Truanderie fortzusetzen. Dort habe er, immer nach Originalen in der Handschrift

Babeufs, eine Reihe von Namenslisten kopiert sowie ein Zirkular, von dem er sich erinnere, daß es mit den Worten «Keine Verschwörung war je so heilig» beginne.

Auf Gérards Frage, für wen er sonst noch Abschriften angefertigt habe, erklärt Pillé, er habe von Buonarroti, dessen Namen er übrigens erst bei dem Verhör auf dem Polizeiministerium erfahren hätte, eine Liste mit Namen von Demokraten zur Ergänzung des Konvents zum Abschreiben erhalten [233]. Auch zwei für die Polizeilegion bestimmte Schriften seien von ihm ins reine geschrieben worden. Außer mit Babeuf und Buonarroti, deren Handschrift ihm genau bekannt sei, habe er mit niemand weiter zu tun gehabt.

Gérard kann zufrieden sein. Pillé hat ihm den Ariadnefaden geliefert, den er braucht, um sich in dem Labyrinth aus Widersprüchen, Ableugnungen und Verdrehungen, das die Aussagen der übrigen Verhafteten erwarten lassen, durchzufinden. Aber weit entfernt, Pillé seine Zufriedenheit zu zeigen, überhäuft er ihn statt dessen mit wohlüberlegten Vorwürfen, wobei er durchblicken läßt, die Geschichte könne ihm leicht den Kopf kosten.

Vor dieser Drohung bricht Pillé völlig zusammen. «Ich bin», offenbart er Gérard, «in diese Bescherung hineingeraten, ohne richtig zu wissen wie; ich habe mechanisch kopiert; ich habe nicht gewußt, wie ich mich aus alledem wieder herausziehen sollte; ich hatte Angst mir könnte, wenn man mich beargwöhnte, etwas Schlimmes zustoßen ...» Worauf ihn Gérard mit der wenig tröstlichen Bemerkung entläßt, es werde ganz von seinem weiteren Verhalten abhängen, ob das Gericht dieser Versicherung Glauben schenke oder nicht.

Mit Babeuf befaßt sich Gérard erst am 22. Mai. In seinem Verhör bestreitet Babeuf mit aller Entschiedenheit, das Haupt der angeblichen Verschwörung gewesen zu sein. Eine solche Annahme sei einfach absurd. Er müsse darauf bestehen, nur einen sekundären und beschränkten Anteil an allen Maßnahmen gegen das Direktorium gehabt zu haben und wolle keine glänzendere Rolle spielen als ihm zukomme. Das bedeute jedoch nicht, daß er von den Zielen der sogenannten Verschwörung abrücke, die er nach wie vor als gerecht und notwendig bejahe.

Zur Sache befragt, erkennt Babeuf seinen Brief an Grisel vom 10. und sein Schreiben an das Direktorium vom 12. Mai als von ihm stammend an. Aber schon bei der Vorlage des ersten Stückes aus dem bei ihm beschlagnahmten Material – es handelt sich um die eigenhändige Niederschrift einer Aufstellung von Waffen- und Munitionslagern – schränkt er seine Verantwortung wesentlich ein. Er habe gelegentlich im Komitee Abschriften angefertigt, wenn er nicht mit seiner eigentlichen Aufgabe, der Leitung der Propaganda, beschäftigt gewesen sei. Wie er bereits Gelegenheit gehabt habe zu erklären, sei er über alle Dinge unterrichtet worden, was nicht einschließe, daß er an allen Vorgängen tätigen Anteil genommen habe.

Das Konzept eines Schreibens an den Abgeordneten Drouet, mit dem Datum des 20. April, habe mit der Angelegenheit, deretwegen er vernommen werde, nicht das mindeste zu tun. Bei seiner Verhaftung habe man alle auf seinem Schreibtisch befindlichen Schriftstücke kunterbunt durcheinander gemengt und zusammen mit der Korrespondenz des Komitees in einen Karton gesteckt. Auf diese Weise seien ein langes Schreiben, das er an das *Journal des Hommes libres* gerichtet habe, seien Briefe seiner Privatkorrespondenz, wie das Schreiben an Simon, und für den *Tribun* bestimmte Notizen mit Auszügen aus Machiavelli, Rousseau und den Reden Saint-Justs, unter das Material gelangt, das auf die angebliche Verschwörung Bezug habe.

Mit dieser wortreichen und zugleich unverbindlichen Erklärung, die kaum geeignet ist, das Dunkel um den Ablauf der Verschwörung aufzuhellen, weiß Gérard wenig anzufangen. Was er braucht, sind klare Tatbestände und eindeutige Geständnisse. Da Babeuf offenbar nicht gewillt ist, ihm bei dieser Aufgabe zu helfen, und er ohnehin eine längere Dauer der Untersuchung voraussieht, entschließt er sich, um jede Verständigung der Gefangenen untereinander unmöglich zu machen, sie in verschiedene Gefängnisse verlegen zu lassen [234].

Noch am gleichen Abend werden Babeuf, Darthé, Didier, Buonarroti, Massard und die Instrukteure Cazin und Moroy aus der Abbaye in den Temple, wo sich Germain bereits seit drei Tagen befindet, überführt und in Einzelhaft, völlig isoliert voneinander, untergebracht.

Babeuf, nicht unzufrieden mit dem Ausgang seiner ersten Vernehmung, läßt wenige Tage später, durch eine kurze Notiz, die er dem Direktor des Temple Lasne aushändigt, Gérard wissen, er sei zu weiteren Aufklärungen bereit. Als Gérard, auf diese Enthüllungen nicht besonders neugierig, zögert, ihn holen zu lassen, kommt

Babeuf am 29. Mai auf sein Anerbieten zurück. Er habe Gérard wichtige Aufschlüsse zu geben und halte es für wesentlich, sie ihm vor Abschluß der Untersuchung zukommen zu lassen. Gewöhnlich verweigere man keine Aufklärung von seiten eines Beschuldigten; habe man doch im Gegenteil vielleicht öfter mit solchen zu tun, die sich umgekehrt verhielten. Aber auch diesmal bleibt Gérard unzugänglich.

Statt zum Verhör läßt er Babeuf, am Nachmittag des 1. Juni, durch Dossonville und den Gerichtsdiener Aubry in einem geschlossenen Wagen aus dem Temple zur Siegelabnahme in die rue de la Grande-Truanderie bringen. Noch einmal, zum letzten Mal, betritt Babeuf in Begleitung Dossonvilles das schicksalhafte Haus mit der Nummer 21, steigt er die gleichen Stufen zum dritten Stock hinauf, die er, auch damals gefolgt von Dossonville, am 10. Mai mit dem Gefühl endgültig gescheitert zu sein, hinabgestiegen war.

Als Gérard mit seinen Gehilfen in der Grande-Truanderie eintrifft, erwartet ihn in dem geräumigen Wohnzimmer des Schneiders Tissot eine zahlreiche Gesellschaft. Außer Babeuf, Dossonville und Aubry, sowie Tissots Frau mit ihren fünf kleinen Kindern, sind anwesend: der Polizeikommissar der Division Brutus, Renel, der Polizeiagent Lesueur und der mit der Kontrolle der Siegel beauftragte Wächter François.

Nach der Kontrolle der Siegel, die heil und unverletzt befunden werden, und nach ihrer Abnahme durch Renel, schreitet man zur Aufnahme des Materials.

In dem kleinen Raum, der Babeuf als Arbeitszimmer diente, befinden sich, außer einigen Kartons mit Privatbriefen und Geschäftspapieren Tissots, eine verschnürte und vernagelte Kiste aus Tannenholz sowie drei mit Bindfaden verschlossene große Säcke mit Exemplaren der *Aufstandsakte*. Sie werden ebenso wie ein Karton, der ein Register und einige Briefe Babeufs enthält, der Obhut Denonvilliers und Debelles anvertraut mit dem Auftrag, sie der Gerichtskanzlei zu übergeben. Dossonville, der dem Vorgang gelangweilt gefolgt ist, nimmt sich, um nicht ganz leer auszugehen, anderthalb Unzen Schießpulver in einem Kästchen als Andenken mit.

In der angrenzenden kleinen Garderobe werden noch vierzehn Transparente und eine Reihe Broschüren [235] sichergestellt. Zum Abschluß der Aktion läßt Gérard alle Materialien verpacken und mit dem Gerichtssiegel versehen, wobei er, um späteren Einsprüchen vorzubeugen, noch ein zweites Siegel anbringen läßt, dessen Stempel er Babeuf aushändigt.

Um sechs Uhr, nachdem das Protokoll verlesen und von allen Anwesenden (mit Ausnahme der Kinder) unterzeichnet wurde, bringen Dossonville und Aubry ihren Gefangenen in den Temple zurück.

Babeuf muß sich bis zum 16. Juni gedulden, ehe ihn Gérard nochmals kommen läßt. Bei diesem Verhör erkennt Babeuf die Aufstellung des bei der Siegelabnahme vorgefundenen Materials als richtig an, fügt aber hinzu, diese Dinge seien durch das Aufstandskomitee dort deponiert worden. Dort befindliche Schriftstücke mit seiner Handschrift habe er aus Gefälligkeit nach Diktat geschrieben, weshalb er weder über ihren Inhalt noch ihre Bedeutung etwas aussagen könne. Gérard nimmt auch dies ohne Verwunderung zu Protokoll.

Seine Meinung über Babeuf steht ohnehin fest.

5

Ähnlich unbefriedigend verläuft die Einvernahme der übrigen Verhafteten. Pillé bleibt ein Sonderfall. «Seine eigenartige, ebenso verschrobene wie in den Augen aller Parteien niederträchtige Aussage, die man sich», wie Lepeletiers Bruder Amédée schreibt, «nur durch Furcht oder Schwäche erklären könne», bildet die Ausnahme in der langen Reihe der Verhöre, die seiner Einvernahme folgen.

Germain bestreitet entschieden, in irgendeiner Form an der Verschwörung beteiligt gewesen zu sein. Er sei mit Babeuf seit ihrer Haft in Arras befreundet; er habe mit ihm korrespondiert, um ihm, der von seiner Familie getrennt habe leben müssen, Nachricht von ihr oder gemeinsamen Bekannten zukommen lassen. Seine Briefe, vom Tage der Meuterei in der Polizeilegion, seien Augenzeugenberichte eines Journalisten und nichts weiter.

Als Gérard ihm unterstellt, er habe, wie aus der beschlagnahmten Korrespondenz hervorgehe, mindestens zwei Instrukteurbeberichte verfaßt, kommt es zu einem heftigen Disput [236]. Germain leugnet kategorisch, Funktionär der Partei gewesen zu sein. Die fraglichen Briefe habe er, aus Gefälligkeit, nach Diktat geschrieben.

Buonarrotis vollendete Urbanität und weltmännische Gewandtheit können Gérard nicht darüber täuschen, daß auch er jedem

Geständnis aus dem Wege zu gehen sucht. Als Gérard wissen will, welche Gründe ihn bewogen hätten, trotz seines Reisepasses in Paris zu bleiben, gibt Buonarroti eine einleuchtende Erklärung. Er habe bei einem Fuhrunternehmer am quai de la Vallée für den 3. oder 4. Mai zwei Plätze nach Lyon belegt gehabt. Sein Gepäck, mit seinen Sachen und denen seiner Frau, sei bereits im Wagen gewesen, als man ihn im Augenblick der Abfahrt davon unterrichtet habe, daß wegen seiner Tätigkeit im *Pantheon* ein Haftbefehl gegen ihn erlassen sei, und daß er Gefahr laufe bei der ersten Kontrolle, trotz seines vom Ministerium des Auswärtigen ausgestellten Passes, festgenommen zu werden. So sei er zurückgeblieben, worüber, wegen der Bezahlung des Fahrpreises, ein Streit mit dem Fuhrunternehmer entstanden sei, den er vor dem zuständigen Friedensrichter ausgetragen habe.

Buonarrotis Persönlichkeit beeindruckt den Untersuchungsrichter immerhin derart, daß er — ein seltener Fall bei Gérard — die zu seinen Gunsten sprechenden Gesichtspunkte nicht unberücksichtigt läßt. «Leugnet alle ihm vorgehaltenen Fakten», äußert er sich über ihn, «und bestreitet jede Kenntnis der Verschwörung und der darin verwickelten Personen; behauptet, keines der beschlagnahmten Schriftstücke sei von ihm geschrieben; verweist zu seiner Rechtfertigung auf seine Frankreich geleisteten Dienste, seine Armut und seine persönliche Uneigennützigkeit; auch führt er die Tatsache an, daß er im Begriff gestanden habe, zur Durchführung von Operationen, die der Regierung bekannt seien, abzureisen; behauptet, er habe von dem Erlaß eines Haftbefehls, dem er sich hätte entziehen können, Kenntnis gehabt.»

Eine völlig andere Taktik als Buonarroti, der sich bemüht, durch einleuchtende Erklärungen das Wohlwollen des Untersuchungsrichters zu gewinnen und damit auch nicht schlecht abschneidet, wendet Darthé an. Hatte er noch, Cochon gegenüber, sich bereit gefunden zuzugeben, daß Babeuf vom 7. bis 18. Dezember 1795 bei ihm gewohnt habe, daß er Buonarroti vom *Pantheon*, Rossignol vom Luxembourg-Gefängnis und Germain von gelegentlichen, zufälligen Begegnungen in den *Bains chinois* her kenne, so glaubt er jetzt, im Verhör durch Gérard, besser zu fahren, wenn er jede Antwort auf die ihm gestellten Fragen strikt verweigert. Aus grundsätzlichen Erwägungen müsse er es ablehnen, sich zu den ihm vorgeworfenen Delikten vor einem Beauftragten der Regierung zu äußern, die in seinem Fall Partei und Richter in eigener Sache sei. Auf welchem Standpunkt er, allen Fragen Gérards mit hartnäckigem Schweigen begegnend, unentwegt beharrt.

Als wesentlich ergiebiger für den Gang der Untersuchung erweist sich die Vernehmung von Cazin und Moroy. Der am 10. Juni verhaftete und nach einem ersten Verhör im Polizeiministerium bereits am nächsten Tage durch Gérard vernommene Cazin gesteht, sieben der insgesamt zwölf ihm zugeschriebenen Berichte verfaßt zu haben. Er gibt weiter zu, am 9. Mai an einer Sitzung bei Massard teilgenommen und dort drei Louisdor erhalten zu haben.

Nicht weniger geständnisfreudig zeigt sich Moroy, der am 24. Juni, dem Tage seiner Festnahme, vor Gérard zugibt, neunzehn Berichte verfaßt zu haben. Zwei weitere Berichte stammten von Goulart. Von den Verhafteten kenne er Darthé, mit dem er im Luxembourg und in La Bourbe inhaftiert gewesen sei. Buonarroti habe er im Plessis kennengelernt und später im *Pantheon* wiedergetroffen. Die bei ihm aufbewahrten Plakate und Transparente habe er nach dem Auffliegen der Verschwörung verbrannt.

Endlich, am 10. Juli, kann Gérard die Voruntersuchung mit der Aufstellung der Anklageschrift gegen 54 Beschuldigte, welche Aufstellung man, offenbar in letzter Minute, noch durch fünf weitere Namen [237] ergänzt, abschließen. Auch die Schriftsachverständigen, Harger und Guillaume, beenden ihre Untersuchung zum gleichen Zeitpunkt.

Zwei Tage später verkündet der Vorsitzende der Anklagejury, Cordonnier, nach einer Dauersitzung von zwanzig Stunden, den Spruch der Geschworenen: die Jury stimme der Eröffnung des Verfahrens gegen Babeuf und die mit ihm Angeschuldigten zu. Ein am gleichen Tage vom Rat der Alten verabschiedetes Gesetz verfügt, daß alle, unter dem Verdacht der Mittäterschaft, in den Prozeß eines Abgeordneten verwickelten Personen durch den Staatsgerichtshof abzuurteilen sind.

Der Prozeß in Vendôme kann beginnen.

6

Zur gleichen Zeit, in der Gérard sich eifrig bemüht, die am stärksten belasteten Verschwörer des Floréal unentrinnbar in das engmaschige Netz der Anklage zu ziehen, stellen diese unermüdlich Anträge, um ein Ende ihrer strengen Einzelhaft, Besuchserlaubnis für ihre Familien und sonstige Hafterleichterungen zu erreichen.

Trotz seiner betonten Zurückhaltung kann auch Buonarroti nicht umhin, sich bitter über die Unmenschlichkeit zu beschweren, mit der man seiner Frau [238] die Erlaubnis, ihn zu besuchen, verweigere. «Selbst die Sträflinge auf den Galeeren», schreibt er dem Untersuchungsrichter, «sind nicht gänzlich für ihre Familien verloren; nur ich bin lebendig begraben.» Man möge ihm Papier und Schreibzeug aushändigen lassen, damit er sich «gegen die tausend Mittel seiner Feinde, ihn in der öffentlichen Meinung zu verleumden», zur Wehr setzen könne.

Aber Gérard läßt sich nicht erweichen. Er bleibt hart, und während 52 Tagen, während der ganzen Dauer der Untersuchung, wird den Gefangenen jeder Besuch und jeder Briefwechsel verweigert.

So versuchen sie, wie immer in solchem Falle, sich heimlich und unkontrolliert mit ihren Freunden und Angehörigen in Verbindung zu setzen.

In einem Brief, den er im Futter eines (zur Reinigung bestimmten) Jacketts versteckt, schreibt Buonarroti seiner Lebensgefährtin Teresa: «Liebste, wie teuer kommen Dich Deine Leidenschaft und Tugend zu stehen! ... Lasse nichts unversucht, um mich sehen zu können. Die Verfassung erlaubt es ... Meine Liebe zu Dir war niemals stärker: gib mir Nachricht von Dir, sage mir, was Du tust, wo Du bist, ob Du mich noch liebst. Arme Teresa! Wieviel Tränen vergieße ich bei dem Gedanken an Dich! Wenn ich Dein Bild haben könnte! Grüße F. C. und seine Frau. Spare Dein Geld. Leb wohl! Wir leiden für die Wahrheit und die Gerechtigkeit.»

In den Briefen, die Germain – ein beachtlicher, technischer Fortschritt – in den hölzernen Knöpfen «eines himmelblauen Überrocks» aus dem Temple zu schmuggeln versucht, will er vor allem von seinem (unbekannt gebliebenen) Adressaten erfahren, wie es draußen steht. «Unterrichte mich von dem Stand der Dinge, wie er auch sei, ob gut oder schlecht.» Sein Freund solle ihm Nachricht geben, ob er Fyon habe sehen können und wie es dem älteren Fiquet (dessen Bruder Claude verhaftet ist) gehe; er möchte wissen, was die Féru und Morin sagen, und ob sich die Mitglieder der «Christlichen Gesellschaft», womit die Besucher des Café Chrétien gemeint sind, und die Stammgäste der *Bains chinois* noch immer treffen.

«Wir sind hier zu sechst», läßt er seinen Freund wissen, «Babeuf, Darthé, Massard, Didier, Buonarroti und ich, sämtlich in Einzelhaft; wir haben eine Wache von vierzig Grenadieren in den beiden Höfen. Es hat sechs Schließer und Aufseher.»

Mit einem Anflug bitteren Humors schildert er die Umgebung, in der er zu leben gezwungen ist: «Ich bewohne gegenwärtig die Gemächer Capets; das heißt, ich schlurfe mit meinen Schlappen über den Fußboden, den seine erhabenen Pantoffeln betreten haben, und ich lasse den Rauch meiner Pfeife zur Reinigung der seit langem durch die Basiliskendämpfe seiner königlichen Seufzer verdorbenen Decke aufsteigen. Urteile danach, wie ich mich fühle . . .»

Zugleich warnt er vor unüberlegten Aktionen. «Die Patrioten sollen die Augen offen halten und an den Vendémiaire denken; wir wollen lieber allesamt zugrunde gehen oder nach Guayana verschickt werden, als sie in die Falle gelockt sehen.»

Seine Stimmung ist düster. Er glaubt nicht, mit dem Leben davonzukommen. «Ich bin im Justizgebäude durch den Leiter der Jury verhört worden. Ich habe alle meine Briefe an den Tribun anerkannt, selbst jene, die ich zwar geschrieben, aber nicht verfaßt habe. Ich kann also nicht entwischen . . .»

In einem Gedicht besingt er den Überwinder Tod:

«Als Sieger hätt' ich meine Pflicht getan
Besiegt, ficht mich der Tod nicht an [239].»

Keiner dieser Briefe erreicht sein Ziel. Sie landen sämtlich bei dem Direktor des Temple, Lasne, der sich beeilt, sie Gérard zuzustellen. Nicht besser ergeht es den geheimen Mitteilungen, die für die Häftlinge bestimmt sind [240]. Auch sie werden, dank Lasnes Wachsamkeit, der Gefangenen ihrer Gesinnung mit wenig Wohlwollen begegnet, ohne Ausnahme abgefangen und den Gerichtsakten beigefügt.

Erst Anfang Juli wird die strenge Isolierung gelockert, dürfen die Häftlinge des Temple Besuch empfangen, Zeitungen lesen und mit ihren Angehörigen Briefe wechseln. Auch die Einzelhaft wird aufgehoben. Aber diese Vergünstigungen dauern nicht lange.

Als Buonarroti, Darthé und Didier, wegen Vornahme von Reparaturen, vorübergehend in eine andere Zelle verlegt werden, machen ihre inständigen Bitten, ihre alte Zelle wieder beziehen zu dürfen, Lasne mißtrauisch und lassen ihn, bei genauerer Kontrolle, ihre bereits getroffenen Vorbereitungen zur Flucht entdecken.

Sein Bericht an das *bureau central* hat zur Folge, daß der Justizminister am 13. Juli alle Hafterleichterungen aufhebt. Die erneute Verschärfung ihrer Haft bleibt, trotz einer Kollektiveingabe der Häftlinge, bis zu ihrem Abtransport nach Vendôme bestehen.

7

Babeufs Stimmung im Temple schwankt zwischen Anfällen hemmungsloser Verzweiflung und starrer Gefühllosigkeit. Der Verlauf der Untersuchung, das Gekläff der Pressemeute und der Gedanke, von allen, die seine Ansichten teilten, aufgegeben zu sein, lassen ihm sein nahes Ende unausweichlich erscheinen. Das Wissen um das Elend seiner Frau, seiner zärtlich geliebten Kinder [241], die er erneut allen Kümmernissen ausgeliefert sieht, quält ihn derart, daß er fürchtet, den Verstand zu verlieren. Als Marie ihn zu alledem wissen läßt, sie sei sicher, erneut in anderen Umständen zu sein und wolle sich das Leben nehmen, weiß er ihr nur zu sagen, sie solle tun, was sie nicht lassen könne.

Aber diese Stimmung, in der sich Babeuf in der Haltung des «verteufelt hart» gewordenen Jakobiners gefällt, hält nicht vor und macht bald seinen wahren Gefühlen Platz. Doch wem sich offenbaren? Wem unter seinen Freunden kann er genügend vertrauen, um zu wissen, daß er auch jetzt, da alles verloren scheint, wenn auch nur insgeheim, weiter zu ihm stehen wird? Seine Wahl fällt auf Félix Lepeletier.

Babeuf und Lepeletier kennen einander noch nicht lange. Ihre erste Begegnung fällt vermutlich in die Zeit nach dem Vendémiaire, in der sich Lepeletier eifrig an allen Versuchen, ein neues politisches Zentrum der Linken zu bilden, beteiligte. Er, der am 13. Vendémiaire in den Reihen des Bataillons der «Patrioten von 89» kämpfte, hatte sich niemals über die vom Direktorium zu erwartende Politik Illusionen gemacht. Auch gehörte er, von Anfang an, zu den aktivsten Teilnehmern am *Pantheon*. So zeigt er, als ihm Babeuf nach dessen Schließung vorschlägt, in das Geheim-Direktorium der Partei einzutreten, keine Bedenken, den Kampf um die demokratische Republik auf illegaler Basis fortzusetzen.

Der gewaltsame Tod seines Bruders Michel, an dem er mit liebender Verehrung hing und dessen Andenken er Zeit seines Lebens eine abgöttische Verehrung weihen wird, hatte aus ihm, der bis dahin nur das genießerische Dasein eines vom Glück und den Frauen verwöhnten Müßiggängers führte, mit einem Schlage einen anderen Menschen gemacht.

Aus dem verzärtelten «Blondling», dem «Alcibiades der Revolution», dem Liebhaber der schönen marquise de Fontenay, späteren Madame Tallien und zukünftigen princesse de Chimay, war – letzte und endgültige Wandlung – der Jakobiner geworden, der keinen höheren Ehrgeiz kennt, als die Grundsätze der Revolution verwirklicht zu sehen.

Es waren keine leeren Worte für ihn, wenn er im Februar 1794, als alle ehemals Adligen aus dem Klub ausgeschlossen wurden, versicherte, sein Herz werde bis zum Tode jakobinisch bleiben. Und auch jetzt ist es ihm Ernst, wenn er, ganz im Sinne Babeufs, schreibt: «Die Revolution hat alle empfinden lassen, daß das Glück weder in den Ehren noch in den Reichtümern zu suchen ist, sondern in einer gesicherten Existenz, geschützt vor der Unruhe, dem Hunger und den Wechselfällen des Schicksals.»

Babeuf hatte im März 96, während einer Woche, Zuflucht in dem (Lepeletiers Mutter gehörenden) Palais der Familie Saint-Fargeau an der place Vendôme gefunden. In dieser Zeit wandelt sich ihr gutes gegenseitiges Einvernehmen zu einer engen, dauerhaften Freundschaft. Von Félix Lepeletier fühlt sich Babeuf verstanden und anerkannt und darüber hinaus mit jener noblen Aufmerksamkeit behandelt, deren nur eine echte Freundschaft fähig ist. Für ein solches Gefühl ist Darthé ihm zu schroff, Buonarroti zu vergeistigt und Germain einfach zu jung. Lepeletier dagegen mag in Babeuf das Vorbild des gerechten, menschlich empfindenden und philosophisch denkenden Revolutionärs gesehen haben, den das Schicksal verurteilt hat, ständig verkannt zu werden, da er mit seinem Wissen um die Dinge dem Volk, für das er arbeitet, zu weit voraus ist.

In seinen *Betrachtungen zum gegenwärtigen Augenblick,* die er, «trotz der letzten Ereignisse», am 16. Mai bei Vater erscheinen läßt, zeigt sich Lepeletier durchaus nicht entmutigt. «Es ist wahr, die allgemeine Bewegung zugunsten der Gleichheit kann einen Augenblick aufgehalten werden. Aber sie setzt ihren Weg in der Folge fort. Und ich bin nicht der Ansicht, daß persönliche Katastrophen den Gang der Entwicklung verzögern. Die Verfolgung schuf stets die Märtyrer. Kann man es in einer schöneren Sache sein?»

Babeuf hat sicher im Temple Gelegenheit gehabt, die *Betrachtungen* seines Freundes Lepeletier kennenzulernen. Am 14. Juli, dem siebenten Jahrestag des Sturmes auf die Bastille, richtet Babeuf ein langes Schreiben an ihn, das als der Ausdruck seines Letzten Willens, als sein persönliches Testament gelten kann.

«Erschrick nicht, lieber Félix», schreibt er dem Freunde, «beim Anblick dieser Zeilen von meiner Hand ... Ich bin das Wesen, das alles flieht, das jedermann als gefährlich ansieht und dessen Nähe den Tod bringt. Indessen sagt mir mein Gewissen, daß ich rein bin und meine wahren Freunde, das heißt, einige gerecht denkende Menschen, wissen, daß ich mir nichts vorzuwerfen habe.»

Er zähle ihn vor allem darum zu seinen wahren Freunden, da Lepeletier sich niemals und in keiner Weise an dem schimpflichen Kesseltreiben «dieser üblen politischen Machiavellisten» beteiligt habe, die «meine Leiden verhundertfachten und meinen Tod vorwegnahmen» [242]. Er, Babeuf, den man als halbverrückten Träumer oder als ein von den Feinden des Volkes gekauftes Subjekt hinzustellen bemüht sei, habe immerhin die Großmut besessen, keinen Namen zu nennen und die Gesamtheit aller Demokraten der Republik als seine Mitschuldigen anzuführen, um auf diese Weise ihre Gegner einzuschüchtern und den demokratischen Kräften nahezulegen, sich mit ihm solidarisch zu erklären.

«Was haben diese Verräter, diese Abtrünnigen unserer heiligen Sache, mit diesem üblen System gewonnen, das in ihren Augen als das nec plus ultra der Geschicklichkeit erscheinen mochte? Sie haben nur verstanden, sich zu entehren und die Revolutionäre und das Volk in Verwirrung zu stürzen, die stets und notwendigerweise das Hasenpanier ergreifen, wenn sie sehen, daß ihre Führer Reißaus nehmen; sie haben obendrein erreicht, die Feinde des Volkes durch das Schauspiel einer solchen Schwäche zu ermutigen, und zu guter Letzt ihre Schützlinge von einst rascher in den Abgrund zu stürzen.»

Nach dieser Bemerkung, die zur Genüge den tiefen Sturz seiner Hoffnungen und den endgültigen Verzicht auf neue Illusionen erkennen läßt, kommt Babeuf auf den eigentlichen Anlaß seines Schreibens. Er hinterlasse seine Frau und seine beiden Kinder völlig mittellos. Er bitte Lepeletier, sich dieser unglücklichen Wesen anzunehmen und sie vor dem Hungertod zu bewahren. Er sei überzeugt, daß seine Nichte Suzanne, die Tochter Michel Lepeletiers, wenn er ihr diesen Brief zeige, ihm bei dieser würdigen Aufgabe zur Seite stehen werde.

Was er verlange, sei nicht viel. Von seinen beiden Söhnen zeige der ältere wenig Anlage für die Wissenschaften und folglich auch für die Politik. Als er ihn gefragt habe, was er einmal werden wolle, habe er geantwortet: Arbeiter, aber einer, der möglichst unabhängig sei, etwa Buchdrucker. Er glaube, daß er damit nicht Unrecht habe und daß man ihm seinen Wunsch erfüllen solle. Der jüngere sei noch zu klein, um etwas Bestimmtes über ihn sagen zu können. Wenn man auch ihm, wie seinem Bruder, ermögliche, ein Handwerk zu erlernen, sei er völlig zufrieden. Seine Frau, die vor allem Hausfrau und Mutter sei, brauche nur einen bescheidenen Betrag vorgeschossen zu erhalten, um einen kleinen Laden aufmachen zu können, dessen Ertrag ausreichen werde, ihren und ihrer Familie Lebensunterhalt zu sichern.

Darüber hinaus habe er noch eine Bitte. «Ich wünschte zu meinem Trost, daß meine Frau und meine Kinder mich sozusagen bis zum Fuße des Altars begleiten, auf dem ich hingeopfert werde. Das wäre viel besser für mich als ein Beichtvater. Setze sie, ich bitte Dich dringend, in den Stand, die Reise zu unternehmen, damit ich nicht dieser letzten Freude beraubt werde.»

Aber Babeuf findet, entgegen seiner Erwartung, keine Gelegenheit, seinem Freunde Félix «diese letzte an ihn gerichtete Epistel» gefahrlos zukommen zu lassen.

Am 30. August, um drei Uhr morgens [243], werden Babeuf und seine Gefährten aus ihren Zellen geholt und in den Hof des Temple gebracht, um in eigens für sie angefertigten, «vergitterten Käfigen» die Reise nach Vendôme anzutreten.

In der gleichen Nacht explodiert in der rue de la Licorne eine Art Höllenmaschine. Ihr Hersteller, der Uhrmacher Arnould, wird dabei schwer verletzt und stirbt im Hospital. In verschiedenen Stadtteilen tauchen weiße Kokarden und Fahnen mit royalistischen Abzeichen auf.

Eine Dekade später spielt man im théâtre du Palais ein Stück, das diesen Vorfall behandelt. Man nimmt allgemein an, es habe sich um eine jakobinische Verschwörung unter royalistischer Flagge gehandelt [244]. Es wird viel gelacht und Beifall geklatscht, besonders dann, wenn «die Freunde Babeufs» Prügel beziehen.

Carnot, «vor allem ein Mann der Ordnung», spürt in jeder Fiber seines unruhigen Herzens, daß die unterirdische Gärung in der Masse noch nicht zur Ruhe gekommen ist [245]. Die geglückte Flucht Drouets hat der *Partei der Gleichen* neuen Auftrieb gegeben. Bis zu dem Prozeß in Vendôme können noch Monate vergehen, und bis dahin wird unbedingt etwas Entscheidendes, Unwiderrufliches geschehen müssen, etwas, das alle Hoffnungen auf einen Umsturz endgültig begräbt. Was aber ist unwiderruflich? Unwiderruflich ist allein der Tod. Mortui non mordent.

Wie aber zu Todesurteilen gelangen, solange die Umstürzler sich nicht hervorwagen und sich darauf beschränken, ihre Pläne in der Verschwiegenheit heimlicher Zusammenkünfte zu schmieden? Man muß sie aus ihrer Reserve herauslocken, um einen entscheidenden Schlag gegen sie führen zu können. Nach diesem Rezept wird Carnot verfahren.

Ansatzpunkte für eine solche Aktion bietet vor allem das Lager Grenelle, das in den Berichten der Polizeiagenten eine große Rolle spielt. Seit dem Juni behaupten sich Gerüchte über einen bevorstehenden Aufstand des Lagers. Ende Juli kommt es zu Befehlsverweigerungen und offener Meuterei. Zehn der Rädelsführer werden zum Tode verurteilt; doch ihre Kameraden weigern sich, das Urteil zu vollstrecken. 180 weitere werden verabschiedet, um in ihre Heimatgemeinden abgeschoben zu werden. Sie alle, bis auf dreizehn, suchen in Versailles das Weite und kehren nach Paris zurück, wo sie bei Freunden Unterschlupf finden.

Eine um diese Zeit illegal erschienene (und vermutlich von Cochon finanzierte) Broschüre, mit dem Titel *Ankunft des braven La Terreur, Kanonier der Sambre-und-Maas-Armee, in Paris; seine Unterhaltung mit seinem Kameraden Va-de-Bon-Cœur, Soldat im Lager von Grenelle*, erklärt die Babeuf zugeschriebene Verschwörung für ebenso aus der Luft gegriffen wie die durch den marquis de Rovère aufgedeckte «Ostereier-Verschwörung». Die Soldaten sollten sich mit dem Volk unter dem Banner der Verfassung von 93 vereinigen, um die «fünf Könige und die, die sie gemacht haben», zu beseitigen. «Dann werden wir Brot und unsere Rechte haben.»

In einem Bericht an das Direktorium schildert Merlin eine Unterredung, die er mit einem ehemaligen Brigadegeneral [246], «der Ihnen bekannt ist, aber nicht genannt sein will», gehabt hat.

Nach dessen Angaben planten die Anhänger Babeufs einen Handstreich, bei dem sie beabsichtigten, mit gefälschten Befehlen Drouet, Babeuf und ihre Mitgefangenen aus dem Temple und der Abbaye herauszuholen. Nach ihrer Befreiung wolle man die Führer der Partei ins Lager von Grenelle bringen, den Sturz der Regierung proklamieren und auf Paris marschieren. Man habe seinem Gewährsmann das Kommando der geplanten Aktion mit dem Bemerken angetragen, man ziehe ihn dem General Rossignol vor; dennoch habe er auf die ihm zugedachte Ehre verzichtet.

Es ist vermutlich dieser Bericht, der das Direktorium bestimmt, den Plan einer Verbrüderungsaktion der Patrioten mit dem Lager Grenelle aufzugreifen, um sich auf diese Weise mit einem Schlage der noch aktiven Reste der Partei zu entledigen. Damit der Plan, bei den finanziellen Nöten der Partei, nicht etwa an Geldmangel scheitere, läßt ihr Barras, vermutlich durch Vermittlung des vielgewandten, in allen Sätteln gerechten Méhée, einen Betrag von 24000 francs zukommen [247].

Doch wie sich vom Lager Grenelle mit der *Partei der Gleichen* in Verbindung setzen? Wiederum, wie im Mai einen Grisel, findet Carnot auch diesmal einen geeigneten Handlanger, der bedenkenlos bereit ist, die ihm zugedachte Rolle eines Lockspitzels zu übernehmen. Sein Mann ist der Schwadronschef Malo [248], Interimskommandant der 21. Dragoner.

Der ehemalige Bettelmönch aus dem Franziskanerkloster seiner Heimatstadt Vire, der sich seit der Revolution in verschiedenen, mehr oder weniger ehrenwerten Berufen versuchte, ehe ihm die Protektion des Abgeordneten Aubry dazu verhalf, Offizier zu werden, zögert keinen Augenblick, Carnots Auftrag zu übernehmen. Dank seiner nicht geringen Verstellungsgabe und dank der noch immer nicht kurierten Vertrauensseligkeit der Patrioten, gelingt es Malo, Verbindung zu Kreisen der Partei aufzunehmen, über die er Carnot in täglichen Rapporten auf dem laufenden hält.

Am Abend des 9. September versammeln sich bei dem Weinhändler Niquille, in der rue du Coq-Honoré, im Café Bournon, auf dem boulevard de la Madeleine, und in Vaugirard, im Gasthaus Soleil d'Or, zahlreiche «Unbekannte», die sämtlich einer geheimen Parole, einem unsichtbaren Kommando zu folgen scheinen.

Gegen elf Uhr nachts ziehen sie in Gruppen los, um durch die kleinen Straßen, die zu der Ebene von Grenelle führen, ins Lager zu gelangen. An den bestürzten und überrumpelten Wachen vorbei, dringen sie, an ihrer Spitze der verabschiedete Generaladjutant Lay, unter dem Gesang revolutionärer Lieder ins Lager ein.

Im Lager stoßen sie auf eine Patrouille. Deren Kommandant macht Schwierigkeiten. Man versucht, ihn vom Pferd zu reißen. Ein Pistolenschuß fällt, und im Augenblick ist das ganze Lager auf den Beinen.

Als erste sind, von Malo angeführt, die 21. Dragoner – angeblich in Hemd und Hose – aufgesessen. Mit geschwungenem Säbel stürzen sie auf die Eindringlinge, die in wilder Flucht das Weite suchen. In wenigen Minuten ist alles vorbei. Zwanzig Tote und etwa sechzig, meist verwundete Gefangene, sind das Ergebnis ihrer Attacke.

Die ganze Nacht hindurch sind die Soldaten unterwegs, um die Umgebung des Lagers nach Verdächtigen abzusuchen. Überall, selbst in den Straßen von Paris, werden Verhaftungen vorgenommen. Bis zum Morgen steigt die Zahl der Festgenommenen auf 132, die sämtlich zur *Ecole militaire* gebracht werden.

Aber nicht nur Unbekannte fangen sich in den Netzen der Polizei. In Montrouge verhaftet die Gendarmerie einen gewissen Daumer, Schneidermeister aus Paris, der sich vor dem Friedensrichter in Fontenay-aux-Roses als der Konventsabgeordnete Claude Javogues zu erkennen gibt. Einige Stunden zuvor hatte man dort seinen Kollegen im Konvent, den ehemaligen Bischof im Departement Creuse, Huguet, festgenommen. Auf dem boulevard des Invalides ergreift der Fabrikant Cusset, wie sie Mitglied des Konvents, in einem Anfall von Panik beim Erscheinen einer Patrouille die Flucht, worauf ihn die Soldaten verhaften und abführen.

Nicht besser ergeht es Jean-François Baby aus Tarascon und seinen Gefährten, dem ehemaligen Bürgermeister von Lyon, Bertrand, und dem jungen Maler Hennequin, die bei Tagesanbruch auf dem Wege zwischen Vaugirard und Jssy festgenommen werden, weil sie beim Auftauchen einer Patrouille von sechzehn Dragonern plötzlich kehrt machten, um die Straße nach Sèvres einzuschlagen.

Wieder andere ereilt ihr Geschick, weil die Polizei sich eben jetzt erinnert, sie habe mit ihnen noch eine ausstehende Rechnung zu begleichen. So holt sie aus seiner Werkstatt in der rue Sainte-Anne den Schuhflicker François Bonbon, den seine großsprecherischen Tiraden, als Mitglied des *comité révolutionnaire* der Sektion Butte-des-Moulins, zum Schwerverbrecher stempeln.

In einem anonymen Schreiben an Cochon melden einige «Freunde der Ordnung» dem Minister, ein gewisser Gagnant, zu Zeiten Robespierres Polizeiadministrator, kleide sich seit kurzem als *muscadin*, wodurch er verdächtig erscheine. Man wisse, er habe Drouet, um dessen Aufträge auszuführen, täglich im Gefängnis besucht. Er wohne porte Saint-Denis im dritten Stock des Café Flore. Und Gagnant wird verhaftet.

Am Nachmittag des 10. September werden die Festgenommenen, bis auf wenige Ausnahmen Handwerker, kleine Gewerbetreibende und Tagelöhner, in den Justizpalast geführt und am Abend in langem Zuge in den Temple geschafft. Unterwegs lassen sich mitleidige Stimmen hören, die es für ausgeschlossen erklären, daß diese unglücklichen Arbeiter den Plan gehabt hätten, ohne Geld, ohne Waffen ein befestigtes Militärlager zu stürmen. Wie immer müßten die kleinen Leute die Zeche bezahlen, während die Führer – abgesehen von Drouet, den man getötet glaubt – sich im Hintergrund hielten.

In der Presse verlangt man, endlich scharf gegen die Unruhestifter, vor allem die Mitglieder der ehemaligen *comités révolutionnaires* und ihre Anhänger vorzugehen. «Wir wollen dem Direktorium keine Vorschriften machen», schreibt der *Courrier républicain;* «es genüge darauf hinzuweisen, daß man, um das Gift zu vermeiden, das Reptil zertreten muß.»

Und das *Journal des Défenseurs de la Patrie* berichtet, um die Größe der Gefahr anschaulich zu machen, man habe haufenweise Pistolen, Stoßdegen und 10- bis 12zöllige Messer auf dem Schlachtfeld aufgelesen; in den Brieftaschen der Gefallenen seien «Petschafte mit dem Zeichen zweier ineinander verschlungener Hände» gefunden worden.

Wie im Mai, beeilen sich auch diesmal die Räte, den vom Direktorium geforderten Ausnahmeerlassen zuzustimmen. Am Tage nach Grenelle ermächtigen sie, «nach einer langen und lebhaften Diskussion», das Direktorium, in Paris und den angrenzenden Departements Haussuchungen anzuordnen und die «Verbrecher von Grenelle», als «im Kampf oder auf der Flucht festgenommene bewaffnete Aufrührer», durch eine Militärkommission aburteilen zu lassen [249].

In einer Eingabe an den Rat der Fünfhundert protestieren die Gefangenen des Temple gegen den Beschluß, sie vor ein Militärgericht zu stellen. Sie seien, von wenigen Ausnahmen abgesehen, keine Militärpersonen. «Man hält uns entgegen, daß diejenigen, die mit der Waffe in der Hand bei Ansammlungen getroffen werden, den Militärs gleichzusetzen sind; aber niemand von uns ist in einer Ansammlung und mit Waffen in der Hand festgenommen worden; das ist einfach eine hinterhältige Erfindung der Royalisten; es ist ein lächerlicher Vorwand, den man, um uns zugrunde zu richten, erfunden hat, der aber von keinerlei Bedeutung sein darf, wenn man beachtet, daß die meisten von uns in ihrem Bett oder zumindest sehr weit vom Lager festgenommen wurden.»

Niemand meldet sich, nach der von Gelächter unterbrochenen Verlesung der Petition, zum Wort und der Rat geht ohne Diskussion zur Tagesordnung über.

Die Kommission leistet ganze Arbeit. In sechs Sitzungen, zwischen dem 19. September und 2. November, verurteilt sie 32 Angeklagte zum Tode [250], 53 zur Deportation oder zur Internierung bis zum Friedensschluß. Der Rest wird freigesprochen. Dem General Fyon rettet in der Verhandlung vom 27. September nur ein Zufall – der Beschluß der Kommission, ihn als Mitschuldigen Babeufs nach Vendôme zu überstellen – das Leben. Über einen Antrag, aus dem gleichen Grunde auch Bertrand und Gagnant durch den Staatsgerichtshof aburteilen zu lassen, geht die Kommission mit Stillschweigen hinweg.

In der Sitzung vom 8. Oktober kommt es zu zahlreichen Zwischenfällen. Die Kommission lehnt Anträge der Verteidiger ohne Begründung ab und verzichtet aus Zeitgründen auf die Einvernahme von Zeugen, die nicht rechtzeitig zur Stelle sind. Huguet, zu dessen Gunsten sein Kollege im Konvent Brival aussagt, hilft es nichts, daß keinerlei positive Beweise gegen ihn vorhanden sind. Das Gericht will seinen Kopf. Huguet hinterläßt eine im siebenten Monat schwangere Frau.

Javogues gehört, nach Ansicht des Rapportführers capitaine Ponsard, «zu jenen unruhigen und widersetzlichen Elementen, die man endlich einmal der Ruhe der Regierung zum Opfer bringen müsse», womit sein Fall entschieden ist. Gegen Baby, dem vorgeworfen wird, an die Soldaten ein «infames Libell» mit dem Titel *Ankunft des tapferen La Terreur in Paris* verteilt zu haben, spricht vor allem die Aussage von Dominique Ferlus, der erklärt, Baby habe sich, noch vor Aufdeckung der Verschwörung, in einer Gesellschaft bei dem

Abgeordneten Lakanal, als Anhänger Babeufs bekannt und als «zügelloser Terrorist» gebärdet.

An diesem Tage geht das Gericht, nach siebenstündiger Beratung, sogar über die Anträge Ponsards hinaus. Während dieser sich begnügte, gegen die Angeklagten Javogues, Gagnant, Baby, Cusset und Bonbon die Todesstrafe zu fordern, verurteilt die Kommission außer ihnen auch noch Bertrand, Huguet, den Schuhmacher Lafond und den Tischler Pitois zum Tode. Sie seien, heißt es in der Begründung, sämtlich überführt, Anstifter des infamen Komplotts gewesen zu sein. Der Polizeikommissar Romainville und der Maler Hennequin, für die Ponsard Freispruch beantragt hatte, kommen zwar mit dem Leben davon, sollen aber bis zum Friedensschluß interniert bleiben.

Die Verurteilten nehmen ihre Sentenz gefaßt entgegen; sie erklären, sich an den Kassationshof wenden zu wollen, da das wenige Tage vor den Ereignissen in Grenelle erlassene Gesetz vom 21. Fructidor eine Berufung gegen Urteile von Militärgerichten «aus Gründen der Unzuständigkeit» zulasse. Aber das Direktorium setzt sich seelenruhig über diesen Einwand hinweg und ordnet die Vollstreckung der Urteile an [251].

Am Morgen des 10. Oktober werden die Verurteilten aus dem Temple geholt, um in zwei mit Stroh bedeckten Wagen ihre letzte Fahrt anzutreten. Die Leiche Bonbons, der sich in der Nacht aus einem Fenster des Treppenhauses in den Hof gestürzt hat, wird ihnen, auf einer Lafette liegend, nachgefahren.

Unterwegs kommt es zu einem erregenden Zwischenfall. Gagnant, dem es gelungen ist, seine auf den Rücken gefesselten Hände freizubekommen, springt vom Wagen und flüchtet in die rue Caumartin. Doch er kommt nicht weit. Soldaten der berittenen Eskorte holen ihn ein und schleppen ihn, blutig geschlagen, auf den Karren zurück. Keiner der Verurteilten sagt ein Wort. Sie starren blicklos vor sich hin. Einzig Javogues macht eine Ausnahme. Seine kräftige Stimme ist weithin zu vernehmen, mit der er unbekümmert sein *Plutôt la mort que l'esclavage* immer von neuem anstimmt.

An der barrière de l'Ecole militaire, übernimmt der Lagerkommandant von Grenelle, Brigadegeneral Brune, den Transport. Nach den vorgeschriebenen Formalitäten übergibt er die Verurteilten dem Divisionsadjutanten Hugo, der die Exekutionen leitet. Außer zwei Vertretern der Militärkommission ist auch Cochon, der sich keine der Hinrichtungen entgehen läßt, zur Stelle.

Bei dem Befehl, das Feuer auf die mit dem Rücken zur Truppe stehenden Verurteilten zu eröffnen, sind die Soldaten so aufgeregt, daß bei der ersten Salve nur einer der acht getroffen wird. Es braucht nicht weniger als sechzig regellos abgegebener Schüsse, um mit ihnen ein Ende zu machen. Um elf Uhr ist alles vorbei, und die Soldaten können in ihre Quartiere abrücken.

Niemand zweifelt daran, daß Carnot und Cochon ihre Gegner in eine Falle gelockt haben. «Die Regierung», bemerkt Thibaudeau, «wäre auch zu töricht gewesen, wenn sie, davon unterrichtet, daß die Anarchisten sie offen anzugreifen im Begriff standen, ihnen höflich hätte sagen lassen, sie wisse Bescheid und bitte, nichts zu unternehmen, da sie vorbereitet sei, sie gebührend zu empfangen. Die Gelegenheit war zu schön, um sie vorbeigehen zu lassen; da sich die Anarchisten unbelehrbar zeigten, war es geradezu eine Pflicht, daraus Vorteil zu ziehen, um ihnen eine kräftige Lektion zu erteilen und mit ihnen zu Rande zu kommen.»

An seinen Freund, den General C., schreibt General Turreau: «Der Angriff auf das Lager von Grenelle war schrecklich und ohne die ungemeine Kühnheit und die nicht weniger erprobten Talente der Militärs wäre es schwierig gewesen, die Folgen zu ermessen, die er hätte haben können ... Sodann hat man Sie getäuscht, als man Ihnen sagte, es habe kaum 150 Angreifer gehabt. Ich weiß von einem Augenzeugen, daß es ihrer mindestens 200 waren, und man hat unter ihnen bis zu zehn gezählt, die Pistolen in der Tasche hatten. Das Lager war nur 4000 Mann stark ... Das Terrain war der Kavallerie günstig, aber es gab nur ein Regiment dieser Waffe, das zum Glück Zeit gehabt hat, aufzusitzen ... Im übrigen hat die Regierung vor, während und nach der Aktion eine seltene Festigkeit bewiesen. Alles war so gut vorgesehen und angeordnet, daß die Ausführung notwendigerweise ganz planmäßig verlaufen mußte.»

Allen ist alles klar.

Befriedigt stellen die zur Feier des Festes der Republik auf dem Marsfeld eingesetzten Polizeiagenten fest, daß sich die Zuschauer, trotz unmittelbarer Nähe des Lagers, jeder Bemerkung über die dortigen Geschehnisse enthalten.

Aber auch kein *vive la République!* ist zu hören.

XI
Réal

1

Seit dem Beschluß des Rates der Fünfhundert, den Staatsgerichtshof nach Vendôme einzuberufen, ist die kleine Stadt im Departement Loir-et-Cher, auf die bisher, außer durch Ronsard und Rochambeau, kein Schatten historischer Größe gefallen war, nicht mehr zur Ruhe gekommen. Unter Leitung des Regierungsbaumeisters Lemit arbeiten Scharen von Maurern, Zimmerleuten, Tischlern, Malern und sonstigen Handwerkern in dem Gebäude der ehemaligen Benediktinerabtei zur Heiligen Dreifaltigkeit, um sie, ihrer doppelten Bestimmung entsprechend, als Sitz des Gerichts und als Gefängnis für die der Konspiration Beschuldigten einzurichten.

Als am Nachmittag des 1. September der (zweite) Gefangenentransport mit Babeuf, Buonarroti, Germain, Darthé, Didier und zwölf ihrer Gefährten (darunter den fünf mitangeklagten Frauen) in Vendôme eintrifft, ist die halbe Stadt in Bewegung. In der rue Chartraine und der rue des Hommes libres, durch die der Zug seinen Weg nimmt, drängen sich die Menschen, sind Fenster und Balkons von Neugierigen belagert, die mit einem Gefühl schaudernder Verwunderung auf die rollenden Käfige starren, durch die der lange nicht mehr vernommene Gesang revolutionärer Lieder zu ihnen dringt.

Den Gefangenen folgen ihre Frauen, Kinder und nächsten Angehörigen, deren «scharenweises Auftreten» die besorgten Stadtväter in zunehmende Unruhe versetzt. Marie Babeuf, die trotz vorgeschrittener Schwangerschaft mit ihrem elfjährigen Sohn Emile die Reise nach Vendôme zu Fuß bewältigt hat, findet bei Hésine, einem Parteifreund Babeufs, Unterkunft, bis sie Gelegenheit hat, in eine dem Gerichtshof näher gelegene Wohnung zu übersiedeln. Dort wird sie, am 28. Januar 1797, einem Kinde das Leben schenken, einem Sohn, der die Namen Caius Gracchus erhält.

Wenige Tage nach seiner Ankunft in Vendôme [252] schreibt Babeuf seiner Frau einen liebevoll besorgten Brief, in dem er sich eingehend nach ihrem Befinden und dem der Kinder erkundigt. Vor allem will er wissen, wie es seinem kleinen Camille geht, den Marie in Paris zurücklassen mußte. «Der arme, liebe Junge! Nur er hat seinem zärtlichen Vater nicht folgen können... sicher wird er darüber weinen, wird er schon geweint haben ... Wäre er nicht so jung, so schwach, hätte er mich und Euch unter diesen schrecklichen Umständen begleitet, und Gracchus Babeuf wäre darüber nur zu glücklich gewesen.» Und Babeuf bittet seine Frau, ihm Nachricht zu geben, wohin sie den Kleinen in Pflege gegeben habe.

Sobald das Sprechzimmer, an dem noch gearbeitet werde, fertig sei, hoffe er, Marie und Emile «sehen, umarmen und sprechen» zu können [253]. Die Reise habe er ganz passabel überstanden. «Wir haben nur eine Nacht – und zwar in Rambouillet – im Gefängnis zugebracht. Wir haben nichts ausgegeben und wurden überall gut behandelt. Wir sind es hier ebenso. Zu Mittag gibt es Suppe, einen Fleischgang und Gemüse, zum Abendessen nochmals Gemüse und täglich eine Flasche Wein.»

Während der nächsten Wochen, in denen sie Gelegenheit haben, sich an das eintönige Leben in ihren vergitterten Klosterzellen zu gewöhnen, ist die Stimmung der 42 – durch das Eintreffen von Fyon und Antonelle und einiger Nachzügler aus der Provinz steigt ihre Zahl bis zum Beginn des Prozesses auf 47 [254] – durchaus nicht schlecht. Tag für Tag, nachdem die erste Niedergeschlagenheit über die Ereignisse von Grenelle geschwunden ist, versammeln sie sich auf dem Korridor, um gemeinsam ihr Lied, ihre *Hymne der Gefangenen* [255], anzustimmen. Und nicht wenige der Passanten bleiben stehen und lauschen dem Gesang, durch den die Gefangenen ihren ungebrochenen Willen, der Gleichheit ihr Leben zu opfern, bekunden.

Aber das Warten macht ungeduldig, und auch der anfänglich gute Gesundheitszustand der Gefangenen beginnt, vor allem wegen fehlender Bewegung in frischer Luft, sich rasch zu verschlechtern. Eine Anzahl von ihnen leidet an Ausschlägen, an Erkältungen und Atembeschwerden [256]. Eine zunehmende Gereiztheit ist die natürliche Folge.

Der erste, mit dem es zu einem Zusammenstoß kommt, ist Germain, der in seiner Zelle die Kommissare der Stadt, Josse und Boutrais, heftig beschimpft und tätlich bedroht. Ohne die Gegenwart einiger Gendarmen wären sie, geben die beiden zu Protokoll, «Opfer seiner Wut» geworden. Für Germain sind die Folgen recht übel. Man legt ihm Fesseln an und setzt ihn auf schmale Kost. Aber schon am nächsten Tage werden ihm auf Anordnung des Arztes die Fußfesseln abgenommen, da Gefahr bestehe, daß sich sonst eine (an der Front erhaltene) inzwischen vernarbte Wunde am Bein wieder öffne.

Blondeau, Sophie Lapierre und Marie Lambert, die während des Spazierganges im Hof, der den Häftlingen nach Vornahme der erforderlichen Sicherheitsvorkehrungen im November bewilligt worden war, die Wachtmannschaft beschimpft und tätlich bedroht hatten, werden mit drei Tagen Arrest bestraft.

Ende Januar scheitert ein sorgsam ausgearbeiteter und in allen Einzelheiten festgelegter Fluchtplan. Über die Gründe des Scheiterns gibt es verschiedene Erklärungen.

Vielleicht hatte ein Brief Babeufs an seine Frau, in dem er ihr verschlüsselt [257] Anweisungen zur Gewinnung eines Postens gab, die Behörden gewarnt. Nach einer anderen Version habe man sich, nachdem man mit Hilfe eingeschmuggelter Werkzeuge ein breites Loch in eine der Außenwände gegraben hatte, über die Reihenfolge bei der Flucht nicht einigen können. Einer von denen, die das Los dazu bestimmt hatte, unter den letzten heranzukommen, habe aus Ärger das Geheimnis verraten. Möglicherweise waren auch einem der Wachtposten verdächtige Geräusche aufgefallen, der sie gemeldet und dadurch das Vorhaben vereitelt hatte.

Doch ganz gleich, ob Zufall oder Verrat die Schuld tragen, ihr Versuch, an dem sie mit einer «des Barons Trenck würdigen Erfindungsgabe» gearbeitet hatten, ist endgültig gescheitert. Die Gelegenheit ist vorbei und kehrt nicht wieder.

Die Enttäuschung hierüber und das zermürbende Warten auf Nachricht von seiner Frau, von der er nicht weiß, wie sie die Geburt ihres Kindes überstanden hat, bewirken bei Babeuf einen Anfall von Haftpsychose.

Bei der Essenausgabe kommt es zwischen ihm und dem Küchenmeister, den er bereits bei anderer Gelegenheit mit Fußtritten traktierte, was ihm fünf Tage Arrest eingetragen hatte, zu einem turbulenten Auftritt. Aus völlig nichtigem Anlaß – der Koch weigert sich, einen zerbrochenen Teller zu ersetzen – steigert Babeuf seinen angestauten Ärger zu einem Tobsuchtsanfall, bei dem er sein gesamtes Geschirr zerschlägt und schließlich dem Koch als Antwort auf die Frage, worin er nun essen wolle, seinen Nachttopf vor die

Nase hält. Als dieser, der in Versailles einst bessere Tage gesehen hat, dem augenblicklich entspricht, wirft ihm Babeuf die ganze Bescherung an den Kopf. Der Vorfall macht erhebliches Aufsehen. Für Babeuf hat er zur Folge, daß er wiederum fünf Tage in seiner Zelle bleiben muß, wobei ihm für die gleiche Zeit der Wein entzogen wird.

Zu diesen Gefühlsausbrüchen tragen nicht wenig die Artikel und Korrespondentenberichte bei, die sich mit dem Leben und den Ansichten der Gefangenen befassen. Allein in Vendôme erscheinen drei ad hoc gegründete Journale [258], von denen keines sich durch Genauigkeit auszeichnet.

Der *Courrier des Journaux*, dem die Vorbereitungen zum Prozeß bereits zu lange dauern, rät ganz offen, Terror gegen Terror zu setzen: «Man sagte im Vendémiaire, daß die Verschwörer nicht das Recht hätten, eine Verfassung anzurufen, die sie vernichten wollten; warum auf jene des Floréal den Schutz von Bestimmungen anwenden, die sie verleugneten?» Und der *Courrier* rät, sich der gleichen Mittel zu bedienen, die Cicero und Pompejus mit Erfolg gegen Catilina und Spartakus angewandt hätten.

Ernster als diese Drohungen sind die Versuche zu werten, einen Keil zwischen die Angeklagten zu treiben. «Die Uneinigkeit unter den Gefangenen», meldet der *Rédacteur*, «wächst von Tag zu Tag. Je näher der Prozeß heranrückt, um so mehr lassen Zuneigung und Einigkeit untereinander nach: die persönlichen Interessen haben alle voneinander isoliert.»

«Jene, die überhaupt kein Urteil wollen». heißt es in einem anderen Beitrag, «sind entschlossen, dem Prozeß alle nur denkbaren Hindernisse in den Weg zu legen; schon sind die Rollen verteilt; endlose Reden, unaufhörliche Zwischenfälle, Erkrankungen und Schwächeanfälle während der Verhandlung sind die Mittel, die dazu dienen sollen, Zeit zu gewinnen.»

Auf diese Angriffe antworten die Angeklagten mit einer öffentlichen Erklärung, in der sie ihre Einigkeit und Entschlossenheit unterstreichen, «sich der heiligen Sache würdig zu zeigen, für die ein jeder von uns sich glücklich schätzt zu leiden». Nur sechs, darunter Pillé, weigern sich die Erklärung zu unterschreiben.

In einem gleichzeitig an die Presse versandten Rundschreiben rechnen die Gefangenen mit *Monsieur* Cochon ab, in dem sie, wohl nicht zu Unrecht, den Inspirator dieser Angriffe erblicken. «Jede

Zeile dieser beiden Artikel ist eine Lüge und ein hinterhältiger Fallstrick. Wir werden uns nicht dazu erniedrigen, diese Infamien im einzelnen zu widerlegen; sie sind, wenn nicht das größte, so in jedem Fall das gemeinste seiner Verbrechen.»

Babeuf fügt dem noch eine persönliche Erklärung hinzu. «Cochon läßt drucken, daß ich alles gestehen werde. Er und seine Freunde haben schon längst publik gemacht, ich hätte alles gestanden. Vielleicht haben sie recht. Sie haben es ganz ohne Zweifel, wenn sie unter diesen Worten das verstehen, was ich darunter verstehe. Meine Verhöre sind veröffentlicht; man kann darin alles finden, was ich gestanden habe.»

Und was habe er gestanden? Er habe gestanden, ein entschiedener Gegner jeglicher Tyrannei und ein ebenso entschiedener Anhänger der Demokratie, der «heiligen Gleichheit», zu sein. «Mehr habe ich niemals gesagt und werde ich niemals sagen, und ich stimme mit dem Minister Cochon darin überein, daß dies wohl heißen kann, alles zu gestehen.»

Auch gegen die Behauptung, Parteiführer zu sein, setzt sich Babeuf mit allem Nachdruck zur Wehr. «Ich bin im Gefängnis von Vendôme so wenig Chef einer Partei, wie ich es, trotz aller Fabeln hierüber, anderswo gewesen bin. Ich bin immer nur ein Gleicher unter meinen Brüdern in der Partei der aktiven Anhänger der schätzenswerten Demokratie gewesen. Diese Partei hat keinen Führer...»

Hier deutet sich bereits die Linie seiner Verteidigung im Prozeß an.

Denn das: wie sich vor Gericht verteidigen ist die Frage, die alle seit Wochen und Monaten unausgesetzt beschäftigt, die sie in endlosen Debatten immer wieder von neuem erörtern [259].

Abgesehen von Darthé, der entschlossen dabei beharrt, die Zuständigkeit des Staatsgerichtshofes abzulehnen und die Antwort auf alle Fragen zu verweigern, wären außer Babeuf nur Buonarroti und Germain bereit, das Programm der Partei konsequent zu verteidigen, auf jede Ableugnung zu verzichten und sich offen zu dem Plan eines Umsturzes der Verfassung und der bestehenden Gesellschaftsordnung zu bekennen.

Gegen einen solchen Plan erheben die weniger belasteten Angeklagten heftig Einspruch. Es hieße das Gewissen der Geschworenen auf eine allzu starke Probe zu stellen, wollte man unter diesen

Umständen von ihnen verlangen, sie sollten die Verschwörung als nicht bestehend erklären. Man müsse zumindest den Gutgesinnten unter ihnen eine Handhabe für einen Freispruch liefern.

Ein klarer Beschluß kommt nicht zustande. So einigt man sich, um es nicht vor Gericht zu einem Kampf aller gegen alle kommen zu lassen, auf folgende Punkte:

Die Hauptangeklagten leugnen das Bestehen einer Verschwörung.

Die Hauptangeklagten stehen zu ihrer Gesinnung und verteidigen die Doktrin der Partei.

Alle Angeklagten verpflichten sich, keine gegenseitigen Beschuldigungen zu erheben und die im Prozeß Abwesenden nicht zu belasten.

Als gemeinsame Linie gilt, das Verfahren durch Anträge zur Beweisaufnahme, durch Ladung von Zeugen [260] und sonstige Manöver möglichst in die Länge zu ziehen.

Die auf diese Weise erreichte Verständigung bedeutet praktisch den Verzicht auf eine geschlossene, politisch wirksame Verteidigung. Angesichts einer Fülle belastender Dokumente und angesichts der mit Sicherheit zu erwartenden Geständnisse von Grisel und Pillé, bedeutet dieser Beschluß die Flucht in eine Flut von Spitzfindigkeiten, Ableugnungen und leicht durchschaubaren Manövern.

«Die Anzeige», bestätigt Buonarroti, «bestand in ihrer Gesamtheit zu Recht, die Verschwörung war eine Tatsache gewesen und die Hauptangeklagten leugneten ihre Existenz nur mittels einer frommen Lüge, von der sie sich keinen Erfolg versprachen und über die sie in ihrem Innern erröteten.»

Unter diesen Vorzeichen und in einer durch die Entdeckung einer royalistischen Verschwörung [261] und die bevorstehenden Wahlen [262] äußerst gespannten politischen Atmosphäre, eröffnet der Staatsgerichtshof am 20. Februar 1797 das Verfahren gegen Gracchus Babeuf und die Verschwörung der Gleichen.

2

Am Tage des Prozeßbeginns gleicht Vendôme einer belagerten Festung. Seit den frühen Morgenstunden wimmeln die Straßen und Plätze zwischen der Abtei und der Promenade am Ufer des Loir von feldmarschmäßig ausgerüsteten Soldaten. Auf der place d'Armes hat eine Schwadron des 20. Kavallerieregiments, dessen reaktionäre Einstellung bekannt ist, Stellung bezogen. Soldaten bewachen sämtliche Zugänge zum Gericht, und die Zuschauer, die sich zur Eröffnung der Verhandlungen einfinden, haben eine mehrfache Kontrolle zu passieren, bei der sie ihre Einlaßkarten vorweisen müssen.

Die Frauen und Angehörigen zahlreicher Angeklagter, die den Gerichtsverhandlungen beiwohnen, erreichen den Gerichtssaal über die große Freitreppe zum ersten Stock. Neugierig gemustert von den Gendarmerieoffizieren, die es sich in der vordersten Reihe bequem gemacht haben, nehmen sie auf den für sie reservierten Bänken Platz.

Zuschauer mit guten Beziehungen und Angehörige der Ministerien, die als amtliche Beobachter den Verhandlungen beiwohnen, sitzen auf den vorerst noch nicht vollbesetzten Zeugenbänken. Auch Cochon hat sich, ungeachtet der heftigen Angriffe, mit denen ihn gegenwärtig die Linkspresse bedenkt [263], in Vendôme eingefunden.

Pünktlich um zehn erscheinen die Angeklagten, die den Gerichtssaal über eine besondere, von ihren Zellen im Erdgeschoß in den ersten Stock führende Treppe erreichen. Geleitet von Gendarmen nehmen sie ihre mit Nummern bezeichneten Plätze ein, die sich auf stufenweise erhöht aufgestellten Bänken befinden. Zwischen jeweils zwei Angeklagten sitzt ein Gendarm, und selbst auf den Zeugenbänken nehmen aus Sicherheitsgründen Gendarmen mit blanker Waffe Platz.

Im Gerichtssaal angelangt, stimmen die Angeklagten im Chor den *Chant des Egaux* [264] an, den sie auch nicht beim Erscheinen der Geschworenen unterbrechen, die unmittelbar nach ihnen ihre Plätze an der Wand zur Gartenseite des Saales, den Angeklagten gegenüber, einnehmen.

Die Verteidiger – die beiden Ballyer, Vater und Sohn, Morard, Jeaume, Laffeuterie und Catherinet – haben ihre Plätze seitlich von den Angeklagten, eine recht ungünstige Anordnung, die jede Verständigung mit ihren Klienten außerordentlich erschwert. Erst Réal, der an der Eröffnungssitzung nicht teilnimmt, wird es aufgrund wiederholter, hartnäckiger Proteste erreichen, daß der Gerichtshof in der Platzfrage nachgibt und den Verteidigern neue Sitze, unmittelbar vor den Bänken der Angeklagten, anweist.

Auf dem erhöhten Podium an der Rückwand des Saales, mit den hohen Fenstern zur place d'Armes, in der Mitte zwischen Geschworenen und Angeklagten, thronen die Richter und Staatsanwälte. An den Tischen vor dieser Estrade sitzen die Gerichtsdiener, Schreiber und Kanzlisten sowie – eine zum ersten Male eingeführte Neuerung – zwei Stenographen, mit dem Auftrag, den Prozeßverlauf wortgetreu festzuhalten.

Staatsanwälte und Richter erscheinen in ihrer für offizielle Anlässe vorgeschriebenen Amtstracht. Die Richter, die bis auf einen schmalen Saum in den Farben blauweißrot ganz in Weiß gekleidet sind, und die nationalen Ankläger – in hellblauer Robe und hellblauem Barett mit weißem Mantel und rotem Gürtel – bieten auf ihren mit gelbem Velours bezogenen Sesseln ein farbenprächtiges Bild.

Im Mittelpunkt der allgemeinen Aufmerksamkeit, die er gelassen wie einen ihm zustehenden Tribut genießt, steht der Präsident Gandon, der die Verhandlungen leitet, und dem die Einvernahme der Angeklagten und Zeugen obliegt.

Gandon, seinem Äußeren nach ein gutmütiger, etwas biderber Typ, ist ebenso bereit rasch loszupoltern wie rasch zu verzeihen. Als echter Bretone weiß er das ihm gesetzte Ziel auch auf Umwegen hartnäckig und zäh zu verfolgen.

Gandon ist fleißig und denkt nicht daran, sich zu schonen. Allmorgendlich bereits um fünf auf den Beinen, macht er sich, sogleich nach dem Frühstück, an die Arbeit. Gegen zehn begibt er sich zu den Sitzungen, die gewöhnlich bis drei Uhr nachmittags dauern. Anschließend geht er zu Tisch und sitzt danach wieder über seiner Arbeit, die er erst spät in der Nacht beendet.

Dieses Leben wird er während der ganzen Dauer des Prozesses führen, ohne daß es ihm etwas ausmacht; trotz einer täglichen Arbeitsleistung von vierzehn bis sechzehn Stunden bleibt er frisch und von jeglicher Nervenkrise verschont.

Dem Kassationshof gehört er noch nicht lange an. Erst vor einem Jahr haben ihn die Wahlmänner seines Departements Ille-et-Vilaine zum Mitglied des Obersten Gerichts der Republik gewählt.

Zu dieser Zeit hat der ehemalige Advokat am Parlament der Bretagne die Fünfzig bereits überschritten. Seinen in der Mehrzahl weit jüngeren Kollegen am Kassationshof erscheint er als Nestor, was für seine Wahl zum Präsidenten des Staatsgerichtshofes den Ausschlag gegeben haben mag.

Seine Kollegen Coffinhal, Pajon, Moreau und Audier-Massillon müssen sich, ebenso wie die beiden Stellvertreter Lalonde und Lodève, mit der fast stummen Figurantenrolle der Beisitzer abfinden.

Nächst dem Präsidenten sind es vor allem die Vertreter der Staatsanwaltschaft, Viellart und Bailly, die als nationale Ankläger und Regierungskommissare die Verantwortung dafür tragen, daß der Prozeß in der vorgeschriebenen Form verläuft.

René-Louis Viellart kommt, als Sohn eines Fiskal-Prokurators am «bailliage ducal» seiner Heimatstadt Reims, aus der Justizaristokratie. Dank des väterlichen Vermögens ist er bereits mit zwanzig Jahren Advokat am Pariser Parlament; dank guter Beziehungen wird er 1789 Abgeordneter des dritten Standes in den Generalständen. Im März 1791 entsenden ihn die Wähler des Departements Marne als Richter an den Kassationshof, bei dem er, fünf Jahre später, zum Vizepräsidenten der Sektion Kriminalprozesse ernannt wird.

Seine erzkonservative Gesinnung, die er niemals verleugnet und die ihm das ausgesprochene Vertrauen Carnots eingetragen hat, verführt ihn dazu, den Angeklagten bei jeder Gelegenheit gehässig oder ironisch in die Parade zu fahren.

Nicolas Bailly, sein um fünf Jahre älterer Kollege, den man, zum Unterschied von seinen zahlreichen Namensvettern, Bailly aus den Ardennen nennt, hat seine juristische Laufbahn als Advokat und Polizeirichter in Charleville begonnen. Politisch steht auch er auf der äußersten Rechten. Seine königstreue Gesinnung, der er unter der Monarchie die Ernennung zum *garde-manteau* des Prinzen Condé zu verdanken hatte, verbirgt er in der Republik nur insoweit, als es die politische Klugheit erfordert. Im gleichen Jahr wie Viellart zum Mitglied des Kassationshofes gewählt, bleibt er während des Terrors unbehelligt und sieht seine kluge Zurückhaltung 1795 mit der Wahl zum Präsidenten der Sektion für Zivilrecht belohnt.

Die beiden Staatsanwälte haben sich untereinander über eine Arbeitsteilung im Prozeß geeinigt. Viellart übernimmt das einleitende Exposé; Bailly fällt die Aufgabe zu, das Fazit zu ziehen und die Schuldfrage der einzelnen Angeklagten zu erörtern.

Doch schon am Eröffnungstage hat es den Anschein, als solle der Prozeß, gleich zu Beginn, ins Stocken geraten. Denn Viellart sieht sich gezwungen, zwei Veränderungen in der «endgültigen» Liste der Geschworenen bekanntzugeben.

Die Frage der Zusammensetzung der Jury — sie besteht aus sechzehn Geschworenen und je vier (nicht stimmberechtigten) Stellvertretern und Ersatzleuten — bedeutet für die Angeklagten eine Entscheidung über Leben und Tod. Denn die Urteile des Staatsgerichtshofes bleiben, entgegen den klaren Bestimmungen der Verfassung, die ohne Ausnahme für alle Urteile letzter Instanz den Appell an den Kassationshof zuläßt, von dieser Regel ausgenommen [265].

Immerhin glaubt Babeuf auf vier Geschworene, die als überzeugte Republikaner gelten, fest zählen zu können: Jean Duffau, Le Prévost, den Schwager des im Prairial hingerichteten Abgeordneten Duroy, sowie Pierre-Marie Pajot und Gaultier de Biauzat, von dem gerüchtweise verlautet, er sei mit Couthons Schwester verheiratet. Von ihrer Haltung, da vier Stimmen für einen Freispruch ausreichen, wird der Ausgang des Prozesses abhängen [266].

Viellart beantragt zu streichen: Baudin, der mit Emigranten verwandt sei, weshalb er, nach dem Gesetz vom 3. Brumaire, kein öffentliches Amt bekleiden dürfe; er sei außerdem abwesend, was allein genüge, um seinen Platz für vakant zu erklären. Nicht erschienen sei auch der stellvertretende Geschworene Vignalet, der sein Ausbleiben mit Reiseschwierigkeiten begründe.

Gesagt — getan. Baudins Platz nimmt einer der Stellvertreter ein und zwei Ersatzleute rücken zu Stellvertretern auf. Aber nun bleiben nur zwei Ersatzleute übrig statt der vier, die das Gesetz verlangt.

Sofort hagelt es Einsprüche der Angeklagten [267].

Schon bei dieser Gelegenheit wird deutlich, wie Gandon Schwierigkeiten solcher Art zu beheben gedenkt. Ohne sich lange mit juristischen Finessen aufzuhalten, übernimmt das Gericht die von Viellart entwickelte These, wonach die Jury mit sechzehn Geschworenen und vier Stellvertretern vollzählig sei. Die Ersatzleute seien überflüssig und «vollkommen unnütz», solange die vier Stellvertreter in der Lage wären, ihres Amtes zu walten. Und Gandon vereidigt die Geschworenen auf das Versprechen, ihr Amt «mit der Unparteilichkeit und Festigkeit, wie es freien Menschen zukommt», auszuüben.

Genauso unbekümmert wie in der Frage der Geschworenen, setzt sich Gandon über Babeufs und Germains Proteste bei ihrer ersten Einvernahme hinweg.

Im Einklang mit den gesetzlichen Bestimmungen, erklären beide übereinstimmend, müsse jeder Angeklagte eine vollständige Sammlung des gesamten, der Anklage zugrunde liegenden Materials erhalten. Dies sei bisher nicht beachtet worden. Die Angeklagten brauchten dies Material zu ihrer Verteidigung. Die Partie müsse gleich sein zwischen Anklägern und Angeklagten. Anderenfalls wäre, was sich auch immer für sie daraus ergeben möge, das Stillschweigen die einzige Waffe, mit der sie sich zur Wehr setzen könnten.

Doch der Staatsgerichtshof denkt nicht daran, sich durch formale Einwände dieser Art beeindrucken zu lassen. Ein Gerichtsbeschluß weist die von Babeuf und Germain erhobenen Proteste kurzerhand als unbegründet zurück. Ihnen bleibt nichts übrig, als sich zu fügen. Von der Waffe des Schweigens ist danach, abgesehen von rhetorischen Floskeln, ernsthaft nicht mehr die Rede.

So wird der Prozeß, noch bevor er richtig begonnen hat, mit einer Rechtsbeugung, die für jedes andere Verfahren einen ausreichenden Revisionsgrund abgegeben hätte, eingeleitet. Aber die Urteile und Beschlüsse des Staatsgerichtshofes sind nicht revisionsfähig, und die Angeklagten werden sich, nach diesem Beginn, auf weitere, ähnlich großzügige Gesetzauslegungen gefaßt machen müssen.

3

Einen Vorgeschmack dessen, was der *Rédacteur* als die Taktik der Angeklagten, die Verhandlungen versanden zu lassen, bezeichnet hatte, erlebt das Gericht bei den Auftritten, die Viellarts Verlesung der Anklageschrift auslöst. Seine Parallele zwischen den «unbestraft gebliebenen Urhebern der berüchtigten Massaker» im September 92 und dem Aufstandskomitee des Jahres 96 entfesselt im Gerichtssaal einen Aufstand der Angeklagten.

Alles schreit wild durcheinander. Darthé, der sich durch Zwischenrufe von besonderer Schärfe auszeichnet (was ihm die Staatsanwälte besonders ankreiden werden), schreit, dies sei die Rache für den Tod von Flesselles, Delaunay und Ludwig XVI. Die Konterrevolution sei zu mehr als drei Vierteln vollzogen. Ein anderer Angeklagter brüllt dazwischen, Viellart mache der Revolution den Prozeß, er ziehe den 14. Juli und den 10. August in den Schmutz.

Darthé: Wir sind die Männer des 14. Juli.

Viellart: Wir auch.

Der Tumult steigert sich. Alle sprechen zugleich. Nur allmählich tritt wieder Ruhe ein, und der Staatsanwalt kann fortfahren.

Doch nicht für lange. Als Viellart, in seiner Vorliebe für vergleichende Geschichtsbetrachtung, diesmal den 31. Mai 93 mit dem 10. Mai 96 in Parallele setzt, kommt es erneut zu stürmischen Protesten. Ricord, Amar, Antonelle und mehrere andere sprechen gleichzeitig, ohne daß in dem allgemeinen Durcheinander zu verstehen ist, was sie sagen.

Schließlich gelingt es Gandon, die Ruhe wieder herzustellen. Aber Viellart soll seine Ausführungen nicht beenden, ohne nochmals Anlaß zu einer heftigen Szene zu geben.

Diesmal kommt der Anstoß von Babeuf. Er fällt Viellart ins Wort.

Babeuf: Präsident, ich fordere, daß man uns den Rest dieser Abscheulichkeiten erläßt. Es ist bereits halb vier.

Doch die Angeklagten sind sich untereinander nicht einig. Einige unterstützen Babeuf. Andere widersprechen. Man müsse Viellart zu Ende reden lassen. Es sei notwendig. Seine Rede richte ihn selbst.

Mehrere Stimmen: Der Text dieser Rede stammt aus Paris... Die Gesellschaft von Clichy hat sie geliefert... Sie ist von Isnard und Jourdan... Sie ist ohne Talent...

Amar: Nein. Es ist nötig, den Geist des öffentlichen Anklägers Viellart zu erkennen, seinen Haß gegen das Volk, gegen die Freiheit und Gleichheit. Die schändlichen Beleidigungen, die er gegen die Begründer der Republik ausgespien hat, werden zur Anklage gegen ihn. Seine niedrige, feige Gesinnung müssen ans Licht, und wir werden ihm antworten... Sogleich, wenn die Rede auf den Polizeiminister Cochon kommt...

Ricord: Wir werden unsere große und schöne Sache nicht beschmutzen, indem wir von einem *cochon* sprechen.

Der Kalauer sitzt. Man lacht, zwinkert einander zu und fordert sich gegenseitig auf, ruhig zu sein. Und so kann Viellart seine Rede doch noch zu Ende bringen.

Inmitten unaufhörlicher Proteste, uferloser Anträge und langatmiger Tiraden, die eine Atmosphäre brodelnder Unruhe erzeugen, bewahrt Gandon seine unerschütterliche Ruhe. Es macht ihm nichts aus, daß man ihm vorwirft, die Zügel schleifen zu lassen. Sobald es Ernst wird, ist er sofort hellwach und greift mit Entschiedenheit durch.

Seine Waffe, die er mit unfehlbarem Erfolg anzuwenden weiß, sind die Gerichtsbeschlüsse, die er immer dann herbeiführt, wenn sich ein Ausweg für die Angeklagten anzubahnen scheint. So wird er allmählich immer neue Hürden, eine so unübersteiglich wie die andere, um sie errichten, bis sie, in immer engere Bezirke eingeschlossen und eingekesselt, jeden Gedanken an Widerstand und Auflehnung fallen lassen.

Gegen Babeuf empfindet Gandon eine Art physischen Widerwillens. In dem Bestreben, korrekt zu erscheinen, läßt er ihn anfangs ungestört reden. Doch wird seine Tonart ihm gegenüber in dem Maße, in dem der Prozeß fortschreitet, zunehmend schärfer. Unzweifelhaft sieht Gandon in Babeuf das Urbild des Volksaufwieglers und Agitators, eines Typus, der ihm bis in den Grund der Seele verhaßt ist.

Diese Einstellung kommt bei verschiedenen Gelegenheiten zum Vorschein. Als Gandon einmal, sicher nicht besonders klug, die rhetorische Frage stellt, ob denn einer der Angeklagten Grund hätte, sich darüber zu beklagen, daß er nicht genügend Spielraum für seine Erklärungen habe, meldet sich Babeuf und erklärt, er habe sogar starken Grund sich zu beklagen. Worauf ihm Gandon in scharfem Ton entgegnet: «Sie! Sie werden niemals zufrieden sein. Im übrigen haben Sie nicht das Wort!» Und als Babeuf fortzufahren versucht, läßt er ihn abführen.

Selbst jene unverbindliche Höflichkeit, mit der Gandon gewöhnlich den Angeklagten begegnet, fällt ihm bei Auseinandersetzungen mit Babeuf schwer. Meist behandelt er ihn mit verächtlicher Herablassung, folgt seinen Ausführungen, die Uhr in der Hand, mit sichtlicher Ungeduld, wobei er sich nicht selten zu beleidigenden Ausdrücken und drohenden Gesten hinreißen läßt. Entgegen der üblichen Praxis, Kinder nicht gegen ihre Eltern aussagen zu lassen, geht er so weit, einen Gerichtsbeschluß herbeizuführen, der einen Brief des kleinen Emile als Belastungsmaterial gegen seinen Vater zuläßt, eine Maßnahme, die selbst Bailly bedenklich erscheint.

Im Umgang mit den Verteidigern gibt sich Gandon selbstbewußt und betont würdevoll. Er denkt nicht daran, sich von ihnen in seine Prozeßführung hineinreden zu lassen.

Als einmal, während einer kurzen Prozeßunterbrechung, der junge Ballyer bemerkt, es herrsche im Augenblick gewissermaßen ein Interregnum und sich anschickt zu sprechen, unterbricht ihn Gandon mit der sarkastischen Bemerkung, er habe mitsamt seinem Interregnum nicht das Wort. Dem älteren Ballyer ergeht es aus anderem Anlaß nicht besser. Als er sprechen will, entzieht ihm der Präsident das Wort, wobei er hinzufügt, es wäre unnötig zu wiederholen, was ein anderer bereits gesagt habe. Und als Ballyer, unter Berufung auf das Gesetz, bei seiner Wortmeldung beharrt, macht Gandon dem Geplänkel mit dem Hinweis ein Ende, das Gesetz erlaube keine überflüssigen Reden.

Von den Staatsanwälten wird Bailly seinen Kollegen Viellart, dem gegenüber er anfänglich zu einer zweitrangigen Rolle bestimmt schien, bald überspielen. Gleich dem Jesuitenpater Escobar, dem Verteidiger der restrictio mentalis, ist er ein Meister in der Kunst haarspalterisch feiner Definitionen, gegen die selbst der wortgewandte Germain nur das grobe Geschütz maßloser Beschimpfungen einzusetzen weiß. Bei solchen Gelegenheiten steigt Bailly das Blut ins Gesicht. Aber er schweigt und nur seine verzerrten Züge zeigen, welche Anstrengung es ihn kostet, sich zu beherrschen.

Immer wieder versucht Bailly, wenn auch mit mäßigem Erfolg, Ordnung in das sich ausbreitende Chaos der Verhandlungen zu bringen. Um den ständigen Demonstrationen, die nach seiner Ansicht darauf abzielen, das Gericht zu diffamieren und zu verleumden, ein Ende zu setzen, verlangt er vom Präsidenten, den Artikel 551 des Strafgesetzbuches, der ein Einschreiten des Gerichts gegenüber unbotmäßigen Angeklagten vorsieht, verlesen zu lassen und danach zu verfahren.

Ebenso energisch wendet sich Bailly gegen die Versuche der Angeklagten, «den Prozeß durch endlose Reden zu verewigen» oder ihn zumindest über den Zeitpunkt, an dem das Mandat der Geschworenen endet, zu verlängern und dadurch neue Komplikationen zu schaffen.

Je mehr der Prozeß fortschreitet, um so stärker wird Bailly zum eigentlichen Gegenspieler der Angeklagten. Im Gefühl seiner Unabhängigkeit geht er gelegentlich so weit, sich sogar über den Präsidenten hinwegzusetzen. So setzt er, als dieser ihm einmal das Wort verweigert, seine angefangene Rede unbekümmert mit der Bemerkung fort, er glaube nicht, daß man dem nationalen Ankläger das Wort verweigern könne, worauf Gandon seinen Einspruch stillschweigend fallen läßt.

4

Doch der Staatsanwaltschaft ersteht unvermutet, in einem der Offizialverteidiger, ein gefährlicher Gegner. Während sich die übrigen Verteidiger, selbst Laffeuterie, der als Anwalt in politischen Prozessen einen Namen besitzt, darauf beschränken, in Einzelfragen Entlastungsgründe für ihre Mandanten vorzubringen, unternimmt es Réal [268], das Bestehen der Verschwörung als die Folge einer Polizeiprovokation hinzustellen und auf diese Weise die Anklage zu Fall zu bringen.

In Vendôme ist Réal erst am 24. Februar, vier Tage nach Eröffnung des Prozesses, eingetroffen. Von seiner Wohnung an der place Martin begibt er sich sofort in das Gerichtsgebäude, wo gerade eine erregte Auseinandersetzung zwischen Staatsanwaltschaft und Angeklagten im Gange ist. Unberührt von dem im Gerichtssaal herrschenden Durcheinander, begibt sich Réal zum Richtertisch und verlangt, nachdem er seine Vollmachten vorgewiesen hat, sogleich als Verteidiger vereidigt zu werden.

Gandon winkt ab. Dazu sei später noch Gelegenheit, meint er obenhin.

Doch der wenig mehr als mittelgroße Mann, mit den weißen Haaren und den merkwürdig hellen Augen, gehört nicht zu denen, die sich beiseite schieben lassen.

Ohne die Stimme merklich zu heben, und doch klar und überall verständlich, beharrt er auf seiner Forderung, den Eid sofort leisten zu wollen. Alle gesetzlichen Formen seien verletzt. Die Zeugen dürften nicht anwesend sein, und obendrein wären die Plätze für die Verteidiger nicht an der richtigen Stelle.

Während Réal spricht, ist völlige Ruhe im Gerichtssaal eingetreten. Gandon bleibt nichts weiter übrig, als sich mit den Richtern zu einer Beratung zurückzuziehen. Zurückgekehrt, verkündet er den (zu erwartenden) Beschluß des Gerichts: die Ausführungen der Staatsanwälte sollen nicht unterbrochen werden; Réals Vereidigung könne am Schluß der Sitzung erfolgen.

Trotzdem hat Réal einen nicht unbedeutenden Erfolg errungen. Er hat sich vom ersten Augenblick an sichtbar in Szene gesetzt. Und während der Präsident seinen Kollegen meist mit kaum versteckter Ungeduld begegnet und ihnen gelegentlich kurzerhand das Wort entzieht, bleibt er Réal gegenüber stets in den Grenzen achtungsvoller Gegnerschaft. Selbst wenn er ihn zur Ordnung ruft oder ihm ein Tadelsvotum erteilt, geschieht es fast immer in der denkbar höflichsten Form und gewissermaßen mit dem Ausdruck des Bedauerns, den Réal mit ironischer Zuvorkommenheit quittiert. Auch gibt Réal, als ihn Gandon einmal bittet, Fragen an die Zeugen nicht direkt, sondern durch seine Vermittlung zu stellen, seinerseits entgegenkommenderweise nach, da ihm die Frage von untergeordneter Bedeutung erscheint.

Die herabsetzende und gehässige Tonart der öffentlichen Ankläger im Umgang mit den Angeklagten – die, selbst nach Ansicht von Barras, jeden Funken von Selbstachtung und Anstand vermissen läßt – wird von Réal nicht stillschweigend hingenommen. Als Bailly einmal bemerkt, man werde später erkennen, daß viele Vorkommnisse der Gerichtsverhandlung mit dem noch nicht aufgegebenen Plan der Verschwörung zusammenhingen, ruft Réal dazwischen: «Da wäre ich also auch Verschwörer», um darauf fortzufahren: «Jedesmal, wenn Bailly das Wort nimmt, richtet er niedrige Beleidigungen an unsere Adresse. Das beweist von Ihrer Seite wenig Großzügigkeit und schon gar keinen Mut, denn Sie haben die Macht.»

Nahezu als einziger im Gerichtssaal weiß Réal seine Unabhängigkeit zu bewahren. Er lobt sogar Bailly, wenn dieser, wozu ihn sein Amt verpflichtet, auch einmal Gründe zur Entlastung eines Angeklagten gelten läßt. Und er bemerkt zurechtweisend, als sich der Angeklagte Vergne, ein Mitglied der im Thermidor gestürzten Kommune, in langen Deklamationen über das Recht des Angeklagten auf eine unbeschränkte Verteidigung ergeht, man habe ehedem – also zu Zeiten Robespierres – schon 156 Personen in drei Tagen abgeurteilt [269].

Unermüdlich und mit der ganzen Gewandtheit eines ehemaligen Prokurators am Châtelet vertritt Réal die von ihm entwickelte These, die ganze Verschwörung sei nichts weiter als eine gigantische Polizei-Provokation. Um sich ihrer politischen Gegner zu entledigen, habe die Regierung bereits drei Verschwörungen ins Werk gesetzt: die vom Floréal, die von Grenelle und die sogenannte royalistische Verschwörung, die sämtlich in den dunklen Machinationen des Polizeiministeriums ihren Ursprung hätten.

Réals Theorie, die Verschwörung als das Werk der Carnot und Cochon hinzustellen, und seine Mandanten Ricord, Laignelot, Amar und Antonelle, sowie die in Abwesenheit angeklagten Drouet und

Lepeletier, als Opfer hinterhältiger Umtriebe ihrer politischen Gegner erscheinen zu lassen, findet anfänglich durchaus nicht die allgemeine Zustimmung der übrigen Angeklagten. Als Ricord, ganz im Sinne Réals, erklärt, die *Aufstandsakte* stamme von dem Polizeispitzel Grisel, erhebt Babeuf entrüstet Einspruch. Grisel sei ein zu großer Schurke, um ein solches Dokument, dessen sein Verfasser sich nicht zu schämen brauche, geschrieben zu haben.

Nach und nach gelingt es Réal, sich auch das Vertrauen der nicht von ihm vertretenen Angeklagten zu erringen. Im März übernimmt er zusätzlich die Verteidigung des Generals Fyon. Aber als Cazin und Moroy ihn bitten, ebenfalls ihre Verteidigung zu übernehmen, winkt er ab. Er habe bereits eine große Anzahl Angeklagter zu verteidigen und sehe im übrigen seine Aufgabe mehr darin, den Fall im allgemeinen zu behandeln, als sich mit den besonderen Erfordernissen der Lage jedes einzelnen zu befassen.

In ihrem Bestreben, den Prozeß als eine politische Auseinandersetzung von grundsätzlicher Bedeutung zu führen, begegnen sich Réal und Babeuf. Ihre Auffassungen decken sich völlig, wenn Babeuf erklärt, er halte es für eine glückliche Konstellation, daß beiden Seiten in diesem Prozeß gleichermaßen daran gelegen wäre, die ihm zugrunde liegenden Vorgänge aufzuklären. Ganz Frankreich verfolge gespannt, was sich in Vendôme abspiele. «Das hier ist kein gewöhnlicher Prozeß zwischen gewöhnlichen Klägern; es ist ein politischer Prozeß, es ist der Prozeß der Revolution.»

Babeuf hat, seit das Gericht seinen Antrag, Hésine als seinen Wahlverteidiger zuzulassen, abgelehnt hatte, auf jeden Rechtsbeistand im Prozeß verzichtet. Durch die Macht der Umstände wird Réal, wenn auch inoffiziell, sein Verteidiger. Zwischen ihnen gibt es einige Berührungspunkte. Beide sind sie, wenn auch zu verschiedenen Zeiten, in der Lebensmittelverwaltung von Paris tätig gewesen; sie haben gemeinsame Freunde und Bekannte wie Sylvain Maréchal und Prudhomme und gemeinsame Gegner wie Merlin und Carnot. Zu ihrer Annäherung mag auch, trotz der sarkastischen Ausfälle, mit denen Réal in seiner Zeitschrift Babeuf bedacht hatte, die offenkundige Uneigennützigkeit, mit der dieser die Verteidigung auch unbemittelter Mandanten übernimmt, nicht wenig beigetragen haben.

So gelingt es Réal im Laufe des Prozesses, trotz gelegentlicher Unstimmigkeiten, die Verteidigung mehr und mehr in die von ihm gewiesene Richtung zu lenken. Auch ohne Auftrag wird er zum Verteidiger fast aller Angeklagten, deren Sache er mit unglaublicher Zähigkeit, großem Mut und erstaunlicher Geschicklichkeit vertritt.

Die von ihm gefundene Formel der «papierenen Verschwörung», mag Bailly sie immerhin als ebenso absurd wie unwahrscheinlich bezeichnen, wird ihren Eindruck auf die Geschworenen nicht verfehlen.

Nicht ohne Grund kann Réal, den «nationalen Anklägern» gegenüber, die Bezeichnung eines «nationalen Verteidigers» für sich in Anspruch nehmen und bis zum Ausgang des Prozesses unbestritten behaupten.

5

Die Vernehmung der Schriftsachverständigen Harger und Guillaume wird zu einer ersten sich über Wochen hinziehenden Kraftprobe zwischen Anklägern und Angeklagten.

Während sich die Angeklagten Guillaume gegenüber zunächst damit begnügen, ihm einfach Unfähigkeit vorzuwerfen — rien de plus inexpert que cet expert, bemerkt Babeuf —, fährt man gegen seinen Kollegen Harger schwereres Geschütz auf. Babeuf behauptet, Harger habe vor einigen Jahren eine ihm zur Prüfung übergebene Quittung durch Verschütten von Tinte absichtlich unlesbar gemacht, um sie auf diese Weise als Beweisstück auszuschalten. Ganz klar ist die Geschichte nicht; trotz wortreicher Versicherungen seiner absoluten Integrität erscheint Harger als eine zumindest zwielichtige Gestalt.

Der heraufziehende Sturm kündigt sich an, als Harger auf das berüchtigte Schriftstück 34, «Die Fünf töten», zu sprechen kommt. Es stamme von Darthé, der es eigenhändig geschrieben habe. Die drei Anfangsworte seien zwar durchgestrichen; aber dies sei erst nachträglich durch Babeuf erfolgt, als dieser im Polizeiministerium die bei ihm beschlagnahmten Schriftstücke zur Abzeichnung vorgelegt bekommen habe. Trotzdem könne man die besagten Worte deutlich lesen und auch Darthés Schrift erkennen.

Ins Kreuzverhör genommen, gibt Harger unvorsichtigerweise zu, sich vor Abgabe seiner Expertise mit dem Untersuchungsrichter Gérard über das Schriftstück unterhalten zu haben. Sofort entsteht unter den Angeklagten lebhafte Unruhe. Alle sprechen durcheinander. Amar wird vom Präsidenten zur Ordnung gerufen.

Er spricht dennoch weiter. Schließlich verschafft sich Réal Gehör. Er fordert, der Präsident solle die Aussage Hargers, wonach dieser den Untersuchungsrichter nicht, wie vorgeschrieben, schriftlich, sondern zunächst mündlich von dem Ergebnis seiner Schriftvergleiche unterrichtet habe, zu Protokoll nehmen.

Doch das Gericht lehnt seinen Antrag ab. Die Zeugenaussagen hätten mündlich zu erfolgen. Nur für den Fall, daß der Präsident überzeugt sei, ein Zeuge habe wissentlich eine falsche Bekundung vorgetragen, sei es zulässig, dies zu Protokoll zu nehmen. Wert oder Unwert der Zeugenaussagen zu beurteilen, bleibe dem Gewissen der Geschworenen überlassen.

Als Buonarroti die Frage aufwirft, ob Gérard dem Schriftsachverständigen nicht einfach zu verstehen gegeben habe, die gestrichenen Worte bedeuteten «Die Fünf töten», gibt Harger, in seiner Verwirrung, diese Möglichkeit zu.

Schließlich nimmt Babeuf zu einer langen Erklärung das Wort. Cochon habe ihm verschiedene Schriftstücke, darunter auch das zur Debatte stehende, zum Abzeichnen gereicht. Im gleichen Raum hätten sich außer ihnen Cochons Sekretär, Dossonville und ein Haufen Uniformierter befunden. Unmittelbar nach ihm habe Cochon seine Unterschrift auf jedes der Papiere gesetzt. Es hieße, ihm eine jeden Taschenspieler übertreffende Geschicklichkeit zuzutrauen, wenn man annehme, er habe unter den wachsamen Blicken so vieler Aufpasser eine Streichung vornehmen können, ohne daß Cochon davon Notiz genommen und dies zu Protokoll gegeben hätte.

Die Regierung habe wegen der Worte «Die Fünf töten» einen großen Lärm gemacht, ohne davon zu sprechen, daß sie gestrichen seien; sie habe das Schriftstück als Plakat in ganz Paris anschlagen lassen und durch tausende von Zeitungen überall in Frankreich verbreitet. Der Untersuchungsrichter Gérard habe die gleichen Worte in seiner Anklageschrift wiederholt ... ohne mit einer Silbe die Streichung zu erwähnen. Der Staatsgerichtshof habe das Schriftstück mit dem Zusatz drucken lassen, die drei Worte wären zwar gestrichen, aber lesbar geblieben. Erst der Experte Harger sei darauf verfallen zu behaupten, er, Babeuf, habe mit einem Schnörkel seiner Unterschrift die Streichung vorgenommen [270] ...

Réal greift diese Erklärungen auf und erweitert sie geschickt. Man habe gewagt zu erklären, die Worte «Die Fünf töten» wären sehr lesbar! Der öffentliche Ankläger Viellart, der dies ausgesprochen habe, habe bewußt gelogen. Bailly sei wesentlich vorsichtiger; er äußere immerhin Zweifel. Tatsache sei, daß von den drei Worten nur das Wort *Die* noch allenfalls lesbar sei; das Wort *Fünf* erwecke Zweifel, und das Wort *töten* sei völlig unleserlich.

Die langwierigen Debatten über das Schriftstück bleiben nicht ohne Ergebnis. Als einige Wochen später der Präsident die Darthé belastenden Schriftstücke verlesen läßt, ordnet er an, von dem 34. Schriftstück die drei ersten durchgestrichenen Worte wegzulassen, um keine neue Diskussion heraufzubeschwören.

Ein noch heftigerer Zusammenstoß erfolgt bei der Vernehmung des Schriftsachverständigen Guillaume.

Réal wirft die Frage auf, ob sich bei der Prüfung der Dokumente, außer Guillaume und dem Kanzleibeamten, irgendein Mitglied des Gerichts oder der Staatsanwaltschaft in der Gerichtskanzlei befunden habe. Ehe Guillaume antworten kann, schaltet sich Bailly ein.

Bailly: Nicht einmal einer der nationalen Ankläger. (Lärm und Protest)

Germain: Sie sind ein ausgezeichneter Souffleur, Bürger Bailly.

Bailly: Ich werde nach der Antwort des Zeugen das Wort nehmen.

Réal: Gestatten Sie mir...

Bailly: Es wird nötig sein, ein Ende zu machen... (Lärm, Tumult)

Réal: (zu den Angeklagten) Es steht Ihnen frei, Vertrauen zu mir zu haben oder nicht... (zum Präsidenten) Wenn ich einen Zeugen unterbrochen hätte, wie soeben der öffentliche Ankläger, hätten Sie mich zur Ordnung gerufen, und ich hätte es verdient.

Bailly: Ich rufe mich selbst dazu. Sind Sie zufrieden?

Réal: Der Schaden ist geschehen. (zum Zeugen) Sie haben die Unterlagen in der Kanzlei eingesehen; es gab dort niemand... ich glaube es. Es gab dort nur den Kanzleivorsteher...

Guillaume: Noch besser ... ich kann wirklich nicht sagen, ob er dort war.

Réal: Ich erkläre in dieser Hinsicht...

Präsident: Es ist möglich, daß ich dort gewesen bin...

Réal: (zum Präsidenten) Ich schwöre Ihnen, daß ich kein Mittel unversucht lassen werde, um eine Kassation des Verfahrens zu erreichen. Ich bitte, mir dies nicht zu verübeln ... (zum Zeugen) Ich frage Sie also, sind Sie aus eigenem Antrieb dort gewesen?

Guillaume: Ich konnte nicht...

Réal: Wer hat Sie dorthin gebracht?

Guillaume: Der Präsident.

Réal: An wen haben Sie sich gewandt?

Guillaume: Ich habe die Ehre, Ihnen zu bemerken, daß, wäre ich allein gewesen, ich nichts erreicht hätte. Man kennt mich nicht. Ich habe dort entweder den Herrn Präsidenten oder den Herrn öffentlichen Ankläger getroffen.

Präsident: Ich nehme das auf mich. Möglicherweise handelt es sich um mich.

Guillaume: Ganz sicher.

Die Sitzung endet in allgemeiner Verwirrung. Als Réal feststellt, die vom Gesetz vorgeschriebene Untersuchung und Begutachtung der Schriftstücke sei bereits, und zwar völlig gesetzwidrig, an anderer Stelle erfolgt, und als Bailly sich einschaltet, um seinerseits beruhigende Erklärungen abzugeben, hebt der Präsident die Sitzung vorzeitig auf. Unter einer Flut höhnischer Bemerkungen, unter denen die Stimme Amars nicht zu überhören ist, der den Präsidenten der Zeugenbeeinflussung anklagt, ziehen sich Richter und Staatsanwälte überstürzt zurück.

Am nächsten Tag, dem 9. März, eröffnet Viellart die Sitzung mit längeren Ausführungen an die Adresse der Geschworenen. Zu der «seltsamen Szene» auf der gestrigen Sitzung sei festzustellen, daß dem Präsidenten in keiner Weise ein Vorwurf gemacht werden könne. Das Strafgesetz besage ausdrücklich, daß er kraft seines Amtes befugt sei, alles zu unternehmen, was er zur Entdekkung der Wahrheit für erforderlich halte, und was er mit seinem Gewissen und seiner Ehre vereinbaren könne.

In dem Verhalten der Angeklagten werde deutlich, daß sie nach einem vorgefaßten Plan handelten. Man sei in der 14. Sitzung, und noch habe man kaum mit der Vernehmung des zweiten Zeugen begonnen. Die Staatsanwaltschaft fordere daher entsprechend Artikel 353 einen Gerichtsbeschluß, wonach Angeklagte und Verteidiger erst nach beendeter Einvernahme eines Zeugen das Recht haben sollen, ihn zu befragen.

Vergeblich versuchen Réal und Amar, das Wort gegen den Antrag Viellarts zu erlangen. Das Gericht zieht sich zur Beratung zurück.

Unmittelbar danach, kaum daß die Richter in ihrem Beratungszimmer verschwunden sind, überflutet die bis dahin mühsam gestaute Erregung alle Dämme.

Réal, der wohl am klarsten den Fallstrick in Viellarts Antrag erkennt, reagiert am schärfsten. Seine Empörung ist echt, seine Wut, mit der er Viellart der gemeinsten Perfidie beschuldigt, läßt ihn jede Rücksichtnahme vergessen.

Aber er findet in Bailly einen Gegner, der ihm gewachsen ist. Während Viellart hochmütig und anscheinend unberührt schweigt, erteilt Bailly, inmitten der steigenden Flut von Vorwürfen, Anklagen und Verwünschungen, Ordnungsrufe, die zwar wirkungslos scheinen, aber den Geschworenen zeigen, daß er nicht gewillt ist, das Feld zu räumen.

Das Gericht erscheint erst, nachdem sich die Unruhe ein wenig gelegt hat. Sein Beschluß entspricht eindeutig dem Antrag der Staatsanwaltschaft.

Sofort entsteht ein neuer, schrecklicher Lärm. Vergeblich versucht Antonelle mit einem Vermittlungsvorschlag zu Wort zu kommen. Germain, Amar, Ricord, Réal und Ballyer protestieren mit maßloser Heftigkeit gegen jede Beschränkung der Redefreiheit.

Babeuf wendet sich an die Geschworenen. Der Präsident, in höchster Erregung, schreit ihn nieder. Der Tumult wird so stark, daß niemand mehr zu verstehen ist. Man hört längere Zeit nichts weiter als abgerissene Worte und halbe Sätze. Bailly beklagt laut den Skandal und fordert den Präsidenten auf durchzugreifen.

Doch Gandon hält es, angesichts der allgemeinen Erregung, für klüger, die Sitzung aufzuheben. Das Gericht werde über den Vorfall ein Protokoll aufnehmen.

Worauf sich Richter und Staatsanwälte, unter wüstem Geschrei, Schimpfworten, drohend geballten Fäusten, Vive-la-République-Rufen und dem von Germain donnernd angestimmten «Tremblez, Tyrans» des *Chant du départ*[271], ein wenig geduckt, ihre Akten unter dem Arm, in die Stille ihrer Beratungszimmer zurückziehen.

Der Rat der Fünfhundert, dem das Protokoll über diese Sitzung zugeht, beauftragt eine Kommission mit der Untersuchung des Zwischenfalles. Diese empfiehlt, und der Rat stimmt dem Vorschlag zu, der Präsident solle aus eigener Machtvollkommenheit unbotmäßige Angeklagte mit Ausschluß von der Sitzung bestrafen. Gegenüber den Verteidigern biete das geltende Recht genügend Handhaben, um Ausschreitungen durch Verwarnungen, Ausschlüsse von der Sitzung und Haftstrafen zu unterbinden. Neue Bestimmungen seien nicht erforderlich.

Mit dem Aufstand vom 9. März ist der Höhepunkt des Widerstandes überschritten. Bereits in der Sitzung des nächsten Tages wird dies deutlich. Die Angeklagten hören die langen (und langweiligen) Ausführungen Guillaumes in stumpfem Schweigen an, ohne ihn ein einziges Mal zu unterbrechen. Selbst als Guillaume auf das Dokument 34 zu sprechen kommt und erklärt, das Wort töten sei nicht sehr schwierig zu erkennen und hinzufügt, es sei klar, es könne überhaupt nur *töten* heißen, antwortet ihm aus den Reihen der Angeklagten nur ein undeutliches Gemurmel.

Babeuf, der am Schluß der Sitzung das Wort nimmt, zieht das Fazit dieser Entwicklung. «Wir sollen allem gegenüber unempfindlich sein; wären wir es wirklich, wären wir vielleicht nicht hier. . .» Nicht ohne Grund habe man die Verleumdungen des Ministers Cochon über angebliche Absprachen zur Verewigung des Prozesses aufgewärmt. Viellart dauere der Prozeß bereits zu lange; er könne es nicht erwarten, das Blut seiner Opfer fließen zu sehen. Die täglich getroffenen Neuerungen zielten nur darauf ab, das Opfer seines Lebens zu beschleunigen. Er lasse seinen Unterdrükkern von nun an freies Feld und werde sich nicht mehr mit unnützen Einzelheiten seiner Verteidigung aufhalten. Mögen sie zuschlagen ohne länger zu warten. . .

Der Haken sitzt fest, und der Fisch ist müde. Und das Wasser um ihn wird rot von seinem Blut.

6

Als dritter auf der Liste von 31 Zeugen der Staatsanwaltschaft erscheint der Name des Hauptmanns Grisel.

Gegen sein Erscheinen vor Gericht erheben sich starke Bedenken. Buonarroti fordert – laut Strafgesetzbuch Artikel 358 – Grisel von der Zeugenliste zu streichen. Das Gesetz verbiete in zwei Fällen ausdrücklich, Denunzianten als Zeugen zu vernehmen: einmal, wenn die Anzeige mit einer geldlichen Belohnung verbunden sei; oder, und dies treffe auf Grisel zu, wenn der Denunziant Vorteil aus dem Ergebnis seiner Anzeige ziehen könne.

Babeuf und Germain schließen sich an. Auf sie folgt Réal. Er endet mit einer pathetischen Versicherung: «Wenn diese Forderung (Grisel von der Liste zu streichen) zurückgewiesen wird, so erkläre ich, haben die Angeklagten – und sollte ich gleichfalls neben ihnen Platz nehmen müssen – nur mehr ein vorwurfsvolles Schweigen zu bewahren... Bedenken Sie, daß die Unfehlbarkeit nur die lächerliche Waffe eines Papstes ist, die vor den Augen des Gesetzes, vor der Vernunft zunichte wird... Ich fordere Gehorsam vor dem Gesetz oder den Tod.»

Demnach ist guter Rat teuer. Den Ausweg findet der fuchsschlaue Bailly. Er stellt die rhetorische Frage: «Was hat Grisel getan, wenn er nicht denunziert hat? Wir antworten: Er hat eine Verschwörung aufgedeckt.» Und ohne sich durch das unwillige Gemurmel und die höhnischen Lacher auf den Bänken der Angeklagten beirren zu lassen, wiederholt er mit fester Stimme: «Er hat eine Verschwörung aufgedeckt.»

Das Stichwort ist gefallen. Alles Weitere ist leicht daraus abzuleiten. Die eigentliche Anzeige sei durch das Direktorium erfolgt. Beweis dafür seien die Erlasse der gesetzgebenden Körperschaft über die Eröffnung des Verfahrens gegen Drouet.

Aber Bailly empfindet zugleich die Notwendigkeit, dem bedauernswerten Grisel, der auf der Zeugenbank der Erörterung über seine Person zuhört, das Rückgrat zu stärken. Grisel habe eine allen Bürgern heilige Pflicht erfüllt. «Man muß, wenn man eine Verschwörung enthüllt hat, den Mut haben, alle Beschuldigungen, Beleidigungen und Verleumdungen zu ertragen, bis zu dem Augenblick, in dem die Geschworenen das Bestehen der Verschwörung bejahen, womit sie eine Bürgerkrone auf das Haupt dessen setzen, der sie enthüllt hat.» Wozu Germain bissig bemerkt, es werde sich im Falle Grisels wohl eher um eine Dornenkrone handeln.

Nach ihm nimmt Réal nochmals das Wort. Wenn man der Argumentation des öffentlichen Anklägers folge, müsse man daraus schließen, das Direktorium habe die Verschwörung zunächst fabriziert, anschließend denunziert und schicke sich nun an, sie zu justifizieren. Dies bedeute das Ende jeder Freiheit.

Und er fährt, sich direkt an Bailly wendend, fort: «Sie haben Grisel verteidigt. Aber seien Sie, mit Verlaub, nicht strenger als er selbst. Grisel gesteht selbst, der Denunziant zu sein. Auf Seite 170 des Bandes *Drouet* lesen wir in einem der Briefe Grisels: ‹Am 21. Floréal, um sieben Uhr früh, war mir weder die Wohnung Babeufs noch die Anschrift Dufours genau bekannt... Andererseits wußte ich, daß alle Beweismittel bei Babeuf waren, und ich hatte Grund zu fürchten› – ein trefflicher Zeuge! – ‹sie könnten dem Zugriff der Polizei entgehen und ich ohne Beweise zur Unterstützung meiner› – hier steht, Bürger Staatsanwalt, nicht Enthüllung, nicht Anzeige, hier steht – ‹zur Unterstützung meiner Denunziation dastehen.› Ich glaube, es gibt nichts Eindeutigeres.»

Tags darauf verkündet Gandon den Beschluß des Gerichts: Grisel wird als Zeuge zugelassen. Das Gesetz scheide nur jene Denunzianten als Zeugen aus, die aus dem Ergebnis ihrer Anzeige Vorteil ziehen könnten. Dies sei bei Grisel nicht der Fall.

Doch Grisel muß sich, da Réal unter Berufung auf die Reihenfolge der Zeugenliste seine sofortige Einvernahme verhindert, vorerst noch gedulden. Die Wartezeit macht ihm nichts aus. Seine Reisekasse ist, dank Carnots Protektion, mit Geldmitteln aus dem Geheimfonds des Polizeiministeriums wohl versorgt. Sein Quartier in Vendôme – er wohnt im gleichen Hause, in dem die Gerichtsstenographen untergebracht sind – läßt an Behaglichkeit nichts zu wünschen übrig. Auch kann er die Zeit bis zu seiner Vernehmung (sie erfolgt am 12., 13. und 14. März) durch persönliche Unterredungen mit Gandon und Viellart, die er zu verschiedenen Malen in ihrer Wohnung bei Monsieur de la Bretonnerie aufsucht, nützlich verwenden.

Bei seinem Erscheinen als Zeuge macht Grisel einen gesundheitlich stark mitgenommenen Eindruck. Er muß seine Aussage, die sachlich wenig Neues erbringt, mehrfach unterbrechen, um sich auszuruhen.

Grisel spricht mit leiser, eintöniger Stimme. Er zeigt sich sichtlich bemüht, einen korrekten Eindruck auf die Geschworenen zu machen. Die Angeklagten folgen seinen Worten mit gespannter Aufmerksamkeit. Immer, wenn zum ersten Male der Name eines der Anwesenden genannt wird, geht eine Bewegung durch ihre Reihen. Alle wissen, der Ausgang des Prozesses und damit ihr Schicksal werden von der Aussage dieses Mannes, der sich selbst als «Kronzeuge» der Affäre bezeichnet, abhängen.

Einige Male gibt Grisel beiläufig seine persönlichen Eindrücke wieder. Babeuf, mit seiner schwächlichen Gestalt und gehemmten Ausdrucksweise, hatte keinen sonderlich überzeugenden Eindruck auf ihn gemacht. Als er «diesen Solon» am 30. April 1796 in der

Grande-Truanderie kennengelernt hätte, habe er bei sich gedacht: «Das also ist der Mann, der den Cromwell spielen will!» Er habe Mühe gehabt, sein Lachen zurückzuhalten [272]. Und er fügt, mit einem Blick auf die 47, hinzu: «Ich sehe hier nur Agenten; nicht einer von ihnen war der wirkliche Chef der Verschwörung; es gab hinter dem Vorhang Leute, die diese hier handeln und sich bewegen ließen.»

Grisel ist genau. Tag für Tag, fast Stunde um Stunde schildert er, wie sich die Dinge zugetragen haben [273]. Endlich ist alles gesagt bis zu jenem Augenblick, am Mittag des 10. Mai, an dem er, vor Erschöpfung halb ohnmächtig, in seinem Zimmer zusammengeklappt ist.

«An diesem Tage konnte ich nicht ins Direktorium gehen; ich begab mich am nächsten Tage dorthin. Die Direktoren beglückwünschten mich, und La Revellière-Lépeaux sagte mir sogar, es wäre unmöglich, mich nach Verdienst zu belohnen. Ich antwortete ihm und dem gesamten Direktorium: ‹Bürger, nicht Ihnen, nicht mir, einzig dem Vaterlande habe ich gedient, und› (die Hand aufs Herz legend) ‹meine Belohnung ist hier. Ich will keine andere. Jede andere wäre schmählich.› Ich habe dem nichts hinzuzufügen.»

Abgesehen von einigen Kleinigkeiten, wie etwa, daß er Germain (fälschlich) als Redakteur des *Eclaireur* bezeichnet oder Laignelot mit Fiquet verwechselt und von Lindet eine falsche Beschreibung seines Aussehens gibt, ist seine Aussage im Kern vollkommen wahr. Sie ist zudem in ihren Einzelheiten derart schlüssig, daß ein Angeklagter die Vermutung äußert, Grisel müsse einen Nachschlüssel zu Babeufs Quartier besessen haben; es sei anders kaum zu erklären, wie er sich sonst Einblick in seine Papiere hätte verschaffen können.

Dennoch bricht, kaum das Grisel geendet hat, ein wahrer Orkan von Schmähungen los. Antonelle, den er in seiner Aussage überhaupt nicht erwähnt hat, erklärt ihn für «den Ehrlosesten unter den Ehrlosen». Germain nennt ihn, nachdem er ihn mit der Giftmischerin Lokusta verglichen hat, einen «blutdürstigen Tiger», und Nayez aus Montreuil-sur-Mer, der in Grisels Familie verkehrte, wirft ihm vor, er habe den eigenen Vater bestohlen.

Babeuf, der gleichfalls in die Verwünschungen gegen den Verräter einstimmt, fügt den Charaktermerkmalen Grisels noch die eines «Deserteurs seiner Klasse» und eines «Renegaten seiner

Grundsätze» hinzu, um ihn schließlich, als alles erschöpft scheint, schlichtweg als «den elendesten aller Verbrecher» zu bezeichnen.

Erst Réal, der seiner Gewohnheit nach abgewartet und überlegt hat, bevor er um die Erlaubnis bittet, Grisel einige «ganz naive Fragen», auf die er ebenso «naive Antworten» erwarte, stellen zu dürfen, gelingt es, eine erste Bresche in das anscheinend unerschütterliche Gebäude dieser Zeugenaussage zu legen.

Nach Einsicht in das Original der Anzeige Grisels bei Carnot müsse er die Frage nach der Echtheit des Dokuments aufwerfen. Es sei bisher nur von Cochon beglaubigt. Er fordere eine Prüfung des Schriftstückes durch Sachverständige, da ihm starke Zweifel an dessen Echtheit gekommen seien und vor allem um festzustellen, ob die am Rande stehenden Worte *Bonaroty* und *Darthey*, die offenbar Buonarroti und Darthé bezeichnen sollten, nicht nachträglich von fremder Hand hinzugefügt wären.

Grisel, hierüber befragt, muß zugeben, daß die genannten Namen nicht von ihm stammten. Réal hakt sofort ein und ersucht den Präsidenten, diese Aussage zu Protokoll nehmen zu lassen, worauf Grisel in einer weiteren Erklärung andeutet, die fraglichen Worte könnten durch Carnot, dessen Schrift er allerdings nicht kenne, hinzugefügt worden sein.

Im gleichen Augenblick erklärt Gandon, der eine bedrohliche Erörterung heraufziehen sieht, unvermittelt, das Gericht ziehe sich zur Beratung zurück. Zurückgekehrt, verkündet er als Gerichtsbeschluß, es könne keine weitere Erörterung über das Schriftstück, das den Geschworenen vorgelegen habe, zugelassen werden. Die Sitzung sei geschlossen.

Vergeblich wendet Réal ein, das Dokument habe sich als Fälschung erwiesen, und er wolle deswegen Klage erheben. Der Präsident, bereits im Gehen, bemerkt nur kurz: «Machen Sie, was Sie wollen» und läßt Réal, der fassungslos vor Empörung weiterredet, einfach stehen.

7

Nicht weniger bewegt verläuft die Einvernahme der übrigen Belastungszeugen. Sie bilden in ihrer Mehrheit ein Konglomerat übler Subjekte, das Babeuf, ohne auf erheblichen Widerspruch zu stoßen, als «die Hefe der Gesellschaft, die Exkremente aller Laster und den Bodensatz jeglicher Verdorbenheit» bezeichnen kann. Nicht wenige unter ihnen sind vorbestraft; einem, dem Seiler Boucher, werden sogar einige Morde nachgesagt.

Réal, der sich in Dingen der Polizei auskennt, bezeichnet sie als zu jenem Kreise aus Spitzeln, Zuträgern und Achtgroschenjungen gehörig, aus dem die Polizei ihre ungenannten Mitarbeiter zu rekrutieren pflege.

«Sie haben ihren Profit gezogen aus der großen von ihnen geschaffenen Denunziation; denn wenn sie jemand einer Bagatelle, etwa eines kleinen Mordes bezichtigen, bringt ihnen das nur Kleingeld ein: aber eine große Verschwörung gegen den Staat, eine Verschwörung, deren man dringend bedurfte, eine Verschwörung, die die Regierung hat entstehen lassen... Wer von ihnen mußte nicht glauben, den Marschallstab erringen zu können, beim Anblick eines Dossonville, der es vom todeswürdigen Delinquenten zum Generalinspekteur der Polizei gebracht hat, und folglich zum Herrn und Meister des Schicksals der Republik?»

Doch weder Réal noch sein Kollege Morard, in einer mit Zitaten aus dem römischen Recht gespickten Rede, vermögen eine Änderung der Zeugenliste zu erreichen. Das Gericht entscheidet, und die Liste bleibt wie sie ist.

Trotzdem geraten Gericht und Staatsanwaltschaft bei der Vernehmung der Zeugen Meunier und Barbier in eine recht unerquickliche Lage.

Als der 19jährige Jean-Baptiste Meunier, Chasseur im 21. Regiment und zur Zeit Häftling in Bicêtre (wo er eine Strafe von zehn Jahren wegen Besitzes illegaler Literatur zu verbüßen hat), aufgerufen wird, antwortet er, auf die Frage nach seinem Namen, mit dem Gesang der *complainte de Goujon.*

Der Präsident, durch den Verlauf des Prozesses bereits an allerlei Absonderlichkeiten gewöhnt, läßt ihn gewähren und bemerkt nur, als er geendet hat, es sei nicht erlaubt zu singen. Nicht dazu habe man ihn nach Vendôme kommen lassen.

Aber Meunier, einmal im Zuge, hält noch ganz andere Überraschungen bereit. Mit dürren Worten erklärt er dem nun doch nicht wenig überraschten Präsidenten, er widerrufe seine früheren Aussagen und habe nichts Belastendes gegen die Angeklagten vorzubringen.

Es hilft nichts, daß Gandon ihm seine vor Gérard abgegebene und unterzeichnete Aussage vorlesen läßt, in der Meunier genaue

Angaben über seine Bekanntschaft mit Blondeau und seine Beziehungen zu Félix Lepeletier und Morel gemacht hatte.

Meunier erklärt rundheraus, von alledem entspreche nichts der Wahrheit. Seine Aussage sei von Gérard aufgesetzt und diktiert worden; nur aus Schwäche und weil man ihm die Freiheit versprochen habe, sei er einverstanden gewesen, seinen Namen darunter zu setzen.

Auf den Vorhalt des Präsidenten, er habe doch bei seinem Prozeß vor der Militärkommission ganz gleichlautende Angaben gemacht, bequemt Meunier sich zu dem Eingeständnis, er habe auf sämtliche ihm vorgelesenen Fragen mit Ja geantwortet, da ihm vor einem Gericht aus Henkern und Mördern nichts anderes übrig geblieben sei, wenn er mit dem Leben davon kommen wollte.

Nicht besser verläuft die Vernehmung des 22jährigen Jean-Noël Barbier, eines Soldaten vom 2. Bataillon der ehemaligen Polizeilegion, der wegen illegaler Propaganda zehn Jahre abzusitzen hat und gleichfalls aus Bicêtre vorgeführt wird.

Auch Barbier zieht seine früheren, belastenden Aussagen zurück. Als er in Bicêtre schwerkrank und halb bewußtlos zu Bett gelegen habe, sei Gérard bei ihm aufgetaucht und habe ihn, mit dem Versprechen der Freiheit, zur Unterzeichnung einer falschen Aussage bewogen.

Gegen beide wird ein Verfahren wegen wissentlich falscher Aussage eingeleitet. Die Sitzung endet in solcher Verwirrung, daß der Präsident sich genötigt sieht, Barbiers Aussage im Richterzimmer protokollieren zu lassen.

Die mutige und selbstlose Haltung der jungen Soldaten rührt die Zuschauer zu Tränen. Selbst auf die Geschworenen bleibt sie nicht ohne Eindruck. Um so mehr beeilt sich das Gericht, die Wirkung ihrer Aussagen abzuschwächen.

Als Réal tags darauf verlangt, Meunier und Barbier sollten nochmals verhört werden, lehnt es der Vorsitzende ab, darauf einzugehen. Auf Réals Bitte, Einsicht in Meuniers Briefe zu erhalten, antwortet Gandon, er pflege nicht alles, was man ihm schreibe, aufzuheben und erklärt schließlich, als Réal hartnäckig auf einer Antwort besteht, wegwerfend, er solle sie haben, wenn sie noch auffindbar seien.

Das unheimliche Gefühl, der Prozeß sei das Ergebnis unterirdischer Intrigen und Provokationen jeder Art, verdichtet sich zu bestürzender Gewißheit bei der Erörterung der Teilnahme von Pâris [274], Pêche und Ganier an der Verschwörung.

Dem durch Grisel schwer belasteten Hauptmann Pêche [275] begegneten verschiedene Angeklagte mehrere Male im Temple, wo er die Wache kommandierte.

Blondeau: Vier oder fünf Tage vor unserem Abtransport nach Vendôme hatte er die Wache in der Abbaye.

Viellart: Vielleicht an dem Tage, an dem Drouet entwischt ist.

Réal: Ich muß sagen, ich bin durchaus nicht überrascht zu sehen, daß Pêche nicht in die Anklage einbezogen ist, obgleich sein Name in dem Fahndungserlaß des Direktoriums vom 8. Mai enthalten ist; aus dem sehr einfachen Grunde, weil auch Pâris in dem Erlaß vom 8. und nicht in der Anklageschrift aufgeführt ist; das gleiche trifft auf den General Ganier zu. Was geht daraus hervor? Wenn man Grisel gehört hat, kann man gegenwärtig alles glauben und vor allem alles befürchten. Ich sage freimütig, nach meiner Ansicht sind die Grisel, Ganier, Pâris und Pêche sämtlich vom gleichen Schlage.

Das anscheinend unentwirrbare Durcheinander von Beschuldigungen und Gegenbeschuldigungen beginnt sich zu lichten, sobald man es unter dem Aspekt der verschiedenen, unabhängig voneinander arbeitenden Geheimdienste betrachtet.

Barras, der sich der Pêche, Pâris, Ganier und Lefranc ebenso bedient, wie es Carnot mit den Grisel und Malo hält, muß es hinnehmen, daß seine Schützlinge von Viellart, einer Kreatur Carnots, als vermutliche Komplicen Babeufs bezeichnet und mit der Einleitung eines Verfahrens bedroht werden.

Der im Untergrund gegeneinander geführte Kampf der verschiedenen Geheimdienste wird erst im September 1797, mit dem Staatsstreich vom 18. Fructidor, zu einem vorläufigen Abschluß kommen, bei dem Barras sich die Gelegenheit nicht entgehen läßt, außer mit Carnot, auch seine ausstehende Rechnung mit Cochon und Dossonville in Sachen Babeuf zu begleichen.

8

Von allen Angeklagten sieht sich Babeuf der weitaus schwierigsten Aufgabe gegenüber: er soll, nach dem gemeinschaftlich gefaßten Beschluß, das Bestehen der Verschwörung leugnen und zugleich die Sache der Partei verteidigen und die Grundsätze ihres politischen Kampfes bejahen.

Als unmittelbare Folge dieses Besschlusses, der im Grunde darauf abzielt, zwei in sich unvereinbare Sachverhalte vereinbar erscheinen zu lassen, ergeben sich zahllose Schwierigkeiten, die Babeufs widerspruchsvolles Verhalten während der Hauptverhandlung bedingen. Angriffslustig während der Zeugeneinvernahme, ist er behutsam in der Verteidigung seiner selbst, als er zur Sache vernommen wird; und er ist beides zugleich in seinem umfangreichen Plädoyer am Ende des Prozesses, mit dem er den Versuch unternimmt, eine gemeinsame Linie der Verteidigung der Partei und seiner Person zu finden.

Babeufs Bestreben, trotz aller Rücksichtnahme auf seine Mitangeklagten, einen klaren Kurs zu steuern, wird überschattet und teilweise verdeckt durch zahlreiche Zwischenfälle, die den Eindruck erwecken, als sei er in seinem Verhalten vor Gericht sprunghaft gewesen und habe zwischen Perioden heftigster Ausbrüche und größter Niedergeschlagenheit geschwankt.

Am 24. Februar unterbricht Babeuf Viellarts Ausführungen und moniert, daß der Staatsanwalt den Text der beschlagnahmten Dokumente nicht wortgetreu verlese.

Der Präsident bittet um Ruhe und ermahnt Babeuf, sich jeder beleidigenden Äußerung zu enthalten.

Babeuf: Es steht Ihnen nicht zu, mir den Mund zu verbieten.

Bailly kommt Viellart zu Hilfe und erklärt, die Angeklagten dürften den Staatsanwalt bei der Verlesung des Exposés nicht unterbrechen. Noch sei die Reihe zu reden nicht an ihnen.

Babeuf: All dies macht auf uns keinen Eindruck. Wir wollen, daß man die Akten genau liest; wir wollen, daß man sie weder verstümmelt, noch daß man sie abkürzt. (Lärm)

Antonelle: Es gehört sich nicht, Menschen auf diese Weise zu diffamieren. (Großer Lärm)

Babeuf: Ich konnte mich noch nicht verständlich machen; ich habe nur eine Sache zu sagen. Ich fordere, daß der öffentliche Ankläger den Schluß der soeben verlesenen Vollmacht ebenso zu Gehör bringe wie er gedruckt steht: «Jahr vier der kommenden demokratischen Republik».

Viellart: Jahr vier der kommenden demokratischen Republik.

Babeuf: Jawohl, sie ist im Kommen, die Demokratische Republik.

Eine andere Taktik Babeufs besteht darin, auf Einzelfragen mit politischen Allgemeinplätzen zu antworten. Auf die Frage des Präsidenten nach dem Charakter des Schriftstückes *Bildung einer Aufstands-Leitung* erklärt Babeuf das Ganze für bloße Zukunftsmusik, einfach eine Utopie, un rêve philanthropique, um daran anschließend längere Ausführungen über die Verfassung von 93 zu verlesen.

Bailly fällt ihm ins Wort. Es kommt zu einem heftigen Auftritt. Das Gericht faßt den Beschluß, Babeuf die Fortsetzung seiner aufrührerischen Rede zu untersagen und ermahnt ihn zugleich, auf die Fragen des Präsidenten klare Antworten zu geben. Babeuf zeigt sich verstimmt. Er bittet Gandon, ihn in seine Zelle zurückbringen zu lassen. Er sei am Ende seiner Kräfte. Seit vierzehn Tagen arbeite er Nacht für Nacht an seiner Verteidigung. Wenn man ihm das Wort entziehe, habe er nichts mehr zu sagen. Er brauche der Verhandlung nicht länger beizuwohnen.

Der Präsident bemerkt begütigend, man beabsichtige nicht, ihn in seiner Verteidigung zu beschränken. Aber Babeuf, dem der Zwischenfall nicht ungelegen kommt, zeigt sich unnachgiebig. Man hindere ihn sich zu verteidigen. Er sei schwer krank. Er leide an einer Knochenhautentzündung, die ihm unerträgliche Schmerzen bereite. Und er hüllt sich für den Rest der Sitzung in mürrisches Schweigen.

Am nächsten Tage erklärt Babeuf dem Schließer, er sei krank und nicht fähig der Verhandlung zu folgen. Zwangsweise vorgeführt, verweist er auf seine (keineswegs simulierte) Beingeschwulst. Da man darauf keine Rücksicht nehme, werde er sich — und sollte er im Sterben liegen — nicht mehr krank melden und sich lieber von seinen Kameraden in den Gerichtssaal tragen lassen. Doch der Präsident zeigt sich ungerührt, und die Verhandlung geht weiter.

Den verschlungenen Pfaden der doppelbödigen Dialektik Babeufs begegnet Gandon mit schlecht verhehltem Widerwillen. Einmal, als Babeuf erklärt, der Brief an Grisel mit der Angabe der Versammlung bei Dufour sei ihm diktiert worden, fragt er ihn geradezu, ob er glaube, mit dieser Methode, sich hinter Unbekannten zu verstecken, Erfolg haben zu können. Babeuf bleibt nichts übrig als auf seine Verteidigung zu verweisen, in der er alles im gehörigen Zusammenhang darstellen und alles, was gegenwärtig äußerst verdächtig erscheine, aufklären werde. Doch damit gibt Gandon sich nicht zufrieden. Aus dem Konzept abgelesene Erklärungen würden auf die Geschworenen nicht die Hälfte des Eindrucks machen, den sie jetzt hervorrufen könnten, wo er Gelegenheit habe, frischweg und unvorbereitet auf die ihm gestellten Fragen zu antworten.

Aber Babeuf bewegt sich auf einem viel zu unübersichtlichen Gelände, um diesem Rat folgen zu können. Mühsam versucht er, sich durch das dichte Gestrüpp des ihn belastenden Materials einen Weg zu bahnen, wobei er mehr als einmal darauf verzichten muß, eine eindrucksvolle Haltung an den Tag zu legen.

Dabei erwartet niemand von ihm, er solle unbekannt gebliebene Mitarbeiter mit Namen nennen, und Gandon gibt sich sofort zufrieden, als ihm Babeuf auf eine diesbezügliche Frage mit Entrüstung antwortet, ein solches Verhalten stelle in seinen Augen den Gipfel der Gemeinheit dar, und er werde sich niemals zum Angeber erniedrigen.

Aber es gibt andere Fragen, auf die Gandon mit Fug und Recht eine Antwort erwarten darf. Dennoch versucht Babeuf, auch hier auf Nebengleise auszuweichen, womit er die Geduld der Richter, der Staatsanwälte und Geschworenen auf eine harte Belastungsprobe stellt.

So etwa, wenn er auf die direkte Frage des Präsidenten, ob er wisse, daß sein Quartier in der rue de la Grande-Truanderie zu illegalen Treffs benutzt worden sei, mit der Gegenfrage antwortet, er sehe nicht ein, was dies mit der Aussage Grisels zu tun habe.

Diesmal ist auch Gandon mit seiner Geduld am Ende. Er erteilt Babeuf einen strengen Verweis. Er habe kein Recht, sich über die ihm gestellten Fragen ein Urteil anzumaßen. Er solle antworten oder es bleiben lassen. Er sehe ein, man habe ihm bereits zu lange freie Hand gelassen. Von heute an werde er, und zwar er allein, das Verhör führen.

Als aber Babeuf, völlig unbeeindruckt, sich darauf anschickt, eine bereits vorbereitete Rede zu verlesen, unterbricht ihn Gandon: «Sie haben nicht das Wort, um Reden zu halten.» Und er stellt Babeuf nochmals die gleiche Frage. Babeuf antwortet mit Nein. Und als Gandon ihn weiter befragt, verweigert er die Antwort und erklärt, das Vorgehen des Präsidenten entspreche nicht den gesetzlichen Vorschriften, worauf seine Einvernahme, erst nach einer längeren Erörterung über diesen Punkt, fortgesetzt werden kann.

Während der fünf Tage seines Verhörs werden Babeufs Antworten zunehmend unbestimmter und einsilbiger. Immer häufiger wiederholt er stereotyp sein «ich weiß nichts davon», «ich erinnere mich nicht», «ich habe es nur abgeschrieben». Schließlich geht er soweit, sich für ganz und gar willenlos, für einen einfachen Sekretär, einen Kopisten, für nichts weiter als bloß «eine Maschine» zu erklären. Endlich wird es dem Präsidenten zu viel.

Präsident: Sie haben ausgesagt, daß Sie Ihre Stimme im Rat hatten; Sie sind zu bestimmten Zeiten die große Säule, der Mittelpunkt gewesen; alles hörte auf Ihr Kommando.

Babeuf: Ich habe Ihnen die Gründe genannt, aus denen ich diese Sprache geführt habe.

Präsident: In der Folge sind Sie der Leiter der Propaganda gewesen ... Gegenwärtig sind Sie nur mehr ein elender, kleiner Kopist, der bescheiden in einem Eckchen sitzt und sich mit dem Abschreiben von Schriftstücken befaßt.

Babeuf: Es erscheint kaum angebracht, Scherze zu treiben.

Präsident: Es erscheint angebracht, Ihre Widersprüche aufzuzeigen.

Dem Versuch Babeufs, seine Rolle als die eines untergeordneten, ausführenden Organs erscheinen zu lassen, widersetzt sich auch Bailly mit größter Entschiedenheit. In dem Schreiben Germains vom 16. März werde von Babeuf als dem anerkannten Führer der Demokraten gesprochen; der herrische Ton, in dem Babeuf nach seiner Verhaftung dem Direktorium Verhandlungen von Macht zu Macht angeboten habe, zeige seine wahre Stellung zur Genüge. Die diktatorische Form seiner Anweisungen an die Bezirksagenten und Grisels Schilderung der Rolle Babeufs auf den Sitzungen vom 30. April und 8. Mai ließen klar erkennen, daß er der Chef der Partei gewesen sei.

Jetzt, vor dem Staatsgerichtshof, versuche der gleiche Babeuf, sich als schwaches, unbedeutendes Geschöpf zu tarnen, sich hinter der obskuren Rolle eines eifrigen Kopisten einer kleinen Gesellschaft von Philanthropen zu verschanzen! Aber niemand werde sich von der Metamorphose des zum Zwerg gewordenen Riesen irreführen lassen!

Gegen diese Feststellungen, die den wahren Sachverhalt nur zu genau wiedergeben, vermag Babeuf keine einleuchtenden Gegengründe anzuführen. Was bedeutet es schon, wenn er fragt, wer wohl Germain legitimiert habe, ihn zum Führer der Demokraten zu ernennen? Er sei Zeit seines Lebens Gegner des Führerprinzips gewesen; es habe ihm immer genügt, als Gleicher unter Gleichen für das Wohl des Volkes zu wirken.

Und was will es besagen, wenn er, auf Baillys spöttische Bemerkungen, sachlich erwidert: «Jeder Mensch, der eine Aufgabe übernimmt, ganz gleich welcher Art, beginnt mit der Sammlung des Materials. Wird man ihn deswegen als Handlanger oder Pygmäe bezeichnen? Jeder Schriftsteller, und vor allem jeder Journalist, bedarf der Sammlung von Notizen, also von Material für das Gebäude, das er errichten will: er ist zunächst einmal Handlanger... und dann erst Baumeister.»

Alles schön und gut. Nur leider, er überzeugt niemand.

XII

Buonarroti

1

Filippo Buonarroti, den das Schicksal ausersehen hat, Babeufs Lehre vom *bonheur commun* und den Versuch zu dessen Verwirklichung kommenden Generationen zu überliefern, entstammt einer durch Michelangelos großen Namen ausgezeichneten Familie Toskanas. In einer Notiz aus dem Jahre 1793 sagt er von sich, er sei adliger Abstammung, wobei er einschränkend hinzufügt: «Meine Familie war nicht reich».

Mit siebzehn Jahren bezieht er, als Student der Rechte, die Universität seiner Vaterstadt Pisa. Seine Lehrer sind vor allem Sarti, der seine Schüler mit den Lehren von Locke und Condillac vertraut macht, und Lampredi, der, durchsichtig genug, aus dem Naturrecht eine verfassungsmäßige Beschränkung des Absolutismus herleitet. Als er, nach vierjährigem Studium, mit dem Doktorat beider Rechte die Universität verläßt, stehen die Grundlagen seiner revolutionären – wenn auch noch lange nicht egalitären – Überzeugung fest.

Der Sturm auf die Bastille läßt ihn, der sich innerlich längst von der Gesellschaft, in der er aufgewachsen ist, losgelöst hat, offener mit seinen Ansichten hervortreten. Der Skandal, den er damit bei den beschaulich dahinlebenden Bürgern der Residenz erregt, veranlaßt den Hof, auf seiner Entfernung aus Toskana zu bestehen. Er verläßt Frau und Kinder und geht in das Land seiner Sehnsucht, nach Frankreich.

Seine erste Etappe ist Korsika, wo er die erste revolutionäre Zeitung in italienischer Sprache, das *Giornale patriottico di Corsica* herausgibt. Als das Blatt im November 1790 wegen finanzieller Schwierigkeiten sein Erscheinen einstellen muß, übernimmt Buonarroti im Direktorium des Departements die Abteilung für Angelegenheiten der Kirche, die zugleich mit dem Verkauf der Nationalgüter betraut ist.

Im Juni 1791 kommt es in Bastia zu Unruhen. Eine Versammlung in der Pfarrkirche Saint-Jean-Baptiste faßt eine Entschließung gegen die Zivilverfassung des Klerus und zugunsten des amtsenthobenen Bischofs. Sie fordert gleichzeitig die sofortige Entfernung des wegen seiner religionsfeindlichen Maximen verhaßten Buonarroti. Das Direktorium sieht sich gezwungen, dieser Forderung nachzugeben. Buonarroti wird festgenommen, auf ein Schiff gebracht und auf toskanischem Boden abgesetzt, wo er «das Glück hatte, heil in einem Gefängnis zu landen».

Seine Haft dauert nicht lange. Die Regierung des Großherzogs Leopold setzt ihn nach kurzer Zeit auf freien Fuß, worauf er nach Korsika zurückkehrt, um seine politische Tätigkeit als Nationalkommissar des Distrikts Corte fortzusetzen. Im Dezember 1792 meldet er sich als Freiwilliger bei der Truppe, die für die geplante Landung auf Sardinien bestimmt ist.

Aus dieser Zeit stammt seine Bekanntschaft mit den Buonaparte, datiert seine Freundschaft mit dem zweitältesten Sohn der Familie, Napoleone ... «Ich erinnere mich, daß mir die Familie Buonaparte bei meiner Abreise einige écus übergab, die ich ihr niemals habe zurückgeben können.»

Vor seiner Abreise schreibt er an den Konvent: «Ich reise nach Sardinien, in der einen Hand den Degen, in der anderen die Erklärung der Menschenrechte. Ich werde die Großen bekämpfen, die Armen aufklären. In Toskana kam ich zur Welt; Frankreich ist mein Vaterland. Die Abgeordneten Korsikas wissen, wer ich bin. Ich bitte den Himmel um die Beredsamkeit der Wahrheit. Ich bitte den Konvent um Hilfe und Schutz für meine Frau und meine geliebten Kinder, für den Fall, daß mein Leben notwendig wäre für den Triumph der allgemeinen Freiheit. Europa sei frei, und ich sterbe zufrieden!»

Doch die Invasion scheitert. Die Landungsboote, die in Cagliari Truppen an Land zu setzen versuchen, werden von den Festungswerken der Stadt unter Feuer genommen. Die Flotte des Konteradmirals Truguet muß, nach Einnahme der beiden kleinen Inseln San Pietro und San Antioco, unverrichteter Dinge umkehren.

Auf der Rückfahrt macht Buonarroti in San Pietro Halt, wo er zu seiner Genugtuung von den Einwohnern den Auftrag erhält, eine (nicht erhalten gebliebene) Verfassung auszuarbeiten. Darüber hinaus erhält er Vollmacht, dem Konvent den Antrag der Insel, mit Frankreich vereinigt zu werden, zu überbringen.

Ende April kommt er nach Paris und trägt dem Konvent die Bitte der Ile de la Liberté, ehemals Saint-Pierre, um Aufnahme in die Republik vor. Beiläufig erinnert er daran, daß der Generalrat des Departements Korsika bereits im Februar des vergangenen Jahres seine Einbürgerung beantragt habe.

Kurze Zeit darauf, es ist der 27. Mai 1793 – ein stolzer Tag für ihn, den er Zeit seines Lebens nicht vergessen wird – erfüllt der Konvent seinen heißesten Wunsch. Ein Dekret erklärt Buonarroti, aufgrund seiner der Republik geleisteten Dienste, zum Bürger Frankreichs.

Als Mitglied des (recht exklusiven) Jakobinerklubs, wo er Ricord, Laignelot, Vadier und die beiden Robespierre kennenlernt, erlebt er die stürmischen Tage, die der Revolution des 31. Mai vorhergehen. Die hier empfangenen Eindrücke bleiben für sein Leben bestimmend. Die Verfassung des *bonheur commun* und das allgemeine Wahlrecht werden, wie er selbst sagt, «seine Religion».

Zu dieser Zeit lebt er bescheiden in einem Zimmer des hôtel de Marigny in der rue Froidmanteau. Seinen Lebensunterhalt verdient er sich im Internat des Bürgers Roy, dessen Schüler er in Musik und Mathematik unterrichtet.

Seine freien Abende verbringt er gewöhnlich im Hause Duplay. Nur ein kleiner Kreis Getreuer ist, außer der Familie, zu diesen Abenden zugelassen. Zu den ständigen Gästen gehören die beiden Robespierre, Le Bas, der Verlobte einer Tochter Duplays, und der Schlossermeister Didier, gleich Duplay Geschworener beim *tribunal révolutionnaire*. Man liest mit verteilten Rollen Racine, oder Le Bas, der eine schöne Stimme hat, singt, von Buonarroti am Flügel begleitet, italienische Romanzen. Alles ist Ruhe und Harmonie in dieser vom sanften Schimmer der Kerzen erhellten Welt, einer Insel des Friedens inmitten der fieberhaft erregten Stadt.

Als der in ganz Frankreich zwischen Girondisten und Jakobinern entbrennende Kampf auf Korsika übergreift, veröffentlicht Buonarroti seine Schrift vom *großen Verrat des Pascal Paoli*, die starken Widerhall findet. Die Regierung ernennt ihn zum Kommissar für Korsika mit außerordentlichen Vollmachten. Er reist ab, aber in Nizza angelangt, erfährt er, daß ein Dekret des Konvents sämtliche

Kommissare zurückgerufen hat. So folgt er einem Ruf Ricords nach Toulon und kehrt im Oktober mit dem Auftrag, dem Wohlfahrtsausschuß über die Lage nach der Einnahme Toulons zu berichten, nach Paris zurück.

Hier erwarten ihn ärgerliche Auseinandersetzungen. Ein Heereslieferant Constantini, der sich als außerordentlicher Abgeordneter Korsikas beim Konvent bezeichnet, hat ihn öffentlich und in ehrenrühriger Weise als Provokateur und Agenten der Regierung Toskanas angegriffen. Die Sache kommt vor dem Zivilgericht des 2. Arrondissements zum Austrag. Der Prozeß endet für Buonarroti mit einem vollen Erfolg. Das Gericht erklärt am 19. November Constantinis Angaben für falsch und verleumderisch und verurteilt ihn, der bereits als Verdächtiger im Pélagie-Gefängnis sitzt, zum Widerruf und den Prozeßkosten.

Im Januar 1794 reist Buonarroti, als Kommissar des Wohlfahrtsausschusses für Korsika, erneut nach Toulon. Aber Paoli hat die Insel fest in der Hand, und die englische Flotte blockiert alle Zufahrtswege. So sieht er sich genötigt, in Toulon zu bleiben, wo er in der Flottenbau-Verwaltung arbeitet, bis ihn im April die zur Italienarmee entsandten Abgeordneten Augustin Robespierre und Saliceti auffordern, die Verwaltung des Fürstentums Oneglia, Loanos und der eroberten piemontesischen Gebiete östlich von Mentone zu übernehmen [276].

Der 9. Thermidor und die ihm folgende Reaktion lassen Buonarroti, der nicht zögert, die erforderliche Ergebenheitsadresse an den Konvent abzusenden, zunächst unbehelligt. Erst die eigenmächtige Beschlagnahme der Ländereien eines Adligen aus Genua zieht die Aufmerksamkeit der neuen Machthaber auf ihn. Ein Haftbefehl des Sicherheitsausschusses vom 19. Februar 1795 bezeichnet ihn «als Anhänger des Systems der Schreckensherrschaft und der Entvölkerung», der verdächtig sei, im Einverständnis mit den Feinden der Republik, «Übergriffe gegen Personen und Eigentum einiger Bürger der Schweiz und der Republik Genua» begangen zu haben. Der Abgeordnete Turreau, ein Vetter des Generals, läßt Buonarroti am 5. März festnehmen und schickt ihn, begleitet von zwei Gendarmen, von Nizza nach Paris, wo er am 23. April eintrifft.

Vergeblich versucht er im Sicherheitsausschuß die Gründe zu erfahren, die zu dem Vorgehen gegen ihn geführt haben. Fünfmal stellt er sich ein, ohne vorgelassen zu werden. Beim sechstenmal schiebt man den unbequemen Mahner ins Plessis ab, wo er endlich, am 29. Juni, den Grund seiner Verhaftung erfährt. Empört erhebt Buonarroti Einspruch und verlangt, seinem Ankläger gegenübergestellt zu werden. Doch nichts geschieht. Erst nach dem Vendémiaire, am 9. Oktober 1795, wird er auf Anordnung des Sicherheitsausschusses aus der Haft entlassen.

Er bleibt in Paris, wo er sich, gleich einer Unzahl anderer abgesetzter Militärs und Beamter, bescheiden genug durchschlägt. Er verzichtet darauf, sich als Offizialverteidiger bei den Gerichten eintragen zu lassen; wieder verdient er sich, was er zum Leben braucht, durch Privatstunden in Mathematik und Musik.

Was hält ihn in Paris? Den Gedanken, sich um eine Anstellung im Staatsdienst zu bewerben, hat er fallen lassen. Seine Tätigkeit im *Pantheon* erscheint obendrein wenig geeignet, ihn dem Direktorium zu empfehlen. Aber er hält engen Kontakt zu den italienischen Emigranten und diese Verbindungen bestimmen ihn, in Paris zu bleiben.

Als am 30. Januar 1796 Saliceti und Garrau zu Kommissaren der Italien-Armee ernannt werden, um dem Oberbefehlshaber, General Schérer, bei der bevorstehenden (von Bonaparte ausgearbeiteten) Offensive zur Seite zu stehen, glaubt Buonarroti die Voraussetzungen für einen Umschwung der Verhältnisse in Italien in greifbare Nähe gerückt.

Zusammen mit seinem Freunde Cerisi begibt er sich zu Saliceti, einem seiner ältesten Bekannten (ihre Beziehungen stammen aus ihrer gemeinsamen Zeit als Advokaten in Pisa), um ihn über die Absichten der Regierung hinsichtlich Italiens zu befragen. Saliceti, «eine Art Bonaparte in Kleinformat», gibt seinen Besuchern die beruhigendsten Auskünfte. Er habe klare Anweisungen, die republikanische Partei in jeder Weise zu unterstützen und zu begünstigen. An den Gerüchten über den Abschluß eines Friedensvertrages mit Sardinien sei kein wahres Wort.

Beglückt meldet Buonarroti den Ausgang dieser Unterredung an Pellisseri, den Chef der italienischen Emigranten in Nizza. In spätestens acht Tagen werde Saliceti in Nizza eintreffen; Pellisseri könne dann selbst alle erforderlichen Maßnahmen mit ihm besprechen.

Um aber ganz sicher zu gehen, halten es Buonarroti und Cerisi für angebracht, den Minister des Auswärtigen, Charles Delacroix, um eine Audienz zu ersuchen. Das Ergebnis dieser Aussprache stimmt ihre hochfliegenden Erwartungen erheblich herab.

Auf ihre Bitte um eine freimütige und loyale Erklärung, berichten sie ihren Freunden in Nizza, und auf die Frage, ob die Patrioten in ihren Bemühungen zum Sturz der Monarchie in Piemont auf die Unterstützung der Franzosen rechnen könnten, habe der Minister ausweichend geantwortet. Er habe zu verstehen gegeben, daß es klüger erscheine, mit der Revolution in der Lombardei den Anfang zu machen. Diese werde den Umsturz in Piemont nach sich ziehen. Auf ihren Einwand, ein solches Vorgehen müsse ein berechtigtes Mißtrauen sowohl der lombardischen Patrioten wie der Piemonts hervorrufen, habe Delacroix auf das Beispiel Hollands verwiesen. Sofern die Patrioten Piemonts der französischen Armee eine wirksame Hilfe gewährten, sollten ihre Interessen beim Abschluß eines Friedensvertrages berücksichtigt werden. Gegen Schluß der Audienz habe sie der Minister um ein Memorandum zur Lage in Italien, an dem sie gegenwärtig arbeiteten, ersucht.

Delacroix leitet das ihm übergebene Memorandum, das in seiner Darstellung der Verhältnisse als typisch für das Wunschdenken von Emigranten gelten kann, zusammen mit einem persönlichen Schreiben Buonarrotis, noch am gleichen Tage an den neuernannten Oberkommandierenden der italienischen Front, General Bonaparte, weiter. Dieser hält es immerhin für wichtig genug, um es noch vor seiner Abreise ins Hauptquartier seiner Armee in einer langen Unterredung mit Buonarroti, an der auch der Bildhauer Cerachi teilnimmt, zu behandeln [277].

Trotzdem ist Buonarroti nicht beruhigt. Die Gerüchte über Geheimverhandlungen mit dem Hof von Sardinien wollen nicht verstummen. Nach einer erneuten, wiederum wenig befriedigenden Aussprache mit Delacroix, schreibt ihm Buonarroti einen Brief, in dem er ihn beschwört, den flehentlichen Bitten des Schattenkönigs von Turin nicht nachzugeben. Die unvermeidliche Folge eines solchen Schrittes wäre die Entmutigung aller Patrioten und die Unmöglichkeit einer Revolution in Italien. Er hätte Verständnis für ein Eingehen auf dessen Bitten, wenn unsere Armeen besiegt wären. Aber «die Hand dem Despoten, der uns am gröblichsten beleidigt hat, hinzustrecken, im Augenblick, da ihm die Macht entgleitet, da er zitternd unsere Verzeihung erfleht, im Augenblick, da die Völker uns rufen, in einem Zeitpunkt, in dem es nur von Ihnen abhängt, das Antlitz Italiens zu ändern, ist das Ergebnis einer mysteriösen Politik, in der ich weder das Wohl Frankreichs noch die Prinzipien der Gerechtigkeit erkennen kann».

Und er läßt, seine Gefühle nicht länger beherrschend, den Stoßseufzer folgen: «Dieser Gedanke eines Friedens mit dem Tyrannen Sardiniens quält mich unaufhörlich [278] . . .»

Schon bald bestätigen die Ereignisse, wie berechtigt Buonarrotis Befürchtungen gewesen sind. In einer dem Minister am 23. April überreichten Note erklären Buonarroti und seine Freunde Celentani, Muzio und Cerisi, den italienischen Emigranten in Paris seien von ihren Freunden aus Nizza Berichte zugegangen, wonach Bonaparte ganz eindeutig erklärt habe, seine Absicht sei, Piemont und die Lombardei solange einer Militär-Verwaltung zu unterstellen, bis das Volk eine neue Form der Regierung angenommen habe.

Man brauche nicht näher zu erläutern, was sich hinter dieser Floskel verberge. Wenn keine vom Volk getragene Autorität vorhanden sei, um die öffentliche Meinung zu beeinflussen und die Interessen des Volkes mit den Ansprüchen der Armee aufeinander abzustimmen, so müßten sich unfehlbar die allergrößten Nachteile ergeben; jegliche Begeisterung für die Sache der Freiheit werde erstickt, und die Armee werde nur durch Zwang und unter erheblichen Schwierigkeiten erlangen können, was ihr sonst mühelos und im Überfluß zur Verfügung gestellt worden wäre.

Um es nicht soweit kommen zu lassen, müßten sie erneut und mit allem Nachdruck darauf bestehen, daß die Regierung ihren Generalen und Bevollmächtigten positive Anweisungen gebe, «beim Einrücken in das Gebiet von Piemont aus allen Kräften die friedlichen Versammlungen des Volkes und die unverzügliche Bildung demokratischer Behörden sowie eines nationalen italienischen Machtzentrums zu unterstützen».

Doch inzwischen haben die von Bonaparte blitzschnell bei Montenotte, Millesimo, Dego und Mondovi geführten Schläge genügt, den Hof von Turin verhandlungsbereit zu machen. Am gleichen Tage, an dem Buonarroti seine (letzte) Note an Delacroix richtet, gehen Bonaparte in Cherasco die ersten Vorschläge für einen Waffenstillstand mit Piemont zu, der in der Nacht zum 29. April, ausschließlich unter militärischen Gesichtspunkten, abgeschlossen wird [279].

Für Buonarroti kann, nach Abschluß des Waffenstillstandes, an der Einstellung Bonapartes und des Direktoriums gegenüber allen revolutionären Experimenten in Italien kein Zweifel mehr bestehen. Für ihn folgt daraus, daß eine neue Politik gegenüber Italien den Umsturz der Verhältnisse in Frankreich zur Voraussetzung hat. Erst dann wird es möglich sein, Saliceti – mit dem Buonarroti weiter in Verbindung bleibt – die erforderlichen Vollmachten zu senden, um die Verräter-Generale der Italien-Armee verhaften zu lassen und die Armee von allen reaktionären Elementen zu säubern.

Diese Gründe geben den Ausschlag. Buonarroti bleibt in Paris.

2

Buonarrotis ausführliche Schilderung seines Lebens, bei der er, ohne sich in Widersprüche zu verwickeln, Tatsachen und Motive geschickt den besonderen Erfordernissen seiner Lage anzupassen verstand, verfehlt ihren Eindruck auf die Zuhörer nicht; sein Auftreten gewinnt ihm die Sympathien des Gerichts und des gesamten Auditoriums.

Mit seiner Brille, seiner gepflegten Kleidung und seinen gewählten Umgangsformen, gleicht Buonarroti weit eher einem in die Politik geratenen Gelehrten als dem gewohnten Bilde eines Umstürzlers und Anarchisten. Wenn er sich zum Wort meldet, vermeidet er jeden schroffen Ton, gibt er sich betont höflich und sachlich. «Ich habe die Ehre bemerken zu dürfen», ist die von ihm bevorzugte Redewendung, mit der er gewöhnlich seine Ausführungen einleitet. Der leichte italienische Akzent seiner Sprache verstärkt noch den Eindruck des Ungewöhnlichen seiner Persönlichkeit.

Zur Herkunft der ihn belastenden Schriftstücke bemerkt Buonarroti, er habe sie zum allergrößten Teil während seiner Haft im Plessis niedergeschrieben. Unter den Häftlingen hätte eine Fülle von Aufrufen, Listen und Materialien zirkuliert, die einem Aufstandskomitee, das auch die Leitung des Prairial-Aufstandes gehabt haben solle, zugeschrieben wurden, und von denen er sich Abschriften angefertigt habe.

Diese Erklärung erscheint einleuchtend oder zumindest nicht leicht zu widerlegen. Aber es gibt ein Dokument mit seiner Handschrift, das ihn schwer belastet. Es ist die Akte *Il faut insurger*, die genaue Anweisungen an die Instrukteure für einen unmittelbar bevorstehenden Aufstand enthält.

Zu diesem Schriftstück vermag Buonarroti nur die unwahrscheinlich anmutende Erklärung zu geben, er habe es lange vor dem Floréal im Auftrage eines wenig schriftgewandten Parteifreundes verfaßt, um im Falle eines Aufstandes dem Volke unnützes Blutvergießen zu ersparen.

Die Zeit werde kommen, die erweise, welcher Wert der Aussage Grisels beizulegen sei. In seiner Anzeige bei Carnot habe Grisel seinen Namen nicht aufgeführt, der erst später von anderer Seite zugesetzt worden sei. Vor dem Untersuchungsrichter habe Grisel zu Protokoll gegeben, er, Buonarroti, habe an der Sitzung bei Drouet teilgenommen. In seiner Aussage vor Gericht aber habe Grisel ihn zunächst nicht genannt und erst später, auf erneutes Befragen, sich entsonnen, ihn dort gesehen, ja sogar seinen Platz neben ihm gehabt zu haben.

Für seinen Aufenthalt bei Tissot gebe es eine einleuchtende Erklärung. Er sei im Mai letzten Jahres im Begriff gewesen, im Auftrage der Regierung nach Italien abzureisen, als man ihn vor einer ihm drohenden Verhaftung gewarnt habe. Nach dieser Warnung habe er sich bald hier, bald dort ein Quartier gesucht, da ihm seine Wohnung nicht mehr sicher erschienen sei. So sei er zu Tissot, der ihm am 9. Mai angeboten hatte, bei ihm zu übernachten, gekommen, um tags darauf verhaftet zu werden.

Ähnlich wie Buonarroti versucht auch Germain, einen Teil des ihn belastenden Materials von vornherein auszuklammern. Seine Briefe über den Aufstand der Polizeilegion seien Augenzeugenberichte, die zur Veröffentlichung in Babeufs Zeitschrift bestimmt waren. Der Untersuchungsrichter Gérard habe in seiner bekannten Gutmütigkeit dazu bemerkt, die drei Schreiben enthielten genügend Material, um ihn dreimal guillotinieren zu lassen.

Anfang März habe er durch einen Freund bei der Polizei erfahren, er werde wegen eines Plakates über die Schließung des *Pantheon* gesucht. Wie er sich später selbst überzeugen konnte, sei der eigentliche Grund des Haftbefehls die Tatsache gewesen, daß er während einiger Tage das Präsidium dieser Gesellschaft innegehabt habe. Seine Empörung über diese Ungerechtigkeit habe den Anstoß zu seinem Brief an Babeuf vom 16. März gegeben, der, wie aus dem Datum hervorgehe, vor dem Beginn der angeblichen Verschwörung verfaßt wurde.

Zu Barras sei er im guten Glauben gegangen, dieser wolle ihn reaktivieren. Die Ausdrücke, die er in seinem Schreiben vom 19. April Barras gebrauchen lassen, seien nicht wortwörtlich zu verstehen, insbesondere nicht die Worte «das Eisen schmieden[280]», deretwegen man in der Presse ein solches Tamtam gemacht habe.

Auf den Einwand des Präsidenten, wie er denn seinen angeblichen Haftbefehl mit dem Besuch bei Barras in Einklang bringen wolle, antwortet er freimütig, er habe den Glauben an eine gewisse Loyalität unter den Menschen noch nicht verloren. Dieser Brief sei nichts weiter als ein Bericht an einen Freund. Es sei nicht recht gewesen, ihn zu schreiben, und ein noch größeres Unrecht, ihn aufzubewahren, statt ihn zu verbrennen. Dennoch könne jeder, der sich die Mühe nehme, ihn zu lesen, sich leicht davon überzeugen, daß er nicht ein einziges strafbares Wort enthalte.

Seit seiner Entlassung aus dem Plessis habe er ununterbrochen bis zu seiner Verhaftung bei seinem Freunde Guilhem in der rue de Carême-Prenant gewohnt. Man brauche nur das Register 105 der 17. Division nachzuschlagen, um festzustellen, daß er sich tatsächlich während dieser Zeit alle vier Tage seine Verpflegungsbons[281] abgeholt habe.

Bis dahin decken sich Germains Angaben einigermaßen mit den Tatsachen. Seine weiteren Aussagen sind dagegen von einer geradezu kindlichen Einfalt.

Einen mit den Anfangsbuchstaben seines Namens unterzeichneten Brief vom 9. Mai, in dem Drouet, Massart und Rossignol erwähnt werden und in dem es heißt: «Wir werden uns am Nachmittag treffen, um mit den Instrukteuren die letzten Anordnungen zu besprechen», versucht Germain als eine Auftragsbestätigung für ein Geschäft mit Waren aus Belgien hinzustellen. Drouet sei nicht der Abgeordnete, sondern ein gewisser Drouet aus Limoges, Massart nicht der Massard des Prozesses und Rossignol nicht der General, sondern ein kleiner Junge, den man mit dem Spitznamen Rossignol (Schafskopf) gerufen habe.

Daß er auf einem undatierten, angeblich von Darthé stammenden Zettel als Kriegsminister bezeichnet werde, sei einfach lachhaft. Ein Grünschnabel wie er Kriegsminister, und das mit ganzen 24 Jahren! Wenn er alle ihm zugeschriebenen Funktionen wirklich ausgeübt hätte, hätte er ein zweiter Amphitryon sein müssen, ein Vergleich, der Viellart veranlaßt, ihm entgegenzuhalten, er selbst habe glaubhaft machen wollen und versucht dem Gericht einzureden, es habe in der Verschwörung zwei Drouet, zwei Massard, drei Fyon und drei Rossignol gegeben!

Trotz seiner mit Widersprüchen gespickten Aussage, schneidet Germain, im großen ganzen, nicht schlecht ab. Bei Gandon, der ihm mit Wohlwollen und Achtung begegnet, hat er einen Stein im Brett. Seine stürmische, oft überschäumende Beredsamkeit, seine vielfach mit beißender Ironie gewürzten Ausfälle, machen ihn nicht selten zum Mittelpunkt der allgemeinen Aufmerksamkeit. Die Zuhörer lassen ihn ihre Zuneigung spüren, die ebenso seinen Worten wie seiner Jugend, seinen an der Front erhaltenen Wunden und dem ihm drohenden Ende gilt.

Er selbst zeichnet an die Wand des Sitzungssaales eine «hübsche kleine Guillotine», unter die er seinen Namen setzt, um sein Schicksal ständig vor Augen zu haben. In seinem Schlußwort an die Geschworenen zeigt er sich gefaßt und ohne eine Spur von Prahlerei: «Ich erwarte Euren Spruch ohne ein Zeichen von Furcht oder Schwäche. Warum auch sollte ich mich fürchten oder schwach werden? In der Tat: mein Tod wird bezeugen, daß die Freiheit keinen ergebeneren Anhänger als mich gehabt hat; mein Leben, daß sie keinen unerschrockeneren Verteidiger als mich finden wird.»

3

Unter den Hauptangeklagten beharrt Darthé als einziger dabei, die Zuständigkeit des Gerichts abzulehnen und jede Aussage zu verweigern. Seine Obstruktion läßt Gandon keine andere Möglichkeit, als durch den Gerichtsschreiber Darthés Vernehmungsprotokolle und die ihn betreffenden Schriftstücke verlesen zu lassen.

Darthé hört allem gelassen, fast teilnahmslos zu. Nur einmal, bei der Verlesung des Protokolls seiner Verhaftung in der rue Papillon, in dem es heißt, er sei zwischen zwei Matratzen versteckt aufgefunden worden, ruft er erregt dazwischen: «Ich würde, wenn ich könnte, in eine Flasche kriechen!» Und er fügt, ruhiger geworden, hinzu: «Wenn man wie ich, ohne zu wissen warum, fünfzehn Monate im Gefängnis gesessen hat!»

Von Anfang an ist klar, daß Darthé mit keiner Schonung zu rechnen hat. Seine starrsinnige Ablehnung des Gerichts und sein ganzes Verhalten lassen ihn, mit Vorrang vor allen anderen, als unbußfertigen Sünder, als Terroristen und Anhänger der Diktatur erscheinen. Viellart kennzeichnet ihn als den «verschlagensten» unter den Verschworenen, als einen Menschen, dessen verbissenes Schweigen ebenso wie seine Zwischenrufe, seine drohende Haltung und wütenden Gesten, die Erinnerung an die abscheulichsten Untaten des revolutionären Schreckens wachriefen.

Ein einziges Mal – am 6. März – bittet Darthé den Vorsitzenden ums Wort. Er erhält es, nachdem er versichert hat, nicht lang zu sein, worauf er in einer ausführlichen Rede die Gründe darlegt, die seinen unerschütterlichen Beschluß, durch nichts an «dieser monströsen Prozedur» teilzunehmen, herbeigeführt haben.

Das Verhör bei Cochon, einem der Drahtzieher der angeblichen Verschwörung, und das hinterhältige Anerbieten Gérards, der ihm die Freiheit versprochen habe, wenn er seine sogenannten Komplizen nennen wolle, hätten ihm endgültig die Augen geöffnet. Die Floréal-Verschwörung sei nichts weiter als eine abscheuliche Machination der Regierung, um sich der letzten Verfechter der wahren Grundsätze der Revolution zu entledigen. Sie sei in dieser Sache zugleich Kläger und Richter, und bei dieser Erkenntnis habe er sich geschworen, für seine Person ein solches Spiel nicht mitzumachen.

Sein Protest bei Gérard sei wirkungslos geblieben. Man habe ihn ebenso wie seine Mitangeklagten vor den Staatsgerichtshof gezogen. Die maßgeblichen Gründe, um die Zuständigkeit dieses Gerichtes abzulehnen, seien in den vierzig Punkten ihres gemeinsamen Protestes vom 11. September 1796 enthalten, auf denen er nach Recht und Gewissen bestehe. Er könne daher auf Fragen keine Antwort geben.

Damit scheint alles gesagt. Aber Darthé denkt nicht daran, mit einer so einfachen Feststellung zu schließen. Ihm liegt daran, sein Kredo, das Glaubensbekenntnis eines unbekehrt gebliebenen Terroristen aus der Schule des Jahres 93, zu verkünden.

«Was mich anlangt, werde ich, sofern die Vorsehung das Ende meiner Laufbahn bestimmt hat, sie mit Ruhm, ohne Furcht und Bedauern beschließen. Was sollte ich auch bedauern? Wenn die Freiheit unterliegt, wenn das Gebäude der Republik Stück für Stück zerstört, wenn ihr Name verhaßt geworden ist; wenn die Freunde, die Anhänger der Gleichheit verfolgt umherirren, ausgeliefert der Wut der Mörder oder den Schrecken der schlimmsten Not; wenn das Volk, seiner Rechte beraubt, erniedrigt und verachtet, unter einem eisernen Joche stöhnt; wenn diese erhabene Revolution, die Hoffnung und der Trost der unterdrückten Völker, nur mehr ein Phantom ist . . .» Wenn, wenn, wenn . . . die tönenden

Phrasen folgen einander bis zu jenem letzten Wenn, bei dem es heißt: «Wenn es kein Vaterland mehr gibt, ist der Tod eine Wohltat.»

Darthé schließt mit einer persönlichen Bemerkung: «... Ich habe den Kreis der revolutionären Entwicklung durchschritten, ohne mir etwas vorwerfen zu müssen; niemals hat der Gedanke an ein Verbrechen, an eine Niedrigkeit meine Seele beschmutzt; in noch jugendlichem Alter in die Revolution geraten, ertrug ich alle Mühen, alle Gefahren, ohne jemals zurückzuschrecken, ohne anderen Genuß als die Hoffnung, eines Tages das dauerhafte Reich der Gleichheit und Freiheit begründet zu sehen; einzig mit der Erhabenheit dieses der Menschheit dienenden Unternehmens befaßt, übte ich die vollkommenste Selbstverleugnung ... Ich bin unschuldig an den angeblichen Verbrechen, die man mir zur Last legt: ich habe in meinem Besitz die unwiderleglichsten Beweise meiner Unschuld; ich werde sie nur meinen rechtmäßigen Richtern vorlegen ... Ich habe meine Pflicht getan; ich erwarte in Ruhe, daß Sie die Ihre tun.»

In diesem Falle, erklärt Bailly, dem das von Darthé in eigener Sache angestimmte Loblied seiner revolutionären Vergangenheit auf die Nerven gegangen ist, müsse er sich mit den angeführten Fakten auseinandersetzen. Und so kommen, obgleich Darthé empört dazwischenruft, er habe nur Befehle ausgeführt, und Réal behauptet, er besitze «im gleichen Stil abgefaßte Briefe eines Mannes, den man heute sehr hochschätzt», Darthés berüchtigte Briefe an Le Bas, die an sich nur zu Schriftvergleichen dienen sollten, im Prozeß zur Sprache.

Es sei eine Herausforderung besonderer Art, fährt Bailly fort, wenn Darthé, der Sekretär eines Joseph Le Bon und damit Handlanger eines der abscheulichsten Henker aus der Zeit Robespierres, den Versuch unternehme, sich unter die Verteidiger und Märtyrer der erhabenen Sache der Menschlichkeit einzureihen; wenn er es wage, zu behaupten, er habe sich in seiner ganzen revolutionären Laufbahn nichts vorzuwerfen und sein Herz habe immer nur für seine Mitmenschen geschlagen!

Niemand widerspricht. Und in der völligen Stille, die diesen Worten folgt, scheint es einen Augenblick, als hielten die Toten der «kleinen Vendée», als hielten die Opfer der Revolutionstribunale von Arras und Cambrai über Darthé Gericht.

Mit dem Rest der Angeklagten weiß im Grunde kein Mensch etwas anzufangen. Gegen die Mitglieder des geheimnisvollen *comité montagnard,* dem die Angeklagten Amar, Antonelle, Ricord, Laignelot, Vadier und Lindet angehört haben sollen, gibt es, außer ihrer revolutionären Vergangenheit, die hier nicht zur Debatte steht, auch nicht die Spur eines Beweises. Das Gros der übrigen ist so deutlich als Opfer übereifriger Polizei- und Justizbehörden anzusehen, daß selbst Bailly bedauert, über keine gesetzliche Handhabe zu verfügen, ihre Freilassung bereits bei Beginn des Prozesses vorzuschlagen. Sie folgen, je nach Charakter und Veranlagung, den Verhandlungen mit stumpfsinniger Ergebenheit oder erregter Aufsässigkeit. Gandon zeigt sich, als endlich die Reihe an ihnen ist, vernommen zu werden, mit ihrem Einverständnis bemüht, das umständliche, von der Prozeßordnung vorgesehene Frage- und Antwortspiel soweit als möglich abzukürzen.

Irgendein System ist bei alledem nicht zu erkennen.

So ziehen sich die Verhandlungen in erschöpfender Langeweile mühsam hin, bis am 17. April der Präsident die Beweisaufnahme für geschlossen erklärt und die Fortsetzung des Prozesses auf den 26. April, neun Uhr vormittags, vertagt.

4

Die willkommene Pause nach einer fast ununterbrochenen Prozeßdauer von sechs Dekaden, bei der selbst die Décadi, entgegen der allgemeinen Übung, nicht sitzungsfrei geblieben waren, benutzen Gandon und Viellart zu einem Abstecher nach Blois, wo sie bei Bekannten eine angenehme Ferienwoche verbringen. In der Behaglichkeit ihres Urlaubs lassen sie sich auch nicht durch die Nachricht stören, die Frauen der Angeklagten hätten in Vendôme einen Aufstand angezettelt, eine Nachricht, die sich ohnehin bald als leeres Gerücht erweist.

Die Wochen nach der Prozeßpause sind ausgefüllt mit Reden und Repliken der öffentlichen Ankläger, mit Reden, Repliken (und manchmal) Dupliken der Verteidiger und den vor allem für die Geschworenen bestimmten Schlußworten der Angeklagten.

Die Fragen nach der Schuld oder Unschuld jedes einzelnen, für die drei Sitzungstage benötigt werden, erörtert Bailly, der beiläufig bemerkt, seine Rede werde binnen kurzem gedruckt vorliegen; sie solle den Angeklagten und Geschworenen ausgehändigt werden. Als aber Réal verlangt, Bailly solle gerechterweise auch die Reden der Verteidiger als Material für die Geschworenen auf Staatskosten drucken lassen, da die Angeklagten hierfür kein Geld hätten, begnügt Bailly sich damit, kurz zu bemerken, das wäre ihre Sache und ginge ihn nichts an.

An die Spitze seines sorgfältig dokumentierten Plädoyers stellt der öffentliche Ankläger den Satz, es gebe an der Tatsache einer Verschwörung gegen die innere Sicherheit der Republik keinen Zweifel. Diese Verschwörung falle in die Zeit vom 28. Februar bis 10. Mai 1796, mit anderen Worten, von jenem Tage, an dem das *Pantheon* geschlossen wurde, bis zu dem Tage, an dem die Polizei die Verschwörer, unmittelbar vor Ausbruch der Explosion, verhaftet habe.

Noch einmal werden Beweise und Belege geprüft und gewogen, noch einmal ziehen in langer Reihe Namen, Daten und Fakten an den Geschworenen vorüber, noch einmal werden Schuld und Nichtschuld jedes einzelnen aus der Sicht der Anklage erörtert und festgestellt. Ginge es nach Bailly, dürfte es weder für die Hauptangeklagten noch für zahlreiche ihrer Handlanger ein Entrinnen geben. Und wenn er am Schluß seiner Ausführungen auch der Freude Ausdruck gibt, hoffen zu dürfen, eine große Anzahl Unschuldiger werde nunmehr die Freiheit und den Genuß ihrer Bürgerrechte wiedererlangen, so vergißt er doch nicht, mahnend hinzuzufügen, Frankreich dürfe niemals die Drohung der «grausamen Anarchie» vergessen, die in dem Ruf «keine Regierung und keine Regierten» enthalten sei.

5

Am 3. Mai, nach einer ihm vom Gericht bewilligten viertägigen Unterbrechung (an Stelle der geforderten acht Tage), beginnt Babeuf mit der Verlesung seines umfangreichen Manuskripts; erst am 7. Mai kommt er, nach mehrfachen Unterbrechungen, damit zu Ende.

Alles, was es an Lücken, Unordnung und Dunkelheiten in seinen bisherigen Aussagen gegeben habe, werde er jetzt erklären, aufhellen und richtigstellen. Er sei nun einmal kein Mensch, der aus dem Stegreif reden könne, woraus man nichts Ungünstiges für ihn folgern dürfe. Er halte es mit Mably, der geschrieben habe, es sei absurd, die Verwirrung eines anständigen Menschen vor Gericht für das Eingeständnis seiner Schuld zu nehmen. Auch möge man bedenken, welche Belastung es für ihn bedeute, daß sein Name schon seit langem die fatale Berühmtheit erlangt habe, eine Sekte zu bezeichnen, und daß der Name *Babouvisten* an die Stelle der Bezeichnungen Robespierristen, Terroristen und Anarchisten getreten sei.

Der Behauptung Baillys, es habe in Theorie und Praxis eine unmittelbar zum Losschlagen bereite Verschwörung bestanden, hält Babeuf seine Darstellung entgegen, wonach es nichts weiter als ein Korrespondenzbüro gegeben habe mit der Aufgabe, die republikanische Gesinnung neu zu beleben und etwaige Angriffe der Monarchisten abzuwehren.

Hinter dem Gerede über seine angeblich umstürzlerischen Theorien stecke nichts weiter als die Furcht der herrschenden Klasse, gewisse Prinzipien, dic sic als «unendlich gefährlich» betrachte, könnten von der breiten Masse des Volkes aufgenommen und befolgt werden.

Und was seien diese Theorien? Nichts anderes als die «zersetzenden Schriften» der Mably, Helvétius, Diderot und Rousseau, die man selbst unter der Monarchie überall unbeanstandet hätte erhalten können! Aber er brauche sich nicht allein auf Jean-Jacques, Mably und Diderot zu stützen. Er könne andere, ebenso unverdächtige Zeugen benennen. Und Babeuf zitiert Tallien und Harmand, die beide gegenwärtig den Räten angehören und sicher nicht wenig erbaut gewesen sein mögen, auf diese Weise an die Sünden ihrer revolutionären Vergangenheit aus dem Jahre 93 erinnert zu werden.

Babeuf ist einsichtig genug zuzugeben, daß die Aussichten, sein System des *bonheur commun* zu verwirklichen, weniger als hundert zu eins gestanden hätten. Es müsse daher als ein rein spekulatives Projekt betrachtet werden, für das es, nicht zuletzt aus dem einleuchtenden Grunde, daß das Volk dazu noch nicht reif gewesen sei, weder Mittel noch Möglichkeiten der Verwirklichung gegeben habe.

Wenn er trotz dieser Erkenntnis seine Politik des *bonheur commun* propagiert habe, so darum, weil die Revolution nicht auf halbem Wege stehen bleiben dürfe. Das Ziel der Revolution sei, die

Lebensbedingungen für die größtmögliche Zahl von Menschen zu verändern und zu verbessern. Solange dies nicht erreicht sei, könne die Revolution nicht als beendet angesehen werden. Andernfalls wäre sie nur ein großes Verbrechen.

Mache man sich diesen Standpunkt zu eigen, so gewinne man die richtige Einstellung zu den theoretischen Schriften der angeblichen Verschwörung, die die Anklage mit der Aufforderung zu Raub und Mord gleichsetze. Sowohl das niemals veröffentlichte *Manifest der Gleichen* wie auch die *Analyse der Doktrin Babeufs* oder die Artikel des *Tribun du peuple* seien nichts weiter als Erläuterungen und noch dazu sehr gemilderte Paraphrasen der von ihm zitierten Philosophen.

Projekte und eben nur Projekte seien auch die mit soviel Brimborium umgebenen angeblichen Materialien seiner aktiven Verschwörertätigkeit. Für sie gelte ausnahmslos die von der Staatsanwaltschaft aufgestellte These, wonach das Gesetz dort, wo es keinen Versuch zur Verwirklichung gegeben habe, nicht eingreife.

Die Namenslisten hätten sich einzig und allein auf das Abonnement seiner Zeitschrift bezogen. Die Liste der zur Ergänzung des Konvents bestimmten Demokraten stamme aus der Zeit seiner Haft im Plessis und verdanke ihre Entstehung – ebenso wie andere ihn belastende Materialien – dem Müßiggang des Gefangenendaseins, der zu Scherzen solcher Art verleite.

Selbst der gefährlich anmutende Aufbau eines Militärapparates sei, wenn man von den bombastischen Titeln, die im Grunde nur eine Art Marktschreierei darstellten, absehe, auf nichts anderes als eine moralische Revolution, eine Revolution in den Meinungen ausgerichtet gewesen. Um die Truppen wirksam zu beeinflussen, hätte es anderer Geldmittel bedurft, als die zweitausend livres Assignaten, über die man verfügte; schon darum sei ein Aufstand nicht möglich gewesen.

Aber Babeuf spürt genau, daß es gegenüber einer ganzen Anzahl von Dokumenten aussichtslos erscheint, ihnen eine harmlose Deutung geben zu wollen. Sie bleiben, wie man sie auch drehen und wenden möge, belastend, und so entschließt er sich, sie entweder Grisel zuzuschreiben oder, wo dies nicht möglich ist, als zur Abwehr der royalistischen Gefahr bestimmt, hinzustellen.

In der Beweisaufnahme habe sich herausgestellt, daß Grisel bereits lange vor Beginn der angeblichen Verschwörung als Polizeispitzel tätig gewesen sei. Offenbar habe er es verstanden, sich in das Vertrauen einer Persönlichkeit, die in direktem Kontakt zu der Gesellschaft der Demokraten stand, einzuschleichen. Auf diesem Wege habe er den *Brief des Franc-Libre* an die Gesellschaft gelangen lassen, eine Broschüre, von der man sich gehütet habe, den Geschworenen Kenntnis zu geben.

Eine Fülle von Umständen spreche im übrigen dafür, daß Grisel nicht der Verfasser dieser Flugschrift gewesen sei. Wenn man die kümmerliche Dürftigkeit seiner ersten, immerhin für ein Mitglied des Direktoriums bestimmten Anzeige mit dieser Schrift, der Kunst, Geist und Logik nicht abzusprechen seien, vergleiche, finde man darin weder seinen Stil noch seine intellektuellen Fähigkeiten. Man müsse schon annehmen, daß vor Grisel der Minister Cochon und vor Cochon der Direktor Carnot diese ingeniösen Ideen ausgebrütet hätten, um ein für allemal mit den fortschrittlichen Republikanern aufzuräumen.

Aus der gleichen Küche stamme Grisels Schreiben vom 15. April, in dem entschlossen zum Aufstand gedrängt werde, wobei man gestehen müsse, daß seine Inspiratoren sich reichlich grober Mittel bedienten. Nur durch eine Art verhängnisvoller Blindheit könne man es erklären, wenn die Empfänger dieses Schreibens über die darin enthaltenen Beschimpfungen unserer Waffenbrüder nicht empört und beunruhigt gewesen seien! Aber gerade die guten Eigenschaften der Männer des Floréal wie Anstand, Offenheit und reine Gesinnung hätten sie zu leichten Opfern der verächtlichen Machenschaften eines Grisel werden lassen!

Auch habe man den Demokraten ständig Nachrichten zugespielt, wie die, daß bestimmte einflußreiche Mitglieder der Regierung bereit wären, sich an die Spitze der Bewegung zu stellen, oder daß die Partei des Thermidor ihre Fehler bereue und wiedergutzumachen gewillt sei.

Dies erkläre Grisels Briefe mit der Ankündigung einer unmittelbar bevorstehenden Erhebung des Lagers von Grenelle. Mit einem hohen Grad von Wahrscheinlichkeit dürfe man annehmen, daß die «hübschen Ungeheuerlichkeiten» des Schriftstückes «Die Fünf töten» von ihm stammten, und daß auch die sogenannte *Aufstandsakte,* die man in Säcken verpackt in Tissots Wohnung gefunden habe, ein bemerkenswertes Präsent darstelle, hinter dessen Geheimnis sich irgendein Griselismus verberge.

Ebenso müsse man sich fragen, ob nicht die von unbekannter Hand verfaßte *Hauptinstruktion* mit ihren terroristischen Drohungen als eine weitere Gabe der großmütigen Persönlichkeiten, die Grisel inspirierten, anzusehen sei.

Geradezu ein Schulbeispiel hierfür sei der reichlich mysteriöse Fall Pâris: «Wenn es in dem System der Anklage einen großen Schuldigen gibt, dann ihn. Dennoch ist er nicht angeklagt. Er ist nicht angeklagt und auch nicht jener General Ganier, den er uns als seinen aktivsten, kühnsten und entschlossensten Mitarbeiter geschildert hat, und trotzdem es gerade ihre Vorschläge gewesen sind, die dank ihrer Heftigkeit geeignet schienen, der Affäre am ehesten den Charakter einer wahren Verschwörung zu geben. Wenn wir dies mit einiger Aufmerksamkeit prüfen, werden wir vielleicht einen Zipfel des Schleiers lüften, der noch immer zu mehr als einem Teil die Schlingen des Floréal geheimnisvoll verhüllt. Es erscheint unerklärlich, Pâris nicht angeklagt zu sehen . . .»

Und Babeuf kommt zu dem Schluß, er könne nicht länger daran zweifeln, «daß alles, was es an extremen und maßlosen Dingen in der Gesellschaft der Demokraten gegeben hat, das Resultat der provokatorischen Machenschaften der grausamsten Feinde der Republik gewesen ist».

Bei dem Prozeß der royalistischen Verschwörer [282] habe Guichard, einer ihrer Verteidiger, zu sagen gewagt, daß die Republik ohne weitere Anstrengungen, Verschwörungen und Zusammenstöße verschwinden werde. «Die Wahlen dieses Jahres werden uns vielleicht binnen kurzem beweisen, daß dies keine leere Prophezeiung gewesen ist, denn Ludwig XVIII. hat bei den Wahlen Pate gestanden! Die Regierung . . .»

Doch Babeuf kann seinen Satz nicht beenden. Bailly, Viellart und Gandon unterbrechen ihn fast gleichzeitig, und als Babeuf dennoch fortzufahren versucht, zieht sich das Gericht unter allgemeinem Tumult zurück. Als Ergebnis der richterlichen Beratung verkündet der Präsident, Babeuf habe die Urwählerversammlungen sowie die gegenwärtige und künftige Volksvertretung schwer beleidigt. Er solle seine Rede ändern und zugleich kürzen, da ihm nur noch eine Sitzung zur Verfügung stehe.

Am nächsten Tage kann Babeuf, nachdem Viellart die Äußerung Guichards als bloße Hypothese bezeichnet und zugleich einige der Zitate Babeufs berichtigt hat, in seiner Verteidigung fortfahren.

Er habe, erklärt Babeuf, eine bedeutende Mitteilung zu machen. Es handele sich um ein bedeutendes Geheimnis, von dem er bis jetzt geglaubt habe, es bewahren zu müssen. Die Stunde, es zu enthüllen, sei gekommen.

«Ich ahnte die Cochon, Grisel, Ganier, Pêche und Pâris.» Das Gefühl von Verrätern umgeben zu sein, habe ihn am Tage seiner Verhaftung dazu bestimmt, für das Konzept der ungedruckt gebliebenen Nummer 9 des *Eclaireur* (das versehentlich die Nummer 5 trage), einen Aufruf an das Volk zu verfassen, in dem er vor jeder übereilten Aktion warne und ausdrücklich erkläre, der Augenblick, das Vaterland zu retten, sei noch nicht gekommen.

«Es ist also bewiesen, daß ich meinerseits auf alles verzichtet hatte, was als Verschwörung gegen die Regierung hätte ausgelegt werden können. Und im gleichen Augenblick, da ich diese Arbeit beendete, ist man gekommen, mich zu verhaften!»

Für seinen Gesinnungswandel gebe es noch ein weiteres Dokument, das er tags zuvor, am 9. Mai, niedergeschrieben habe. Es trage die Überschrift «Über das Gerücht eines neuen 31. Mai und eines neuen 13. Vendémiaire». Auch hier werde mit eindeutigen Worten ein Zusammengehen von Volk und Regierung als das einzige Heilmittel gegen die der Republik drohenden Gefahren gefordert.

Babeuf schließt: «Das also, Bürger Geschworene, schrieb der angebliche Chef der Verschwörung vom Floréal am Vorabend seiner Verhaftung! Das ist ein formeller Verzicht auf jegliches Projekt gegen die Regierung von 1795, von der man nur verlangte, sie solle im Sinne des Volkes regieren ... Wohlan, eine Kapitulation, gesiegelt und unterfertigt, und dies nicht allein in meinem Namen, sondern zugleich im Namen der Gesellschaft der Demokraten, in deren Auftrag ich sie verfaßte.»

Die Schlußfolgerung sei sehr einfach zu ziehen: selbst wenn man alle von der Anklage behaupteten Projekte als wahr unterstelle, stehe fest, daß man freiwillig auf sie verzichtet habe. Daher sei Generalabsolution zu erteilen.

Abgesehen von ihrer extremen Länge, für die er selbst mehrmals um Entschuldigung bittet, dürfte Babeufs Verteidigung die Geschworenen eher ermüdet als überzeugt haben. Seine Erklärung, «die Demokraten hätten der Regierung ihre Unterstützung nicht versagt, falls sie sich dazu entschlossen hätte, in einer gemeinsamen Anstrengung mit dem Volk und den beständigen Verteidigern der

Freiheit, dem Ansturm des Royalismus entgegenzutreten», erscheint, wie sein Schreiben vom 12. Mai an das Direktorium, als ein durch die Ereignisse überholter Rechtfertigungsversuch.

Die stolze Attitüde, mit der er die Verfassung des Jahres 93 und den Anspruch der Partei verteidigt, vor der Geschichte die einzig sinnvolle Endlösung der revolutionären Krise zu vertreten, und die «graziöse Reverenz», mit der er versucht, sich als einen in letzter Stunde zur Politik des Direktoriums reumütig Bekehrten hinzustellen, lassen sich kaum auf einen Nenner bringen.

Gandon und Viellart haben denn auch keine sonderliche Mühe, diese «Enthüllungen» auf ihr rechtes Maß zurückzuführen.

Der Artikel für die (angebliche) Nummer 9 des *Eclaireur* sei einfach ein Überbleibsel des Manuskripts der Nummer 5, das aus Raumgründen oder irgend welchen anderen Erwägungen nicht veröffentlicht wurde. Der Aufsatz über einen «neuen 13. Vendémiaire» spreche von diesem Tage als einem etwa fünf Monate zurückliegenden Ereignis und erwähne obendrein die kürzliche Schließung des *Pantheon*, woraus man folgern müsse, er sei im März und keinesfalls im Mai 96 verfaßt worden. Damit seien alle von Babeuf daran geknüpften Schlußfolgerungen hinfällig.

Sela!

6

Die Reden der übrigen Angeklagten und ihrer Verteidiger erregen in der Öffentlichkeit Erstaunen über die Kühnheit und den Fanatismus ihrer Verteidigung der Verfassung von 1793, worüber «die aufgeklärten Leute eine Unzahl ernster Betrachtungen anstellen».

In seiner (nur in Bruchstücken erhaltenen) Rede [283] setzt Réal zu einem Generalangriff auf die These der Staatsanwaltschaft von dem Bestehen der Floréal-Verschwörung an. Die Angeklagten seien, trotz aller Unterschiede im einzelnen, in ihrer Gesamtheit durch die gleichen Gefühle für die geheiligten Prinzipien der Freiheit und Gleichheit einander verbunden. Ihnen gegenüber habe sich die Regierung jeder nur denkbaren Provokation bedient, um aufrechte, ehrliche Republikaner, die seit dem Thermidor jeder Verfolgung schutzlos preisgegeben gewesen seien, zu unüberlegten Schritten zu veranlassen und vollends zugrunde zu richten.

Grisel, «jener Mensch, der seine Opfer umarmt, bevor er sie dem Henker ausliefert», in dessen Aussagen er sage und schreibe 340

Widersprüche festgestellt habe, sei nur ein blindes Werkzeug in den Händen der Carnot und Cochon gewesen. Wie aus den in Saint-Denis beschlagnahmten und bei dem Prozeß der royalistischen Verschwörer verlesenen Briefen hervorgehe, habe Cochon in vollem Einverständnis mit den Monarchisten die Verfolgung der republikanischen Kader betrieben. Beweis hierfür sei nicht zuletzt das Gemetzel von Grenelle, die Verschwörung der Stummen!

Mit eindringlichen Worten mahnt Réal die Geschworenen, die Folgen zu bedenken, die eine Fehlentscheidung heraufbeschwören müsse. «Wenn Sie feststellen, daß eine Verschwörung bestanden hat, wenn Sie die unheilvolle schwarze Kugel in die Urne des Todes werfen, reichen Sie der Regierung eine Waffe, mit der sie alles hinopfern kann. Wenn Sie erklären, die Verschwörung hat bestanden, gibt es keine Zuflucht mehr für die Patrioten, und niemand kann mehr ruhig schlafen. Ein Name auf einer Liste, einige in einem Haus gefundene Patronen haben schon genügt, um arme und unglückliche Familienväter auf diese Bänke zu schleppen. Richten Sie, meine Geschworenen, Ihre Blicke auf die Männer vor Ihnen und bedenken Sie, daß Ihr Urteil nicht zum Signal der Rache und all ihrer Schrecken werde.»

Auch Babeuf, der noch einmal, zum letzten Mal, am 17. Mai das Wort nimmt, um damit seine Verteidigung endgültig abzuschließen, mahnt die Geschworenen, mit ihrem Urteil Frankreich den inneren Frieden zurückzugeben. Schon bedrohe der Royalismus nicht nur die «guten Bürger», sondern auch die Gemäßigten, alle Besitzer von Nationalgütern und die geringsten Akteure des großen Dramas, das gewisse Blätter schamlos genug als die Revolte der letzten acht Jahre bezeichneten. Es sei an der Zeit, dem Haß abzuschwören, den Verschiedenheiten der Ansichten zu entsagen und alle Kräfte der Republik in einem einzigen, großen Sammelbecken zu vereinigen, um den Bestand der Republik zu retten!

Wenn aber sein Tod beschlossene Sache sei, so fürchte er ihn nicht. «Wenn die Schicksalsstunde für mich geschlagen hat, wenn meine letzte Stunde in diesem Augenblick im Buch des Schicksals verzeichnet steht, so erwarte ich sie seit langem. Nahezu ständig, seit dem ersten Jahr der Revolution, das Opfer meiner Liebe zum Volk, unentwegt in den Gefängnissen, vertraut mit dem Gedanken an Hinrichtungen und einen gewaltsamen Tod, die beinahe immer das Los der Revolutionäre sind, was sollte mich daran überraschen?

Habe ich nicht täglich, zumindest seit einem Jahr, den Tarpejischen Felsen vor Augen? Er hat keine Schrecken für mich!

Und dann, alles wohl bedacht, was fehlt mir zu meinem Trost? Kann ich erwarten, meine Laufbahn in einem schöneren Augenblick des Ruhmes zu beenden? Ich werde vor meinem Tod Empfindungen erfahren haben, wie sie selten den Tod jener Männer begleiteten, die sich gleich mir für die Menschheit geopfert haben ... Sie mußten das Urteil der Nachwelt abwarten. Wir, wir waren glücklicher! Die Macht, die stark genug war, uns zu unterdrücken, war nicht ausreichend, uns zu entehren; wir sahen noch zu unseren Lebzeiten die Wahrheit über uns ans Licht kommen, um in ehernen Zügen die Taten festzuhalten, die uns zur Ehre und unseren Verfolgern zur ewigen Schande gereichen. Um wieviel sicherer können wir sein, daß die unparteiische Geschichte unser Andenken in ehrenvollen Zügen bewahren wird ... Ich hinterlasse ihr Schriften, von denen jede Zeile bezeugen wird, daß ich nur lebte und atmete für die Gerechtigkeit und das Glück des Volkes ...»

Mit dieser Anrufung der Geschichte hat Babeuf zu sich selbst zurückgefunden. Alle Ängste, aller Kleinmut sind aus seiner Seele geschwunden. Wie Duport bekennt er: «Die Revolutionen töten die Menschen, die Nachwelt richtet sie.» Mit seinem Namen und seinem Schicksal seien die Namen eines Drouet, eines Lepeletier verbunden. Neben und mit ihm auf der Anklagebank säßen, fast ohne Ausnahme, Männer und Frauen, die der Republik von jeher und aus ganzem Herzen verbunden gewesen seien. Wenn man sie, wenn man ihn verurteile, beseitige man mit ihnen die letzten aufrechten Stützen der Republik.

Aber Babeuf will nicht schließen, ohne ein letztes Wort an seine Frau, an seine Kinder zu richten. «Ich habe von diesem Platz aus, dem einzigen Ort, von dem aus ich Euch meine Stimme hören lassen kann, da man mir, entgegen dem Willen des Gesetzes, die Genugtuung Euch zu sehen, entzogen hat, ich habe, sage ich, Euch nur ein sehr bitteres Bedauern auszudrücken: ich hatte so sehr gewünscht mitzuwirken, Euch die Freiheit, die Quelle alles Guten, zu hinterlassen, und ich sehe nach mir die Unfreiheit und Euch als Beute aller Leiden. Ich habe Euch nichts zu hinterlassen! Ich möchte Euch nicht einmal meine bürgerlichen Tugenden vermachen, meinen tiefen Haß gegen die Tyrannei, meine brennende Entschlossenheit für die Sache der Gleichheit und Freiheit, meine heftige Liebe für das Volk. Es wäre ein zu trauriges Geschenk für Euch. Was solltet Ihr damit unter der royalistischen Unterdrückung, die unfehlbar kommen wird, anfangen? Ich lasse Euch unfrei zurück, und dieser Gedanke ist der einzige, der meine Seele in ihren letzten Augenblicken zerreißen wird. Ich müßte Euch Ratschläge geben, über die Mittel Eure Ketten geduldiger zu tragen, und ich fühle, daß ich dazu nicht fähig bin.»

Babeuf schließt in heftiger Erregung. Ein unaufhaltsames Schluchzen, gegen das er vergeblich anzukämpfen sucht, droht seine Stimme zu ersticken und macht seine letzten Worte fast unverständlich.

Unter den Zuhörern haben sich Marie und der kleine Emile von ihren Plätzen erhoben. Aber er sieht sie nicht. Seine Augen sind blind vor Tränen.

7

Am 21. Mai verliest der Präsident sein sorgfältig vorbereitetes Résumé, das die Fragen an die Geschworenen enthält. Sie sind in drei Serien zu je drei Fragen gegliedert. Entscheidend ist jeweils die erste Frage jeder Serie. Wird sie von vier Geschworenen mit Nein beantwortet, so entfallen die übrigen Fragen.

Bei den Fragen geht es um das Bestehen der Verschwörung: «Hat im Germinal und Floréal des Jahres IV eine Verschwörung bestanden mit dem Ziel des bewaffneten Aufstandes? Bestand sie mit dem Ziel, die durch die Verfassung des Jahres III eingesetzte legitime Autorität zu beseitigen? Oder bestand ihr Ziel darin, die Auflösung der gesetzgebenden Körperschaften herbeizuführen?»

Als Gandon seine Ausführungen beendet hat, geschieht etwas Unerwartetes.

Der Obmann der Geschworenen, Rey-Pailhade, erhebt Einwände gegen die vom Gericht formulierten Fragen. In einer improvisierten, reichlich unklaren Rede verlangt er, die Fragen an die Geschworenen sollten nicht allein auf Grund des Gesetzes vom 3. Brumaire gestellt werden, sondern auch das Gesetz vom 27. Germinal einbeziehen, da dies Gesetz gerade für den vorliegenden Fall erlassen scheine.

Man kommt zu keiner Einigung [284], und die Debatte wird am folgenden Tage fortgesetzt.

Als erster meldet sich, unter allgemeiner Spannung, Réal zum Wort. Der Obmann der Geschworenen habe die Frage aufgeworfen, warum man den Wortlaut der Fragen nach dem allgemein gehaltenen Gesetz vom 3. Brumaire und nicht nach dem Sondergesetz vom 27. Germinal gestellt habe. Er halte diese Frage für durchaus berechtigt. Dies Gesetz, dessen äußerst strenge, geradezu blutdürstige Bestimmungen selbst einen Thibaudeau bemerken ließen, nur Henker könnten es anwenden, enthalte immerhin eine Bestimmung, die den Geschworenen die Möglichkeit einer unparteiischen Stellungnahme einräume: er meine die mildernden Umstände. Aus diesem Grunde stimme er der von Rey-Pailhade gemachten Anregung zu, die allerdings durch eine genaue Formulierung ergänzt werden müsse.

Réal schließt mit dem Antrag, die drei Serien bestehen zu lassen und ihnen eine vierte Serie, die sich auf das Gesetz vom 27. Germinal beziehe, anzuhängen. «Ich folgere weiter, daß, entsprechend Artikel 397 des Strafgesetzbuches, die Frage nach dem Motiv mit den Worten *in böswilliger Absicht* [285] zu formulieren ist.»

Nach Réal nimmt Viellart das Wort. Es gelte allgemein als unumstößlicher Grundsatz, daß die Fragen an die Geschworenen sich ausschließlich auf die in der Anklage enthaltenen Delikte beziehen dürften. Was aber bilde die Grundlage der Anklage? Einzig und allein das Delikt der Verschwörung.

Es gehe um die grundsätzliche Frage, das Bestehen der Verschwörung eindeutig festzustellen, ganz abgesehen davon, daß einigen der Hauptschuldigen an der Verschwörung eine Teilnahme an den im Gesetz vom 27. Germinal erwähnten Provokationen nur sehr schwer nachzuweisen sein werde.

Bedenken müsse er auch gegen die von Réal vorgeschlagene Formulierung des Motivs anmelden. Er erinnere an den schrecklichen Skandal der Freisprüche in den Prozessen wegen der September-Massaker und wegen der Noyaden von Nantes, bei denen die unbestimmte Fragestellung genügt habe, einige Geschworene schwach werden zu lassen. Hätte die Frage gelautet: hat man in der Absicht zu massakrieren und zu ertränken gehandelt, hätte man ein ebensolcher Verbrecher wie die Schuldigen sein müssen, um dies zu verneinen.

Viellarts eindringliche Beschwörung der blutigen Septembertage und des unheimlichen Schattens der «Hyäne aus dem Cantal» hinterläßt einen tiefen Eindruck. Niemand, auch nicht Réal, denkt daran ihm entgegenzuhalten, daß in der zur Verhandlung stehenden Affäre keine einzige Gewalttat begangen wurde und daß die einzigen Toten des Prozesses jene sind, die auf Grund der Provokation von Grenelle ihr Leben lassen mußten. Nicht einer erhebt sich, um zu erklären, daß niemand so scharf wie Babeuf den Terrorismus verurteilt und die Untaten Carriers angeprangert hat [286].

Am nächsten Morgen verkündet Gandon, das Gericht habe beschlossen, die drei ursprünglichen Serien von je drei Fragen beizubehalten. Sie würden ergänzt durch zwei weitere Serien von je vier Fragen, die sich auf Verstöße gegen das Gesetz vom 27. Germinal beziehen [287].

Die vom Gericht beschlossene Ausdehnung des Fragenkomplexes auf Reden und Schriften, deren Inhalt während des Prozesses überhaupt nicht zur Debatte gestanden hat und von denen Viellart während der Beweisaufnahme freimütig bekannte, er habe sie nicht gelesen, da die Natur der Anklage keine Prüfung der von den Angeklagten vertretenen Maximen erfordere, bedeutet eine klare Rechtsbeugung, ein *déni de justice*.

Dennoch protestiert niemand, erhebt keiner der Angeklagten oder der Verteidiger Einspruch gegen die vom Staatsgerichtshof getroffene Entscheidung.

8

Die Geschworenen beraten zwei volle Tage, während des 24. und 25. Mai, in strenger Klausur.

Die Mehrzahl unter ihnen gehört wie ihr Obmann, Rey-Pailhade, «ein Mann von strenger Rechtlichkeit», zu jenen Republikanern maßvoller Gesinnung, die glauben, einzig und allein durch Zugeständnisse an die konstitutionellen Monarchisten, die der Verfassung von 1791 die Treue halten, die Errungenschaften der Revolution bewahren zu können. Gleich Carnot im Direktorium, sind sie davon überzeugt, daß der Preis für ein solches Bündnis – die Ausschaltung der Radikalisten und Extremisten – bezahlt werden müsse, um Ruhe und Ordnung zu erhalten und das Land vor weiteren, unabsehbaren Erschütterungen zu bewahren.

Doch es gibt unter den Geschworenen eine Minderheit, die diese Ansichten nicht teilt. Ihr Sprecher ist Gaultier-Biauzat. Auch er hat wie Rey-Pailhade der Konstituante angehört, auch er ist Anhänger der Ordnung und Gegner des Terrorismus, dem er mit einer wenn auch leichten Haft von fünf Monaten seinen Tribut hat zahlen müssen. Aber in einem Punkt unterscheidet er sich grundsätzlich von den Anhängern des *club de Clichy*: er lehnt kompromißlos jedes Zusammengehen mit den Monarchisten ab [288].

Für Gaultier steht es außer Zweifel, daß der überall zu beobachtende Verfall der republikanischen Institutionen früher oder später zu einer (mehr oder weniger konstitutionell getarnten) Monarchie führen muß. Um dies zu verhindern, ist er bereit, mit allen zusammenzuarbeiten, die gleich ihm gewillt sind, einen Damm gegen die steigende Flut des Royalismus zu errichten.

In seinem Bemühen, das Entstehen einer unüberbrückbaren Kluft im republikanischen Lager zu verhindern und die Anklage zu Fall zu bringen, kann sich Gaultier auf zwei Bundesgenossen unter den Geschworenen fest verlassen: auf Dubois, Richter am Distriktsgericht von Mamers und Moynier aus den Pyrénées-Orientales, dessen Gesinnung Babeuf als «exzellent» bezeichnet.

Ihre Übereinstimmung ist ein offenes Geheimnis. Schon am 3. April hatte der Spitzel Campis an den Justizminister Merlin geschrieben, es gebe unter den Geschworenen vier unsichere Kantonisten, deren Ansichten vollständig mit denen der Verschwörer übereinstimmten. Und er hatte Gaultier-Biauzat, Dubois, Moynier und Delepouve genannt.

Zwar irrte Campis in bezug auf Delepouve, der als Stellvertreter nicht berechtigt ist, seine Stimme abzugeben. Aber obwohl Delepouve ausfällt, gelingt es Gaultier dennoch, einen weiteren Geschworenen auf seine Seite zu ziehen und damit die vier für einen Freispruch erforderlichen Stimmen zu vereinigen.

Wer ist dieser vierte? Nach Babeufs Aufzeichnungen möchte man annehmen, es sei Le Prévost aus dem Departement Eure gewesen, dessen Schwager, Duroy, zu den Opfern des Prairial zählt. Aber der mit Pajon, einem der Richter, eng befreundete Dufort de Cheverny, der sich während des Prozesses in Vendôme aufhielt, nennt als vierten Duffau aus dem Departement Gers. Dieser, nach dem Urteil seiner Kollegen, ein «falscher, wankelmütiger und gefährlicher Mensch», habe sich bei der Stimmabgabe von der Majorität getrennt und dadurch den Mißerfolg in der Abstimmung über die drei ersten Serien verschuldet, bei der vier Geschworene die Fragen nach dem Bestehen einer Verschwörung verneinten.

Nach diesem Ergebnis, und während sich die Geschworenen, so gut es geht, anschicken, die Nacht auf Bänken und auf behelfsmäßig hergerichteten Lagerstätten zu verbringen, treffen sich Pajon, Viellart und der Geschworene Rivière in einem der Nebenräume, um gemeinsam zu beraten, was angesichts der verfahrenen Situation noch geschehen könne, um ein allzu offenkundiges Debakel zu vermeiden.

Seit langem haben Carnot und Letourneur ihren Vertrauensmann Viellart unablässig beschworen, alles daranzusetzen, einen Freispruch der Hauptangeklagten, der zu unabsehbaren Folgen führen müsse, zu verhindern. Kein Druckmittel ist unversucht geblieben und dennoch scheint alles umsonst gewesen.

Wie aber vorgehen? Das Gesetz schreibt vor, jeder Geschworene habe vor einer Kommission, die sich aus einem der Richter, einem Staatsanwalt und dem Obmann der Geschworenen zusammensetzt, allein zu erscheinen und sein Votum mit vernehmlicher Stimme abzugeben. Mit dieser Bestimmung scheint eine Möglichkeit gegeben, auf widerspenstige Geschworene einzuwirken.

Rivière entwickelt einen Plan. Er werde Duffau gehörig einheizen und es weder an Zureden noch an Drohungen fehlen lassen. Duffau sei erst kürzlich in den Rat der Alten gewählt worden. Es dürfe nicht schwer fallen ihm klar zu machen, er werde bei seinen (konservativen) Wählern für immer erledigt sein, wenn bekannt würde, daß der Skandal der Freisprüche in Vendôme auf ihn zurückgehe. Und im Rat der Alten werde sein Kollege in der Jury, Benoist, dafür sorgen, daß man erfahre, wie es um seine politische Zuverlässigkeit bestellt sei. Falls alles nicht verfange, werde er ihm andeuten, man wisse Bescheid darüber, daß er Geld genommen und sich mit der Frau des Angeklagten Buonarroti in verfängliche Beziehungen eingelassen habe.

Sollte sich bei der Stimmabgabe für die vierte Serie zeigen, daß auch dieser «freundschaftliche Hinweis» fruchtlos geblieben sei, habe man noch ein letztes Druckmittel in der Hand, indem man Coffinhal in der Kommission durch Pajon ersetze. Dies werde Duffau, der die freundschaftlichen Beziehungen zwischen Pajon und ihm, Rivière, kenne, beweisen, daß man entschlossen sei, mit den angedrohten Maßnahmen Ernst zu machen. Coffinhal sei ein umgänglicher Mann, der kaum Schwierigkeiten machen werde, wenn man ihn bitte, sich bei der letzten Serie vertreten zu lassen.

Wem unter den Hauptangeklagten aber soll das schwarze Los – la boule noire – zufallen? Die Meinungen schwanken eine Zeitlang unentschlossen hin und her. Zugunsten Buonarrotis sprechen seine Haltung vor Gericht und seine engen Beziehungen zu den italienischen Patrioten, die der Regierung noch einmal von Nutzen sein können. Für Germain seine Jugend und seine soldatische Haltung. So einigt man sich zunächst auf Darthé. Sein herausforderndes Festhalten an der Ablehnung des Gerichts, seine Vergangenheit als enger Mitarbeiter des hingerichteten Terroristen Le Bon, lassen in seinem Fall kein anderes Urteil als die Todesstrafe erwarten.

Anders steht es mit Babeuf. Er hat den Terrorismus bekämpft, er hat niemals an Vergeltungsaktionen gegen politische Gegner teilgenommen, er hat in seiner Verteidigung vor Gericht Erklärungen abgegeben, die auf einen Sinneswandel schließen lassen. Aber wird man Darthé, der in der Verschwörung niemals eine mit der Führerrolle Babeufs vergleichbare Stellung eingenommen hat, strenger als ihn behandeln dürfen? Ein solches Vorgehen müßte ohne Zweifel eine Flut von Protesten hervorrufen.

So kommt man überein, Rivière solle Duffau nahelegen, bei der Stimmabgabe für die beiden letzten Serien sowohl Babeuf wie Darthé die mildernden Umstände zu versagen. Noch einmal soll sich das unheilvolle Fatum, unter dessen Zeichen Darthés Leben steht, erfüllen: er reißt den Freund mit sich in den Abgrund.

Bei der Abstimmung über die Fragen der vierten Serie werden sieben Angeklagte – Babeuf, Buonarroti, Germain, Darthé, Moroy, Cazin und Blondeau – für überführt angesehen, durch Reden zur Wiederherstellung der Verfassung von 1793 aufgereizt zu haben. Aber sie erhalten sämtlich die erforderlichen vier Stimmen zur Gewährung der mildernden Umstände. Duffau hat wiederum versagt.

Während Duffau das Zimmer, in dem die Kommission tagt, verläßt, und während der Gerichtsdiener den nächsten Geschworenen zur Stimmabgabe aufruft, blickt Viellart seinen Nachbar Coffinhal neugierig fragend an. Sollte alles umsonst gewesen sein? Sollte auch er, wie dieser Duffau, versagen?

Coffinhal ist sehr blaß. Während er mechanisch die vorgeschriebenen Fragen stellt, überlegt er fieberhaft, was er tun solle, um sich keine Blöße zu geben. Sicher wird man ihm, wenn auch bei der fünften Serie keine Änderung in der Stimmabgabe eintritt, später die Verantwortung dafür in die Schuhe schieben. Und was riskiert er denn, wenn er sich vertreten läßt? Wird man ihm jemals beweisen können, er sei etwa nicht indisponiert gewesen?

So erhebt er sich, als die Stimmabgabe zur vierten Serie beendet ist und bittet, mit schlecht verhehlter Verlegenheit, sich zurückziehen zu dürfen. Er fühle sich unwohl und außerstande, die weiteren Erklärungen entgegenzunehmen. Sein Kollege Pajon werde sicherlich bereit sein, ihn zu vertreten. Und Coffinhal verläßt, während ihm Rey-Pailhade überrascht und Viellart zufrieden lächelnd nachblicken, das Richterzimmer, um sich ins Bett zu legen. Ihm ist speiübel vor Mitleid mit sich selbst und vor der Welt, die schlecht genug ist, anständige Menschen in solche Konflikte zu stürzen.

Als nach einer Pause die Geschworenen zur Stimmabgabe über die Fragen der fünften und letzten Serie aufgerufen werden, sieht sich Duffau plötzlich Pajon, Rivières Freund, gegenüber. Vor dieser unerwarteten Begegnung, über deren Bedeutung es für ihn keinen Zweifel geben kann, bricht sein Widerstand zusammen. Mit gequälter, kaum vernehmlicher Stimme gibt er sein Votum ab. Zeit seines Lebens — und er erreicht ein Alter von über neunzig Jahren — wird er diesen Tag und diese Stunde niemals vergessen.

Acht der Angeklagten, Babeuf, Buonarroti, Germain, Darthé, Moroy, Cazin, Bouin und Menessier (die beiden letzten in Abwesenheit), werden für überführt angesehen, durch Druckschriften zur Wiederherstellung der Verfassung von 1793 aufgereizt zu haben. Zweien, Babeuf und Darthé, werden die mildernden Umstände versagt.

Das bedeutet den Tod.

9

Den Nachmittag des 24. Mai verbringt Babeuf abgespannt und erschöpft in seiner Zelle.

Die anderen sind fast ausnahmslos auf dem Hof; sie genießen das schöne Wetter.

Er hört sie schwatzen, lachen und mit den Wachtposten streiten. Ihre groben, und wie ihm scheint, unnatürlich lauten Stimmen dringen durch das angelehnte Fenster.

Einen Augenblick beugt er sich lauschend vor, als wolle er versuchen, etwas von dem Stimmengewirr zu erhaschen. Doch er kann nichts verstehen. Und gleich darauf, unwillig über sich selbst, erhebt er sich schwerfällig, um das Fenster mit einer heftigen Bewegung zu schließen.

Was bleibt ihm zu tun? Um seine Gedanken besser sammeln zu können, wirft er sich auf die Pritsche und starrt, auf dem Rücken liegend, unbeweglich auf die weiß gekalkte Decke, als wolle er von ihr seinen Schicksalsspruch ablesen. Wie oft hat er, und nicht erst in Vendôme, versucht, sich diesen Tag auszumalen, diesen Tag, an dem es gilt, endgültig von allem Abschied zu nehmen. Jetzt, da es soweit ist, empfindet er nichts als Gleichgültigkeit, nichts als das Gefühl einer grenzenlosen, alle Glieder lähmenden Müdigkeit. Ihm ist, als sei er dem Leben bereits abgestorben und träume, im Grabe liegend, den eigenen Tod.

Wirklich, was bleibt noch zu tun? Sein Testament hat er bereits vor elf Monaten, während der Einzelhaft im Temple, geschrieben. Seitdem hat er es oftmals, Wort für Wort, wiedergelesen und nichts daran zu ändern gefunden. Wie gut, denkt er, es damals geschrieben zu haben. Alles mag stehen bleiben wie es ist. Er wäre jetzt nicht imstande, sich so klar und verständlich wie damals auszudrücken. Aber er wird noch ein letztes Wort für Lepeletier, seinen Freund Félix, den er zum Vollstrecker seines Letzten Willens bestimmt hat, hinzufügen. Und er schreibt:

«Die Geschworenen, mein Freund, gehen zur Abstimmung, um über Dein und mein Los zu entscheiden. Nach allem, was ich bemerke, wirst Du davonkommen, ich aber nicht. Wenn meine Frau Dir diesen Brief übergibt, wird sie einen anderen vom 26. Messidor [289] letzten Jahres beifügen. Ich fand damals nicht die erhoffte Gelegenheit, ihn an Dich gelangen zu lassen, und so habe ich ihn bis zu diesem Augenblick aufbewahrt: ich kann dem, was er enthält, heute nichts hinzufügen; das Herannahen des verhängnisvollen Augenblicks verschließt meinen Geist und vielleicht mein Herz jedem Ausdruck von Gefühlen, die ich vor einigen Tagen hätte deutlich machen können. Ich weiß nicht warum, aber ich glaubte nicht, daß es mir so schwer fallen würde, der Auflösung meines Seins beizuwohnen. Man hat gut reden, die Natur ist immer stark. Die Philosophie leiht einige Waffen sie zu besiegen, aber sie verlangt immer ihren Tribut.»

Er hält inne. Ob Félix verstehen wird, welche Empfindungen sich hinter diesen wenigen Worten «die Natur ist immer stark» verbergen? Alles in ihm drängt zum Leben. Von der Müdigkeit abgesehen, die die Dinge um ihn herum wie mit einem Nebelschleier zudeckt, hat er sich noch nie so kräftig und gesund gefühlt, wie gerade jetzt. Jede Faser seines Wesens, jeder Blutstropfen in ihm sträubt sich gegen den Gedanken ausgelöscht zu werden, ausgestrichen aus dem Buch der Lebenden und hinabzutauchen in ein wesenloses Nichts.

Ihm scheint, als habe er noch gar nicht gelebt. Was war denn, wenn er es recht bedenkt, sein Leben? Seine Jugend, seine Träume, seine Gefängnisse – das war sein Leben. Und alles soll bereits zu Ende sein, ehe es richtig begonnen hat? Kann denn ein Mensch begreifen, was es bedeutet, sehenden Auges mit heilen Gliedern in jenen Abgrund zu stürzen, aus dem es kein Entrinnen gibt?

«Ich hoffe», schreibt er weiter, «trotzdem genug Kraft zu bewahren, um meine letzte Stunde, wie ich es muß, zu ertragen: aber mehr soll man von mir nicht verlangen. Ich fühle eine Verwirrung, eine Gleichgültigkeit oder eine Gedankenleere, die ich mir nicht erklären kann; mir scheint, ich möchte etwas für meine Frau, für meine Kinder fühlen, und ich fühle nichts mehr. Ich habe Dir nichts für sie zu sagen.»

Wieder stockt er. Ist es wirklich so? Wirklich nichts? Kein Wort des Trostes, kein Wort der Liebe oder auch nur des Bedauerns? Nein, nichts. In seinem Innern ist alles leer, ausgebrannt und tot. Von der Glut seiner Träume ist nur die Asche geblieben. Stumpf ist er, abgestumpft, c'est le mot. Seit jener Mittagsstunde des 10. Mai, da dieser Dossonville in sein Zimmer trat, ist er tausend Tode gestorben, Tag für Tag und beinahe schlimmer noch, Nacht für Nacht. Nun ist es genug.

Aber warum ist es so? Liebt er denn Marie und die Kinder nicht mehr? «Ich weiß nicht», fährt er fort, «ob der Grund hierfür in dem bedrückenden Gefühl der Nutzlosigkeit jeder Sorge um sie zu suchen ist, da die verhaßte Konterrevolution bereit steht, alle aufrechten Republikaner zu ächten. Auch hat diese lange im Unglück verbrachte Zeit ohne Zweifel eine zu oft auf die Probe gestellte Empfindsamkeit abgestumpft, und es gibt vielleicht ein Maß, das die menschliche Natur nicht überschreitet; vielleicht auch nehme ich für Gleichgültigkeit, was es nicht ist, denn ich schäme mich einer solchen Geistesverfassung; vielleicht glaube ich nichts zu fühlen, weil ich zu viel fühle. Entschuldige das Durcheinander meiner Gedanken; errate alles, was ich Dir hier sagen möchte und tue, was der von Dir erwartet, der überzeugt ist, alles gesagt zu haben, wenn er Dir versichert, er glaube fest daran, seine letzten Worte dem Herzen seines wahrhaften Freundes einzuprägen. Ich glaube Grund zum Trost zu haben wegen der Haltung, die ich im Prozeß gezeigt habe. Trotz der Verwirrung, die mich bewegt, fühle ich, daß ich bis zu meinem letzten Augenblick nichts tun werde, was unvereinbar ist mit dem Andenken an einen ehrenwerten Menschen. Leb wohl.»

Ehrenwert. Hat er wirklich ehrenwert geschrieben? Sind nicht die «ehrenwerten» Leute gerade die Feinde der Revolution, jene, die er Zeit seines Lebens bekämpft hat und die ihn schließlich hierher gebracht haben? Des Antonius Worte «Und Brutus ist ein ehrenwerter Mann» gehen ihm flüchtig durch den Kopf. Ist er denn Brutus? Und ehrenwert? Doch er läßt es stehen. Er ist zu müde, um darüber nachzudenken.

Am nächsten Tage, nach einer verhältnismäßig gut verbrachten Nacht und bereits wesentlich ruhiger, schreibt Babeuf noch einen (für die Öffentlichkeit bestimmten) Abschiedsbrief an seine Frau und die Kinder [290].

Er sei bereit, in die ewige Nacht einzugehen. Was er empfinde, habe er in den beiden Briefen an den Freund, dem er die Sorge um seine Familie übertrage, zum Ausdruck gebracht. Eine Übermaß an Gefühl lasse ihn nichts mehr empfinden. Die Liebe seiner Nächsten zu ihm habe sie, trotz aller Hindernisse, in seine Nähe geführt, sie alle Mühen und Entbehrungen geduldig ertragen und sie keinen Augenblick der langen und grausamen Prozedur versäumen lassen, in der sie gleich ihm den Becher der Bitternis bis auf den Grund geleert hätten.

Er wisse nicht, wie sein Gedächtnis geschätzt sein werde, obwohl er glaube, sich vollkommen untadelig geführt zu haben. Vor allem wisse er nicht, angesichts der drohenden Konterrevolution, welches Geschick der Republik und den Republikanern bevorstehe [291]. Der Gedanke an den Untergang der Freiheit zerreiße ihm das Herz in seinen letzten Augenblicken. Was ihn angehe, empfinde er kein Bedauern, sich für die schönste Sache der Welt geopfert zu haben; selbst wenn alle seine Anstrengungen umsonst gewesen sein sollten, könne er von sich sagen, er habe seine Aufgabe erfüllt.

Sollte aber wider Erwarten die Republik den schrecklichen Sturm überstehen, so rate er seiner Familie, sich eng aneinander zu schließen und seiner in Liebe und Güte zu gedenken. «Meine Lieben, ich verstand es nicht, Euch auf eine andere Art glücklich zu machen als durch das Glück der Gesamtheit. Ich bin gescheitert; ich habe mich geopfert; wenn ich sterbe, so sterbe ich auch für Euch.»

Letzte Grüße und ein letztes Lebewohl sende er seinem Emile, den er bitte, der Mutter in ihren Sorgen um die Erziehung seiner Geschwister beizustehen, seinem zärtlich geliebten Camille und dem kleinen Caius, dem man sie ausrichten möge, wenn er groß genug sei, sie zu verstehen.

Einen letzten Auftrag habe er noch an seine gute Freundin Marie, die er bitte, das Manuskript seiner Verteidigung vor Gericht weder Baudouin noch Lebois oder sonst jemand zu geben [292], wenn ihr nicht zugleich eine vollständige Abschrift des Originals ausgehändigt werde, um sicher zu sein, daß diese Aufzeichnungen niemals verloren gingen.

Sobald seine Verteidigung gedruckt vorliege, möge Marie seiner Mutter und seinen Geschwistern durch die Post oder auf anderem Wege ein Exemplar schicken. «Sagt ihnen, wie ich gestorben bin und versucht diesen guten Leuten klarzumachen, daß ein solcher Tod ruhmvoll ist und weit davon entfernt unehrenhaft zu sein...»

Und er fügt, mit der tragischen Geste des Römers, der vor dem nahenden Tode sein Antlitz in den Falten seiner Toga verbirgt, hinzu: «Noch ein letztes Lebewohl, meine vielgeliebten, teuren Freunde. Lebt wohl für immer. Im Bewußtsein meiner selbst gehe ich ein in den langen Schlaf...»

Es ist das letzte von Babeuf überlieferte Wort. Endlich ist alles gesagt. Doch das Schwerste bleibt noch zu tun.

Wie Robespierre und die von ihm glühend bewunderten Märtyrer des Prairial, betrachtet auch Babeuf es als die unbedingte Pflicht eines Revolutionärs, seinem Leben in auswegloser Lage selbst ein Ende zu setzen und so — abgesehen von der Schande einer Hinrichtung auf dem Schafott — den Triumph seiner Gegner zunichte zu machen.

Seit langem bewahrt er bei sich eine gefährliche Waffe, einen aus einer zerbrochenen Lichtschere gefertigten Dolch, den er auf dem Steinfußboden seiner Zelle scharf geschliffen hat. Er soll ihm helfen, wenn alle anderen Mittel versagen.

10

In den frühen Morgenstunden des 26. Mai werden zunächst die vierzig von der Jury für nichtschuldig erklärten Angeklagten in den Gerichtssaal geführt. Unter dem Beifall der Zuhörer verkündet Gandon ihren Freispruch.

Unmittelbar danach erscheinen, unter starker Bewachung, die restlichen sieben: Babeuf, Buonarroti, Germain, Darthé, Cazin, Moroy und Blondeau. Die leeren Bänke zeigen ihnen deutlich genug, was vorgegangen ist. Dennoch nehmen sie, aus alter Gewohnheit, auf ihren üblichen Sitzen Platz. Von den Verteidigern ist nur Réal anwesend, entschlossen, bis zuletzt an ihrer Seite auszuharren.

Im Gerichtssaal herrscht tiefes Schweigen, als sich Gandon erhebt, um ihnen die Entscheidung der Geschworenen bekanntzugeben. Auf ihn folgt Viellart, der für Babeuf und Darthé den Tod, für die übrigen Deportation beantragt.

Sofort melden sich Buonarroti, Germain und Réal zum Wort. Sie verlangen Freispruch für alle. Das Gesetz vom 27. Germinal bestehe bereits nicht mehr, da nach der Verfassung die Gültigkeit jedes Gesetzes, das die Pressefreiheit einschränke, auf ein Jahr befristet sei.

Das Gericht zieht sich zur Beratung zurück. Sie dauert nicht lange. Es ist genau halb zehn, als Gandon mit erhobener Stimme verkündet, Babeuf und Darthé seien auf Grund von Artikel 1 des Gesetzes vom 27. Germinal zum Tode verurteilt.

Bei den gleichfalls für schuldig befundenen Angeklagten Buonarroti, Germain, Moroy, Cazin und Blondeau, sowie den in Abwesenheit verurteilten Bouin und Menessier [293], werde auf Grund mildernder Umstände die Todesstrafe in das Strafmaß der Deportation umgewandelt.

Ein dumpfes Stöhnen läßt Gandon innehalten. Babeuf und Darthé scheinen ohnmächtig. Réal bemüht sich aus allen Kräften, sie vor dem Fallen zu bewahren. Aus unsichtbaren Wunden tropft Blut auf den Boden, und unter den Zuschauern schreit eine Frau mit spitzer, sich überschlagender Stimme: «Hilfe, man mordet sie!»

Und während Richter und Geschworene mit bleichen Gesichtern auf diese Szene starren und die übrigen Verurteilten wie gelähmt dasitzen, drängt die aufgewühlte Menge in einer einzigen, stürmischen Bewegung nach vorn. Sofort ertönen scharfe Kommandos. Soldaten mit schußbereiter Waffe versperren der Menge den Weg und drängen die Zuschauer aus dem Gerichtssaal. Gendarmen umstellen die Verurteilten und führen sie ab. Babeuf und Darthé werden auf improvisierten Bahren hinausgetragen.

Der Saal ist fast leer, als Gandon den Schluß des Urteils verliest. Gegen Pâris, Ganier, Deray und Lefranc wird wegen Verdachts der Mittäterschaft ein Verfahren durch den Untersuchungsrichter des Kantons Paris eingeleitet. Amar und Cochet werden wegen Verstoßes gegen das Gesetz vom 21. Floréal dem Kriminalgericht des Departements Seine überstellt. Vadier, den ein Beschluß des Konvents zur Deportation verurteilt habe, bleibe weiter in Haft.

Dann unterzeichnen das Urteil: als erster der Präsident Gandon und nach ihm die Richter Pajon, Moreau, Audier-Massillon und als letzter Coffinhal, der sich bereits von seiner Unpäßlichkeit erholt hat.

Der Prozeß von Vendôme ist zu Ende.

11

Babeuf und Darthé verbringen eine schreckliche Nacht. Man hat sie nicht in ihre Zellen zurückgebracht, sondern unter Bewachung in zwei Sprechzimmern abgesetzt. Wie der Arzt feststellt, hat sich Darthé mit einem Stilett zwei Wunden unterhalb des Herzens beigebracht, von denen keine, trotz starken Blutverlustes, tödlich ist. Babeufs Verletzung ist wesentlich schwerer. Das von ihm verwandte dolchartige Messer ist beim Zustoßen an einer Rippe abgeglitten und im Zwerchfell steckengeblieben. Vergeblich versucht der diensttuende Sanitätsoffizier ihn dazu zu bewegen, sich durch einen Eingriff davon befreien zu lassen. Babeuf verweigert, trotz grausamer Schmerzen, standhaft die Operation.

Bis zur Hinrichtung vergehen noch zwanzig Stunden. Im Laufe des Tages trifft aus Paris der Scharfrichter Sanson mit seinen Gehilfen ein. Aber es wird Nacht, ehe die aus Blois durch Gendarmen in Eile herangeschaffte Guillotine zur Stelle ist. Es ist zu spät, sie noch aufzustellen.

Am Morgen des 27. Mai, pünktlich um halb sechs, meldet Sanson dem guichetier en chef des Gefängnisses, Daude, es sei alles zur Exekution bereit.

Als erster kommt Darthé an die Reihe. Als Sansons Gehilfe ihm nach der Vorschrift die Haare schneiden will, leistet er Widerstand, schlägt wild um sich und versucht, seinen Verband herunterzureißen. Man ist gezwungen, Gewalt anzuwenden. Blutüberströmt wird er auf einem Stuhl zu dem Schafott auf der place d'Armes getragen. Sanson ist nach diesem Vorspiel reichlich nervös. So vergehen, als man Darthé angeschnallt hat, noch volle vier Minuten, ehe das Messer fällt.

Babeuf macht keine Schwierigkeiten. Trotz seiner schmerzhaften Verwundung zeigt er, bis zum letzten Augenblick, eine bewundernswert feste Haltung. Buonarroti behauptet, er habe noch im Schatten der Guillotine von seiner Liebe zum Volk gesprochen und seinen Freunden die Sorge für seine Familie ans Herz gelegt. Ein Augenzeuge bemerkt, Babeuf sei ruhig und beinahe gleichgültig in den Tod gegangen.

Nach der Hinrichtung verlassen die zahlreichen Zuschauer, von denen manche von weither gekommen sind, diesem Schauspiel beizuwohnen, schweigsam den Platz. Die befürchteten Demonstrationen bleiben aus. «Der Rest des Tages verlief in vollkommener Ruhe», meldet Daude dem Justizminister. General Lestranges kann sein Militäraufgebot in die Kasernen abrücken lassen. «Kanonen, Vorposten, Reservestellungen und Patrouillen», schreibt der Berichterstatter des *Journal des Hommes libres*, «als habe es 50 000 Österreicher vor den Toren der Stadt.»

Die Leichen der Hingerichteten werden, nachdem sich ein Mitglied des Gemeinderates in Gegenwart zweier Zeugen und eines Gerichtsdieners pflichtgemäß von ihrem Ableben überzeugt und den Totenschein ausgestellt hat, von Bauern der Umgebung auf den Friedhof gebracht und am Fuße des östlichen Giebels der Friedhofskapelle beigesetzt [294].

12

In den nächsten Tagen verlassen Richter und Geschworene [295], Zeugen und Freigesprochene, die letzteren in kleinen Gruppen und mit einem bescheidenen Zehrgeld versehen, die Stadt [296]. Es reisen Gandon und Réal, Antonelle und Didier, Grisel [297] und Sanson, der gute Geschworene Gaultier-Biauzat und der Schwächling Duffau, den man bei der Abreise mit Schmähungen überhäuft. Auch Marie Babeuf [298], mit Emile und dem kleinen Caius, beeilt sich, aus Vendôme fortzukommen. Vom Gericht bleiben nur Bailly und Viellart zurück, um, wie das Gesetz es verlangt, die Übergabe aller Akten und Unterlagen des Prozesses an die Archive der Republik vorzunehmen.

Die Gruppe der fünf zur Deportation Verurteilten übernimmt, im Auftrag des Innenministeriums, der Bürger Mariton «mit einer Eskorte von sieben Mann». In dem vergitterten Wagen, in dem sie gekommen sind, verlassen sie in aller Stille die Stadt und erreichen nach mancherlei Zwischenfällen Cherbourg, wo sich der Gemeinderat beeilt, sie nach ihrem Bestimmungsort, dem Fort National auf der Insel Pelée, bringen zu lassen.

Um Babeuf wird es still. Seine Anhänger, die in ihm «den letzten Demokraten» betrauern, sind zum Schweigen verurteilt. Wohl flackern ihre Hoffnungen auf, als nach dem für die demokratischen Republikaner günstigen Ausgang der Germinal-Wahlen des Jahres VI die «Getreuen Babeufs» in den Räten die Mehrheit erlangen. Doch schon im Mai werden ihre Mandate mit der Begründung, sie seien verkappte Royalisten, von der Regierung kassiert.

Auch die im Juli 1799 in der Manege tagende *Gesellschaft der Freunde der Gleichheit und Freiheit*, zu deren Organisatoren, außer Félix Lepeletier und Antonelle, auch Drouet gehört, und in der Bouin und Marchand mit bewegten Worten Babeufs gedenken und seine Politik des *bonheur commun* und der integralen Gleichheit verteidigen, bedeutet nicht mehr als ein letztes Aufflackern neu belebter Hoffnungen, denen der Staatstreich vom 18. Brumaire endgültig ein Ende setzt [299]. Durch ihn finden sich noch einmal Babeufs Anhänger und Freunde vereint, diesmal auf den Proskriptionslisten des Konsuls Bonaparte [300].

Einunddreißig Jahre nach dem Tode Babeufs, am 30. Juli 1828, teilt Buonarroti aus Brüssel, wo er seit fünf Jahren lebt und an seiner Geschichte der *Verschwörung für die Gleichheit* arbeitet, Babeufs Sohn Emile das bevorstehende Erscheinen seiner Arbeit mit. «Mein Werk muß, wenn mein Verleger die Wahrheit sagt, zu Anfang des kommenden Monats erscheinen.»

1830 folgt, diesmal in Paris, eine Neuauflage des zweibändigen Werkes. Im gleichen Jahr erscheint ein Prospekt, der eine weitere Auflage der *Verschwörung*, gefolgt von den *Memoiren Babeufs*, ankündigt.

Empört schreibt Buonarroti, als er von dieser Absicht erfährt, am 10. Juni an seinen Freund Teste (und vielleicht genügte dieser Brief, das Erscheinen der angeblichen Memoiren zu verhindern): »Ich fürchte, es handelt sich nur um einen schlecht verdauten Mischmasch, der mehr Unheil als Nutzen stiften wird; denn die Feder, die den Prospekt entworfen hat, scheint mir nicht gewichtig genug, um so große Gegenstände zu behandeln. Ich liebe es nicht, wenn man lügt, und es ist völlig falsch, daß der Mann, um den es sich handelt, Memoiren hinterlassen hat. Die Habsucht besudelt die heiligsten Dinge.»

Buonarrotis Werk gewinnt entscheidenden Einfluß auf das Entstehen einer selbständigen, sozialistischen Arbeiterbewegung. Babeufs Name wird erneut zum Programm. Seine Prophezeiung der immerwährenden Wiedergeburt der revolutionären Idee, die er, wenn auch verschlüsselt, während des Prozesses in Vendôme verkündet hatte, scheint sich jetzt zu erfüllen: «Die Tugend stirbt nicht. Die Tyrannen verbrauchen sich in ihren grausamen Verfolgungen. Sie zerstören allein den Leib; die Seele der edelmütigen Menschen wechselt nur ihre Hülle; alsbald nach Auflösung der einen, belebt sie andere Wesen, denen sie weiter die großmütigen Regungen einflößt, die dem herrschenden Verbrechen keine Ruhe lassen.»

Unter den Schülern Buonarrotis ist ein junger Mensch aus Puget-Théniers in den Alpes-Maritimes, dem es bestimmt sein wird, das Werk Babeufs auf einer höheren Stufe der gesellschaftlichen Entwicklung fortzuführen: Auguste Blanqui.

Aber das ist eine andere Geschichte.

Verzeichnis der Abbildungen

14 Titelseite der im November 1794 erschienenen Broschüre *Voyage des Jacobins* ... Paris, B. N., Imprimés.

15 Jean-Baptiste Carrier. Nach einem zeitgenössischen Stich. Titelbild des im Dezember 1794 erschienenen Buches *Du système de dépopulation, ou la vie et les crimes de Carrier*. Paris, B. N., Imprimés.

16 Titelseite der nach Babeufs Verhaftung im Februar 1795 erschienenen Verteidigungsschrift *G. Babeuf, Tribun du Peuple, à ses concitoyens*. Paris, B. N., Imprimés.

17 Jean-Baptiste Drouet. Zeichnung und Stich von Naudé. Paris, B. N., Estampes.

18 Das Gefängnis Les Baudets in Arras. Aus: Louis Jacob, Joseph le Bon, 1765 – 1795. Paris [1934], 2 vol.

19 Félix Lepeletier. Lithographie von Langlumé nach einer Zeichnung von Lacroix de Nismes. Aus: Œuvres de Michel Lepeletier Saint-Fargeau, publ. par Félix Lepeletier. Bruxelles, 1826.

20 Titelseite der Nummer 43 des *Tribun du Peuple* vom 5. Floréal d. J. IV (24. April 1796). Paris, B. N., Imprimés.

21 Gracchus Babeuf. Zeichnung und Stich von Bonneville. Paris, B. N., Estampes.

22 Hinrichtung von zwölf wegen Teilnahme an der Affäre von Grenelle zum Tode verurteilten Angeklagten am 20. September 1796. Paris, B. N., Estampes.

23 Filippo Buonarroti. Lithographie von Farcy. Paris, B. N., Estampes.

24 Titelseite der 1797 von Baudouin veröffentlichten *Débats du procès* vor dem Staatsgerichtshof in Vendôme. Paris B. N., Imprimés.

* * *

Die Wiedergabe von Originalen auf den Bildseiten erfolgte mit freundlicher Genehmigung der Bibliothèque Nationale in Paris.

ABBILDUNGEN

Anmerkungen

[1] Die Berufsbezeichnung *commissaire à terrier*, die Babeuf in seinem ersten Brief an Dubois de Fosseux gebraucht, ist nicht ganz zutreffend. Zur Anlage oder Revision der im Grundbuch (terrier) eingetragenen Verbindlichkeiten bedurfte es einer besonderen Genehmigung der königlichen Kanzlei, die gegen entsprechende Gebühren, sogenannte «lettres de terrier» ausstellte. Nach deren Vorlage übertrug der örtliche Richter einer Vertrauensperson, meist einem Notar, die Vornahme der beantragten Arbeiten. Der so Beauftragte hieß *commissaire à terrier*. (Patoux, *Le faux*, 141/142, n.)

[2] Galoppe d'Armancourt geht auf das Angebot ein, läßt es aber, da er von M. de Moutonvillers erfährt, dieser habe auch nicht mehr bezahlt, bei den 300 livres Honorar bewenden. (Advielle, I, 523/524)

[3] Der Taufschein der Pfarrei Saint-Nicaise in Saint-Quentin trägt das Datum des 24. November 1760. Außer dem Priester Museux unterzeichnen als Taufpaten der Gärtner Quentin Graux und Margueritte Divers, die anstelle ihrer Unterschrift ein Kreuzchen setzt. (Advielle, I, 1/2)

[4] Morellys *Code de la nature ou le véritable esprit de ses lois de tous temps négligé ou méconnu* erschien anonym 1755 und galt allgemein als ein Werk Diderots. (Guerrier, *Mably*, 51)

[5] Der Trauschein vom 13. November 1782 gibt Babeufs Alter mit 21 Jahren 11 Monaten an und das seiner Braut mit 25 Jahren 8 Monaten. Marie Langlet hatte damit die majorité parfaite, was ihr nach dem Gewohnheitsrecht der Picardie ermöglichte, ohne elterlichen Konsens zu heiraten. (Advielle, I, 14/15; Marion, *Dictionnaire*, 360)

[6] Das von Urbain Domergue gegründete *Journal de la Langue française* erschien seit 1784 in Lyon.

[7] Einige der Wortschöpfungen Babeufs sind – trotz Fleurys gegenteiliger Ansicht – in der Umgangssprache lebendig geblieben. Dazu gehören: préhension, subjugation, dépopulation, égorgerie und terrorisme. Andere wie foudroyade, amoncelage, furorisme oder Eigenschaftswörter wie populicide und nationicide vermochten sich dagegen nicht zu behaupten. (Fleury, *Babœuf*, 27)

[8] In seinem Erstlingswerk *La famille vertueuse* (1767) bedient sich Restif einer Schreibweise, die der Aussprache der Worte möglichst nahe zu kommen sucht. In dem vermutlich 1785 entstandenen *Glossographe* nimmt er diese Gedankengänge auf und entwickelt seine Auffassungen

über eine Reform der Sprache und insbesondere der Rechtschreibung. (Restif de la Bretonne, *Le Village*, introd. de Funck-Brentano, p. 26, 29)

[9] Der Ausdruck ist festzuhalten. Er zeigt ganz klar, daß Babeuf bereits entschlossen ist, den Schritt von der Theorie zur Praxis zu tun und zu versuchen, den Kommunismus aus der Utopie in die Wirklichkeit seiner Zeit zu übertragen. (Dommanget, *Pages ch.*, 61, n; Thomson, *The Babeuf plot*, 7)

[10] Der gleiche Gedanke findet sich acht Jahre später in Babeufs Brief an Charles Germain vom 28. Juli 1795. (Dommanget, *Pages ch.*, 215)

[11] Babeuf spricht aus eigener Erfahrung. Sein Arbeitgeber, der comte de Castéja, verweist ihn unmißverständlich an den Tisch für das gehobene Hauspersonal und putzt ihn, als er aufbegehrt, gehörig herunter. Babeuf scheint aus dieser Lektion nichts gelernt zu haben, denn die gleichen Schwierigkeiten ergeben sich für ihn im Umgang mit den Offizianten des marquis de Soyecourt. (Advielle, I, 414/415)

[12] Dem Rechtsbeistand des Priorats Saint-Taurin, Grégoire d'Essigny, ergeht es nicht besser. Zweimal, im Januar 1794 und im September 1795, muß er beim Distrikt Montdidier vorstellig werden, um die ihm geschuldeten Gebühren zu erhalten. (Estienne, *Inventaire sommaire* ... t. II, col. 351, 353)

[13] Die Loge führte die Bezeichnung *L'Heureuse rencontre*. Es gab außerdem noch eine weitere Loge in Roye, den *Temple du Silence*, deren Sitzungen in einem Flügel des Stadtschlosses stattfanden. (Coet, *Histoire*, I, 124; Dommanget, *Pages ch.*, 51)

[14] Das Dekret vom 20./23. März und 19. April 1790, Art. 7, besagt: «Nicht als Dienstboten oder entlohnte Diener gelten ... die früheren Lehnsrechtskundigen ... sofern sie die anderen vorgeschriebenen Bedingungen erfüllen.» (Aulard, *Polit. Gesch.*, II, 667)

[15] Entgegen dieser Versicherung muß sich der Distrikt Montdidier im Januar 1794 mit einer Forderung Babeufs auf Bezahlung des terrier von Quesnoy, den er im Auftrag der Zölestiner von Sainte-Croix-sous-Offemont angefertigt hatte, befassen. (Estienne, *Inventaire sommaire* ... t. II, col. 351)

[16] Restif beobachtet bei den Umstehenden «le rire de l'atropolissonnerie mais non de la fureur». (*Les Nuits de Paris*, 245) Die gleiche Beobachtung hatte Mably im Mai 1775 gemacht, als er feststellte, das Pack zeige bei seinen Ausbrüchen eher Fröhlichkeit als Wut. (*Du commerce des grains*, Coll. compl., t. XIII, 245)

[17] Am 17. Juni 1789 hatte sich der dritte Stand der Etats généraux zur Nationalversammlung erklärt und am 29. Juli «feierlich entschieden, daß die Unterscheidung der Stände in der Versammlung nicht mehr besteht». (Leclercq, *Les journées* ... 266/267; Duquesnoy, *Journal*, I, 243/244)

[18] Babeufs Abneigung gegen seine vornehme Klientel kommt bei jeder Gelegenheit zum Vorschein. Als er einmal seiner Frau eine hölzerne Schnupftabaksdose schickt, fügt er hinzu: «Du hättest sicher ... lieber eine aus Silber gehabt; aber eine silberne Dose hätte mehr als 7 bis

8 Francs gekostet, und was das bedeutet, weißt Du, wenn man mit Schuldnern wie den Maury, Broglie und Soyecourt zu tun hat.» (Advielle, I, 64)

[19] In seinem der Republik Genf gewidmeten *Discours sur l'origine et les fondemens de l'inégalité parmi les hommes* (1755) hatte Rousseau geschrieben: «J'aurais voulu naître dans un pais où le Souverain et le Peuple ne pussent avoir qu'un seul et même intérêt, afin que tous les mouvemens de la machine ne tendissent jamais qu'au bonheur commun.»

[20] Ein Artikel sieht vor, daß der «mit der Redaktion beauftragte sieur Babeuf» nichts ohne vorherige Absprache mit Audiffred und dessen vorgängige Billigung in das Buch hineinbringen darf. Ein anderer Artikel liefert ihn «ohne Prüfung» den Abrechnungen Audiffreds über den Absatz dieser und aller folgenden Auflagen des *Cadastre* aus. (Advielle, I, 69/70)

[21] Das Buch, das am 30. Oktober 1789 der Nationalversammlung zugeht, wird, außer in Fachkreisen, wenig beachtet. (Bourgin, *Babeuf*, 80) Selbst der Versuch, in Amiens eine gekürzte Ausgabe erscheinen zu lassen, scheitert. Trotzdem bleibt Babeuf von dem Wert seiner Arbeit überzeugt. Als ein Kollege, Antoine Lamy, in seinem *Cadastre universel* den *Cadastre perpétuel* erwähnt und Audiffred als dessen Verfasser bezeichnet, versäumt Babeuf nicht, schriftlich dagegen Einspruch zu erheben und das Recht der alleinigen Urheberschaft für sich in Anspruch zu nehmen. (Advielle, I, 482/83; Walter, *Répertoire*, No. 3938) Constantini, dem Audiffred Geld vorgeschossen hat, lobt am 6. Oktober 1790 in der *Société des Amis de la Constitution* den *Cadastre perpétuel*, der bei M. Audiffred, einem der Verfasser, zum Preise von 3 livres erhältlich sei. (Aulard, *Société des Jacobins*, I, 309, n. 1; Advielle, I, 63/64)

[22] Espinas erwähnt eine um diese Zeit von Babeuf verfaßte Broschüre: *Le peuple éclairé sur ses vrais intérêts ou Exposition de la politique captieuse des privilégiés de tous les ordres dans les circonstances présentes.* (*Philosophie*, 212)

[23] Gleich Mably, der für Abgeordnete ein «mandat impératif» verlangte, hatte Loustallot in den *Révolutions de Paris* die Abberufung unfähiger oder schwankender Abgeordneter durch ihre Wähler gefordert. (Guerrier, *Mably*, 196; Pellet, *Loustallot*, 42, 56)

[24] Eine Verfügung der Nationalversammlung vom 14. Dezember 1789 hatte die alten noch bestehenden Stadtkörperschaften zugleich mit der revolutionären Neuerung der *comités permanents* abgeschafft. (Leclercq, *Les journées* ... 416)

[25] Der Bäcker Rémy François wurde am 21. Oktober 1789, vor seinem Laden in der rue du Marché-Palu, von einer wütenden Volksmenge gelyncht. Am gleichen Tage erließ die Nationalversammlung ein Gesetz, das für Anführer bei Unruhen die Todesstrafe vorsah. (Tuetey, *Répertoire*, t. II, 62; Leclercq, *Les journées* ... 198/201)

[26] Gerichtshof, der in letzter Instanz in allen Prozessen, die aufgrund von Steuerstreitigkeiten anhängig gemacht wurden, entschied. Zuständig für zivile und kriminelle Gerichtsbarkeit in Fragen der

taille, aides, gabelle, octrois etc. (Casenave, *Etude*, I, 261; Boiteau, *L'Etat* ... 348; Marion, *Dictionnaire*, 156/57)

[27] In einem Schreiben vom 20. Mai 1790, das der Advokat Lendormy aus Montdidier an den Abgeordneten Liénart richtet, heißt es über Babeuf: «... Er hat ohne Zweifel den Plan einer allgemeinen Assoziation aller Verkäufer von Getränken im Königreich, um einen offenen Krieg gegen die régie générale zu führen.» (Beauvillé, *Histoire*, II, 468/69)

[28] Einige Gemeinden, wie Villars-les-Roye, halten es immerhin für angebracht, ihre Zustimmung mit der Einschränkung «ohne auf irgendeine Weise die wenig maßvollen Ausdrücke zu billigen, die der Redakteur in diese Schrift aufgenommen hat», zu versehen. (29. April 1790)

[29] Präsident des Ausschusses ist der comte de Pardieu; Sekretäre sind Voidel und Cochon de Lapparent. (Advielle, I, 534)

[30] Das Dekret vom 8. Oktober 1789 hatte die Ordonnanz über die Kriminaljustiz von 1670 wesentlich zugunsten der Beschuldigten modifiziert. (Leclercq, *Les journées* ... 563)

[31] Diese drei wackeren Bürger haben den pavillon verd des Palais-royal von dem aristokratischen Pack gesäubert und die infamen Sudeleien, die von Gatly feilgeboten werden, nach Verdienst behandelt. (Anmerkung Marats)

[32] Der Ausdruck ist nicht wörtlich zu nehmen. Marat ist untergetaucht und hat bei seinem Freunde Héron Quartier bezogen.

[33] Hatin erwähnt 4 Nummern des *Journal de la Confédération*, von denen 2 gedruckt wurden. (*Bibliographie*, 248)

[34] Vermutlich der abbé de Lartigue in Saint-Quentin, da es in dem Schlußsatz des Briefes heißt: «Beruhigt meine Mutter über meinen hiesigen Aufenthalt.» (*Lettre d'un député*, 8)

[35] Die kleine Schrift wird von der Polizei eifrig gesucht, wie aus der Beschlagnahme von 4 Exemplaren bei dem Buchhändler Beuvin im Palais-royal (Protokoll vom 14. August 1790) hervorgeht. (Tuetey, *Répertoire*, t. II, 199)

[36] Als Motto des Prospektes wählt Babeuf einige Verse aus Voltaires *La mort de César* (1735):

Fût-ce nos propres fils, nos frères ou nos pères,
S'ils sont tyrans, Brutus, ils sont nos adversaires.
Un vrai républicain n'a pour père et pour fils
Que la vertu, les dieux, les lois et son pays. (Hatin, *Bibl.*, 247/48)

[37] *Très humble adresse des Membres de l'ordre des Patards, aux respectables citoyens de l'ordre du Marc, avec adhésion des membres des ordres de la Pistole et de l'Ecu.* Patard bezeichnet eine kleine, nicht mehr gültige Kupfermünze; ein écu de Flandres galt 64 patards. Ecu bezeichnet eine Silbermünze von 3 livres (petit écu) oder 6 livres (gros écu); pistole eine (spanische) Goldmünze im Wert von 10 livres. Die Rechnungseinheit marc d'argent entspricht einem Wert von 54 livres.

[38] Trotzdem hält er es, um einer «falschen Einschätzung» vorzubeugen, für angebracht, öffentlich zu erklären, daß er eine direkte

Steuer von 10 livres entrichte, denen er freiwillig 12 livres als «contribution patriotique» hinzufügt. (Coet, *Babeuf*, 5)

[39] Die Bewohner der Picardie zahlten, auf den Kopf der Bevölkerung gerechnet, jährlich 28 livres 10 sous an Steuern. Nur zwei Provinzen, Paris und die Normandie, zahlten mehr. (Estienne, *Invent. sommaire*, t. II, col. 29)

[40] Das Aufsehen, das diese Petition und seine Artikel im *Correspondant* erregten, benutzten Babeufs Gegner, ihm einen Gesinnungswandel vorzuwerfen. Aus einem «ehemaligen Feudisten und Agenten der Grundherren» habe er sich zum «hitzigsten Vorkämpfer gegen die Reste des Feudalsystems» gewandelt. «Das war schon immer mein Los», antwortet er gleichmütig. «Ich bin als Kind der Ferme générale aufgewachsen und man erinnert sich, daß ich sie ein wenig malträtierte.» Er bitte seine Brüder, die Bauern, ihm auch weiterhin ihre Kenntnisse und Unterlagen über Ansprüche auf Geldleistungen und Dienstbarkeiten von seiten der ehemaligen Feudalherrschaften des Landes zur Verfügung zu stellen. (Advielle, I, 92/93)

[41] Das Dekret vom 8. Oktober 1789 ließ jedermann freie Hand, als Verteidiger in Strafsachen aufzutreten. (Thénard/Guyot, *Le conv. Goujon*, 41, n.)

[42] Stattdessen erklärt die Nationalversammlung am 15. Juni, sie beabsichtige durchaus nicht, die «heiligen und unverletzlichen Rechte des Eigentums anzutasten». Bitter wird die «Sorglosigkeit» und «Schwäche» verschiedener Verwaltungen getadelt, die durch ihr Beispiel den Geist der Aufsässigkeit gefördert hätten. Zahlreiche Behörden, die mit der treuhänderischen Verwaltung von Nationalgütern betraut wären, machten sich kein Gewissen daraus, «selbst das Beispiel der vollständigsten Abschaffung der Feudalabgaben zu geben». Verwaltungen, die im Besitz ehemaliger Kirchengüter seien, weigerten sich kategorisch, von den Bauern die Zahlung der Bodensteuer und die Abgabe des *champart* zu verlangen. So werde der Staat geschädigt und eine Art Rechtfertigung des vollständigen Verzichts auf die Feudalrechte geschaffen. Den Ermahnungen folgen nur schwach verhüllte Drohungen. «Es ist an der Zeit, daß diese Verstöße aufhören, will man nicht in ihrer Wiege eine Verfassung zugrunde richten, deren Gang sie verwirren und aufhalten. Es ist Zeit, daß die Bürger, deren Fleiß die Felder fruchtbar macht und das Reich ernährt, zu ihrer Pflicht zurückkehren und dem Eigentum die Achtung erweisen, die sie ihm schulden.» (Jaurès, *Histoire socialiste*, III, 14/19) Zur Frage der Kirchengüter hatte Babeuf in einem Brief an den comte de Lauraguais vom 25. Mai 1790 Stellung genommen: «Ich habe einen zur Niederschrift fertigen Plan über die Verwaltung der Kirchengüter, der vielen Leuten gefallen könnte. Er ist so beschaffen, daß er, wie ich glaube, unter Verzicht auf das Projekt des Verkaufs zwei Interessen miteinander verbindet: die des Staates und die der Einzelpersonen.» (Dommanget, *Pages ch.*, 129, n. 1)

[43] Trotz der am 15. September 1791 von der Nationalversammlung beschlossenen Generalamnestie «für alle aufgrund der Revolution be-

gangenen Straftaten», scheint die Freilassung der Bauern von Davenescourt zu diesem Zeitpunkt noch nicht erfolgt zu sein, da Babeuf noch am 12. Oktober 1791 ein Gnadengesuch in ihrer Sache an den Justizminister Duport richtet. (Advielle, I, 504) Erst das Dekret des Konvents vom 12. Februar 1793, das die Gerichte anweist, alle schwebenden Verfahren im Zusammenhang mit der Erhebung der Feudalabgaben, außer in Fällen von Totschlag oder Brandstiftung, einzustellen, und die bereits Verhafteten freizulassen, setzt diesen Prozeduren ein Ende. (Göhring, *Feudalität*, 293)

[44] Gemeindegüter, *biens communaux*, ist die Bezeichnung für jene Ländereien, die nicht einem einzelnen Besitzer, sondern der Gesamtheit der Bewohner einer bestimmten Gemeinde gehören. Ihr Ursprung reicht zurück in die Anfänge des Feudalregimes. Im Departement Somme gab es eine beträchtliche Anzahl Gemeindegüter, die nach drei Arten unterschieden wurden: anbaufähiges Land, Wiesen und Sumpfgebiete (marais). (Bourgin, *Le partage* ... 284)

[45] Nach der *Bibliographie noyonnaise* erschienen in den Jahren 1790 und 1791 40 Nummern des *Correspondant picard.* (Macqueron, *Bibliographie*, I, No. 2618, n.)

[46] Babeuf hatte bereits 1786 wegen der Herausgabe seines *Archiviste-Terriste* verschiedene Briefe an Coupé, als den für ihn zuständigen censeur royal gerichtet. (Advielle, II, *Corr.*, 77, 101; Dommanget, *Pages ch.*, 93) Coupé seinerseits gehörte zu den Beziehern des *Correspondant picard.* (*Babeuf, ex-administrateur*, 6)

[47] Im September 1791 schreiben die *Révolutions de Paris:* «Es gibt zwei Arten der Ansicht über das Dekret, das den Volksvertretern verbietet, etwas gegen die Verfassung vorzuschlagen oder anzunehmen: entweder wird dies Dekret als ein Willkürakt der ersten Nationalversammlung betrachtet und ist daher ohne Wirkung, oder es muß als eine von der Nation ausgegangene Handlung angesehen werden und als Gesetz für die Gesetzgeber selbst ...» (No. 115, p. 526)

[48] *Qui faut-il choisir?* (Espinas, *Philosophie*, 214/215) Auf Unstimmigkeiten bei Espinas verweist Dommanget, *Pages ch.*, 95, n. 3.

[49] Babeuf wird 1794 seine Meinung über den Krieg, le génie infame de la guerre, dahingehend formulieren, daß er ihn «aus dem alleinigen Grunde der Notwendigkeit der Verteidigung gegen die Aggression» für unvermeidlich und gerecht erklärt. (*Système de dépopulation* ... 55)

[50] Einer der Wähler, der damalige Vikar von Hangest und spätere konstitutionelle Pfarrer von Etalon, Croissy, wird im Mai 1794 bei seiner Vernehmung durch einen der Richter des Revolutionstribunals zu Protokoll geben, er sei im September 1792 während der Wahlen in einem Café, in dem sich außer ihm noch zahlreiche andere Wähler aufhielten, aufgefordert worden, seine Stimme für die Wahl Babeufs zum Abgeordneten abzugeben. Als er es ablehnte, dem zuzustimmen, habe man von ihm wissen wollen, ob der Grund seiner Ablehnung darin zu suchen sei, «daß Babeuf die Ehre gehabt habe, einen Entwurf für ein Agrargesetz» auszuarbeiten. Er, Croissy, habe darauf geantwortet, ein solches Gesetz würde den Bürgerkrieg unvermeidlich machen und

Frankreich zugrunde richten. Croissys Aussage ist in diesem Punkt vielleicht nicht allzu wörtlich zu nehmen. Er stand unter der Anklage, sich gegen den *culte de la Raison* gewandt und das Agrargesetz gepredigt zu haben, und mußte versuchen, vor allem die gegen ihn vorgebrachten Anschuldigungen zu entkräften. Dagegen ist seine Aussage in anderer Hinsicht überaus aufschlußreich. Sie zeigt, daß es Babeuf nach dem 10. August wagte, offen mit seinen Ansichten über eine Agrarrevolution hervorzutreten und daß er damit in Kreisen der Wähler von Abbeville Zustimmung gefunden hat. «Keine Tatsache», fügt Lefebvre hinzu, «war bis dahin bekannt, die deutlich macht, daß die französischen Bauern während der Revolution daran gedacht hätten, sich andere Ländereien konzedieren zu lassen, als die des Klerus, die nicht Privateigentum waren, oder die der Emigranten, die aufgrund des Strafgesetzes und wegen Hochverrats konfisziert worden waren. Croissys Zeugnis beweist, daß die Bauern der Picardie es sehr gut gefunden haben, auch das übrige Land zu nehmen, und es bietet eine solide Grundlage für jene Furcht, die die Volksbewegung im Geist der Bourgeoisie hat entstehen lassen, die einer der Hebel der Thermidor-Reaktion und der Diktatur Bonapartes war, und die niemals erloschen ist.» (Lefebvre, *Etudes, Où il est question de Babeuf*, p. 300/303)

[51] *Le Sourd ou L'Auberge pleine*, eine Komödie in 3 Akten von Desforges, wurde am 30. September 1790 zum ersten Male in Paris im Theater Montansier aufgeführt. (Dommanget, *Pages ch.*, 135, n. 2) Das Stück hielt sich über ein halbes Jahrhundert auf dem Spielplan. In seinen *Mémoires d'un Touriste* (1838) gedenkt Stendhal des *pont d'Avignon* der *Auberge*, die «das Entzücken unserer ersten Jugend» gewesen war. *(Oeuvres complètes*, éd. Larrive, Paris 1952, t. VII, 166; VIII, 77)

[52] Nicht viel später wird auch Molière den fortschrittlichen Geistern nicht mehr zeitgemäß und fortschrittlich genug erscheinen. In einem Bericht des Polizeiagenten Latour-Lamontagne vom 11. September 1793 heißt es: «... Verbrennen wir, wenn es not tut, die Meisterwerke der Molière, Regnard usw.; die Künste werden dabei verlieren, aber die Sitten ganz sicher gewinnen. Im übrigen wäre dieser Mangel nicht von langer Dauer; der Genius der Freiheit wird die französischen Musen inspirieren, und die Dichter der Republik werden uns bald die höfischen Poeten vergessen lassen.» (Caron, *Paris* ... I, 69) Im Mai 1794 beklagt sich Le Bon in einem Brief an Saint-Just und Le Bas darüber, daß man in Cambrai eine Aufführung von Molières *Fourberies de Scapin* angekündigt habe und fügt drohend hinzu: «Das wird nicht mehr geschehen!» (Fleischmann, *La Comédie à Arras* ... *Annales Révol.*, t. III [1910] p. 531; Jacob, *Le Bon*, II, 61/62)

[53] Am 19. November 1792 werden gewählt: Longuecamp zum procureur syndic des Distrikts Montdidier mit 49 Stimmen gegen 27, die auf Babeuf entfallen; sodann zu Mitgliedern des Distriktsdirektoriums: Lefrançois mit 41 Stimmen; Hallot mit 27 Stimmen; Jaudhuin mit 24 Stimmen und Babeuf mit 23 Stimmen. Babeuf dankt am nächsten Tage für seine Wahl. Am Nachmittag des 20. November werden zu Mitgliedern

des conseil d'administration gewählt: Delahoche, Bussy de Rouvel, Boitel, Devillasse, Boyenval, Leclercq aus Liancourt, Dubois aus Davenescourt und Soyer. (Estienne, *Invent. somm.*, t. II, col. 365/366)

[54] Die Administratoren der Distrikte erhalten aufgrund der Erlasse vom 25. August und 2. September 1790 in Städten unter 20 000 Einwohnern ein Jahresgehalt von 900 livres; der procureur syndic 1600 livres und der Sekretär des Distrikts 1200 livres. (Baumont, *Le département de l'Oise* ... t. II, 33) Im Departement liegen die Gehälter entsprechend höher. Dort beziehen die acht Mitglieder des Direktoriums je ein Gehalt von 2000 livres, der procureur général syndic sogar 3500 livres. (Thénard/Guyot, *Le conventionnel Goujon*, 37/38; Calonne, *Amiens* ... II, 538)

[55] Ganz zutreffend ist dies nicht. Vor 1789 lag Montdidier in bezug auf die Steuern an zweiter Stelle unter den sechs Elektionen der généralité Amiens. 1792 liegt es unter den fünf Distrikten des Departements Somme an vierter Stelle; nur Doullens hat weniger zu zahlen. In einem allerdings hatte Babeuf recht: die fühlbare Erleichterung, die man sich von dem neuen Steuersystem versprochen hatte, ist in Montdidier ausgeblieben. Mutatis mutandis stehen einem Steueraufkommen der élection Montdidier vom Jahre 1787 in Höhe von 970 000 livres, Steuern des Distrikts in Höhe von 934 000 livres im Jahre 1792 gegenüber. (Beauvillé, *Histoire* ... III, 136; Dommanget, *Pages ch.*, 138, n.)

[56] Die Beschlagnahme des Emigrantenbesitzes geht auf das Dekret vom 9. Februar 1792 zurück, das vielfach, nicht zuletzt dank guter Beziehungen der Betroffenen, ohne Folgen geblieben war. Auch das Gesetz vom 8. April 1792, das den Distrikten die Verwaltung des Emigrantenbesitzes übertrug und die Gemeinden zur Erstellung genauer Angaben über die der Emigration verdächtigen Personen ihres Bereiches verpflichtete, begegnete allgemeiner Gleichgültigkeit und verstecktem Übelwollen. (Pasquier, *Mémoires*, I, 71; Baumont, *Le départ. de l'Oise*, IV, 114)

[57] Die *déclaration de command* sieht vor, daß ein Ersteigerer binnen 24 Stunden erklären kann, er habe nicht für sich, sondern für einen Dritten geboten. Diese Erklärung genügte, um den Kaufvertrag zugunsten des eigentlichen Auftraggebers gültig zu machen. (Duval, *Souvenirs*, II, 96, n.)

[58] Er sollte sich darin nicht täuschen. Nachdem das Verfahren gegen ihn eingestellt ist, verzichtet Devillasse im März 94 auf seine Pfarre in Etelfay, um sich von nun an ausschließlich der lukrativen Spekulation mit Nationalgütern zu widmen. (Estienne, *Invent. somm.*, t. II, col. 300, 323)

[59] Zu den gegen Babeuf vorgebrachten Beschuldigungen muß selbst die Tatsache herhalten, daß er, entgegen den gesetzlichen Bestimmungen, eine Wohnung im Distriktsgebäude bezogen hatte. (Dommanget, *Pages ch.*, 28)

[60] Diese Rede Vergniauds enthält den berühmt gewordenen Satz von der Revolution, die wie Saturn ihre Kinder verschlinge, um schließlich den Despotismus hervorzubringen. (*Moniteur*, réimp., t. XV, 702)

[61] Babeufs Aufforderung soll sich bald bewahrheiten. Unter dem Druck der Verhältnisse, und um ihren Einfluß auf die Masse der werktätigen Bevölkerung nicht einzubüßen, sehen sich die Montagnards zu einem vollständigen Kurswechsel gezwungen. Am 2. April macht sich Marat im Konvent zum Fürsprecher einer neuen Politik der sozialen Gerechtigkeit. (Mathiez, *La vie chère* ... 172) Nach dem 9. Thermidor wird auch Babeuf nicht zögern, Marats Andenken zu feiern und ihm volle Gerechtigkeit widerfahren zu lassen. «Marat und Loustallot (der Vorgänger Sylvain Maréchals in der Redaktion der *Révolutions de Paris)* gehörten zu den Männern, die immer sechs Monate weiter voraussahen, als die anderen ... Hätte man ihnen immer geglaubt, wären viele Übel vermieden worden. Hätten sie länger gelebt, hätte uns das Ausmaß des Vertrauens, das sie besaßen, vor dem Abgleiten in Drangsal und Schande bewahrt, und die Tyrannei wäre vielleicht nicht entstanden.» *(Journal de la Liberté de la Presse,* No. 7, p. 3)

[62] Babeuf sieht in Makketros den kommenden «Befreier» Hollands. In einem schwülstigen Brief vom 3. April läßt er seiner Fantasie ungehemmt die Zügel schießen: «Ich habe in meinem Kopf die brüderlichen Einladungen fertig, die wir an das gute batavische Volk richten werden, dem man nur die Hand wird bieten müssen, damit es zu uns komme.» (Dommanget, *Pages ch.*, 155, n. 2)

[63] Der «Sechserausschuß» des Konvents hatte sich bei der Diskussion des girondistischen Verfassungsentwurfs für die Abschaffung der Distrikte, «die an das System der Provinzialversammlungen erinnerten», ausgesprochen. (Aulard, *Polit. Geschichte,* I, 225, II, 707) Aber seine von den Girondisten unterstützte Auffassung setzt sich nicht durch. Der Konvent beschließt am 21. Mai die Aufrechterhaltung der Distrikte und Kantone. (*Annales hist.*, t. II [1925] 488; Mathiez, *La Constitution de 1793*, *Annales hist.*, t. V [1928] p. 504, n.)

[64] Pierre-Gaspard Chaumette, Präsident der Kommune vom 10. August, wurde am 5. Dezember 1792 zum procureur syndic von Paris gewählt. Seine Stellvertreter sind Réal und Hébert. (Mathiez, *La Révol. fr.*, t. II, 116) Nach seiner Wahl erklärt Chaumette, auf seine Vornamen zu verzichten, um dafür den Namen Anaxagoras anzunehmen, «eines Heiligen, der seiner republikanischen Gesinnung wegen gehängt worden war». (Schmidt, *Tabl.*, I, 201, n.)

[65] Am 21. April bei den Jakobinern und am 24. April im Konvent hatte Robespierre vier Abänderungsvorschläge zu der vom Konvent bereits beschlossenen Fassung des Artikels XVI der Erklärung der Menschenrechte unterbreitet, «die auf nichts weniger als eine neue soziale Revolution abzielten». (Aulard, *Polit. Geschichte,* I, 226/227) Die *Révolutions de Paris* stimmen Robespierres Vorschlägen zu, schlagen aber eine kürzere und, wie sie meinen, bessere Fassung vor. Diese lautet: «Das Eigentum besteht in dem gesetzlichen Genuß gesetzlich erworbener Güter.» (No. 198, p. 204) Der Konvent zog es dennoch vor, es bei der vom Verfassungsausschuß vorgelegten und beschlossenen Fassung zu belassen. (Guillaume, *Etudes révol.*, p. 384)

[66] Von dieser Haltung ist Babeuf auch später, trotz aller Kritik an Robespierre, nicht abgerückt. Im Februar 1796 schreibt er: «Beleidigen wir nicht jene, die das Gute gewollt haben, die aber auf einem anderen Wege als wir zu ihm gelangen wollten. Als Michel Lepeletier seinen Plan einer Gemeinschaftserziehung vorlegte, tendierte auch er zur Gleichheit. Robespierre tat es ebenfalls, als er am 21. April 93 bei den Jakobinern den Beifall und die wohlverdiente Begeisterung des wahren Volkes erntete, dem er seine Erklärung der Menschenrechte vorgelegt hatte, worin das Eigentum definiert war als das Recht eines jeden Bürgers, den ihm vom Gesetz gewährleisteten Anteil an Gütern zu genießen; welches Recht wie alle übrigen seine Grenze findet in der Pflicht, die Rechte der anderen zu achten; es darf weder Sicherheit noch Freiheit, Leben und Eigentum unserer Mitmenschen beeinträchtigen. Diese Definition war mein Manifest, und diese Fassung der Rechte des Menschen und des Bürgers war bestimmt nicht das Werk eines Heuchlers.» (*Tribun du peuple*, No. 40; Mathiez, *Babeuf et Robespierre*, *Annales Révol.*, t. IX [1917] p. 379/380)

[67] Gracchus Babeuf, cet enragé à retardement, schreibt Daniel Guérin. (*La Lutte* ... II, 59)

[68] Das Gesetz bestimmt, daß der Verkauf von Getreide ausschließlich auf den Märkten stattfinden dürfe. Verstöße dagegen sollen mit Geldstrafen von 3000 livres für Käufer und Verkäufer geahndet werden. In richtiger Voraussicht machen die *Révolutions de Paris* noch vor der endgültigen Verabschiedung des Gesetzes darauf aufmerksam, daß eine Beschränkung des Höchstpreises allein auf Getreide die Lage nur verschlimmern könne. Dies bedeute eine Krise der landwirtschaftlichen Produktion heraufzubeschwören und vor allem den Anbau von Getreide nicht mehr lukrativ erscheinen zu lassen. (No. 199, p. 259, 261/262)

[69] Babeuf wiederholt damit die Hauptparole, «le leitmotiv des enragés». (Guérin, *La Lutte* ... I, 84)

[70] In der Sitzung vom 12. Februar hatte Buzot an Vergniauds Worte erinnert: «Das Brot ist teuer, sagt man; der Temple trägt die Schuld; nun gut, eines Tages wird man ebenso sagen: das Brot ist teuer, der Konvent hat daran Schuld.» (*Moniteur*, réimpr., t. XV, 432)

[71] Garin veröffentlicht am 25. August eine Erwiderung auf die Angriffe Marchants: *Réponse à la dénonciation faite à la section des sans-culottes par Marchant, citoyen de cette section, contre Garin, administrateur des subsistances*. Paris, 25 août, l'an II de la République française une et indivisible. (Tourneux, *Bibliographie*, IV, No. 22 804)

[72] Auf Antrag Talliens stimmt der Konvent am 25. August der Auflösung der Kommission im Evêché zu. (Dommanget, *Pages ch.*, 183, n. 1)

[73] Die Verhaftung Babeufs erfolgte, entgegen seiner Behauptung, erst beinahe drei Monate später und stand in keinem Zusammenhang mit seiner Tätigkeit in der Lebensmittelverwaltung.

[74] Cauchois wurde am 17. Dezember 1793 verhaftet und im März 1794 zum Tode verurteilt und hingerichtet. (Mathiez, *La vie chère* ... 289/290)

[75] Mit Ausnahme von 31 Waren, darunter Getreide, Mehl, Viehfutter, Tabak, Salz und Seife, deren Preise einheitlich für ganz Frankreich

festgelegt werden, obliegt es den Distrikten, die Preise für die übrigen Waren innerhalb von acht Tagen zu bestimmen. Was 1790 zum Preise von 3 livres gehandelt wurde, darf den Preis von 4 livres nicht überschreiten. Dies gilt als allgemeine Regel. Die Löhne sollen um die Hälfte heraufgesetzt werden, so daß ein Arbeiter mit einem Tageslohn von 30 sous im Jahre 1790 nunmehr 45 sous erhält. Verstöße gegen die Bestimmungen des Gesetzes über die Maximalpreise werden mit Geldstrafen und dazu mit der Eintragung in die Liste der Verdächtigen geahndet. Widerspenstige Arbeiter können durch ihre Gemeinden dienstverpflichtet werden. (Coupé, *Rapport sur le Maximum* . . . ; Mathiez, *La vie chère* . . . 373 suiv.; Caron, *Paris* . . . I, 205, n.)

[76] Der Almanach von Mathieu Laensberg gilt als reaktionär. Die Ausgabe für 1794 wird verboten und eingestampft. Der Almanach hatte als Motto das Wort des Psalmisten «Deposuit potentes de sede et exaltavit humiles» anzunehmen gewagt. (Welschinger, *Les Almanachs* . . . 85)

[77] An der Spitze der vom Konvent am 26. Oktober ratifizierten Kommission stehen Goujon, Raisson und Brunet. Am 29. Oktober findet ihre erste Sitzung im Ministerium des Inneren statt, das ihnen vorübergehend ein Unterkommen gewährt. Ihren ständigen Sitz nimmt die Kommission am 8. Dezember im hôtel de Toulouse, in der rue de la Vrillière. Ihr Mitarbeiterstab zählt am 7. November 43 Angestellte. Anfang April 1794 sind es bereits 400. (Mathiez, *La vie chère* . . . 426/427; Thénard/Guyot, *Le conv. Goujon*, 84, 88; Caron, *La Commission des subsistances*, fasc. II, introd., XXXVII)

[78] Am 13. Oktober 1793 hatte sich der Distrikt Montdidier nach Amiens an die *commission révolutionnaire* gewandt und dringend darum ersucht, die seit Babeufs Flucht nach Paris vakante Stelle im Direktorium des Distrikts zu besetzen. Am 8. November ernannte André Dumont den Administrator Leclercq aus Liancourt zum Mitglied des Distriktsdirektoriums. (Estienne, *Invent. somm.*, t. II, col. 56/57)

[79] Pierre Varin wird am 30. September 1793 durch die *commission révolutionnaire* des Departements Somme zum procureur syndic des Distrikts Montdidier ernannt. Sein Vorgänger, Longuecamp, sitzt als suspekt in Roye in Haft, aus der er erst am 3. Oktober 1794 entlassen wird. (Estienne, *Invent. somm.*, t. II, col. 56)

[80] Wie in der Vergangenheit wird Babeuf auch in Zukunft verschiedene Vornamen abwechselnd verwenden. Im *Correspondant picard* hatte er sich François-Noël genannt; ebenso in den Briefen an Coupé, wenn auch gelegentlich abwechselnd mit Camille. 1792 und 93 wird er sich vorwiegend dieses Vornamens bedienen, den er auch noch 1794 benutzt, als er sein *Journal de la Liberté de la Presse* mit C. Babeuf zeichnet. Erst mit dem Erscheinen des *Tribun du peuple* wird er sich endgültig für Gracchus entscheiden. (Advielle I, 67; Deville, *Thermidor*, 10; Dommanget, *Pages ch.*, 171, n. 3) Um etwaigen Bedenken wegen des eigenmächtig gewählten Vornamens Gracchus von vornherein zu begegnen, schreibt er in einer Anmerkung seines Briefes: «Als ich 1790 den Katholizismus öffentlich abschwur, nahm ich Camillus aus der Legion der ehrenwerten Männer zum Patron. Seitdem war ich geneigt Gracchus

vorzuziehen, da ich mehr Ähnlichkeit finde zwischen dem, was er war, und dem, was ich zu sein wünschte. Ich mache diese Bemerkung, um jenen zu antworten, die meinen zahlreichen Namenswechseln besondere Absichten unterstellen könnten.» (Dommanget, *Pages ch.*, 148, n. 6)

[81] Artikel 16 und 17 des Gesetzes vom 14. Frimaire (4. Dezember 1793) verbieten ausdrücklich den Zusammenschluß von Körperschaften, womit jede zentrale Vereinigung der *sociétés populaires* oder der Sektionen unterbunden wird. (Sainte-Claire Deville, *La Commune ... Revue des Questions hist.*, nov. 1936, p. 178)

[82] Die Wochenzeitschrift *Révolutions de Paris* erscheint seit dem 12. Juli 1789. Ihr Umfang beträgt meist 56 oder 64 Seiten Oktav, denen zahlreiche Kupferstiche beigegeben sind. In der Zeit, in der Babeuf bei Prudhomme tätig ist, kommen die Hefte 218 bis 222 heraus. In seiner letzten Nummer, die Anfang März 1794 herauskommt, läßt Prudhomme seine Mitbürger wissen, es sei ihm aus gesundheitlichen Gründen unmöglich, die Arbeit an der Zeitschrift fortzusetzen. Er schließt: «Ich glaube alles getan zu haben, um gehängt zu werden, wenn die Konterrevolution möglich wäre.» (No. 225, p. 521)

[83] In einem Schreiben an die Frau des Ministers Gohier bezeigt Babeuf aufrichtige Dankbarkeit für Maréchals Bemühungen: «Ich bin unglücklich, aber in meinem Unglück bleibt mir ein sehr großer Trost, da die Weisen und Gerechten sich für mich einsetzen. Unter ihnen ist Sylvain Maréchal: was hat dieser edelmütige Bürger nicht alles getan, um die Fürsorge Deines Gatten zu meinen Gunsten zu erreichen?» (Dommanget, *Maréchal*, 307)

[84] Das Gefangenenregister verzeichnet seine Aufnahme unter dem 21. März: «Gracchus Babeuf, 33 Jahre alt, gebürtig aus Somme-Libre, ehemals Saint-Quentin, Departement Aisne. Angestellter der ministeriellen Lebensmittelkommission der Republik, wohnhaft rue du faubourg Honoré 29. Größe 5 Fuß 1 Zoll [1,65 m]; Haare, Augenbrauen und Bart braun; Augenfarbe grau; Nase lang und groß; Gesicht oval; Mund gewöhnlich; Kinn länglich, offene Stirn.» (Soboul, *Annales hist.*, No. 135, [1954] p. 175)

[85] Bochaut ist concierge des Gefängnisses Sainte-Pélagie. (Tuetey, *Répertoire*, t. XI, No. 2563) Die Bezeichnung concierge für den Leiter einer Strafanstalt wird erst 1823 durch den Titel directeur ersetzt. (Maurice, *Histoire*, 26)

[86] Immerhin hält es Babeuf auch hier für angebracht, einige Dinge unerwähnt zu lassen oder vorsichtig zu umschreiben. Vergebens sucht man den Titel des *Correspondant picard.* Er wird zwar nicht unterschlagen, aber er wird, offenbar um jedem Verdacht einer föderalistischen Tendenz zu begegnen, nur als *Le Scrutateur des décrets ou les Cahiers de la seconde législature* erwähnt. Auch einen Hinweis auf das rechtskräftig verkündete Urteil vom 23. August 1793 sucht man vergeblich.

[87] 26. Februar 1794. Bereits zwei Tage nach Erlaß des Dekretes hatte sich Babeuf an Sylvain Maréchal mit der Bitte gewandt, in seiner Sache an den Sicherheitsausschuß heranzutreten und diesem im Einverneh-

men mit Gohier sein Memorandum zu übermitteln. (Dommanget, *Maréchal*, 306)

[88] 20. Dezember 1793 und 8. Mai 1794.

[89] Pass. 2. Thermidor. Camille Babeuf, ehemals Administrator des Distrikts Montdidier, aus dem Gefängnis von Laon entlassen, nachdem das Kriminalgericht des Departements durch Entscheid vom vergangenen 30. Messidor seine bedingte Freilassung gegen Kaution verfügt hat, reist in Begleitung seines Sohnes von Laon nach Paris. 33 Jahre alt, 5 Fuß 2 Zoll [1,68 m] groß, Haare und Augenbrauen kastanienbraun, Augen blau [?], Nase schmal, Mund mittel, Kinn rund, Stirn niedrig, Gesicht länglich und von gesunder Farbe. (Combier, *La justice* ... II, 93)

[90] Das *Journal de la Liberté de la Presse* – ein Heft in Oktav wie die meisten damaligen Zeitungen – erscheint unregelmäßig. In der Ankündigung wird gesagt: «Erscheint in Paris fünf- bis sechsmal im Monat und auch mehr.» Tatsächlich erscheinen in der Zeit vom 3. September bis 10. Oktober 1794 26 Hefte, die ab Nummer 23 den neuen Titel *Tribun du peuple* tragen. Der Preis für 30 Nummern des *Journal* beträgt 4 livres in Paris und 4 livres 10 sous in den Departements. (Advielle, I ... 114/115; *Journal de la Liberté* ... No. 3) Auf der Versteigerung der Bibliothek Nadaillac im Januar 1885 wurde eine vollständige und bereits damals sehr seltene Ausgabe zum Preis von 230 fr. angeboten. (*Revue de la Révolution*, vol. VI. [1885] p. 156)

[91] Hiergegen meldet Babeuf sofort seine Bedenken an. «Die Frage des Handels verdient von Grund aus behandelt zu werden; es gibt viele Dinge über die Spekulationsaufkäufe zu sagen, und es wird bei uns noch für lange Zeit Gesetze gegen die Habsucht brauchen.» (*Journal de la Liberté* ... No. 22)

[92] Babeuf fällt es nicht schwer, diese «unsichere und schwankende Haltung» mit eindrucksvollen Beispielen zu belegen. Am 20. September habe Lindet die *sociétés populaires* aufgefordert, den Kurs der Regierung aufmerksam zu verfolgen und deren Funktionäre zu überwachen. Demgegenüber habe Cambacérès am 29. September die Befugnisse der Revolutionsregierung sogar noch erweitern lassen, indem er, hinausgehend über das berüchtigte Gesetz vom 14. Frimaire, das nur eine Säuberung des Behördenapparates durch die Regierung anordnete, dieser nunmehr kurzerhand die Ernennung sämtlicher Behörden übertragen ließ. (*Tribun du peuple*, No. 24, p. 3)

[93] Babeuf erwähnt in diesem Zusammenhang Tallien und Fréron. Wie wenig klar die Fronten zu diesem Zeitpunkt sind, beweist ein dem *Tribun* aus Rennes zugegangener Brief der dortigen *Société et faction des Droits de l'homme*, den Babeuf in vollem Wortlaut abdruckt (und mit wahren Lobeshymnen kommentiert), in dem der Royalist Boursault und die «rechten» Thermidorianer Merlin de Thionville, Legendre und Dubois-Crancé lobend erwähnt werden. (*Tribun du peuple*, No. 26, p. 1/2)

[94] Das Gesetz vom 6. Fructidor d. J. II (23. Aug. 1794) verfügt, «daß kein Bürger einen anderen Namen sowie andere Vornamen führen darf, als in seiner Geburtsurkunde angegeben sind«. Zuwiderhandlungen

sollen mit sechs Monaten Gefängnis und einer Geldstrafe in Höhe eines Viertels des Jahreseinkommens geahndet werden. (Dommanget, *Pages ch.*, 170, n. 4)

95 «Ich erkläre», schreibt Guffroy dem Sicherheitsausschuß, «daß die Nummer 26 des *Tribun du peuple* bei mir gedruckt worden ist, ohne daß ich sie gelesen habe, weil ich, im Vertrauen auf die von Babeuf bezeugten Grundsätze des reinsten Republikanismus, es nicht für erforderlich hielt (und es auch gar nicht gekonnt hätte), mich zum täglichen Zensor der Redaktion aufzuwerfen. Ich füge hinzu, da ich nicht will, daß man mich anklagen könne, ein System zu propagieren, das möglicherweise darauf abzielt, den Konvent aufzulösen, bevor er seine heilige Pflicht, das Glück der Bevölkerung zu sichern, erfüllt hat, daß ich aufhöre, für Babeuf weiterhin zu drucken.« (Jacob, *Le Bon* ... t. II, p. 236/237)

96 Die Nummer trägt irrtümlich das ursprüngliche Datum des 22. Vendémiaire, ist aber, wie aus dem Beschluß des *club électoral* hervorgeht, erst nach dem 27. Vendémiaire erschienen. Versehentlich trägt sie sogar den Vermerk «Druckerei Guffroy» im Impressum, während sonst die Angabe der Druckerei seit der Nummer 22 fehlt.

97 Gegen diese Formalitäten hatte sich auch Sylvain Maréchal gewandt, der im Februar 1793 schrieb: «Braucht es denn eine Mitgliedskarte der Jakobiner und eine Quittung über 6 oder 8 livres im Trimester, um als guter Bürger und brennender Patriot angesehen zu werden?» (*Révolutions de Paris*, No. 186, p. 256)

98 Im September hatte Babeuf – allerdings im gegenteiligen Sinne – einen ganz ähnlichen Vergleich gebraucht: «Die Anhänger des Terrors täuschen sich in ihren Berechnungen. Sie glauben dahin gelangt zu sein, die Tapferen einzuschüchtern, den Löwen der Freiheit an die Kette zu legen, doch er hat sich nur klüglich in eine Ecke verzogen. Der Augenblick naht, da er sich wütend erhebt und mit seinen Bedrückern abrechnet.» (*Journal de la Liberté* ... No. 4)

99 Einzelheiten enthält eine von Mablin, rue de Chartres, unterzeichnete Broschüre: *Les Culs des jacobines visitées par le peuple, la mesure d'habits prise aux Jacobins.* (Tourneux, *Bibliographie*, II, No. 9665)

100 Babeufs Broschüre *Les Battus payent l'amende ou les Jacobins jeannots* nimmt den Titel des Stückes von Dorvigny auf, das zur Zeit Ludwigs XVI. die Figur des Janot populär gemacht hatte. (Théodore de Lameth, *Mémoires*, n. de Welvert, p. 67) «Wenige Stücke haben einen ähnlichen Erfolg auf dem Theater gehabt», schreibt der Cousin Jacques. «Es kam lange vor der Revolution heraus; aber Titel und Handlung entsprechen immer den Umständen. ... In jeder revolutionären Epoche haben die Geschlagenen die Zeche bezahlt.» (*Dictionnaire néologique*, I, 431)

101 Anspielung auf Carriers «Noyaden», bei denen die Opfer auf eigens hierzu konstruierten Schiffen, die man durch Öffnung der Ventile untergehen ließ, ertränkt wurden.

102 Die Sektion trägt ihren Namen nach dem Blindenhospital von Paris, das sich seit 1780 in der rue de Charenton, im faubourg Antoine,

befindet. Babeuf deutet hier auf die Tatsache hin, daß sich ein Teil der Jakobiner, nach Schließung ihres Sitzungssaales, um Aufnahme in die *société populaire* der Quinze-Vingts im faubourg Antoine bemühte. (Lefebvre, *Les Thermidoriens*, 52)

[103] «une honnête menterie» Ausdruck aus dem picardischen Dialekt. (Dommanget, *Pages ch.*, 177, n.)

[104] Gemeint ist vermutlich die Broschüre von Martainville: *Les Cabanons de Bicêtre mis en réquisition pour loger les Jacobins et le Club électoral.* (Tourneux, *Bibl.*, II, No. 9671)

[105] Bereits in der Nummer 11 des *Journal de la Liberté* ..., die am Tage des Festes der Arbeit, dem 3e jour sansculottide de l'an II (19. Sept. 1794) erschien, hatte Babeuf ein «Inserat» mit einem Hinweis auf den Erfinder der «nouveaux bateaux à soupape» veröffentlicht und Carriers volle Adresse, rue neuve des Petits-Champs 35, angegeben. (No. 11, p. 8)

[106] Legendre ist im Gegenteil ganz der Meinung Babeufs; so macht er sich in der Sitzung vom 23. November anheischig, «zu beweisen, daß man Carrier retten will». (Wallon, *Histoire* ... t. VI, 16)

[107] Obwohl Babeuf im allgemeinen die überaus phantasievollen Beschuldigungen Phélippe-Tronjollys, die keiner ernsthaften Nachprüfung standhalten, übernimmt, erklärt er sich keineswegs mit allen Punkten des Kommissionsberichtes einverstanden. Er findet es unverständlich, daß man Carrier einen Vorwurf daraus mache, eine Sondersteuer auf die Wohlhabenden in Höhe von 183 000 l. erhoben zu haben. Ebenso habe Carrier für seinen Kampf gegen die Lebensmittelschieber und -wucherer, die er ohne Ausnahme hinter Schloß und Riegel setzen ließ, keine Anklage, sondern eher eine Auszeichnung verdient. (*Système* ... 160/161) Selbst der (mit Recht) gegen Carrier eingenommene junge Jullien hatte in einem Schreiben an Robespierre vom 16. Pluviôse an II (4. Febr. 1794) auf Carriers Verdienste in dieser Hinsicht verwiesen. (*Papiers inédits* ... III, 46)

[108] In der um diese Zeit entstandenen *Carmagnole des Robespierristes* heißt es von ihm:

«Maître Réal leur avocat (bis)
Fut un impudent scélérat (bis)
Prônant d'un ton divin
Les vertus de Goulin.»

(Mathiez, *Une chanson thermidorienne* ... *Annales hist.*, I [1924], p. 571)

[109] Eine am 27. Februar 1795 im Konvent begonnene Aussprache über ihren Fall wird vertagt und erst am 21. April zu Ende geführt. Der Konvent überträgt die Affäre dem Distriktsgericht von Angers, wo sie «inmitten allgemeiner Gleichgültigkeit» erneut freigesprochen werden. (Wallon, *Histoire* ... VI, 51, n. 3; Velasque, *Le procès* ... 556; Bigard, *Le comte Réal*, 81)

[110] Die gleichen Bedenken gegen die Legalität der Wiederaufnahme des Prozesses erhebt Réal in einer am 10. Ventôse (28. Februar 1795) veröffentlichten Broschüre: *Réal, defenseur officieux des accusés acquittés par le jugement du 26 brumaire (!) aux amis des principes.* (Bigard, *Le comte Réal*, 81)

[111] Der Krieg wird zum Bauernaufstand gegen die verhaßten Städter. Die Vendéer singen:

«Vous creverez dans vos villes
Maudits patauds,
Tout comme les chenilles
Les pattes en haut.» (Dubreuil, *Histoire,* I, 94)

[112] Immerhin scheinen selbst Robespierre (was Babeuf nicht wissen kann) erhebliche Zweifel an der Zweckmäßigkeit des Versuchs einer radikalen Vernichtung der Aufständischen gekommen zu sein. In seinem Notizbuch findet sich der vielsagende Vermerk: «Vendée. Alles ändern.» Auch erhebt er keinen Einspruch, als der Konvent aufgrund zahlloser Beschwerden die am stärksten belasteten Prokonsuln, einen nach dem anderen, zurückbeordert. Als erster muß Carrier gehen. Ihm folgen Ruamps, Garrau, Hentz und Francastel. Sie werden durch Abgeordnete ersetzt, die aus der Vendée stammen und die eine Politik der Beruhigung und Versöhnung einleiten. Turreau wird am 13. Mai abberufen. An seine Stelle tritt zunächst Vimeux, den im September 1794 Lazare Hoche ablöst, der sich den Vendéern als Opfer der jakobinischen Schreckensherrschaft vorstellt. (*Livret de Robespierre,* p. 16 zit. nach Welschinger, *Le roman de Dumouriez,* p. 296; Dubreuil, *Histoire ...,* II 26/27, 31, 39, 50; Lefebvre, *Les Thermidoriens,* 69)

[113] Marats Leichnam war erst vor drei Monaten, am 21. September 1794, feierlich ins Pantheon überführt worden. Am 28. Dezember 1795 wird er von dort entfernt und im Friedhof Sainte-Geneviève beigesetzt. (Aulard, *Polit. Geschichte,* I, 429; Kuscinski, *Dictionnaire* ... 435)

[114] Gemeint sind die 73 Unterzeichner der Protestaktion – von denen 67 in Haft gesessen hatten – sowie einige Abgeordnete, die unter Zwang demissioniert hatten. Sie alle, insgesamt 78, verstärken, fast ohne Ausnahme, die Reihen der Reaktion. Mit Heftigkeit verlangen sie, man solle auch die Geächteten, unter ihnen Louvet, Isnard und La Revellière zurückrufen. Diese werden am 17. Dezember für amnestiert erklärt, ohne zunächst ihre Abgeordnetensitze zurückzuerhalten. Die Rückkehr und völlige Rehabilitierung der 22 Geächteten erfolgt erst am 8. März 1795. Zu diesem Zeitpunkt ist bereits ein solcher Umschwung der Meinung eingetreten, daß Sieyes stürmischen Beifall erhält, als er im Konvent erklärt: «Diese Maßnahme ist Rechtens, sie kann nicht diskutiert werden.» (Aulard, *Les 73, La Révol. fr.,* t. 26 [1894] p. 558; Dommanget, *Pages ch.,* 190, n.; Wallon, *Histoire* ... VI, 54; Lefebvre, *Les Thermidoriens,* 57/58; Sorel, *L'Europe* ... IV, 262)

[115] Babeuf kopiert hier Merlin, der sich im September 1792 mit der gleichen Drohung gegen die Anhänger der Diktatur gewandt hatte. (*Révolutions de Paris* zit. n. *Mémoires de la Rochefoucauld,* t. III, 365)

[116] Besitzer der Druckerei und Herausgeber des *Ami du peuple* ist René-François Lebois. Seit dem 15. September 1794 erscheint das Blatt, nachdem Perrier, Lenoble und Leclerc d'Oze als Nachahmer Marats gescheitert waren, unter der Redaktion von Chasles und mit der Devise *Principes et Vérité.* Babeuf beurteilt den *Ami du peuple* sehr zurückhaltend und spricht im *Tribun* (No. 23, p. 2) von den «Tollköpfen», die es

gewagt haben, sich diesen Namen anzueignen. (Dommanget, *Pages ch.*, 169, n. 2; Welschinger, *Le journaliste Lebois* in: *Le roman de Dumouriez*, p. 259/260)

[117] «Die Stadt Paris», hatte Eschassériaux am 25. August 1794 im Konvent ausgeführt, «wird, während der Dauer des Krieges, wie die Festungen und die Armeen der Republik verpflegt.» (*Rapport*, p. 16; Lefebvre, *Les Thermidoriens*, 96/97)

[118] Babeuf spricht aus eigener Erfahrung. Hatte doch seine eigene Frau ihn und die Kinder im Frühjahr 93 durch Annahme von Heimarbeit vor dem Absinken ins schlimmste Elend bewahrt!

[119] In der Sitzung vom 29. Dezember 1794 hatte Tallien seine Eheschließung mit Teresa Cabarrus öffentlich bekanntgegeben, nicht zuletzt als Antwort auf die Angriffe von Duhem und Cambon gegen «die neue Antoinette». (*Tribun du p.*, No. 29, p. 275; Dommanget, *Pages ch.*, 198, n. 1; Tarlé, *Germinal*, 62, Anm.)

[120] Bentabole hatte im Januar 1794 eine ehemalige Adlige geheiratet, die großen Einfluß auf ihn gewinnen sollte. (Kuscinski, *Dictionnaire* ... 47) In einem Plakat weist Bentabole empört die «Verleumdungen» Babeufs zurück. Dieser berichtigt sich auch, aber nur dahingehend, daß man anstelle einer comtesse de Choiseul-Gouffier den Namen einer marquise de Rohan-Chabot – was zutreffend ist – setzen müsse. (*Tribun du p.*, No. 30, 305) Babeufs Haltung wird von den «linken» Thermidorianern geteilt. In einem Brief des Abgeordneten Soubrany, den dieser wenige Tage nach dem Erscheinen der Nummer 29 des *Tribun* an einen Freund in der Provinz richtet, charakterisiert Soubrany die Rolle der «Abtrünnigen des Berges» fast mit den gleichen Worten wie Babeuf. (Tarlé, *Germinal*, 112, Anm. 2; Doniol, *19 lettres*, 62/63)

[121] Das Schloß liegt in unmittelbarer Nähe von Cerisy, dem Geburtsort von Babeufs Mutter, und von Morcourt, wo Babeufs Vater gestorben ist. (Dommanget, *Pages ch.*, 198, n. 3)

[122] Babeufs Prophezeiung soll sich in wenigen Jahren erfüllen. Die Cabarrus läßt sich, nachdem sie während des Direktoriums mit Barras und dem Bankier Ouvrard in aller Öffentlichkeit liiert war, 1802 von Tallien scheiden und beschließt ihr Leben als princesse de Chimay. (Maricourt, *La véritable Madame Tallien*, passim) Bentabole stirbt 1798 in völliger Armut, nachdem seine Frau ihr Vermögen am Spieltisch durchgebracht hat. (Kuscinski, *Dictionnaire*, 48)

[123] Im Juni 1794 hatte sich der seit einem Jahr von der Polizei in Paris gesuchte Journalist Roch Marcandier brieflich an Legendre gewandt und ihn vertrauensvoll um eine Unterredung gebeten. Legendre zeigte ihn noch am gleichen Tage beim Sicherheitsausschuß an. Marcandier wurde kurze Zeit später verhaftet und vom Revolutionstribunal zum Tode verurteilt. (*Papiers inédits* ... I, 179/180, 183)

[124] Die durch Saint-Just am 8. und 13. Ventôse (26. Februar und 3. März 1794) im Konvent vorgeschlagenen und widerspruchslos beschlossenen Gesetze bezweckten, durch kostenlose Verteilung des Besitzes der «Verdächtigen» an das Proletariat in Stadt und Land, der Politik Robespierres eine unbedingt ergebene Anhängerschaft zu sichern. Doch das

«tableau des indigents» wurde nachlässig angefangen und blieb nach dem 9. Thermidor ganz liegen. Die Formel Saint-Justs, «es darf weder Reiche noch Arme geben; der Wohlstand ist eine Infamie», wurde von der großen Masse der landarmen Bauern, der kleinen Handwerker und Ladeninhaber abgelehnt, da sie zu der sozialen Gesinnung dieser Schichten, die zum Wohlstand gelangen wollten, in schroffem Widerspruch stand. (Mathiez, *La Révol. fr.*, t. III. 147/149, 174)

[125] Babeuf erinnert in Zusammenhang damit an die am 10. Januar 1795 erfolgte Verhaftung von Camelin und Petit, die sich in der Sektion Gravilliers für die Verfassung d. J. 93 ausgesprochen hatten. (*Tribun du p.*, No. 31, p. 315, n.)

[126] Der «Bildersturm» der *collets noirs* gegen die Büsten von Marat und Lepeletier geht ungestört weiter, mit dem Erfolg, daß sie im Laufe des Jahres überall verschwinden. (Jullian, *Souvenirs*, 182; Duval, *Souvenirs*, II, 27) Am 10. Februar meldet der Polizeibericht, die *jeunesse* habe das Journal Babeufs im théâtre de la Montagne verbrannt. (Schmidt, *Tabl.*, II, 284)

[127] Im Vergleich zum Stande vom Juni 1790 steigt in Paris der Index der Lebenshaltungskosten von 500 im Januar 1795 auf 900 im April des gleichen Jahres. (Cobb/Rudé, *Les journées . . .* , *Revue hist.*, t. 214, p. 254)

[128] Das am 11. Januar 1795 erlassene Gesetz ermöglichte es «Arbeitern und Handwerkern», die nach dem 1. Mai 1793 Frankreich verlassen hatten und inzwischen zurückgekehrt waren, von der Emigrantenliste gestrichen zu werden. (*Tribun du p.*, No. 30, 294)

[129] Die linken Thermidorianer bildeten eine Gruppe von etwa 30 Abgeordneten. (Tarlé, *Germinal* ... 110; Garrone, *I martiri di Pratile* ... *Rivista storica it.*, 1959, p. 57)

[130] Bezeichnend für Babeufs Bereitschaft zu taktischen Zugeständnissen ist, daß er den Namen Marats (dessen Standbilder gerade überall entfernt werden) streicht, um an seine Stelle den des unverdächtigen Philippeaux zu setzen. (*G. Babeuf ... à ses concitoyens*, p. 4)

[131] Die am Gefängnis vorbeiführende Straße, nach der auch das Haus benannt ist, hat seit Menschengedenken ihren Namen von den Eselgespannen, die an Markttagen mit lärmendem Treiben hindurchziehen. Das Haus hat, seit Le Bon den Schrecken nach Arras trug, als «Vorhof des Todes» einen unheimlichen Ruf. (Fleischmann, *La comédie à Arras* ... *Annales Révol.*, t. III [1910] p. 526 et n.)

[132] Fragen der Verfassung haben Babeuf während seiner Haft in Arras verschiedentlich beschäftigt. Am 28. April 1795, keine vier Wochen nach den Ereignissen vom 12. Germinal, geht er soweit, an Guffroy zu schreiben: «Seit langem haben unsere direkten Beziehungen aufgehört. Unsere indirekten Beziehungen hatten nicht das gleiche Los, denn Du weißt, daß ich nicht daran zweifle, daß Du es bist, dem ich meinen hiesigen Aufenthalt verdanke. Ich habe mich niemals jemand zu Füßen geworfen und ich werde mit Dir nicht den Anfang machen. Aber ich kündige Dir an, daß ich immerhin Lust habe, einige Beziehungen zwischen uns wieder anzuknüpfen.» Nach dieser Einleitung und der Aufforderung, die Revolutionäre sollten endlich Schluß mit der «schlechten

Angewohnheit» machen, sich «gegenseitig bei der ersten besten Meinungsverschiedenheit zu zerfetzen», kommt Babeuf zur Sache. «Seinerzeit ging unser Streit um die demokratische Verfassung von 1793. Ich und meine Anhänger bejahten sie, und ich habe geglaubt, daß Du und die Deinen sie ablehnten. Heute will es mir beinahe scheinen, als ob Ihr dazu neigt, mit uns übereinzustimmen. Die letzte Rede von Cambacérès über die *lois organiques* scheint es mir zu bestätigen. Wenn wir durch Zufall einig wären, warum sollten wir uns länger streiten?» Der Konvent habe an alle die Aufforderung ergehen lassen, ihre Ansichten und Meinungen über die Ausgestaltung der Grundgesetze, der mit ihrer Ausarbeitung beauftragten Kommission der Elf bekanntzugeben. Er plane, sich zu diesem Thema zu äußern und glaube — welch' rührende Einfalt, nach allem, was zwischen ihnen vorgefallen ist! — Guffroy werde bereit sein, diese Abhandlung an die Kommission weiterzuleiten. «Ich betrachte es keineswegs als ausgeschlossen, daß wir uns von neuem verständigen, um etwas Gutes zu schaffen und Du weißt, daß ich dazu immer tendiert habe.» (Charavay, *Gracchus Babeuf, La Révol. fr.*, t. VIII [1885] p. 734/736)

133 20. Mai 1795.

134 In den Straßen verteilt man offen ein (anonymes) Manifest mit dem Titel: *Insurrection du peuple pour obtenir du pain et reconquérir ses droits.* (Cobb/Rudé, *Les journées, Revue hist.*, t. 214, p. 270)

135 Lebois, der am 15. März mit dem gleichen Transport wie Babeuf in Arras eingetroffen ist, befindet sich seit dem 1. März auf Veranlassung des Sicherheitsausschusses in Haft. Den Anstoß hierzu mag, neben seinen Angriffen auf Rovère, vor allem die Veröffentlichung eines «offenen Briefes» von Le Bon an den Abgeordneten Courtois in den Spalten des *Ami du Peuple* gegeben haben. In den Baudets verkehrt Lebois freundschaftlich mit Cochet und Taffoureau und verfaßt, um sich die Zeit zu vertreiben, zwei handschriftliche Ausgaben seines Blattes, die unter den Patrioten von Arras die Runde machen. (*Débats*, III, 172; Jacob, *Correspondance, Annales hist.*, t. XI [1934] p. 253; Deville, *Thermidor*, 76; Jacob, *Le Bon* ... II, 321, 324)

136 Varlet, Angestellter der Grande Poste, hatte sich durch sein exaltiertes Auftreten in der Öffentlichkeit einen Namen gemacht. Man nannte ihn den *tribun volant*, seit er im November 1792 auf den Gedanken gekommen war, im jardin des Tuileries eine fahrbare Stellage als Tribüne für seine Reden an das Volk zu benutzen. Im März 1793 hatte er bei den Jakobinern gegen Fourniers Verhaftung protestiert und (allerdings vergeblich) Schritte zu dessen Gunsten gefordert. (Aulard, *Société des Jacobins*, IV, 467; V, 85/86)

137 La réception du général Béthune et de son état-major à l'honneur des messieurs, les petits Chouans. Darin heißt es:

«... On a coupé nos tresses
On nous a peigné rudement
Aux yeux de nos maîtresses,
Qui nous voyant dans le tourment
En riaient les traîtresses!

Tout en nous traitant de faquins
On a pris nos cravates;
Les Sans-Culottes, oh, les coquins!
En torchent leurs savates
Le vert déplaît à ces coquins
En bonnets écarlates.» (Advielle, I, 160)

[138] Ähnliche Bedenken über den mit der neuen Verfassung eingeschlagenen Weg äußert der amerikanische Gesandte in Paris, Gouverneur Morris. «Ich bleibe überzeugt», schreibt er am 23. August 1795 an Georges Washington, «daß die Franzosen unter die Herrschaft eines einzigen Despoten fallen werden, aber ich kann weder sagen, wer dieser Mann sein wird, noch durch welche Mittel er sich der Macht bemächtigen wird.» (*Mémorial*, t. II, 457)

[139] Nach Art. 3 der Verfassung besteht die Gleichheit darin, daß das Gesetz für alle das gleiche ist, mag es schützen oder strafen. Von politischer Gleichheit und dem *bonheur commun* ist in der «Erklärung der Rechte und Pflichten», mit der die Verfassung eingeleitet wird, nicht mehr die Rede. (Aulard, *Polit. Gesch.*, II, 470)

[140] Von den Wählerversammlungen werden statt der vorgeschriebenen 500 nur 379 Konventsmitglieder gewählt, so daß der Rest nach dem Dekret vom 13. Fructidor (30. August 1795) von den bereits gewählten Abgeordneten kooptiert werden muß. (Zivy, *Le 13 vendémiaire*, 107)

[141] Durch das Gesetz vom 29. Fructidor (15. September 1795) hatte der Konvent alle verhafteten oder unter Anklage stehenden Abgeordneten für nicht wiederwählbar erklärt. Auch die Brumaire-Amnestie änderte daran nichts. (*La Révol. fr.*, t. 62, p. 182)

[142] Vor Annahme der Verfassung hatten Antonelle in den *Considérations sur les droits de cité* und Félix Lepeletier in seinem *Vote motivé sur la constitution de l'an III* gewisse Einwände gegen sie erhoben. Nach dem 18. Brumaire wird selbst Buonarroti der Verfassung des Jahres III nachtrauern und zugeben, sie hätte mittels gewisser Modifikationen sehr wohl mit den Anschauungen der Freunde der Gleichheit auf einen Nenner gebracht werden können. (*Conspiration*, I, 58, et n.)

[143] Nicht zu Unrecht hat man die Gegensätze zwischen egalitären und jakobinischen Elementen im *Pantheon* mit dem Bestehen einer bolschewistischen und menschewistischen Fraktion innerhalb der Sozialdemokratischen Arbeiterpartei Rußlands verglichen. (Thomson, *The Babeuf plot*, 23)

[144] Das gleiche Zitat aus dem Plutarch (*Tiberius Gracchus*, 9) hatte Babeuf zu Beginn des Vendémiaire dem gleichfalls im Plessis inhaftierten jungen Jullien vorgeschlagen, der es als Motto für den *Orateur plébéien ou le Défenseur de la République* übernahm. Als Redakteure des *Orateur* zeichnen Eve Demaillot und J. J. Loeuliette; als Mitarbeiter sind Antonelle, Réal und vor allem Jullien zu erwähnen. Babeuf beeilt sich, gleich nach Erscheinen der ersten Nummern des (von der Regierung subventionierten) Blattes, von ihm als *Orateur anti-plébéien* zu sprechen und seine Haltung aufs schärfste zu kritisieren. (*Tribun du p.*, No. 35, p. 75, n., 78, n.; Hatin, *Bibl.*, 266)

1 *Babeuf*

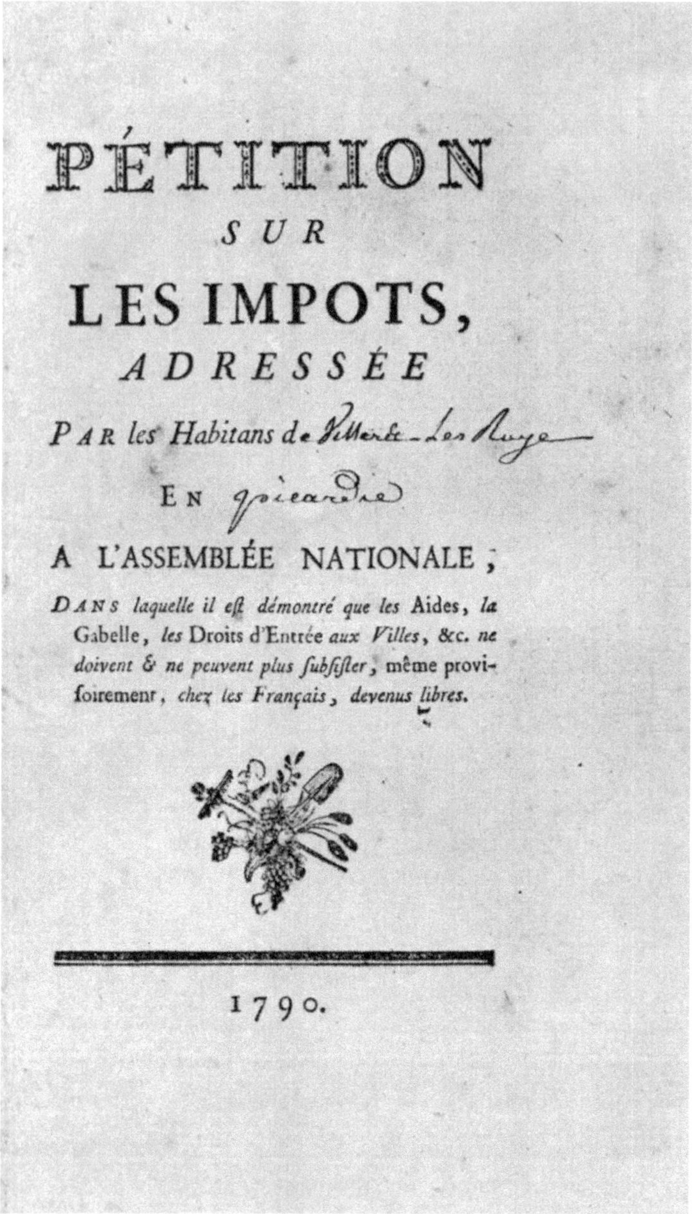

PÉTITION

SUR

LES IMPOTS,

ADRESSÉE

PAR les Habitans de Villers-les-Roye

EN Picardie

A L'ASSEMBLÉE NATIONALE;

DANS laquelle il est démontré que les Aides, *la* Gabelle, *les* Droits d'Entrée *aux Villes*, &c. *ne doivent & ne peuvent plus subsister*, même provisoirement, *chez les Français, devenus libres.*

1790.

2 *Petition an die Nationalversammlung*

3 *Marat*

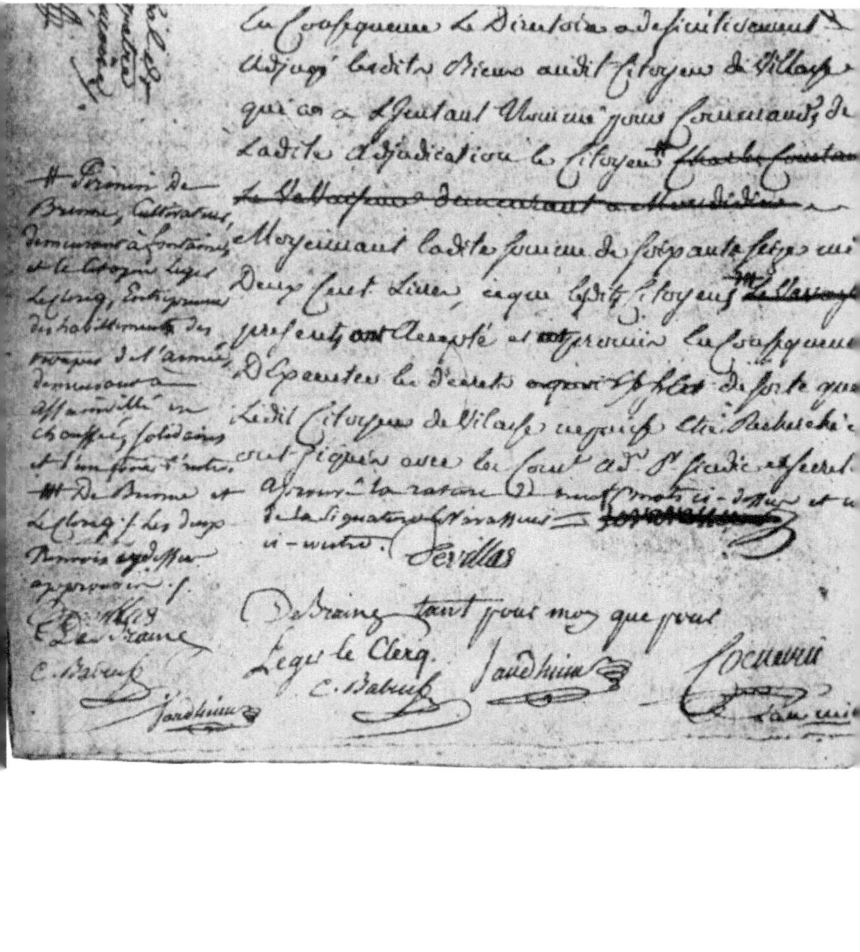

En Conséquence le Directoire a definitivement adjugé ladite Piece audit Citoyen de Villars qui a à l'instant nommé pour Commande de ladite adjudication le Citoyen [illegible] Moyennant ladite somme de Soixante sept mil deux Cent Livres, ce que lesdits Citoyens presents ont accepté et promis en Conséquence d'Executer le decret [illegible] de sorte que ledit Citoyen de Villars ne puisse être recherché et ont signé avec les Corps Adm. et secret. [illegible]
Devillas
Debraine tant pour moy que pour Leger le Clerq.
C. Babeuf
Jaudhuin

Jérôme Debraine, cultivateur, demeurant à Fontaine, et le citoyen Leger Leclerq, entrepreneur des habillements des troupes de l'armée demeurant à Assainvillers en Chaussée, solidaires l'un pour l'autre. [illegible]
Devillas
Debraine
C. Babeuf
Jaudhuin

4 *Das abgeänderte Versteigerungsprotokoll*

P. G. ANAXAGORE CHAUMETTE,
Né à Nevers Dépt. de la Nièvre, le 24 Mai 1763.
Procureur de la Commune de Paris le 12 Décembre
1792. l'An 1er. de la République française

5 *Chaumette*

PARIS SAUVE

PAR L'ADMINISTRATION

DES SUBSISTANCES.

Il va pourtant falloir que Paris sache à qui il doit s'en prendre de se trouver à deux doigts de la famine. Il est temps de mettre notre conduite à découvert, et de montrer si c'est à nous.

Lettre des administrateurs des subsistances, au ministre de l'intérieur; 15 juillet, l'an deuxieme de la République, nº. 48 du sommaire ci-après.

A PARIS,

De l'Imprimerie Patriotique et Républicaine, rue Saint-Honoré, nº. 355;

Et chez tous les Marchands de Nouveautés.

L'AN DEUX DE LA RÉPUBLIQUE FRANÇAISE.

6 *Das gerettete Paris*

7 *Robespierre*

BABEUF,

EX-ADMINISTRATEUR

DU DÉPARTEMENT DE LA SOMME,

ET SUCCESSIVEMENT

DU DISTRICT DE MONDIDIER,

Aux comités de ſalut public, de sûreté générale & de légiſlation de la convention nationale.

ET A GOHIER,

MINISTRE DE LA JUSTICE.

LA république en maſſe doit à la convention & à vous ſon bonheur ; vous l'aviez juré, & vous avez rempli vos ſermens ſous tous les rapports ; mais il reſte encore des patriotes qui, tout en partageant ce bonheur général, ſont frappés par l'ariſtocratie qui règne dans pluſieurs coins de la république. Je ſuis de ce nombre, & par cela ſeul, j'ai un droit individuel pour réclamer auprès de vous. Liſez, je vous prie, la courte analyſe qui ſuit ; elle vous portera à mettre votre pouvoir en oppoſition à ceux de juges, qui m'ont auſſi injuſtement que cruellement frappé.

Et toi, miniſtre auſſi juſte qu'humain, ſois aſſuré, en

A

 Babeuf wehrt sich gegen den Vorwurf der Urkundenfälschung

9 *Billaud-Varenne*

10 *Sainte-Pélagie*

11 *Fréron*

TALLIEN,
Député du dép. de Seine et Oise
a la Convention N.le l'an 1.er de la Rép.

12 *Tallien*

FOUCHÉ, DUC D'OTRANTE
Portrait attribué à David
(Appartient à M. Henry Houssaye)

13 *Fouché*

VOYAGE
DES JACOBINS
DANS
LES QUATRE PARTIES
DU MONDE,

Avec la Constitution mise à l'ordre du jour ;
par AUDOUIN et BARRÈRE.

ALLEZ *par tout le monde, prêchez l'évangile, et instruisez tous les peuples, les baptisant au nom de l'inconcevable Trinité, et les apprenant à observer toutes les choses que je vous ai enseignées.* Telles furent les instructions, que, suivant le chapitre 15 de la première épitre de S. Paul aux Corinthiens, le fondateur du christianisme donna à plus de cinq cents de

14 *Reise der Jakobiner*

J.B. CARRIER,
Né à Yolot, Dépᵗ. du Cantal.
Quand il ordonne un crime, il est trop obei ;
Par cent mille assassins son courroux est servi,
Et des fleuves français les eaux ensanglantées
Ne portaient que des morts aux mers épouventées
Volt. Henriade

15 *Carrier*

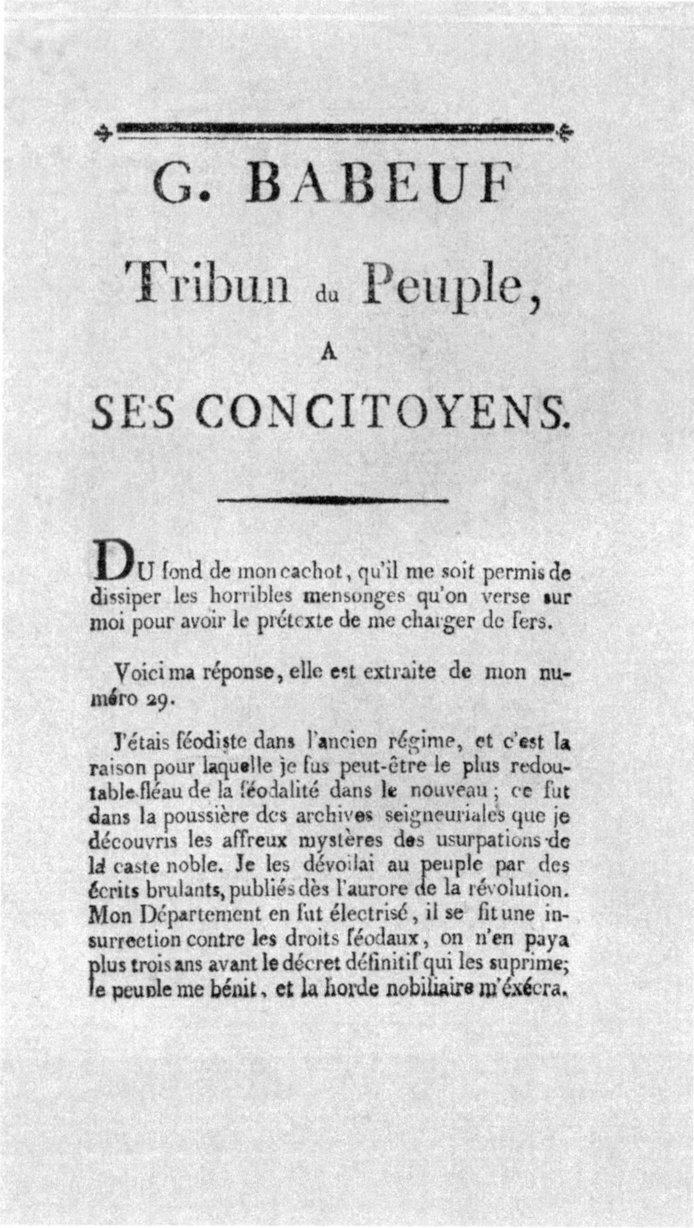

G. BABEUF

Tribun du Peuple,

A

SES CONCITOYENS.

DU fond de mon cachot, qu'il me soit permis de dissiper les horribles mensonges qu'on verse sur moi pour avoir le prétexte de me charger de fers.

Voici ma réponse, elle est extraite de mon numéro 29.

J'étais féodiste dans l'ancien régime, et c'est la raison pour laquelle je fus peut-être le plus redoutable fléau de la féodalité dans le nouveau ; ce fut dans la poussière des archives seigneuriales que je découvris les affreux mystères des usurpations de la caste noble. Je les dévoilai au peuple par des écrits brulants, publiés dès l'aurore de la révolution. Mon Département en fut électrisé, il se fit une insurrection contre les droits féodaux, on n'en paya plus trois ans avant le décret définitif qui les suprime; le peuple me bénit, et la horde nobiliaire m'éxécra.

 Der Volkstribun an seine Mitbürger

DROUAY, Agé de 29 ans.
Par son patriotisme et ses sages moyens,
Ce brave à concervés les Français Citoyens.
Puissions nous à jamais de ces braves compagnons,
Conserver la mémoire de leurs noms,
Ont arêté le Roi le 22 juin 1791.

17 *Drouet*

19 *Félix Lepeletier*

N°. 43.

Le
Tribun du Peuple,

OU

LE DÉFENSEUR

DES

DROITS DE L'HOMME.

Par GRACCHUS BABEUF.

Le but de la société est le bonheur commun.
Droits de l'Homme, (de 93) art. Ier.

Commentaire de la proclamation du directoire et des résolutions ou loix ultra-Martiales *et* extraordinairement pénales, *des 27 et 28 Germinal dernier, contre les groupes, les attroupemens, les discours, les écrits, les affiches, les auteurs, les imprimeurs, les colporteurs, les avilisseurs de la constitution de 95 et les apologistes de celle de 93.*
Raguerrissement des Patriotes contre ces mesures ultra-terroristes *et ces* loix de sang.
--- *Avis de la plus grande importance sur la conduite qu'ils ont à tenir et sur un piège abominable qu'on leur prépare.*

TOUT est consommé. La terreur contre le Peuple est à l'ordre du jour. Il n'est plus per-
Tome II. V.

21 *Gracchus Babeuf*

Supplice de douze des Prevenus dans l'affaire de Grenelle
Fusillés le 4.eme Jour Complementaire de l'an 4.eme de la Rép. Fran.e 20. 7.b

23 *Buonarroti*

DÉBATS

DU PROCÈS INSTRUIT

PAR LA HAUTE-COUR DE JUSTICE,

Contre DROUET, BABOEUF, *et autres;*

RECUEILLIS PAR DES STÉNOGRAPHES.

Prémiere séance du 2 ventôse an 5.

A PARIS,

DE L'IMPRIMERIE NATIONALE.

[145] Zum Beweis seiner Behauptung zitiert er Mably, der gesagt habe: «Diskutiert solange ihr wollt über die beste Form der Regierung, ihr werdet nichts getan haben, solange ihr nicht die Keime der Habsucht und des Ehrgeizes zerstört habt.» (*Tribun du p.*, No. 35, p. 105) Die angeführte Äußerung Mablys beweist, daß dieser in seiner Theorie des Eigentums weniger von den ökonomischen Gegebenheiten als vielmehr von moralischen Erwägungen ausging und die Grenzen eines utopischen Sozialismus nicht überschritt. (Henri Sée, *La doctrine politique et sociale de Mably*, *Annales hist.*, I [1924] p. 138)

[146] 5. Dezember 1795.

[147] Vorübergehend dient das Café *Bains chinois* als Vertriebsstelle des *Tribun*. Aber bereits in der nächsten Ausgabe, die am 21. Dezember 1795 erscheint, teilt Babeuf mit, sein Büro befinde sich wie bisher im vierten Stock des Hauses rue du faubourg Honoré 29, wo die Bürgerin Langlet Bestellungen entgegennehme. (*Tribun du p.*, No. 37, p. 147)

[148] In Vendôme wird sich der Gerichtsvorsitzende erkundigen: «Beglichen Sie nicht, Darthé und Sie, Ihre Ausgaben gemeinsam?» Worauf Babeuf antwortet: «Darthé berechnete mir seine Auslagen, und ich bezahlte.» (*Débats*, III, 625)

[149] Der Konvent hatte am 23. August 1793 die Einberufung aller (unverheirateten) Bürger im Alter von 18 bis 25 Jahren angeordnet.

[150] Gleichzeitig mit dem Vorgehen gegen Babeuf veranlaßt Merlin das Direktorium, einen Kleinkrieg gegen die der Regierung unliebsame Presse zu eröffnen. Antonelle wird, vermutlich wegen eines von ihm im *Orateur plébéien* am 7. Dez. 1795 erschienenen Artikels *(Un mot à l'occasion du no 35 du Tribun du peuple)*, die Redaktion des *Bulletin officiel* entzogen. Dem *Orateur plébéien* werden die bisher von der Regierung bezahlten 3000 Exemplare gestrichen. Gegen den Herausgeber des *Ami du peuple* wird ein Strafverfahren anhängig gemacht, mit der Begründung, Lebois habe einen zu Gewalttätigkeiten aufreizenden Brief Babeufs (dessen Bericht über sein Renkontre mit Pernet) veröffentlicht und dazu durch seine Bemerkung, es sei der Wille der Revolution, denen, die zuviel hätten, zu nehmen, um denen, die nichts hätten, zu geben, Propaganda für das Agrargesetz gemacht. Kurze Zeit darauf hat sich der Wind gedreht. Der *Orateur* zeigt sich bußfertig und seine Subvention wird sogar auf 4000 Exemplare erhöht. (*Tribun du p.*, No. 37, p. 143/145; Debidour, *Recueil* ... I, 317/318; Mathiez, *Le Directoire, Revue,* [1929], p. 462; *Moniteur*, réimpr., t. XV, p. 740)

[151] Auch das Verfahren gegen Lebois muß eingestellt werden, da das Gericht feststellt, das Gesetz stelle nur die Aufforderung zum Mord, zur Brandstiftung und anderen Verbrechen dieser Art unter Strafe. (Aulard, *Paris*... II, 727) Dazu: *Acte d'accusation dressé contre René-François Lebois par M. Clozier, l'un des directeurs du jury d'accusation du Tribunal criminel du département de la Seine. Cassé et annulé par jugement du dit tribunal.* (Tourneux, *Bibliographie*, IV, No. 25 533)

[152] In Béthune spricht der Kommissar des Direktoriums in einem Schreiben an die Gemeinde vom 27. Pluviôse/16. Febr. 1796 ganz offen von den «traurigen Folgen» der Revolution des 9. Thermidor und ver-

langt, daß in der Gemeinde kursierende anti-terroristische Schriften, darunter auch die *Censure républicaine* von Guffroy, öffentlich verbrannt werden. Die Gemeindeverwaltung entspricht seinem Ersuchen am 21. Februar. Der Brief des Kommissars und der Beschluß der Gemeinde finden sich, nach seiner Verhaftung, unter den Papieren Babeufs. (*Pièces*, II, 45/47)

[153] Babeuf veröffentlicht im *Tribun* einen Brief Germains, worin dieser scharf gegen den von Babeuf ursprünglich begrüßten Beschluß der Regierung über das Absingen patriotischer Lieder Stellung nimmt, den er als machiavellistisch bezeichnet. (*Tribun du p.*, No. 39, p. 203) Auch Maréchal tadelt die Haltung Babeufs in dieser Frage. (*Tribun du p.*, No. 40, p. 260)

[154] Für die Lage auf dem Geldmarkt ist das Steigen der Zinssätze bezeichnend. Während vor der Revolution Jahreszinsen von 4 % bis 5 % die Regel waren, steigen sie im Jahre 1796 auf 6 % und 8 % monatlich. (Schmidt, *Pariser Zustände*, III, 205/206)

[155] Die Lage der Arbeiter verschlechtert sich von Monat zu Monat. Zu Beginn des Jahres 1796 sind die Lebensmittelpreise auf das 120- bis 290fache der Preise vor Einsetzen der Assignatenflut gestiegen, während die Löhne nur um das 40- bis 100fache gesteigert wurden. (Tarlé, *Studien*, 105; Schmidt, *Pariser Zustände*, III, 105/106)

[156] Der *Tribun* verfügt über einen festen Stamm von 642 Abonnenten, vor allem aus den wohlhabenden Schichten des Bürgertums, von denen die meisten die Gebühren (das Trimester kostet im Abonnement 125 l.) sicher nicht schuldig geblieben sind. Unter den Beziehern des *Tribun* ist besonders die Gruppe ehemaliger Montagnards zu erwähnen; zu ihr gehören: Moyse Bayle, Javogues, Fouché, Bassal, Ingrand, Elie Lacoste, Jullien de la Drôme, Fayau, Ricord, Granet, Lecarpentier, Amar, Lecointre, Choudieu, David und sogar Thibaudeau und Barère. Ferner eine Gruppe ehemaliger Offiziere wie Bouchotte, Fyon und Turreau. Der *Tribun* gelangt in alle Regionen Frankreichs zum Versand, mit Ausnahme der westlichen Departements, wo sich nur in Brest, Cherbourg und Rennes einige Abonnenten befinden. Sie konzentrieren sich auf Städte wie Arras, Soissons, Lille, Saint-Omer und Reims, wo sie an die Tradition der dort einst mächtigen *sociétés populaires* anknüpfen. Besonders stark finden sich seine Bezieher in den Departements des Südens vertreten, dort, wo die Herrschaft des «weißen Terrors» am stärksten ist, wie in den Alpes-Maritimes, dem Vaucluse, dem Var und dem Rhônetal. (Mathiez, *Le Directoire, Revue*, [1929], 559/563; Dommanget, *La structure et les méthodes ... Annales Révol.*, t. 14 [1922], 186/187, 286; Bernstein, *Buonarroti*, 115/116; Bailly, *Discours*, 74)

[157] Bonnevilles *Tribun du peuple* erschien in Form von 17 Briefen in der Zeit zwischen der Eröffnung der Etats généraux (5. Mai) und dem 14. Juli 1789. (Mathiez, *Sur le titre du journal La Bouche de Fer, Annales Révol.*, t. IX [1917] p. 685)

[158] In Arras beschließen Babeufs Anhänger am 29. Februar 1796, nach der Lektüre der Nummer 40 des *Tribun*, die Absendung einer Petition an das Direktorium, in der sie die Bestrafung Lamaignères for-

dern und eine Erklärung des Direktoriums zugunsten der unbeschränkten Pressefreiheit. (*Pièces*, II, 82/83)

159 Vorher hatte Babeuf seine Abonnenten aufgefordert, weder Geld noch Briefe in die rue du faubourg-Honoré zu schicken, da alles von der Polizei beschlagnahmt würde. Er könne bis auf weiteres dank großzügiger Unterstützung seitens der Sansculotten die nächsten Nummern auch ohne den Eingang der Abonnementsgebühren herausbringen. (*Tribun du p.*, No. 40, p. 266/267)

160 5. Februar 1794.

161 Einen Monat später kommt Babeuf nochmals auf Villain d'Aubignys «umfangreiche Broschüre voller abscheulicher Lügen» zurück. (*Eclaireur*, No. 4, p. 33)

162 Unter den Gründen, die bei der Entfernung von Angestellten aus dem öffentlichen Dienst angeführt werden, taucht erstmals die Beschuldigung auf, «mit Gracchus Babeuf korrespondiert zu haben», die bei der Amtsenthebung von Mitgliedern der Kantonalverwaltung von Arras eine Rolle spielt. (Debidour, *Recueil* ... I, 706; II 28, n. 5)

163 Die Öffentlichkeit rätselt, wer hinter dem Pseudonym Lalande stecke. Die *Gazette de France* tippt auf Antonelle. Das Direktorium vermutet als Herausgeber den ehemaligen Abgeordneten Châles und erteilt dem General Nouvion Befehl, ihn zu verhaften. Erst in Vendôme stellt sich heraus, daß ein großer Teil der Beiträge von Babeuf stammt, der, ebenso wie Félix Lepeletier, zu den ständigen Mitarbeitern des *Eclaireur* zählt. Bis auf einige Handlanger, die sich beim Vertrieb ungeschickt anstellen und der Polizei in die Hände fallen, verstehen es die Verantwortlichen, sich jedem Zugriff zu entziehen. Zu seinem Bedauern müsse er feststellen, schreibt Merlin, daß sich die Dinge vom schlechten zum schlimmeren entwickelten. Man vertreibe ungestraft Babeufs wütende Haßtiraden. «Babeuf selbst ist in Paris, jedermann weiß es, und er ist frei.» (Debidour, *Recueil* . . . I, 818; Advielle, I, 189/190; *Journal des Patriotes* . . . No. 211, p. 849)

164 Die Auflage des *Eclaireur* ist nicht hoch. Die wenigen Hefte sind rasch vergriffen. In einem Bericht vom 13. März 1796 an Barras' Sekretär Botot erklärt der Geheimagent Marné: die soeben erschienene Nummer 3 sei sehr schwer zu haben; er hoffe immerhin, ein Exemplar auftreiben zu können. Von dem Erscheinen der Nummer 4, «qui se vend sous le manteau», wird das *bureau central* bereits am 26. März, einen Tag nach ihrem Erscheinen, in Kenntnis gesetzt. Aber damit ist der Polizei nicht gedient. Der Polizeiminister Merlin sieht in dem Erscheinen des *Eclaireur* den Beweis «einer von langer Hand vorbereiteten Verschwörung», bei der sich der Royalismus demokratisch tarne, um einen neuen 13. Vendémiaire herbeizuführen und den Staat der schlimmsten Anarchie auszuliefern. Merlin verlangt kategorisch das *bureau* solle die sorgfältigsten Nachforschungen anstellen, um Verfasser, Drucker und Verteiler dieser Hetzschriften zu entdecken. (Aulard, *Paris*, III, 53, n., 78, 108; Schmidt, *Tabl.*, III, 134, 152; *Journal des Patriotes*, No. 210, p. 850)

165 Die gleiche Ansicht vertritt Auguste Blanqui. Im August 1850 notiert er im Gefängnis von Doullens: «Am 9. Thermidor gab es kein Volk mehr.

Robespierre hatte es demoralisiert und abgestumpft mit seinen Projekten einer reaktionären Diktatur und einer Rückkehr zur Religion.» (Mathiez, *Notes inédites ... Annales hist.*, t. V [1928] p. 315)

[166] Bereits im Januar 1796 hatte Babeuf lobend über das *Journal des Hommes libres* geschrieben: «Dies Journal hat seit einiger Zeit eine Linie. Es hat alle Umschweife, alle kleinlichen Bedenken abgetan. Es behandelt die großen und bedeutenden Fragen. Von einem Organ der Republikaner, das es immer gewesen ist, hat es sich zu einem Organ der Demokraten entwickelt.» (*Tribun du p.*, No. 38, 172, n.)

[167] Babeuf entschuldigt diese Ausführlichkeit mit dem Hinweis, Jean Jacques habe ein ganzes Buch geschrieben, um auf acht Seiten eines Hirtenbriefes von Christophe de Beaumont zu antworten. (*Tribun du p.*, No. 36, p. 122, n.)

[168] In einem von Babeuf im *Tribun* veröffentlichten Aufsatz (*L'Opinion d'un homme sur l'étrange procès intenté au Tribun du peuple et à quelques autres écrivains démocrates*) hatte Maréchal erklärt, er sehe keinen Unterschied zwischen der Monarchie eines Ludwig XVI. und der Republik eines Boissy d'Anglas: «Sie gleichen sich völlig darin, daß wir unter der einen wie unter der anderen weder freier noch geachteter, weder tugendhafter noch zufriedener sind. Nur die Namen sind verändert; und das war nicht der Mühe wert, soviel Lärm zu machen, soviel Blut zu vergießen, soviel Länder zu verwüsten.» (No. 40, p. 260/261)

[169] Die von Dommanget (*Maréchal*, 322) vertretene Auffassung, das Geheim-Direktorium habe das Manifest durch Zirkular vom 14. Floréal an seine Agenten verteilen lassen, aber die allgemeine Verteilung bis zur «l'heure positive» zurückgestellt, findet in dem Wortlaut des Zirkulars (*Pièces*, I, 186) keine Unterstützung. Dort ist nur allgemein von dem *Manifeste d'insurrection*, was sich genau so gut – und wie wir annehmen möchten mit größerer Wahrscheinlichkeit – auf die *Aufstandsakte* bezieht, die Rede. Noch in Vendôme, wo das Manifest als Material der Anklage zum ersten Mal gedruckt vorliegt, kann Buonarroti nicht umhin, es als «das unbegreifliche Produkt eines extravaganten Geistes» und als eine «der bemitleidenswertesten Tollheiten» zu bezeichnen. (*Débats*, IV, 255)

[170] In seinem *Lucrèce français* hatte Maréchal geschrieben:

«Les sages prudemment, loin des charges publiques,
Se livreront entr'eux aux paisibles travaux,
Versant, à dose égale, en leurs jeux domestiques,
La honte, le mépris, les sarcasmes cuisans,
Et sur les gouvernés et sur les gouvernans.»

(Dommanget, *Maréchal*, 149)

[171] 9. April: *L'Analyse de la doctrine de Babeuf;* 12. April: *L'Opinion sur nos deux Constitutions;* 13. April: *Lettre de Franc-Libre à son ami La Terreur;* 14. April: *Doit-on obéissance à la constitution de 1795? Les Souvenirs d'un démocrate et ses chagrins sur l'état actuel de la patrie;* 16. April: *L'Adresse du Tribun du peuple à l'armée de l'intérieur;* 18. April: *Réponse à une lettre signée M . . . V . . .* ; 20. April: *Le Cri du peuple français contre ses oppresseurs.* (Buonarroti, *Conspiration*, I, 128/129; Saitta, *Buonarroti*, I, 259/260)

[172] Das Siegel besteht aus einem ovalen Petschaft mit den Worten *Salut Public* und einem Dreieck darüber. Pariset verweist auf die Ähnlichkeit im Aufbau des illegalen Parteiapparates mit der Organisation der Freimaurer-Logen und darauf, daß unter dem Dreieck auch das Winkelmaß als Abzeichen der Logenbrüder verstanden werden könne. (*Babouvisme et Maçonnerie*, 272)

[173] Zu Instrukteuren werden gewählt:

1.	Bezirk	Morel	auf Vorschlag von	Babeuf
2.	„	Baudement	„ „ „	Darthé
3.	„	Menessier	„ „ „	Debon
4.	„	Bouin	„ „ „	Buonarroti
5.	„	Guilhem	„ „ „	Germain
6.	„	Claude Fiquet	„ „ „	Germain
7.	„	Pâris	„ „ „	Darthé
8.	„	Cazin	„ „ „	Babeuf
9.	„	Deray	„ „ „	Darthé
10.	„	Pierron	„ „ „	Bouin
11.	„	Bodson	„ „ „	Babeuf und Buonarroti
12.	„	Moroy	„ „ „	Debon

(Buonarroti, *Conspiration*, I, 122/123, n.)

[174] Innerhalb der Partei, und später auch in der Öffentlichkeit, vermutet man, es sei vor allem Félix Lepeletier gewesen, der die Verschwörung mit Geldmitteln unterstützt habe. Zu diesem Vorwurf erklärt sein Bruder: «Die Revolution hat ihm nicht mehr als mir, an Stelle der Aussicht auf ein großes Vermögen, nur einen mäßigen Wohlstand belassen; ein Heim, 11 Morgen Land und eine Rente von 3000 livres, die zur Zeit des Floréal aus fast wertlosen Assignaten bestand. Das waren die Mittel, die er besaß, um eine große Verschwörung zu finanzieren.» (Amédée Lepeletier, *Défense*, p. 8)

[175] Buonarrotis Andeutung bezieht sich aller Wahrscheinlichkeit nach auf Blaw, einen der beiden Gesandten der Batavischen Republik, nach La Revellières Meinung ein «überzeugter Anarchist», der die ihm zur Verfügung stehenden Gelder zur Förderung revolutionärer Umtriebe verwandt habe. (Debidour, *Recueil*, II, 610, n. 3; La Revellière-Lépeaux, *Mémoires*, I, 394) Auch Blaws Kollege J. G. Meyer stand mit Babeuf (wenn auch nur indirekt) in Verbindung. Dieser veröffentlichte im *Journal de la Liberté* einen (an Guffroy gerichteten) Brief Meyers aus Gent über die dortige Feier zum 2. Jahrestag der Ausrufung der französischen Republik. (No. 20, p. 7/8) Saitta vertritt die Auffassung, daß es sich bei dem Geldgeber der Partei um den Gesandten der Batavischen Republik in Madrid, Valkenaer, den das Direktorium am 16. Juni aus Frankreich auswies, gehandelt habe. (*Buonarroti*, I, 30/32 et n., 89; Debidour, *Recueil*, II, 640)

[176] Für eine gewisse Verbreitung des *Tribun* unter den Soldaten spricht ein Schreiben Germains vom 28. Februar an Babeuf, worin er ihm mitteilt, er habe soeben von einem Kameraden bei der Armee einen Brief erhalten, in dem dieser ausführe, die Nummer 40 des *Tribun* habe einen ausgezeichneten Eindruck gemacht. Er bitte, ihm unverzüglich die nächste

Nummer, die man «von Zelt zu Zelt» verbreiten wolle, zukommen zu lassen. (*Pièces*, II, 66/67)

[177] Die royalistische Propaganda – vor allem unter den Soldaten der Rhein-Mosel-Armee – bedient sich ganz ähnlicher Mittel. In der nach der Schließung des *Panthéon* verfaßten *Adresse des 83 départements aux soldats français* fordert ihr Verfasser, der Advokat Demougé, die Vernichtung der «Anarchisten, Terroristen und Blutsäufer» und schließt: «Alors nous aurons une constitution stable, la paix et le bonheur public.» Den größten Erfolg unter diesen Broschüren hat der *Dialogue entre trois grenadiers de l'armée du Rhin*. In ihm tauschen die Soldaten La Liberté, Sans-Chagrin und Francœur ihre (schlechten) Erfahrungen aus: «Kein Brot, kein Fleisch, Assignaten, für die es nichts zu kaufen gibt. Und was den Sold in barem Geld anlangt, wird er immer zum nächsten Ersten versprochen!» Am Schluß läßt Demougé die Katze aus dem Sack: «Que nous soyons bien gouvernés, fût-ce par Louis XVIII, dont les gueux disent tant de mal et peut-être à tort.» (Caudrillier, *La trahison* . . . 211/212)

[178] Ende April werden Astier und Maisoncelle vom *bureau central* durch Limodin und Bréon, die den Absichten Cochons besser entsprechen, ersetzt. (*Journal des Patriotes* . . . No. 258, p. 1042; Cobb, *Note sur la répression* . . . *Annales hist.*, No. 134 [1954] p. 36)

[179] «Ich dachte», schreibt Madame Roland, «an das Wort Montesquieus, daß die Finanziers den Staat stützen, wie der Strick den Gehängten.» (*Mémoires*, I, 141)

[180] Es sind dies die Abgeordneten des Konvents Camus, Lamarque, Quinette und Bancal, die gemeinsam mit dem General Beurnonville am 2. April 1793 durch Dumouriez den Österreichern ausgeliefert wurden. Ferner Drouet und die Diplomaten Maret und Sémonville. (Caron, *Paris* . . . I, 246, n. 5)

[181] Antonelle hatte sich öffentlich gegen die Schließung des *Panthéon* und die von Mailhe vorgeschlagene Beschränkung jeglicher Tätigkeit der *sociétés populaires* ausgesprochen. (*Journal des Patriotes* . . . No. 211, p. 855/856)

[182] Es ist die gleiche Sprache mit beinahe den gleichen Worten, wie sie Bonaparte am Tage des Staatsstreiches vom 18. Brumaire gegenüber dem unglücklichen Botot, der ihm Barras' Demission zu überbringen hat, gebrauchen wird. (Fabre, *Histoire secrète*, t. IV, 375/376; Pasquier, *Mémoires*, I, 143/144)

[183] Später wird Drouet ganz entschieden bestreiten, diesen für ihn nicht gerade schmeichelhaften Brief jemals erhalten zu haben. Und er wird nicht verfehlen, in seinem Rechtfertigungsversuch vor den Abgeordneten auf «die ungeheure Verschiedenheit» zwischen den Gedankengängen seiner Rede und dem unbenutzt gebliebenen Konzept Babeufs hinzuweisen. (*Copie de l'instruction pers.*, 203) Grisel behauptet, Drouet habe die Rede Babeufs als eine vorzeitige Schilderhebung – une levée de bouclier prématurée – angesehen und darum abgelehnt. (*Copie de l'instr. pers.*, 147) In Vendôme wird auch Babeuf zu diesem Schreiben an Drouet Stellung nehmen. Was den Ton seines Briefes anlange, sei dies eine Angelegenheit, die nur Drouet und ihn angehe. Zur Sache selbst müsse er

sagen, es sei seltsam, sich überhaupt wegen solcher Dinge verantworten zu müssen. «Drouet hat keinen Gebrauch von meinen Ideen gemacht. Aber selbst wenn er sie vollständig übernommen hätte, was könnte man deswegen gegen ihn vorbringen? War es ihm nicht erlaubt, mich wie irgend einen anderen zum Sekretär zu nehmen? Hat man Mailhe behelligt, um festzustellen, ob er seine Rede selbst verfaßt hat? Und was wird aus dem Grundsatz, wonach kein Beauftragter des Volkes, für das, was er in Ausübung seines Amtes gesagt oder geschrieben hat, zur Rechenschaft gezogen werden kann?» (Advielle, II, *Défense*, 275/276)

184 «Le travail en U. R. S. S. est pour chaque citoyen apte au travail un devoir et une question d'honneur selon le principe: ‹Qui ne travaille pas, ne mange pas›. En U. R. S. S. est appliqué le principe du socialisme: ‹De chacun selon ses capacités, à chacun selon son travail›.» (*Constitution de l'U. R. S. S.*, art. 12)

185 Darüber, daß es notwendig sein werde, dieser «Freiwilligkeit» erheblich nachzuhelfen, ist sich Buonarroti auf Grund der seit dem 9. Thermidor eingetretenen Entwicklung, bei der «sich die kleinsten Grundeigentümer wieder an ihren Besitz geklammert haben», vollkommen klar. (*Conspiration*, I, 90)

186 Der Ausdruck stammt von Mably, der 1776 geschrieben hatte: «... si les lois ont su attacher de la gloire et da la considération à son travail... Pourquoi donc la communauté des biens ne produirait-elle pas des héros?» (*De la législation* ..., Coll. compl., t. IX, 81/82)

187 Den gleichen Weg beschritt die russische Revolution in der Phase des Übergangs zum Kommunismus. Er beweist deutlich den Klassencharakter der geplanten Revolution. (Pia Onnis, *Filippo Buonarroti, Nuova Riviste storica*, [1952], p. 505)

188 Buonarroti: «On aurait donc élevé entre la France et ses voisins des barrières hérissées d'obstacles...» (*Conspiration*, I, 262/263)

189 «L'U. R. S. S. accorde le droit d'asile aux citoyens étrangers poursuivis pour la défense des intérêts des travailleurs...» (*Const. de l'U. R. S. S.*, art. 129)

190 Der Gedanke der völligen Trennung von Kirche und Staat findet sich bereits bei Romme, der als Präsident des Comité d'instruction publique am 11. Oktober 1793 in einem Schreiben an den Wohlfahrtsausschuß gefordert hatte, daß jede Religion ihre Diener selbst bezahlen solle. (*La Révol. fr.*, t. 25 [1893] p. 280)

191 Hier zeigt sich Buonarroti als getreuer Schüler Rousseaus, der im *Contrat social* schreibt: «Es handelt sich hierbei also nicht eigentlich um Religionslehren, sondern um allgemeine Ansichten, ohne deren Befolgung man weder ein guter Bürger noch ein treuer Untertan sein kann... Sobald sich jemand nach öffentlicher Anerkennung dieser bürgerlichen Glaubensartikel doch als Ungläubigen zu erkennen gibt, so verdient er die Todesstrafe...» (*Der Gesellschaftsvertrag*, 180)

192 Dagegen Baudot: «Ich habe die Republik des Perikles und nicht die des Lykurg gewollt. Wie die ganze Religion nicht in der Regel der Mönche von La Trappe besteht, so auch nicht die gesamte Republik in den Gesetzen Spartas.» (*Notes* ... 165)

[193] Unter Einschluß der 8 Departements in Belgien, Holland und Luxemburg, die am 1. Oktober 1795 mit den 89 Departements der Republik vereinigt wurden. (Caron, *Manuel pratique* ... 292)

[194] Das gleiche (von Leibniz stammende) Wort hatte Mercier 1770 als Leitspruch unter den Titel seines Buches *L'an 2440* gesetzt. (Béclard, *Mercier*, I, 86)

[195] Auf die Ähnlichkeit zwischen einer «rechten» und einer «linken» Diktatur verweist Espinas: «Il y eut du babouvisme encore dans le coup d'Etat de Brumaire et dans le plébiscite de l'an X.» (*Philosophie*, 365)

[196] Die Verhaftungen ehemaliger Jakobiner nach dem Attentat vom 24. Dez. 1800 werden von Fouché ausdrücklich als «Maßnahme zur Erhaltung der sozialen Ordnung» bezeichnet. (Madelin, *Fouché*, I, 340) Im gleichen Sinne betrachtet Bonaparte «die Religion als Mittel zur Erhaltung der sozialen Stabilität». (Aulard, *Polit. Geschichte*, II, 614)

[197] Ebenso rasch bricht in Versailles im Verlauf des 29. April eine Meuterei des dortigen ersten Bataillons der Polizeilegion zusammen. Noch bevor der Befehl zur Auflösung dieses Bataillons in Versailles eintrifft, kann der Kommandant der 4. Division, General Loyson, dem Direktorium melden, daß sich das Bataillon unterworfen habe und in seine Quartiere nach Chartres und Dreux abmarschiert sei. «Die Meuterer sind verhaftet und entwaffnet», fügt er lakonisch hinzu. (Debidour, *Recueil* ... II, 255, et n. 3; Aulard, *Paris* ... III, 166) Noch am gleichen Tage beschließt das Direktorium, den Namen «Polizeilegion» abzuschaffen. Entsprechend den Bestimmungen des Gesetzes vom 5. Floréal werden die Angehörigen der ehemaligen Polizeilegion in die aktive Nationalgarde, deren Uniform sie von nun an zu tragen haben, versetzt. Der Kriegs- und der Polizeiminister werden angewiesen, dem Direktorium in täglichen Berichten die Maßnahmen mitzuteilen, die sie zur Verfolgung und Bestrafung der Rädelsführer bei der Rebellion ergriffen haben. (Debidour, *Recueil* ... II, 256/257; Mathiez, *Directoire*, *Revue*, [1929], 615) Am 1. Mai unterzeichnen Barras, Carnot und Le Tourneur einen Befehl, dem zufolge die Angehörigen des 2. und 3. Bat. der ehemaligen Polizeilegion unverzüglich und unter Eskorte nach Metz in Marsch zu setzen sind, um in die Halb-Brigaden der Rhein-Mosel-Armee unter General Moreau eingegliedert zu werden. Mit dem Kommando über diesen Transport wird der Generaladjutant Solignac beauftragt. Am 23. Mai verfügt das Direktorium, den Bataillonen der ehemaligen Polizeilegion sei mit Ende der Dekade der gleiche Sold wie allen Infanteristen zu zahlen. Das in Melun stationierte Bataillon, das sich völlig ruhig verhalten hat, muß am 3. Juni wegen angeblicher «Beunruhigung der Bevölkerung» seine Quartiere räumen. Aus der Kavallerie wird das (in Grenelle stationierte) 21. Dragoner-Regiment gebildet, und die überzähligen Mannschaften werden nicht, wie ursprünglich vorgesehen, in das 24. Kavallerie-Regiment aufgenommen, sondern nach Rennes zur Verfügung des Generals Hoche überstellt. (Debidour, *Recueil*, II, 270, 378, n. 3, 448, 538, n. 6, 682, n. 7)

[198] In Vendôme wird Babeuf die Behauptung der Staatsanwaltschaft, die Rebellion bedeute den Beginn der praktischen Durchführung der Verschwörung, energisch bestreiten. Der Aufstand der Legion sei nicht das

Werk der Partei gewesen. Ein dichter Schleier liege noch immer über den Ursachen dieser Empörung. Die Demokraten hätten die royalistischen Führer von Clichy für die Unruhen verantwortlich gemacht und ihrerseits alles getan, um die Ausbreitung der Empörung einzudämmen. Tatsächlich erscheint es nicht ausgeschlossen, daß gleichzeitig mit den Agenten der Partei auch Agenten der Royalisten die Legion bearbeitet haben. Dies mag erklären, warum dem GD Bedenken gekommen sind, einen vollen Einsatz der Partei zu wagen. Es erübrigt sich zu fragen, ob nicht die Ereignisse, bei einem demonstrativen Aufmarsch der Arbeiter aus den Vorstädten, eine völlig andere Wendung genommen hätten. (Bailly, *Discours* ... 51; Advielle, II, *Défense*, 254; *Journal des Patriotes*, No. 258, p. 1042; Pariset, *Babouvisme* ... 271; Bernstein, *Buonarroti*, 119/120; Caudrillier, *La trahison* ... 243, et n. 19)

199 Nicht weniger zurückhaltend beurteilt das GD das Anerbieten zweier Offiziere der Polizeilegion, Pêche und Steve, sie wären bereit, als Wachhabende im Luxembourg die Mitglieder des Direktoriums um die Ecke zu bringen und mit dieser patriotischen Tat die egalitäre Revolution einzuleiten. Der Gedanke an eine «Nacht der langen Messer», der nur zu deutlich seine Herkunft aus einer der Schreibstuben des *bureau central* verrät, findet im GD ebenso wenig Gegenliebe, wie die Anregung eines anonym gebliebenen Mitarbeiters, den Aufstand unter royalistischen Vorzeichen beginnen zu lassen und erst auf seinem Höhepunkt «wie aus den Wolken» mit den Parolen der Verfassung von 93 und des *bonheur commun* einzusetzen. Das GD verspricht sich von einem solchen Manöver eher eine schädliche Wirkung und hält daran fest, annähernd die gleichen Parolen wie beim Prairialaufstand des vergangenen Jahres zu verwenden. (*Pièces*, I, 39, 136/137)

200 Entsprechend Art. 141 der Verfassung hat jeder der Direktoren abwechselnd für 3 Monate das Präsidium zu übernehmen. Für die Zeit vom 30. April bis 29. Juli 1796 ist die Reihe an Carnot.

201 Der Ausweisungsbefehl nennt 7 Konventsmitglieder: Huguet, Choudieu, Châles, Fayau, Amar, Voulland und Vadier. Als Reaktion auf diese als polizeiliche Sicherungsmaßnahme bezeichnete Schikane, fordert das GD in einem Rundschreiben vom 26. April seine Instrukteure auf, den von der Ausweisung bedrohten Abgeordneten den gleichen Schutz zu gewähren wie allen von Willkürakten des Despotismus betroffenen Demokraten. Doch müsse es damit sein Bewenden haben. Ein Zusammengehen sei nicht beabsichtigt. Alles, was der Regierung angehöre oder einmal angehört habe, müsse unbedingt ausgeschaltet bleiben. (*Pièces*, I, 193/194)

202 Babeuf hat, seit seinen Erfahrungen mit Coupé, nicht aufgehört, die Tätigkeit und Stellung der Abgeordneten kritisch zu betrachten. Er hatte sich scharf gegen «die falsche Idee der Unfehlbarkeit oder höheren Fähigkeit» gewandt, die man mit der Vorstellung von einem Volksbeauftragten verbindet. Ein Abgeordneter bleibe auch nach seiner Wahl ein Mensch wie jeder andere und werde ebenso viele und vielleicht noch mehr Fehler begehen, da ihn der Glanz der Macht, die sein Amt umgebe, verblende. (*Système de dépopulation* ... 22)

[203] Babeuf denkt wie Napoleon: il ne faut pas de si, ni de mais, il faut réussir!

[204] Seit den Tagen der Legislative galt die Stellung eines Ministers im Vergleich zu der eines Abgeordneten für subaltern und fast herabwürdigend; die vom GD geplante Besetzung der Commissions ministérielles (mit dem 19jährigen Duplay als Verantwortlichem für Steuern und Finanzen) beweist, daß auch seine Mitglieder diese Auffassung geteilt haben. (*Pièces*, I, 80; Aulard, *Polit. Geschichte*, I, 250)

[205] Carnot ändert von sich aus die Zeit. Es ist nicht sicher, ob er sich verhörte oder ob sich Grisel unklar ausgedrückt hat. (*Débats*, II, 105)

[206] Am Nachmittag überbringt Carnot-Feulins dem Polizeiminister eine weitere, vom Direktorium in geheimer Beratung getroffene Entscheidung. Sie ermächtigt den Minister auf Grund von Artikel 145 der Verfassung zur Festnahme von 31 namentlich aufgeführten Personen, die im Verdacht stehen, an einer Verschwörung gegen die Staatssicherheit beteiligt zu sein. Diesen Beschluß haben, seiner Bedeutung wegen, alle fünf Direktoren gemeinsam unterzeichnet. Als erster Carnot und als letzter Barras. (Debidour, *Recueil*, II, 339/341)

[207] Drouet habe in der Sitzung, behauptet Grisel, vorgeschlagen, sich durch einen Handstreich in den Besitz von 150 000 livres in Gold zu setzen. Hierzu genügten 30 Mann. Er habe außerdem angeregt, an Stelle des Namens Frankreich die Bezeichnung Gallien zu setzen, was Babeuf abgelehnt habe. (*Copie de l'instr. pers.*, 165, 168/169) Der Gedanke eines Europa beherrschenden «Gaule césarienne» wird wenige Jahre später die Grundkonzeption Napoleons darstellen, die an dem nicht zu brechenden Widerstand Englands scheitert. (Sorel, *L'Europe* ... IV, 469)

[208] Ein Dekret vom 20. September 1791 bezeichnet die commissaires-ordonnateurs als die ersten Mitarbeiter des Kriegsministers. Als ihre Gehilfen fungieren die commissaires des guerres, die außer ihrer Tätigkeit in Bezug auf Nachschub und Verpflegung die Aufgabe haben, die Arbeit der Stäbe zu überwachen. (Avenel, *Lundis* ... 6/7)

[209] Die Streitkräfte der bewaffneten Erhebung setzen sich im einzelnen, nach den Berechnungen des GD, wie folgt zusammen: 6000 Angehörige der ehemaligen Polizeilegion, 1500 Grenadiere der gesetzgebenden Körperschaft und 1000 Invaliden; weitere 5500 Mann entfallen auf ehemalige Angehörige der Revolutionskomitees, der Überwachungsausschüsse, der *armée révolutionnaire,* der Jakobiner, Cordeliers und Hébertisten; zu ihnen kommen etwa 1000 Revolutionäre aus den Departements, rund 1000 ehemalige Kanoniere der Sektionen und etwa ebensoviel abgesetzte, entlassene oder in den Militärgefängnissen festgesetzte Offiziere und Mannschaften. (Buonarroti, *Conspiration*, I, 188) Diesen Angaben ist mit großer Vorsicht zu begegnen. Die Polizeilegion hat, nach den Ereignissen vom 28. April, aufgehört als geschlossene Einheit zu bestehen. Im günstigsten Fall ist mit 1000 Mann, die bei ihrer Auflösung desertiert sind, zu rechnen. Ebenso vage sind die Hoffnungen, die an eine aktive Mitwirkung der Grenadiere und der Invaliden geknüpft werden. Die Invaliden hätten – selbst im Falle ihrer geschlossenen Mitwirkung – niemals eine Macht, sondern allenfalls eine moralische Autorität ausüben können. Von den Grenadieren der

gesetzgebenden Körperschaft – deren Zahl übrigens gegenwärtig nur 800 beträgt und die erst im November auf 1200 erhöht werden wird – ist eine Mitwirkung trotz gewisser Zersetzungserscheinungen nicht zu erwarten. Eine vom 30. April 1796 datierte Ergebenheitsadresse zweier Offiziere dieser Einheit an das Direktorium bezeugt zur Genüge, daß man sich innerhalb der Truppe bewußt ist, eine bevorzugte Stellung nur durch unbedingte Treue gegenüber der Regierung halten zu können. Ähnliche Einwendungen sind gegen die sonstigen Angaben dieser Aufstellung zu erheben. Von den Kanonieren – die seit dem Prairial letzten Jahres über keine Kanonen mehr verfügen – dürfte der größte Teil zur Armee eingezogen worden sein. Allenfalls kann das GD mit dem Einsatz von 200 Angehörigen dieser Truppe rechnen. Ebenso unsicher erscheint eine Beteiligung der abgesetzten Militärs, von denen eine ganze Reihe nach dem Vendémiaire reaktiviert wurde, während der Rest gesinnungsmäßig eher dem royalistischen Lager angehören mochte. Bleiben noch die aktiven Kader der Revolution, die zum größten Teil nach der Reorganisation der Nationalgarde entwaffnet wurden. Von ihnen ist anzunehmen, daß etwa 1000 Mann aus bisher verborgen gehaltenen Waffenlagern und durch Überfälle auf einzelne Depots mit Handfeuerwaffen hätten ausgerüstet werden können. (Granier de Cassagnac, *Histoire* ... II, 83/85; Debidour, *Recueil* ... II, 262)

210 Saitta vermutet, daß auch Beziehungen zu General Augereau bestanden haben. (*Buonarroti*, I, 29, n., 87)

211 Der Verbrüderung dient auch ein Lied, *La Nouvelle Carmagnole, pour la grande réunion des défenseurs de la patrie campés à Vincennes, à Grenelle etc. avec leurs frères les Sansculottes de Paris.* (*Pièces*, I, 133/134)

212 Die meisten der hier genannten Straßen im quartier Les Halles sind inzwischen Umbenennungen oder städtebaulichen Maßnahmen zum Opfer gefallen. Verschwunden sind die rue Verderet und die rue Conseil. Geblieben ist die uralte rue Montorgueil, die vom impasse Saint-Eustache zur rue Saint-Sauveur führt. Von der rue de la Grande-Truanderie mußte der untere Teil, mit dem Haus Nummer 21, einer Verbreiterung der rue de Turbigo Platz machen. Sie führt heute vom boulevard de Sébastopol über die rue Saint-Denis zu der kleinen rue de la Réale, unmittelbar vor dem impasse Saint-Eustache. Verschwunden ist auch die rue Babille, eine der kleinen Straßen in der Umgebung des (ehemaligen) Marché au bled. An die rue des Deux-Ecus (heute rue Berger), die von der rue des Prouvaires zur rue de Grenelle Saint-Honoré führte, erinnert nur noch der Name der place des Deux-Ecus, am Schnittpunkt der rue du Louvre und der rue Berger.

213 Sein Chef Collenot d'Angremont wird hingerichtet. Dossonville selbst wird am 27. August 1792 «dank der Beschränktheit eines Geschworenen, der nicht wußte, was der Begriff ‹wissentlich› besagen wollte», freigesprochen. (d'Héricault, *Documents* ... t. II, p. 8)

214 In dieser (Manuskript gebliebenen) Nummer geht Babeuf davon aus, daß der Aufstand in Paris gesiegt hat und daß die Stadt von der Armee des Innern blockiert wird. Der *Tribun* richtet als «erster Parlamentär des

werktätigen Volkes an die werktätigen Soldaten» einen Aufruf. (*Pièces*, I, 230/231)

[215] Er hatte gerade geschrieben: «Das Aufstands-Komitee des Öffentlichen Wohls: das Volk marschiert, die Tyrannei ist nicht mehr; Ihr seid frei ...» (*Pièces*, II, 281; Buonarroti, *Conspiration*, I, 299/300)

[216] Alle Akten – ein Berg aus 22 Ordnern mit insgesamt 447 Schriftstücken, die Broschüren, Bücher und Zeitschriften nicht gerechnet – werden säuberlich numeriert und abgezeichnet, um anschließend, zusammen mit Babeufs gleichfalls beschlagnahmtem Siegel des GD, erneut unter Verschluß genommen zu werden. (*Pièces*, I, 2; II, 252/253)

[217] Am 27. April 1796 war die Kurierpost nach Lyon auf der Strecke zwischen Lieursaint und Melun überfallen und beraubt worden. Der Postillon und der Begleitkurier wurden ermordet. (Delayen, *L'affaire* ... 29/30; *Journal des Patriotes* ... No. 258, p. 1042)

[218] Die gleiche Auffassung äußert Barras (*Mémoires*, II, 121), während Thibaudeau im Gegenteil das Schreiben für «ein sehr bemerkenswertes Manifest der Partei» erklärt. (*Mémoires*, II, 51) Als einer seiner Kampfgefährten sieht Buonarroti in Babeufs Schreiben den entschlossenen Versuch, das Direktorium in letzter Stunde vor einer entscheidenden Schwächung des republikanischen Lagers, die ausschließlich den Royalisten zum Vorteil gereichen könne, zu warnen. (*Conspiration*, éd. Charavay, 205) Unter den Historikern sehen wohlwollend gesonnene in diesem Schreiben einen impulsiven Schritt, dessen Ungeschicklichkeit sich aus der Isolierung Babeufs von seinen Freunden erklären lasse. (Bernstein, *Buonarroti*, 145) Andere urteilen wesentlich schärfer und betrachten es als «lächerlich», als «wirklich wahnsinnig», als «impertinent», als «eine Mischung von komisch anmutender Angeberei und letzter Plattheit». (Mathiez, *Le Directoire*, *Revue*, [1929], p. 717) Dommanget verweist zu Recht darauf, daß man das Schreiben, um es in seiner Bedeutung richtig zu verstehen, aus der Atmosphäre der Zeit beurteilen müsse. (*Pages ch.*, 302, n.)

[219] Neben Freundlichkeiten von der Art, Babeuf als die «ridicule doublure de Marat» oder den «singe d'Hébert» zu bezeichnen, findet sich der Satz «le directoire sera cru quand il nous déclarera que le gougeat de Babeuf étoit un instrument d'anarchie ...» (*Journal des Patriotes* ... No. 283, p. 1143) welchen Ausdruck Bonaparte nach geglücktem Staatsstreich dem Direktorium gegenüber verwenden wird, das er als «ce Directoire goujat» bezeichnet. (Hyde de Neuville, *Mémoires*, I, 272)

[220] Einen Monat nach der Verhaftung Babeufs herrscht in den faubourgs «tiefes Stillschweigen über die Verschwörung und die Verschwörer». Das Schweigen über Babeuf gehe nicht auf Gleichgültigkeit zurück, melden die Agenten des *bureau central*, sondern sei die Folge des Vertrauens in die Aktivität des Direktoriums und in die Haltung der gesetzgebenden Körperschaft. Man sei sicher, daß die Regierung fest verankert sei und halte, trotz der Umtriebe der Anarchisten, der Habgier der Aufkäufer und Finanzleute, der gefährlichen Machinationen der Royalisten, der merkantilen Gewinnsucht und des bäuerlichen Egoismus, eine Rückkehr zum *ancien régime* für unmöglich. (Aulard, *Paris* ... III, 247; Schmidt, *Tabl.* III, 241) Selbst dort, wo nach Ansicht der Polizei die Anhänger Babeufs

in Scharen vorhanden sind, wie bei den Werftarbeitern der Grenouillère, gibt es für die Agenten wenig zu tun. Gelegentliche Aufsässigkeiten, wie bei den Arbeitern eines Mehlmagazins in der rue Neuve-Laure oder bei den Straßenarbeitern an der barrière d'Enfer, haben ausschließlich ihren Grund in der Lohnzahlung in Mandaten und werden rasch unterdrückt. Auf Versuche der Druckereiarbeiter sich zusammenzuschließen, um eine Bezahlung in Hartgeld zu erzwingen, antwortet die Polizei mit Verhaftungen. (Aulard, *Paris*... III, 288, 315; Deville, *Thermidor*... 307/308) Mercier, der, ähnlich wie Restif de la Bretonne, in engem Kontakt mit Arbeitern und Kleinbürgern in Paris gelebt hat, steht nicht an, zu behaupten, daß – wären die Verhältnisse nicht gegen ihn gewesen – Babeuf zweifellos das Idol der breiten Masse geworden wäre. Der «royaliste à bonnet rouge» sei im Grunde das Ideal dieser Bevölkerung, die zugleich autoritätsgläubig und gegen alle aufsässig sei, die ihr an Bildung und Besitz überlegen wären. (Mercier, *Nouv. Paris*, VI, 28/29)

[221] Der Befehl zu ihrer Verhaftung ist von Reubell, Carnot und Barras unterzeichnet. (Debidour, *Recueil*... II, 373, n. 3) Die Liste stellt der Arbeit der Polizei kein günstiges Zeugnis aus. Sie wimmelt von Flüchtigkeiten und drei der Genannten, Debon, Toussaint und Bodson, werden sogar doppelt aufgeführt. (*ibid.*, II, 373)

[222] Er veröffentlicht am 28. Mai eine Broschüre mit dem Titel: *Observations présentées au Directoire, pour demander l'exécution des Lois qui condamnent Vadier à la déportation. Par Darmaing, fils de l'une de ses victimes.* (Arch. Nat., F^7 4276) Das «Opfer», auf das Darmaing hinweist, ist sein Vater, der 1794, angeblich zu Unrecht, als Konterrevolutionär hingerichtet wurde. 25 Jahre später, wird sich der gleiche Darmaing in einer Supplik an eine Königliche Hoheit darauf berufen, daß sein Vater als «Verteidiger des Throns» zugrunde gegangen sei. (Tournier, *Le conventionnel Vadier, Revue Bleue*, No. 20 [1894], p. 626)

[223] Fyon wird im September im Zusammenhang mit der Affäre von Grenelle verhaftet. Antonelles Festnahme erfolgt im November 1796. (Barras, *Mémoires*, II, 243)

[224] Ausschlaggebend mochte die Tatsache sein, daß Sylvain Maréchals Name in den bei Babeuf beschlagnahmten Papieren nur gelegentlich auftaucht (*Pièces*, I, 50, 68) und daß weder Grisel noch Pillé Gelegenheit hatten, ihn persönlich kennenzulernen. (Karmin, *Maréchal, Revue hist.*, I, [1910] 508 et n. 5; II [1911], 438)

[225] Das von dem Bildhauer Curtius unter Ludwig XVI. am boulevard du Temple geschaffene Wachsfigurenkabinett historischer und zeitgeschichtlicher Persönlichkeiten wurde nach seinem Tode von seiner Witwe weitergeführt. Curtius' Nichte und Adoptivtochter, Madame Tussaud, ging 1802 nach London, um dort ein ähnliches Etablissement mit ähnlichem Erfolg zu begründen. (Fleischmann, *Le masque mortuaire de Robespierre, Annales Révol.*, t. IV [1911]; *Madame Tussaud's memoirs and reminiscences of France formed an abriged history of the French revolution,* edited by Francis Hervé, Esq., London, 1838)

[226] Seit Dezember 1795 kommt eine von Sieyes geleitete Gruppe aus etwa 100 Abgeordneten regelmäßig im hôtel de Noailles im faubourg

Saint-Honoré zusammen. (Mathiez, *Le Directoire, Revue,* [1929], p. 723)

[227] Dossonville verweist in einem ausführlichen Memorandum an das Direktorium auf seine Uneigennützigkeit und die geleisteten Dienste, insbesondere bei Gelegenheit der Verschwörung Babeufs. (Debidour, *Recueil* ... II, 479, n. 3)

[228] Réal unterstreicht, daß Cochon wohl den von Babeuf stammenden Aufsatz über die *sociétés populaires* veröffentlicht habe, dagegen die von Drouet verfaßte Rede mit Stillschweigen übergangen habe. Dies beweise die bezeichnende Voreingenommenheit des Polizeiministers, der nur das Belastungsmaterial gelten lasse. (*Journal des Patriotes* . . . No. 307, p. 1240)

[229] Im Rat der 500 ist das Stimmenverhältnis 320 gegen 72; im Rat der Alten 161 gegen 58. Die Tatsache, daß Drouet im Verhältnis mehr Verteidiger im Rat der Alten als bei den Fünfhundert fand, wird in der Öffentlichkeit stark beachtet. Man hatte das Gegenteil erwartet. (Schmidt, *Tabl.*, III, 273; Mathiez, *Le Directoire, Revue,* [1929], p. 725)

[230] Am 12. Juni 1796 beschließt das Direktorium in geheimer Sitzung, Delacroix zu beauftragen, er solle durch den französischen Gesandten in Den Haag, Noel, das diplomatische Komitee des batavischen Konvents davon unterrichten lassen, daß das Direktorium *einen* Gesandten der batavischen Republik in Paris als ausreichend ansehe, und daß «der Bürger Blaw den beiden Republiken nicht länger von Nutzen sein kann». (Debidour, *Recueil* ... II, 610)

[231] In Périgueux wird nach der Melodie des *Pauvre Jacques* eine von Brutus Magnier verfaßte Romanze gesungen. Sie beginnt:

«Peuple français, quand ton ardent ami
Gémit dans un triste esclavage,
Prends sa défense et souviens-toi qu'en lui
C'est ta majesté qu'on outrage.»

(Aulard, *Paris* ... III, 269)

[232] Der *Courrier républicain,* der Barras bereits als Komplizen der Verschwörung angegriffen hat, gibt in einer Leserzuschrift deutlich genug zu verstehen, was er von den Hintergründen dieser Flucht hält: «Durch die Rettung der einflußreichsten Persönlichkeit, die in das abscheuliche babouvistische Komplott verwickelt ist, hat man geglaubt, das allgemeine Interesse an dieser Affäre zu verringern, und bedenklichen Enthüllungen zuvorzukommen, die geeignet sein könnten, die Ruhe verschiedener Personen, die nicht weniger hochgestellt sind als der berühmte Postmeister, zu stören.» (Robiquet, *Babeuf et Barras, Revue de Paris,* 1896, p. 209/210) Als Cochon im Direktorium den Vorfall meldet, war man sich gerade nach mancherlei Hin und Her einig, Drouet in einem Wagen nach Vendôme transportieren zu lassen. Le Tourneur ist verzweifelt, seine Beute entwischen zu sehen, aber sein Vorschlag, mit Repressalien zu antworten, dringt nicht durch. Barras äußert, er sei zufrieden, daß auf diese Weise die Integrität der Volksvertretung gewahrt bleibe. Später macht er kein Hehl daraus, Drouet zu seinem Entweichen verholfen zu haben. (Barras, *Mémoires*, II, 178/179; La Revellière, *Mémoires*, I, 421; Debidour, *Recueil* ... III, 383, 388)

[233] In dieser Liste findet sich auch der Name Pillé für das Departement Loiret. Als ihn in Vendôme einer der Geschworenen, Caquet, daraufhin anspricht, antwortet Pillé, es sei ihm auch eigentümlich erschienen, einen schwerhörigen Menschen wie ihn auf eine solche Liste zu setzen. Und als Caquet einwendet, er habe seinen Namen doch immerhin selbst geschrieben, entgegnet Pillé schlicht: «Ich habe ihn abgeschrieben», womit die Sache ihr Bewenden hat. (*Débats*, III, 194)

[234] Babeuf wird am späten Abend des 22. Mai aus der Abbaye geholt und durch den Gerichtsdiener Mariancheau in einem Wagen zum Temple gebracht, wo ihn der concierge Lasne um halb elf in Empfang nimmt. (Maurice, *Histoire* . . . 383/384) Von den 36 inzwischen Verhafteten werden 8 im Temple, 13 in der Abbaye, 13 im Plessis und je einer in Pélagie und Petite Force einquartiert. (*Acte d'accusation* . . . 6/7)

[235] Das Protokoll verzeichnet folgende Titel: *Doit-on obéissance à la Constitution de 1795?; Adresse du Tribun du peuple à l'armée de l'intérieur; Opinion sur nos deux Constitutions; Dénonciation d'un Belge, La Rive gauche du Rhin, limite française, en trois cahiers; Réponse à une lettre signée M. V.; Essai sur la Justice primitive.* (*Pièces*, II, 243)

[236] Noch in Vendôme wird sich Germain in bitteren Beschwerden über die Hinterhältigkeit und «mörderische Beredsamkeit» Gérards ergehen, in dessen Händen sich selbst die unschuldigsten Dinge in Mordwerkzeuge verwandelten. Gérard sei der verächtlichste, der verkommenste aller Menschen, schlimmer als selbst ein Grisel. (*Débats*, I, 54/55)

[237] Es handelt sich um Toulotte, Cochet, Félix Lepeletier, Rossignol und Jorry. (R. S. V., *L'affaire* . . . p. 297)

[238] Teresa Poggi gilt allgemein als Buonarrotis Frau. Nach seiner Verurteilung wird ihr im Juli 1797 durch einen besonderen Erlaß des Kriegsministers gestattet, «à cohabiter avec son mari dans le Fort National». Cazin, der Buonarrotis Haft auf der île Pelée teilte, behauptet, Teresa sei die Frau eines Schneiders aus Genua gewesen, die Mann und Kinder im Stich gelassen hätte, um Buonarroti zu folgen, dessen Frau mit ihren Kindern in Italien lebe. (Robiquet, *Les déportés* . . . *La Révolution française*, t. 62 [1912] 448, 508)

[239] «Lorsque des tyrans on médite la mort
Qu'espérer de l'inréussite? la mort
Vainqueur j'aurois fait mon devoir
Vaincu je saurois reçevoir la mort.
Amis, voyons avec courage la mort
Chantons: Plutôt que l'esclavage la mort
Le peuple un jour sur nos bourreaux
Vengera de ses vrais héros la mort.» (*Pièces*, II, 285)

[240] In einem Germain zugedachten Brief heißt es, man sei in gehöriger Verlegenheit, da man kein Belastungsmaterial gegen Drouet gefunden habe: vermutlich werde man genötigt sein, ihn freizulassen. (*Pièces*, II, 284) Ein an Didier gerichteter Zettel (er wird in einer von dessen Frau gebrachten Suppenterrine entdeckt) enthält wesentlich wichtigere Mitteilungen: «. . . seit der Verhaftung der Verschwörer hat das Brot um 5 livres aufgeschlagen, stellenweise um 10 livres und alles im Verhältnis.

Peletier, Rossignol, Fyon, Antonelle sind nicht, wie man sagte, verhaftet ... Tissot war nicht bei sich zu Hause und ist nicht in Haft; heute morgen ist man zu Reys gekommen, um ihn zu verhaften; er hat sich gerettet; man hat die Siegel angebracht.» (*Pièces*, II, 286)

241 «Man veröffentlichte», schreibt Prudhomme, «man habe bei Babeuf einen Koffer voll Gold gefunden. Da ich vom Gegenteil überzeugt war, begab ich mich in seine Wohnung im faubourg Saint-Honoré. Ich finde, im fünften Stock, eine Familie in Tränen schwimmend, drei oder vier kleine Kinder ohne Brot; ich bat die Mutter, einige Assignaten anzunehmen. Mein Schritt wurde der Regierung angezeigt, aber sie billigte ihn. Ich habe in der Folge erfahren, daß Barras der Familie einige Unterstützung zukommen ließ.» (*Histoire impart.*, t. XI, p. 46/47)

242 Beffroy de Reigny, der Babeufs Rolle mit der des Esels in La Fontaines Fabel *Les animaux malades de la peste* vergleicht, macht sich zum Echo dieser Auffassung, wenn er schreibt: «Aber was immer einzigartig erscheinen wird, ist die Kühnheit der Komplizen eines Menschen, der der Macht der Umstände geopfert wurde, und die Hartnäckigkeit, mit der sie selbst das Andenken an jenen verfolgen, dessen Tod ihre Verbrechen gesühnt hat. Man hört von allen diesen ehemaligen Freunden Babeufs, daß er sein Los wohl verdiente ... und ebendarum, weil er ihnen bei ihren Umtrieben half, wurde er ihr Opfer! (Le Cousin Jacques, *Dictionnaire néolog.*, I, 317/318)

243 Das Gefangenenregister des Temple verzeichnet als Datum des Abtransportes die Nacht vom 29. zum 30. August 1796. (Granier de Cassagnac, *Histoire* ... II, 111, n., 122; Deville, *Thermidor* ... 324) Das von Buonarroti genannte Datum des 26. zum 27. August 1796 (*Conspiration*, II, 12) bezieht sich vermutlich auf den bereits abgegangenen ersten Transport mit 25 Häftlingen aus der Abbaye, der am 30. August in Vendôme eintrifft. (*Vendôme* ... II, 124)

244 Die Polizei teilt diese Auffassung. «Die Freunde Babeufs», schreibt der Agent Bacon an den Minister Cochon, «hatten in dieser für immer denkwürdigen Nacht versucht, Paris und besonders den faubourg Antoine zum Aufstand zu bringen, indem sie das Gerücht einer royalistischen Aufstandsbewegung verbreiteten.» (Debidour, *Recueil* ... III, 589, n. 3)

245 Anders als durch diese Angst ist es wohl kaum zu erklären, wenn Carnot selbst lächerlichen Anzeigen wie einem Schreiben vom 24. August 1796, worin ihm ein Unbekannter meldet, er habe in seiner Tasche einen Zettel gefunden mit den Worten: «Patrioten vereinigt Euch und schlagt zu, es ist Zeit», soviel Bedeutung beimißt, daß er diese Mitteilung mit einem Vermerk an den Polizeiminister weiterleitet. (*Arch. Nat.*, F^7 4276)

246 Nach Mathiez (*Le Directoire*, *Revue*, [1929], p. 727) kam der Hinweis von dem Brigadegeneral Parrein.

247 Cochon, der seine Eignung zu politischen Provokationen bereits bewiesen hat, übernimmt alles weitere. Er informiert seinen getreuen Helfer Dossonville, dazu Limodin und Bréon vom *bureau central*, um durch ihre Spitzel in den Kreisen der Partei Nachrichten über die einem Umsturz günstige Haltung der Soldaten von Grenelle verbreiten zu lassen. Carnot seinerseits verständigt persönlich den Kommandanten der 17. Division,

General Foissac-Latour, und den Stadtkommandanten von Paris, General Chanez, von der bevorstehenden Aktion. (Cobb, *Note ... Annales hist.*, No. 134 [1954] p. 36, 42; Mathiez, *Le Directoire, Revue*, [1929], p. 728)

248 Malo hatte sich bereits verschiedentlich mit Vorschlägen zur Reorganisation seines aus ehemaligen Angehörigen der Polizeilegion gebildeten Regiments an das Direktorium gewandt und dabei auf Zersetzungserscheinungen unter seinen Leuten hingewiesen. Jetzt bestellt ihn Carnot zu sich und verabredet mit ihm, er solle sich den Anschein geben, auf die gegen die Regierung gerichteten Anschläge einzugehen. (Debidour, *Recueil* ... III, 54, n. 2)

249 Dem standen an sich gesetzliche Bestimmungen entgegen, vor allem das am 10. Juli 1796 erlassene Gesetz, das ausdrücklich besagt, daß nur der Armee angehörige Personen von der Militärgerichtsbarkeit belangt werden dürfen. Aber man weiß sich zu helfen. Die «brigands de Grenelle» werden nach dem Gesetz vom 18. Juni 95, das unterschiedslos alle Individuen, die an einer bewaffneten Erhebung gegen die Republik teilgenommen haben, den Militärbehörden überweist, abgeurteilt. (Debidour, *Recueil* ... III, 48, 595, n. 7; Michon, *La justice militaire* ... *Annales Révol.*, t. XIV [1922] p. 129, 198)

250 13 Todesurteile am 19. September; 4 am 27. September; 9 am 9. Oktober; 6 am 19. Oktober. Von den Todesurteilen werden 30 in der Ebene von Grenelle durch Erschießen vollstreckt. Ein Verurteilter, der Schuhflicker Bonbon, stürzt sich in der Nacht vor seiner Hinrichtung von einem Treppenpodest des Temple zu Tode. Einem weiteren Angeklagten, dem Maler Vauthier, gelingt es auf ungeklärte Weise am 18. September, einen Tag vor der Verhandlung, aus dem Temple zu entkommen. «Er sei», schreibt der *Eclair*, «mit der gleichen Leichtigkeit entwichen wie Drouet; auch gehörte er zu jenen, deren Enthüllungen am meisten zu fürchten waren, da er es war, der das Losungswort für den Eintritt ins Lager wußte.» Um einigermaßen das Gesicht zu wahren, verfügt das Direktorium, daß der an diesem Tage die Wache im Temple befehligende Offizier festzunehmen sei. Vauthier wird in der Verhandlung vom 19. September in Abwesenheit zum Tode verurteilt. (Deville, *Thermidor* ... 325/326; Aulard, *Paris* ... III, 459, 462; Debidour, *Recueil* ... III, 634)

251 Bezeichnend für die Einstellung des Direktoriums ist der auf einer Geheimsitzung am 3. Februar 1797 – drei Tage nach Aufdeckung der royalistischen Verschwörung – gefaßte Beschluß, das Marineministerium anzuweisen, unverzüglich alle erforderlichen Maßnahmen zur Deportation der wegen Teilnahme an den Ereignissen von Grenelle verurteilten Gefangenen nach Guayana zu treffen. Dazu kommt es allerdings nicht mehr, da der Kassationshof am 10. und 11. April 1797 die von der Militärkommission erlassenen Urteile aufhebt. In der Sitzung des Staatsgerichtshofes vom 14. April wird der nationale Ankläger, Bailly, zugeben, daß die Militärkommission kein Recht gehabt habe, diejenigen Angeklagten, die nicht mit der Waffe in der Hand festgenommen wurden, abzuurteilen. Die noch am Leben befindlichen Verurteilten werden sämtlich am 28. April auf dem Gnadenwege freigelassen. (*Débats*, III, 431, 541; Mathiez, *Le*

Directoire, Revue, [1929], p. 728/729; Granier de Cassagnac, *Histoire* ... II, 120; Debidour, *Recueil* ... IV, 788)

252 Die Gefangenen übernachteten am 29. August in Rambouillet, am 30. in Chartres und am 31. in Châteaudun. Unterwegs wurde in La Trappe, Maintenon, Bonneval und Pezou Halt gemacht. (*Vendôme pendant la Révolution,* t. II, 124) Das Direktorium hatte aus Sicherheitsgründen angeordnet, daß außer der Eskorte aus Kavallerie und Gendarmerie weitere 50 Mann Infanterie an den Übernachtungsstationen, sowie 25 Mann Infanterie an jeder Etappe zu stationieren wären. (Debidour, *Recueil* ... III, 371) Buonarroti beklagt sich über die Brutalität des die Eskorte befehligenden Offiziers und lobt die rücksichtsvolle Aufnahme, die ihnen von seiten der Behörden in Chartres und Châteaudun zuteil geworden sei. (*Conspiration,* II, 12)

253 Babeuf sollte sich täuschen. Erst im November, nach Abschluß der Einzelverhöre und einer Wartezeit von mehr als zweieinhalb Monaten, erhält Marie Babeuf die Erlaubnis, ihren Mann für jeweils zwei Stunden, an den geraden Zahlen der Dekade, in Gegenwart des concierge oder zweier Aufseher zu sprechen. (Advielle, I, 228/229)

254 Von den 65 Angeklagten sind 47 in Vendôme anwesend:

1. Amar *
2. Antonelle *
3. Babeuf *
4. Blondeau
5. Boudin
6. Breton
7. Jeanne Breton
8. Buonarroti *
9. Cazin *
10. Clerex
11. Cochet
12. Cordas
13. Crépin
14. Darthé *
15. Didier *
16. Drouin
17. Dufour
18. Maurice Duplay
19. Jacques-Maurice Duplay
20. Antoine Fiquet *
21. Fossard
22. Fyon *
23. Germain *
24. Goulart
25. Laignelot *
26. Lambert
27. Marie Lambert
28. Lamberté *
29. Sophie Lapierre
30. Nicole Martin
31. Massard *
32. Marie-Louise Monnard
33. Morel
34. Moroy *
35. Mugnier
36. Nayez
37. Philip
38. Pillé
39. Pottofeux
40. Rayebois
41. Ricord *
42. Roy
43. Taffoureau
44. Thierry
45. Toulotte
46. Vadier
47. Vergne

18 sind abwesend:

1. Baude
2. Bodson *
3. Bouin *
4. Chrétien
5. Cordebar
6. Drouet *
7. Claude Fiquet *
8. Guilhem *
9. Jorry
10. Félix Lepeletier *
11. Robert Lindet *
12. Menessier *
13. Monnard
14. Monnier
15. Parrein
16. Reys
17. Rossignol *
18. Vacret

Von den Angeklagten hatten 24 direkt oder indirekt an der Verschwörung mitgewirkt, behauptet Buonarroti (*Conspiration,* II, 22). Es sind dies vermutlich die durch * bezeichneten Angeklagten. Einer der Abwesenden, Joseph Monnard, befindet sich bereits ad patres, wozu ihm ein Todesurteil der Kommission des Temple vom 3. Ergänzungstage d. J. IV (19. September 1796) verholfen hat. Gandon erwähnt ihn nur beiläufig und mehr der

Form halber, da Monnard zu den am Eröffnungstage des Prozesses genannten Angeklagten gehört. (*Débats*, I, 5; *Résumé* ... 118)

255 Die «Hymne der Gefangenen», deren Refrain Goujons «Hymne der letzten Montagnards» entnommen ist, hat fünf Strophen. Die dritte lautet:

«Proscrits par la haine implacable,
Par nos frères abandonnés,
Au milieu du peuple, traînés
Sur le char affreux des coupables,
Nous eûmes pour consolateur
Le feu pur dont tu nous animes;
Liberté, couvre-nous d'honneur
Nous voulons périr tes victimes.
Triomphe, ô Liberté, frappe tous les tyrans,
Et de leurs noirs forfaits affranchis nos enfans.»

(Bonhoure, *Notes inédites* ... 19/20; *Annales Révol.*, t. X [1918] p. 413)

256 Zu den Erkrankten gehört auch Babeuf, der am 1. Januar auf ärztliche Anweisung eine geheizte Zelle zugewiesen erhält. (*Vendôme pendant la Révol.*, t. II, 125)

257 Die Chiffre bestand darin, daß die Worte am linken und rechten Rand des Briefes, von oben nach unten gelesen, Angaben über die zu treffenden Maßnahmen enthielten. (Fleury, *Babœuf* ... 251) Eine Wiedergabe des Originals findet sich in der deutschen Ausgabe von Ilja Ehrenburgs *Die Verschwörung der Gleichen*, Berlin 1929.

258 Die Auffassung der Regierung vertritt das von J. B. C. Morard herausgegebene *Journal des séances du Tribunal de la Haute Cour de Justice.* Morard, den Hésine als einen «geriebenen Burschen» bezeichnet, weiß mit seinem Amt als Sekretär der Stadtverwaltung zugleich die Tätigkeiten eines Druckers für den Staatsgerichtshof und die des Offizialverteidigers für mehrere Angeklagte zu verbinden. Das bei Soudry in Vendôme gedruckte *Journal de la Haute Cour de Justice, établie à Vendôme*, für das der ehemalige abbé Rouzet verantwortlich zeichnet, (Réal bezeichnet als Redakteur «einen gewissen Bourdon, Chef-Spion der Polizei in Vendôme») ist gewissermaßen das Organ der Staatsanwaltschaft, vor allem Viellarts, dessen Reden, allerdings mit nicht unerheblichen Verbesserungen, sich darin im Wortlaut wiederfinden. Die Zeitung muß, noch vor Eröffnung des Prozesses, mangels Nachfrage vorübergehend ihr Erscheinen einstellen. Ihre erste Nummer trägt das Datum des 22. September 1796. Die dritte Zeitung, die sich ebenfalls *Journal de la Haute Cour de Justice* und im Untertitel *L'Echo des Hommes libres, vrais et sensibles* nennt, zeigt sich den Angeklagten, vor allem Drouet, gewogen. In ihrer ersten Nummer erklärt ihr Herausgeber, Hésine, er teile die Auffassung der 58 Abgeordneten des Rates der Alten, die zugunsten Drouets gestimmt hätten, den er gleichfalls für unschuldig halte. Hinter Hésine verbirgt sich, nach Meinung des *Journal général*, niemand anders als Babeuf, der als der eigentliche Redakteur des Blattes anzusehen sei. Die Zeitung erscheint mit Unterbrechungen vom 6. September 1796 bis zum 26. Mai 1797. (73 Nummern) Von der Nummer 41 ab zeichnet die Frau Hésines als Herausgeber, nachdem ihr Mann wegen eines Artikels über die *Doctrine de*

Babeuf im März 1797 verhaftet worden war. (Bonhoure, *Journaux vendômois depuis 1791, Bulletin de la Société ... du Vendômois,* [1914], p. 80/83; Hatin, *Bibliographie,* 224; *Catalogue Nadaillac,* No. 1443; Advielle, I, 233; Mège, *Gaultier* ... I, 310 et n.; *Débats,* II, 24)

[259] Am 5. Oktober 1796 hatte der Staatsgerichtshof, nach einem feierlichen Umzug durch die von einer Doppelreihe Soldaten gesäumten Straßen der Stadt und unter dem Dröhnen der zu seinen Ehren abgefeuerten Artilleriesalven, seine erste konstituierende Sitzung abgehalten; sogleich nach den üblichen Eröffnungsreden, der Verlesung aller den Staatsgerichtshof betreffenden Gesetze und der Vereidigung des Gerichtspersonals, bestimmt er als nächsten Sitzungstag den 10. Oktober. Auf dieser Sitzung, an der wiederum die Angeklagten nicht teilnehmen, befaßt sich das Gericht mit den verschiedenen Eingaben, in denen die Angeklagten die Zuständigkeit des Staatsgerichtshofes ablehnten und nach Artikel 204 der Verfassung verlangten, vor ihre natürlichen Richter, die Kriminalgerichte ihrer Heimatdepartements, gestellt zu werden. Unter den 43 mehr oder weniger stichhaltigen Punkten des «begründeten Protestes» vom 11. September 1796 ist namentlich einer, gegen den schlecht etwas vorzubringen ist, nämlich Drouets Abwesenheit im Prozeß. Theoretisch steht Drouet allerdings als «contumax» vor Gericht, und so wird dieser Einwand denn auch wie alle übrigen von dem öffentlichen Ankläger Viellart «auf Grund des geheiligten Grundsatzes der Unteilbarkeit des Verfahrens» zurückgewiesen, welcher Auffassung sich das Gericht ohne Bedenken anschließt. Diese Stellungnahme veranlaßt Babeuf am 25. Oktober, bei seinem ersten Verhör durch den Präsidenten Gandon, zu erklären, er müsse es ablehnen, auf die ihm gestellten Fragen zu antworten, da dem Staatsgerichtshof die wichtigste und unumgänglichste Eigenschaft jedes Gerichts, die Unabhängigkeit fehle. An sich habe er nichts gegen einen Staatsgerichtshof, sofern dieser Garantien dafür biete, daß er sich «aus reinen und unbeugsamen Elementen» zusammensetze, die fähig seien, nach Recht und Gerechtigkeit in einem Fall zu urteilen, bei dem es um nichts weniger als eine Entscheidung zwischen Volk und Regierung gehe. Alle Vorzeichen ließen aber klar erkennen, daß der Staatsgerichtshof nur der verlängerte Arm der Regierung sei, «die Partei gegen uns ist», weshalb er so wenig wie seine Gefährten ihn als zuständig anerkennen könne. Auch die (fünf) weiteren Verhöre, zu denen Gandon ihn kommen läßt, erbringen außer fruchtlosen Erörterungen kein anderes Ergebnis. (Advielle, I, 229; Walter, *Babeuf,* 233/234)

[260] Babeuf beantragt als Zeugen Jeanbon Saint-André und Lesage-Senault zu laden, von denen sich der eine als französischer Konsul in Algier und der andere, wie man vermutet, in Konstantinopel aufhält. Das Gericht beschließt auf die Ladung dieser Zeugen zu verzichten, da nichts darauf schließen lasse, daß sie nur das mindeste zur Klärung des Sachverhalts beitragen könnten. (Walter, *Babeuf,* 234)

[261] Am 31. Januar 1797 hatte Cochon dem Direktorium die Verhaftung von vier Kommissaren Ludwigs XVIII. gemeldet. Zwei Tage später beschließt das Direktorium die Verhafteten – Duverne de Presle, der sich Dunan nennt, den abbé Brottier, Lavilleheurnois, den Baron Poly und

eine Reihe Handlanger – als «Abwerber für das feindliche Ausland» vor ein Kriegsgericht zu stellen. (Debidour, *Recueil* ... IV, 757, 770, 771)

262 Die Wahlen kündigen sich bereits unter bedenklichen Vorzeichen an. Um den Einfluß der Emigranten möglichst auszuschalten, ordnet das Direktorium in einer Verfügung vom 25. Februar 1797 an, daß alle, die auf einer Emigrantenliste eingetragen sind – immerhin etwa 120 000 Wähler – vom Stimmrecht in den Urwähler-Versammlungen ausgeschlossen bleiben. Aber diese Anordnung stößt auf den Widerstand der beiden Kammern; so kommt es schließlich zu einem Kompromiß, der vorsieht, daß alle, die bereits ihre vorläufige Streichung erlangt haben, zu den Abstimmungen zuzulassen sind. Ebensowenig Glück hat die Regierung mit ihrem Vorstoß, von allen Wählern den Schwur gegen Monarchie und Anarchie, wie ihn die Beamten ablegen müssen, zu verlangen. Sie muß sich zu guter Letzt mit einem bloßen Treuegelöbnis zur Republik und der Verfassung d. J. III zufrieden geben. Als entscheidend für den Ausgang der Wahlen wird sich die am 4. Dezember 1796 verfügte Abschaffung der im Gesetz vom 3. Brumaire d. J. IV enthaltenen Ausnahmebestimmungen gegen die Priester erweisen. Zahlreiche Departementsverwaltungen sehen darin die Abschaffung der antiklerikalen Gesetze überhaupt und setzen die in ihrem Bereich verhafteten Priester in Freiheit. Andere gehen soweit, ausgewiesenen Geistlichen die Rückkehr nach Frankreich zu gestatten. (Lefebvre, *Le Directoire*, 59; Mathiez, *Les élections de l'an V*, *Annales hist.*, t. VI [1929], 425/427)

263 Vor allem im Zusammenhang damit, daß sein Name in einer bei den royalistischen Verschwörern Brottier und Lavilleheurnois beschlagnahmten Liste zu finden ist, in der Cochon als Polizeiminister eines Übergangskabinetts bis zur Machtübernahme durch Ludwig XVIII. vorgesehen ist. (Mallet du Pan, *Correspondance* ... t. II, 229, n. 1) Für die Öffentlichkeit sind die Sympathien, die Cochon Royalisten und Emigranten entgegenbringt, kein Geheimnis. Am 10. Oktober 1796 hatte der *Ami des Lois* ihm bescheinigt, die Fortschritte der royalistischen Gesinnung kämen auf sein Konto. Nach seiner Entfernung aus dem Polizeiministerium wird man ihm vor allem seine Nachgiebigkeit gegenüber den Emigranten, die Provokation von Grenelle und die Unterschlagung von Entlastungsmaterial im Prozeß gegen Babeuf zum Vorwurf machen. (Aulard, *Paris* ... t. III, 511; t. IV, 222)

264 Der von Darthé verfaßte *Chant des Egaux* gehörte zu den Liedern, die in den *Bains chinois* gesungen wurden. Die erste Strophe lautet:

«Un Code infâme a trop longtemps
Asservi les hommes aux hommes
Tombe le règne des brigands!
Sachons enfin où nous en sommes.
Réveillez-vous à notre voix
Et sortez de la nuit profonde.
Peuple! ressaisissez vos droits,
Le soleil luit pour tout le monde!»

(Espinas, *Philosophie*, 247/248)

[265] Das Gesetz vom 20. Thermidor (7. August 1796) bestimmte die Zusammensetzung des Geschworenen-Kollegiums aus 16 Geschworenen, 4 Stellvertretern und vier Ersatzleuten. Die wichtigste Frage, in welcher Form und bis zu welchem Umfang Geschworene sowohl seitens der Angeklagten wie auch seitens der Staatsanwaltschaft abgelehnt werden können, entscheidet das Gesetz eindeutig zugunsten der Angeklagten. Während die Staatsanwälte nur das Recht erhalten, begründete Ablehnungen vorzutragen, über deren Berechtigung das Gericht entscheidet, spricht das Gesetz den Angeklagten – und zwar sowohl einem einzelnen wie einer Mehrzahl von Angeklagten – das Recht zu, 30 Ablehnungen ohne Angabe von Gründen auszusprechen. Für die Angeklagten ist ein weiterer Passus des Gesetzes von ebenso großer Bedeutung: die in Artikel 26 enthaltene Bestimmung, wonach vier Stimmen der Geschworenen zum Freispruch eines Angeklagten ausreichen. Verurteilungen können daher nur mit einer Mehrheit von vier Fünfteln, d. h. mit mindestens 13 gegen 3 Stimmen, erfolgen. Die Entscheidungen des Staatsgerichtshofes sind unabänderlich und keiner Revision unterworfen. Einzig für die in Abwesenheit verurteilten Angeklagten – sofern sie nicht Abgeordnete oder Mitglieder des Direktoriums sind – schafft der Artikel 35 des Gesetzes eine Ausnahme: sie erhalten Gelegenheit, ihr Verfahren, nach Beendigung der Verhandlungen vor dem Staatsgerichtshof, vor dem zuständigen Gericht ihres jeweiligen Departements nochmals aufzurollen. (Debidour, *Recueil* ... III, 291, n. 4; Jamin, *Des Hautes Cours*, 110/115, 117/132) «Also werden die Abwesenden», bemerken die anwesenden Angeklagten, «des Vorteils ihrer natürlichen Richter teilhaftig. Sie werden darüber hinaus die Möglichkeit haben, Revision und Kassation zu beantragen, (dieser Punkt ist von ausschlaggebender Bedeutung!) und wir, die wir die Ungeschicklichkeit begangen haben, uns nicht dem Zugriff zu entziehen, wir werden dieser verschiedenen Schutzwehren beraubt! Welche Widersprüche! Welche Ungerechtigkeiten! Welch ein Wirrwarr!» (*Protestation motivée* ... 35)

[266] Auf der ihm ausgehändigten Liste der Geschworenen-Jury vermerkt Babeuf:

1. Rey-Pailhade (Hérault): Hat ein wenig die Formen eines homme à la mode; aber er ist Republikaner und von strenger Rechtlichkeit.
2. Queyroulet (Haute-Vienne): Republikaner, auf der Liste der guten.
3. Caquet (Eure-et-Loir): Man hält ihn für anständig, zu keiner Partei gehörig.
4. Duffau (Gers): Ausgezeichneter Patriot. Liebt das Volk ebenso wie er von ihm geliebt wird.
5. Lecomte des Authieux (Orne): Republikaner.
6. Le Prévost (Eure): Patriot.
7. Hyver-la-Bruchollerie (Manche): Rechtschaffener Mensch.
8. Dulau-du-Barrat (Landes): Hat sich im Verlauf der Revolution bereichert.
9. Gaultier de Biauzat (Puy-de-Dôme): Hat die Schwester Couthons geheiratet. Republikaner.
10. Rivière de Sariac (Hautes-Pyrénées): Auskünfte einholen.

11. Pajot (Mont-Terrible): Republikaner, auf der Liste der guten.
12. Verneilh (Dordogne): Republikaner.
13. Benoist (Côte-d'Or): Hat die geächteten Patrioten beschützt.
14. Dubois (Sarthe): Vertrauenswürdiger Patriot. Eifriger Republikaner.
15. Borreldat (Aude): Republikaner.
16. Moynier (Pyrénées-Orientales): Ausgezeichnet. (Walter, *Babeuf*, 230)

Der Jury gehören ferner als (nicht stimmberechtigte) Stellvertreter an: Bourg-la-Prade (Lot-et-Garonne); Delepouve (Pas-de-Calais); Manchon (Hautes-Alpes); Dupuis (Indre-et-Loire); sowie als Ersatzmänner: Agier (Seine) und Babinet (Deux-Sèvres). (*Débats*, I, 4)

267 Zu einer heftigen Auseinandersetzung kommt es um die Person des Ersatzmannes Agier aus Paris. Dessen Name findet sich auf einer von Moroy stammenden Liste von Konterrevolutionären und Royalisten. Außerdem ist bekannt, daß Agier sich öffentlich geäußert hat, die Angeklagten verdienten seiner Auffassung nach sämtlich den Tod. Die vom Gesetz verlangte Unparteilichkeit der Geschworenen sei in seinem Fall ganz eindeutig nicht gegeben; er müsse daher von der Liste, auch wenn er nur als Ersatzmann aufgeführt sei, gestrichen werden. (*Pièces*, I, 259; *Débats*, I, 21)

268 Pierre-François Réal, Sohn eines Jagdaufsehers, erhält dank der Protektion des Ministers Bertin seine Ausbildung auf dem vornehmen Kolleg Sainte-Barbe in Paris und 1783 die nicht unwichtige Stellung eines Prokurators am Châtelet, die er 1788 gegen eine Abfindung aufgibt, um in der rue Saint-Honoré eine Anwaltspraxis zu eröffnen. 1789 stellt ihn sein Distrikt, die spätere Sektion Halle-au-Blé, als Wähler auf. 1791 unterliegt er bei den Wahlen zur Legislative und muß sich mit dem bescheidenen Posten eines Bürochefs der Lebensmittelverwaltung im Departement Paris begnügen. Als Mitglied des Jakobinerklubs erklärt er sich im April 1792 bei den Debatten über die Frage von Krieg und Frieden entschieden gegen Robespierre und die Kriegsgegner. Dem Justizminister Danton verdankt er die Stellung eines öffentlichen Anklägers am neugeschaffenen Staatsgerichtshof, dem «Tribunal des 17. August», eine weithin sichtbare Position, die er bis zum November bekleidet. Im Dezember des gleichen Jahres wird er, als Mitglied der Kommune des 10. August, zum ersten Stellvertreter des Prokurators der Kommune, Chaumette, ernannt. Der Sturz Dantons zieht im April 1794 seine Verhaftung nach sich. Sein Haftbefehl, der ihn ins Luxembourg einweist, trägt auch Robespierres Unterschrift. Nach seiner Entlassung im August übernimmt er die Verteidigung der 94 aus Nantes und nach deren Freispruch, zum allgemeinen Erstaunen, die Verteidigung ihrer Verfolger vor dem Revolutionstribunal. In dem zwei Monate dauernden und mit Carriers Verurteilung endenden Prozeß versteht es Réal, seinen Platz neben berühmten Strafverteidigern wie Tronçon-Ducoudray und Villenave zu behaupten. Seitdem steht sein Ruf als erfolgreicher Anwalt fest. Er weiß ihn in den politischen Prozessen gegen den Redakteur des *Spectateur français*, Lacroix, gegen Barthélemy Tort de la Sonde, den das Direktorium der Verschwörung und des Einverständnisses mit Dumouriez anklagt, und in dem Verfahren gegen den Royalisten Cormatin noch erheblich zu befestigen. Außer als Verteidiger tritt Réal, gemeinsam mit Méhée, als Herausgeber des *Journal des Pa-*

triotes de 89 hervor. Die Zeitung, die am 18. August 1795 zum erstenmal erscheint, beendet ihre Laufbahn nach dem endgültigen Aufhören aller behördlichen Subventionen, genau ein Jahr später, am 17. August 1796. (Bigard, *Le comte Réal*, passim; Casenave, *Etude* ... I, 374/379; Tourneux, *Bibliographie* ... IV, No. 25 590; Debidour, *Recueil* ... I, 59, 173, 553/554; II, 116/117)

[269] Anspielung auf die sogenannte Gefängnis-Verschwörung, die das Revolutionstribunal zum Anlaß nahm, um am 7., 9. und 10. Juli 1794 insgesamt 146 (und nicht 156!) Todesurteile zu verhängen.

[270] Buonarroti wird später zugeben, daß Hargers Darstellung den Tatsachen entsprach und daß Babeuf die inkriminierte Stelle mit einem Tintenfleck bedeckte. (*Conspiration*, II, 31)

[271] Der Text des 1794 entstandenen *Chant du départ* stammt von M. J. Chénier, die Musik von Méhul. Der Refrain lautet:

«Tremblez ennemis de la France
Rois ivres de sang et d'orgueil,
Le peuple souverain s'avance;
Tyrans, descendez au cercueil!
La République nous appelle,
Sachons vaincre ou sachons périr.
Un Français doit vivre pour elle,
Pour elle un Français doit mourir.»

(*Frankreich i. J. 1796*, S. 190)

[272] Auch von seinen Kollegen im Militär-Ausschuß hält Grisel nicht viel. Massard sei ein Wichtigtuer, der ihm habe einreden wollen, er sei der oberste Chef und habe mit der *Aufstandsakte* den ersten Anstoß zu der Verschwörung gegeben. Aber, fügt Grisel hinzu, er sei ihm nicht auf den Leim gegangen, denn Massard wäre nicht intelligent genug, um sich ein Schriftstück wie das über die Schaffung einer Aufstands-Leitung auszudenken. Den Brigadegeneral Fyon habe Darthé als eine Wetterfahne, von der man nicht wisse, was sie anzeige, bezeichnet. (*Débats*, II, 98, 100) Rossignol habe sich als wilder Terrorist gebärdet und gefordert, man solle mit Frankreich nach dem Muster der Vendée verfahren. (Robiquet, *L'arrestation ... La Révol. fr.*, t. 28, [1895], p. 296)

[273] Dafür, daß er 13 Tage lang, vom 17. bis 30. April, keinerlei Kontakt mit der Verschwörergruppe unterhielt, weiß Grisel allerdings auch jetzt keine einleuchtende Erklärung zu geben. Ihm habe einfach die Zeit gefehlt, irgend jemand aufzusuchen oder in die *Bains chinois* zu gehen, behauptet er schlankweg. (*Débats*, II, 75)

[274] Als der Präsident am 9. April die beschlagnahmte Korrespondenz des Instrukteurs Pâris verlesen läßt, erklärt der junge Ballyer, er sei verwundert, daß man den Verfasser dieser Berichte, trotz ihrer Ausführlichkeit und der darin enthaltenen bedeutsamen Angaben, nicht verhaftet habe. Ein solches Vorgehen erlaube Rückschlüsse auf die Gesinnung und den Geist der Untersuchungsbehörde. Und als Germain darauf Bailly fragt, ob er dies nicht zugebe, antwortet der Staatsanwalt, er sei darüber ebenso erstaunt wie Germain; worauf dieser mit schöner Offenheit erwidert, er seinerseits sei überhaupt nicht erstaunt. (*Débats*, III, 363)

[275] Der am 7. Mai 1796 seines Kommandos enthobene capitaine Pêche wird am 8. Juli reaktiviert. Am 2. August fordert das Direktorium, nachdem die Polizei keine Ruhe gibt, neue Auskünfte über ihn an, und am 16. August wird Pêche, nach einem Bericht des Generals Hatry, wonach er eigenmächtig «seinen Posten in der Abbaye verlassen und das Losungswort an Übelgesinnte, die vorhatten, die Gefangenen zu befreien, verraten habe», erneut zur Disposition gestellt. (Debidour, *Recueil* ... II, 327, n. 3; III, 249, et n. 6, 376, n. 3)

[276] Zu seinen Befugnissen als National-Kommissar übertragen ihm Ricord und Saliceti am 16. Juli 1794 noch das Amt des öffentlichen Anklägers im Gebiet von Oneglia. (Weill, *Buonarroti, Revue hist.*, t. 71 [1901] 251)

[277] Am 31. März 1796 gibt Bonaparte den in Nizza befindlichen Emigranten – die übrigens durchaus gemäßigte Auffassungen vertreten – deutlich zu verstehen, daß er eine Revolution in Piemont für nicht zweckmäßig ansehe. Bonaparte findet mit seiner Politik einer strikten Nichteinmischung in die inneren Angelegenheiten der eroberten Gebiete die volle Unterstützung der diplomatischen Vertreter der Republik. Faypoult in Genua und Miot in Florenz erklären übereinstimmend die von Buonarroti und seinen Freunden gemachten Eingaben für Hirngespinste. Selbst Saliceti, mit dessen Einstellung die Emigranten in Nizza zunächst «außerordentlich zufrieden» waren, erklärt in einem Bericht an das Direktorium vom 26. April, «Piemont sei nicht reif für eine Revolution». Ebenso Bonaparte am 28. April: «Die Revolution in Piemont wird kommen, wenn die Entwicklung dieser Völker herangereift ist.» (Godechot, *Le Babouvisme ... Revue des Etudes ital.*, t. III [1938], p. 267/268; Robiquet, *Buonarroti*, 75)

[278] Seit diesem Brief hat Delacroix es eilig, den unbequemen Mahner aus Paris zu entfernen. Am 27. März teilt er dem Generalbevollmächtigten Frankreichs in Italien, Cacault, die bevorstehende Ankunft Buonarrotis mit, von dessen Aktivität, Eifer und Intelligenz er sich für die gemeinsame Sache Nutzen verspreche. Zwei Tage darauf ergänzt Delacroix diese lakonische Mitteilung durch nähere Angaben. Buonarroti begebe sich im Auftrage des Außenministeriums zur Italien-Armee, um als Verbindungsmann zwischen den italienischen Patrioten und der französischen Regierung tätig zu sein. In dieser Stellung werde er hauptsächlich dafür, daß eine einheitliche Aktion zustande komme, verantwortlich sein. Cacault, Berufsdiplomat mit einer Dienstzeit von mehr als dreißig Jahren, antwortet dem Minister in einem langen Schreiben. Die von Buonarroti erstellten Memoranden seien einfach kläglich, wie jeder Kenner der Verhältnisse in Italien bezeugen könne. Weder in Rom noch in der Toskana oder in Genua gebe es auch nur den Schatten einer bevorstehenden Erhebung. In Neapel unterdrücke die Regierung blutig jeden Aufstandsversuch. Buonarroti, dessen Begabung in Dingen der Literatur und Philosophie er nicht bestreiten wolle, sei völlig unerfahren in Fragen der Diplomatie und einfach ein Opfer seiner allzu lebhaften Einbildungskraft. Hinzu komme, daß er in Paris in dürftigen und beschränkten Verhältnissen lebe, die ihn dazu bestimmt hätten, weitschweifende Pläne zu entwickeln, für deren Verwirklichung keinerlei reale Voraussetzungen gegeben seien. Das

gleiche treffe auf die übrigen Emigranten zu, die er zur Genüge kenne, und die ebensowenig wie Buonarroti in der Lage seien, eine wirksame Hilfe zu leisten. Delacroix antwortet am 2. Mai, er habe dem Direktorium von Cacaults «wertvollen Überlegungen» und den «kostbaren Einzelheiten» seines Briefes Kenntnis gegeben. Alle seien sich in der Beurteilung der Lage und in der Einschätzung der italienischen Flüchtlinge völlig einig. «Ich möchte», fügt Delacroix hinzu, «Wort für Wort von dem unterschreiben, was Sie über Buonarroti sagen. Das Direktorium, das ihn wie Sie beurteilt, hat den Wunsch, ihn zu entfernen. Ich habe ihm, ausschließlich für seine Reisekosten, einen Vorschuß gegeben, und er ist abgereist, ohne irgendwelche vertraulichen Informationen von unserer Seite.» (Saitta, *Buonarroti,* II, 17, 21/22, 24; Bernstein, *Buonarroti*, 72; Godechot, *Le Babouvisme, Revue des Etudes ital.*, t. III [1938], p. 266/267)

279 Die gleiche Schwenkung in der Frage der Behandlung der eroberten Gebiete zeigt sich an der Rhein-Front. Während das Direktorium noch am 23. April 1796 in einem Erlaß allen Bewohnern der Markgrafschaft Baden und des Breisgau, «die ihre Unabhängigkeit zu erlangen wünschen», den militärischen Beistand der Republik zusicherte, ist im Juni nach dem erfolgreichen Vormarsch Moreaus davon keine Rede mehr. Der Generalstabschef Moreaus, Reynier, erklärt kurzerhand, man dulde im Rücken der Armee keine Revolution, und der am 25. Juli unterzeichnete Waffenstillstand bestimmt ausdrücklich, daß die bestehenden Behörden der Markgrafschaft unverändert erhalten bleiben. (Obser, *Der Marquis von Poterat und die revol. Propaganda am Ober-Rhein i. J. 1796, Zeitschrift f. d. Geschichte des Oberrheins*, Bd. VII, Freiburg 1892, S. 390, 398, 405, 407/408)

280 «Travailler la marchandise» war eine von Barras häufig im Gespräch gebrauchte Redewendung. (Duval, *Souvenirs*, II, 300, n.)

281 Die Ausgabe von Lebensmittelrationen an «unbeschäftigte Militärangehörige» – darunter die Kombattanten des 13. Vendémiaire – wurde erst am 19. Juni 1796, nach Germains Verhaftung, eingestellt. (Debidour, *Recueil* ... III, 451, n. 9)

282 Das Kriegsgericht hatte am 7. April 1797 vier Todesurteile verhängt, sie aber anschließend, «angesichts der Wahrhaftigkeit der Geständnisse dieser Angeklagten», in Haftstrafen von 10 Jahren gegen Duverne de Presle und Brottier, von 5 Jahren gegen den Baron Poly und von 1 Jahr gegen Lavilleheurnois umgewandelt. (Tourneux, *Bibl.* I, No. 4775; *Hist. parl.*, t. 37, p. 209; Aulard, *Paris* ... IV, 46)

283 Die Stenographen hatten, in der Annahme das Manuskript seiner Rede zu erhalten, Réals Ausführungen nicht mitgeschrieben. (*Débats*, IV, 362)

284 Die Staatsanwaltschaft ist sowohl mit dem Präsidenten wie mit dem Obmann der Geschworenen nicht einverstanden. Viellart möchte die ersten Fragen der drei Serien zu einer einzigen Frage zusammengezogen haben, für die er eine eigene Fassung vorschlägt: «Hat eine Verschwörung gegen die innere Sicherheit der Republik und gegen die Verfassung bestanden mit dem Ziel des bewaffneten Aufstandes, der Beseitigung der legitimen Autorität und der Auflösung der Gesetzgebenden Körperschaft?» Er könne nicht annehmen, daß eine solche Fragestellung als mehrdeutig

und daher im Widerspruch zum Gesetz angesehen werde, da mit ihr der Jury einzig und allein die Frage nach dem Bestehen oder Nichtbestehen eines und desselben Delikts gestellt werde. (*Résumé*, 71/72) Das Gesetz vom 27. Germinal verfolge das Delikt der Aufhetzung zum Widerstand gegen die Staatsgewalt, also einen Tatbestand, der aus der spontanen Aktion eines einzelnen oder mehrerer unabhängig voneinander handelnder Personen entstehen könne. Es beziehe sich nicht auf einen vorbedachten, wohlerwogenen Plan. Es sei leicht zu verstehen, daß hierbei mildernde Umstände in Betracht gezogen werden könnten. Dies treffe in keiner Weise für eine Verschwörung zu, auf die das Gesetz vom 3. Brumaire anzuwenden sei. Hinsichtlich der beiden Delikte gebe es nichts Gemeinsames. Im übrigen spreche auch der gesamte Verlauf des Prozesses gegen eine Einbeziehung des Gesetzes vom 27. Germinal in die Fragen an die Geschworenen. Weder die Anklageschrift noch die Beweisaufnahme habe darauf Bezug genommen. Zudem hätten die Vertreter der Anklage selbst ausdrücklich erklärt, sie wollten in keine Untersuchung darüber eintreten, was die Schriften der Angeklagten an sich Verbrecherisches enthielten. Sie hätten sie nur als Werkzeuge zum Erfolg der Verschwörung erwähnt. Auch die Angeklagten hätten sich bis jetzt nicht unter dem Aspekt des Gesetzes vom 27. Germinal verteidigt, sondern sich ausschließlich gegen die Anschuldigung der Verschwörung zur Wehr gesetzt. Der Staatsgerichtshof könne und dürfe somit keine neue Fragenreihe hinsichtlich des Delikts der Aufhetzung zum Widerstand zulassen. (*Résumé*, 90/91)

285 Zu Viellarts Forderung einer Kumulierung der drei Serien zu einer einzigen müsse er sagen, erklärt Réal, daß ihm dessen Theorie trotz einer sehr tiefsinnigen Metaphysik, von der er nichts verstanden habe, dunkel geblieben sei. Gesetz und Verfassung seien sich darin einig, keine komplexen Fragen zuzulassen. Als Beispiel für eine richtige Fragestellung erinnere er an den Prozeß gegen den Journalisten Richer-Sérizy.

Frage: Hat eine Verschwörung im Vendémiaire bestanden?
Antwort: Ja.
Frage: Hat Richer-Sérizy an dieser Verschwörung teilgenommen?
Antwort: Ja.
Frage: Hat er es in böswilliger Absicht getan?
Antwort: Nein.

Also — Freispruch des Angeklagten. (*Résumé*, 79, 86)

286 Das Gefühl der Verwirrung, das sich nach dieser Diskussion der Geschworenen bemächtigte, bezeugt Gaultier-Biauzat, der mit bewegten Worten das Gericht anfleht, ihnen für ihre Entscheidung klare Richtlinien zu geben. Nachdem noch Buonarroti sich anheischig gemacht hat, zu beweisen, die Worte «in böswilliger Absicht» seien als «sakramental» zu betrachten (welchen Beweis zu führen er nach kurzer Beratung mit Réal und Laffeuterie aufgibt), schließt Gandon die Sitzung mit der Bemerkung, das Gericht werde beraten und die endgültige Fassung der Fragen tags darauf, acht Uhr früh, verkünden. (*Résumé*, 111/113)

287 Dementsprechend lauten die ersten Fragen der vierten und fünften Serie: «Gab es nach dem 27. Germinal des Jahres IV eine Provokation durch Reden zur Wiedereinführung der Verfassung von 1793? Gab es

nach dem 27. Germinal des Jahres IV eine Provokation durch verteilte oder öffentlich angeschlagene Druckschriften zur Wiedereinführung der Verfassung von 1793?» Die weiteren Fragen der beiden Serien beziehen sich darauf festzustellen, ob ein Angeklagter der Teilnahme hieran überführt sei, ob er es in der Absicht getan habe, die Verfassung von 1793 einzuführen und schließlich, ob es mildernde Umstände für ihn gebe. (*Résumé*, 115/116)

288 In den Briefen, die er aus Paris und Vendôme an die Mitglieder des Gemeinderates seiner Heimatstadt Clermont-Ferrand richtet, beklagt Gaultier den zunehmenden Verfall der republikanischen Institutionen. Alles leiste hilfreiche Hand, um ihre Abschaffung zu beschleunigen. Man setze seine Ehre darein, sich den Anschein zu geben, die Revolution zu verabscheuen. Selbst sogenannte Volksvertreter seien von dieser Manie nicht ausgenommen. Er selbst frage sich täglich: «Wohin wird das noch führen?» (Mège, *Gaultier de Biauzat* ... I, 307/308)

289 14. Juli 1796.

290 Lebois, auch diesmal, wie nach dem Tode Marats, bereit, das Erbe eines Größeren anzutreten, wird sich beeilen, die letzten Worte des Mannes, den nur noch «ein Faden, der bald reißen wird», mit dem Leben verbindet, in einer beträchtlichen Auflage als Broschüre herauszubringen. (Advielle, I, 338) Auch 19 Nummern eines zweiten *Eclaireur du peuple*, diesmal mit einer dem Direktorium freundlichen Tendenz, erscheinen unter seinem Namen in der Zeit vom 11. bis 29. August 1797. (Aulard, *Paris* ... IV, 289 et n.)

291 Der Ausgang der Wahlen hatte der Opposition in den Räten eine eindrucksvolle Mehrheit verschafft. Von den 216 ausscheidenden Konventsmitgliedern waren nur 11 in die Räte zurückgekehrt. Am 20. Mai wählt der Rat der Fünfhundert mit überwältigender Mehrheit den vom Direktorium abgesetzten General Pichegru, über dessen reaktionäre Einstellung kein Zweifel besteht, zu seinem Präsidenten. (Seine Beziehungen zu Condé sind gegenwärtig allerdings nur wenigen Eingeweihten wie Wickham und d'André, die auch die Kosten seiner Wahl im Departement Jura finanzierten, bekannt.) Als Präsident im Rat der Alten fungiert Barbé-Marbois, ein eifriger Clichien, der seine Direktiven aus Blankenburg, der gegenwärtigen Residenz Ludwigs XVIII., bezieht. An die Spitze der Liste von zehn Kandidaten für den aus dem Direktorium durch das Los ausscheidenden Le Tourneur (einer von ihnen ist Viellart), stellt der Rat der Fünfhundert den französischen Gesandten in Bern, Barthélemy, der am 26. Mai vom Rat der Alten mit 138 Stimmen gegen 75, die auf Cochon (den Kandidaten Carnots) entfallen, gewählt wird. (Aulard, *Polit. Geschichte*, II, 498, 530/31; Barras, *Mémoires*, t. II, 405/06)

292 Baudouin verzichtete von sich aus auf eine Drucklegung. In den von ihm veröffentlichten Prozeßberichten aus Vendôme bemerkt er hierzu: «Die Achtung vor dem Eigentum macht es uns zur strengen Pflicht, der Witwe Babeufs die Sorge zu lassen, eine Schrift zu veröffentlichen, von der sie erwarten darf, einigen Vorteil ziehen zu können.» (*Débats*, IV, 362) Das 258 Seiten starke durchkorrigierte und signierte Manuskript blieb ungedruckt und wurde im Katalog der Versteigerung Nadaillac zu einem

Schätzwert von 240 frs. angeboten. Von Advielle erworben, wurde es von ihm im zweiten Band seiner 1884 im Selbstverlag erschienenen *Geschichte Babeufs* veröffentlicht. (Dommanget, *Pages ch.*, p. 8, 19; *Catalogue Nadaillac*, No. 564)

[293] Menessier wird im Laufe des Jahres verhaftet. Bouin stellt sich freiwillig den Behörden. In dem gegen sie vor dem Kriminalgericht des Departements Seine eingeleiteten Verfahren werden beide mit der Begründung freigesprochen, der Staatsgerichtshof habe die Verschwörung für nicht bestehend erklärt. Für alle übrigen Delikte sei eine neue Anklage erforderlich. Damit bestätigt das Kriminalgericht eindeutig, daß es die Ausdehnung des Verfahrens auf Verstöße gegen das Gesetz vom 27. Germinal als rechtlich nicht haltbar betrachtet. (Buonarroti, *Conspiration*, II, 56/57; Jamin, *Hautes Cours*, 122; Robiquet, *Buonarroti* ... 96/98)

[294] Im Jahre 1814 verwüstet ein Orkan die Kapelle, die zwei Jahre später abgerissen wird. Der Friedhof wird 1892, nachdem man die Gebeine der Toten umgebettet hat, eingeebnet, um Platz für den Bau des Stadttheaters von Vendôme zu schaffen. (Bonhoure, *Notes inédites* ... 26)

[295] Nach Artikel 33 des Gesetzes vom 20. Thermidor d. J. IV (7. Aug. 1796) haben Richter und Geschworene nach beendeter Session binnen einer Dekade den Ort, an dem der Staatsgerichtshof tagte, zu verlassen. (Jamin, *Hautes Cours* ... 116)

[296] Im Januar 1798 wird ihnen der Rat der Alten, nachdem im Rat der Fünfhundert ein entsprechender Antrag befürwortet worden war, eine Entschädigung für schuldlos erlittene Haft bewilligen. (R.S.V., *L'affaire Babeuf* ... 304/305)

[297] Nach einem kurzen Gastspiel bei der 52. Halbbrigade erhält Grisel i. J. 1800 auf Veranlassung des Kriegsministers Carnot, an den er ein entsprechendes Gesuch gerichtet hatte, den Posten eines Platzmajors bei der Festungskommandantur in Nantes. Dort stirbt er, 47 Jahre alt und noch immer in gleicher Position, am 22. Juni 1812. (Bessand-Massenet, *L'attaque de Grenelle*, 120/121; Granier de Cassagnac, *Histoire* ... t. II, 455; Robiquet, *L'arrestation* ... *La Révol. fr.*, t. 28, [1895], p. 313)

[298] Marie Babeuf kehrt nach Paris zurück. Sie eröffnet im bâtiment des Feuillants, rue Saint-Honoré 345, ein Geschäft für Putzwaren, in dem sie noch im Jahre 1840 tätig war. (Advielle, I, 342)

[299] Alle Eingaben Buonarrotis an die gesetzgebende Körperschaft scheitern an der Tatsache, daß das Gesetz vom 20. Thermidor (7. August 1796) die Urteile des Staatsgerichtshofes ausdrücklich für nicht revisionsfähig erklärt. An dieser Lage ändert auch der Staatsstreich vom 18. Brumaire nichts. Zwar erklärt der Polizeiminister Fouché, auf eine Eingabe der Deportierten vom 28. Februar 1800, in einem Bericht an die Konsuln, das Urteil sei zweifellos widerrechtlich; er müsse jedoch aus Gründen der Staatsräson vor jedem Eingriff in die Justizhoheit warnen. Er schlage vor, die Häftlinge nicht in die Kolonien zu deportieren, sondern in Frankreich auf der Insel Oléron oder auf Korsika zu internieren. Ein entsprechender Erlaß der Konsuln vom 14. März ordnet die Überführung von Buonarroti, Germain, Cazin, Moroy und Blondeau (Vadier wurde am 12. September

1799 entlassen) nach der Insel Oléron an. (Weill, *Buonarroti*, *Revue hist.*, t. 71 [1901] 257/58)

[300] Der Explosion der Höllenmaschine am 24. Dezember 1800 (welchem Attentat Bonaparte nur durch einen Zufall entging) folgt eine Verhaftungswelle gegen «die unverbesserlichen Überbleibsel der Anarchie Babeufs». Am 2. Januar 1801 wird Félix Lepeletier in den *Bains chinois* verhaftet und in den Temple eingeliefert, von wo aus er nach der Insel Ré abgeschoben wird. Wegen der von dem Polizeiminister Fouché aufgestellten und vom Senat am 4. Januar beschlossenen Proskriptionsliste kommt es im Staatsrat, in Gegenwart Bonapartes, zu einer heftigen Auseinandersetzung, als Réal die Flüchtigkeit und Parteilichkeit bemängelt, mit der man bei der Aufstellung der Liste vorgegangen sei. Réal geht soweit zu behaupten, auch er, der Babeuf und seine Mitangeklagten in Vendôme verteidigt habe, stünde auf der Liste, wäre er nicht Mitglied des Staatsrates. Schließlich werden 71 Republikaner ohne Prozeß in die Kolonien deportiert, darunter Bouin, Chrétien, Cordas, Crépin, Claude Fiquet, Fournier, Lamberté, Lebois, Massard, Rossignol, Vanheck und Vatar. (Gaffarel, *L'opposition républ. sous le Consulat*, *La Révol. fr.*, t. X [1887], p. 533/535; Dally, *Félix Lepeletier*, *La Révol. fr.*, t. 63, [1912], p. 205/6; Barrucand, *La vie véritable du cit. Jean Rossignol*, 343/347; Desmarest, *Témoignages historiques* ... p. 49/50)

LITERATURNACHWEIS

I. BIBLIOGRAPHIE DER SCHRIFTEN BABEUFS

Correspondance de François Noël Babeuf avec Dubois de Fosseux, Secrétaire perpétuel de l'Académie d'Arras, sur les travaux de l'Académie et le mouvement littéraire en Artois de 1785 à 1788. Seconde partie du tome II de l'ouvrage de Victor Advielle, Histoire de Gracchus Babeuf et du babouvisme. 264 p.

L'Archiviste-Terriste, ou traité méthodique de l'arrangement des archives seigneuriales et de la confection et perpétuation successive des inventaires, des titres et des terriers d'icelles, des plans domaniaux, féodaux et censuels. Prospectus daté du 30 octobre 1786.

Discours sur les causes des désordres qui se remarquent trop souvent dans les titres des Seigneuries. 1786.

Mémoire peut-être important pour les Propriétaires des Terres et de Seigneuries, ou idées sur la manutention des Fiefs. S. l. n. d. [1786] 30 p.

La nouvelle distinction des Ordres, par M. de Mirabeau. Chez Volland, Libraire, Quai des Augustins, s. d. [1789] 8 p.

Lettre du 16 août 1789 à Feydel, rédacteur de l'Observateur. Publ. par M. Bouloiseau, *Annales historiques de la Révolution française,* t. XXI (1949).

Cadastre perpétuel ou Démonstration des procédés convenables à la formation de cet important Ouvrage, pour assurer les principes de l'Assiette et de la Répartition justes et permanentes et de la perception facile d'une CONTRIBUION UNIQUE *tant sur les Possessions Territoriales, que sur les Revenus Personnels. Avec l'exposé de la Méthode d'Arpentage de M. Audiffred, par son nouvel instrument, dit* GRAPHOMÈTRE-TRIGONOMÉTRIQUE; *méthode infiniment plus accélérative et plus sûre que toutes celles qui ont paru jusqu'à présent, et laquelle, par cette considération seroit plus propre à être suivie dans la grande opération du Cadastre. Dédié à l'Assemblée nationale.* A Paris, Chez les Auteurs, rue Quincampoix No. 40. Garnery et Volland, Libraires, quai des Augustins, No. 25, tous les Marchands de Nouveautés. A Versailles, chez Blaizot, Libraire. L'an 1789, Et le premier de la Liberté françoise, XLVI, 192 p.

Pétition sur les impôts, adressée par les habitans d ... en ... à l'Assemblée Nationale, dans laquelle il est démontré que les Aides, la Gabelle, les Droits d'Entrée aux Villes, etc. ne doivent et ne peuvent plus subsister, même provisoirement, chez les Français, devenus libres. 1790, 38 p.

A Messieurs du Comité des recherches de l'Assemblée Nationale. Roye, 10 Mai 1790. S. l. 4 p. Signé: BABEUF, Soldat-Citoyen, à Roye en Picardie.

Journal de la Confédération. De l'imprimerie de Laillet et Garnery, rue Serpente, No. 17. Paraît: A Paris, en fascicules de 8 p. in-8. No. 1 (s. d.) No. 2 (3 – 7 – 90).

Lettre d'un député de Picardie. S. l. n. d. [1790] 8 p.

Précis historique sur M. l'abbé de Lartigue, chanoine de l'Eglise Royale de Saint-Quentin, décédé le 11 septembre 1790 par M. Néret, ancien Mayeur de la Ville de Saint-Quentin, le 30 septembre 1790. S. l. 1790.

Réclamation de la ville de Roye, relative au remplacement de l'impôt des Aides, et à l'exécution des Décrets de l'Assemblée Nationale qui prononcent que tous les Impôts doivent être répartis sur chaque Citoyen, en proportion de ses facultés, imprimée par ordre de la Commune de ladite ville, et sur la demande de quantité d'autres communes, pour l'appuyer de leur adhésion. S. l., octobre 1790, 32 p.

Eloge de Florent Masson, avocat à Roye, Membre du Directoire du Département de la Somme, par BABEUF. S. l. 23 novembre 1790.

Le Correspondant Picard ou le Rédacteur des cahiers de la seconde législature. Journal dédié aux habitants des cantons, villes, bourgs, villages, hameaux et municipalités des départements de la Somme, de l'Aisne et de l'Oise, par F. N. BABEUF, *auteur de la Pétition sur les aides et gabelles, du Cadastre perpétuel, et de plusieurs autres ouvrages patriotiques.* Noyon, imprimerie de Devin, 1790–1791. 40 nos.

Pétition (à l'Assemblée nationale) sur les fiefs, seigneuries, cens et champarts, par les commune et municipalité de Méry, canton de Léglantier, district de Clermont, département de l'Oise. S. l. n. d. [février 1791], 15 p.

Affaire de la commune de Davenécourt, district de Montdidier, département de la Somme, contre Philippine de Cardevac, veuve de Gabriel Lamire et ci-devant dame de Davenécourt; cause à ranger encore parmi celles qu'on nomme célèbres. Dans l'exposé de laquelle on démontre combien sont encore formidables les restes de la puissance féodale; et où l'on indique aux Législateurs, ce qui leur reste à faire pour renverser ce vieux colosse. A Noyon, chez Devin. Se trouve à Mondidier, chez Leroux, fils, relieur, 1791, 76 p.

C. Fournier, (Américain), à Marat. Paris, 14 mars, l'an 2 de la République Française. De l'Imprimerie de Mayer et Compagnie, rue Saint-Martin No. 219, à côte de celle de Venise, 8 p.

Paris sauvé par l'administration des subsistances. A Paris, De l'Imprimerie Patriotique et Républicaine, rue Saint-Honoré No. 355; Et chez tous les Marchands de Nouveautés. L'an deux de la République française, 27 p. Signé: Les administrateurs des subsistances de la commune de Paris, Garin et Defavanne.

Suite de Paris sauvé par l'administration des subsistances. De l'Imprimerie Patriotique et Républicaine, rue S. Honoré, No. 355, vis-à-vis l'Assomption. 36 p.

Nouveau Calendrier de la République Française, Conforme au Décret de la Convention Nationale. A. Paris, Chez l'Auteur, rue et Porte Honoré, No. 27. s. d. [1793]. 20 p.

Babeuf, ex-administrateur du département de la Somme et successivement du district de Montdidier, Aux comités de Salut public, de sûreté

générale, et de législation de la convention nationale, et à Gohier, Ministre de la justice. De l'Imprimerie de Prault, cour de la Maison de Justice, s. d. [1794], 56 p.
Lettre de Babeuf à son fils Emile (écrite de sa prison) *le 22 pluviôse an IV de la Liberté.* [10 février 1794] *Catalogues Charavay*, octobre 1924.
Notes inédites de Babeuf sur lui-même. Publ. par Gabriel Deville, *La Révolution française*, t. 49 (1905).
Journal de la Liberté de la Presse. A Paris, de l'imprimerie de ROUGYFF, rue Honoré, No. 35, puis de l'imprimerie de GUFFROY, rue Honoré, No .35, cour des ci-devant capucins. Nos 1—22 à partir du 17 fructidor an II au 10 [recte: 12] vendémiaire an III [3 septembre 1794 — 1er [3] octobre 1794].
Le Tribun du Peuple ou le Défenseur des Droits de l'Homme en continuation du Journal de la Liberté de la Presse. Par GRACCHUS BABEUF. De l'imprimerie de Franklin puis de l'imprimerie du Tribun du Peuple. Nos 23 — 32 à partir du 14 vendémiaire au 13 pluviôse an III [5 octobre 1794 — 1er février 1795].
Opinion d'un citoyen des tribunes du club ci-devant électoral sur la nécessité et les moyens d'organiser une véritable société populaire. Le 12 brumaire an III [2 novembre 1794]. Publ. par Georges Lecocq, sous le titre: *Un manifeste de Gracchus Babeuf.* Paris, Librairie des Bibliophiles, MDCCCLXXXV, 50 p.
Les Battus payent l'amende ou les Jacobins jeannots. De l'Imprimerie de Franklin, r. de Cléry, No. 75. 24 p. (Signé: GRACCHUS BABEUF).
Voyage des Jacobins dans les quatre parties du monde avec la Constitution mise à l'ordre du jour par Audouin et Barrère. De l'imprimerie de Franklin, r. de Cléry, No. 75. 16 p. (Signé: GRACCHUS BABEUF).
On veut sauver Carrier. On veut faire le procès au Tribunal révolutionnaire. Peuple, prend (!) garde à toi! 15. p. (Signé: GRACCHUS BABEUF).
Du système de dépopulation, ou la vie et les crimes de Carrier; son Procès, et celui du Comité révolutionnaire de Nantes: Avec des recherches et des considérations politiques sur les vues générales du Décemvirat, dans l'invention de ce système; sur sa combinaison principale avec la Guerre de la Vendée; et sur le projet de son application à toutes les parties de la République. Par GRACCHUS BABEUF. A Paris, se trouve à l'imprimerie de Franklin, rue de Cléry. An 3e de la République. 194 p.
G. Babeuf, Tribun du Peuple, à ses concitoyens. De l'Imprimerie de Franklin, rue du Sentier, No. 30. S. d. [1795] 8 p.
Le Tribun du Peuple ou le Défenseur des Droits de l'Homme par GRACCHUS BABEUF. De l'imprimerie de Franklin puis De l'imprimerie du Tribun du Peuple. Nos 34—43 à partir du 15 brumaire au 5 floréal an IV [6 novembre 1795 — 24 avril 1796].
L'Eclaireur du Peuple ou le Défenseur de 24 millions d'opprimés, par S. LALANDE, *soldat de la Patrie.* Nos 1 — 7 à partir du 12 ventôse au 8 floréal an IV [2 mars — 27 avril 1796].
Adresse du Tribun du Peuple à l'armée de l'intérieur. Paris, 10 germinal an IV [30 mars 1796]. De l'imprimerie du Tribun du peuple. S. d. [1796], 12 p. Signé: GRACCHUS BABEUF (Extrait du No. 41 du Tribun du peuple).

Lettre de Gracchus Babeuf au Directoire exécutif. 23 floréal an IV [12 mai 1796] (Manuscrit. Arch. Nat. F^7 4276).
Défense générale de Gracchus Babeuf devant la Haute-Cour de Vendôme. Publ. par Advielle, Histoire de Gracchus Babeuf et du babouvisme. Tome II, 322 p.
Dernière Lettre de GRACCHUS BABEUF, *assassiné par la prétendue haute-cour de justice, à sa femme et à ses enfants, à l'approche de la mort. Annonce faite par lui qu'il est prêt à s'envelopper dans la nuit éternelle. Déclaration faite par lui qu'il ignore comment sa mémoire sera appréciée et ce que vont devenir les républicains au milieu des fureurs royales que la contre-révolution va amener. Aveu fait par lui que mourir pour sa patrie, quitter sa femme et ses enfants ne serait rien s'il ne voyait la liberté perdue. Adieux faits par lui à ses enfants en leur disant qu'il ne tient plus à la terre que par un fil qui va bientôt être rompu. Derniers mots de Babeuf annonçant qu'il s'enveloppe dans le sein d'un sommeil vertueux.* Imp. de l'Ami du peuple, R.-F. Lebois. S. d., 7 p. [1797].
Bibliothèque socialiste No. 37. Babeuf. La doctrine des Egaux. Extraits des œuvres complètes publ. par Albert THOMAS. Paris, 1906, in – 12.
Pages choisies de Babeuf, recueillies, commentées, annotées, avec une introduction et une bibliographie critique, par Maurice DOMMANGET. Paris, 1935. (Les classiques de la Révolution fr. publ. sous la direction d'Albert MATHIEZ et Georges LEFEBVRE).

II. QUELLEN UND DOKUMENTE

Acte d'accusation dressé par le jury d'accusation du département de la Seine contre Gracchus Babeuf et les cinquante-neuf prévenus de la conspiration du 22 floréal, suivi de l'acte du Corps législatif portant accusation contre le représentant du peuple Drouet. Paris, R. Vatar, fructidor an IV, 71 p.
Actes de la Commune de Paris pendant la Révolution, publ. et annotés par Sigismond LACROIX. Paris, 1894 – 1914, 16 vol.
Les actes du Gouvernement révolutionnaire (23 août 1793 – 27 juillet 1794). Recueil de documents publ. par Augustin COCHIN, Charles CHARPENTIER et Michel DE BOÜARD. Paris, 1920 – 1936, 3 vol.
Adresse de la Société populaire séante à la Salle électorale ... à la Convention nationale. 7 vendémiaire an III [28. septembre 1794] Impr. Ve Marat, s. d., 7 p.
Adresse d'un très grand nombre de citoyens actifs de la ville d'Amiens, département de la Somme, à l'Assemblée nat., du 26 juin 1792, au sujet d'une adresse au Roi et d'un arrêté du directoire de ce département en date du 22 du même mois. Amiens, De l'imprimerie du Cercle social. 8 p.
A Gracchus Babeuf, tribun du peuple. Paris, 30 pluviôse an IV [19 février 1796]. Impr. de l'Ami du peuple, R.-F. Lebois. Signé: M... V... S. d. [1796] 3 p.

Almanach des honnêtes gens, ... par M. P.-Sylvain MARECHAL *publ. à Paris en 1788 et réimprimé à Nancy en 1836, d'après un imprimé original joint à l'arrêt du Parlement de Paris, du 7 janvier 1788, qui condamne cet almanach à être brûlé.* [Précédé d'un avertissement signé: Génin.] Nancy, 1836, in – 4.
Almanach des Gens de bien, pour l'année de grâce, 1797, (vieux style) contenant des anecdotes sur des personnages qui se sont rendus fameux dans notre révolution. [Avec une gravure: Attaque du Camp de Grenelle, par les Enfans perdus de Drouet.] A Paris, au Bureau du Journal Général de France, rue Neuve-Saint-Augustin, No. 582, Et chez les Marchands de nouveautés. (Prix 24 sous pour Paris; et 30 sous, franc de port pour les Départements.)
Analyse de la Doctrine de Babeuf, tribun du peuple, proscrit par le Directoire exécutif pour avoir dit la vérité. S. l. n. d. 4 p. [In: Buonarroti, Conspiration, éd. Bruxelles, II, 137 – 150].
Anecdotes relatives à quelques personnes et à plusieurs événements remarquables de la Révolution, par I. B. HARMAND. Paris, 1814.
Apologues modernes à l'usage du Dauphin, premières leçons du fils aîné d'un roi. [Par Sylvain MARECHAL] Bruxelles, 1788, 118 p.
Archives départementales de la Somme. Inventaire sommaire de la série L, par G. DURAND et I. ESTIENNE, t. I. Amiens, 1930.
Archives départementales de la Somme. Inventaire sommaire de la série L, par I. ESTIENNE, t. II. (1er fascucule). District de Montdidier. Fontenay-le-Comte, 1938.
Archives parlementaires de 1787 à 1860. Recueil complet des débats législatifs et politiques des Chambres françaises, imprimé par ordre du Sénat et de la Chambre des députés. Première série (1787 à 1799). Paris, 1867 – 1914, 82 t.
Egalité. Liberté. Arrêté de la section du Muséum. Extrait des registres de l'assemblée générale du 30 thermidor an II [17 août 1794]. Imp. Ve Marat, s. d., 7 p.
Arrivée, à Paris, du brave La Terreur, Canonnier de l'armée du Sambre-et-Meuse; son Entretien avec son Camarade Va-de-Bon-Cœur, Soldat du Camp de Grenelle. S. l. n. d. [1796] 8 p. [In: Arch. Nat., F7 4276].
L'Astuce dévoilée, ou Origine des maux de la France, perdue par les manœuvres du ministre Necker, avec des notes et anecdotes sur son administration, par M. RUTOFLE DE LODE. [Rutledge] S. l., 1790, 114 p.
L'auteur de la lettre de Franc-Libre, aux frères républicains du directoire insurrecteur. 26 Germinal l'an 4 [In: Buonarroti, Conspiration, éd. Bruxelles, II, 272 – 278. Pièces, I, 42 – 46].
Bulletin de la Convention. Du 5 sept. 1792 au 9 nivôse an III, 5 vol. Du 10 nivôse an III au 12 brumaire an IV, 9 vol.
Le Carnet de Robespierre. [In: *Annales Révolutionnaires*, t. X, (1918)].
Collection complète des œuvres de l'abbé de MABLY (précédées de *l'Eloge historique*, de l'abbé BRIZARD). Paris, an III [1794 – 1795], 15 vol.
Le Comité insurrecteur de Salut Public au Peuple. Acte d'Insurrection. Egalité, Liberté, Bonheur Commun. S. l. n. d. [1796] 8 p.

Les Comités des droits féodaux et de législation et l'abolition du régime seigneurial (1789 – 1793). Documents publ. par Ph. SAGNAC et P. CARON. Paris, 1907.
La Commission des subsistances de l'an II. Procès-verbaux et actes publ. par Pierre CARON. Paris, 1925.
Compte-rendu par André DUMONT, *Deputé par le Département de la Somme à la Convention Nationale, membre du Conseil des Cinq-Cents, à ses Commettans.* Paris, impr. Bridel, l'an V, le 18 Pluviôse [6 février 1797], 439 p.
Considérations sur les principaux événemens de la Révolution fr., ouvrage posthume de Madame la baronne de STAEL, publ. par M. le duc de BROGLIE et M. le baron de STAEL... Paris, 1818, 3 vol.
Conspiration pour l'égalité dite de Babeuf, suivie du procès auquel elle donna lieu et des pièces justificatives, etc., par Ph. BUONARROTI. Bruxelles, librairie romantique, 1828, 2 vol. Tome I, VIII – 325 p; tome II, 327 p. et 2 ff.
Conspiration pour l'égalité, par Ph. BUONARROTI. Paris, Baudouin frères, 1830, 2 vol. (Collection des mémoires relatifs à la Révolution française.)
Histoire de la conspiration pour l'égalité. . . suivie du procès auquel elle donna lieu, par Ph. BUONARROTI. Nouvelle édition. Paris, G. Charavay jeune, 1850, X – 253 p., in – 18.
Babeuf und die Verschwörung für die Gleichheit mit dem durch sie veranlaßten Prozeß und den Belegstücken von Ph. BUONARROTI. Übersetzt und eingel. von Anna und Wilhelm BLOS. Stuttgart, 1909.
Haute cour de justice. Copie de l'instruction personnelle au représentant du peuple Drouet. Paris, impr. Nationale, frimaire an V [1796], 286 p.
Haute cour de justice. Copie des pièces saisies dans le local que Babeuf occupoit lors de son arrestation. Paris, impr. Nationale, frimaire/nivôse an V [1797] 2 vol.
Correspondance de Carnot, publ. avec des notes historiques et biographiques par Etienne CHARAVAY. Paris, 1892 – 1907, 4 vol.
The correspondance of the R. H. Wickham edited by his grandson William WICKHAM. London, 1870, 2 vol.
Correspondance inédite de Mlle Théophile de Fernig ... suivie du coup d'Etat du 18 fructidor an V, d'après le journal inédit de Lavilleheurnois, avec introduction et notes par Honoré BONHOMME. Paris, 1873.
Correspondance inédite de Mallet du Pan avec la Cour de Vienne (1794 – 1798), publ. par André MICHEL. Paris, 1884, 2 vol.
Correspondance secrète de l'abbé de Salamon, chargé des affaires du Saint-Siège pendant la Révolution, avec le cardinal de Zelada (1791 – 1792), publ. par le vicomte de RICHEMONT. Paris, 1898.
Le Creuset, ouvrage politique et critique, par James RUTLEDGE. [3 janvier 1791 – 8 août 1791] Paris, 1791.
Le Cri du peuple français contre ses oppresseurs. S. l. n. d. [1796]
Débats du procès instruit par la haute cour de justice, séante à Vendôme, contre Drouet, Babeuf et autres, recueillis par des sténographes. (Ventôse-Germinal) Paris, Baudouin, s. d. [1797]. T. I – III.

Débats du procès instruit par le conseil de Guerre permanent de la dix-septième division militaire, séant à l'ancienne maison commune de Paris, contre les prévenus Brotier, Berthelot la Villeurnoy, Dunan, Poly et autres, recueillis par des sténographes (22 ventôse — 18 germinal an V). Paris, s. d. [1797].

Défense de Félix Lepeletier, par Amédée LEPELETIER, *adressée aux jurés et juges de la haute cour séante à Vendôme.* Paris, R. Vatar, an V de la République, 16 p.

Dénonciation à M. l'Accusateur public du Tribunal de Montdidier et réfutation d'un Libelle infâme, intitulé: Affaire de la Commune de Davenescourt, contre Philippine Cardevac, veuve de Gabriel La Myre, et ci-devant Dame de Davenescourt. Souscrit par soixante-neuf individus de cette Commune, en faveur des assassins de ladite Dame, dont quatre sont détenus dans les prisons de Montdidier. Amiens, J. B. Caron l'aîné, 1791. 67 p. in — 4.

Dieu et les prêtres, fragments d'un poème philosophique, par Sylvain M. . . . l [MARECHAL]. *L'an 1er de la Raison.* Paris, Patris et Devaux, an II de la République, 115 p.

Discours des accusateurs nationaux, défenses des accusés et de leurs défenseurs, faisant suite aux débats du procès instruit contre Drouet, Babeuf et autres. (Floréal) Paris, Baudouin, s. d. [1797]. (T. IV des Débats du procès)

Discours des accusateurs nationaux près la haute cour de justice, prononcé par le citoyen Bailly l'un d'eux, à la suite du débat dans l'affaire du représentant du peuple Drouet, de Babeuf et autres, accusés de conspiration contre la sûreté intérieure de la République (7 — 9 floréal an V). Vendôme, impr. de la haute cour, an V, 256 p.

Dix années d'épreuves pendant la Révolution, par M. Ch [arles] LACRETELLE . . . Paris, 1842.

Documents inédits sur Abbeville et le Ponthieu recueillis et publ. par le baron TILLETTE DE CLERMONT-TONNERRE . . . Abbeville, 1880.

Documents pour servir à l'histoire de la Révolution fr., publ., sous la direction de Ch. d'HERICAULT et Gustave BORD. Paris, 1884/1885, 2 vol.

Documents pour servir à l'histoire de la Révolution fr. dans la ville d'Amiens. Tome I. Etats Généraux de 1789. Elections. Rédaction des cahiers. Paris, 1889. Tome II. Registres aux délibérations de l'Administration municipale du 1er janvier 1789 au 18 brumaire an VIII. Paris, 1895.

Documents pour servir à l'histoire de la Révolution fr. dans le département de la Somme. Etats Généraux de 1789. Elections. Rédaction des cahiers. Amiens, 1888 — 1891, 2 vol.

Doit-on Obéissance à la Constitution de 1795? A Paris, ce 24 germinal de l'an 4. [In: Buonarroti, Conspiration, éd. Bruxelles, II, 178—187].

Essai sur les journées des 13 et 14 vendémiaire an IV, par P [ierre] F [rançois] REAL. Paris, an IV [1795] 93 p.

L'état de Paris en 1789. Etudes et documents sur l'ancien régime à Paris, par H [ippolyte] MONIN. Paris, 1889. (Collection de documents relatifs à l'histoire de Paris pendant la Révolution française et l'époque contemporaine publ. sous le patronage du Conseil municipal.)

Haute cour de justice. Exposé fait par les accusateurs nationaux près la haute cour de justice, Viellart portant la parole, dans la séance du 6 ventôse de l'an V [24 février 1797], *au sujet des accusations portées tant contre le représentant du peuple Drouet que contre Babeuf et autres.* Impr. Baudouin. S. d. 71 p.
Favanne, administrateur adjoint des subsistances, aux 48 sections, prenant fait et cause de Garin. Signé: DEFAVANNE. [Paris] 6 Juillet, l'an 2e de la République Française. Paris, de l'Impr. Sottin, rue de Jérusalem, Cour de la Sainte-Chapelle, 1793, 27 p.
Fragments des mémoires de d'Ossonville. [In: Documents pour servir à l'histoire de la Révol. fr., t. II, Paris, 1884 – 1885, 2 vol.]
Fragments sur les Institutions républicaines de Saint-Just avec notice de Charles NODIER. Paris, 1831.
Frankreich im Jahre 1795 [Almanach] Altona, 1796.
Unité. Union. A: B: I: Guffroy, Député à la Convention et imprimeur, à Babeuf, auteur du Tribun du peuple, salut. Du 21 vendémiaire, l'an trois. [In: *Revue de la Révolution,* 1883 – 1889, vol. VI, Table des documents, 59 – 62] Als Broschüre unter dem Titel: *Soufflet à l'imposture par la presse libre, 21 vendémiaire an III,* [1794], 16 p.
Histoire impartiale des révolutions de France, depuis la mort de Louis XV, contenant les causes et les motifs qui ont dirigé tous les partis et tous les chefs de factions ... par L[ouis] PRUDHOMME père. Paris, 1824 – 1825, 12 vol.
Histoire parlementaire de la Révolution française, ou Journal des Assemblées nationales depuis 1789 jusqu'en 1815 ... précédée d'une introduction sur l'histoire de France jusqu'à la convocation des Etats généraux, par B.-J. BUCHEZ et P.-C. ROUX. Paris, 1834 – 1838, 40 vol.
Journal d'Adrien Duquesnoy, député du tiers-état de Bar-le-Duc, sur l'Assemblée constituante, 3 mai 1789 – 3 avril 1790, publ... par Robert de CREVECOEUR. Paris, 1894, 2 vol. (Publ. de la Société d'histoire contemporaine, t. VII et VIII)
Journal des Débats et des Décrets [ab frimaire an V: *Journal des débats et lois du Corps législatif].* Paris, 1789 suiv.
Journal des patriotes de 89, par REAL et MEHEE, à partir du 1er fructidor an III au 30 thermidor an IV [18 août 1795 – 17 août 1796]. Paris, rue d'Orléans-Saint-Honoré, 17. 359 nos in – 4.
Journal politique de Charles de Lacombe, député à l'Assemblé nat., publ. par l'abbé HELOT. Paris, 1907/1908, 2 vol.
Journées des 12 et 13 germinal et Evénements qui les ont précédées et suivies. [Par Eugène SALAVERTE] Paris, an III [1795].
La Légion de police à elle-même, à tous ses frères d'armes et au peuple. S. l. n. d. [Paris, 1796] 4 p.
Lettre de Franc-Libre, Soldat de l'armée Circo-Parisienne, à son ami La Terreur, Soldat de l'armée du Rhin. Paris, le 24 germinal an 4 de la république démocratique à venir. S. l. n. d. [1796] [In: Buonarroti, Conspiration, éd. Bruxelles, II, 151–156].
Lettre d'un laboureur de Picardie à M. N... [Necker], *auteur prohibitif à Paris sur le commerce des grains.* Paris, 1775. [Réimprimée dans: Œuvres

de Condorcet, publ. par A. CONDORCET O'CONNOR et M. F. ARAGO, t. XI. Paris, 1847 – 1849, 12 vol.]

Lettre du représentant du peuple Drouet, écrite au Directoire exécutif, la veille de son arrestation, sur la visite nocturne faite chez lui par la force armée. Drouet, au citoyen Carnot, président du Directoire exécutif. Paris, le 20 floréal an IV. Impr. du Journal des hommes libres. S. d. [1796] 7 p.

Lettres d'aristocrates. 1789 – 1794. Publ. par Pierre de VAISSIERE. Paris, 1907.

19 lettres de Soubrany, représentant du peuple, publ. par H. DONIOL. Clermont-Ferrand, 1867.

Robert-Thomas Lindet, représentant du peuple à la Haute-cour de justice, sur l'accusation contre Robert Lindet. Paris, le 30 nivôse an V de la République. [19 janvier 1797] Impr. de la rue Honoré, No. 2. s. d. [1797] 28 p.

Second Mémoire pour Robert Lindet, accusé devant la Haute-cour de justice. Robert-Thomas Lindet, représentant du peuple, aux citoyens hauts jurés. Evreux, impr. Touquet. s. d. [1797], 10 p.

Le Manifeste des Egaux. [In: Pièces, I, 159 – 163; Buonarroti, Conspiration, éd. Bruxelles, II, 130 – 136; Dommanget, Maréchal, 310 – 313]

MARAT. *Autobiographie de Marat. Les Chaînes de l'esclavage. Plan de législation criminelle. L'Ami du peuple. Journal de la République fr. Biographie, bibliographic, choix de textes,* par Charles SIMOND. Paris, [1909]. (Les Prosateurs illustres français et étrangers.)

A Marat, journaliste. Signé: FOURNIER, l'Américain. Paris, s. d. [14 mai an II]

Henri MEISTER, *Souvenirs de mon dernier voyage à Paris* (1795), publ. pour la Société d'histoire contemporaine, par USTERI et RITTER. Paris, 1910.

Corps législatif. Conseil des 500. Mémoire justificatif de Drouet, représentant du peuple fr., en réponse à la dénonciation faite contre lui par le Directoire exécutif de la République fr., le 21 floréal an 4 de la République fr., une et indivisible; lu dans la séance du 28 prairial. Paris, impr. nat., prairial an IV, 63 p.

Mémoire pour la communauté des maîtres boulangers de la ville et faubourgs de Paris, présenté au Roi, le 19 février 1789. [Avertissement signé: J. RUTLEDGE. 21 février 1789.] (S. l.n. d.) 16 p. in – 4.

Second Mémoire pour les maîtres boulangers, lu au Bureau des subsistances de l'assemblée nat., par le chevalier RUTLEDGE. Paris, impr. de Baudouin, (s. d.) [1789] 48 p. in – 4.

Mémoires de Charles Barbaroux ... Edition critique ... Avec une introduction, une biographie et des notes par ALFRED-CHABAUD. Paris, 1936.

Mémoires de Barras, membre du Directoire, publ. avec une introduction générale, des préfaces et des appendices par Georges DURUY. Paris, 1895 – 1896, 4 vol.

Mémoires du comte Beugnot, ancien ministre, publ. par le comte Albert BEUGNOT. Paris, 1866, 2 vol.

Mémoires sur Carnot par son fils (Hippolyte CARNOT). Paris, 1893, 2 vol.

Mémoires de Madame de Chastenay, publ. par Alphonse ROSEROT. Paris, 1897, 2 vol.
Mémoires de Chaumette sur la révolution du dix août 1792, avec une introduction et des notes par F.-A. AULARD. Paris, 1893 (Société de l'histoire de la Révol. française).
Mémoires et notes de Choudieu ... (1761 – 1838), publ. d'après les papiers de l'auteur, avec une préface et des remarques par Victor BARRUCAND. Paris, 1896.
Mémoires sur les règnes de Louis XV et Louis XVI et sur la Révolution, par I.-N. DUFORT, Cte DE CHEVERNY, introducteur des ambassadeurs, lieutenant général du Blaisois (1731 – 1802), publ. avec une introd. et des notes par Robert de CREVECOEUR. ... 2e éd., Paris, 1909, 2 vol.
Mémoires secrets de Fournier l'Américain, publ. pour la première fois d'après le manuscrit des Archives nat., avec introduction et notes par F.-A. AULARD. Paris 1890 (Société de l'histoire de la Révolution française).
Mémoires historiques sur le XVIIIe siècle et sur M. Suard, par Dominique-Joseph GARAT. 2e éd. Paris, 1821, 2 vol.
Mémoires, journal et souvenirs de S[tanislas] Girardin. 2e éd. Paris, 1829, 2 vol.
Mémoires de Louis-Jérome Gohier, président du Directoire exécutif. Paris, 1824, 2 vol.
Un peintre sous la Révolution et le premier Empire. *Mémoires de Ph.-A. Hennequin, écrits par lui-même*, réunis et mis en ordre par Jenny HENNEQUIN. Paris, 1933. (A la Recherche des temps passés)
Mémoires et souvenirs du baron Hyde de Neuville ... Publ. avec une préface par Mme la vicomtesse de BARDONNET. Paris, 1888 – 1892, 3 vol.
Théodore de LAMETH. *Mémoires*, publ. avec introduction et notes par Eugène WELVERT ... Paris, 1913
Mémoires de l'adjudant général Jean Landrieux, chef d'état-major de la cavalerie de l'armée d'Italie, chargé du bureau secret, 1795 – 1797, avec une introduction biographique et historique par Léonce GRASILIER. 2e éd., Paris, 1893.
Histoire de mon temps. Mémoires du Chancelier Pasquier, publ. par M. le duc d'AUDIFFRET-PASQUIER ... Paris, 1893 – 1895, 6 vol.
Mémoires de La Revellière-Lépeaux, ... publ. par son fils [Ossian LA REVELLIERE-LEPEAUX] sur le manuscrit autographe de l'auteur et suivis des pièces justif. et de correspondances inédites. [Réédités par Robert DAVID d'ANGERS.] Paris, s. d. [1895], 3 vol.
Mémoires et souvenirs du comte Lavalette ... publ. par sa famille et sur ses manuscrits. Avec une notice biographique par A. A. CUVILLIER-FLEURY. Paris, 1831, 2 vol.
Mémoires de R[ené] Levasseur (de la Sarthe), ex-conventionnel ... [Introduction au t. I par Achille ROCHE et au t. III par Francis LEVASSEUR] Paris, 1829 – 1831, 4 vol.
Mémoires de Louvet de Couvray sur la Révolution française. 1re éd. compl. avec préface, notes et tables par F.-A. AULARD ... Paris, 1889, 2 vol. (Bibliothèque des mémoires).

Mémoires et Corresponcance de Mallet du Pan pour servir à l'histoire de la Révolution française, rec. et mis en ordre par A. SAYOUS. Paris, 1851, 2 vol.
Mémoires de Marmontel, publ. avec préface, notes et tables par Maurice TOURNEUX. Paris, 1891, 3 vol. (Bibliothèque des mémoires).
Mémoires du comte de Moré (1758 – 1837), publ. par GEOFFROY DE GRANDMAISON et le comte de PONTGIBAUD. Paris, 1898.
Mémoires inédits de l'abbé Morellet sur le XVIIIe siècle et sur la Révolution, précédés de l'éloge de l'abbé Morellet par M. LEMONTEY ... Paris, 1821, 2 vol.
Mémoires sur les prisons. Tome Ier, contenant les Mémoires d'un détenu par Riouffe; l'Humanité méconnue, par T. Paris de l'Epinard; l'Incarcération de Beaumarchais; le Tableau historique de la prison de Saint-Lazare; etc., ... T. II, contenant ceux qui concernent les prisons de Port-Libre, du Luxembourg, etc., ... Paris, 1823, 2 vol.
Mémoires du comte Joseph de Puisaye ... qui pourront servir à l'histoire du parti royaliste français durant la dernière révolution. Londres, 1803 – 1808, 6 t. en 7 vol.
Mémoires de Madame Roland. Nouvelle édition critique ... par Claude PERROUD. Paris, 1905, 2 vol.
Mémoires sur la Convention et le Directoire, par A.-C. THIBAUDEAU ... Paris, 1824, 2 vol. (Coll. des Mémoires relatifs à la Révolution fr.).
Mémoires pour servir à l'histoire de la guerre de Vendée, par le général TURREAU. Paris, 1824. (Collection des Mémoires relatifs à la Révolution fr.)
Mémorial de Gouverneur Morris, trad. de l'anglais de Sared SPARKS avec annotations par Augustin GANDAIS. Paris, 1842, 2 vol.
Mise en jugement de René-François Lebois au tribunal criminel du département de la Seine. Paris, s. d. [1795].
MORELLY. *Code de la nature, ou le véritable esprit de ses lois*, 1755, publ. avec notice et table analytique, par Edouard DOLLEANS ... Paris, 1910. (Collection des économistes et des réformateurs sociaux de la France, 4)
Code de la nature. Nouv. éd. avec introduction par V.-P. VOLGUINE. Paris, 1953.
Notes historiques sur la Convention nationale, le Directoire, l'Empire et l'exil des votants, par Marc-Antoine BAUDOT (Publ. par Mme Vve Edgar QUINET). Paris, 1893.
Notes inédites d'après les registres municipaux de 1796 – 1797 sur le Procès des Babouvistes, par Gustave BONHOURE. Vendôme, 1908. 27 p. [Tirage à part du *Bulletin de la Société Archéologique, scientifique et littéraire du Vendômois*, 1908, t. XLVII, p. 29 – 53]
Le Nouveau Paris, par le cit. MERCIER. Paris, an VII, [1798], 6 vol.
Paris pendant la Révolution (1789 – 1798), ou le Nouveau Paris, par Sébastien MERCIER. Nouv. éd., annotée, avec une introduction [par L. LACOUR]. Paris, 1862, 2 vol., in – 18.
Nouveaux souvenirs et portraits, par Charles NODIER. Paris, 1841.
Observations relatives à l'instruction de Vendôme, adressées au haut-jury et faisant suite à la «Défense de Félix Lepeletier», par Amédée LEPELETIER, son frère. Paris, impr. Vatar, s. d. 12 p. [1797].

Œuvres de Michel Lepetier Saint-Fargeau . . . précédées de sa vie, par Félix Lepeletier, son frère, suivies de documents historiques relatifs à sa personne, à sa mort et à l'époque. Bruxelles, 1826.
Convention nationale. Opinion de Boucher-Saint-Sauveur, député de Paris, sur les subsistances . . . Paris, s. d. [1793] 3 p.
I. N. Pache. *Sur les factions et les partis, les conspirations et les conjurations, et sur celles à l'ordre du jour.* Paris, R. Vatar, an V [In: *La Révolution française*, t. XX, (1891) p. 255 – 271].
Papiers inédits trouvés chez Robespierre, Saint- Just, Payan etc., supprimés ou omis par Courtois, précédés du rapport de ce député à la convention nationale, avec un grand nombre de fac-similés et les signatures des principaux personnages de la Révolution. Paris, 1828, 3 vol.
Paris pendant la Terreur. Rapports des agents secrets du ministère de l'Intérieur, publ. par Pierre Caron. 27 août 1793 – 10 ventôse an II [28 février 1794]. Paris, 1910 – 1949, 4 vol.
Paris pendant la Réaction thermidorienne et sous le Directoire. Recueil de documents pour l'histoire de l'esprit public à Paris, par A. Aulard. Paris, 1898 – 1902, 5 vol.
Liberté. Egalité. Pétition des soussignés condammés à la déportation par la haute cour de justice séante à Vendôme, au Corps législatif. Impr. Lamberté. S. d., 38 p. (Datée du Fort National devant Cherbourg, 26 messidor an VII [14 juillet 1799] et signée: Ch. Germain, Buonarroti, Moroy, Blondeau)
Plaidoyer improvisé du citoyen Leymerie, dans l'affaire des prisonniers du Temple, précédé d'un précis historique de ce qui s'est passé pendant les débats. [Paris, Vatar] s. d. [1796] 11 p.
Les premiers jours de prairial, par l'auteur des «Journées des 12 et 13 germinal». [Eusèbe Salaverte] Paris, s. d. [1796] 11 p.
Les prisons de Bourg et de Lyon pendant la Terreur. Une agonie de soixante-quinze jours par Louis-Marie Debost (Journal inédit, rédigé entre septembre 1794 et septembre 1795). Paris, 1932.
Procès-verbal d'installation de la haute cour de justice. Discours des président et accusateurs nationaux. Du 19 [recte: 14] *vendémiaire an V. Réquisition des accusateurs nat. près la haute cour de justice sur les déclinatoires de plusieurs accusés des 13, 15, 17 et 25 fructidor an IV. – Jugement de la haute cour du 19 vendémiaire an V, qui rejette les declinatoires, ordonne qu'il sera passé outre à l'instruction du procès. – Jugement de la haute cour de justice, séante à Vendôme, qui rejette la demande d'Amar, Didier, Babeuf, Germain et consorts, tendante à être renvoyés devant le tribunal criminel de leur domicile; ordonne en conséquence qu'il sera passé outre, à l'instruction du procès. Séance du 19 vendémiaire de l'an V.* Vendôme, Morard-Colas, an V, in 8°, 113, 25 et 5 p.
Procès-verbaux de la commune de Paris (10 août 1792 – 1er juin 1793). Extraits en partie inédits, publ., d'après un manuscrit des Archives nat., par Maurice Tourneux. Paris, 1894.
Protestation motivée des citoyens accusés d'avoir pris part à la prétendue conspiration du 21 floréal, par laquelle ils récusent et déclinent la haute cour de justice, comme incompétente pour procéder contre eux dans cette

affaire. 13 fructidor an IV [30 août 1796] [Paris], impr. Vatar, s. d. 107 p.
Convention nationale. Rapport sur les opérations du Comité de salut public, relativement aux subsistances et à l'approvisionnement de Paris, présenté au nom du Comité de salut public, par BOISSY D'ANGLAS, le 12 Germinal an III ... Paris, an III [1795], 14 p.
Rapport sur le Maximum du prix à établir pour les denrées et marchandises de première nécessité, fait au nom de la Commission des Subsistances, par I. M. COUPE, de l'Oise [1793].
Rapport fait par D'ossonville, inspecteur général adjoint près le ministère de la police générale. Du 21 floréal an IV [10 mai 1796] *de la République une et indivisible*. Arch. Nat. F7 4278. [Publ. par *La Révolution fr.*, t. 28 (1895), 307 – 310.]
Convention nationale. Rapport sur la révision de la loi du 11 septembre, relativement aux subsistances, par ESCHASSERIAUX aîné. Paris, 8 fructidor an II. [25 août 1794]
Convention nationale. Rapport sur l'approvisionnement de Paris, fait au Comité de salut public, par ISORE ... [26 messidor an II] Paris, s. d., 18 p.
Rapport fait par MATHIEU *(de l'Oise) au nom d'une commission spéciale. Séance du 1er germinal an* V [21 mars 1797]. 8 p.
Rapports des agents du ministre de l'Intérieur dans les départements (1793 – an II) publ. par Pierre CARON. Paris, 1913 – 1951, 2 vol.
Recueil de documents relatifs à la convocation des Etats généraux de 1789, publ. par Armand BRETTE. Paris, 1894 – 1915, 4 vol.
Recueil des actes du Directoire exécutif (proces-verbaux, arrêtés, instructions, lettres et actes divers), publiés et annotés par A. DEBIDOUR. Paris, 1910 – 1917, 4 vol.
Réflexions sur le moment présent, offertes à la Convention nationale par F. LEPELETIER. Paris s. d. [1795] 16 p.
Réflexions sur le moment présent ou Suite de celles déjà publiées par le même et offertes par lui à la Convention nationale, en Floréal de l'an 3. Paris, 27 floréal an 4. Impr. Vatar. Signé: Félix LEPELETIER.
Réimpression de l'Ancien Moniteur, seule histoire authentique et inaltérée de la Révolution fr. depuis la réunion des Etats-généraux jusqu'au Consulat, mai 1789 – novembre 1799, avec des notes explicatives. Paris, 1863 – 1870, 32 vol. in – 4.
Reisen durch einen Theil Teutschlands, Italiens und Frankreichs, in den Jahren 1798 und 1799, von Ernst Moritz ARNDT. Leipzig, 1801 – 1803, 6 Bde.
Relevé de la situation des perceptions de la Régie générale des Aides dans les villes et lieux qui composoient ci-devant les Généralités d'Amiens et de Soissons et Lettre écrite par M. le Contrôleur général à M. le Président de l'Assemblée Nationale le 28 juin 1790, sur la difficulté de percevoir les impôts en Picardie. Paris, Impr. Royale, 1790. 20 p. in – 4.
P.-Fr. de REMUSAT. *Mémoire sur ma détention au Temple*, 1797 – 1799, publ. avec introduction, notes et documents inédits par Victor PIERRE. Paris, 1903.

Réponse à une lettre signée M. V., publiée et adressée le 30 pluviôse dernier, à Gracchus Babeuf, Tribun du Peuple. Paris, 28 germinal l'an 4 de la république. [In: Buonarroti, Conspiration, éd. Bruxelles, II, 213–219]

Réponse du neveu de mon oncle à Réal par DUSSAULT. Paris, an III, [1795].

Report of the manuscripts of I. B. Fortescue, Esq., preserved at Dropmore. [Dropmore papers] London, 1899, 3 vol.

Réquisition des accusateurs nationaux près la Haute-Cour de Justice, sur les excuses proposées par vingt-trois hauts-jurés, le citoyen Bailly, portant la parole. Du 27 brumaire an V. Vendôme, impr. Morard [1796], 19 p.

RESTIF DE LA BRETONNE. *Le Village.* Avec une introduction de Frantz FUNCK-BRENTANO, Paris, s. d. (1908).

L'OEUVRE DE RESTIF DE LA BRETONNE ... Texte et bibliographie [et notes] établis par Henri BACHELIN ... Paris, éditions de Trianon, 1930–1932, 9 vol.

Résumé du président de la haute cour de justice, à la suite du débat, dans l'affaire du représentant du peuple Drouet, de Babeuf et autres, accusés de conspiration contre la sûreté intérieure de la République. [2–7 prairial] Paris, Baudouin, s. d. [1797]. (T. IV des Débats du procès.)

Révélations puisées dans les cartons du comité de salut public et de sûreté générale ou Mémoires inédits de Senart(!) agent du gouvernement révolutionnaire, publ. par Alexis DUMESNIL. Paris [1824].

Revolutions-Almanach. Redakteur: H. A. D. REICHARD, Bd. IV 1796, Bd. V, 1797. Göttingen, 1797/1798.

Révolutions de Paris, dédiées à la Nation, par PRUDHOMME. Nos 1–225 à partir du 12 juillet 1789 au 10 ventôse an II [28 février 1794].

Jean-Jacques ROUSSEAU. *Discours sur l'origine et les fondemens de l'inégalité parmi les hommes.* A Dresde [Paris] 1755.
Du Contrat social ou principes du droit politique. Amsterdam, 1762.
Der Gesellschaftsvertrag oder die Grundsätze des Staatsrechtes. Deutsch von H. DENHARDT. Mit einer Einleitung von Dr. Paul RITTERBUSCH. Leipzig (1927).

Les séances des députés du clergé aux Etats généraux de 1789. Journaux du curé Thibault et du chanoine Coster publ. par Alb. HOUTIN. Paris, 1917.

Select documents illustrative of the history of the French Revolution, by L. G. Wickham LEGG. Oxford, 1905, 2 vol.

La Société des Jacobins. Recueil de documents pour l'histoire du Club des Jacobins de Paris, publ. par F. A. AULARD. Paris, 1889–1897, 6 vol.

Soldat, arrête et lis. (S. l. n. d.) [1796]. *Soldat, arrête encore.* (S. l. n. d.) [1796]

Souvenirs d'un démocrate et ses chagrins sur l'état actuel de la patrie. S. l. n. d. [Paris, 1796]

Souvenirs d'un sexagénaire, par A [ntoine] – V [incent] ARNAULT. Paris, 1833, 4 vol.

Souvenirs d'un nonagénaire. Mémoires de François-Yves Besnard, publ. par Célestin PORT. Paris, 1880, 2 vol.

Souvenirs sur Mirabeau et sur les deux premières Assemblées législatives, par Etienne DUMONT. Nouv. éd., publ. par BÉNÉTRUY. Paris, 1951.
Souvenirs thermidoriens, par Georges DUVAL... Paris 1844, 2 t. en 1 vol.
Souvenirs de ma vie depuis 1774 jusqu'à 1814, par M. de J. [Pierre-Louis-Pascal de JULLIAN]. Paris, 1815.
Souvenirs de la Révolution et de l'Empire, par Charles NODIER... Nouv. éd., Paris, 1850, 2 vol. in – 12.
Tableaux de la Révolution française, publ. sur les papiers inédits du département de la police secrète de Paris, par Wilhelm Adolf SCHMIDT. Leipzig, 1867/1870, 3 vol.
Pariser Zustände während der Revolutionszeit 1789 – 1800, von Wilhelm Adolf SCHMIDT. Jena, 1874 – 1876, 3 Bde. Traduction française par Paul VIOLLET, Paris, 1880 – 1894, 4 vol.
Les tribunaux civils de Paris pendant la Révolution (1791 – 1800). Documents inédits recueillis avant l'incendie du Palais de Justice de 1871 par CASENAVE, conseiller à la Cour de cassation, publiés et annotés par A [ristide] DOUARCHE. Paris, 1905/1907, 3 vol.
La vie véritable du citoyen Jean Rossignol, vainqueur de la Bastille et général en chef des armées de la République dans la guerre de Vendée (1759 – 1802), publ. sur les écritures originales, avec une préface, des notes et des documents inédits, par Victor BARRUCAND. Paris, 1896.

III. NACHSCHLAGEWERKE

Bibliographie de l'histoire de Paris pendant la Révolution française, par Maurice TOURNEUX. Paris, 1890 – 1913, 5 vol.
Bibliographie du département de la Somme, par Henri MACQUERON. Amiens, 1904 – 1907, 2 vol. (Mémoires de la société des Antiquaires de Picardie, t. XV, XVI.)
Bibliographie historique et critique de la presse périodique française... d'Eug. HATIN. Paris, 1866.
Bibliographie noyonnaise, par Arthur de MARSY. Noyon, 1877.
Biographie bretonne, recueil de notices sur tous les Bretons qui se sont fait un nom... par P [rosper-Jean] LEVOT... avec la collaboration de MM. Bizeul, Aymar de Blois etc. . . Vannes, 1852 – 1857, 2 vol. in – 4.
Biographie des Hommes celèbres, des Savans, des Artistes et des Littérateurs du Département de la Somme. Amiens, 1835 – 1837, 2 vol.
Biographie moderne, ou dictionnaire biographique de tous les hommes morts et vivants qui ont marqué à la fin du XVIIIe siècle... (biographie de Leipzig) réimprimée, corrigée et augmentée. Paris, 1815, 2 vol.
Biographie nouvelle des contemporains, ou dictionnaire historique et raisonné de tous les hommes qui, depuis la Révolution fr., ont acquis de la célébrité par leurs actions, leurs écrits, leurs erreurs ou leurs crimes..., par MM. A.-V. ARNAULT, A. JAY, E. JOUY, J. NORVINS, et autres hommes de lettres, magistrats et militaires. Paris, 1820 – 1829, 20 vol.

Biographie universelle et portative des contemporains, ou dictionnaire historique des hommes vivants et des hommes morts depuis 1789 jusqu'à nos jours... Publ. sous la direction de MM. RABBE, Vieilh DE BOISJOLIN et SAINTE-PREUVE. Paris et Strasbourg, 1834, 5 vol.

Le Cabinet historique de l'Artois et de la Picardie. Revue d'histoire locale publ. avec la collaboration de membres de Sociétés savantes sous la direction de M. Alcius Ledieu, t. I – XIV. Abbeville, 1886 – 1899, 14 vol.

Catalogue de livres provenant de la bibliothèque de M. P. D. [POCHET-DEROCHE] Ouvrages... journaux rares sur la Révolution, etc. Paris, 1875.

Catalogue d'une collection importante sur la Révolution fr., pamphlets, journaux, caricatures, affiches, placards, provenant de la bibliothèque de M. le comte B. de NADAILLAC ... Paris, 1885.

Catalogue de l'histoire de la Révolution française, par André MARTIN et Gérard WALTER. Paris, 1936 – 1955, 5 t. en 6 vol.

Catalogue of political and personal satires preserved in the departement of prints and drawings in the British Museum, by Mary Dorothy GEORGE. Vol. VII (1789 – 1800). London, 1942.

Collection complète des lois, décrets, ordonnances, règlements et avis du Conseil d'Etat, publ. sur les éditions officielles du Louvre, de l'Imprimerie nationale, par Baudouin, et «du Bulletin des lois», de 1788 à 1824 inclusivement ... par J.-B. DUVERGIER. Paris, 1825 – 1828, 24 vol.

Les Constitutions et les principales lois politiques de la France depuis 1789, collationnées sur les textes officiels, précédées de notices historiques et suivies d'une table analytique détaillée, par L. DUGUIT et H. MONNIER. Paris, 1898, in – 12.

Les Conventionnels. Listes par départements et par ordre alphabétique des députés et des suppléants à la Convention nationale, dressées d'après les documents originaux des Archives nat., avec nombreux détails biographiques inédits, par Jules GUIFFREY. Paris, 1889.

Les députés au Corps législatif. Conseil des Cinq-Cents, Conseil des Anciens, de l'an IV à l'an VIII. Listes, tableaux et lois, par Auguste KUSCINSKI. Paris, 1905.

Dictionnaire biographique des généraux et amiraux français de la Révolution et de l'Empire (1792 – 1814), par Georges SIX. Paris, 1934, 2 vol.

Dictionnaire de biographie française, publ. sous la direction de J. BALTEAU, puis de M. Prevost et Roman d'Amat, avec le concours de nombreux collaborateurs. [Incomplet. En sont parus les lettres A – D.] Paris, 1929 – 1962, in – 4.

Dictionnaire de législation, ou Table alphabétique des lois rendues depuis l'an 1789 (vieux style) jusqu'à l'an VI inclusivement. Paris, Baudouin et Rondonneau, an VIII / an IX, 7 vol.

Dictionnaire des Conventionnels, par A. KUSCINSKI. Paris, 1919.

Le Dictionnaire des institutions de la France aux XVIIe *et XVIII*[e] *siècles*, par Marcel MARION. Paris, 1923.

Dictionnaire historique et biographique de la Révolution et de l'Empire, 1789 – 1815, par le Dr ROBINET, Ad. ROBERT et J. LE CHAPLAIN. Paris, 1899, 2 vol.

Dictionnaire historique, généalogique et géographique du département de l'Aisne, par Maximilien MELLEVILLE. [Laon] 1857, 2 vol.
Dictionnaire néologique des hommes et des choses, ou Notice alphabétique des personnes des deux sexes, des événemens... des découvertes et des mots qui ont paru les plus remarquables à l'auteur, dans tout le cours de la Révol. fr., par le COUSIN JACQUES [L.-A. BEFFROY DE REIGNY]. Paris, an VIII [1800], 3 vol.
Galerie Ternésienne, par Ed. EDMONT. Saint-Pol, 1910.
Les Hommes de l'Aude... par Auguste FOURES. Narbonne, 1889 – 1891, 2 vol.
Les hymnes et chansons de la Révolution. Aperçu général et catalogue, avec notices historiques, analytiques et biographiques, par Constant PIERRE. Paris, 1904, in – 4.
Les Institutions de la France sous la Révolution et l'Empire, par Jacques GODECHOT. Paris, 1951 (Histoire des Institutions publ. sous la direction de Louis HALPHEN).
Liste of the contents of three collections of books, pamphlets and journals in the British Museum relating to the french Revolution, compiled by G. K. FORTESCUE, assistant keeper of printed books. London, 1899.
Manuel pratique pour l'étude de la Révolution française, par Pierre CARON. Nouv. éd. Paris, 1947.
Notices biographiques, littéraires et artistiques sur les hommes du Calvados, par François BOISARD. Caen, 1848.
Ordre de Malte. Les commanderies du Grand-Prieuré de France d'après les documents inédits conservés aux Archives nat. à Paris, par E [ugène] MANNIER. Paris, 1872 [La Commanderie de Fontaine-sous-Montdidier, p. 592 – 603].
Plan de la ville de Paris pendant la période révolutionnaire, 1790 – 1794, publ. par le Service des Travaux hist. de la ville de Paris. Paris, 1888.
Répertoire critique des cahiers de doléances pour les Etats généraux de 1789, publ. par Béatrice F. HYSLOP. Paris, 1933.
Répertoire de l'histoire de la Révolution française, par Gérard WALTER. Travaux publ. de 1800 à 1940. T. I Personnes. T. II Lieux. Paris, 1941 bis 1951, 2 vol.
Répertoire général des sources manuscrites de l'histoire de Paris pendant la Révolution française, par Alexandre TUETEY. Paris, 1890 – 1914, 11 vol.
La Révolution de 1789, d'après Michelet, E. Quinet, Thiers, Louis Blanc, Mignet, Taine. . . etc., par Philippe SAGNAC. Iconographie de l'époque réunie sous la direction de Jean ROBIQUET. Paris, 1934, 2 vol., in – fol.
Les sections de Paris pendant la Révolution fr. (21 mai 1790 – 19 vendémiaire an IV). Organisation, fonctionnement. Par Ernest MELLIE. Paris, 1898.
Les sources de l'histoire de France depuis 1789 aux Archives nationales, par Charles SCHMIDT. Paris, 1907.
Tableaux des personnages célèbres de la Révolution fr., du Consulat et de l'Empire par J. LHOMER et P. CORNUAU. Introd. de R. Bonnet. Paris, 1929, in – 4.

ADVIELLE, Victor: *Histoire de Gracchus Babeuf et du babouvisme, d'après de nombreux documents inédits.* Paris, 1884, 2 vol.

ARNAUD, Raoul: *Journaliste, sans-culotte et thermidorien. Le Fils de Fréron, 1754 – 1802.* Paris, 1909.

AULARD, François-Alphonse: *L'Eloquence parlementaire pendant la Révolution française. Les orateurs de l'Assemblée constituante.* Paris, 1882.
L'Eloquence parlementaire pendant la Révolution française. Les orateurs de la Législative et de la Convention. Paris, 1885 – 1886, 2 vol.
Etudes el leçons sur la Révolution française. 1re – 5me séries. (Bibliothèque d'histoire contemporaine) Paris, 1893 – 1908, 5 vol.
Histoire politique de la Révolution française. Origines et développement de la Démocratie et de la République. 1789 – 1804. Paris, 1901, gr. in – 8.
Politische Geschichte der franz. Revolution. Entstehung und Entwicklung der Demokratie u. d. Republik, 1789 – 1804. dt. von Friedrich von OPPELN-BRONIKOWSKI. Eingel. von Hedwig HINTZE. München und Leipzig, 1924, 2 Bde.
La Révolution française et le régime féodal. Paris, 1919.

AVENEL, Georges: *Lundis révolutionnaires, 1871 – 1874.* Nouveaux éclaircissements sur la Révol. fr., à propos des travaux historiques les plus récents et des faits politiques contemporains. Paris, 1875.

BAILLEHACHE, Marcel de: *L'Ecole militaire et le Champ-de-Mars.* Paris, 1896.

BARTHOU, Louis: *Le neuf Thermidor.* Paris [1926] (Récits d'autrefois).

BAX, Ernest Belfort: *The Last Episode of the French Revolution. Being a history of Gracchus Babeuf and the conspiracy of the Equals.* London, 1911.

BEAUVILLE, Victor de: *Histoire de la ville de Montdidier.* Paris, 1857, 3 vol. – 2e éd., 1875, 3 vol.

BECLARD, Léon: *Sébastien Mercier. Sa vie, son œuvre, son temps d'après des documents inédits.* I. Avant la Révolution. 1740 – 1789. Paris, 1903.

BERNSTEIN, Samuel: *Filippo Buonarroti.* Trad. fr. Paris, 1949. (Hier et aujourd'hui)

BESSAND-MASSENET, P.: *L'attaque de Grenelle.* Les communistes en 1796. Paris [1926]. (Récits d'autrefois)
La France après la Terreur. 1795 – 1799. Paris [1946].

BIGARD, Louis: *Le comte Réal, ancien jacobin.* Versailles, 1937.

BLUM, André: *La Caricature révolutionnaire* (1789 à 1795). Paris, 1916.

BOITEAU, Dieudonné: *Etat de la France en 1789.* 2e édition... Avec une notice par M. Léon ROQUET et des annotations de M. GRASSOREILLE. Paris, 1889.

BORGNET, Adolphe: *Histoire de la Révolution liégeoise de 1789 (1785 à 1795), d'après des documents inédits.* Liège, 1865, 2 vol.

BOUGEART, Alfred: *Les Cordeliers, documents p. s. à l'histoire de la Révolution française.* Caen, 1891.

BOULAY, Maurice: *Babeuf et le mouvement babouviste.* Thèse. Vendôme, 1931.

BOURGIN, Georges: *Le partage des biens communaux, documents sur la préparation de la loi du 10 juin 1793*. Paris, 1908.
BOUVIER. Félix: *Bonaparte en Italie 1796*. Paris, 1899.
BRAESCH, Fritz: *La Commune du Dix Août 1792. Etude sur l'histoire de Paris du 20 juin au 2 décembre 1792*. Paris, 1911.
CABANES, Dr Aug.: *Marat inconnu, l'homme privé, le médecin, le savant, d'après des documents nouveaux et inédits*. Paris, 1891.
CALONNE, baron Albéric de: *La vie agricole sous l'ancien régime en Picardie et en Artois*. Paris, 1883. — La vie agricole sous l'ancien régime dans le Nord de la France. 2e éd. Paris, 1885.
Histoire de la ville d'Amiens. Paris, 1899/1900, 2 vol.
CALVET, Henri: *L'accaparement à Paris sous la Terreur. Essai sur l'application de la loi du 26 juillet 1793*. Paris, 1933.
Un instrument de la Terreur à Paris. Le Comité de Salut Public ou de Surveillance du département de Paris (8 juin 1793 — 21 messidor an II). Paris, 1941.
CAMPARDON, Emile: *Le Tribunal révolutionnaire de Paris. Ouvrage composé d'après les documents originaux conservés aux Archives de l'Empire, suivi de la liste complète des personnes qui ont comparu devant le Tribunal*. Paris, 1866, 2 vol.
CARDENAL, Louis de: *La Province pendant la Révolution*. Paris, 1929.
CARON, Pierre: *La première Terreur*. I. Les missions du Conseil exécutif provisoire et de la Commune de Paris. Paris, 1950.
CAUDRILLIER. Gustave: *La trahison de Pichegru et les intrigues royalistes dans l'Est avant Fructidor*. Paris, 1908.
CHAMPION, Edme: *La France d'après les cahiers de 1789*. Paris, 1897.
CHASSIN, Charles-Louis: Etudes documentaires sur la Révolution française. *La Vendée patriote, 1793 — 1800*. Paris, 1893 — 1895, 4 vol.
CHEREST, Aimé-Alexandre: *La Chute de l'ancien régime (1787 — 1789)*. T. I. II. (T. III publ. par H. JOLY) Paris, 1884 — 1886, 3 vol.
CHUQUET, Arthur: *La légion germanique (1792 — 1793)*. Paris, 1904.
CLARETIE, [Arsène-Arnaud, gen.] Jules: *Les Derniers Montagnards, histoire de l'insurrection de prairial an III (1795), d'après les documents originaux et inédits*. Paris, 1867.
COET, Emile: *Babeuf à Roye*. Péronne, 1865.
Histoire de la Ville de Roye. Paris, 1880, 2 vol.
COMBIER, Amédée: *Etude sur le bailliage du Vermandois et le siège présidial de Laon*. Paris, 1874.
La Justice criminelle à Laon pendant la Révolution 1789 — 1800. Paris, 1882, 2 vol.
DARSY, F. Irénée: *Amiens et le département de la Somme pendant la Révolution. Episodes historiques tirés des documents administratifs*. Amiens, 1878 — 1883, 2 vol.
DELAYEN, Gaston: *L'Affaire du courrier de Lyon, les procès Lesurques Durochat, Vidal, Dubosq et Béroldy, d'après les dossiers criminels et des documents inédits*. Paris, 1905.
DESMAREST, Pierre-Marie: *Témoignages historiques ou Quinze ans de Haute police sous Napoléon*. Paris, 1833.

DESTREM, Jean: *Les Déportations du Consulat et de l'Empire. Index biographique des déportés.* Paris, 1885.

DEVILLE, Gabriel: *Thermidor et Directoire.* (T. V de l'Histoire socialiste [1789 – 1900] publ. sous la direction de Jean JAURES.) Paris, s. d. [1904].

DOMMANGET, Maurice: Histoire des doctrines socialistes (Les idées et les faits). *Babeuf et la conjuration des Egaux.* Paris, 1922.

Sylvain Maréchal, l'Egalitaire, l'Homme sans Dieu. Sa vie, son œuvre. Paris, 1950.

DUBOIS, Alexis-Auguste: *Notes historiques sur Amiens, 1789 – 1803.* Amiens, 1883.

DURBEUIL, Léon: *La Révolution dans les Côtes-du-Nord.* Paris, 1909.

Histoire des insurrections de l'Ouest. Paris, 1930, 2 vol.

DULAURE, Jacques-Antoine: *Esquisses historiques des principaux événements de la Révolution française depuis la convocation des Etats-Généraux jusqu'au rétablissement de la maison de Bourbon.* Paris, 1823 – 1825, 5 vol.

DUNOYER, Alphonse: *Deux jurés du Tribunal révolutionnaire. Vilate. Trinchard.* Paris, 1909.

DURIEUX, Joseph: *Les Vainqueurs de la Bastille.* Paris, 1911.

EHRENBURG, Ilja: *Die Verschwörung der Gleichen.* dt. Ausg. Berlin, 1929.

ENGELS, Friedrich: *Das Fest der Nationen in London.* M E G A, Erste Abt., Bd. IV. Berlin, 1932.

ENGERRAND, Fernand: *Ange Pitou, agent royaliste et chanteur des rues (1767 – 1846).* Paris, 1899.

ESPINAS, Alfred: *La Philosophie sociale du XVIIIe siècle et la Révolution.* Paris, 1898.

[FABRE, de l'Aude, comte Jean-Pierre] *Histoire secrète du Directoire.* Paris, 1832, 4 vol.

FAIN, Agathon-Jean-François, baron: *Manuscrit de l'an III (1794 – 1795), contenant les premières transactions des puissances de l'Europe avec la Républ. fr. et le tableau des derniers événements du régime conventionnel.* Paris, 1828.

FLEURY, Edouard: *Etudes révolutionnaires. Babœuf et le socialisme en 1796.* 2e éd. Paris, 1850.

Bailliage du Vermandois. Elections aux Etats-Généraux de 1789. Procès-verbaux, doléances, cahiers et documents divers, publ. par la Société académique de Laon, précédés d'une introduction et suivis de notices biographiques. Laon, 1872.

FUNCK-BRENTANO, Frantz: *L'Ancienne France, le Roi.* 2e éd. Paris, 1912.

GARRONE, Alessandro Galante: *Buonarroti e Babeuf.* Torino, 1948.

GODECHOT, Jacques: *Les Commissaires aux Armées sous le Directoire.* Paris, 1941, 2 vol.

GÖHRING, Martin: *Die Feudalität in Frankreich vor und in der großen Revolution.* Berlin, 1934.

Geschichte der Großen Revolution. Tübingen, 1951, 2 Bde.

GONCOURT, Edmond et Jules de: *Histoire de la société française pendant le Directoire.* Paris, 1855.

GRAND-CARTERET, John: *Les mœurs et la caricature en France.* Paris, 1888.

GRANIER DE CASSAGNAC, Adolphe: *Histoire du Directoire.* Paris, 1863, 3 vol.
GRASILIER, Léonce: *Restif de la Bretonne inconnu.* Paris, 1927.
GREGOIRE D'ESSIGNY, L.-A.-J.: *Histoire de la ville de Roye, département de la Somme, avec des notes historiques et statistiques sur les communes environnantes.* Noyon, Devin, 1818.
GUERIN, Daniel: *La Lutte de Classes sous la Première République. Bourgeois et «bras nus» (1793 – 1797).* Deuxième édition. Paris, 1946, 2 vol. («La suite des temps» — 16).
GUERRIER, W.: *L'abbé de Mably moraliste et politique, étude sur la doctrine morale du jacobinisme puritain et sur le développement de l'esprit républicain au XVIIIe siècle.* Paris, 1866.
GUILLAUME, James: *Etudes révolutionnaires.* 1re et 2e séries. Paris, 1908 – 1909 (Bibliothèque historique. Nos 2 et 4).
HAMEL, Ernest: *Thermidor, d'après les sources originales et les documents authentiques...* Paris, 1891.
HAUTERIVE, Ernest d': *Figaro-policier, un agent secret sous la Terreur.* Figures d'Histoire tragiques et mystérieuses. Paris, 1928.
HERLAUT, Auguste-Philippe: *Le Colonel Bouchotte, Ministre de la Guerre en l'an II.* I. Le ministre. II. L'homme politique. Paris, 1946, 2 vol.
HUE, Gustave: *Un complot de police sous le Consulat. La Conspiration de Ceracchi et Aréna.* Paris, 1909.
ISAMBERT, Gustave: *La vie à Paris pendant une année de la Révolution.* Paris, 1896.
JACOB, Louis: *Joseph Le Bon, 1765 – 1795.* La terreur à la frontière. (Nord et Pas-de-Calais). Paris, [1934], 2 vol.
Les suspects pendant la Révolution. Paris [1952].
JAMIN, Guy: *Des hautes cours de justice sous la Révolution.* Thèse. Paris, 1907.
JAURES, Jean: *Histoire socialiste de la Révolution française.* Edition revue par A. MATHIEZ. Paris, 1922 – 1924, 7 vol.
KEIM, Albert: *Helvétius, sa vie et son œuvre.* Paris, 1907.
LAMBEAU, Lucien: *Histoire des communes annexées à Paris en 1859. Vaugirard.* Paris, 1912, in – 4.
Histoire des communes annexées à Paris en 1859. Grenelle. Paris, 1914, in – 4.
LAS VERGNAS, Raymond: *Le chevalier Rutlidge «gentilhomme anglais» 1742 – 1794.* Paris, 1932. (Bibliothèque de la Revue de littérature comparée... t. 81)
LAVERGNE, Léonce de: *Les Assemblées provinciales sous Louis XVI.* Paris, 1864.
LEBON, André: *L'Angleterre et l'Emigration française de 1794 à 1801.* Avec une préface de M. Albert SOREL. Paris, 1882.
LECESNE, Edmond: *Arras sous la Révolution.* Arras, 1882 – 1883, 3 vol.
LECLERCQ, Dom Henri: *Les Journées d'octobre et la fin de l'année 1789.* Paris, 1924.
LEFEBVRE, Georges: *Les Paysans du Nord pendant la Révolution française.* Thèse. Lille, 1924.

La Grande peur en 1789. Paris, 1932.
Les Thermidoriens. Paris, 1946. (Collection Armand Colin, n° 196)
Le Directoire. Paris, 1946. (Collection Armand Colin, n° 245)
Questions agraires au temps de la Terreur. 2ème éd. La Roche-sur-Yon, 1954.
Etudes sur la Révolution française. Paris, 1954.
LE HARIVEL, Philippe: *Nicolas de Bonneville, pré-romantique et révolutionnaire*. Strasbourg, 1923.
LEPINE, Josette: *Gracchus Babeuf*. Paris, 1949. (Grandes Figures)
LESCURE, Adolphe de: *Rivarol et la société française pendant la Révolution et l'émigration*. Paris, 1883.
LOUANDRE, François-César: *Histoire d'Abbeville et du comté de Ponthieu jusqu'en 1789*. 3e éd. Abbeville, 1883 (T. Ier seul volume paru).
LUCE, Siméon: *Histoire de la Jacquerie, d'après des documents inédits*. Nouv. édition. Paris, 1894.
LICHTENBERGER, André: *Le Socialisme et la Révolution française, étude sur les idées socialistes en France de 1789 à 1796*. Paris, 1899. (Bibl. d'histoire moderne et contemporaine)
MADELIN, Louis: *Fouché, 1759 – 1820*. Paris, 1901, 2 vol.
La France du Directoire. (Conférences prononcées à la Société des conférences en 1922.) Paris, 1922.
MALLET, Ernest: *Les Elections du bailliage secondaire de Pontoise en 1789*. Pontoise, 1909 (Publications de la Société hist. du Vexin).
MANEVY/VAILLAND: *Un homme du Peuple sous la Révolution*. [Drouet] Paris, 1947.
MARICOURT, André de: *Prisonniers et prisons de Paris pendant la Terreur*. Paris, 1924.
La véritable Madame Tallien. Paris, 1933.
MARION, Marcel: *Les Impôts directs sous l'Ancien Régime, principalement au XVIIIe siècle*. Paris, 1910. (Collection de textes sur l'histoire des institutions et des services publics de la France moderne et contemporaine.)
MARTIN, Gaston: *Carrier et sa mission à Nantes*. Thèse. Paris, 1924.
MATHIEZ, Albert: *Le Club des Cordeliers pendant la crise de Varennes et le massacre du Champ de Mars, documents en grande partie inédits* ... Paris, 1910. Supplément. Paris, 1913.
La Révolution française et les étrangers. Paris, 1918.
La Révolution française. Paris, 1922 – 1927, 3 vol. I. La chute de la Royauté. 1922. II. La Gironde et la Montagne. 1924. III. La Terreur. 1927. (Collection Armand Colin, nos 17, 52, 93)
Autour de Robespierre: Robespierre jeune; ... Barère et Vadier; Babeuf. Paris, 1925. (Bibliothèque historique)
La vie chère et le mouvement social sous la Terreur. Paris, 1927.
La Réaction thermidorienne. Paris, 1929.
Etudes d'histoire révolutionnaire. Girondins et Montagnards. 3e éd. Paris, 1930.
MAURICE, Barthélemy: *Histoire politique et anecdotique des prisons de la Seine, contenant des renseignements entièrement inédits sur la période révolutionnaire*. Paris, 1840.

MAUTOUCHET, Paul: *Le conventionnel Philippeaux*. Paris, 1900 (Bibl. d'histoire moderne et contemporaine).
Le Gouvernement révolutionnaire (10 août 1792 – 4 brumaire an IV). Paris, 1912.

MEGE, Francisque: *Gaultier de Biauzat, député du tiers état aux Etats Généraux de 1789, sa vie et sa correspondance*. Paris, 1890, 2 vol.

MEYNIER, Albert: *Les coups d'Etat du Directoire*. Paris, 1927 – 1928. I. Le Dix-huit fructidor an V. 1927. II. Le Vingt-deux floréal an VI (11 mai 1798) et le Trente prairial an VII (18 juin 1799). 1928. III. Le Dix-huit brumaire an VIII (9 novembre 1799) et la fin de la République. 1928.

MONTIER, Armand: *Robert Lindet, député à l'Assemblée législative et à la Convention, membre du Comité de salut public, ministre des Finances*, notice biographique, avec une préface de M. Etienne CHARAVAY. Paris, 1899.

MOREL, Ambroise: *Assassinat du boulanger François*. Paris, s. d. [1922].

NORMAND, Charles: *Etude sur les relations de l'Etat et des communautés aux XVIIe et XVIIIe siècles: Saint-Quentin et la royauté*. Paris, 1881.

ORDING, Arne: *Le bureau de police du Comité de salut public*. Oslo, 1930 (Mémoires de l'Académie des Sciences de Norvège).

PARISET, G.: *Babouvisme et Maçonnerie*. Publications de la Faculté des Lettres de l'Université de Strasbourg. Fascicule 21. Mélanges offertes à M. Charles ANDLER par ses amis et ses élèves. Extrait. Strasbourg, 1924.

PATOUX, Abel: *Le faux de Gracchus Babeuf*. Saint-Quentin, 1913. (Extrait des *Mémoires de la Société académique ... de Saint-Quentin*, t. XVI, 1913, p. 140 – 209)

PELLET, Marcellin: *Elysée Loustallot et les «Révolutions de Paris» (juillet 1789 – septembre 1790)*. Paris, 1872.

PICARD, Roger: *Les cahiers de 1789, au point de vue industriel et commercial*. Thèse. Paris, 1910.

PIERRE, Victor: *La Terreur sous le Directoire, histoire de la persécution politique et religieuse après le coup d'Etat du 18 fructidor (4 sept. 1797)*. Paris, 1887.
La Déportation à l'île de Ré et à l'île d'Oléron après fructidor. Paris, 1883 (Extrait de la *Revue des Questions historiques*, avril 1883).

PINGAUD, Léonce: *Un agent secret sous la Révolution et l'Empire: Le comte d'Antraigues*. Paris, 1893.

PLECHANOW, G. W.: *Beiträge zur Geschichte des Materialismus*. dt. Ausg. Berlin, 1946.
Über die Rolle der Persönlichkeit in der Geschichte. dt. Ausg. Moskau, 1946.
Über materialistische Geschichtsauffassung. dt. Ausg., Moskau, 1946.

POISSON, Charles: *Les Fournisseurs aux armées sous la Révolution française*. Le Directoire des achats (1792 – 1793), J. Bidermann, Cousin, Marx-Berr. Paris, 1932.

RAMON, Gustave: Le Vieux Péronne. *La Révolution à Péronne* ... Péronne, (1898), 2 vol. 1re série. Fêtes, cérémonies et réjouissances (1789 – 1804). 2e série. Etats généraux de 1789. 3e série. 1789 – 1792. 4e série. 1792 – 1793. 5e et 6e séries. 1793 – 1795.

Robiquet, Paul: *Buonarroti et la secte des Egaux d'après des documents inédits*. Paris, 1910.
Rouge, comte Emmanuel de: *Le conventionnel André Dumont (1764 – 1838)* avec une préface d'Etienne Lamy, de l'Académie française. Paris, 1911.
Sainte-Claire Deville, Paul: *La Commune de l'an II. Vie et mort d'une assemblée revol. ...* Paris, 1946.
Saitta, Armando: *Filippo Buonarroti. Contributi alla storia della sua vita e del suo pensiero*. Roma, 1950 – 1951, 2 vol.
Sangnier, Georges: *La terreur dans le district de Saint-Pol, 16 août 1792 – 9 thermidor an II*. Lettre – préface de M. A. de Saint-Leger. Blangermont, 1938, 2 vol.
See, Henri: *Les Idées politiques en France au XVIIIe siècle*. Paris, 1920.
L'Evolution commerciale et industrielle de la France sous l'ancien régime. Paris, 1925 (Bibl. internationale d'économie politique, publ. sous la direction de Alfred Bonnet).
Sorel, Albert: *L'Europe et la Révolution française*. Paris, 1885 – 1904, 8 vol.
Bonaparte et Hoche en 1797. Paris, 1896.
Stefane-Pol [d. i. Paul Coutant]: *Autour de Robespierre. Le conventionnel Le Bas, d'après des documents inédits et les mémoires de sa veuve*. Préface de Victorien Sardou. Paris, s. d. (1901).
Tabarant, Adolphe: *Le vrai visage de Rétif de la Bretonne*. Paris, 1936.
Talmon, J. L.: *The origins of totalitarian Democracy*. London, 1952. dt. *Die Ursprünge der totalitären Demokratie*. Köln/Opladen, 1961.
Tarle, E [eugen W.]: *Studien zur Geschichte der Arbeiterklasse in Frankreich während der Revolution: die Arbeiter der nationalen Manufakturen (1789 – 1799) nach Urkunden der franz. Archive*. (Staats- u. sozialwissenschaftl. Forschungen. 1.) Leipzig, 1908.
Germinal und Prairial. dt. Ausg. Berlin, 1953.
Thenard/Guyot: *Le conventionnel Goujon*. Paris, 1908.
Thibout, Georges: *La doctrine babouviste*. Thèse. Paris, 1903.
Thomson, David: *The Babeuf plot*. London (1947).
Tocqueville, Alexis Glérel de: *L'Ancien régime et la Révolution*. 8e éd. Paris, 1877.
Tournier, Albert: *Vadier, président du comité de sûreté générale sous la Terreur*. Paris, 1896.
Vandal, Albert: *L'avènement de Bonaparte*. Paris, 1910, 2 vol.
Vendome *pendant la Révolution*. Vendôme, 1893, 2 vol.
Verusmor: *Histoire de la ville de Cherbourg de Voisin la Hougue, continuée de 1728 à 1835*. Cherbourg, 1835.
Wallon, Henri: *Histoire du Tribunal révolutionnaire de Paris, avec le journal de ses actes*. Paris, 1880 – 1882, 6 vol.
Walter, Gérard: *Marat*. Paris, 1933.
Babeuf et la conjuration des Egaux. Paris, 1937.
Welschinger, Henri: *Les Almanachs de la Révolution*. Paris, 1884.
Le roman de Dumouriez. [Contient: Le journaliste Lebois et l'Ami du peuple.] Paris, 1890.

WOLTERS, F.: *Studien über Agrarzustände und -probleme in Frankreich von 1700 – 1790.* (Staats- und sozialwissenschaftl. Forschungen.) Leipzig, 1905.

ZEISBERG, Heinrich, Ritter von: *Pichegru und Condé in den Jahren 1795 und 1796.* Wien, 1890.

ZIVY, Henry: *Le treize vendémiaire an IV.* Paris, 1898.

V. AUFSÄTZE IN JAHRBÜCHERN UND ZEITSCHRIFTEN

ADVIELLE, Victor: Charles Germain, disciple des babouvistes. *La Révolution française,* t. VIII (1885).
Une brochure de Mirabeau restituée à Babeuf. *La Révolution française,* t. VIII (1885).

AULARD, Alphonse: Les derniers Jacobins. *La Révolution française,* t. XXVI (1894).
Les 73. *La Révolution française,* t. XXVI (1894).
Le lendemain du 18 brumaire. *Revue de Paris,* 1896.
L'organisation municipale de Paris pendant la réaction thermidorienne. *La Révolution française,* t. XXXIII (1897).
Babeuf et son imprimeur Guffroy. *La Révolution française,* t. LXXXII (1929).

BATICLE, René: Le plébiscite sur la Constitution de 1793. *La Révolution française,* t. LVII (1909); t. LVIII (1910).

BAUMONT: La première Assemblée électorale du département de l'Oise (10 – 17 mai 1790). *Bulletin de la Société d'études hist. et scientifiques de l'Oise.* T. I, 1. Beauvais, 1905.
Le département de l'Oise: sa formation en 1790. *ibid.,* t. I, 1905.
Le département de l'Oise pendant la Révolution. *ibid.,* t. II – IV, 1906 – 1908.

BAYET, A.: Le suicide héroique sous la Révolution française. *Revue internationale d'histoire politique et constitutionnelle, 1953.*

BERNSTEIN, Samuel: Babeuf and the babouvisme. *Science and Society,* vol. II, nº 2 (1938).

BERTHE, Léon: La correspondance de Dubois de Fosseux (1742 – 1817) et l'histoire ecclésiastique. *Mélanges de science religieuse,* Lille, mai 1952.

BEYSSI, J.: Le parti jacobin à Toulouse sous le Directoire. *Annales historiques de la Révolution française,* t. 22 (1950).

BLUM: La mission d'Albert dans la Marne en l'an III. *La Révolution française,* t. 43, 45 (1902/1903).

BORDEZ: La Société des Amis de la Constitution de Beauvais. *Bulletin de la Société d'études historiques et scientifiques de l'Oise,* t. II. Beauvais, 1906.

BOURGIN, Georges: Contribution à l'étude des sources de l'histoire des Tribunaux révolutionnaires aux Archives nationales. *Annales historiques de la Révolution française,* t. III (1926).
Babeuf et le babouvisme. *Cahiers de la Révolution française,* t. I (1934).

Boutillier du Retail: Le procès du «Nain tricolore». *La Révolution française*, t. LVII (1909).
Calvet, Henri: La loi de prairial. *Annales historiques de la Révolution française*, t. 22 (1950).
Charavay, Etienne: Documents et autographes révolutionnaires III. Arrestation de la femme de Babeuf. *La Révolution française*, t. I (1881).
Gracchus Babeuf. Lettre de Babeuf à Guffroy du 9 Floréal an III. *La Révolution française*, t. VIII (1885).
Chuquet, Arthur: Turreau et son plan général de défense et d'attaque. *Annales Révolutionnaires*, t. I (1908).
Cobb: L'armée révolutionnaire dans le district de Pontoise. *Annales historiques de la Révolution française*, t. 22 (1950).
Note sur la répression contre le personnel sansculotte de 1795 à 1801. *Annales historiques de la Révolution française*, nº 134 (1954).
Cobb/Rude: Le dernier mouvement populaire de la Révolution à Paris. Les journées de Germinal et de Prairial an III. *Revue historique*, t. 214 (1955).
Combet, Joseph: Les arrêtés de Robespierre jeune dans les Alpes-Maritimes. *Annales Révolutionnaires*, t. IX (1917).
Conan, J.: Le Droit de marché. *Annales historiques de la Révolution française*, nº 135 (1954).
Dally: Suzanne Lepeletier, fille de la Nation. *La Révolution française*, t. LXII (1912).
Félix Lepeletier, 1767 – 1834. *La Révolution française*, t. LXIII (1912).
Dieudonne, F.: Préliminaires et causes des Journées de prairial an III. *La Révolution française*, t. 43 (1902).
Dommanget, Maurice: Sylvain Maréchal et le «Tonneau de Diogène». *Annales Révolutionnaires*, t. VII (1914).
La structure et les méthodes de la conjuration des Egaux. *Annales Révolutionnaires*, t. XIV (1922).
L'hébertisme et la conjuration des Egaux. *Annales Révolutionnaires*, t. XV (1923).
Dubreuil, Léon: L'idée régionaliste sous la Révolution. *Annales Révolutionnaires*, t. XI (1919).
Falco: Philippe-Antoine Merlin de Douai. *La Révolution française*, nouv. série, 1939, nº 17.
Fleischmann, Hector: La Comédie à Arras sous la Terreur. *Annales Révolutionnaires*, t. III (1910).
Charlotte Robespierre et Guffroy. *Annales Révolutionnaires*, t. III (1910).
Gaffarel, Paul: L'opposition républicaine sous le Consulat. *La Révolution française*, t. X (1887).
La fin de l'Ordre de Malte. *Revue Bleue*, t. VIII (1907).
Garrone, Alessandro Galante: Filippo Buonarroti e l'apologia del Terrore. *Belfagor*, t. II (1947).
I martiri di Pratile. *Rivista storica italiana*, 1959.
Godechot, Jacques: Le babouvisme et l'unité italienne. *Revue des Etudes italiennes*, t. III (1938).

Le Directoire vu de Londres. *Annales historiques de la Révolution française*, t. XXI (1919).
GREPPO: Un lyonnais, imprimeur et journaliste. Le journal: Les Révolutions de Paris. *Revue du Lyonnais*, t. XXIX (1900).
GROULT, A.: Le conventionnel Danjou. Son rôle à Beauvais pendant la Révolution. *Mémoires de la Société académique et archéologique du département de l'Oise*, t. XIX (1904).
HERLAUT, colonel: La levée des volontaires pour la Vendée à Paris. *Annales historiques de la Révolution française*, t. VIII (1931).
La vie politique de Vilain d'Aubigny, adjoint de Bouchotte. *Annales historiques de la Révolution française*, t. XI (1934).
ISAMBERT: Les anagrammes de Buonarroti. *La Révolution française*, t. XXXVII (1899).
JACOB: Arras et l'Artois au moment de la trahison de Dumouriez. *Annales historiques de la Révolution française*, t. II (1925).
Un essai de Fédération de Sociétés montagnardes à Arras en octobre 1793. *Annales historiques de la Révolution française*, t. IV (1927).
Correspondance avec Babeuf. *Annales historiques de la Révolution française*, t. XI (1934).
Un éloge inconnu de Robespierre académicien. *Annales historiques de la Révolution française*, t. XXII (1950).
JACQUEMIN, Charles: La misère de Babeuf. *Revue des curiosités révolutionnaires*, 1re année, nº 7 (mai 1911). [Avec une lettre de Babeuf de Noyon, 14 août 1790, cinq heures du matin, à sa femme, hôtel de la Couronne, rue Quincampoix, nº 39, à Paris.]
JAVOGUES, Georges: L'affaire du camp de Grenelle, 23 — 24 fructidor an IV (9—10 septembre 1796). *Annales historiques de la Révolution française*, t. II (1925).
L'arrestation de Claude Javogues. *Annales historiques de la Révolution française*, t. II (1925).
Le procès de Claude Javogues. *Annales historiques de la Révolution française*, t. III (1926).
L'exécution de Claude Javogues. *Annales historiques de la Révolution française*, t. V (1928).
KARMIN, Otto: Sylvain Maréchal et le Manifeste des Egaux. *Revue historique de la Révolution française*, t. I (1910).
Essai d'une bibliographie de Sylvain Maréchal. *Revue historique de la Revolution française*, t. II (1911).
LAURENT, Gustave: Un conventionnel ouvrier: Jean-Baptiste Armonville. *Annales historiques de la Révolution française*, t. I (1924).
Drouet sous le Directoire. *Annales historiques de la Révolution française*, t. II (1925).
La représentation du département de la Marne à la Convention nationale. *Annales historiques de la Révolution française*, t. XX (1948).
A propos de Drouet, l'homme de Varennes. *Annales historiques de la Révolution française*, t. XXI (1949).
LEFEBVRE, Georges: Les origines du communisme de Babeuf. *Compte rendu du IXe Congrès international des Sciences historiques*, t. Ier (1950).

Lemaire: Une émeute populaire à Saint-Quentin en 1790. *Mémoires de la Société académique... de Saint-Quentin*, t. IX, 1888–1891. Saint-Quentin, 1891.

Levy, Louise: Le retour de Drouet. *La Révolution française*, t. 69 (1916).

Malon, B.: Jean Meslier, communiste et révolutionnaire. *Revue socialiste*, t. VIII (1888).

Marsat, M.: Fournier l'Américain et les massacres de septembre. *Revue de l'histoire de Versailles*, t. XXVII (1926).

Martin: Le papier-monnaie sous la Révolution française. *Annales historiques de la Révolution française*, t. I (1924).

Maryllis: Vadier et sa compagne. *La Nouvelle Revue*, n. série, t. VIII, nº 31 (1901).

Mater, A.: L'histoire juridique de la Révolution. *Annales Révolutionnaires*, t. XI (1919).

Mathiez, Albert: Robespierre et la déchristianisation. *Annales Révolutionnaires*, t. II (1909).

A propos de Chaumette. *La Révolution française*, t. 56 (1909).

La politique de Robespierre et le 9 thermidor expliqués par Buonarroti. *Annales Révolutionnaires*, t. III (1910).

Babeuf et Robert Owen comparés et défendus par Buonarroti. *La Révolution de 1848*, t. VII (1910/11).

Le rôle de Barère et de Vadier au 9 thermidor jugé par Buonarroti. *Annales Révolutionnaires*, t. IV (1911).

Sur le titre du journal «La Bouche de Fer». *Annales Révolutionnaires*, t. IX (1917).

Babeuf et Robespierre. *Annales Révolutionnaires*, t. IX (1917).

Robespierre invoqué par les Babouvistes. *Annales Révolutionnaires*, t. XI (1919).

L'arrestation de Simon Duplay. *Annales Révolutionnaires*, t. XI (1919).

Robespierre à la commune le 9 thermidor. *Annales historiques de la Révolution française*, t. I (1924).

Une chanson thermidorienne: La Carmagnole des Robespierristes. *Annales historiques de la Révolution française*, t. I (1924).

Une lettre de Babeuf [à Danton]. *Annales historiques de la Révolution française*, t. II (1925).

La vie de Héron racontée par lui-même. *Annnales historiques de la Révolution française*, t. II (1925).

Les citra et les ultra. *Annales historiques de la Révolution française*, t. III (1926).

L'affaire Legray. *Annales historiques de la Révolution française*, t. IV (1927).

Les séances des 4 et 5 thermidor an II aux deux comités de salut public et de sûreté générale. *Annales historiques de la Révolution française*, t. IV (1927).

Bourdon de l'Oise et l'assassinat de Robespierre. *Annales historiques de la Révolution française*, t. IV (1927).

La Constitution de 1793. *Annales historiques de la Révolution françaises*, t. V (1928).

Notes inédites de Blanqui sur Robespierre. *Annales historiques de la Révolution française*, t. V (1928).
La Terreur blanche de l'an III. *Annales historiques de la Révolution française*, t. V (1928).
Les élections de l'an V. *Annales historiques de la Révolution française*, t. VI (1929).
Le Directoire. I. L'opposition de gauche: Les Panthéonistes. II. Babeuf et le Directoire. III/IV. Le complot des Egaux. V. La politique de ralliement et l'affaire de Grenelle. *Revue des cours et conférences*, 30e année, 2e série, 1929.
Un enragé inconnu, Taboureau de Montigny. *Annales historiques de la Révolution française*, t. VII (1930).
Notes sur l'importance du prolétariat en France à la veille de la Révolution. *Annales historiques de la Révolution française*, t. VII (1930).
Les complices de Paoli dénoncés par Buonarroti. *Annales historiques de la Révolution française*, t. VIII (1931).
Lettre de Vilain Daubigni à Robespierre. *Annales historiques de la Révolution française*, t. IX (1932).
Un secrétaire de Robespierre inconnu. [Simon Duplay] *Annales historiques de la Révolution française*, t. IX (1932).
MAUTOUCHET, Paul: La population parisienne et la crise de l'alimentation sous la Terreur. *La Révolution française*, t. LXX (1917).
MICHON, Georges: La justice militaire sous la Révolution. *Annales Révolutionnaires*, t. XIV (1922).
MAZIERE, Léon: Noyon de 1789 à 1795. *Mémoires du Comité archéologique et historique de Noyon*, t. XV.
OBSER, Karl: Der Marquis von Poterat und die revolutionäre Propaganda am Ober-Rhein i. J. 1796. *Zeitschrift f. d. Geschichte des Oberrheins*, Bd. VII, Freiburg, 1892.
O'KELLY DE GALWAY: Fouché dénoncé à Bonaparte par Dossonville. *Annales historiques de la Révolution française*, t. III (1926).
ONNIS, Pia: Filippo Buonarroti e i patrioti italiani dal 1794 al 1796. *Rivista storica italiana*, 1937.
Filippo Buonarroti, commissario rivoluzionnario a Oneglia. *Nuova Rivista storica*, 1939.
Filippo Buonarroti e la congiura di Babeuf. *Nuova Rivista storica*, 1952.
ONOU, Alexandre: La valeur des cahiers de 1789. *La Révolution française*, t. 49.
Les élections de 1789 et les Cahiers du Tiers-Etat. *La Révolution française*, t. 57.
PICQUENARD: La Société du Panthéon et le parti patriote à Paris de brumaire à ventôse an IV. *La Révolution française*, t. 33.
PILON, E.: Babeuf au Luxembourg. *La Nouvelle Revue*, n. série, t. XXXV (1905).
POUPE, E.: Robespierre jeune, Ricord et les fédéralistes Varois. *Bulletin de la Société d'études scientifiques... de Draguignan*, t. XXIV, 1902/1903.
PRUDHOMMEAUX, J[ules]: Babeuf jugé par un communiste de 1840. *La Révolution française*, t. LV (1908).

ROBIQUET, Paul: L'arrestation de Babeuf. (Lecture faite à l'assemblée générale de la Société d'histoire de la Révolution le 3 mars 1895) *La Révolution française*, t. XXVIII (1895).
Babeuf et Barras. *La Revue de Paris*, 1896.
Une émeute cléricale à Bastia en juin 1791. *La Révolution française*, t. LIV (1908).
Les déportés babouvistes au Fort-National. *La Révolution française*, t. LXII (1912).
ROUFF, Marcel: Le personnel des premières émeutes de 1789 à Paris. *La Révolution française*, t. LVII (1909).
Le peuple ouvrier de Paris aux journées du 30 juin et du 30 août 1789. *La Révolution française*, t. LXIII (1912).
R. S. V. [R. de SAINT-VENANT]: L'affaire Babeuf, d'après des notes laissées par feu le marquis Achille de Rochambeau. *Bulletin de la Société Archéologique, scientifique et littéraire du Vendômois*, t. XXXVIII (1899).
RUDE/SOBOUL: Le maximum des salaires parisiens et le 9 thermidor. *Annales historiques de la Révolution française* (1954).
SCHNERB, R: A propos du conventionnel Armonville et du babouvisme en l'an IV. *Annales historiques de la Révolution française*, t. X (1933).
SEE, Henri: La doctrine politique et sociale de Mably. *Annales historiques de la Révolution française*, I (1924).
SOREAU: La loi Le Chapelier. *Annales historiques de la Révolution française*, t. VIII (1931).
SOREL, Albert: Le comité de salut public en 1795. *Revue historique*, t. 18 (1882).
THOMAS, Albert: La pensée socialiste de Babeuf avant la conspiration des Egaux. *Revue socialiste*, t. 40 (1904); t. 41 (1905).
TOURNIER, Albert: Le conventionnel Vadier. *Revue Bleue*, 1894.
VAILLANDET: Le procès des juges de la Commission révol. d'Orange. *Annales historiques de la Révolution française*, t. VI (1929).
VAUTHIER: Les vainqueurs de la Bastille après 1830. *Annales Révolutionnaires*, t. XI (1919).
VELASQUE: Le procès de Carrier et du comité révol. de Nantes. *Annales historiques de la Révolution française*, t. I (1924).
Les amours de Carrier. *Annales historiques de la Révolution française*, t. I (1924).
VELLAY, Charles: Robespierre aux Rosati. *Annales Révolutionnaires*, t. I (1908).
Un rapport inédit de Robespierre. *Revue historique de la Révolution*, t. V (1914).
VILLERMONT: La généralité de Soissons, le Vermandois et le Laonnais dans les élections aux Etats généraux et les cahiers de ses bailliages. *Annales de la Société historique et archéologique de Château-Thierry*, 1889.
WEILL, Georges: Philippe Buonarroti. *Revue historique*, t. 76 (1901).
Les papiers de Buonarroti. *Revue historique*, t. 88 (1905).
WELVERT, Eugène: Les régicides: Quinette, Cochon, Albitte, Granet. *La Nouvelle Revue*, n. série, t. LIII (1921).

Personenregister

verborgen. Kehrt am 8. März 1795 in den Konvent zurück. Mitglied des Rates der Alten. Mitglied des Direktoriums vom 1. November 1795 bis 18. Juni 1799. 441, 508, 517

La Rochefoucauld-Liancourt, François-Alexandre-Frédéric, duc de, 1747 – 1827. Mitglied der Konstituante. Emigrant nach dem 10. Aug. 1792. Kehrt nach dem 18. Brumaire nach Frankreich zurück. 23, 106

Lartigue, Jean-Baptiste de, 1744 – 1790. Kanonikus an der Église Royale in Saint-Quentin. 74, 496

Lasne, Etienne, 1756 – (nach 1834). Anstreicher. Soldat der gardes françaises. 1791 Kommandant der Nationalgarde im Distrikt Petit-Saint-Antoine, der späteren Sektion Droits-de-l'Homme. Seit dem 31. März 1795 Wachhabender, dann Direktor des Temple. Nach dem 18. Fructidor seiner royalistischen Gesinnung wegen amtsenthoben. 398, 404, 405, 527

Latour-Foissac, François-Philippe de, 1750 – 1804. Genieoffizier. 1793 Brigadegeneral. Am 7. April 1796 Kommandant des Lagers Grenelle. 529

Latour-Lamontagne, Polizeiagent 499

Launey, Bernard-René Jourdan de, 1740 – 1789. Seit 1776 Gouverneur der Bastille. Am 14. Juli 1789 gelyncht. 49, 426

Lauraguais s. Brancas

Lavilleheurnois, Charles-Honoré Berthelot de, maître des requêtes. Im Sept. 1797 nach Guayana deportiert. 532, 533, 538

Lay, François, Generaladjutant. Als Teilnehmer an der Affäre von Grenelle zum Tode verurteilt; hingerichtet am 20. September 1796. 411

Le Bas, Philippe-François-Joseph, 1764 – 1794. Advokat. Mitglied des Konvents. Präsident des Jakobinerklubs im April 1794. Begeht Selbstmord in der Nacht vom 9. zum 10. Thermidor (27./28. Juli 1794). 257, 259, 260, 453, 463, 499

Le Batteux, François. 1790 Direktor der Post und Mitglied des Generalrates im Distrikt Redon, Depart. Ille-et-Vilaine. 1793 von Carrier mit Sondervollmachten betraut. 184

Leblanc, Architekt 232

Lebois, René-François, um 1771 – 1801. Verleger des *L'Ami du Peuple;* seit dem 2. April 1795: *L'Ami du Peuple ou le Démocrate constitutionnel* [neuer Titel seit dem 24. Oktober 1795: *L'Ami du Peuple ou le Défenseur des Patriotes persécutés*]. 1801 nach Guayana deportiert. 226, 227, 243, 244, 246, 247, 264, 274, 387, 484, 508, 511, 513, 540, 542

Le Bon, Ghislain-François-Joseph, 1765 – 1795. Geistlicher. Mitglied der Kongregation des Oratoire. 1791 Pfarrer von Neuville-Vitasse bei Arras. 16. September 1791 Bürgermeister von Arras. Im August 1793 Mitglied des Konvents (über die Ergänzungsliste des Depart. Pas-de-Calais). Von Oktober 1793 bis Ende Juli 1794 mit Sondervollmachten des Konvents in die Departements Pas-de-Calais und Nord entsandt. Nach dem 9. Thermidor verhaftet. Vom Kriminalgericht des Departements Somme nach einem vom 22. Juli bis 5. Oktober 1795 dauernden Prozeß, unter Vorsitz des Präsidenten d'Esmery, zum Tode verurteilt. In Amiens am 16. Oktober 1795 hingerichtet. 169, 204, 212, 225, 226, 259, 260, 363, 381, 463, 479, 499, 510, 511

GPSR Compliance

The European Union's (EU) General Product Safety Regulation (GPSR) is a set of rules that requires consumer products to be safe and our obligations to ensure this.

If you have any concerns about our products, you can contact us on ProductSafety@springernature.com

In case Publisher is established outside the EU, the EU authorized representative is:

Springer Nature Customer Service Center GmbH
Europaplatz 3
69115 Heidelberg, Germany

Batch number: 10577915

Printed by Printforce, the Netherlands